de Gruyter Lehrbuch

Barner / Flohr · Analysis II

Martin Barner
Friedrich Flohr

Analysis II

3., durchgesehene Auflage

Walter de Gruyter
Berlin · New York 1996

Martin Barner
Friedrich Flohr
Mathematisches Institut
Albert-Ludwigs-Universität Freiburg
Hebelstraße 29
D-79104 Freiburg

1991 Mathematics Subject Classification: 26-01

Mit 437 Aufgaben

Auflagen:

1. Auflage 1983
2. Auflage 1989

♾ Gedruckt auf säurefreiem Papier, das die US-ANSI-Norm über Haltbarkeit erfüllt.

Die Deutsche Bibliothek – CIP-Einheitsaufnahme

Barner, Martin:
Analysis / Martin Barner ; Friedrich Flohr. – Berlin ; New York : de Gruyter.
(De-Gruyter-Lehrbuch)
NE: Flohr, Friedrich:
2.–3., durchges. Aufl. – 1996
ISBN 3-11-015034-4 kart.
ISBN 3-11-015033-6 Gb.

Printed in Germany.
Satz: Tutte Druckerei GmbH, Salzweg-Passau. – Druck: Gerike GmbH, Berlin.
Buchbinderische Verarbeitung: Lüderitz & Bauer, Berlin.
Umschlagentwurf: Hansbernd Lindemann, Berlin.

Vorwort zur 1. Auflage

In dem nun endlich vorliegenden zweiten Band unserer „Analysis" stellen wir die Differentialrechnung der Funktionen mehrerer reeller Variablen, die Lebesguesche Integrationstheorie und die Integralsätze der Vektoranalysis dar.
Dem Aufbau der Differentialrechnung liegt die Idee der „linearen Approximation" zugrunde; einfache Begriffsbildungen der linearen Algebra werden deshalb von vornherein herangezogen.
Die Einführung des Lebesgueschen Integrals erfolgt in Analogie zum Regelfunktionsintegral; bei der Definition wird die gleichmäßige Konvergenz verwendet. Die diffizileren Konvergenzbegriffe der Maß- und Integrationstheorie werden später besprochen. Der historischen Entwicklung folgend haben wir die Konstruktion des Lebesgueschen Maßes der Integrationstheorie vorangestellt, auch weil wir eine gesonderte Erörterung des Volumenproblems für wichtig halten.
In einer Einführung in die Analysis dürfen die Integralsätze der Vektoranalysis nicht fehlen. Hierzu entwickeln wir die Grundzüge des Kalküls der alternierenden Differentialformen; erst durch ihn wird eine durchsichtige Behandlung möglich.
Frau A. Helbling hat wiederum nicht nur das Endmanuskript mit der gewohnten Sorgfalt hergestellt, sondern uns auch durch ihre verständnisvolle Mitarbeit bei der Entwicklung des Textes sehr geholfen. Die Reinzeichnungen der Figuren hat Frau R. Bausenhart angefertigt. Herr W. Füchte hat die Figuren entworfen, den gesamten Text gründlich durchgesehen und dabei nützliche Verbesserungsvorschläge gemacht; er hat uns viel Arbeit bei der Vorbereitung der Drucklegung und bei den Korrekturen abgenommen. Ihnen allen und auch dem Verlag sprechen wir an dieser Stelle unseren herzlichen Dank aus.

Freiburg i. Br., Herbst 1982 M. Barner, F. Flohr

Vorwort zur 3. Auflage

Auch zur zweiten Auflage dieses Bandes haben wir eine Reihe von Zuschriften aufmerksamer Leser erhalten. Wir bedanken uns herzlich dafür. Abgesehen von kleineren Veränderungen, die dem besseren Verständnis dienen, haben wir Aufbau und Text des Buches beibehalten.

Freiburg i. Br., August 1995 M. Barner, F. Flohr

Inhalt

13 Stetige Abbildungen aus dem $\mathbb{R}^n$ in den $\mathbb{R}^m$

Funktionen von mehreren Variablen treten in inner- und außermathematischen Anwendungen überall auf; es ist daher notwendig, die in Bd. I behandelte Differential- und Integralrechnung auch für Funktionen mehrerer Variablen zu entwickeln. Da die Zielmenge ebenfalls oft mehrdimensional ist, betrachten wir allgemein *Abbildungen* aus dem $\mathbb{R}^n$ in den $\mathbb{R}^m$. Im Fall $m = 1$ verwenden wir statt Abbildung meistens die Bezeichnung *Funktion.*

Der $\mathbb{R}^n$ wird zwar als Vektorraum der n-Tupel reeller Zahlen eingeführt, jedoch macht die Vektorschreibweise deutlich, daß nur die Eigenschaften endlichdimensionaler normierter Vektorräume gebraucht werden.

Bei Stetigkeits- und Grenzwertbetrachtungen im $\mathbb{R}^1$ erweist sich der absolute Betrag reeller Zahlen als zweckmäßige Begriffsbildung. An seine Stelle tritt im $\mathbb{R}^n$ die *Norm* von Vektoren. Damit können die in Bd. I besprochenen topologischen Begriffe wie Umgebung, offene Menge, abgeschlossene Menge, kompakte Menge, stetige Abbildung, konvergente Folge, usw. in entsprechender Weise definiert werden; auch die Beweise können vielfach wörtlich übertragen werden. Da es sich also im wesentlichen um Wiederholungen handelt, können wir uns kurz fassen.

Unterschiede zum Fall $n = 1$ ergeben sich vor allem bei der Frage nach der Umkehrbarkeit von stetigen Abbildungen. Hier liegen die Verhältnisse keineswegs so einfach; z. B. ist der Brouwersche Fixpunktsatz für $n = 1$ eine unmittelbare Folgerung des Zwischenwertsatzes, während für $n \geqq 2$ tieferliegende Ergebnisse herangezogen werden müssen (vgl. S. 418).

Wie in Bd. I führen wir zur Behandlung der gleichmäßigen Konvergenz den Normbegriff auch für Abbildungen ein; die grundlegenden Sätze können dann genau so wie dort bewiesen werden. Der Weierstraßsche Approximationssatz erscheint hier in einem allgemeineren Rahmen als im ersten Band: Die *Sätze von Stone und Stone-Weierstraß* sind nicht auf die Frage der Approximierbarkeit durch ganzrationale Funktionen beschränkt. Sie zeigen deutlich, welche Eigenschaften wesentlich sind, damit eine beliebige stetige Abbildung durch stetige Abbildungen eines vorgegebenen Typs approximiert werden kann.

13.1 Der $\mathbb{R}^n$ als normierter Vektorraum, Konvergenz

Die Elemente des $\mathbb{R}^n$ sind die geordneten n-Tupel reeller Zahlen:

$$\mathbf{x} := (x_1, \ldots, x_n).$$

Mit der komponentenweisen Addition

$$\mathbf{x} + \mathbf{y} := (x_1 + y_1, \ldots, x_n + y_n)$$

und der komponentenweisen Multiplikation mit Skalaren

$$c\mathbf{x} := (cx_1, \ldots, cx_n)$$

ist der $\mathbb{R}^n$ ein *reeller Vektorraum* der Dimension n. Insbesondere bilden die Vektoren

$$\begin{aligned} \mathbf{e}_1 &:= (1, 0, \ldots, 0) \\ &\vdots \\ \mathbf{e}_n &:= (0, 0, \ldots, 1) \end{aligned}$$

eine Basis des $\mathbb{R}^n$; sie wird als *Standardbasis* bezeichnet.

Die für die Analysis grundlegenden Begriffe Konvergenz und Stetigkeit werden im Fall $n = 1$ mit Hilfe des absoluten Betrages eingeführt. Für $n > 1$ treten an dessen Stelle die Normfunktionen; diese stellen eine sinngemäße Verallgemeinerung des absoluten Betrages dar (vgl. Bd. I, S. 19 oben). Bei der Definition verwenden wir den Abbildungsbegriff.

Def.: *Hat die Funktion $N: \mathbb{R}^n \to \mathbb{R}$ die Eigenschaften*

(1) $N(\mathbf{x}) > 0$ *für* $\mathbf{x} \neq \mathbf{0}$

(2) $N(c\mathbf{x}) = |c| \cdot N(\mathbf{x})$

(3) $N(\mathbf{x} + \mathbf{y}) \leqq N(\mathbf{x}) + N(\mathbf{y})$ (*Dreiecksungleichung*),

so heißt N eine Norm *auf* $\mathbb{R}^n$.

Für $n = 1$ lassen sich alle Normen leicht angeben, nämlich $N(x) = a|x|$ mit beliebigem positivem a; für $n \geqq 2$ gibt es dagegen viele wesentlich verschiedene Möglichkeiten, die Bedingungen (1), (2), (3) zu erfüllen.

Häufig werden wir im folgenden mit der *Maximumsnorm* $\| \ \|$ arbeiten; sie wird erklärt durch

$$\|\mathbf{x}\| := \max\{|x_1|, \ldots, |x_n|\}.$$

Unmittelbar klar ist, daß (1) und (2) gelten; der Beweis von (3) ergibt sich mit Hilfe der Dreiecksungleichung für den absoluten Betrag wie folgt. Zunächst gilt für jedes i

$$|x_i| \leqq \|\mathbf{x}\| \quad \text{und} \quad |y_i| \leqq \|\mathbf{y}\|$$

und deshalb nach der Dreiecksungleichung

$$|x_i + y_i| \leqq |x_i| + |y_i| \leqq \|\mathbf{x}\| + \|\mathbf{y}\|.$$

Da für mindestens ein i die Gleichung $\|\mathbf{x} + \mathbf{y}\| = |x_i + y_i|$ richtig ist, ergibt sich die Behauptung

$$\|\mathbf{x} + \mathbf{y}\| \leqq \|\mathbf{x}\| + \|\mathbf{y}\|.$$

Eine von der Geometrie her naheliegende Norm ist die durch

$$|\mathbf{x}| := \sqrt{x_1^2 + \ldots + x_n^2}$$

erklärte *euklidische Norm*. Sie kann mit Hilfe des *Standardskalarprodukts*

$$x_1 y_1 + \ldots + x_n y_n,$$

das wir mit $\mathbf{x} \cdot \mathbf{y}$ oder auch mit $\langle \mathbf{x}, \mathbf{y} \rangle$ bezeichnen wollen, eingeführt werden durch

$$|\mathbf{x}| = \sqrt{\mathbf{x} \cdot \mathbf{x}}.$$

Wieder sind die Eigenschaften (1) und (2) unmittelbar einzusehen. Zum Beweis von (3) verwendet man die *Schwarzsche Ungleichung*

$$(\mathbf{x} \cdot \mathbf{y})^2 \leqq (\mathbf{x} \cdot \mathbf{x})(\mathbf{y} \cdot \mathbf{y}),$$

die sich leicht aus der Tatsache ergibt, daß das (für $\mathbf{x} \neq \mathbf{0}$) quadratische Polynom

$$(t\mathbf{x} + \mathbf{y}) \cdot (t\mathbf{x} + \mathbf{y}) = (\mathbf{x} \cdot \mathbf{x})t^2 + 2(\mathbf{x} \cdot \mathbf{y})t + (\mathbf{y} \cdot \mathbf{y})$$

keine zwei verschiedenen reellen Nullstellen haben kann, für die „Diskriminante" also $(\mathbf{x} \cdot \mathbf{y})^2 - (\mathbf{x} \cdot \mathbf{x})(\mathbf{y} \cdot \mathbf{y}) \leqq 0$ gelten muß. Um nun die Dreiecksungleichung

$$\sqrt{(\mathbf{x} + \mathbf{y}) \cdot (\mathbf{x} + \mathbf{y})} \leqq \sqrt{\mathbf{x} \cdot \mathbf{x}} + \sqrt{\mathbf{y} \cdot \mathbf{y}}$$

zu beweisen, geht man durch Quadrieren zu der äquivalenten Ungleichung

$$(\mathbf{x} \cdot \mathbf{x}) + 2(\mathbf{x} \cdot \mathbf{y}) + (\mathbf{y} \cdot \mathbf{y}) \leqq (\mathbf{x} \cdot \mathbf{x}) + 2\sqrt{(\mathbf{x} \cdot \mathbf{x})(\mathbf{y} \cdot \mathbf{y})} + (\mathbf{y} \cdot \mathbf{y})$$

über, die gleichbedeutend mit der Schwarzschen Ungleichung ist.

Aufgabe: Es sei $p \geqq 1$. Man zeige, daß durch

$$|\mathbf{x}|_p := (|x_1|^p + \ldots + |x_n|^p)^{\frac{1}{p}}$$

eine Norm auf $\mathbb{R}^n$ erklärt ist (vgl. Bd. I, S. 286, Aufg. 9).

Die in der Aufgabe erklärte Norm wird als l_p-Norm bezeichnet. Die l_2-Norm ist also die euklidische Norm; die Maximumsnorm kann als Grenzfall „$p = \infty$" betrachtet werden. Gelegentlich werden wir auch die l_1-Norm

$$|\mathbf{x}|_1 = |x_1| + \ldots + |x_n|$$

verwenden; diese bezeichnet man als *Oktaedernorm* (zu diesem Namen vgl. man die Bemerkung auf S. 20).

Wir haben die Normen als Verallgemeinerungen des absoluten Betrages eingeführt, um die Begriffe *Konvergenz* und *Stetigkeit* vom $\mathbb{R}^1$ auf den $\mathbb{R}^n$ übertragen zu können. Da es für $n \geqq 2$ jeweils beliebig viele Normfunktionen gibt, könnten die Definitionen von der Wahl der Normfunktionen abhängen. Tatsächlich ist dieses nicht der Fall, wie wir auf S. 15 beweisen werden.
Zunächst verwenden wir zur Definition der Konvergenz die Maximumsnorm.

Def.: *Die Folge* $(\mathbf{x}_k)$ *heißt* konvergent gegen $\mathbf{a}$, *wenn*

$$\lim_k \|\mathbf{x}_k - \mathbf{a}\| = 0$$

gilt. Man schreibt dann auch

$$\lim_k \mathbf{x}_k = \mathbf{a}.$$

Wie im eindimensionalen Fall zeigt man, daß eine Folge $(\mathbf{x}_k)$ nicht gegen zwei verschiedene Elemente $\mathbf{a}$ und $\mathbf{b}$ konvergieren kann. Wenn es ein $\mathbf{a}$ gibt, so daß $(\mathbf{x}_k)$ gegen $\mathbf{a}$ konvergiert, dann sagt man kurz, die Folge $(\mathbf{x}_k)$ sei konvergent.

Satz: *Die Folge* $(\mathbf{x}_k)$ *ist genau dann konvergent, wenn jede der* n *Komponentenfolgen* $(x_k^{(i)})$ *konvergiert.*

Der Beweis ergibt sich aus der Abschätzung

$$|x_k^{(i)} - a^{(i)}| \leqq \|\mathbf{x}_k - \mathbf{a}\| \leqq |x_k^{(1)} - a^{(1)}| + \ldots + |x_k^{(n)} - a^{(n)}|,$$

die für jedes $i = 1, \ldots, n$, gilt.

Notwendig und hinreichend für die Konvergenz einer Folge ist hiernach auch im $\mathbb{R}^n$ die *Cauchysche Konvergenzbedingung:*

Zu jedem $\varepsilon > 0$ existiert ein k_0 derart, daß für alle $k \geqq k_0$ und alle $p > 0$ gilt

$$\|\mathbf{x}_{k+p} - \mathbf{x}_k\| < \varepsilon .$$

Bemerkung: Für $n = 2$ haben wir die entsprechenden Aussagen schon in Bd. I (S. 192 ff.) bei der Diskussion der komplexen Zahlen erhalten.

Aufgabe: Man prüfe, welche der für konvergente reelle Zahlenfolgen geltenden Rechenregeln auf vektorwertige Folgen übertragen werden können.

Auch den Satz von Bolzano-Weierstraß für Folgen kann man vom $\mathbb{R}^1$ auf den $\mathbb{R}^n$ übertragen:

Jede beschränkte Folge $(\mathbf{x}_k)$ (d. h. es gilt $\|\mathbf{x}_k\| < r$) besitzt eine konvergente Teilfolge.

Zum Beweis betrachten wir die n Komponentenfolgen der Vektorfolge $(\mathbf{x}_k)$; diese sind jeweils beschränkte Zahlenfolgen. Nach dem Satz von Bolzano-Weierstraß (vgl. Bd. I, S. 119) besitzt die erste Komponentenfolge eine konvergente Teilfolge. Im nächsten Schritt gehen wir zu einer Teilfolge der Vektorfolge über, so daß außer der ersten auch die zweite Komponentenfolge konvergiert. Nach n Schritten erhalten wir so eine Vektorfolge mit der Eigenschaft, daß jede Komponentenfolge konvergiert.

Um zu zeigen, daß wir die Konvergenzdefinition statt mit der Maximumsnorm $\| \;\|$ ebensogut mit einer beliebigen Norm N hätten fassen können, beweisen wir die beiden Abschätzungen

$$N(\mathbf{x}) \leqq a\|\mathbf{x}\| \qquad \text{und} \qquad \|\mathbf{x}\| \leqq b\,N(\mathbf{x}).$$

Aus diesen beiden Abschätzungen ergibt sich unmittelbar, daß aus $\lim\limits_k \|\mathbf{x}_k - \mathbf{a}\| = 0$ folgt $\lim\limits_k N(\mathbf{x}_k - \mathbf{a}) = 0$ und umgekehrt.

Satz: *Zu jeder Norm N gibt es positive Zahlen a und b so, daß gilt*

$$N(\mathbf{x}) \leqq a\|\mathbf{x}\| \qquad \textit{und} \qquad \|\mathbf{x}\| \leqq b\,N(\mathbf{x})$$

für alle $\mathbf{x} \in \mathbb{R}^n$.

Beweis: Die Abschätzung links ergibt sich durch Anwendung von (1), (2), (3) und wegen $|x_i| \leqq \|\mathbf{x}\|$ folgendermaßen:

$$N(\mathbf{x}) = N(x_1\mathbf{e}_1 + \ldots + x_n\mathbf{e}_n) \leqq N(\mathbf{e}_1)|x_1| + \ldots + N(\mathbf{e}_n)|x_n|$$
$$\leqq (N(\mathbf{e}_1) + \ldots + N(\mathbf{e}_n))\|\mathbf{x}\|.$$

Also können wir $a = N(\mathbf{e}_1) + \ldots + N(\mathbf{e}_n)$ wählen.
Die Abschätzung rechts beweisen wir indirekt. Angenommen, es gäbe kein derartiges $b > 0$, so könnte man zu $b = 1, 2, 3, \ldots, k, \ldots$ jeweils einen Vektor $\mathbf{x}_k$ finden, so daß

$$\|\mathbf{x}_k\| > k\,N(\mathbf{x}_k)$$

richtig wäre. Nach (2) würde dann für $k = 1, 2, 3, \ldots$

$$N\left(\frac{\mathbf{x}_k}{\|\mathbf{x}_k\|}\right) < \frac{1}{k}$$

gelten. Für $\mathbf{y}_k = \dfrac{\mathbf{x}_k}{\|\mathbf{x}_k\|}$ hätte man also

$$N(\mathbf{y}_k) < \frac{1}{k}.$$

Hieraus ergibt sich ein Widerspruch. Denn wegen $\|\mathbf{y}_k\| = 1$ ist die Folge $(\mathbf{y}_k)$ beschränkt; es gibt also eine mit einem Grenzwert $\mathbf{z}$ konvergente Teilfolge $(\mathbf{z}_k)$, d. h. es gilt

$$\lim_k \|\mathbf{z}_k - \mathbf{z}\| = 0.$$

Mit der bereits bewiesenen Abschätzung $N(\mathbf{z} - \mathbf{z}_k) \leqq a\|\mathbf{z} - \mathbf{z}_k\|$ ergibt sich

$$N(\mathbf{z}) = N(\mathbf{z} - \mathbf{z}_k + \mathbf{z}_k) \leqq N(\mathbf{z} - \mathbf{z}_k) + N(\mathbf{z}_k) \leqq a\|\mathbf{z} - \mathbf{z}_k\| + N(\mathbf{z}_k).$$

Weiter folgt aus $N(\mathbf{y}_k) < \dfrac{1}{k}$, daß für die Teilfolge $(\mathbf{z}_k)$ gilt

$$\lim_k N(\mathbf{z}_k) = 0.$$

Es müßte also $N(\mathbf{z}) = 0$, d. h. $\mathbf{z} = \mathbf{0}$ sein.
Andererseits erhält man aus $\mathbf{z}_k = \mathbf{z} + (\mathbf{z}_k - \mathbf{z})$ wegen $\|\mathbf{z}_k\| = 1$ die Ungleichung

$$1 \leqq \|\mathbf{z}\| + \|\mathbf{z}_k - \mathbf{z}\|,$$

aus der $\|\mathbf{z}\| \geqq 1$, also $\mathbf{z} \neq \mathbf{0}$, folgen würde. Widerspruch!
Damit ist bewiesen, daß es ein positives b gibt, so daß für alle $\mathbf{x} \in \mathbb{R}^n$ die Abschätzung

$$\|\mathbf{x}\| \leqq b N(\mathbf{x})$$

gültig ist.

Um dieses Ergebnis etwas allgemeiner zu fassen und in einen systematischen Zusammenhang einzuordnen, definieren wir:

Die Norm N' heißt äquivalent zur Norm N, wenn es positive Zahlen a, b gibt derart, daß für alle $\mathbf{x} \in \mathbb{R}^n$ gilt:

$$a N(\mathbf{x}) \leqq N'(\mathbf{x}) \leqq b N(\mathbf{x}).$$

Es gilt der

Satz: *Je zwei Normen auf $\mathbb{R}^n$ sind äquivalent.*

Da wir bereits gezeigt haben, daß eine beliebige Norm N zur Maximumsnorm äquivalent ist, müssen wir uns nur noch überlegen, daß es sich bei der Äquivalenz von Normen wirklich um eine Äquivalenzrelation handelt:

1. Offenbar ist jede Norm zu sich selbst äquivalent.
2. Aus $a N(\mathbf{x}) \leqq N'(\mathbf{x}) \leqq b N(\mathbf{x})$ folgt die Ungleichung

$$\frac{1}{b} N'(\mathbf{x}) \leqq N(\mathbf{x}) \leqq \frac{1}{a} N'(\mathbf{x}).$$

3. Mit $a N(\mathbf{x}) \leqq N'(\mathbf{x}) \leqq b N(\mathbf{x})$ und $a' N'(\mathbf{x}) \leqq N''(\mathbf{x}) \leqq b' N'(\mathbf{x})$ gilt die Ungleichung

$$a a' N(\mathbf{x}) \leqq N''(\mathbf{x}) \leqq b b' N(\mathbf{x}).$$

Zum Beispiel sind Maximumsnorm und euklidische Norm zueinander äquivalent; es gilt in diesem Fall (Aufgabe!)

$$\|\mathbf{x}\| \leqq |\mathbf{x}| \leqq \sqrt{n}\, \|\mathbf{x}\|.$$

Eine *unendliche Reihe* $\sum_{j=1}^{\infty} \mathbf{x}_j$ ist – wie für $n = 1$ – erklärt als Folge $(\mathbf{s}_k)$ mit

$$\mathbf{s}_k = \sum_{j=1}^{k} \mathbf{x}_j,$$

also als Folge von „Teilsummen“. Falls $\lim_k \mathbf{s}_k$ existiert, wird dieser Grenzwert als *Summe* der Reihe bezeichnet. Man schreibt dann auch

$$\mathbf{s} = \sum_{k=1}^{\infty} \mathbf{x}_k.$$

Eine Reihe ist nach S.12 genau dann konvergent, wenn ihre n Komponentenreihen konvergent sind.

Sinngemäß heißt eine Reihe $\sum_{k=1}^{\infty} \mathbf{x}_k$ *absolut konvergent* (auch „norm-konvergent"), wenn die Reihe

$$\sum_{k=1}^{\infty} \|\mathbf{x}_k\|,$$

deren Glieder nichtnegative reelle Zahlen sind, konvergiert. Jede absolut konvergente Reihe konvergiert auch im gewöhnlichen Sinn, wie sich unmittelbar aus der Abschätzung

$$\left\| \sum_{j=k+1}^{k+p} \mathbf{x}_j \right\| \leqq \sum_{j=k+1}^{k+p} \|\mathbf{x}_j\|$$

mit Hilfe des Cauchy-Kriteriums ergibt.

Eine Reihe ist genau dann absolut konvergent, wenn ihre n Komponentenreihen absolut konvergieren.

Bei der Konvergenzdefinition für Reihen ist – wie im Fall $n = 1$ – die „Reihenfolge" der Glieder wesentlich (man vgl. Bd. I, S. 149). Liegt jedoch absolute Konvergenz vor, so erhält man bei jeder Umordnung dieselbe Summe, da dies für jede der Komponentenreihen gilt.

Bemerkung: Die in diesem Abschnitt eingeführten Begriffe und Ergebnisse sind so gefaßt, daß sie nicht nur für den $\mathbb{R}^n$, sondern entsprechend für beliebige endlichdimensionale reelle Vektorräume gelten. Dies ist durch die verwendete „koordinatenfreie" Schreibweise unmittelbar ersichtlich. Wir werden im folgenden jedoch auch weiterhin das konkrete Modell $\mathbb{R}^n$ zugrundelegen, da dies keine wesentliche Einschränkung bedeutet.

Aufgaben

1. Es sei $\| \ \|$ eine beliebige Norm im $\mathbb{R}^n$. Man beweise die folgenden Ungleichungen:

   (a) $\big| \|\mathbf{x}\| - \|\mathbf{y}\| \big| \leqq \|\mathbf{x} + \mathbf{y}\|$

(b) $\|\mathbf{x}+\mathbf{y}\| + \|\mathbf{x}-\mathbf{y}\| \geqq \|\mathbf{x}\| + \|\mathbf{y}\|$

(c) $$\|\mathbf{x}_1\| - \|\mathbf{x}_2\| - \ldots - \|\mathbf{x}_k\| \leqq \|\mathbf{x}_1 + \mathbf{x}_2 + \ldots + \mathbf{x}_k\| \leqq \|\mathbf{x}_1\| + \|\mathbf{x}_2\| + \ldots + \|\mathbf{x}_k\|.$$

2. Es sei $N(\mathbf{x})$ durch

$$N(\mathbf{x}) = \sqrt{\sum_{i=1}^{n} \sum_{j=1}^{n} c_{ij} x_i x_j} \qquad (c_{ij} = c_{ji})$$

erklärt, wobei vorausgesetzt wird, daß der Radikand keine negativen Werte annimmt. Man zeige, daß die Eigenschaften (2) und (3) einer Normfunktion erfüllt sind („Seminorm"). Nimmt der Radikand für $\mathbf{x} \neq \mathbf{0}$ nur positive Werte an, so handelt es sich um eine Normfunktion. In diesem Fall entsteht die Norm aus einem verallgemeinerten Skalarprodukt

$$\langle \mathbf{x}, \mathbf{y} \rangle = \sum_{i=1}^{n} \sum_{j=1}^{n} c_{ij} x_i y_j,$$

wie die euklidische Norm aus dem Standardskalarprodukt (verallgemeinerte euklidische Norm).

3. Man beweise für eine beliebige euklidische Norm $|\ \ |$ die Gültigkeit folgender Ungleichungen

(a) $\langle \mathbf{x}, \mathbf{y} \rangle^2 \leqq |\mathbf{x}|^2 |\mathbf{y}|^2$ (Schwarzsche Ungleichung)

(b) $|\mathbf{x}+\mathbf{y}|^2 + |\mathbf{x}-\mathbf{y}|^2 = 2|\mathbf{x}|^2 + 2|\mathbf{y}|^2$ (Parallelogramm-Identität)

(c) $|\mathbf{x}| + |\mathbf{y}| + |\mathbf{z}| + |\mathbf{x}+\mathbf{y}+\mathbf{z}| \geqq |\mathbf{x}+\mathbf{y}| + |\mathbf{y}+\mathbf{z}| + |\mathbf{z}+\mathbf{x}|$. (Ungleichung von Hornich-Hlawka)

4. Die Folge $(\mathbf{x}_k)$ sei konvergent. Man zeige, daß die Folge $(\mathbf{y}_k)$ mit

$$\mathbf{y}_k = \frac{1}{k}(\mathbf{x}_1 + \ldots + \mathbf{x}_k)$$

konvergiert und denselben Grenzwert wie die Folge $(\mathbf{x}_k)$ besitzt. Weiter prüfe man, für welche $\alpha \in \mathbb{R}$ die Folge komplexer Zahlen

$$z_k = \exp i\alpha k$$

bzw. die daraus gebildete Folge

$$w_k = \frac{1}{k}(z_1 + \ldots + z_k)$$

konvergiert.

5. Nach dem Satz von S.15 gibt es positive Konstante a, b derart, daß

$$a\|\mathbf{x}\| \leqq |\mathbf{x}|_p \leqq b\|\mathbf{x}\|$$

gilt (dabei sei $|\ \ |_p$ die l_p-Norm und $\|\ \ \|$ die Maximums-Norm). Welches sind die bestmöglichen Werte für a, b?
Man beantworte die entsprechende Frage auch für

$$a|\mathbf{x}|_1 \leqq |\mathbf{x}|_p \leqq b|\mathbf{x}|_1 .$$

6. Für welche $\mathbf{x} \neq \mathbf{0}$, $\mathbf{y} \neq \mathbf{0}$ gilt die Gleichheit in der Dreiecksungleichung? Man untersuche diese Frage insbesondere für die euklidische Norm und die Maximums-Norm.
7. Man zeige, daß die euklidischen Normen durch die Gültigkeit der Parallelogramm-Identität

$$\|\mathbf{x}+\mathbf{y}\|^2 + \|\mathbf{x}-\mathbf{y}\|^2 = 2\|\mathbf{x}\|^2 + 2\|\mathbf{y}\|^2$$

gekennzeichnet werden.
(Anleitung: Man beweise zunächst, daß die Funktion

$$\langle \mathbf{x}, \mathbf{y}\rangle := \|\mathbf{x}+\mathbf{y}\|^2 - \|\mathbf{x}-\mathbf{y}\|^2$$

die Eigenschaften $\langle \mathbf{x}+\mathbf{z}, \mathbf{y}\rangle = \langle \mathbf{x}, \mathbf{y}\rangle + \langle \mathbf{z}, \mathbf{y}\rangle$ und $\langle \mathbf{x}, \mathbf{y}\rangle = \langle \mathbf{y}, \mathbf{x}\rangle$ besitzt. Weiter folgere man $\langle c\mathbf{x}, \mathbf{y}\rangle = c\langle \mathbf{x}, \mathbf{y}\rangle$ für rationales c und schließlich für reelles c.)
8. Wenn N_1 eine Norm im $\mathbb{R}^n$ und N_2 eine Norm im $\mathbb{R}^m$ ist, dann sind durch

(a) $N(\mathbf{x}, \mathbf{y}) = N_1(\mathbf{x}) + N_2(\mathbf{y})$

(b) $N(\mathbf{x}, \mathbf{y}) = \sqrt{N_1(\mathbf{x})^2 + N_2(\mathbf{y})^2}$

(c) $N(\mathbf{x}, \mathbf{y}) = \max\{N_1(\mathbf{x}), N_2(\mathbf{y})\}$

Normen im $\mathbb{R}^n \times \mathbb{R}^m$ erklärt.
9. Wenn $\sigma: \mathbb{N} \to \mathbb{N}$ eine Bijektion ist, dann heißt die Reihe $\sum_{k=1}^{\infty} \mathbf{x}_{\sigma(k)}$ eine Umordnung der Reihe $\sum_{k=1}^{\infty} \mathbf{x}_k$. Man beweise, daß $\sum_{k=1}^{\infty} \mathbf{x}_k$ genau dann normkonvergent ist, wenn jede ihrer Umordnungen konvergiert.
10. Reihen der Form $\sum_{k=1}^{\infty} \varepsilon(k)\mathbf{x}_k$ mit $\varepsilon(k) = 0$ oder 1 seien als „Teilreihen" von

$\sum_{k=1}^{\infty} \mathbf{x}_k$ bezeichnet. Man beweise, daß $\sum_{k=1}^{\infty} \mathbf{x}_k$ genau dann norm-konvergent ist, wenn jede ihrer Teilreihen konvergiert.

11. (a) Es sei (c_k) eine monotone und beschränkte Zahlenfolge und die Reihe $\sum_{k=1}^{\infty} \mathbf{x}_k$ sei konvergent. Dann ist auch die Reihe $\sum_{k=1}^{\infty} c_k \mathbf{x}_k$ konvergent.

    (b) Es sei (c_k) eine monotone Nullfolge und die Folge der Teilsummen von $\sum_{k=1}^{\infty} \mathbf{x}_k$ sei beschränkt. Dann ist $\sum_{k=1}^{\infty} c_k \mathbf{x}_k$ konvergent.

    Anleitung: Man verwende die Methode der „partiellen Summation“ (vgl. Bd. I, S. 317).

12. Man zeige, daß durch

$$\|f\| = \max_{x \in [0,1]} |f(x)|$$

bzw.

$$|f| = \sqrt{\int_0^1 |f(x)|^2 dx}$$

jeweils eine Norm auf dem unendlichdimensionalen Vektorraum $\mathfrak{C}([0,1])$ der in $[0,1]$ stetigen Funktionen erklärt ist. Sind diese beiden Normen äquivalent?

13.2 Topologie des $\mathbb{R}^n$

Der Umgebungsbegriff wurde in $\mathbb{R}$ mit Hilfe des absoluten Betrages erklärt. Entsprechend verwenden wir zur Einführung des Umgebungsbegriffs im $\mathbb{R}^n$ Normfunktionen. Die nichtnegative Zahl $\|\mathbf{x} - \mathbf{y}\|$ kann geometrisch als *Abstand* der beiden Punkte $\mathbf{x}, \mathbf{y}$ gedeutet werden.
In der folgenden Definition verwenden wir zunächst die Maximumsnorm.

Def.: *Es sei* $\varepsilon > 0$ *und* $\mathbf{a} \in \mathbb{R}^n$. *Die Menge*

$$U(\mathbf{a}, \varepsilon) = \{\mathbf{x} \mid \|\mathbf{x} - \mathbf{a}\| < \varepsilon\}$$

heißt ε-Umgebung *von* **a** *oder „Kugel um* **a** *vom Radius* ε“ *(bezüglich der Maximumsnorm).*
Jede Obermenge einer ε*-Umgebung von* **a** *nennt man* Umgebung *von* **a**.

Für $n = 2$ (bzw. $n = 3$) ist eine solche ε-Umgebung ein achsenparalleles Quadrat (bzw. ein Würfel) der Seitenlänge 2ε mit dem Mittelpunkt $\mathbf{a}$ (vgl. Figur).

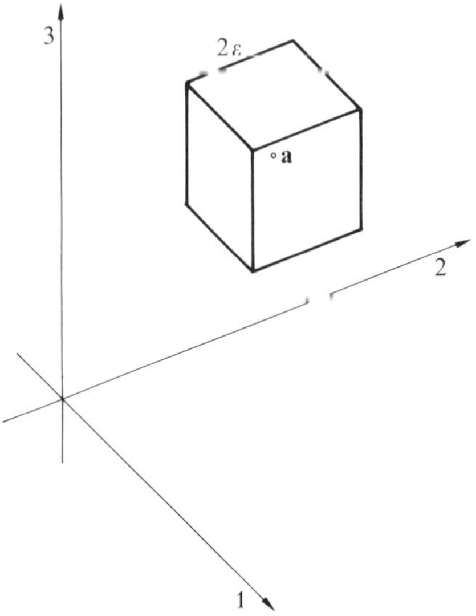

Bemerkung: Für die euklidische Norm ergibt die entsprechende Definition als Umgebungen „gewöhnliche“ Kugeln; allgemein erhält man bei beliebiger Norm *konvexe* Mengen, die $\mathbf{a}$ als Mittelpunkt besitzen (vgl. S. 31). Welche konvexe Mengen erhält man für die l_1-Norm im $\mathbb{R}^2$ und im $\mathbb{R}^3$?

Die Tatsache, daß jede Norm N auf dem $\mathbb{R}^n$ äquivalent zur Maximumsnorm ist, bedeutet folgendes für die entsprechend mit der Norm N definierten Umgebungen (vgl. Figur): Die „N-Kugel“ vom Radius ε um den Ursprung $\mathbf{0}$ ist enthalten in einer $\| \ \|$-Kugel um $\mathbf{0}$ vom Radius $\frac{\varepsilon}{a}$, denn für jedes $\mathbf{x}$ mit $N(\mathbf{x}) < \varepsilon$ folgt wegen $a\|\mathbf{x}\| \leqq N(\mathbf{x})$ die Ungleichung

$$\|\mathbf{x}\| < \frac{\varepsilon}{a}.$$

Andererseits enthält die N-Kugel vom Radius ε um $\mathbf{0}$ die $\| \ \|$-Kugel um $\mathbf{0}$ vom Radius $\frac{\varepsilon}{b}$, denn für jedes $\mathbf{x}$ mit $\|\mathbf{x}\| < \frac{\varepsilon}{b}$ folgt wegen $N(\mathbf{x}) \leqq b\|\mathbf{x}\|$ die Ungleichung

$$N(\mathbf{x}) < \varepsilon.$$

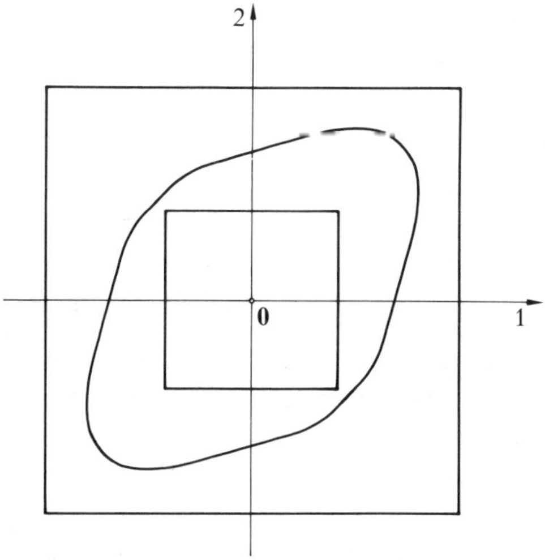

Damit ist gezeigt, daß der allgemeine Umgebungsbegriff unabhängig von der gewählten Norm ist.
Im folgenden verwenden wir das Zeichen $\| \ \|$ in der Regel für eine beliebige Norm.

Bemerkung: Die Definition der Konvergenz einer Folge (bzw. Reihe) kann jetzt auch – wie üblich – mit Hilfe des Umgebungsbegriffs formuliert werden. Daß eine Folge nur einen Grenzwert haben kann, ergibt sich daraus, daß zwei verschiedene Punkte disjunkte Umgebungen besitzen ($\mathbb{R}^n$ ist ein sogenannter Hausdorff-Raum).

Der Umgebungsbegriff ermöglicht es, grundlegende topologische Begriffe, wie z. B. innerer Punkt, Häufungspunkt, Randpunkt, offene Menge, abgeschlossene Menge, entsprechend wie in $\mathbb{R}$ (vgl. Bd. I, S. 222) zu definieren.
Der Punkt $\mathbf{x} \in \mathbb{R}^n$ heißt *innerer Punkt* der Teilmenge M des $\mathbb{R}^n$, wenn es eine Umgebung von $\mathbf{x}$ gibt, die in M enthalten ist.
Der Punkt $\mathbf{x} \in \mathbb{R}^n$ heißt *Häufungspunkt* der Teilmenge M des $\mathbb{R}^n$, wenn in jeder Umgebung von $\mathbf{x}$ ein Punkt von M liegt, der von $\mathbf{x}$ verschieden ist.
Der Punkt $\mathbf{x} \in \mathbb{R}^n$ heißt *Randpunkt* der Teilmenge M des $\mathbb{R}^n$, wenn in jeder Umgebung von $\mathbf{x}$ mindestens ein Punkt von M und mindestens ein Punkt des Komplements von M liegt.
Dabei ist es gleichgültig, welche Norm man zur Erklärung der ε-Umgebung verwendet hat; dies zeigt die oben beschriebene Beziehung zwischen den ε-Umgebungen zu verschiedenen Normen unmittelbar.

Eine Menge $M \subset \mathbb{R}^n$, die nur aus inneren Punkten besteht, heißt *offen*. Eine Menge $M \subset \mathbb{R}^n$, die alle ihre Häufungspunkte enthält, heißt *abgeschlossen*. Das Komplement einer offenen Menge ist abgeschlossen, das Komplemement einer abgeschlossenen Menge ist offen. Die einzigen zugleich offenen und abgeschlossenen Teilmengen des $\mathbb{R}^n$ sind die leere Menge und der $\mathbb{R}^n$ selbst.
Grundlegend ist der folgende

Satz: *Die Vereinigung eines* beliebigen *Systems offener Mengen ist offen. Der Durchschnitt eines* endlichen *Systems offener Mengen ist offen.*

Der Beweis ergibt sich unmittelbar aus den angegebenen Definitionen. Für den zweiten Teil des Satzes verwendet man, daß der Durchschnitt von endlich vielen Kugeln mit demselben Mittelpunkt die Kugel mit dem kleinsten Radius ist.

Entsprechend gilt der

Satz: *Der Durchschnitt eines* beliebigen *Systems abgeschlossener Mengen ist abgeschlossen.*
Die Vereinigung eines endlichen *Systems abgeschlossener Mengen ist abgeschlossen.*

Ein einfaches Beispiel für eine abgeschlossene Menge ist der abgeschlossene Quader

$$[\mathbf{a}, \mathbf{b}] := \{\mathbf{x} \,|\, a_i \leqq x_i \leqq b_i, i = 1, \ldots, n\}.$$

Er ist das cartesische Produkt von n abgeschlossenen Intervallen und wird deshalb auch abgeschlossenes n-dimensionales Intervall genannt. Sind alle „Kantenlängen" $b_i - a_i$ gleich, so hat man einen n-dimensionalen Würfel. Würfel können – wie wir gesehen haben – auch mit Hilfe der Maximumsnorm beschrieben werden:

$$\|\mathbf{x} - \mathbf{c}\| \leqq r.$$

Dabei ist $\mathbf{c}$ der Mittelpunkt und $2r$ die Kantenlänge des Würfels.
Entsprechend werden die durch

$$a_i < x_i < b_i, \qquad i = 1, \ldots, n$$

bzw. $$\|\mathbf{x} - \mathbf{c}\| < r$$

festgelegten offenen Mengen als offene Quader bzw. offene Würfel bezeichnet.

Ein komplizierteres Beispiel einer offenen Menge (im $\mathbb{R}^2$) erhält man folgendermaßen: Im ersten Konstruktionsschritt nimmt man das „mittlere" offene

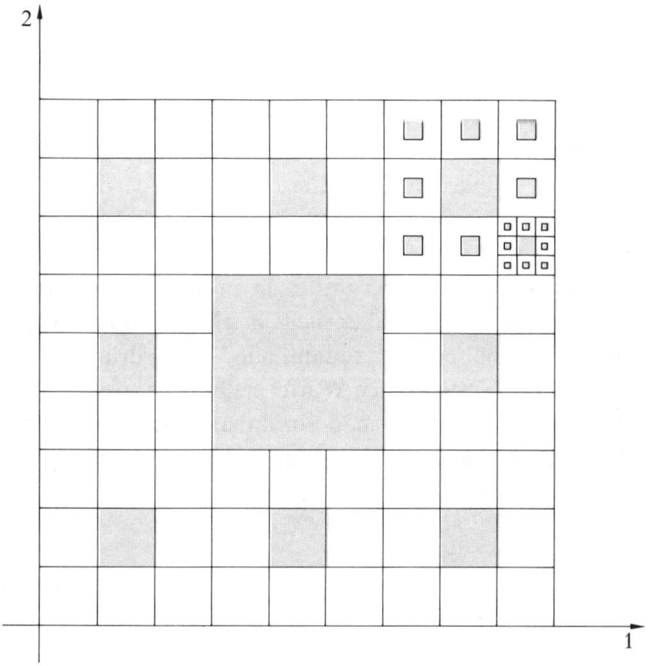

Quadrat der Seitenlänge $\frac{1}{3}$, das im abgeschlossenen Einheitsquadrat Q des $\mathbb{R}^2$ enthalten ist (vgl. Figur). Entsprechend geht man im zweiten Schritt mit den verbleibendèn 8 abgeschlossenen Quadraten der Seitenlänge $\frac{1}{3}$ vor, indem man aus jedem wiederum das mittlere offene Quadrat der Seitenlänge $\frac{1}{9}$ entnimmt. Durch Fortsetzung dieses Verfahrens erhält man abzählbar viele offene (paarweise disjunkte) Quadrate. Ihre Vereinigung ist eine offene Teilmenge M des abgeschlossenen Einheitsquadrats Q; die Menge $Q \backslash M =: C$ wollen wir als Cantorsche Menge bezeichnen. (Sie ist ein zweidimensionales Analogon der in $[0, 1]$ enthaltenen Cantorschen Menge, vgl. Bd. I, S.231, Aufg. 9). Diese Menge C ist abgeschlossen. C ist gleich der Menge der Randpunkte von M. Jeder Punkt von Q ist Häufungspunkt von M.

Die Struktur beliebiger offener Mengen wird durch den folgenden Satz (den wir später in der Maßtheorie verwenden) beschrieben:

Satz: *Jede offene Menge $M \subset \mathbb{R}^n$ ist Vereinigung von abzählbar unendlich vielen abgeschlossenen Würfeln, die paarweise keine inneren Punkte gemeinsam haben.*

Die Beweisidee besteht darin, die offenen Menge M von innen her durch Würfel auszuschöpfen.
Im ersten Schritt betrachten wir dazu die Würfel der Kantenlänge 1, deren Eckpunkte die Gitterpunkte des $\mathbb{R}^n$, d. h. die Punkte mit ganzzahligen Koordinaten, sind. Wir bezeichnen sie als Würfel erster Stufe. Aus ihnen entstehen die Würfel zweiter Stufe durch Halbierung der Seiten, aus diesen wiederum entsprechend die Würfel dritter Stufe usw. Insgesamt gibt es nur abzählbar unendlich viele solcher Würfel.
Nun nehmen wir alle Würfel erster Stufe, die in M enthalten sind, weiter alle Würfel zweiter Stufe, die in M, aber nicht in einem schon herausgegriffenen Würfel erster Stufe enthalten sind, sodann alle Würfel dritter Stufe, die in M, aber nicht in den schon verwendeten Würfel erster oder zweiter Stufe enthalten sind, usw. (vgl. Figur). So erhält man abzählbar viele Würfel, deren Vereinigungsmenge in der gegebenen offenen Menge M enthalten ist.

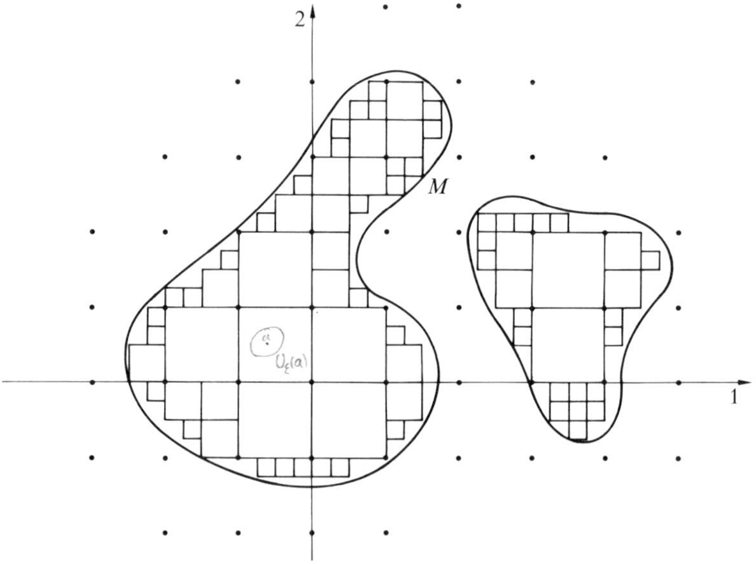

Nach Konstruktion haben je zwei dieser Würfel keine inneren Punkte gemeinsam. Es ist nun noch zu zeigen, daß jeder Punkt $\mathbf{a}$ von M in mindestens einem der ausgewählten Würfel liegt. Da M offen ist, gibt es zu $\mathbf{a}$ eine ε-Umgebung, die in M enthalten ist. Andererseits gibt es zu jedem k (mindestens) einen Würfel k-ter Stufe, dem $\mathbf{a}$ angehört. Für genügend großes k ist jeder solche Würfel in der

dieser Würfel muß allerdings nicht in M liegen !!!!
Erst wenn k genügend groß ist liegt er in $U_\varepsilon(a)$ und damit auch in M. !!!!

genannten ε-Umgebung enthalten. Alle diese Würfel sind aber in der oben konstruierten Vereinigungsmenge enthalten.

In $\mathbb{R}$ hat man mit den Intervallschachtelungen ein zweckmäßiges Hilfsmittel, um die Existenz von Punkten mit vorgegebener Eigenschaft (etwa die Existenz von Nullstellen einer Funktion) zu zeigen. Wir beweisen hier den entsprechenden Satz nicht nur für n-dimensionale abgeschlossene Intervalle, sondern allgemeiner gleich für beliebige abgeschlossene Mengen. Die Bedingung, daß die Folgen der Kantenlängen sämtlich Nullfolgen sind, wird dazu ersetzt durch die Forderung, daß die Folge der Durchmesser der abgeschlossenen Mengen eine Nullfolge ist. Dabei versteht man unter dem *Durchmesser* einer beliebigen beschränkten Menge $M \subset \mathbb{R}^n$ die nichtnegative Zahl

$$\delta(M) := \sup_{\mathbf{x}, \mathbf{y} \in M} \|\mathbf{y} - \mathbf{x}\|.$$

Der Durchmesser hängt natürlich von der verwendeten Norm ab; beispielsweise ist der Durchmesser des Quadrates $\|\mathbf{x}\| \leqq 1$ im $\mathbb{R}^2$ bezüglich der Maximumsnorm gleich 2, während sein Durchmesser bezüglich der euklidischen Norm gleich $2\sqrt{2}$ ist.

Satz: *Es sei (A_k) eine absteigende Folge von beschränkten abgeschlossenen (nichtleeren) Mengen des $\mathbb{R}^n$, deren Durchmesser eine Nullfolge bilden, d. h. es gelte:*

$$A_1 \supset A_2 \supset A_3 \supset \ldots \supset A_k \supset \ldots$$

und $\lim\limits_{k} \delta(A_k) = 0$.

Dann gibt es genau einen Punkt $\mathbf{x}$, der allen Mengen A_k angehört:

$$\bigcap_{k=1}^{\infty} A_k = \{\mathbf{x}\}.$$

(*Satz von Cantor*)

Beweis: Wählt man aus jeder Menge A_k beliebig einen Punkt $\mathbf{x}_k$ aus, so erhält man eine Cauchy-Folge, denn es gilt wegen $A_{k+p} \subset A_k$ für jedes $p \geqq 0$ die Abschätzung

$$\|\mathbf{x}_{k+p} - \mathbf{x}_k\| \leqq \delta(A_k).$$

Also konvergiert die Folge $(\mathbf{x}_k)$; ihr Grenzwert sei $\mathbf{x}$.

Der Punkt $\mathbf{x}$ gehört allen Mengen A_k an. Würde $\mathbf{x}$ nämlich für ein k_0 nicht zu A_{k_0} und damit nicht zu allen folgenden Mengen A_h gehören, so gäbe es eine Umgebung von $\mathbf{x}$, die frei wäre von Elementen dieser Mengen A_k. Dies widerspricht der Tatsache, daß die Folge $(\mathbf{x}_k)$ gegen $\mathbf{x}$ konvergiert.
Somit ist $\mathbf{x}$ ein Punkt des Durchschnitts aller A_k, und zwar der einzige; dies folgt aus der Voraussetzung $\lim\limits_k \delta(A_k) = 0$.

Kompakte Mengen

Die Bedeutung dieses Begriffs zeigt sich bei der Untersuchung der Eigenschaften stetiger Abbildungen (vgl. hierzu Bd. I, S. 232 und den folgenden Abschnitt 13.3 in diesem Band). Für die hier betrachteten (endlichdimensionalen) Räume $\mathbb{R}^n$ kommen verschiedene Definitionsmöglichkeiten in Betracht. Wir beweisen dazu den

Satz: *Es sei M eine Teilmenge des $\mathbb{R}^n$. Dann sind die folgenden Aussagen äquivalent.*

(1) *M ist beschränkt und abgeschlossen.*

(2) *Aus jeder Überdeckung von M mit offenen Mengen lassen sich endlich viele dieser Mengen so auswählen, daß M von ihnen überdeckt wird („M hat die Heine-Borel-Eigenschaft“).*

(3) *Jede unendliche Teilmenge von M besitzt einen Häufungspunkt in M.*

Beweis: Wir zeigen, daß gilt $(1) \Rightarrow (2) \Rightarrow (3) \Rightarrow (1)$.

Zum Beweis der Implikation $(1) \Rightarrow (2)$ verwenden wir das Halbierungsverfahren. Da M beschränkt ist, gibt es einen abgeschlossenen Würfel W, der M enthält. Nehmen wir nun an, daß es eine offene Überdeckung $\mathfrak{U}$ von M gibt, die nicht die Heine-Borel-Eigenschaft besitzt, so gelangen wir auf folgende Weise zu

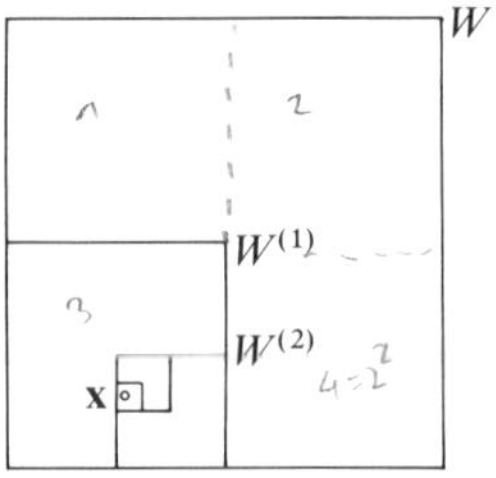

Dass dies möglich ist, beweist man durch vollst. Induktion über n. Mit jeder neuen Koordinate verdoppelt sich die Anzahl der vorhandenen Würfel niederer Dimension!

einem Widerspruch: Wir teilen W in 2^n abgeschlossene Würfel, die alle die halbe Kantenlänge von W besitzen (vgl. die Figur für den Fall $n = 2$). Nach Annahme hat dann mindestens einer dieser Würfel die Eigenschaft, daß der Durchschnitt von M mit diesem Würfel nicht mit endlich vielen Mengen von $\mathfrak{U}$ überdeckt werden kann. Wir wählen einen solchen Würfel und nennen ihn $W^{(1)}$. Durch Fortsetzung dieses Auswahlverfahrens gelangen wir zu einer Folge $(W^{(k)})$ von abgeschlossenen Würfeln mit den Eigenschaften:

(i) $W \supset W^{(1)} \supset \ldots \supset W^{(k)} \supset \ldots$

(ii) $\lim\limits_{k} \delta(W^{(k)}) = 0$.

(iii) Für jedes k kann $M \cap W^{(k)}$ nicht mit endlich vielen Mengen von $\mathfrak{U}$ überdeckt werden.

Hieraus ergibt sich nun ein Widerspruch: Die Folge der Mengen $M \cap W^{(k)}$ erfüllt die Voraussetzungen des Satzes von Cantor (vgl. S. 25). Es gibt also genau einen Punkt $\mathbf{x}$, der zu allen Mengen $M \cap W^{(k)}$ und damit zu M gehört. Nach Voraussetzung gibt es eine offene Menge U aus $\mathfrak{U}$ mit $\mathbf{x} \in U$. Für alle genügend großen k sind die Würfel $W^{(k)}$ in U enthalten, da $\mathbf{x}$ innerer Punkt von U ist. Zur Überdeckung von $M \cap W^{(k)}$ genügt für alle diese k also eine einzige offene Menge U der betrachteten Überdeckung $\mathfrak{U}$ von M, während doch nach (iii) hierzu unendlich viele Mengen aus $\mathfrak{U}$ erforderlich sind.

Die Implikation (2) $\Rightarrow$ (3) beweisen wir ebenfalls indirekt. Dazu nehmen wir an, daß M eine unendliche Teilmenge A besitzt, die keinen Häufungspunkt in M hat. Um jeden Punkt von A gibt es dann eine offene Kugel, die keinen weiteren Punkt von A enthält, und um jeden Punkt von $M \backslash A$ gibt es eine offene Kugel, die frei ist von Punkten der Menge A. Die Menge aller dieser offenen Kugeln überdeckt M. Da M nach Voraussetzung die Heine-Borel-Eigenschaft besitzt, genügen endlich viele dieser offenen Kugeln zur Überdeckung von M und damit von A. Da jede dieser Kugeln höchstens einen Punkt von A enthält, müßte A endlich sein. Dies steht im Widerspruch zur Annahme, daß A unendlich ist.

Schließlich ergibt sich die Implikation (3) $\Rightarrow$ (1) folgendermaßen: Wäre M nicht beschränkt, dann gäbe es zu jeder natürlichen Zahl k einen Punkt $\mathbf{x}_k$ in M mit

$$\|\mathbf{x}_k\| \geqq k\,.$$

Die abzählbar unendliche Menge A dieser Punkte hat keinen Häufungspunkt $\mathbf{y}$, denn es müßten anderenfalls unendlich viele Elemente von A etwa in der 1-Um-

gebung von $\mathbf{y}$, d.h. erst recht in der Kugel $\|\mathbf{x}\| < 1 + \|\mathbf{y}\|$ liegen. Dies ist nach Konstruktion von A unmöglich. Somit ist M beschränkt.
Wäre M nicht abgeschlossen, dann gäbe es einen Häufungspunkt $\mathbf{x}$ von M, der nicht zu M gehört. Zu jeder natürlichen Zahl $k \geqq 1$ gäbe es dann einen Punkt $\mathbf{x}_k$ in M mit

$$\|\mathbf{x}_k - \mathbf{x}\| < \frac{1}{k}.$$

Die abzählbar unendliche Menge A dieser Punkte hat genau einen Häufungspunkt in $\mathbb{R}^n$, nämlich $\mathbf{x}$. Nach Voraussetzung (3) gehört dieser Häufungspunkt von $A \subset M$ aber zu M. Widerspruch! Also muß M abgeschlossen sein.
Damit ist die Äquivalenz der drei in dem Satz formulierten Eigenschaften bewiesen.

Es ist hiernach möglich, für die Teilmengen des $\mathbb{R}^n$ die *Kompaktheit* durch jede dieser drei Eigenschaften zu definieren. Bei der Durchführung von Beweisen wird man häufig die Eigenschaften (2) oder (3) verwenden; um nachzuweisen, daß eine Teilmenge M des $\mathbb{R}^n$ kompakt ist, wird man dagegen in der Regel zeigen, daß sie beschränkt und abgeschlossen ist.

Bemerkung: In normierten Vektorräumen unendlicher Dimension ist (1) nicht äquivalent zu (2) bzw. (3), vgl. hierzu Aufg. 16. Es ist heute weitgehend üblich, Kompaktheit durch die Eigenschaft (2) zu definieren, weil diese auch in allgemeinen topologischen Räumen sinnvoll ist und beweistechnische Vorteile besitzt.

Eine weitere Eigenschaft, die für Teilmengen des $\mathbb{R}^n$ mit (1), (2), (3) gleichbedeutend ist, hat man mit der sogenannten „Folgen-Kompaktheit":

(4) *Jede Folge mit Werten in M besitzt eine konvergente Teilfolge mit Grenzwert in M.*

Wir zeigen die Äquivalenz mit (3):
Gilt (3) und hat man eine Folge mit Werten in M, so gibt es bei endlicher Wertemenge dieser Folge eine konstante, also konvergente Teilfolge. Ist die Wertemenge der Folge dagegen unendlich, so besitzt sie nach (3) einen Häufungspunkt in M. Dieser ist Grenzwert einer Teilfolge der ursprünglichen Folge.
Ist umgekehrt (4) erfüllt und ist B eine beliebige unendliche Teilmenge von M, so wähle man zunächst eine abzählbar unendliche Teilmenge A von B aus und stelle A als die Wertemenge einer Folge dar. Da ihre Werte zu M gehören, besitzt diese Folge nach (4) eine konvergente Teilfolge mit Grenzwert in M. Dieser Grenzwert ist Häufungspunkt von A und damit von M.

Als Folgerung aus den vorangegangenen Überlegungen ergibt sich unmittelbar der *Satz von Bolzano-Weierstraß:*

Jede beschränkte unendliche Teilmenge M des $\mathbb{R}^n$ besitzt mindestens einen Häufungspunkt in $\mathbb{R}^n$.

Die Menge M ist nämlich in einem kompakten Würfel enthalten und besitzt, da sie unendlich ist, nach Eigenschaft (3) einen Häufungspunkt in diesem Würfel.

Aufgabe: Man zeige entsprechend, daß jede beschränkte Folge des $\mathbb{R}^n$ eine konvergente Teilfolge besitzt.

Beispiele für kompakte Mengen sind die abgeschlossenen Kugeln $\|\mathbf{x} - \mathbf{a}\| \leqq r$ des $\mathbb{R}^n$ (bezüglich irgendeiner Norm) sowie die abgeschlossenen Quader $[\mathbf{a}, \mathbf{b}]$. Ein komplizierteres Beispiel ist die auf S.23 konstruierte Cantorsche Menge C. Schließlich seien noch die durch Hinzunahme des Grenzwerts erweiterten Wertemengen von beliebigen konvergenten Folgen des $\mathbb{R}^n$ genannt.

Konvexität

Wir führen nun noch den Begriff der *konvexen Menge* ein, dessen Zweckmäßigkeit sich im folgenden zeigen wird. Zu seiner Definition wird nur die Vektorraumstruktur des $\mathbb{R}^n$ herangezogen. Die dabei verwendeten geometrischen Begriffe und Sprechweisen wollen wir kurz erläutern:
Affine Unterräume des $\mathbb{R}^n$ beschreiben wir meist durch Parameterdarstellungen, z. B. wird eine *Gerade* durch

$$\mathbf{x} = \mathbf{p} + t\mathbf{a} \qquad (t \in \mathbb{R})$$

mit $\mathbf{a} \neq \mathbf{0}$, und eine *Hyperebene* durch

$$\mathbf{x} = \mathbf{p} + t_1\mathbf{a}_1 + \ldots + t_{n-1}\mathbf{a}_{n-1} \qquad (t_1, \ldots, t_{n-1} \in \mathbb{R})$$

mit linear unabhängigen Vektoren $\mathbf{a}_1, \ldots, \mathbf{a}_{n-1}$ dargestellt.
Wird t in der Parameterdarstellung einer Geraden auf ein abgeschlossenes Intervall beschränkt, so erhält man eine *Strecke*. Entsprechend ergibt sich ein p-dimensionales Parallelotop, wenn in der Parameterdarstellung

$$\mathbf{x} = \mathbf{p} + t_1\mathbf{a}_1 + \ldots + t_p\mathbf{a}_p$$

die Parameter $t_1, \ldots, t_p$ jeweils auf abgeschlossene Intervalle beschränkt werden.
Affine Unterräume können auch durch lineare Gleichungssysteme festgelegt

werden; so ist z. B. eine Hyperebene durch eine Gleichung

$$c_1 x_1 + \ldots + c_n x_n = b$$

mit $(c_1, \ldots, c_n) \neq (0, \ldots, 0)$ beschreibbar.

Def.: *Eine Teilmenge M des $\mathbb{R}^n$ heißt* konvex, *wenn mit* $\mathbf{x}, \mathbf{y}$ *auch*

$$y + t\cdot(x - y) = t\mathbf{x} + (1 - t)\mathbf{y} \qquad \textit{für alle } t \in [0, 1]$$

zu M gehört, d. h. wenn mit je zwei Punkten auch deren Verbindungsstrecke in M liegt.

Aus dieser Definition ergibt sich unmittelbar der

Satz: *Der Durchschnitt beliebig vieler konvexer Mengen ist konvex.*

Zum Beispiel sind alle Hyperebenen konvexe Mengen. Damit sind auch alle affinen Unterräume des $\mathbb{R}^n$ konvex, da sie als Durchschnitte von Hyperebenen dargestellt werden können. Weiter sind alle *Halbräume* des $\mathbb{R}^n$, d. h. Mengen des Typs

$$\{\mathbf{x} \mid c_1 x_1 + \ldots + c_n x_n \geqq b\}$$

bzw.

$$\{\mathbf{x} \mid c_1 x_1 + \ldots + c_n x_n > b\}$$

konvex. Also sind auch die Durchschnitte von Halbräumen konvexe Mengen. Wenn endlich viele Halbräume eine beschränkte Durchschnittsmenge besitzen, so bezeichnet man diese als ein *konvexes Polyeder*. Z. B. sind die Parallelotope, insbesondere die Quader konvexe Polyeder.

Aufgabe: Ist M konvex, so ist auch jede durch Translation aus M entstehende Menge $M + \mathbf{a} := \{\mathbf{y} \mid \mathbf{y} = \mathbf{x} + \mathbf{a}, \mathbf{x} \in M\}$ konvex.

Wir zeigen nun, daß „Normkugeln“ stets konvex sind. Gehören nämlich $\mathbf{x}$ und $\mathbf{y}$ zu der Kugel um $\mathbf{0}$ mit Radius r, gilt also

$$\|\mathbf{x}\| \leqq r \quad \text{und} \quad \|\mathbf{y}\| \leqq r,$$

so folgt nach der Dreiecksungleichung

$$\|t\mathbf{x} + (1 - t)\mathbf{y}\| \leqq \|t\mathbf{x}\| + \|(1 - t)\mathbf{y}\|.$$

Da t und $(1 - t)$ nicht negativ sind, ergibt sich hieraus

$$\|t\mathbf{x} + (1 - t)\mathbf{y}\| \leqq tr + (1 - t)r = r,$$

d. h. alle Punkte der Verbindungsstrecke gehören der Kugel um $\mathbf{0}$ mit Radius r an.

Eine weitere Eigenschaft der Normkugeln ist ihre Symmetrie bezüglich ihres Mittelpunkts; dies folgt unmittelbar aus der Gleichung $\|\mathbf{x}\| = \|-\mathbf{x}\|$. Ist der Radius der Kugel positiv, so besitzt sie stets innere Punkte; tatsächlich ist sogar jeder Punkt $\mathbf{x}$ mit $\|\mathbf{x}\| < r$ innerer Punkt, denn die offene Kugel um $\mathbf{x}$ mit dem Radius $r - \|\mathbf{x}\|$ ist in der Kugel um $\mathbf{0}$ mit Radius r enthalten. Aus

$$\|\mathbf{y} - \mathbf{x}\| < r - \|\mathbf{x}\|$$

folgt nämlich wegen $\|\mathbf{y}\| - \|\mathbf{x}\| \leqq \|\mathbf{y} - \mathbf{x}\|$ die Ungleichung

$$\|\mathbf{y}\| < r.$$

Wir fassen zusammen:

Für beliebige Norm $\|\ \|$ *ist die durch*

$$\|\mathbf{x} - \mathbf{a}\| \leqq r \qquad (r \geqq 0)$$

beschriebene Kugel eine kompakte konvexe Menge, die symmetrisch bezüglich $\mathbf{a}$ *ist. Im Fall* $r > 0$ *hat die Menge innere Punkte.*

Es gilt auch die Umkehrung:

Zu jeder beliebig vorgegebenen kompakten konvexen bezüglich $\mathbf{0}$ *symmetrischen Teilmenge* K *des* $\mathbb{R}^n$ *mit inneren Punkten gibt es genau eine Norm* $\|\ \|$ *derart, daß* $K = \{\mathbf{x} \mid \|\mathbf{x}\| \leqq 1\}$ *gilt, daß also* K *die „Einheitskugel“ bezüglich dieser Norm ist.*

Zum Beweis betrachte man die Halbgerade, die von $\mathbf{0}$ ausgehend durch einen

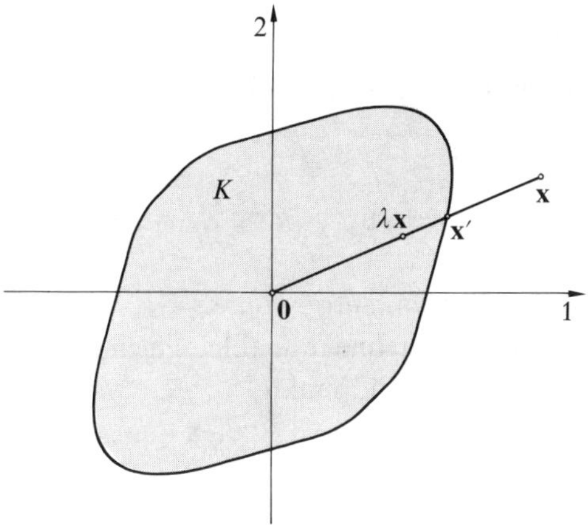

beliebigen Punkt $\mathbf{x} \neq \mathbf{0}$ führt. Diese Halbgerade hat mit K genau einen Randpunkt $\mathbf{x}'$ gemeinsam. Für $\mathbf{x}'$ gilt

$$\mathbf{x}' = f(\mathbf{x})\,\mathbf{x},$$

wobei

$$f(\mathbf{x}) = \sup\{\lambda \in \mathbb{R} \,|\, \lambda\mathbf{x} \in K\}$$

gesetzt ist (vgl. Figur); $f(\mathbf{x})$ ist also der Parameterwert, der zu dem Randpunkt $\mathbf{x}'$ gehört. Da $\mathbf{0}$ innerer Punkt von K ist, hat man für alle $\mathbf{x} \neq \mathbf{0}$ die Ungleichung

$$f(\mathbf{x}) > 0.$$

Die gesuchte Norm $\|\ \|$ soll auf den Randpunkten $\mathbf{x}'$ von K den Wert 1 annehmen, es muß also gelten

$$1 = \|\mathbf{x}'\| = f(\mathbf{x}) \cdot \|\mathbf{x}\|,$$

d. h. für $\mathbf{x} \neq \mathbf{0}$ hat man

$$\|\mathbf{x}\| = \frac{1}{f(\mathbf{x})}.$$

Damit ist gezeigt, daß es zu K höchstens eine Norm $\|\ \|$ gibt, für die K Einheitskugel ist.

Wir zeigen nun, daß die durch

$$\|\mathbf{x}\| = \begin{cases} \dfrac{1}{f(\mathbf{x})} & \text{für} \quad \mathbf{x} \neq \mathbf{0} \\[2ex] 0 & \text{für} \quad \mathbf{x} = \mathbf{0} \end{cases}$$

erklärte Funktion $\|\ \|$ wirklich eine Norm ist.

Die Eigenschaft (1) einer Norm ist wegen $f(\mathbf{x}) > 0$ erfüllt; die Eigenschaft (2) folgt für $c > 0$ aus

$$f(c\mathbf{x}) = \sup\{\lambda \,|\, \lambda c\mathbf{x} \in K\} = \frac{1}{c}\sup\{\mu \,|\, \mu\mathbf{x} \in K\} = \frac{1}{c} f(\mathbf{x})$$

und weiter für $c < 0$ aus der Punktsymmetrie von K.

Zum Nachweis von (3) betrachten wir zu linear unabhängigen Ortsvektoren $\mathbf{x}, \mathbf{y}$ sowie zu $\mathbf{z} = \mathbf{x} + \mathbf{y}$ die zugehörigen Randpunkte $\mathbf{x}', \mathbf{y}', \mathbf{z}'$ von K. Wegen der Konvexität von K besitzt die Verbindungsstrecke von $\mathbf{x}'$ und $\mathbf{y}'$ sowie die von $\mathbf{0}$ mit $\mathbf{x} + \mathbf{y}$ einen Schnittpunkt $\mathbf{s}$ in K:

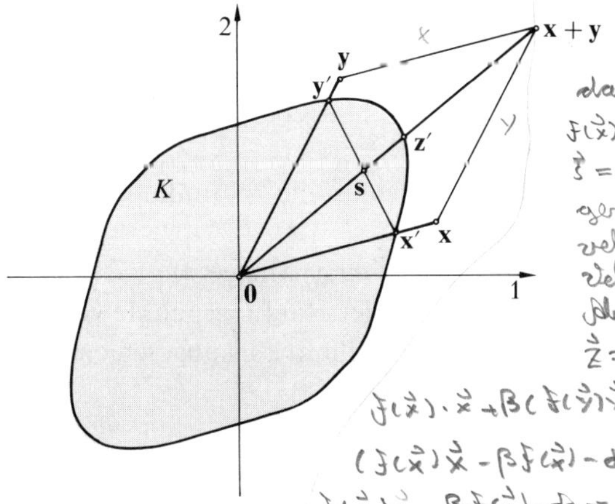

$$\mathbf{s} = \frac{f(\mathbf{x})f(\mathbf{y})}{f(\mathbf{x}) + f(\mathbf{y})}(\mathbf{x} + \mathbf{y}).$$

Es muß also gelten

$$\frac{f(\mathbf{x})f(\mathbf{y})}{f(\mathbf{x}) + f(\mathbf{y})} \leqq f(\mathbf{x} + \mathbf{y}),$$

woraus unmittelbar die Dreiecksungleichung (3) für linear unabhängiges $\mathbf{x}, \mathbf{y}$ folgt.

Aufgabe: Man führe den Beweis von (3) für den Fall aus, daß $\mathbf{x}, \mathbf{y}$ linear abhängig sind.

Bemerkung: Den Rand von K nennt man auch „Eichhyperfläche" (Eichfläche, Eichkurve), da durch sie die Norm von Vektoren und damit die Länge von Strecken festgelegt ist.

Den verallgemeinerten euklidischen Normen (vgl. Aufg. 2 von S. 17) entsprechen als Eichhyperflächen die Ellipsoide $\langle \mathbf{x}, \mathbf{x} \rangle = 1$. Bei Wahl einer geeigneten Basis kann jedes Ellipsoid durch die Gleichung

$$\sum_{i=1}^{n} y_i^2 = 1$$

beschrieben werden, so daß man bezüglich der neuen Basis die gewöhnliche euklidische Norm erhält.

Aufgaben

1. Man beweise, daß jede ε-Umgebung eine offene Menge ist, d. h. nur aus inneren Punkten besteht. (Beliebige Umgebungen sind nicht notwendig offen.)
   Weiter zeige man, daß jede „abgeschlossene“ Normkugel $\|\mathbf{x}-\mathbf{a}\| \leqq r$ eine abgeschlossene Menge ist.
2. Unter der abgeschlossenen Hülle $\overline{M}$ einer Menge $M \subset \mathbb{R}^n$ versteht man die Vereinigung von M mit der Menge der Häufungspunkte von M (vgl. Bd. I, S. 224). Man zeige, daß $\overline{M}$ der Durchschnitt aller abgeschlossenen Obermengen von M ist und beweise die Regeln:

   (a) $\overline{\emptyset} = \emptyset$

   (b) $M \subset \overline{M}$

   (c) $\overline{\overline{M}} = \overline{M}$

   (d) $\overline{M_1 \cup M_2} = \overline{M}_1 \cup \overline{M}_2$.

3. Unter dem offenen Kern M° einer Menge $M \subset \mathbb{R}^n$ versteht man die Menge aller inneren Punkte von M (M° heißt daher auch das Innere von M). Man zeige, daß M° die Vereinigung aller in M enthaltenen offenen Mengen ist und beweise die Regeln:

   (a) $(\mathbb{R}^n)^\circ = \mathbb{R}^n$

   (b) $M^\circ \subset M$

   (c) $(M^\circ)^\circ = M^\circ$

   (d) $(M_1 \cap M_2)^\circ = M_1^\circ \cap M_2^\circ$.

4. Eine Teilmenge M von $\mathbb{R}^n$ heißt dicht in $\mathbb{R}^n$, wenn $\overline{M} = \mathbb{R}^n$ gilt. M heißt nirgends dicht in $\mathbb{R}^n$, wenn $\overline{M}^\circ = \emptyset$. Man gebe Beispiele von abzählbaren dichten und überabzählbaren nirgends dichten Mengen an.
5. Jede offene Menge M des $\mathbb{R}^n$ kann als abzählbare Vereinigung von offenen Normkugeln und auch als abzählbare Vereinigung von abgeschlossenen Normkugeln dargestellt werden.
   Es sei M eine beliebige Teilmenge des $\mathbb{R}^n$. Jedem $\mathbf{x} \in M$ sei eine offene Kugel um diesen Punkt zugeordnet. Man zeige, daß abzählbar viele dieser Kugeln genügen, um M zu überdecken.
6. Jede offene von $\emptyset$ und $\mathbb{R}^n$ verschiedene Menge kann nicht als Vereinigung von endlich vielen abgeschlossenen Mengen, wohl aber als abzählbare Vereinigung von abgeschlossenen Mengen dargestellt werden.
   Jede abgeschlossene von $\emptyset$ und $\mathbb{R}^n$ verschiedene Menge kann nicht als

Durchschnitt von endlich vielen offenen Mengen, wohl aber als abzählbarer Durchschnitt von offenen Mengen dargestellt werden.

7. Jede abgeschlossene Teilmenge einer kompakten Menge ist kompakt. Man beweise diese Aussage aufgrund der verschiedenen Kompaktheitsdefinitionen. Welcher dieser Beweise ist am schwierigsten?
8. Man gebe für die offene Einheitskugel eine solche Überdeckung mit offenen Kugeln an, daß kein endliches Teilsystem die Einheitskugel überdeckt.
9. Es sei (A_k) eine Folge abgeschlossener Teilmengen des $\mathbb{R}^n$ mit der Eigenschaft, daß das Innere U von $\bigcup_{k=1}^{\infty} A_k$ nichtleer ist. Dann gilt für mindestens ein k:
$$\mathring{A}_k \neq \emptyset$$
(Satz von Baire).
Zum Beweis konstruiere man unter der Annahme, daß alle $\mathring{A}_k$ leer sind, eine absteigende Folge von abgeschlossenen in U enthaltenen Kugeln B_k mit der Eigenschaft $A_k \cap B_k = \emptyset$. Nach dem Satz von Cantor gibt es einen Punkt $\mathbf{x}$, der allen Kugeln B_k angehört. Für ein solches $\mathbf{x}$ müßte $\mathbf{x} \in U$, aber auch $\mathbf{x} \notin U$ gelten. Widerspruch!
10. Man zeige, daß die Ebene $\mathbb{R}^2$ nicht abzählbare Vereinigung von Geraden sein kann. Entsprechend kann der $\mathbb{R}^n$ nicht als abzählbare Vereinigung von affinen Unterräumen dargestellt werden.
11. Eine Teilmenge M von $\mathbb{R}^n$ heißt von 1. Kategorie, wenn sie abzählbare Vereinigung von nirgends dichten Mengen ist (M heißt dann auch „mager“). Andernfalls heißt M von 2. Kategorie. Man zeige, daß die Menge $\mathbb{R}^n \setminus \mathbb{Q}^n$ von 2. Kategorie ist.
12. Man zeige, daß die Cantorsche Menge C (vgl. Beispiel S. 23) mager ist. Weiter beweise man, daß C überabzählbar ist.
Ausgehend von C konstruiere man eine in $[0, 1] \times [0, 1]$ dichte (vgl. Aufg. 4), überabzählbare magere Menge, indem man die bei der Erklärung von C herauszunehmenden Quadrate jeweils durch zu C ähnliche verkleinerte Cantorsche Mengen ersetzt.
13. In der Ebene $\mathbb{R}^2$ nehme man als Eichkurve ein reguläres $2n$-Eck. Man bestimme die zugehörige Normfunktion.
Sind für $n = 2, 3, 4, \ldots$ die betreffenden $2n$-Ecke einem festen Kreis ein- oder umbeschrieben, so konvergiert die zugehörige Folge von Normfunktionen gleichmäßig gegen die euklidische Norm, die durch den Kreis festgelegt ist.
14. Man beschreibe die Teilmenge des $\mathbb{R}^n$, die für $|\mathbf{a}| = 1, p > 0$ durch

$$|\langle \mathbf{a}, \mathbf{x} \rangle| \leqq p$$

bestimmt ist.
Weiter beschreibe man die Teilmenge des $\mathbb{R}^n$, die für linear unabhängige Einheitsvektoren $\mathbf{a}_1, \ldots, \mathbf{a}_n$ und positive Zahlen $p_1, \ldots, p_n$ durch

$$|\langle \mathbf{a}_1, \mathbf{x} \rangle| \leqq p_1, \quad |\langle \mathbf{a}_2, \mathbf{x} \rangle| \leqq p_2, \quad \ldots, \quad |\langle \mathbf{a}_n, \mathbf{x} \rangle| \leqq p_n$$

bestimmt ist.
Wenn die Einheitsvektoren $\mathbf{a}_1, \ldots, \mathbf{a}_r$ den $\mathbb{R}^n$ aufspannen, so ist die Menge

$$K = \{\mathbf{x} \,||\langle \mathbf{a}_i, \mathbf{x} \rangle| \leqq p_i \quad \text{für } i = 1, \ldots, r\}$$

ein kompaktes konvexes bezüglich des Ursprungs symmetrisches Polyeder. Jedes Polyeder dieser Art kann so dargestellt werden. Man zeige, daß

$$N(\mathbf{x}) = \max\left\{\frac{1}{p_1}|\langle \mathbf{a}_1, \mathbf{x} \rangle|, \ldots, \frac{1}{p_r}|\langle \mathbf{a}_r, \mathbf{x} \rangle|\right\}$$

eine Norm ist und daß K für diese Norm die Einheitskugel ist.

15. Es sei $\| \;\|$ eine beliebige Norm auf $\mathbb{R}^n$ und $N(\mathbf{x})$ definiert durch

$$N(\mathbf{x}) = \sup\{\xi \,|\, \xi = \mathbf{x} \cdot \mathbf{y}, \|\mathbf{y}\| = 1\}.$$

Man zeige, daß N eine Normfunktion ist. Für $n = 2$ beschreibe man den Zusammenhang zwischen den Eichkurven für $\| \;\|$ und N.

16. Die auf S. 21ff. angegebenen Definitionen topologischer Grundbegriffe werden auch für den in Aufg. 12, S. 19, genannten unendlich dimensionalen Vektorraum $\mathfrak{C}([0,1])$ mit den Normen $\| \;\|$ bzw. $| \;|$ verwendet.
Man zeige, daß die durch $\|f\| = 1$ bzw. $|f| = 1$ festgelegten Teilmengen von $\mathfrak{C}([0,1])$ zwar abgeschlossen und beschränkt sind, nicht aber die Heine-Borel-Eigenschaft (vgl. S. 26) besitzen.

13.3 Stetige Abbildungen

In den beiden vorhergehenden Abschnitten haben wir schon Beispiele von „Funktionen mehrerer Variablen" kennengelernt. So ist etwa jede Norm N eine Abbildung des $\mathbb{R}^n$ in $\mathbb{R}$ und jede Folge $(\mathbf{x}_k)$ eine Abbildung von $\mathbb{N}$ in $\mathbb{R}^n$. Allgemein wollen wir uns nun mit Abbildungen aus dem $\mathbb{R}^n$ in den $\mathbb{R}^m$ beschäftigen. Die Definitionsmenge D einer solchen Abbildung kann zunächst eine beliebige Teilmenge des $\mathbb{R}^n$ sein (später werden wir oft voraussetzen, daß D offen oder daß

D kompakt ist). Die Funktionswerte sind Elemente des $\mathbb{R}^m$, also Vektoren bzw. m-Tupel reeller Zahlen.
Neben den kurzen Bezeichnungen

$$\begin{aligned} &\mathbf{f}: D \to \mathbb{R}^m \\ &\mathbf{x} \mapsto \mathbf{f}(\mathbf{x}) \qquad\qquad (\mathbf{x} \in D) \end{aligned}$$

verwenden wir – besonders in konkreten Fällen – die ausführliche Beschreibung von $\mathbf{f}$ mit Hilfe ihrer m „Komponenten-Funktionen", wobei oft auch statt des Arguments $\mathbf{x}$ die n reellen Komponenten $x_1, \ldots, x_n$ von $\mathbf{x}$ notiert werden. So wird eine Abbildung aus dem $\mathbb{R}^n$ in den $\mathbb{R}^m$ durch m „Abbildungsgleichungen"

$$\begin{aligned} y_1 &= f_1(x_1, \ldots, x_n) \\ &\vdots \qquad\qquad\qquad\qquad (\mathbf{x} \in D) \\ y_m &= f_m(x_1, \ldots, x_n) \end{aligned}$$

beschrieben.

Besonders einfach zu überblickende Abbildungen des $\mathbb{R}^n$ in den $\mathbb{R}^m$ sind die *linearen Abbildungen;* sie werden charakterisiert durch die beiden Eigenschaften:

(1) $\qquad \mathbf{f}(\mathbf{x} + \mathbf{y}) = \mathbf{f}(\mathbf{x}) + \mathbf{f}(\mathbf{y})$

(2) $\qquad \mathbf{f}(c\mathbf{x}) = c\mathbf{f}(\mathbf{x}) \qquad (c \in \mathbb{R}).$

Sie sind bedeutsam für die Analysis, weil die Grundidee der Differentialrechnung darin besteht, allgemeinere Abbildungen in der Nähe eines Punktes durch lineare Abbildungen zu approximieren (vgl. Kap. 14).
Die Abbildungsgleichungen lauten für lineare Abbildungen:

$$\begin{aligned} y_1 &= a_{11}x_1 + a_{12}x_2 + \ldots + a_{1n}x_n \\ y_2 &= a_{21}x_1 + a_{22}x_2 + \ldots + a_{2n}x_n \\ &\vdots \\ y_m &= a_{m1}x_1 + a_{m2}x_2 + \ldots + a_{mn}x_n. \end{aligned}$$

Zur kurzen Beschreibung genügt also die Angabe der zugehörigen Matrix $\mathbf{A} = (a_{ij})$; wir verwenden deshalb anstelle von $\mathbf{f}$ auch die Bezeichnung $\mathbf{A}$.
Eine lineare Abbildung $\mathbf{A}$ ist immer auf dem ganzen Raum $\mathbb{R}^n$ definiert, die Bildmenge von $\mathbf{A}$ ist ein Untervektorraum von $\mathbb{R}^m$. $\mathbf{A}$ ist injektiv genau dann, wenn der Bildraum von $\mathbf{A}$ die Dimension n hat. Notwendige Bedingung hierfür ist also $n \leqq m$.
Eine lineare Abbildung $\mathbf{A}: \mathbb{R}^n \to \mathbb{R}^m$ kann nur im Fall $n = m$ bijektiv sein. Ein

algebraisches Kriterium für die Bijektivität kann mit Hilfe des Determinantenbegriffs formuliert werden.
Für quadratische Matrizen **A** ist die Determinante det **A** erklärt durch

$$\det \mathbf{A} := \sum_{\sigma \in \mathfrak{S}_n} \operatorname{sign} \sigma \cdot a_{1\sigma(1)} \cdot \ldots \cdot a_{n\sigma(n)} .$$

Dabei durchläuft σ alle Permutationen von $\{1, \ldots, n\}$, d. h. die symmetrische Gruppe $\mathfrak{S}_n$, und $\operatorname{sign}\sigma$ ist gleich 1 oder -1, je nachdem, ob σ eine gerade oder ungerade Permutation ist.
Statt det **A** ist auch die ausführlichere Bezeichnung

$$\begin{vmatrix} a_{11} & a_{12} & \ldots & a_{1n} \\ a_{21} & a_{22} & \ldots & a_{2n} \\ \vdots & \vdots & & \vdots \\ a_{n1} & a_{n2} & \ldots & a_{nn} \end{vmatrix}$$

üblich. Insbesondere erhält man für $n = 2$ und $n = 3$:

$$\begin{vmatrix} a_{11} & a_{12} \\ a_{21} & a_{22} \end{vmatrix} = a_{11}a_{22} - a_{12}a_{21}$$

$$\begin{vmatrix} a_{11} & a_{12} & a_{13} \\ a_{21} & a_{22} & a_{23} \\ a_{31} & a_{32} & a_{33} \end{vmatrix} = a_{11}a_{22}a_{33} + a_{12}a_{23}a_{31} + a_{13}a_{21}a_{32} - a_{13}a_{22}a_{31} - a_{12}a_{21}a_{33} - a_{11}a_{23}a_{32} .$$

Notwendig und hinreichend dafür, daß die lineare Abbildung $\mathbf{A}: \mathbb{R}^n \to \mathbb{R}^n$ bijektiv ist, ist die Bedingung

$$\det \mathbf{A} \neq 0 .$$

Bemerkung: Auch die Determinante kann man natürlich als Abbildung auffassen: Den n^2 reellen Zahlen $a_{11}, a_{12}, \ldots, a_{nn}$ wird durch det **A** eindeutig eine reelle Zahl zugeordnet, d. h. det ist eine Abbildung des $\mathbb{R}^{n^2}$ in $\mathbb{R}$, und zwar eine „ganzrationale Funktion", wie die Rechenvorschrift in der Definition zeigt (vgl. auch Aufg. 3, S. 57).

Wir wenden uns nun wieder beliebigen Abbildungen zu und betrachten zunächst den Sonderfall $m = 1$; man hat dann eine reellwertige Funktion mit n reellen Argumenten. Zur graphischen Darstellung verwendet man einen $\mathbb{R}^{n+1}$, in dem man sich die Funktionswerte „über" den betreffenden Stellen $\mathbf{x} \in D$ aufgetragen denkt. So stellt etwa die Abbildungsgleichung

$$y = \sqrt{1 - x_1^2 - x_2^2} \qquad (x_1^2 + x_2^2 \leqq 1)$$

die „obere Hälfte" der euklidischen Einheitskugel im $\mathbb{R}^3$ dar (vgl. Figur). Die Wertemenge ist hier das Intervall [0, 1]; das Urbild von $y = 1$ besteht nur aus einem Punkt, während die Urbildmengen der übrigen Werte konzentrische Kreise sind.

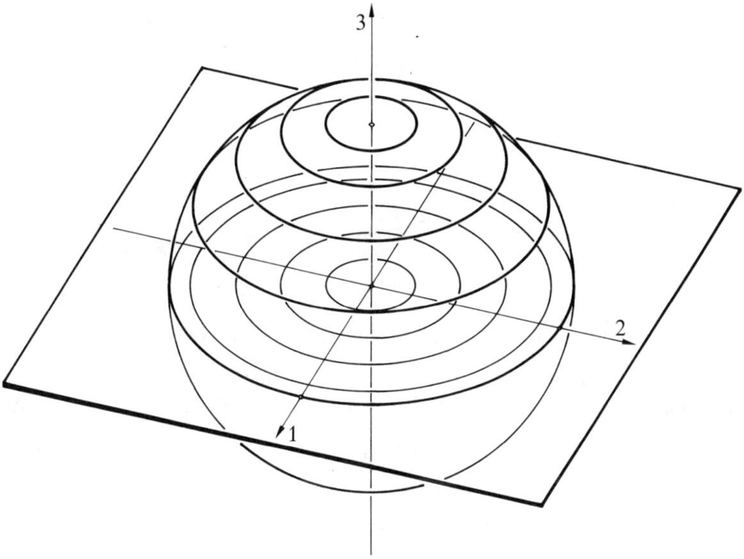

Allgemein nennt man die Urbildmenge zu einem festen Wert c, also die Menge

$$\{\mathbf{x} \mid f(\mathbf{x}) = c\}$$

die zu c gehörende *Niveaumenge* (Niveaukurve, Niveaufläche) von f.
In der Figur auf S. 40 ist eine Normfunktion des $\mathbb{R}^2$ im $\mathbb{R}^3$ mit zugehörigen Niveaukurven dargestellt.
Den Fall $n = 1$, m beliebig, diskutieren wir ausführlich in 14.1 unter der zusätzlichen Voraussetzung der stückweise stetigen Differenzierbarkeit. Man hat dann die „Parameterdarstellung" $(f_1(t), \ldots, f_m(t))$ einer Kurve im $\mathbb{R}^m$. Ohne einschränkende Bedingungen an die Funktionen $f_1(t), \ldots, f_m(t)$ können sich aber Wertemengen ergeben, die völlig von der anschaulichen Vorstellung abweichen, die man mit einer Kurve verbindet.

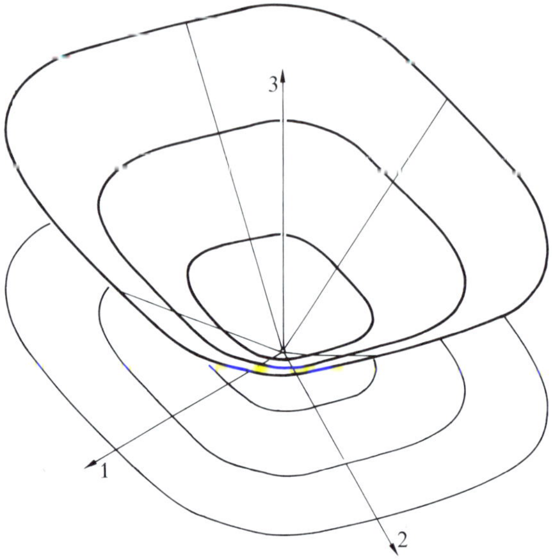

Eine stetige Kurve, die ein Dreieck ausfüllt (Peano-Kurve)

Es sei ein abgeschlossenes nicht gleichseitiges rechtwinkliges Dreieck im $\mathbb{R}^2$ gegeben und die reellen Zahlen $t \in [0, 1]$ seien durch ihre (nicht abbrechenden) Dualentwicklungen

$$t = 0, t_1 t_2 t_3 \ldots \qquad (t_i = 0 \quad \text{oder} \quad t_i = 1)$$

beschrieben. Jedem t werde eine Folge von abgeschlossenen Teildreiecken nach folgendem Verfahren zugeordnet (vgl. Figur):

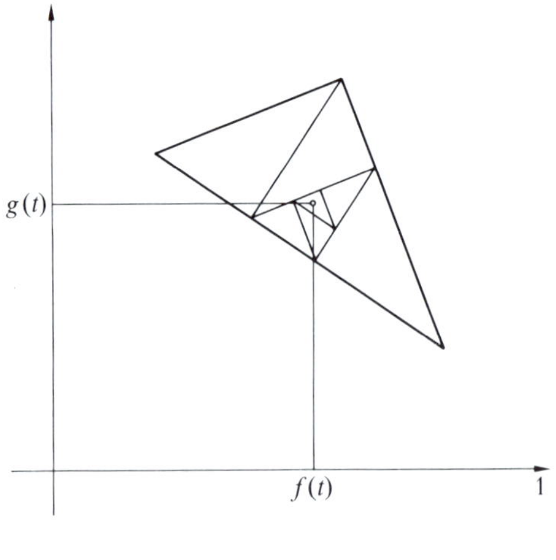

Durch die Höhe wird das Ausgangsdreieck in ein kleineres und ein größeres rechtwinkliges Dreieck, die beide zum Ausgangsdreieck ähnlich sind, zerlegt. Falls $t_1 = 0$, wählen wir das kleinere, falls $t_1 = 1$, wählen wir das größere Teildreieck. Der weitere Auswahlprozeß wird entsprechend durch die Dualziffern von t festgelegt. Jedem $t \in [0, 1]$ wird so nach dem Satz von Cantor (vgl. S. 25) eindeutig ein Punkt des Ausgangsdreiecks zugeordnet. Mit anderen Worten: Es sind in $[0, 1]$ zwei reellwertige Funktionen f, g erklärt. Nach der Konstruktionsvorschrift ist es plausibel, daß f und g stetig sind.

Aufgabe: Man beweise, daß f und g stetig sind.

Durch (f, g) wird somit eine stetige Abbildung von $[0, 1]$ in $\mathbb{R}^2$ beschrieben. Es ist unmittelbar klar, daß die Wertemenge dieser Abbildung in dem gegebenem rechtwinkligen Dreieck enthalten ist. Tatsächlich tritt sogar jeder Punkt des Dreiecks als Bildpunkt auf. Zum Beweis dieser Behauptung bestimme man zu einem beliebig gegebenen Punkt des Dreiecks eine Folge von Teildreiecken derart, daß der Punkt das „Zentrum" dieser Folge ist. Die entsprechende Dualentwicklung führt dann zu dem gegebenen Punkt.

Die Fälle $n = 2, 3, \ldots, p, \ldots, m-1$ können (unter angemessenen Regularitätsvoraussetzungen) in entsprechender Weise als „Parameterdarstellungen" von p-dimensionalen Flächen im $\mathbb{R}^m$ gedeutet werden (vgl. Kap. 14.7). Für $n = 2$ bzw. $n = m - 1$ verwenden wir auch die Bezeichnungen „Fläche" bzw. „Hyperfläche".
Ein weiterer wichtiger Fall ist $m = n$, d. h. der Abbildungen eines $\mathbb{R}^n$ in sich selbst oder in einen anderen gleichdimensionalen Raum.

Beispiel: Es sei $\mathbf{f}$ erklärt durch

$$\mathbf{f}(\mathbf{x}) = \frac{1}{|\mathbf{x}|^2}\,\mathbf{x} \qquad (\mathbf{x} \neq \mathbf{0}).$$

$\mathbf{f}$ ist eine Abbildung von $\mathbb{R}^n \backslash \{\mathbf{0}\}$ auf sich, die sogenannte „Inversion an der Einheitssphäre". Die Punkte mit $|\mathbf{x}| = 1$ sind Fixpunkte, die Punkte $\mathbf{x}$ und $\mathbf{f}(\mathbf{x})$ liegen auf einer Geraden durch den Ursprung und das Produkt $|\mathbf{x}| \cdot |\mathbf{f}(\mathbf{x})|$ ist stets gleich 1 (vgl. Figur, S. 42).

Aufgabe: Man zeige, daß die Inversion am Einheitskreis durch die in der Figur angegebene elementargeometrische Konstruktion beschrieben wird.

Wir begegnen dem Fall $m = n$ bei der (geometrisch und physikalisch wichtigen) „Einführung neuer Koordinaten". So läßt sich etwa die Einführung von *Polarkoordinaten* (r, φ) in der (x, y)-Ebene durch die beiden Abbildungsgleichungen

$$x = f(r, \varphi) = r \cdot \cos\varphi$$
$$y = g(r, \varphi) = r \cdot \sin\varphi$$

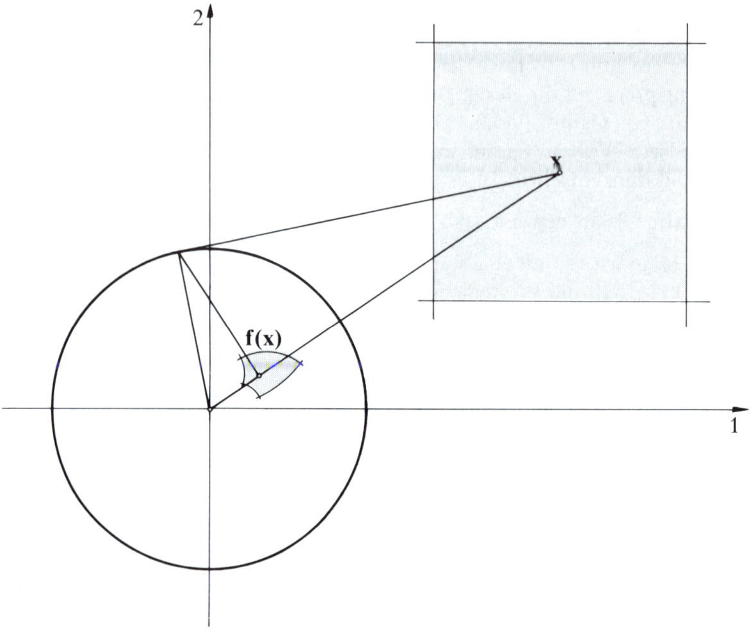

beschreiben. Hierdurch wird der „Halbstreifen“ $r > 0,\ 0 \leqq \varphi < 2\pi$ der (r, φ)-Ebene umkehrbar eindeutig auf die (x, y)-Ebene ohne den Nullpunkt abgebildet (vgl. Figur). Ein beliebiger Punkt $(x, y) \neq (0, 0)$ kann daher auch durch seine Polarkoordinaten (r, φ) gekennzeichnet werden.

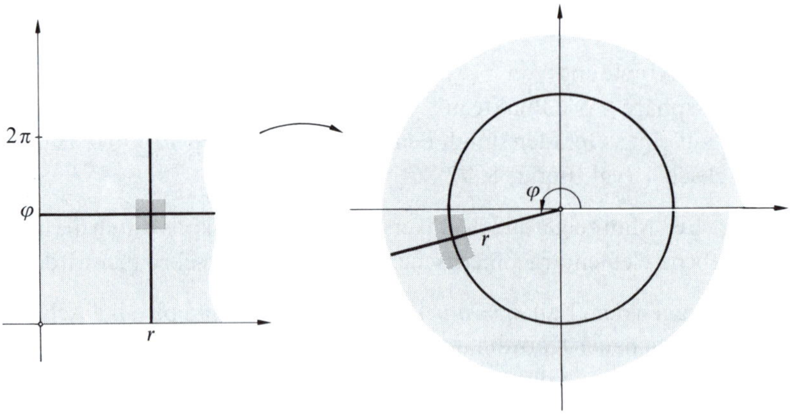

Entsprechend wird die Einführung von räumlichen Polarkoordinaten (vgl. Figur) beschrieben durch

$$\begin{aligned} x &= r\cos\varphi\cos\vartheta \\ y &= r\sin\varphi\cos\vartheta \\ z &= r\sin\vartheta \end{aligned} \qquad \left(0 < r,\ 0 \leqq \varphi < 2\pi,\ -\frac{\pi}{2} < \vartheta < \frac{\pi}{2}\right).$$

Bei der angegebenen Beschränkung von r, φ, ϑ erhält man eine bijektive Abbildung auf den Raum, aus dem die z-Achse entfernt ist.

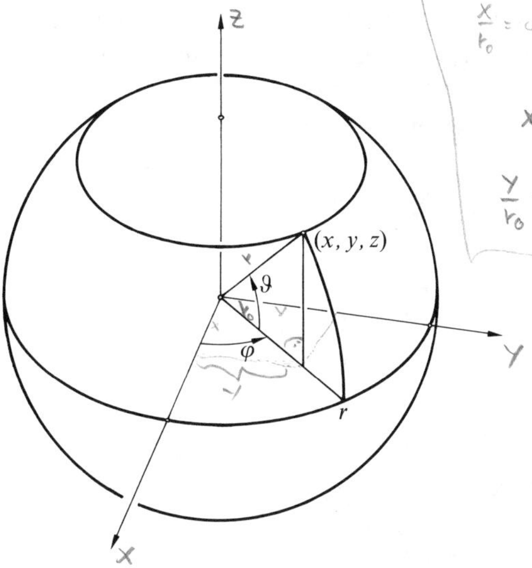

Schließlich werden Polarkoordinaten $(r, \varphi, \vartheta_1, \ldots, \vartheta_{n-2})$ im $\mathbb{R}^n$ eingeführt durch

$$\begin{array}{lllllll} x_1 = & r\cos\varphi & \cos\vartheta_1 & \cos\vartheta_2 & \ldots & \cos\vartheta_{n-3} & \cos\vartheta_{n-2} \\ x_2 = & r\sin\varphi & \cos\vartheta_1 & \cos\vartheta_2 & \ldots & \cos\vartheta_{n-3} & \cos\vartheta_{n-2} \\ x_3 = & & r\sin\vartheta_1 & \cos\vartheta_2 & \ldots & \cos\vartheta_{n-3} & \cos\vartheta_{n-2} \\ x_4 = & & & r\sin\vartheta_2 & \ldots & \cos\vartheta_{n-3} & \cos\vartheta_{n-2} \\ \vdots & & & & \ddots & & \\ x_{n-1} = & & & & & r\sin\vartheta_{n-3} & \cos\vartheta_{n-2} \\ x_n = & & & & & & r\sin\vartheta_{n-2} \end{array}$$

Diese Abbildungsgleichungen sind für beliebiges $r, \varphi, \vartheta_1, \ldots, \vartheta_{n-2}$ sinnvoll. Wenn man die Variablen auf

$$0 < r,\ 0 \leqq \varphi < 2\pi,\ -\frac{\pi}{2} < \vartheta_i < \frac{\pi}{2} \qquad (i = 1, \ldots, n-2)$$

beschränkt, erhält man eine bijektive Abbildung auf den $\mathbb{R}^n$, aus dem die Punkte mit $x_1 = x_2 = 0$, d. h. ein $(n-2)$-dimensionaler Untervektorraum entfernt ist.

Wir begegnen dem Fall $m = n$ auch bei der Betrachtung von *Vektorfeldern*. Solche treten z. B. in der Mechanik als (stationäre) Kraft- oder Geschwindigkeitsfelder, in der Elektrodynamik als (stationäre) elektrische oder magnetische Felder auf.

Jedem Punkt $\mathbf{x} \in D$ ist hierbei ein Element $\mathbf{f}(\mathbf{x}) \in \mathbb{R}^n$ zugeordnet, das man sich im „Fußpunkt“ $\mathbf{x} \in D$ als Vektor angetragen denkt (bei der Auffassung von $\mathbf{f}: D \to \mathbb{R}^n$ als Abbildung ist $\mathbf{f}(\mathbf{x})$ dagegen im Nullpunkt des Zielraumes anzutragen).

In der Figur ist ein rotationssymmetrisches (ebenes) Vektorfeld angedeutet.

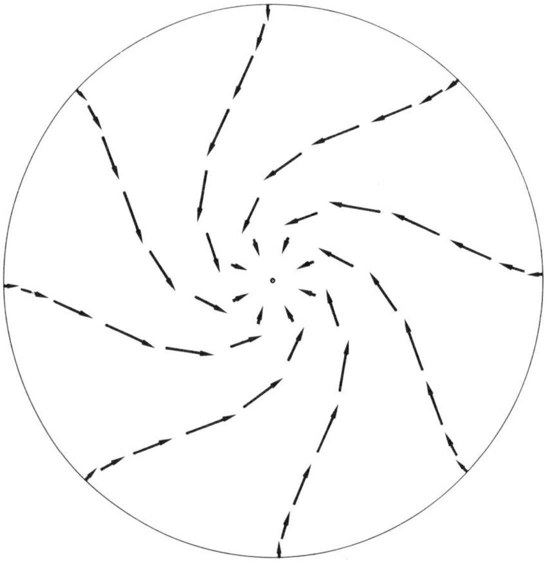

Aufgabe: Man skizziere für $n = 2$ das Vektorfeld $\mathbf{f}(\mathbf{x}) = \dfrac{1}{|\mathbf{x}|^2}\mathbf{x}$ (vgl. Beispiel von S. 41).

Stetigkeit

Wir definieren zunächst die Stetigkeit einer Abbildung $\mathbf{f}$ aus dem $\mathbb{R}^n$ in den $\mathbb{R}^m$ an *einer* Stelle $\mathbf{a}$; dabei interessiert natürlich nur der Fall, daß $\mathbf{a}$ Häufungspunkt der

Definitionsmenge von **f** ist (ist **a** isolierte Stelle von D, so ist die in der folgenden Definition formulierte Bedingung immer erfüllt).

Def.: *Es sei* $D \subset \mathbb{R}^n$ *und* **f** *eine Abbildung von* D *in* $\mathbb{R}^m$. *Dann heißt* **f** *stetig im Punkt* $\mathbf{a} \in D$, *wenn es zu jedem* $\varepsilon > 0$ *ein* $\delta > 0$ *gibt derart, daß für alle* $\mathbf{x} \in D$ *mit* $\|\mathbf{x} - \mathbf{a}\| < \delta$ *gilt:*

$$\|\mathbf{f}(\mathbf{x}) - \mathbf{f}(\mathbf{a})\| < \varepsilon.$$

Bemerkung: Es kommt bei dieser Definition nach S. 15 nicht darauf an, welche Normen im $\mathbb{R}^n$ und im $\mathbb{R}^m$ verwendet werden; auch wollen wir die beiden vorkommenden Normen mit demselben Symbol bezeichnen.

Mit Hilfe des Umgebungsbegriffs kann die Stetigkeitsdefinition folgendermaßen formuliert werden:

f *heißt stetig im Punkt* $\mathbf{a} \in D$, *wenn es zu jeder Umgebung* V *des Punktes* $\mathbf{f}(\mathbf{a})$ *eine Umgebung* U *von* **a** *gibt derart, daß gilt*

$$f(U \cap D) \subset V.$$

Durch eine in **a** stetige Funktion **f** wird jede gegen **a** konvergierende Folge $(\mathbf{x}_k)$ – mit $\mathbf{x}_k \in D$ – in eine gegen $\mathbf{f}(\mathbf{a})$ konvergierende Folge $(\mathbf{f}(\mathbf{x}_k))$ abgebildet. Umgekehrt werden hierdurch die in **a** stetigen Funktionen charakterisiert. Der Beweis verläuft wie bei Funktionen einer Variablen (vgl. Bd. I, S. 217).

Eine weitere Variante der Stetigkeitsdefinition verwendet den *Grenzwertbegriff*, der für Abbildungen aus dem $\mathbb{R}^n$ in den $\mathbb{R}^m$ folgendermaßen erklärt wird:

Es sei **a** *ein Häufungspunkt der Definitionsmenge* D *von* **f**. *Man schreibt*

$$\lim_{\mathbf{x} \to \mathbf{a}} \mathbf{f}(\mathbf{x}) = \mathbf{b},$$

wenn es zu jedem $\varepsilon > 0$ *ein* $\delta > 0$ *gibt derart, daß gilt:*

$$\mathbf{x} \in D, \mathbf{x} \neq \mathbf{a}, \|\mathbf{x} - \mathbf{a}\| < \delta \quad \Rightarrow \quad \|\mathbf{f}(\mathbf{x}) - \mathbf{b}\| < \varepsilon.$$

Man sagt dann, **f** *habe an der Stelle* **a** *den Grenzwert* **b**.

(Hierbei ist zu beachten, daß **a** nicht zu D zu gehören braucht und daß im Fall $\mathbf{a} \in D$ der Funktionswert $\mathbf{f}(\mathbf{a})$ keine Rolle spielt.)

Mit dieser Begriffsbildung lautet die Stetigkeitsdefinition:

$$\lim_{\mathbf{x} \to \mathbf{a}} \mathbf{f}(\mathbf{x}) = \mathbf{f}(\mathbf{a}),$$

die man gelegentlich auch in der Form

$$\lim_{\mathbf{x} \to \mathbf{a}} \mathbf{f}(\mathbf{x}) = \mathbf{f}\left(\lim_{\mathbf{x} \to \mathbf{a}} \mathbf{x}\right)$$

schreibt, um hervorzuheben, daß stetige Abbildungen mit der Limes-Bildung „verträglich" sind.

Die auf den Seiten 37 bis 43 genannten Funktionen sind in allen Punkten ihrer Definitionsmengen stetig. Ein Beispiel einer Funktion, die an keiner Stelle des $\mathbb{R}^n$ stetig ist, erhält man, wenn man den rationalen Punkten des $\mathbb{R}^n$ (d. h. $x_1, \ldots, x_n \in \mathbb{Q}$) die Zahl 0 und den übrigen Punkten die Zahl 1 zuordnet. Die durch

$$f(x, y) = \begin{cases} \dfrac{2xy}{x^2 + y^2} & \text{für} \quad x^2 + y^2 > 0 \\ 0 & \text{für} \quad x = 0, y = 0 \end{cases}$$

auf dem $\mathbb{R}^2$ erklärte reellwertige Funktion ist in allen Punkten $(x, y) \neq (0, 0)$ stetig, wie sich später leicht aus den Rechenregeln ergeben wird (vgl. S. 48). Zur Prüfung der Stetigkeit in $(0, 0)$ ist es naheliegend, die Funktion f zunächst über den Geraden $x = 0$ bzw. $y = 0$ zu untersuchen; beide Male ergibt sich die Nullfunktion. Trotzdem ist f nicht stetig in $(0, 0)$, denn es gibt in jeder Umgebung von $(0, 0)$ Punkte, in denen f z. B. den Wert 1 annimmt, nämlich in den Punkten (x, x):

$$f(x, x) = \frac{2x^2}{x^2 + x^2} = 1 \qquad (x \neq 0).$$

Dieses Beispiel zeigt, daß aus der „partiellen Stetigkeit", d. h. der Stetigkeit bezüglich einzelner Variablen bei Festbleiben der anderen, nicht die Stetigkeit im Sinne der Definition von S. 45 folgt.

Aufgabe: Wenn $\mathbf{f}: D \to \mathbb{R}^m$ eine stetige Abbildung ist, und M eine beliebige Teilmenge von D, dann ist die Restriktion $\mathbf{f}|M$ ebenfalls stetig. Insbesondere folgt aus der Stetigkeit also die partielle Stetigkeit.

Bei konkret gegebenen Funktionen wird man oft die Stetigkeit dadurch nachzuweisen versuchen, daß man prüft, ob die m Komponentenfunktionen stetig sind. Es gilt nämlich:

Die Abbildung $\mathbf{f} = (f_1, \ldots, f_m)$ ist genau dann in $\mathbf{a} \in D$ stetig, wenn die reellwertigen Funktionen $f_1, \ldots, f_m$ in $\mathbf{a}$ stetig sind.

Der Beweis ergibt sich aus der Abschätzung $(i = 1, \ldots, m)$

$$|f_i(\mathbf{x}) - f_i(\mathbf{a})| \leqq \|\mathbf{f}(\mathbf{x}) - \mathbf{f}(\mathbf{a})\| \leqq |f_1(\mathbf{x}) - f_1(\mathbf{a})| + \ldots + |f_m(\mathbf{x}) - f_m(\mathbf{a})|.$$

Dabei ist $\| \ \|$ die Maximumsnorm im $\mathbb{R}^m$.

Wenn eine Abbildung $\mathbf{f}: D \to \mathbb{R}^m$ in *jedem* Punkt $\mathbf{a}$ ihrer Definitionsmenge stetig ist, dann heißt $\mathbf{f}$ in D stetig (kurz: $\mathbf{f}$ ist stetig).

Es gibt nun für solche in D stetigen Abbildungen eine Kennzeichnung, die auch in allgemeinen topologischen Räumen brauchbar und sogar besonders zweckmäßig ist. Wir setzen hier der Einfachheit halber voraus, daß D offen ist.

Satz: *Die Definitionsmenge $D \subset \mathbb{R}^n$ von $\mathbf{f}$ sei offen. Dann sind folgende Aussagen äquivalent:*

(1) $\mathbf{f}$ *ist stetig*

(2) *Das Urbild jeder offenen Teilmenge des $\mathbb{R}^m$ ist eine offene Teilmenge des $\mathbb{R}^n$.*

Beweis: Um (1) $\Rightarrow$ (2) zu zeigen, betrachten wir das Urbild $A = \mathbf{f}^{-1}(B)$ irgendeiner offenen Teilmenge B von $\mathbb{R}^m$. Es sei $\mathbf{a}$ ein beliebiger Punkt von A, d. h. es gelte $\mathbf{f}(\mathbf{a}) \in B$. Da $\mathbf{f}$ in $\mathbf{a}$ stetig ist, gibt es zu jeder Umgebung V von $\mathbf{f}(\mathbf{a})$ eine offene Umgebung U von $\mathbf{a}$ mit $\mathbf{f}(U \cap D) \subset V$. Wählen wir nun $V \subset B$, dann gilt $U \cap D \subset \mathbf{f}^{-1}(V) \subset \mathbf{f}^{-1}(B) = A$, d. h. die offene Umgebung $U \cap D$ des Punktes $\mathbf{a}$ ist in A enthalten. Somit ist A offen.

Zum Beweis von (2) $\Rightarrow$ (1) betrachten wir eine beliebige offene Umgebung V irgendeines Punktes $\mathbf{b} = \mathbf{f}(\mathbf{a})$. Nach Voraussetzung ist das Urbild $\mathbf{f}^{-1}(V)$ eine offene Teilmenge U des $\mathbb{R}^n$. Für diese Umgebung U von $\mathbf{a}$ gilt $U \subset D$ und

$$\mathbf{f}(U) \subset V,$$

d. h. $\mathbf{f}$ ist an der Stelle $\mathbf{a}$ stetig. Da diese Überlegung für jedes $\mathbf{a} \in D$ durchführbar ist, folgt, daß $\mathbf{f}$ in D stetig ist.

Bemerkung: Ist D eine beliebige Teilmenge des $\mathbb{R}^n$, so heißen die Durchschnitte von D mit offenen (bzw. abgeschlossenen) Mengen des $\mathbb{R}^n$ *relativ offen* bezüglich D (bzw. relativ abgeschlossen bezüglich D). Die Stetigkeit von $\mathbf{f}: D \to \mathbb{R}^m$ ist äquivalent zu der Eigenschaft: Das Urbild jeder offenen Teilmenge des $\mathbb{R}^m$ ist relativ offen bezüglich D.

Aufgabe: Man zeige aufgrund der Tatsache, daß abgeschlossene Mengen Komplemente von offenen Mengen sind, mit Hilfe der de Morganschen Regeln (vgl. Bd. I, S. 484), daß die Stetigkeit von $\mathbf{f}$ auch folgendermaßen gekennzeichnet

werden kann:
Das Urbild jeder abgeschlossenen Teilmenge des $\mathbb{R}^m$ ist eine relativ (bezüglich D) abgeschlossene Teilmenge des $\mathbb{R}^n$.

Rechenregeln für stetige Abbildungen

Die folgenden Regeln gelten sowohl für die Stetigkeit an einer Stelle $\mathbf{a} \in D$ wie auch für die Stetigkeit in ganz D. Wir formulieren die Sätze gleich für den zweiten Fall, führen die Beweise jedoch für fest gewählte Stellen.

Satz: *Mit $\mathbf{f}: D \to \mathbb{R}^m$ und $\mathbf{g}: D \to \mathbb{R}^m$ sind auch die Abbildungen*

$$\mathbf{f}+\mathbf{g} \qquad \textit{und} \qquad c\mathbf{f} \qquad (c \in \mathbb{R})$$

stetig.

Der Beweis ergibt sich aus der Abschätzung

$$\begin{aligned}\|(\mathbf{f}+\mathbf{g})(\mathbf{x})-(\mathbf{f}+\mathbf{g})(\mathbf{a})\| &= \|\mathbf{f}(\mathbf{x})-\mathbf{f}(\mathbf{a})+\mathbf{g}(\mathbf{x})-\mathbf{g}(\mathbf{a})\| \\ &\leqq \|\mathbf{f}(\mathbf{x})-\mathbf{f}(\mathbf{a})\|+\|\mathbf{g}(\mathbf{x})-\mathbf{g}(\mathbf{a})\|\end{aligned}$$

und der Gleichung

$$\|(c\mathbf{f})(\mathbf{x})-(c\mathbf{f})(\mathbf{a})\| = |c| \cdot \|\mathbf{f}(\mathbf{x})-\mathbf{f}(\mathbf{a})\|.$$

Für reellwertige Funktionen (d. h. $m=1$) sind auch das Produkt und – gegebenenfalls – der Quotient erklärt.

Satz: *Sind f und g stetige reellwertige Funktionen, so ist die Funktion $f \cdot g$ überall und die Funktion $\frac{f}{g}$ an allen Stellen, in denen g nicht den Wert 0 annimmt, stetig.*

Beweis: Sei $\mathbf{a}$ irgendeine Stelle der Definitionsmenge D von f und g und sei $\varepsilon > 0$ beliebig vorgegeben. Nach Voraussetzung gibt es dann ein (für f und g zugleich brauchbares) $\delta > 0$ derart, daß aus $\|\mathbf{x}-\mathbf{a}\| < \delta$ und $\mathbf{x} \in D$ folgt

$$|f(\mathbf{x})-f(\mathbf{a})| < \varepsilon \qquad \text{und} \qquad |g(\mathbf{x})-g(\mathbf{a})| < \varepsilon.$$

Damit ergibt sich für diese $\mathbf{x}$ die Abschätzung

$$\begin{aligned}|f(\mathbf{x})g(\mathbf{x})-f(\mathbf{a})g(\mathbf{a})| &= |f(\mathbf{x})g(\mathbf{x})-f(\mathbf{a})g(\mathbf{x})+f(\mathbf{a})g(\mathbf{x})-f(\mathbf{a})g(\mathbf{a})| \\ &\leqq |g(\mathbf{x})| \cdot |f(\mathbf{x})-f(\mathbf{a})|+|f(\mathbf{a})| \cdot |g(\mathbf{x})-g(\mathbf{a})| \\ &\leqq \big(|g(\mathbf{a})|+\varepsilon\big) \cdot \varepsilon+|f(\mathbf{a})| \cdot \varepsilon = \varepsilon \cdot \big(|f(\mathbf{a})|+|g(\mathbf{a})|+\varepsilon\big),\end{aligned}$$

aus der die Stetigkeit von $f \cdot g$ folgt.

Mit Berücksichtigung dieses Ergebnisses genügt es, die Stetigkeit von $\frac{1}{g}$ zu zeigen. Für $\mathbf{a} \in D$ gelte $g(\mathbf{a}) \neq 0$. Dann ergibt die Abschätzung

$$\left|\frac{1}{g(\mathbf{x})} - \frac{1}{g(\mathbf{a})}\right| = \frac{|g(\mathbf{x}) - g(\mathbf{a})|}{|g(\mathbf{x})| \cdot |g(\mathbf{a})|} \leqq \frac{\varepsilon}{(|g(\mathbf{a})| - \varepsilon) \cdot |g(\mathbf{a})|}$$

die Behauptung.

Aus diesen beiden Sätzen erhält man zum Beispiel die Stetigkeit aller ganzrationalen Funktionen (auch „Polynome mit n Variablen" genannt) sowie der gebrochen rationalen Funktionen an allen Stellen, an denen das Nennerpolynom keine Nullstelle hat. Zum Beispiel ist die auf S. 46 betrachtete Funktion $f(x, y) = \frac{2xy}{x^2 + y^2}$ an allen von $(0, 0)$ verschiedenen Stellen stetig.

Aufgabe: Man zeige, daß die Menge $U \subset \mathbb{R}^{n^2}$ der Matrizen $\mathbf{A}$ mit $\det \mathbf{A} \neq 0$ offen ist. Die zu $\mathbf{A}$ inverse Matrix wird mit $\mathbf{A}^{-1}$ bezeichnet. Man beweise, daß die durch

$$\mathbf{A} \mapsto \mathbf{A}^{-1}$$

erklärte Abbildung von U auf U stetig ist.

Aus der Stetigkeit von

$$\mathbf{f}: D \to \mathbb{R}^m \quad \text{und} \quad \varphi: D \to \mathbb{R}$$

ergibt sich die Stetigkeit von $\varphi\mathbf{f}$, da die Komponentenfunktionen $\varphi f_1, \ldots, \varphi f_m$ stetig sind.

Bezeichnet $\langle\ ,\ \rangle$ ein Skalarprodukt in $\mathbb{R}^m$, so folgt aus der Stetigkeit von

$$\mathbf{f}: D \to \mathbb{R}^m \quad \text{und} \quad \mathbf{g}: D \to \mathbb{R}^m$$

die Stetigkeit der reellwertigen Funktion

$$\langle \mathbf{f}, \mathbf{g} \rangle : D \to \mathbb{R},$$

da diese mit Hilfe der Komponentenfunktionen folgendermaßen dargestellt wird:

$$\langle \mathbf{f}, \mathbf{g} \rangle (\mathbf{x}) = \sum_{i=1}^{m} \sum_{j=1}^{m} c_{ij} f_i(\mathbf{x}) g_j(\mathbf{x}).$$

Ebenso wichtig wie die gerade bewiesenen „algebraischen" Rechenregeln ist die

Tatsache, daß das Hintereinanderausführen von stetigen Abbildungen wieder eine stetige Abbildung ergibt. Damit die Abbildungen

$$\mathbf{f}: D_{\mathbf{f}} \to \mathbb{R}^p \quad \text{und} \quad \mathbf{g}: D_{\mathbf{g}} \to \mathbb{R}^m$$

in der Reihenfolge **g** nach **f** verkettet werden können, muß die Bildmenge von **f** in der Definitionsmenge von **g** enthalten sein; insbesondere muß also **g** eine Abbildung aus dem $\mathbb{R}^p$ in den $\mathbb{R}^m$ sein.

Satz: **f** *sei eine stetige Abbildung aus dem* $\mathbb{R}^n$ *in den* $\mathbb{R}^p$ *und* **g** *eine stetige Abbildung aus dem* $\mathbb{R}^p$ *in den* $\mathbb{R}^m$, *die verkettet werden können.*
Dann ist auch die Abbildung $\mathbf{h} = \mathbf{g} \circ \mathbf{f}$ *aus dem* $\mathbb{R}^n$ *in den* $\mathbb{R}^m$ *stetig.*

Zum Beweis stützen wir uns auf die Stetigkeitsdefinition, die den Umgebungsbegriff verwendet. Es sei **a** ein beliebiger Punkt von $D_{\mathbf{f}}$ und W eine beliebige Umgebung von $\mathbf{h}(\mathbf{a}) \in \mathbb{R}^m$. Da **g** an der Stelle $\mathbf{f}(\mathbf{a})$ stetig ist, gibt es eine Umgebung V von $\mathbf{f}(\mathbf{a})$ derart, daß gilt:

$$\mathbf{g}(V \cap D_{\mathbf{g}}) \subset W.$$

Da **f** an der Stelle **a** stetig ist, gibt es zu V eine Umgebung U von **a** derart, daß gilt:

$$\mathbf{f}(U \cap D_{\mathbf{f}}) \subset V.$$

Es folgt also wegen $\mathbf{f}(U \cap D_{\mathbf{f}}) \subset D_{\mathbf{g}}$:

$$\mathbf{h}(U \cap D_{\mathbf{f}}) = \mathbf{g}(\mathbf{f}(U \cap D_{\mathbf{f}})) \subset \mathbf{g}(V \cap D_{\mathbf{g}}) \subset W.$$

Dies besagt, daß **h** an der Stelle **a** stetig ist.

Aufgabe: Man beweise diesen Satz für Abbildungen, die an allen Stellen stetig sind, auch aufgrund der Definition von S. 47.

Während die Verkettung von stetigen Abbildungen immer eine stetige Abbildung ergibt, braucht die Umkehrabbildung – falls sie existiert – einer stetigen Abbildung nicht stetig zu sein. Man vergleiche hierzu die in Bd. I, S. 220, angegebenen Beispiele und die in der Figur veranschaulichte Polarkoordinaten-Abbildung eines (weder offenen noch abgeschlossenen!) Rechtecks auf einen offenen Kreisring im $\mathbb{R}^2$. Unter zusätzlichen Voraussetzungen, zum Beispiel bei Kompaktheit der Definitionsmenge, läßt sich jedoch die Stetigkeit der Umkehrabbildung beweisen (vgl. S. 56).
Eine injektive stetige Abbildung $\mathbf{f}: D \to \mathbb{R}^m$, für die auch die Umkehrabbildung

$$\mathbf{f}^{-1}: \mathbf{f}(D) \to \mathbb{R}^n$$

stetig ist, heißt *homöomorphe* Abbildung von D auf $\mathbf{f}(D)$; man nennt **f** dann kurz

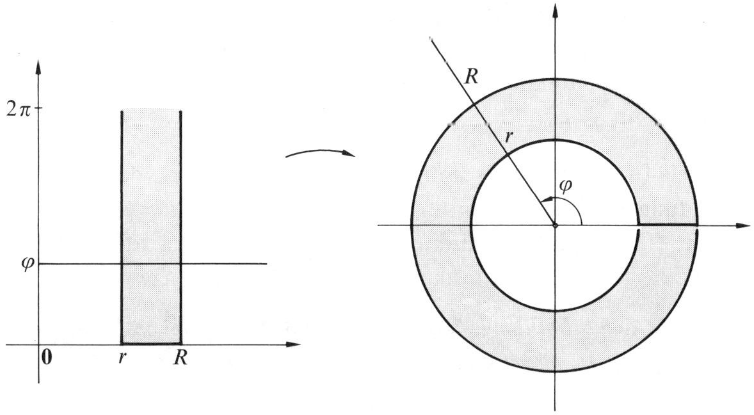

auch einen *Homöomorphismus* und die Mengen D und $\mathbf{f}(D)$ zueinander homöomorph. Zum Beispiel ist der $\mathbb{R}^n$ homöomorph zur offenen Normkugel $\|\mathbf{y}\| < 1$; dies zeigt etwa die Abbildung

$$\mathbf{f}(\mathbf{x}) = \frac{1}{1 + \|\mathbf{x}\|}\,\mathbf{x} \qquad (\mathbf{x} \in \mathbb{R}^n),$$

deren Umkehrbildung $\mathbf{g}$ explizit durch

$$\mathbf{g}(\mathbf{y}) = \frac{1}{1 - \|\mathbf{y}\|}\,\mathbf{y} \qquad (\|\mathbf{y}\| < 1)$$

angegeben werden kann. (Die Stetigkeit von $\mathbf{f}$ und $\mathbf{g}$ ergibt sich leicht aus den bewiesenen Rechenregeln unter Berücksichtigung der Tatsache, daß die Norm stetig ist, vgl. S. 52).

Gleichmäßige Stetigkeit

Es handelt sich hierbei um eine Verschärfung des Stetigkeitsbegriffs. Die Zweckmäßigkeit dieser Begriffsbildung haben wir schon bei einigen Fragestellungen in Bd. I (stetige Fortsetzbarkeit, Approximation stetiger Funktionen durch Treppenfunktionen und die daraus sich ergebende Existenz des Integrals für stetige Integranden) erkennen können.

Def.: *Die Abbildung* $\mathbf{f}: D \to \mathbb{R}^m$ *heißt* gleichmäßig stetig, *wenn es zu jedem* $\varepsilon > 0$ *ein* $\delta > 0$ *gibt derart, daß für alle* $\mathbf{x}, \mathbf{y} \in D$ *mit* $\|\mathbf{x} - \mathbf{y}\| < \delta$ *gilt:*

$$\|\mathbf{f}(\mathbf{x}) - \mathbf{f}(\mathbf{y})\| < \varepsilon.$$

Bemerkung: Während bei der Stetigkeit an einer Stelle $\mathbf{a}$ die Zahl $\delta > 0$ in der Regel von ε und $\mathbf{a}$ abhängen wird, besagt die Definition der gleichmäßigen Stetigkeit, daß δ unabhängig von $\mathbf{a} \in D$ (d. h. „gleichmäßig" für alle $\mathbf{a} \in D$) gewählt werden kann.

Beispiele für gleichmäßig stetige Abbildungen sind die dehnungsbeschränkten Abbildungen, deren Bedeutung wir schon im Fall $n = m = 1$ hervorgehoben hatten. (Dehnungsbeschränkte Abbildungen werden oft *Lipschitz-stetig* genannt; die Dehnungsschranke heißt auch *Lipschitz-Konstante.*)

Def.: *Die Abbildung* $\mathbf{f}: D \to \mathbb{R}^m$ *heißt* dehnungsbeschränkt, *wenn es ein* $c > 0$ *derart gibt, daß für alle* $\mathbf{x}, \mathbf{y} \in D$ *gilt:*

$$\|\mathbf{f}(\mathbf{x}) - \mathbf{f}(\mathbf{y})\| \leqq c\|\mathbf{x} - \mathbf{y}\|.$$

Es ist klar, daß diese Abbildungen gleichmäßig stetig sind, da man $\delta = \frac{\varepsilon}{c}$ wählen kann. Zum Beispiel ist jede Normfunktion N dehnungsbeschränkt, denn es gilt die Abschätzung

$$|N(\mathbf{x}) - N(\mathbf{y})| \leqq N(\mathbf{x} - \mathbf{y}) \leqq c\|\mathbf{x} - \mathbf{y}\|.$$

Dabei wird die „umgekehrte" Dreiecksungleichung (vgl. S. 16, Aufg. 1) und die Äquivalenz der Normen verwendet.

Aufgabe: Man beweise, daß lineare Abbildungen dehnungsbeschränkt sind.

Tatsächlich wird man oft, wenn man feststellen will, ob eine Abbildung $\mathbf{f}$ stetig ist, zunächst prüfen, ob Dehnungsbeschränktheit vorliegt.

Als Beispiel zeigen wir, daß die durch

$$f(\mathbf{x}) = \inf_{\mathbf{a} \in M} \|\mathbf{x} - \mathbf{a}\|$$

auf $\mathbb{R}^n$ erklärte Funktion f dehnungsbeschränkt ist. Dabei ist M eine beliebige nichtleere Teilmenge des $\mathbb{R}^n$; die nichtnegative Zahl $f(\mathbf{x})$ ist zu deuten als der „Abstand des Punktes $\mathbf{x}$ von der Menge M". Für $\mathbf{x} \in M$ gilt offensichtlich $f(\mathbf{x}) = 0$, desgleichen für alle Häufungspunkte von M. Hat man nun irgend zwei Punkte $\mathbf{x}, \mathbf{y} \in \mathbb{R}^n$ gewählt, so findet man die Abschätzung

$$|f(\mathbf{x}) - f(\mathbf{y})| \leqq \|\mathbf{x} - \mathbf{y}\|.$$

Zum Beweis sucht man zunächst einen Punkt $\mathbf{a}$ in der Menge M auf, der für den Punkt $\mathbf{x}$ „nahezu" den Funktionswert liefert, d. h. nach Vorgabe von $\eta > 0$

wählt man einen Punkt $\mathbf{a} \in M$ derart, daß gilt:

$$\|\mathbf{x} - \mathbf{a}\| \leqq f(\mathbf{x}) + \eta .$$

Dies ist aufgrund der Definition von f als Infimum der Abstände des Punktes $\mathbf{x}$ von den Punkten aus M immer möglich. Nach der Dreiecksungleichung folgt nun

$$\|\mathbf{y} - \mathbf{a}\| \leqq \|\mathbf{y} - \mathbf{x}\| + \|\mathbf{x} - \mathbf{a}\| \leqq \|\mathbf{y} - \mathbf{x}\| + f(\mathbf{x}) + \eta$$

und weiter wegen $f(\mathbf{y}) \leqq \|\mathbf{y} - \mathbf{a}\|$:

$$f(\mathbf{y}) - f(\mathbf{x}) \leqq \|\mathbf{y} - \mathbf{x}\| + \eta .$$

Da η beliebig klein gewählt werden kann, muß somit die Ungleichung

$$f(\mathbf{y}) - f(\mathbf{x}) \leqq \|\mathbf{y} - \mathbf{x}\|$$

richtig sein. Die entsprechende Überlegung für den Punkt $\mathbf{y}$ ergibt die Abschätzung

$$f(\mathbf{x}) - f(\mathbf{y}) \leqq \|\mathbf{x} - \mathbf{y}\| .$$

Also gilt tatsächlich

$$|f(\mathbf{x}) - f(\mathbf{y})| \leqq \|\mathbf{x} - \mathbf{y}\| \qquad \text{für alle } \mathbf{x}, \mathbf{y} \in \mathbb{R}^n,$$

d. h. f ist dehnungsbeschränkt mit der Dehnungskonstanten $c = 1$. Wir bezeichnen die hier eingeführte Funktion f im folgenden mit

$$\mathbf{x} \mapsto \varrho(\mathbf{x}, M),$$

um auch die Abhängigkeit von M sichtbar zu machen.

Eine stetige Abbildung $\mathbf{f}: D \to \mathbb{R}^m$ braucht nicht gleichmäßig stetig zu sein, wie etwa die in Bd. I, S. 241 angegebenen Beispiele belegen.
Wenn aber die Definitionsmenge D kompakt ist, folgt aus der Stetigkeit die gleichmäßige Stetigkeit. Der Beweis aus Bd. I, S. 243, kann wörtlich übertragen werden (dabei sind die vorkommenden absoluten Beträge durch die entsprechenden Normen zu ersetzen). Es gilt also der

Satz: *Ist die Definitionsmenge einer stetigen Abbildung kompakt, so ist die Abbildung gleichmäßig stetig.*

Eigenschaften der Bildmengen bei stetigen Abbildungen

Im folgenden interessieren uns vor allem stetige Abbildungen, deren Definitionsmengen entweder kompakt oder offen sind.

Satz: *Ist die Definitionsmenge einer stetigen Abbildung kompakt, so ist auch die Bildmenge kompakt.*

Der Beweis lautet wiederum wörtlich wie in Bd. I, S. 232.

Bemerkung: Bei offenem D läßt sich ohne weitere Voraussetzung keine einfache allgemeine Aussage über die Bildmenge machen. Man gebe Beispiele dafür an, daß die Bildmenge offen bzw. kompakt bzw. abgeschlossen und unbeschränkt sein kann, daß es aber auch möglich ist, daß sie zu keinem der genannten Typen gehört.

Ist speziell $f: D \to \mathbb{R}$ stetig und D kompakt, so nimmt die Funktion f in D ihr „absolutes Minimum" und ihr „absolutes Maximum" an, d.h. es gibt Punkte $\mathbf{a}, \mathbf{b}$ in D, so daß für alle $\mathbf{x} \in D$ gilt:

$$f(\mathbf{a}) \leqq f(\mathbf{x}) \leqq f(\mathbf{b}).$$

Mit dieser Abschätzung wird natürlich nicht gesagt, daß tatsächlich alle Werte zwischen $f(\mathbf{a})$ und $f(\mathbf{b})$ angenommen werden. Damit dies der Fall ist, hat man andere Voraussetzungen über D heranzuziehen. Für $n = 1$ etwa reicht es hin, D als Intervall, d. h. „zusammenhängend", anzunehmen. Diesen Begriff erweitern wir nun auf höhere Dimensionen. Dazu erklären wir zunächst, was wir unter einem *Weg* verstehen wollen.

Def.: *Jede stetige Abbildung γ eines abgeschlossenen Intervalls $\alpha \leqq t \leqq \beta$ in den $\mathbb{R}^n$ heißt* Weg. *Man sagt, daß die Punkte $\gamma(\alpha)$ und $\gamma(\beta)$ durch den Weg γ stetig miteinander verbunden sind.*

Bemerkung: Der Begriff des Weges ist viel allgemeiner als man zunächst erwarten wird, z. B. ist es möglich, daß die Bildmenge $\gamma([\alpha, \beta])$ ein Dreieck ist (vgl. hierzu S. 40). Den anschaulichen Vorstellungen näher kommen die in 14.1 betrachteten „stückweise glatten" Kurven; dort finden sich auch Beispiele. In diesem Abschnitt verwenden wir den allgemeinen Begriff, weil dadurch einfache Beweise ermöglicht werden.

Def.: *Eine beliebige Teilmenge M des $\mathbb{R}^n$ heißt* wegzusammenhängend, *wenn je zwei ihrer Punkte durch einen in M verlaufenden Weg stetig miteinander verbunden werden können.*

Zum Beispiel sind alle konvexen Mengen wegzusammenhängend. Weitere Beispiele sind etwa die „Einheitssphäre“ (die Oberfläche der Einheitskugel im $\mathbb{R}^n$)

$$S^{n-1} := \{\mathbf{x} \mid |\mathbf{x}| = 1\}$$

oder auch ein Kreisring in der Ebene, eine Kugelschale oder ein Torus im Raum (vgl. Figur).

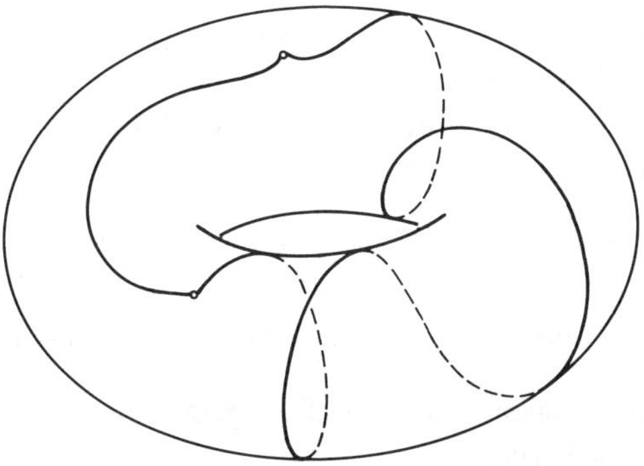

Aufgabe: Die wegzusammenhängenden Teilmengen des $\mathbb{R}^1$ sind genau die Intervalle.

Satz: *Ist die Definitionsmenge einer stetigen Abbildung $\mathbf{f}: D \to \mathbb{R}^m$ wegzusammenhängend, so ist auch die Bildmenge $\mathbf{f}(D)$ wegzusammenhängend.*

Beweis: Wir haben zu zeigen, daß je zwei Punkte von $\mathbf{f}(D)$ durch einen Weg stetig miteinander verbunden werden können. Zu diesen Punkten wählen wir Urbilder $\mathbf{a}$ und $\mathbf{b}$ in D. Diese können nach Voraussetzung durch einen Weg γ stetig verbunden werden. Mit $\mathbf{f} \circ \gamma$ hat man dann einen Weg, der die gegebenen Punkte in der Bildmenge $\mathbf{f}(D)$ stetig miteinander verbindet.

Speziell sind die Bildmengen von stetigen reellwertigen Funktionen mit wegzusammenhängender Definitionsmenge immer Intervalle. Diese Aussage ist eine mögliche Verallgemeinerung des Zwischenwertsatzes.
Insbesondere folgt: Hat man in einer wegzusammenhängenden Menge zwei Punkte $\mathbf{a}$ und $\mathbf{b}$ gefunden, in denen die Werte der stetigen Funktion f verschiedenes Vorzeichen haben, so gibt es auf jedem Weg zwischen $\mathbf{a}$ und $\mathbf{b}$ mindestens eine Nullstelle von f.

Bei *offenen* wegzusammenhängenden Teilmengen U des $\mathbb{R}^n$ ist es immer möglich, zwei Punkte $\mathbf{a}, \mathbf{b} \in U$ sogar durch einen „Streckenzug“ zu verbinden.

Nach Voraussetzung gibt es nämlich einen stetigen Weg $\gamma : [0, 1] \to U$, der **a** und **b** verbindet. Da U offen ist, gibt es zu jedem Punkt des Weges eine offene Kugelumgebung, die in U enthalten ist. Aus beweistechnischen Gründen ordne man jedem Punkt des Weges eine Kugelumgebung mit kleinerem Radius zu (die abgeschlossenen Kugeln sind dann auch noch in U enthalten). Wegen der Kompaktheit von $\gamma([0, 1])$ genügen nach dem Satz von Heine-Borel endlich viele der genannten Kugeln zur Überdeckung des Weges. Die Vereinigung der entsprechenden abgeschlossenen Kugeln ist eine kompakte Menge K, deren Rand einen positiven Abstand ε von $\gamma([0, 1])$ besitzt (vgl. S. 52). Dieser Abstand kann nicht Null sein, da jeder Punkt des Weges innerer Punkt von K ist. Da $\gamma : [0, 1] \to U$ gleichmäßig stetig ist, gibt es zu diesem $\varepsilon > 0$ ein $\delta > 0$ derart, daß aus $|t_2 - t_1| < \delta$ folgt $\|\gamma(t_2) - \gamma(t_1)\| < \frac{\varepsilon}{2}$. Unterteilt man nun das Intervall $[0, 1]$ in Teilintervalle, deren Länge höchstens $\frac{\delta}{2}$ ist, so kann man mit den Punkten des Weges, die zu den Unterteilungspunkten von $[0, 1]$ gehören, einen Streckenzug konstruieren, der ganz in K verläuft.

Mit entsprechenden Überlegungen zeigt man, daß in offenen, wegzusammenhängenden Mengen je zwei Punkte auch durch Wege verbunden werden können, die mit Hilfe von Polynomen dargestellt werden können. Zum Beweis verwendet man den Weierstraßschen Approximationssatz (vgl. Bd. I, S. 326).

Zum Schluß wollen wir noch den Fall betrachten, daß die stetige Abbildung

$$\mathbf{f}: D \to \mathbb{R}^m$$

injektiv ist, also die Umkehrabbildung

$$\mathbf{f}^{-1}: \mathbf{f}(D) \to \mathbb{R}^n$$

existiert. Wir hatten schon an Beispielen gesehen, daß $\mathbf{f}^{-1}$ nicht stetig zu sein braucht (vgl. S. 50). Ist jedoch die Definitionsmenge kompakt, so gilt der

Satz: *Ist* **f** *eine injektive stetige Abbildung mit kompakter Definitionsmenge, dann ist auch die Umkehrabbildung* $\mathbf{f}^{-1}$ *stetig.*

Der Beweis ergibt sich – wenn man die Folgenkompaktheit (vgl. S. 28) der Definitionsmenge ausnützt – in genau derselben Weise wie in Bd. I, S. 233.

Aufgabe: Man führe einen anderen Beweis unter Verwendung der Heine-Borel-Eigenschaft der kompakten Mengen.

Aus den früher bewiesenen Sätzen über stetige Abbildungen ergibt sich, daß bei kompakter Definitionsmenge **f** und $\mathbf{f}^{-1}$ sogar gleichmäßig stetig sind. Weiter erkennen wir, daß in diesem Fall eine injektive stetige Abbildung immer ein Homöomorphismus ist. Definitionsmenge und Bildmenge sind unter den genannten Voraussetzungen also homöomorph.

Bemerkung: In Bd. I, S. 236 wurde bewiesen, daß für $m = n = 1$ eine stetige injektive Abbildung mit offener Definitionsmenge ein Homöomorphismus ist. Die entsprechende Aussage ist auch für höhere Dimensionen richtig, falls $m = n$ gilt, doch erfordert der Beweis Hilfsmittel, die hier nicht zur Verfügung stehen (vgl. z. B. Dold, Lectures on Algebraic Topology, 1972, S. 79).

Aufgaben:

1. Es seien $\mathbf{f}: \mathbb{R}^n \to \mathbb{R}^m$ und $\mathbf{g}: \mathbb{R}^m \to \mathbb{R}^p$ lineare Abbildungen und $(a_{ij}) = \mathbf{A}$ bzw. $(b_{ki}) = \mathbf{B}$ die zugehörigen Matrizen.
   Man zeige, daß $\mathbf{g} \circ \mathbf{f}: \mathbb{R}^n \to \mathbb{R}^p$ eine lineare Abbildung ist, deren Matrix $(c_{kj}) = \mathbf{C}$ durch

   $$c_{kj} = \sum_{i=1}^{m} b_{ki} a_{ij}$$

   gegeben ist. Man nennt $\mathbf{C} =: \mathbf{BA}$ das Produkt der Matrizen **B**, **A**.
   Man beweise die Rechenregeln

   $$\begin{aligned} \mathbf{B}(\mathbf{A}_1 + \mathbf{A}_2) &= \mathbf{B}\mathbf{A}_1 + \mathbf{B}\mathbf{A}_2 \\ (\mathbf{B}_1 + \mathbf{B}_2)\mathbf{A} &= \mathbf{B}_1\mathbf{A} + \mathbf{B}_2\mathbf{A} \\ \mathbf{B}(c\mathbf{A}) &= c\mathbf{B}\mathbf{A} \\ (c\mathbf{B})\mathbf{A} &= c\mathbf{B}\mathbf{A} \\ \mathbf{A}_1(\mathbf{A}_2\mathbf{A}_3) &= (\mathbf{A}_1\mathbf{A}_2)\mathbf{A}_3 . \end{aligned}$$

2. Man bestimme für bijektive lineare Abbildungen in den Fällen $n = 2$ und $n = 3$ explizit die Umkehrabbildungen.
3. Faßt man die Determinante $\det \mathbf{A}$ als Funktion der n Spaltenvektoren

   $$\mathbf{a}_1 = \begin{pmatrix} a_{11} \\ a_{21} \\ \vdots \\ a_{n1} \end{pmatrix}, \quad \mathbf{a}_2 = \begin{pmatrix} a_{12} \\ a_{22} \\ \vdots \\ a_{n2} \end{pmatrix}, \ldots, \mathbf{a}_n = \begin{pmatrix} a_{1n} \\ a_{2n} \\ \vdots \\ a_{nn} \end{pmatrix}$$

   auf, dann hat diese Funktion die folgenden Eigenschaften:

1) $\det(\mathbf{a}_1, \ldots, \mathbf{a}_n)$ ist linear bezüglich jedes Vektorarguments.
2) Bei Vertauschung zweier Vektorargumente ändert sich das Vorzeichen.
3) Bei Einsetzen der Standardbasis gilt

$$\det(\mathbf{e}_1, \ldots, \mathbf{e}_n) = 1 .$$

Man prüfe dies nach und zeige, daß umgekehrt die Determinantenfunktion $\det(\mathbf{a}_1, \ldots, \mathbf{a}_n)$ durch die drei genannten Eigenschaften gekennzeichnet wird.

4. Erfüllt $\mathbf{f}: \mathbb{R}^n \to \mathbb{R}^m$ die Bedingung

$$\mathbf{f}(\mathbf{x} + \mathbf{y}) = \mathbf{f}(\mathbf{x}) + \mathbf{f}(\mathbf{y}),$$

so heißt $\mathbf{f}$ additiv.
Man zeige, daß für rationales c

$$\mathbf{f}(c\mathbf{x}) = c\mathbf{f}(\mathbf{x})$$

gilt und folgere weiter, daß stetige additive Abbildungen $\mathbf{f}: \mathbb{R}^n \to \mathbb{R}^m$ linear sind.

5. Es seien $a_1 > a_2 > a_3$ gegebene positive reelle Zahlen. Dann hat die Gleichung

$$\frac{x_1^2}{y + a_1} + \frac{x_2^2}{y + a_2} + \frac{x_3^2}{y + a_3} = 1$$

für jedes $(x_1, x_2, x_3) \in \mathbb{R}^3$ mit $x_1 x_2 x_3 \neq 0$ drei reelle Lösungen y_1, y_2, y_3. Diese können so numeriert werden, daß gilt

$$-a_1 < y_1 < -a_2 < y_2 < -a_3 < y_3 .$$

Somit ist eine Abbildung $(x_1, x_2, x_3) \mapsto (y_1, y_2, y_3)$ festgelegt. Bei Restriktion auf den „ersten Oktanten" $x_1 > 0, x_2 > 0, x_3 > 0$ ist diese Abbildung bijektiv. Man beweise dies und gebe für die Umkehrabbildung explizite Formeln an. Man deute die Abbildung als „Einführung neuer Koordinaten" im (x_1, x_2, x_3)-Raum. Welche Flächen ergeben sich für $y_1 = \text{const.}$, $y_2 = \text{const.}$, $y_3 = \text{const.}$?

6. Man deute die folgenden Abbildungen als Vektorfelder und fertige Skizzen an:

(a) $f_1(x_1, x_2) = -x_2$, $f_2(x_1, x_2) = x_1$

(b) $f_1(x_1, x_2) = 2x_1 x_2$, $f_2(x_1, x_2) = x_2^2 - x_1^2$

(c) $f_1(x_1, x_2) = e^{x_1} \cos x_2$, $f_2(x_1, x_2) = e^{x_1} \sin x_2 .$

Gibt es elementargeometrische Konstruktionsvorschriften für diese Vektorfelder?

7. Man zeige, daß $\xi \mapsto \dfrac{\xi}{1+|\xi|}$ ein Homöomorphismus von $\mathbb{R}$ auf $]-1, 1[$ ist („Schränkungstransformation").
Ist $f: D \to \mathbb{R}$ eine stetige, nicht notwendig beschränkte Funktion, so ist die durch

$$g(\mathbf{x}) = \frac{f(\mathbf{x})}{1+|f(\mathbf{x})|} \qquad (\mathbf{x} \in D)$$

erklärte Funktion g stetig und beschränkt. Die Zuordnung zwischen f und g ist umkehrbar eindeutig.

8. Es sei $f: D \to \mathbb{R}$ stetig und $c \in \mathbb{R}$. Welche der Mengen

$$\{\mathbf{x} \in D \,|\, f(\mathbf{x}) < c\}$$
$$\{\mathbf{x} \in D \,|\, f(\mathbf{x}) \leqq c\}$$
$$\{\mathbf{x} \in D \,|\, f(\mathbf{x}) = c\}$$

sind relativ offen bzw. relativ abgeschlossen bezüglich D?

9. Es seien $x_1 \mapsto f_1(x_1), \ldots, x_n \mapsto f_n(x_n)$ stetige Funktionen einer Variablen; weiter sei

$$(y_1, \ldots, y_n) \mapsto \mathbf{F}(y_1, \ldots, y_n)$$

stetig. Man beweise, daß dann

$$(x_1, \ldots, x_n) \mapsto \mathbf{F}\big(f_1(x_1), \ldots, f_n(x_n)\big)$$

stetig ist.

10. Es sei p ein Polynom in zwei Variablen (d. h. es sei $p(x, y) = \sum_{i=0}^{m} \sum_{j=0}^{n} a_{ij} x^i y^j$) und es seien $f, g: \mathbb{R}^2 \to \mathbb{R}$ definiert durch

$$f(x, y) = \begin{cases} \dfrac{p(x, y)}{x^2 + y^2} & \text{für} \quad (x, y) \neq (0, 0) \\[2ex] 0 & \text{für} \quad (x, y) = (0, 0) \end{cases}$$

$$g(x, y) = \begin{cases} \dfrac{p(x, y)}{x^2 + y^4} & \text{für} \quad (x, y) \neq (0, 0) \\[2ex] 0 & \text{für} \quad (x, y) = (0, 0). \end{cases}$$

Man untersuche, in welchen Punkten f, g nicht stetig sind. Weiter stelle man fest, in welchen dieser Punkte partielle Stetigkeit (bezüglich der ersten bzw. bezüglich der zweiten Variablen) vorliegt.
Für $p(x, y) = 2xy$ skizziere man die Niveaulinien von f und g.

11. Es sei $h(x, y)$ für $x > 0, y > 0$ erklärt und es sei

$$\lim_{(x,y)\to(0,0)} h(x, y) = b.$$

Weiter existiere für jedes x

$$\lim_{y\to 0} h(x, y) = f(x).$$

Man beweise, daß dann $\lim_{x\to 0} f(x)$ existiert und daß gilt

$$\lim_{x\to 0} f(x) = b.$$

Der „iterierte Limes" ist also vorhanden und es gilt

$$\lim_{x\to 0}\left(\lim_{y\to 0} h(x, y)\right) = \lim_{(x,y)\to(0,0)} h(x, y).$$

Wenn außerdem auch

$$\lim_{x\to 0} h(x, y) = g(y)$$

existiert, gilt entsprechend

$$\lim_{y\to 0}\left(\lim_{x\to 0} h(x, y)\right) = \lim_{(x,y)\to(0,0)} h(x, y).$$

Insbesondere hat man

$$\lim_{y\to 0} g(y) = \lim_{x\to 0} f(x),$$

d. h.

$$\lim_{y\to 0}\left(\lim_{x\to 0} h(x, y)\right) = \lim_{x\to 0}\left(\lim_{y\to 0} h(x, y)\right).$$

Die „einfachen" Grenzübergänge sind somit unter den genannten Voraussetzungen vertauschbar.
(Die Voraussetzung der Existenz von $f(x)$ bzw. $g(y)$ ist nicht entbehrlich, wie etwa das Beispiel $h(x, y) = (x + y)\left(\sin\frac{1}{x} + \sin\frac{1}{y}\right)$ zeigt.)

12. Es sei $h(x, y)$ für $x > 0, y > 0$ erklärt und es sei vorausgesetzt, daß die Grenzwerte

$$\lim_{y \to 0} h(x, y) = f(x)$$

$$\lim_{x \to 0} h(x, y) = g(y)$$

$$\lim_{x \to 0} f(x)$$

$$\lim_{y \to 0} g(y)$$

existieren. Man belege durch Beispiele, daß nicht

$$\lim_{x \to 0} f(x) = \lim_{y \to 0} g(y)$$

zu gelten braucht.
Man zeige weiter:
Eine hinreichende Bedingung für die Gültigkeit dieser Gleichung, d. h. der Vertauschbarkeit der Grenzübergänge ist: Zu jedem $\varepsilon > 0$ gibt es ein von x unabhängiges $\delta > 0$ derart, daß für alle $y < \delta$ gilt

$$|h(x, y) - f(x)| < \varepsilon.$$

(Hierfür kann man sagen: Es gelte $\lim_{y \to 0} h(x, y) = f(x)$ gleichmäßig bezüglich x.)

13. Man gebe ein Beispiel für eine Funktion $h(x, y)$ an, für die zwar

$$\lim_{y \to 0} \left(\lim_{x \to 0} h(x, y)\right) = \lim_{x \to 0} \left(\lim_{y \to 0} h(x, \mathrm{y})\right)$$

gilt, die aber im Punkt $(0, 0)$ keinen Grenzwert besitzt.

14. Es sei $\mathbf{A}$ eine symmetrische Matrix (d. h. $a_{ij} = a_{ji}$) und

$$f(\mathbf{x}) = \langle \mathbf{A}\mathbf{x}, \mathbf{x} \rangle$$

die zugehörige quadratische Form. Die stetige Funktion f nimmt auf der kompakten Menge $S^{n-1} = \{\mathbf{x} \mid \langle \mathbf{x}, \mathbf{x} \rangle = 1\}$ ihr absolutes Minimum α an einer Stelle $\mathbf{a} \in S^{n-1}$ und ihr absolutes Maximum β an einer Stelle $\mathbf{b} \in S^{n-1}$ an. Man zeige, daß

$$\mathbf{A}\mathbf{a} = \alpha \mathbf{a}$$
$$\mathbf{A}\mathbf{b} = \beta \mathbf{b}$$

gilt (d. h. $\mathbf{a}, \mathbf{b}$ sind Eigenvektoren von $\mathbf{A}$).

15. Man zeige, daß $\mathbf{f} : D \to \mathbb{R}^m$ im Häufungspunkt $\mathbf{a}$ von D genau dann einen Grenzwert besitzt, wenn es zu jedem $\varepsilon > 0$ ein $\delta > 0$ gibt, so daß für alle

$\mathbf{x}, \mathbf{y} \in D$ mit $\mathbf{x} \neq \mathbf{a}, \mathbf{y} \neq \mathbf{a}$, $\|\mathbf{x}-\mathbf{a}\| < \delta$, $\|\mathbf{y}-\mathbf{a}\| < \delta$ gilt

$$\|\mathbf{f}(\mathbf{x}) - \mathbf{f}(\mathbf{y})\| < \varepsilon.$$

(Cauchysche Konvergenzbedingung)

16. Ist $\mathbf{f}: D \to \mathbb{R}^m$ gleichmäßig stetig, so besitzt $\mathbf{f}$ eine und nur eine stetige Fortsetzung auf die abgeschlossene Hülle von D. Man beweise dies und zeige weiter, daß bei beschränktem D eine auf D gleichmäßig stetige Abbildung beschränkt sein muß.
17. Man zeige, daß je zwei nicht leere offene konvexe Mengen des $\mathbb{R}^n$ zueinander homöomorph sind. (Man zeige zunächst, daß jede nicht leere offene konvexe Menge des $\mathbb{R}^n$ homöomorph zu $\mathbb{R}^n$ ist.)
18. Es seien A, B beliebige nicht leere abgeschlossene disjunkte Teilmengen des $\mathbb{R}^n$. Man zeige, daß es eine stetige Funktion

$$f: \mathbb{R}^n \to [0, 1]$$

gibt, die auf A den Wert 0 und auf B den Wert 1 annimmt.

(Man betrachte $f(\mathbf{x}) = \dfrac{\varrho(\mathbf{x}, A)}{\varrho(\mathbf{x}, A) + \varrho(\mathbf{x}, B)}$, vgl. S. 53).

Sind weiter a, b irgendwelche verschiedene reelle Zahlen, so gibt es eine in $\mathbb{R}^n$ stetige Funktion f, die auf A den Wert a, auf B den Wert b und im übrigen nur Werte zwischen a und b (einschließlich) annimmt.

(Lemma von Urysohn)

13.4 Gleichmäßige Konvergenz

Um die Definition der gleichmäßigen Konvergenz von Abbildungsfolgen einfach fassen zu können, führen wir zuvor die Norm von Abbildungen (entsprechend wie im eindimensionalen Fall, vgl. Bd. I, S. 309) ein.

Def.: *Es sei* $\mathbf{f}: D \to \mathbb{R}^m$ *eine beschränkte Abbildung. Dann heißt die nichtnegative reelle Zahl*

$$\|\mathbf{f}\| := \sup_{\mathbf{x} \in D} \|\mathbf{f}(\mathbf{x})\|$$

die Norm *der Abbildung* $\mathbf{f}$.

Insbesondere ist die Norm für alle stetigen Abbildungen mit kompakter Definitionsmenge erklärt. Nach S. 54 kann in diesem Fall sup durch max ersetzt werden:

$$\|\mathbf{f}\| = \max_{\mathbf{x} \in D} \|\mathbf{f}(\mathbf{x})\| \qquad (D \text{ kompakt und } \mathbf{f} \text{ stetig}).$$

Es gelten die Rechenregeln:

(1) $\|\mathbf{f}\| = 0 \quad \Rightarrow \quad \mathbf{f}(\mathbf{x}) = \mathbf{0}$ für alle $\mathbf{x} \in D$

(2) $\|c\mathbf{f}\| = |\mathbf{c}| \cdot \|\mathbf{f}\|$

(3) $\|\mathbf{f} + \mathbf{g}\| \leqq \|\mathbf{f}\| + \|\mathbf{g}\|$.

Der Beweis verläuft entsprechend wie im Fall $n = 1$.

Bemerkung: Die Menge aller beschränkter Abbildungen von D in $\mathbb{R}^m$ ist ein reeller Vektorraum $\mathfrak{B}(D, \mathbb{R}^m)$. Dieser wird durch die eingeführte Norm zu einem *normierten Vektorraum*. Selbstverständlich hängt die Norm in $\mathfrak{B}(D, \mathbb{R}^m)$ davon ab, welche Norm im $\mathbb{R}^m$ verwendet wird.

Die Definition der gleichmäßigen Konvergenz formulieren wir mit Hilfe einer beliebig gewählten Norm des Zielraums $\mathbb{R}^m$; man sieht unmittelbar, daß die Eigenschaft einer Abbildungsfolge, gleichmäßig konvergent zu sein, nicht von der Wahl der Norm abhängt.

Def.: *Es sei* $(\mathbf{f}_k)$ *eine Folge von Abbildungen der Menge* $D \subset \mathbb{R}^n$ *in den* $\mathbb{R}^m$. *Dann heißt* $(\mathbf{f}_k)$ gleichmäßig konvergent *gegen die Abbildung* $\mathbf{f}: D \to \mathbb{R}^m$, *wenn gilt*

$$\lim_k \|\mathbf{f}_k - \mathbf{f}\| = 0.$$

Dabei ist natürlich vorausgesetzt, daß die Abbildungen $\mathbf{f}_k - \mathbf{f}$ beschränkt sind; dies ist insbesondere dann der Fall, wenn die $\mathbf{f}_k$ und $\mathbf{f}$ beschränkt sind.

Es gilt das *Cauchysche Konvergenzkriterium:*

Notwendig und hinreichend dafür, daß $(\mathbf{f}_k)$ *gleichmäßig konvergiert, ist die folgende Bedingung:*
Zu jedem $\varepsilon > 0$ *gibt es ein* k_0 *derart, daß für alle* $k \geqq k_0$ *und alle* p *gilt:*

$$\|\mathbf{f}_{k+p} - \mathbf{f}_k\| < \varepsilon.$$

Der Beweis wird ebenso wie in Bd. I, S. 311 geführt.
Eine hinreichende Bedingung für die gleichmäßige Konvergenz einer Folge von Abbildungen ist das *Majorantenkriterium:*

Es sei $\|\mathbf{f}_{k+1} - \mathbf{f}_k\| = c_k$ *gesetzt. Wenn die Reihe* $\sum_{k=0}^{\infty} c_k$ *konvergiert, dann konvergiert die Folge* $(\mathbf{f}_k)$ *gleichmäßig.*

Der Beweis ergibt sich unmittelbar aus dem Cauchyschen Konvergenzkriterium und der Abschätzung

$$\|\mathbf{f}_{k+p} - \mathbf{f}_k\| = \|\sum_{j=k}^{k+p-1} (\mathbf{f}_{j+1} - \mathbf{f}_j)\| \leqq \sum_{j=k}^{k+p-1} \|\mathbf{f}_{j+1} - \mathbf{f}_j\| \leqq \sum_{j=k}^{k+p-1} c_j .$$

Schließlich kann auch der Beweis von S. 320, Bd. I übertragen werden, d. h. es gilt:

Wenn die Abbildungen $\mathbf{f}_k$ *stetig sind und die Folge* $(\mathbf{f}_k)$ *gleichmäßig gegen die Abbildung* $\mathbf{f}$ *konvergiert, dann ist* $\mathbf{f}$ *stetig.*

Wir beschäftigen uns nun mit dem Problem der gleichmäßigen Approximierbarkeit einer beliebigen, auf einer kompakten Menge $K \subset \mathbb{R}^n$ stetigen Funktion f durch Folgen von Funktionen eines bestimmten Typs. Wir wollen diese Fragestellung jetzt in einem allgemeineren Rahmen als in Bd. I (vgl. den Beweis des Weierstraßschen Approximationssatzes auf S. 323 ff.) untersuchen; dazu führen wir folgende Bezeichnungen ein:

$\mathfrak{C}(K)$ sei die Menge aller auf K stetigen reellwertigen Funktionen. Mit der Norm

$$\|f\| := \max_{\mathbf{x} \in K} |f(\mathbf{x})|$$

bildet $\mathfrak{C}(K)$ einen *vollständigen* normierten Vektorraum, d. h. einen *Banach-Raum:* Jede Cauchy-Folge mit Elementen aus $\mathfrak{C}(K)$ konvergiert gegen ein Element aus $\mathfrak{C}(K)$; vgl. Bd. I, S. 342.

Überdies hat $\mathfrak{C}(K)$ die Eigenschaft, daß wegen

$$\min\{f, g\} = \frac{1}{2}(f + g - |f - g|)$$

und

$$\max\{f, g\} = \frac{1}{2}(f + g + |f - g|)$$

mit $f, g \in \mathfrak{C}(K)$ auch $\min\{f, g\}$ und $\max\{f, g\}$ zu $\mathfrak{C}(K)$ gehören.

Aufgabe: Man gebe eine rekursive Definition für $\min\{f_1, \ldots, f_r\}$ und $\max\{f_1, \ldots, f_r\}$ an, die zeigt, daß mit $f_1, \ldots, f_r$ auch $\min\{f_1, \ldots, f_r\}$ und $\max\{f_1, \ldots, f_r\}$ stetig sind.

Wir denken uns nun eine Teilmenge $\mathfrak{B}$ von $\mathfrak{C}(K)$ vorgegeben und werden im folgenden Satz Bedingungen nennen, die dafür hinreichen, daß ein beliebiges $f \in \mathfrak{C}(K)$ gleichmäßig durch eine in $\mathfrak{B}$ liegende Folge (f_k) approximierbar ist.

Satz: *Es sei $\mathfrak{B}$ eine Teilmenge von $\mathfrak{C}(K)$ mit den beiden Eigenschaften:*

(i) *Mit f, g gehört auch* $\min\{f, g\}$ *und* $\max\{f, g\}$ *zu* $\mathfrak{B}$.

(ii) *Zu je zwei Punkten $\mathbf{y}, \mathbf{z} \in K$ mit $\mathbf{y} \neq \mathbf{z}$ und je zwei reellen Zahlen a, b gibt es eine Funktion h in $\mathfrak{B}$ mit der Eigenschaft $h(\mathbf{y}) = a$ und $h(\mathbf{z}) = b$.*

Dann gibt es zu jedem $f \in \mathfrak{C}(K)$ eine Folge (f_k) mit $f_k \in \mathfrak{B}$ derart, daß gilt

$$\lim_k \|f_k - f\| = 0.$$

(Satz von Stone)

Der Beweis ergibt sich durch geschickte zweimalige Anwendung des Heine-Borelschen Überdeckungssatzes.

Es sei $f \in \mathfrak{C}(K)$ und $\varepsilon > 0$ vorgegeben und es seien $\mathbf{y}, \mathbf{z} \in K$ beliebig gewählt. Die nach Forderung (ii) existierende Funktion h, die an der Stelle $\mathbf{y}$ den Wert $a = f(\mathbf{y})$ und an der Stelle $\mathbf{z}$ den Wert $b = f(\mathbf{z})$ annimmt, bezeichnen wir mit $h_{\mathbf{yz}}$. Aufgrund der Stetigkeit von f und $h_{\mathbf{yz}}$ gibt es bei festem $\mathbf{y}$ zu jedem $\mathbf{z} \in K$ eine Umgebung $U(\mathbf{z})$ von $\mathbf{z}$ derart, daß für alle $\mathbf{x} \in U(\mathbf{z}) \cap K$ die Ungleichung

$$h_{\mathbf{yz}}(\mathbf{x}) > f(\mathbf{x}) - \varepsilon$$

gilt.

Die Umgebungen $U(\mathbf{z})$ – bei festem $\mathbf{y}$ – überdecken die kompakte Menge K; es gibt daher endlich viele Punkte $\mathbf{z}_1, \ldots, \mathbf{z}_r \in K$ derart, daß K von

$$U(\mathbf{z}_1), \ldots, U(\mathbf{z}_r)$$

überdeckt wird. Betrachtet man nun die Funktion

$$\max\{h_{\mathbf{yz}_1}, \ldots, h_{\mathbf{yz}_r}\} =: h_{\mathbf{y}},$$

so findet man, daß für alle $\mathbf{x} \in K$ (und natürlich für alle $\mathbf{y} \in K$) die Ungleichung

$$h_{\mathbf{y}}(\mathbf{x}) > f(\mathbf{x}) - \varepsilon$$

erfüllt ist und daß $h_{\mathbf{y}}$ nach (i) zu $\mathfrak{B}$ gehört. Weiter nimmt $h_{\mathbf{y}}$ an der Stelle $\mathbf{y}$ den Wert $f(\mathbf{y})$ an, da

$$h_{\mathbf{yz}_1}(\mathbf{y}) = \ldots = h_{\mathbf{yz}_r}(\mathbf{y}) = f(\mathbf{y})$$

gilt.

Da f und $h_{\mathbf{y}}$ stetig sind, gibt es nun zu jedem $\mathbf{y} \in K$ eine Umgebung $V(\mathbf{y})$ von $\mathbf{y}$ derart, daß für alle $\mathbf{x} \in V(\mathbf{y}) \cap K$ die Ungleichung

$$h_{\mathbf{y}}(\mathbf{x}) < f(\mathbf{x}) + \varepsilon$$

erfüllt ist.

Wiederum gibt es endlich viele Punkte $\mathbf{y}_1, \ldots, \mathbf{y}_s \in K$ derart, daß K von

$$V(\mathbf{y}_1), \ldots, V(\mathbf{y}_s)$$

überdeckt wird. Die Funktion g, die durch

$$\min\{h_{\mathbf{y}_1}, \ldots, h_{\mathbf{y}_n}\} =: g$$

definiert ist, gehört zu $\mathfrak{B}$ und erfüllt für alle $\mathbf{x} \in K$ die Ungleichungen

$$g(\mathbf{x}) < f(\mathbf{x}) + \varepsilon$$
$$g(\mathbf{x}) > f(\mathbf{x}) - \varepsilon.$$

Somit gibt es zu jedem $\varepsilon > 0$ eine Funktion g in $\mathfrak{B}$ derart, daß gilt

$$\|f - g\| < \varepsilon.$$

Hieraus folgt unmittelbar die Behauptung des Satzes.

Aufgabe: Man folgere aus dem Satz von Stone, daß jede stetige Funktion $f\colon [0, 1] \to \mathbb{R}$ gleichmäßig durch stetige, stückweise affine Funktionen approximiert werden kann.

In den Anwendungen ist die Menge der Funktionen, die zur Approximation herangezogen werden, oft eine *Unteralgebra* $\mathfrak{A}$ von $\mathfrak{C}(K)$. Kommt zu diesen algebraischen Voraussetzungen dann noch die Forderung der „Punktetrennung" hinzu (vgl. Bedingung (4) im folgenden Satz), so kann man einen praxisnäheren Approximationssatz aus dem Stoneschen Satz gewinnen.

Satz: *Es sei $\mathfrak{A}$ eine Teilmenge von $\mathfrak{C}(K)$ mit den Eigenschaften:*

(1) *Für $f, g \in \mathfrak{A}$ und $c \in \mathbb{R}$ gilt $f + g \in \mathfrak{A}$, $cf \in \mathfrak{A}$.*
(2) *Für $f, g \in \mathfrak{A}$ gilt $fg \in \mathfrak{A}$.*
(3) *Die Funktion $\mathbf{x} \mapsto 1$ $(\mathbf{x} \in K)$ gehört zu $\mathfrak{A}$.*
(4) *Zu je zwei Punkten $\mathbf{y}, \mathbf{z} \in K$ mit $\mathbf{y} \neq \mathbf{z}$ gibt es eine Funktion g in $\mathfrak{A}$, so daß gilt $g(\mathbf{y}) \neq g(\mathbf{z})$.*

Dann gibt es zu jedem $f \in \mathfrak{C}(K)$ eine Folge (f_k) mit $f_k \in \mathfrak{A}$ derart, daß gilt:

$$\lim_k \|f_k - f\| = 0.$$

(Satz von Stone-Weierstraß)

Bemerkung: Erfüllt eine Teilmenge von $\mathfrak{C}(K)$ die Bedingungen (1), (2), (3) und (4), so sagt man, diese Teilmenge sei eine *punktetrennende Unteralgebra* von $\mathfrak{C}(K)$.

Beweis: Es liegt nahe, in $\mathfrak{C}(K)$ die abgeschlossene Hülle $\overline{\mathfrak{A}}$ von $\mathfrak{A}$ zu betrachten, deren Elemente gleichmäßig durch Folgen aus $\mathfrak{A}$ approximiert werden können.

Zunächst überzeugt man sich, daß auch $\overline{\mathfrak{A}}$ eine punktetrennende Unteralgebra von $\mathfrak{C}(K)$ ist. Die Eigenschaften (1), (2), (3) ergeben sich unmittelbar aus den Rechenregeln für gleichmäßig konvergente Funktionenfolgen, und (4) ist erfüllt, da schon $\mathfrak{A}$ selbst punktetrennend ist.

Weiter zeigen wir, daß mit $f \in \overline{\mathfrak{A}}$ auch $|f| \in \overline{\mathfrak{A}}$ gilt. Dazu verwenden wir, daß die Betragsfunktion $t \mapsto |t|$ in jedem symmetrisch zum Nullpunkt liegenden kompakten Intervall gleichmäßig durch Polynome approximiert werden kann. Diese Aussage ergibt sich als Spezialfall aus dem Weierstraßschen Approximationssatz für Funktionen einer Variablen (vgl. Bd. I, S. 326), kann aber auch direkt bewiesen werden (vgl. Aufg. 7). Es gibt also zu jedem $c > 0$ und zu jedem $\varepsilon > 0$ ein Polynom p, so daß gilt:

$$|p(t) - |t|| < \varepsilon \qquad \text{für alle } t \in [-c, c].$$

Aus dieser Ungleichung folgt durch Einsetzen von $t = f(\mathbf{x})$ – wenn nur $\|f\| \leqq c$ gilt – die Abschätzung

$$|p(f(\mathbf{x})) - |f(\mathbf{x})|| < \varepsilon \qquad \text{für alle } \mathbf{x} \in K.$$

Ist nun f aus $\mathfrak{A}$, so gehört auch $p \circ f$ zu $\mathfrak{A}$. Damit ist bewiesen:

$$f \in \mathfrak{A} \quad \Rightarrow \quad |f| \in \overline{\mathfrak{A}}.$$

Es ist noch zu zeigen:

$$f \in \overline{\mathfrak{A}} \quad \Rightarrow \quad |f| \in \overline{\mathfrak{A}}.$$

Zum Beweis wähle man zu $f \in \overline{\mathfrak{A}}$ nach Vorgabe von $\varepsilon > 0$ ein $g \in \mathfrak{A}$ mit

$$\|f - g\| < \varepsilon.$$

Wie gerade bewiesen wurde, gibt es zu diesem g ein $h \in \mathfrak{A}$ derart, daß

$$\|h - |g|\| < \varepsilon$$

gilt. Dann folgt

$$\begin{aligned} \|h - |f|\| &\leqq \|h - |g|\| + \||g| - |f|\| \\ &\leqq \|h - |g|\| + \|g - f\| < 2\varepsilon. \end{aligned}$$

Also hat die punktetrennende Algebra $\overline{\mathfrak{A}}$ die weitere Eigenschaft

(5) *Für* $f \in \overline{\mathfrak{A}}$ *gilt* $|f| \in \overline{\mathfrak{A}}$.

Nun sieht man leicht, daß $\bar{\mathfrak{A}}$ die Eigenschaften (i) und (ii), die im Satz von Stone auftreten, besitzt, denn
(i) folgt aus den Eigenschaften (1) und (5) von $\bar{\mathfrak{A}}$ aufgrund der Gleichungen

$$\min\{f, g\} = \frac{1}{2}(f + g - |f - g|)$$

$$\max\{f, g\} = \frac{1}{2}(f + g + |f - g|),$$

(ii) ergibt sich aus (1) bis (4). Hat nämlich g die Eigenschaft (4), so kann man ein der Bedingung (ii) genügendes h finden, indem man ansetzt

$$h(\mathbf{x}) = \lambda + \mu g(\mathbf{x}).$$

Man erhält für λ, μ ein lineares Gleichungssystem, das wegen $g(\mathbf{y}) \neq g(\mathbf{z})$ eindeutig lösbar ist.
Nach dem Satz von Stone gibt es daher zu jedem $f \in \mathfrak{C}(K)$ nach Vorgabe von $\varepsilon > 0$ ein $g \in \bar{\mathfrak{A}}$ derart, daß

$$\|g - f\| < \varepsilon$$

gilt. Nach Definition von $\bar{\mathfrak{A}}$ gibt es weiter zu $g \in \bar{\mathfrak{A}}$ ein $h \in \mathfrak{A}$ mit

$$\|g - h\| < \varepsilon.$$

Also gibt es zu jedem $f \in \mathfrak{C}(K)$ ein $h \in \mathfrak{A}$, so daß gilt

$$\|h - f\| < 2\,\varepsilon.$$

Damit ist der Satz von Stone-Weierstraß bewiesen: Zu $f \in \mathfrak{C}(K)$ gibt es eine Folge (f_k) mit $f_k \in \mathfrak{A}$, die gleichmäßig gegen f konvergiert.

Bemerkung: Wie der Beweis zeigt, gilt $\bar{\mathfrak{A}} = \mathfrak{C}(K)$.

Als Folgerung ergibt sich nun eine Verallgemeinerung des in Bd. I bewiesenen *Weierstraßschen Approximationssatzes:*

Zu jeder in einer kompakten Menge K des $\mathbb{R}^n$ stetigen reellwertigen Funktion f gibt es eine Folge (f_k) ganzrationaler Funktionen, die auf K gleichmäßig gegen f konvergiert.

Zum Beweis hat man nur nachzuprüfen, daß die Menge $\mathfrak{A}$ aller ganzrationalen Funktionen (eingeschränkt auf K) die im Satz von Stone-Weierstraß genannten Eigenschaften (1) bis (4) besitzt. (1), (2), (3) sind unmittelbar ersichtlich; zum

Nachweis von (4) verwendet man die Koordinatenfunktionen

$$\mathbf{x} \mapsto x_i \qquad (i = 1, \ldots, n).$$

Bemerkung: Insbesondere gilt der Weierstraßsche Approximationssatz für stetige Funktionen, die auf kompakten Quadern definiert sind.
Der hier dargestellte Beweis führt auch im Fall $n = 1$ zu einem weiterreichenden Ergebnis, insofern die Definitionsmengen beliebige kompakte Mengen sein dürfen.

Normen für homogene Abbildungen

Für lineare Abbildungen

$$\mathbf{f}: \mathbb{R}^n \to \mathbb{R}^m$$

ist die Norm gemäß der Definition von S. 62 nicht erklärt, da **f** auf $\mathbb{R}^n$ (sofern **f** nicht die Nullabbildung ist) nicht beschränkt ist. Man kann in diesem Fall aber trotzdem in zweckmäßiger Weise eine Norm einführen; dazu gehen wir von der Bemerkung aus, daß **f** wegen der Homogenitätseigenschaft durch die Werte auf der Einheitskugel $\|\mathbf{x}\| = 1$ schon vollständig festgelegt ist. Da die Einschränkung von **f** auf diese kompakte Menge stetig ist, existiert für sie die Norm gemäß der Definition von S. 62. Diese Zahl ordnet man der linearen Abbildung **f** als Norm zu, d. h. man definiert:

$$\|\mathbf{f}\| := \sup_{\|\mathbf{x}\| = 1} \|\mathbf{f}(\mathbf{x})\|.$$

Wegen der Homogenität von **f** gilt auch

$$\|\mathbf{f}\| = \sup_{\mathbf{x} \neq \mathbf{0}} \frac{\|\mathbf{f}(\mathbf{x})\|}{\|\mathbf{x}\|}.$$

Offensichtlich ist diese Definition für alle Abbildungen anwendbar, die auf $\|\mathbf{x}\| = 1$ beschränkt und *homogen* bzw. *positiv homogen von erster Ordnung* sind, d. h. die Bedingung

$$\mathbf{f}(c\mathbf{x}) = c\mathbf{f}(\mathbf{x}) \qquad \text{(für alle } c \in \mathbb{R} \text{ bzw. für } c > 0)$$

erfüllen.
Entsprechend kann man allgemeiner allen Abbildungen, die – bei beliebigem $s \in \mathbb{R}$ – der Funktionalgleichung

$$\|\mathbf{f}(c\mathbf{x})\| = |c|^s \cdot \|\mathbf{f}(\mathbf{x})\| \qquad (c \neq 0, \mathbf{x} \neq \mathbf{0})$$

genügen, und auf $\|\mathbf{x}\| = 1$ beschränkt sind, gemäß der Definition

$$\|\mathbf{f}\| := \sup_{\|\mathbf{x}\|=1} \|\mathbf{f}(\mathbf{x})\| = \sup_{\mathbf{x} \neq \mathbf{0}} \frac{\|\mathbf{f}(\mathbf{x})\|}{\|\mathbf{x}\|^s}$$

eine Norm zuordnen. Es gilt dann für alle $\mathbf{x} \neq \mathbf{0}$ die Abschätzung

$$\|\mathbf{f}(\mathbf{x})\| \leqq \|\mathbf{f}\| \cdot \|\mathbf{x}\|^s.$$

Besonders wichtig ist der Fall (vgl. Abschnitt 14.4) derjenigen homogenen Funktionen, die aus *total-symmetrischen p-fach linearen* Funktionen $g(\mathbf{x}_1, \ldots, \mathbf{x}_p)$ entstehen, indem man $\mathbf{x}_1 = \ldots = \mathbf{x}_p = \mathbf{x}$ einsetzt. Solche Funktionen

$$f(\mathbf{x}) := g(\underbrace{\mathbf{x}, \ldots, \mathbf{x}}_{p\text{-mal}})$$

nennt man *Formen p-ter Ordnung;* für sie gilt die Funktionalgleichung

$$f(c\mathbf{x}) = c^p f(\mathbf{x}) \qquad (c \in \mathbb{R}).$$

Formen p-ter Ordnung sind die mehrdimensionalen Analoga zu den gewöhnlichen Potenzfunktionen $x \mapsto a \cdot x^p$. Für $p = 2$ bzw. $p = 3$ nennt man die Formen auch quadratisch bzw. kubisch.

Wir gehen nun auf den Fall der linearen Abbildungen näher ein und verwenden dabei statt **f** wie auf S. 37 lieber die Bezeichnungen **A**, **B** usw.

Satz: *Es seien* **A**, **B** *lineare Abbildungen des* $\mathbb{R}^n$ *in den* $\mathbb{R}^m$. *Dann gilt:*

(1) $\|\mathbf{A}\| > 0$ *für* $\mathbf{A} \neq \mathbf{O}$

(2) $\|c\mathbf{A}\| = |c| \cdot \|\mathbf{A}\| \qquad (c \in \mathbb{R})$

(3) $\|\mathbf{A} + \mathbf{B}\| \leqq \|\mathbf{A}\| + \|\mathbf{B}\|$

(4) $\|\mathbf{A}\mathbf{x}\| \leqq \|\mathbf{A}\| \cdot \|\mathbf{x}\| \qquad (\mathbf{x} \in \mathbb{R}^n)$.

Der Beweis von (1), (2) und (4) ergibt sich unmittelbar aus der Definition der Norm; um (3) zu beweisen, verwendet man die für beliebiges $\mathbf{x} \in \mathbb{R}^n$ geltende Abschätzung

$$\|(\mathbf{A}+\mathbf{B})\mathbf{x}\| = \|\mathbf{A}\mathbf{x} + \mathbf{B}\mathbf{x}\| \leqq \|\mathbf{A}\mathbf{x}\| + \|\mathbf{B}\mathbf{x}\| \leqq (\|\mathbf{A}\| + \|\mathbf{B}\|)\|\mathbf{x}\|.$$

Nach (1), (2), (3) ist der Vektorraum $\mathfrak{L}(\mathbb{R}^n, \mathbb{R}^m)$ aller linearen Abbildungen von $\mathbb{R}^n$ in $\mathbb{R}^m$ ein normierter Vektorraum. Gemäß Definition hängt die Norm einer linearen Abbildung davon ab, welche Normen in $\mathbb{R}^n$ und in $\mathbb{R}^m$ gewählt werden.

Die tatsächliche Berechnung von $\|\mathbf{A}\|$ ist meist schwierig (vgl. Aufg. 8); man verwendet deshalb oft andere, leichter zu berechnende Normen, die – wegen der endlichen Dimension von $\mathfrak{L}(\mathbb{R}^n, \mathbb{R}^m)$ – alle untereinander äquivalent sind.

Falls $\mathbf{A}$, $\mathbf{B}$ verkettet werden können (d. h. wenn $\mathbb{R}^n = \mathbb{R}^m$ ist), gilt die Abschätzung

$$(5) \quad \|\mathbf{A} \circ \mathbf{B}\| \leqq \|\mathbf{A}\| \cdot \|\mathbf{B}\|.$$

Der Beweis ergibt sich durch zweimalige Anwendung von (4).

Man faßt die Eigenschaften (1), (2), (3) und (5) kurz zusammen, indem man sagt, daß $\mathfrak{L}(\mathbb{R}^n, \mathbb{R}^n)$ eine *normierte Algebra* ist.

Aufgabe: Es sei $\mathbf{A} \in \mathfrak{L}(\mathbb{R}^n, \mathbb{R}^n)$. Man zeige, daß die Reihe

$$\sum_{k=0}^{\infty} \frac{1}{k!} \mathbf{A}^k$$

normkonvergent ist. Die durch diese Reihe festgelegte lineare Abbildung wird mit $\exp \mathbf{A}$ bezeichnet.

Als Beispiel einer homogenen Funktion zweiter Ordnung betrachten wir die quadratische Form

$$f(\mathbf{x}) = \sum_{i=1}^{n} \sum_{j=1}^{n} a_{ij} x_i x_j \qquad (a_{ij} = a_{ji}),$$

wobei wir im $\mathbb{R}^n$ die euklidische Norm

$$\|\mathbf{x}\| = \sqrt{\sum_{i=1}^{n} x_i^2}$$

verwenden wollen. In diesem Fall kann $\|f\|$ nach Aufg. 14 von S. 61 bestimmt werden. Wenn α der kleinste und β der größte Eigenwert der symmetrischen Matrix (a_{ij}) ist, dann gilt:

$$\|f\| = \max \{|\alpha|, |\beta|\}.$$

Aufgabe: Man zeige, daß die quadratischen Formen (mit Definitionsmenge $\mathbb{R}^n$) einen normierten Vektorraum bilden.

Aufgaben

1. Gegeben sei eine Folge (f_k), wobei f_k eine Form k-ter Ordnung ist. Dann bezeichnet man die Reihe

$$\sum_{k=0}^{\infty} f_k(\underbrace{\mathbf{x}, \ldots, \mathbf{x}}_{k\text{-mal}})$$

als Potenzreihe in der Vektorvariablen $\mathbf{x}$.
Wenn die „gewöhnliche" Potenzreihe

$$\sum_{k=0}^{\infty} \|f_k\| \xi^k$$

für $\xi = r > 0$ konvergiert, dann konvergiert die Potenzreihe $\sum_{k=0}^{\infty} f_k(\mathbf{x}, \ldots, \mathbf{x})$ in der kompakten Menge $\|\mathbf{x}\| \leqq r$ gleichmäßig. Man beweise dies mit Hilfe des Majoranten-Kriteriums.

2. Es sei $(c_{\mathbf{k}})_{\mathbf{k} \in \mathbb{Z}^n}$ eine summierbare Zahlenfamilie (vgl. Bd. I, S. 173). Man zeige, daß – bei beliebiger Numerierung der „Gitterpunkte" $\mathbf{k} \in \mathbb{Z}^n$ – die Reihe

$$\sum_{\mathbf{k} \in \mathbb{Z}^n} c_{\mathbf{k}} \exp(i\langle \mathbf{k}, \mathbf{x} \rangle)$$

in $\mathbb{R}^n$ gleichmäßig konvergiert und also eine stetige Funktion f darstellt. Man gebe n linear unabhängige Vektoren $\mathbf{p}$ mit der Eigenschaft

$$f(\mathbf{x} + \mathbf{p}) = f(\mathbf{x}) \qquad \text{für alle } \mathbf{x} \in \mathbb{R}^n$$

an.

3. Es sei D eine abgeschlossene Teilmenge des $\mathbb{R}^n$ und f auf D stetig und beschränkt. Dann gibt es eine stetige Funktion $F: \mathbb{R}^n \to \mathbb{R}$, die auf D mit f übereinstimmt, d. h. f kann auf den ganzen $\mathbb{R}^n$ stetig fortgesetzt werden (Erweiterungssatz von Tietze).
Anleitung zum Beweis: Man erkläre rekursiv Funktionenfolgen (f_k) auf D und (h_k) auf $\mathbb{R}^n$ unter Benutzung des Lemmas von Urysohn (vgl. Aufg. 18, S. 62). Es sei

$$f_0(\mathbf{x}) = f(\mathbf{x}) \qquad (\mathbf{x} \in D)$$

und h_0 eine nach dem Lemma von Urysohn existierende, auf $\mathbb{R}^n$ stetige Funktion, die auf der abgeschlossenen Menge

$$A_0 = \{\mathbf{x} \in D \,|\, f_0(\mathbf{x}) \leqq -\tfrac{1}{3}\|f\|\}$$

den Wert $-\frac{1}{3}\|f\|$ und auf der zu A_0 disjunkten abgeschlossenen Menge

$$B_0 = \{\mathbf{x} \in D \,|\, f_0(\mathbf{x}) \geqq \tfrac{1}{3}\|f\|\}$$

den Wert $\frac{1}{3}\|f\|$ annimmt. Es gilt also

$$-\tfrac{1}{3}\|f_0\| \leqq h_0(\mathbf{x}) \leqq \tfrac{1}{3}\|f_0\| \qquad \text{für alle } \mathbf{x} \in \mathbb{R}^n.$$

Weiter sei

$$f_{k+1}(\mathbf{x}) = f_k(\mathbf{x}) - h_k(\mathbf{x}) \qquad (\mathbf{x} \in D)$$

und $h_k: \mathbb{R}^n \to \mathbb{R}$ eine stetige Funktion, die auf

$$A_k = \{\mathbf{x} \in D \mid f_k(\mathbf{x}) \leqq -\tfrac{1}{3}\|f_k\|\}$$

den Wert $-\frac{1}{3}\|f_k\|$ und auf

$$B_k = \{\mathbf{x} \in D \mid f_k(\mathbf{x}) \geqq \tfrac{1}{3}\|f_k\|\}$$

den Wert $\frac{1}{3}\|f_k\|$ annimmt. Es gilt dann

$$-\tfrac{1}{3}\|f_k\| \leqq h_k(\mathbf{x}) \leqq \tfrac{1}{3}\|f_k\| \qquad (\mathbf{x} \in \mathbb{R}^n)$$

und $\|f_{k+1}\| \leqq \frac{2}{3}\|f_k\|$.

Die Funktionenreihe $\sum_{k=0}^{\infty} h_k$ ist auf $\mathbb{R}^n$ gleichmäßig konvergent und stellt eine stetige Funktion $F: \mathbb{R}^n \to \mathbb{R}$ dar. Aus der Gleichung

$$f_0(\mathbf{x}) = f_{r+1}(\mathbf{x}) + \sum_{k=0}^{r} h_k(\mathbf{x}) \qquad (\mathbf{x} \in D)$$

ergibt sich, daß F auf D mit f übereinstimmt. Weiter folgt

$$\|F\| \leqq \|f\|.$$

Mit Hilfe von Aufg. 7 von S. 59 kann der Tietzesche Erweiterungssatz auf unbeschränkte stetige Funktionen ausgedehnt werden.

4. Aus Einteilungen $a < x_1 < \ldots < x_m = b$ eines Intervalls $[a, b]$ und $c < y_1 < \ldots < y_n = d$ eines Intervalls $[c, d]$ erhält man in natürlicher Weise eine Einteilung des Rechtecks $[a, b] \times [c, d]$ in Teilrechtecke. Eine Funktion, die in den offenen Kernen der Teilrechtecke einer solchen Einteilung jeweils konstant ist, heiße Treppenfunktion (die Werte auf den Teilungslinien können beliebig sein).
Man zeige, daß es zu jeder auf $[a, b] \times [c, d]$ stetigen Funktion f eine Folge (f_k) von Treppenfunktionen gibt, die gleichmäßig gegen f konvergiert.
5. Es sei $K \subset \mathbb{R}^n$ eine kompakte Menge, die den Nullpunkt enthält. Man gebe eine notwendige und hinreichende Bedingung dafür an, daß $f \in \mathfrak{C}(K)$ gleichmäßig durch Polynome, die im Nullpunkt den Wert Null annehmen, approximiert werden kann.
6. Es sei $K = K_1 \times \ldots \times K_n$, wobei $K_1, \ldots, K_n$ kompakte Teilmengen von $\mathbb{R}$

sind. Man zeige, daß jedes $f \in \mathfrak{C}(K)$ gleichmäßig durch Linearkombinationen von Produkten der Form

$$p(x_1, x_2, \ldots, x_n) = f_1(x_1) \cdot f_2(x_2) \cdot \ldots \cdot f_n(x_n)$$

approximiert werden kann, wobei $f_i \in \mathfrak{C}(K_i)$ gilt.

7. Man gebe eine Folge von Polynomen (f_k) an, die im Intervall $-1 \leqq t \leqq 1$ gleichmäßig gegen die Funktion $t \mapsto |t|$ konvergiert, indem man in der Potenzreihe für $\sqrt{1-h}$ einsetzt $h = 1 - t^2$ (vgl. auch Bd. I, S. 319, Aufg. 10). Weiter gebe man für die Normfunktionen l_p im $\mathbb{R}^n$ ($p = 2, 4, 6, \ldots$) approximierende Polynomfunktionen an.
8. Die lineare Abbildung $\mathbf{A}$ des $\mathbb{R}^2$ in sich sei durch die Matrix

$$\begin{pmatrix} \alpha & \beta \\ \gamma & \delta \end{pmatrix}$$

beschrieben. Man berechne $\|\mathbf{A}\|$ für die Fälle, daß in $\mathbb{R}^2$ die l_1-Norm, die euklidische Norm bzw. die Maximums-Norm zugrundegelegt wird.
Wie lauten die entsprechenden Formeln für $\mathbf{A}: \mathbb{R}^n \to \mathbb{R}^n$, wenn im $\mathbb{R}^n$ die l_1-Norm bzw. die Maximums-Norm verwendet wird?
9. Für p-fach lineare Funktionen

$$(\mathbf{x}_1, \ldots, \mathbf{x}_p) \mapsto g(\mathbf{x}_1, \ldots, \mathbf{x}_p)$$

erklärt man die Norm $\|g\|$ durch

$$\|g\| := \max_{\mathbf{x}_1 \neq \mathbf{0}, \ldots, \mathbf{x}_p \neq \mathbf{0}} \frac{|g(\mathbf{x}_1, \ldots, \mathbf{x}_p)|}{\|\mathbf{x}_1\| \cdot \ldots \cdot \|\mathbf{x}_p\|}.$$

(Warum existiert dieses Maximum?)
Es gilt also die Abschätzung

$$|g(\mathbf{x}_1, \ldots, \mathbf{x}_p)| \leqq \|g\| \cdot \|\mathbf{x}_1\| \cdot \ldots \cdot \|\mathbf{x}_p\|.$$

Wird f definiert durch

$$f(\mathbf{x}) = g(\mathbf{x}, \ldots, \mathbf{x}),$$

so ist f homogen von p-ter Ordnung.
Man zeige, daß die Ungleichung

$$\|f\| \leqq \|g\|$$

gilt. Weiter beweise man, daß f eine Form p-ter Ordnung ist, d. h. aus einer totalsymmetrischen p-fach linearen Funktion h durch Gleichsetzen der Argumente entsteht, und daß die Abschätzung

$$\|f\| \leqq \|h\| \leqq \|g\|$$

gilt.

10. Es sei $\|\ \|$ eine beliebige Norm im $\mathbb{R}^n$. Man zeige, daß

$$\max_{\mathbf{x} \neq \mathbf{0},\, \mathbf{y} \neq \mathbf{0}} \frac{\|\mathbf{x}+\mathbf{y}\|^2 + \|\mathbf{x}-\mathbf{y}\|^2}{2\|\mathbf{x}\|^2 + 2\|\mathbf{y}\|^2} =: \alpha$$

existiert. Weiter beweise man, daß

$$1 \leqq \alpha \leqq 2$$

gilt. Man gebe Beispiele von Normen an, für die $\alpha = 1$ (vgl. Aufg. 7, S. 18) bzw. $\alpha = 2$ gilt.

11. Man beweise, daß zwischen der Norm $\|g\|$ einer symmetrischen Bilinearform und der Norm $\|f\|$ der zugehörigen quadratischen Form die Ungleichung

$$\|g\| \leqq \alpha \|f\|$$

besteht, wobei α die in der voranstehenden Aufgabe definierte Zahl ist.

12. Man zeige, daß jede Form p-ter Ordnung

$$\mathbf{x} \mapsto f(\mathbf{x}) = g(\mathbf{x}, \ldots, \mathbf{x})$$

auf jeder Kugel $\|\mathbf{x}\| \leqq r$ dehnungsbeschränkt ist. Man gebe dazu eine Dehnungsschranke mit Hilfe von $\|g\|$ und r an.

13. Die in Aufgabe 1 für $\|\mathbf{x}\| \leqq r$ durch

$$f(\mathbf{x}) := \sum_{k=0}^{\infty} f_k(\mathbf{x}, \ldots, \mathbf{x})$$

erklärte Funktion ist stetig (warum?).
Man zeige, daß sie sogar dehnungsbeschränkt ist.

14. Es seien $\sum_{k=0}^{\infty} \mathbf{A}_k$ und $\sum_{k=0}^{\infty} \mathbf{B}_k$ normkonvergente Matrizenreihen mit $\mathbf{A}_k, \mathbf{B}_k \in \mathfrak{L}(\mathbb{R}^n, \mathbb{R}^n)$. Man zeige, daß die Matrizenreihe $\sum_{k=0}^{\infty} \mathbf{C}_k$ mit

$$\mathbf{C}_k = \sum_{j=0}^{k} \mathbf{A}_j \mathbf{B}_{k-j}$$

normkonvergent ist und daß gilt

$$\sum_{k=0}^{\infty} \mathbf{C}_k = \sum_{k=0}^{\infty} \mathbf{A}_k \cdot \sum_{k=0}^{\infty} \mathbf{B}_k .$$

Als Anwendung beweise man für $\mathbf{A}, \mathbf{B} \in \mathfrak{L}(\mathbb{R}^n, \mathbb{R}^n)$:

(1) Falls $\mathbf{AB} = \mathbf{BA}$, gilt

$$\exp(\mathbf{A} + \mathbf{B}) = \exp\mathbf{A} \cdot \exp\mathbf{B}.$$

(2) $\exp\mathbf{A}$ ist stets eine umkehrbare lineare Abbildung.

15. Für $\mathbf{A} \in \mathfrak{L}(\mathbb{R}^n, \mathbb{R}^n)$ gelte $\|\mathbf{A}\| < 1$. Man zeige, daß die Reihe

$$\sum_{k=0}^{\infty} \mathbf{A}^k$$

normkonvergent ist. Man bestimme die Reihensumme $\mathbf{B}$ und beweise die Abschätzung

$$\|\mathbf{B}\| \leqq \frac{1}{1 - \|\mathbf{A}\|}.$$

16. Auf $\mathfrak{L}(\mathbb{R}^n, \mathbb{R}^n)$ kann man durch

$$\|\mathbf{A}\|_1 := \sum_{i=1}^{n} \sum_{j=1}^{n} |a_{ij}|$$

bzw.

$$\|\mathbf{A}\|_2 := \sqrt{\sum_{i=1}^{n} \sum_{j=1}^{n} a_{ij}^2}$$

Normfunktionen einführen. Man zeige, daß die Ungleichungen

$$\|\mathbf{AB}\|_1 \leqq \|\mathbf{A}\|_1 \cdot \|\mathbf{B}\|_1$$

bzw.

$$\|\mathbf{AB}\|_2 \leqq \|\mathbf{A}\|_2 \cdot \|\mathbf{B}\|_2$$

gelten.

Weiter beweise man die Abschätzung

$$\|\mathbf{Ax}\| \leqq \|\mathbf{A}\|_1 \cdot \|\mathbf{x}\|,$$

wenn $\| \;\|$ die Maximums-Norm im $\mathbb{R}^n$, und die Abschätzung

$$\|\mathbf{Ax}\| \leqq \|\mathbf{A}\|_2 \cdot \|\mathbf{x}\|,$$

wenn $\| \;\|$ die euklidische Norm im $\mathbb{R}^n$ bezeichnet.

14 Differenzierbare Abbildungen

Für Abbildungen aus dem $\mathbb{R}^1$ in den $\mathbb{R}^n$ können die meisten Begriffsbildungen und Ergebnisse aus Kap. 8 des ersten Bandes unmittelbar übernommen werden. Hinzu kommt die geometrische Deutung einer differenzierbaren Abbildung als Parameterdarstellung einer *Kurve* im $\mathbb{R}^n$, die Einführung der Bogenlänge und der Krümmung. Aus physikalischer Sicht geht es um Geschwindigkeits- und Beschleunigungsvektor bei der Bewegung eines Massenpunktes.
Der Differenzierbarkeitsdefinition für Abbildungen aus dem $\mathbb{R}^n$ in den $\mathbb{R}^m$ legen wir die Vorstellung der *linearen Approximierbarkeit* zugrunde. Die konsequente Verwendung der Methoden der linearen Algebra führt in durchsichtiger Weise zu den Rechenregeln, insbesondere der Kettenregel.
Der Mittelwertsatz für reellwertige Funktionen mehrerer Variabler folgt unmittelbar aus dem „gewöhnlichen" Mittelwertsatz, sofern die Definitionsmenge konvex ist. Er erweist sich auch im höherdimensionalen Fall als nützliches Hilfsmittel. Bei Abbildungen aus dem $\mathbb{R}^n$ in den $\mathbb{R}^m$ verwendet man ihn meistens in der Form des Schrankensatzes.
Höhere Ableitungen fassen wir hier als multilineare Abbildungen auf; die Vorteile dieser Betrachtungsweise treten z. B. bei dem Satz von der Symmetrie der zweiten Ableitung oder bei der Behandlung der Taylorschen Formel hervor.
Die geometrische Bedeutung der zweiten Ableitung zeigt sich im Krümmungsverhalten des Graphen, z. B. bei den konvexen Funktionen. Auch kann die zweite Ableitung zur Formulierung hinreichender Bedingungen für das Auftreten von (lokalen) Extremal- bzw. Sattel-Stellen verwendet werden.
Im eindimensionalen Fall kann die Frage nach der Umkehrbarkeit einer in einem Intervall stetig differenzierbaren Funktion in einfacher Weise mit Hilfe der Ableitung beantwortet werden. Ein entsprechender Satz für stetig differenzierbare Abbildungen aus dem $\mathbb{R}^n$ in den $\mathbb{R}^n$ ist jedoch nur lokal gültig. Auf zusätzliche Bedingungen, die global die Umkehrbarkeit sichern, gehen wir kurz ein. Aus dem *Satz von der lokalen Umkehrbarkeit* ergeben sich auch Aussagen über die Lösbarkeit von nichtlinearen Gleichungssystemen.
Den Beweis des Satzes von der lokalen Umkehrbarkeit führen wir mit Hilfe des *Banachschen Fixpunktsatzes*, der sich auch in anderen Fällen als wirkungsvolles Hilfsmittel erweist, z. B. bei der Lösung des Anfangswertproblems für Systeme gewöhnlicher Differentialgleichungen oder bei der iterativen Ermittlung von Nullstellen.

Im letzten Abschnitt betrachten wir differenzierbare Abbildungen aus dem $\mathbb{R}^p$ in den $\mathbb{R}^n$, wobei jetzt $p < n$ vorausgesetzt wird. Geometrisch können solche Abbildungen als Parameterdarstellungen von *p-dimensionalen Flächen* im $\mathbb{R}^n$ gedeutet werden. Es zeigt sich, daß Teilmengen des $\mathbb{R}^n$, die durch Gleichungssysteme festgelegt sind, lokal als p-dimensionale Flächen beschrieben werden können, sofern eine entsprechende Rangbedingung erfüllt ist. Mit diesem Ergebnis erhält man eine geometrisch durchsichtige Behandlung von Extremwertproblemen unter Nebenbedingungen.

14.1 Kurven im $\mathbb{R}^n$

Bei der Definition der wegzusammenhängenden Mengen hatten wir den Begriff des stetigen Weges verwendet. Ein *Weg* ist eine stetige Abbildung γ eines Intervalls $a \leqq t \leqq b$ in den $\mathbb{R}^n$ (vgl. S. 54). Die Variable t wird in diesem Zusammenhang als „Parameter" und γ als „Parameterdarstellung" bezeichnet. Oft ist es zweckmäßig, sich den Parameter t als „Zeit" vorzustellen: Wenn t das Intervall $[a, b]$ durchläuft, durchläuft $\gamma(t)$ die Bildmenge von γ.
Da die Bildmengen von stetigen Wegen recht kompliziert sein können (vgl. hierzu Beispiel S. 40), wollen wir nun einschränkende Bedingungen an γ stellen, die garantieren, daß die möglichen Bildmengen der anschaulichen Kurvenvorstellung besser gerecht werden. Eine naheliegende Bedingung ist die Differenzierbarkeit von γ.

Def.: *Der Weg* $\gamma: [a, b] \to \mathbb{R}^n$ *heißt an der Stelle* $t_0 \in [a, b]$ differenzierbar, *wenn es einen Vektor* $\gamma'(t_0)$ *und eine in* t_0 *stetige Abbildung* $\boldsymbol{\varrho}: [a, b] \to \mathbb{R}^n$ *gibt derart, daß gilt:*

$$\gamma(t) = \gamma(t_0) + \gamma'(t_0)(t - t_0) + \boldsymbol{\varrho}(t)(t - t_0)$$

und

$$\boldsymbol{\varrho}(t_0) = \mathbf{0}.$$

Wie bei reellwertigen differenzierbaren Funktionen einer Variablen zeigt man, daß der Ableitungsvektor $\gamma'(t_0)$ eindeutig bestimmt ist und als Grenzwert

$$\gamma'(t_0) = \lim_{t \to t_0} \frac{\gamma(t) - \gamma(t_0)}{t - t_0}$$

ermittelt werden kann. Natürlich kann diese Gleichung auch zur Definition der Differenzierbarkeit verwendet werden.

Ein Weg ist genau dann an einer Stelle t_0 differenzierbar, wenn die Komponentenfunktionen in t_0 differenzierbar sind.

Die Ableitung kann folgendermaßen gedeutet werden: Durch

$$\mathbf{g}(t) = \gamma(t_0) + \gamma'(t_0)(t - t_0)$$

ist die Parameterdarstellung einer Geraden gegeben, die in der Umgebung von t_0 den Weg γ in dem Sinne „gut" approximiert, daß

$$\lim_{t \to t_0} \frac{\|\gamma(t) - \mathbf{g}(t)\|}{t - t_0} = 0$$

gilt.

Wir setzen in 14.1 voraus, daß der $\mathbb{R}^n$ mit dem Standardskalarprodukt und der zugehörigen euklidischen Norm versehen ist. Dann führt die Definition

$$\gamma'(t_0) = \lim_{t \to t_0} \frac{\gamma(t) - \gamma(t_0)}{t - t_0}$$

zu einer kinematisch-geometrischen Interpretation: $\dfrac{\gamma(t) - \gamma(t_0)}{t - t_0}$ ist der Vektor der Durchschnittsgeschwindigkeit zwischen den Zeitpunkten t und t_0, der Grenzvektor $\gamma'(t_0)$ der *momentane Geschwindigkeitsvektor* und der Betrag $|\gamma'(t_0)|$ die *Momentangeschwindigkeit*. Wenn $\gamma'(t_0) \neq \mathbf{0}$ gilt, dann ist $\gamma'(t_0)$ *Tangentenvektor* an der Stelle t_0 und

$$\frac{\gamma'(t_0)}{|\gamma'(t_0)|}$$

heißt der *Tangenteneinheitsvektor* von γ in t_0.

Wenn γ an allen Stellen des Definitionsintervalls differenzierbar und die Ableitung $\gamma'\colon [a, b] \to \mathbb{R}^n$ stetig ist und weiter überall $\gamma'(t) \neq \mathbf{0}$ gilt, dann heißt γ ein *glatter Weg*. Stetige Wege, die aus endlich vielen glatten Wegen „zusammengesetzt" sind, nennt man *stückweise glatt*. In den Teilpunkten hat man i.a. zwei verschiedene Geschwindigkeitsvektoren; wir legen fest, daß wir (abgesehen vom Anfangspunkt) in den Teilpunkten den linksseitigen Limes als Funktionswert von γ' auszeichnen. Dann ist γ' auch für stückweise glatte Wege überall eindeutig erklärt und linksseitig stetig.

Für solche Wege läßt sich die euklidische Länge erklären. Die kinematische Deutung von $|\gamma'(t)|$ als Momentangeschwindigkeit führt zu folgender

Def.: *Es sei $\gamma: [a, b] \to \mathbb{R}^n$ ein stückweise glatter Weg. Dann heißt die Zahl*

$$L(\gamma) := \int_a^b |\gamma'(t)|\,dt$$

die Länge *des Weges γ.*

Beispiele:

1) Die Verbindungsstrecke von **a** und **b** kann durch die Parameterdarstellung

$$\gamma(t) = (1-t)\mathbf{a} + t\mathbf{b} \qquad (0 \leqq t \leqq 1)$$

beschrieben werden. Es gilt dann

$$\gamma'(t) = \mathbf{b} - \mathbf{a}, \qquad |\gamma'(t)| = |\mathbf{b} - \mathbf{a}|$$

$$L(\gamma) = \int_0^1 |\mathbf{b} - \mathbf{a}|\,dt = |\mathbf{b} - \mathbf{a}|.$$

Die Länge einer Strecke gemäß der angegebenen Definition stimmt also mit dem euklidischen Abstand der beiden Endpunkte überein.

2) Eine Parameterdarstellung des Einheitskreises im $\mathbb{R}^2$ ist gegeben durch

$$\gamma(t) = \begin{pmatrix} \gamma_1(t) \\ \gamma_2(t) \end{pmatrix} = \begin{pmatrix} \cos t \\ \sin t \end{pmatrix} \qquad (0 \leqq t \leqq 2\pi).$$

Der Geschwindigkeitsvektor

$$\gamma'(t) = \begin{pmatrix} \gamma_1'(t) \\ \gamma_2'(t) \end{pmatrix} = \begin{pmatrix} -\sin t \\ \cos t \end{pmatrix}$$

hat den Betrag 1, so daß sich

$$L(\gamma) = \int_0^{2\pi} dt = 2\pi$$

ergibt.

3) Läßt man einen Kreis auf einer Geraden (ohne Gleiten) rollen, so beschreibt ein beliebig auf der Peripherie gewählter Punkt eine *Zykloide*. Aus der Figur entnimmt man die Parameterdarstellung

$$\gamma_1(t) = t - \sin t$$
$$\gamma_2(t) = 1 - \cos t.$$

Dabei durchläuft t das Intervall $[0, 2\pi]$.

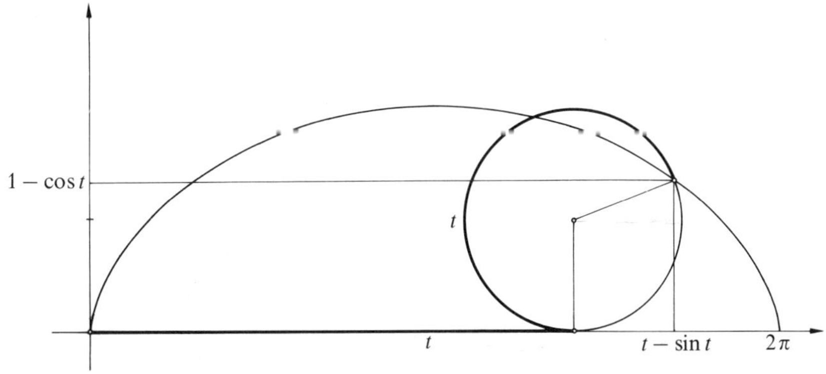

Für den Geschwindigkeitsvektor γ' findet man

$$\gamma_1'(t) = 1 - \cos t$$
$$\gamma_2'(t) = \sin t,$$

so daß in den Endpunkten des Intervalls $[0, 2\pi]$ der Geschwindigkeitsvektor der Nullvektor ist; dies spielt jedoch für die Definition und Berechnung der Länge des Weges keine Rolle. Man erhält damit

$$L(\gamma) = \int_0^{2\pi} \sqrt{2(1-\cos t)}\, dt = 2 \int_0^{2\pi} \left|\sin \frac{t}{2}\right| dt = 8 .$$

4) Als Beispiel einer räumlichen Kurve (vgl. Figur auf S. 82) geben wir die *Schraublinie* (Radius r, Schraubparameter p) an:

$$\begin{aligned} \gamma_1(t) &= r\cos t \\ \gamma_2(t) &= r\sin t \qquad\qquad (t\in\mathbb{R}). \\ \gamma_3(t) &= pt \end{aligned}$$

Der Geschwindigkeitsvektor $\gamma'(t)$ hat konstante Länge

$$|\gamma'(\mathrm{t})| = \sqrt{r^2 + p^2},$$

die zum Zeitintervall $[t_1, t_2]$ gehörende Weglänge ist also $\sqrt{r^2+p^2} \cdot (t_2 - t_1)$.

Wir haben die Definition der Weglänge hier kinematisch motiviert. Sonst üblich ist es, von einbeschriebenen Streckenzügen ausgehend die Länge des Weges als Supremum aller solcher Streckenzuglängen zu erklären und zu zeigen, daß man für stückweise glatte Wege die angegebene Formel erhält.

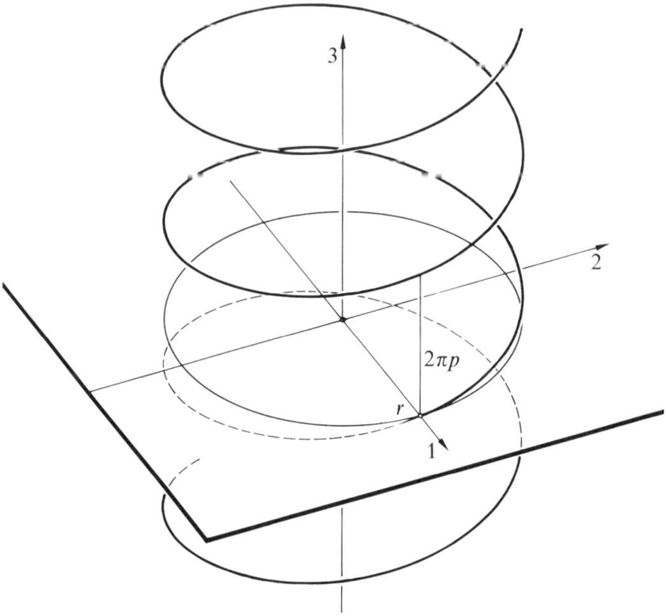

Man kann aber auch eine an geometrische Vorstellungen anknüpfende axiomatische Einführung wählen. Dazu gehen wir von den folgenden, anschaulich naheliegenden Forderungen aus:

1. *Für Strecken stimmt die Weglänge mit der euklidischen Länge überein.*
2. *Die Weglänge ist additiv, d.h. wenn der Weg γ durch Aneinandersetzen der Wege γ_1 und γ_2 entsteht, dann gilt*

$$L(\gamma) = L(\gamma_1) + L(\gamma_2).$$

3. *Die Weglänge hängt stetig vom Weg ab, d.h. für jede gegen γ konvergierende Folge (γ_k) gilt*

$$\lim_k L(\gamma_k) = L(\gamma).$$

Dabei wird folgender Konvergenzbegriff für Wege zugrundegelegt: Eine Folge (γ_k) von stückweise glatten Wegen heißt konvergent gegen den stückweise glatten Weg γ, wenn

$$\lim_k \|\gamma_k - \gamma\| = 0 \quad \text{und} \quad \lim_k \|\gamma_k' - \gamma'\| = 0$$

gilt. Wir sagen dann auch, (γ_k) sei C^1-konvergent gegen γ.

Die durch die Definition von S. 80 erklärte Weglänge

$$L(\gamma) = \int_a^b |\gamma'(t)|\,dt$$

erfüllt diese drei Bedingungen: 1. ergibt sich aus Beispiel 1 von S. 80, 2. aus der Darstellung von L durch ein Integral, und 3. schließlich folgt aus der Vertauschbarkeit von Integration und Grenzübergang bei gleichmäßiger Konvergenz.

Daß L durch die angegebenen drei Bedingungen eindeutig festgelegt ist, erkennt man folgendermaßen: Es sei zunächst γ ein glatter Weg, also γ' in $[a, b]$ stetig und damit gleichmäßig stetig. Zu γ' gibt es somit (vgl. Bd. I, S. 338) eine Folge $(\boldsymbol{\tau}_k)$ von vektorwertigen Treppenfunktionen, die gleichmäßig gegen γ' konvergiert. Durch

$$\gamma_k(t) := \gamma(a) + \int_a^t \tau_k(u)\,du$$

wird dann eine Folge von Streckenzügen, also von stückweise glatten Wegen, erklärt, die gegen γ konvergiert; dabei ist die Integration komponentenweise zu verstehen. Für jedes γ_k gilt nach 1. und 2.

$$L(\gamma_k) = \int_a^b |\gamma_k'(t)|\,dt.$$

Wegen 3. und der gleichmäßigen Konvergenz von (γ_k') gegen γ' folgt weiter

$$L(\gamma) = \lim_k L(\gamma_k) = \int_a^b |\gamma'(t)|\,dt.$$

Bemerkung: Bei der Festlegung des Konvergenzbegriffs für Wege ist es wesentlich zu verlangen, daß die Tangentenvektorfolge (γ_k') gleichmäßig gegen γ' konvergiert. In der Figur ist eine Folge von Wegen angedeutet, für die zwar

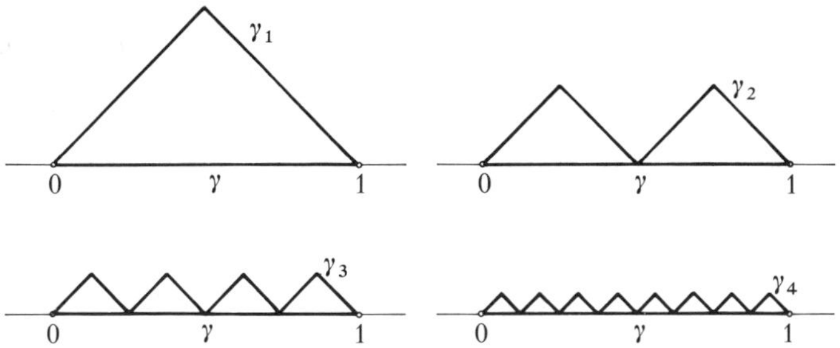

$\lim\limits_k \|\gamma_k - \gamma\| = 0$ gilt, für die aber die Ableitungen γ_k' nicht gleichmäßig gegen γ' konvergieren. Man rechnet aus, daß in diesem Beispiel gilt

$$L(\gamma_k) = \sqrt{2}, \qquad L(\gamma) = 1.$$

Die Weglänge besitzt folgende – geometrisch einleuchtende – Invarianzeigenschaften:

4. *Wird γ durch eine distanzerhaltende Abbildung des $\mathbb{R}^n$, d.h. durch eine Isometrie abgebildet, so ändert sich die Weglänge nicht.*
5. *Geht man von γ nach Einführung eines neuen Parameters $\tilde{t}$ durch*

$$t = \varphi(\tilde{t}), \qquad \varphi'(\tilde{t}) > 0$$

zum Weg

$$\tilde{\gamma}(\tilde{t}) := \gamma(\varphi(\tilde{t}))$$

über, so gilt

$$L(\tilde{\gamma}) = L(\gamma).$$

(Kinematisch bedeutet dieser Parameterwechsel, daß die Bildmenge von γ mit anderer Geschwindigkeit durchlaufen wird.)

Zum Beweis von 4. betrachten wir eine beliebige Isometrie des $\mathbb{R}^n$. Sie wird dargestellt durch

$$\mathbf{x} \mapsto \mathbf{A}\mathbf{x} + \mathbf{a},$$

wobei die lineare Abbildung $\mathbf{A}$ die Bedingung $\langle \mathbf{A}\mathbf{v}, \mathbf{A}\mathbf{v}\rangle = \langle \mathbf{v}, \mathbf{v}\rangle$ für alle $\mathbf{v} \in \mathbb{R}^n$ erfüllt. Damit ergibt sich, daß der Geschwindigkeitsvektor des isometrisch abgebildeten Weges stets denselben Betrag hat wie der ursprüngliche:

$$|\mathbf{A}\gamma'(t)| = |\gamma'(t)|,$$

woraus unmittelbar die Gleichheit der Weglängen folgt.

Der Beweis von 5. ergibt sich aus der Substitutionsregel der Integralrechnung, wenn man beachtet, daß nach der Kettenregel gilt:

$$|\tilde{\gamma}'(\tilde{t})| = |\gamma'(\varphi(\tilde{t}))| \cdot \varphi'(\tilde{t}).$$

Man hat somit

$$L(\tilde{\gamma}) = \int_{\varphi^{-1}(a)}^{\varphi^{-1}(b)} |\tilde{\gamma}'(\tilde{t})|\, d\tilde{t} = \int_{\varphi^{-1}(a)}^{\varphi^{-1}(b)} |\gamma'(\varphi(\tilde{t}))| \cdot \varphi'(\tilde{t})\, d\tilde{t} = \int_a^b |\gamma'(t)|\, dt = L(\gamma).$$

Da man oft nur an der Bildmenge, nicht aber an der speziellen Parametrisierung eines Weges interessiert ist, fassen wir Wege, die durch Parametertransformation auseinander hervorgehen, zu Äquivalenzklassen zusammen. Solche Äquivalenzklassen nennen wir Kurven.

Def.: *Der Weg* $\tilde{\gamma}$ *heißt* äquivalent *zum Weg* γ, *wenn es eine stetig differenzierbare Parametertransformation*

$$t = \varphi(\tilde{t}), \qquad \varphi'(\tilde{t}) > 0$$

gibt, so daß gilt

$$\tilde{\gamma}(\tilde{t}) = \gamma(\varphi(\tilde{t})).$$

Jede Äquivalenzklasse von stückweise glatten Wegen heißt orientierte stückweise glatte Kurve.

Bemerkung: Die Bedingung $\varphi'(\tilde{t}) > 0$ bedeutet geometrisch, daß γ und $\tilde{\gamma}$ „im selben Sinn durchlaufen" werden. Bei $\varphi'(\tilde{t}) < 0$ würde sich beim Übergang von γ zu $\tilde{\gamma}$ die „Orientierung" ändern.

Jede orientierte glatte Kurve besitzt eine ausgezeichnete Parameterdarstellung, nämlich eine solche, für die der Geschwindigkeitsvektor überall den Betrag 1 hat. Um dies zu zeigen, gehen wir von einer beliebigen Darstellung $\gamma(t)$ aus und versuchen, eine Parametertransformation

$$t = \varphi(s) \quad \text{mit} \quad \varphi'(s) > 0$$

so zu bestimmen, daß

$$\tilde{\gamma}(s) = \gamma(\varphi(s))$$

die gewünschte Bedingung

$$|\tilde{\gamma}'(s)| = 1$$

erfüllt. Dies führt auf

$$|\gamma'(\varphi(s))| \cdot \varphi'(s) = 1.$$

Die Umkehrfunktion ψ von φ muß daher der Bedingung

$$\psi'(t) = |\gamma'(t)|$$

genügen, d.h. es muß

$$s = \psi(t) = s_0 + \int_a^t |\gamma'(u)| du$$

gelten. Die frei wählbare Konstante s_0 wird man oft gleich 0 setzen, der Stelle $t = a$ also die Stelle $s = 0$ entsprechen lassen.
Wegen der Voraussetzung $|\gamma'(t)| > 0$ ist ψ streng monoton wachsend, besitzt also eine Umkehrfunktion φ. Diese ist ebenso wie ψ stetig differenzierbar. Geht man nun von t zu dem neuen Parameter $s = \psi(t)$ über, so hat $\tilde{\gamma}'(s)$ für alle s die Länge 1. Da s die Länge des zum Intervall $[a, t]$ gehörenden Weges ist, wird s als *Bogenlängenparameter* (kurz *Bogenlänge*) bezeichnet.

Bemerkung: Auch für stückweise glatte Kurven kann entsprechend durch „Zusammensetzen" aus glatten Teilkurven der Bogenlängenparameter eingeführt werden durch

$$s = \psi(t) = s_0 + \int_a^t |\gamma'(u)|\, du .$$

Es ist dann ψ eventuell nur stückweise stetig differenzierbar.

Selbst bei Kurven mit einfacher Parameterdarstellung ist es meistens nicht möglich, die Bogenlänge mit Hilfe von elementaren Funktionen auszudrücken; so wird man z.B. bei der Ellipse mit der Parameterdarstellung $x = a\cos t$, $y = b\sin t$ auf das Integral

$$\psi(t) = \int_0^t \sqrt{a^2\sin^2 u + b^2\cos^2 u}\, du$$

geführt, das nicht elementar berechnet werden kann.

Höhere Ableitungen

Höhere Ableitungen von vektorwertigen Funktionen einer Variablen führen wir (wie im eindimensionalen Fall) rekursiv ein: Wenn $\gamma^{(k-1)}$ nochmals differenzierbar ist, wird $\gamma^{(k)}$ erklärt durch

$$\gamma^{(k)} = (\gamma^{(k-1)})' .$$

Man sagt dann, γ sei *k-mal differenzierbar*. Ist $\gamma^{(k)}$ stetig, so sagt man, γ sei *k-mal stetig differenzierbar* und schreibt $\gamma \in \mathfrak{C}^{(k)}([a, b])$.

Eine vektorwertige Funktion ist genau dann k-mal stetig differenzierbar, wenn dies für jede der n Komponentenfunktionen der Fall ist.

In der kinematischen Interpretation hat der Vektor $\gamma''(t)$ die Bedeutung der momentanen Beschleunigung zum Zeitpunkt t.

Die Übertragung des Taylorschen Satzes (vgl. Bd. I, S. 288) kann komponentenweise geschehen; dabei sind dann allerdings die Zwischenstellen für die einzelnen Komponenten des Restgliedes i. a. verschieden.
Die Herleitung der Taylor-Formel mit Hilfe der Integralrechnung (vgl. Bd. I, S. 374) kann dagegen unmittelbar (ohne Rückgriff auf die Komponentendarstellung) übertragen werden:

$$\gamma(t) = \gamma(0) + \gamma'(0)\,t + \gamma''(0)\,\frac{t^2}{2!} + \ldots + \gamma^{(k)}(0)\,\frac{t^k}{k!} + \int_0^t \gamma^{(k+1)}(\tau)\,\frac{(t-\tau)^k}{k!}\,d\tau\,.$$

Dabei ist vorausgesetzt, daß γ in einem Intervall, das die 0 enthält, $(k+1)$-mal stetig differenzierbar ist. Für das (vektorwertige) Restglied ergibt sich aus der Integraldarstellung nun leicht eine Abschätzung; bezeichnet $\|\gamma^{(k+1)}\|$ die Maximumsnorm von $\gamma^{(k+1)}$ im betrachteten Intervall, so folgt für $t > 0$:

$$\begin{aligned}\Big\|\int_0^t \gamma^{(k+1)}(\tau)\,\frac{(t-\tau)^k}{k!}\,d\tau\Big\| &\leqq \int_0^t \|\gamma^{(k+1)}(\tau)\|\,\frac{(t-\tau)^k}{k!}\,d\tau \\ &\leqq \|\gamma^{(k+1)}\|\,\frac{t^{k+1}}{(k+1)!}\,.\end{aligned}$$

Für $t < 0$ kann man entsprechend abschätzen und erhält dann den

Satz: *Für* $\gamma \in \mathfrak{C}^{(k+1)}([-a,a])$ *gilt*

$$\|\gamma(t) - \gamma(0) - \gamma'(0)\,t - \gamma''(0)\,\frac{t^2}{2!} - \ldots - \gamma^{(k)}(0)\,\frac{t^k}{k!}\| \leqq \|\gamma^{(k+1)}\|\,\frac{|t|^{k+1}}{(k+1)!}\,.$$

Hiermit haben wir eine angemessene Formulierung des Taylorschen Satzes für vektorwertige Funktionen gefunden: Das Taylor-Polynom von γ stimmt an der Stelle $t = 0$ mit γ in k-ter Ordnung überein. Dabei ist allgemein die *Übereinstimmung in k-ter Ordnung* für zwei Wege γ_1 und γ_2 an einer Stelle t_0 erklärt durch die Gültigkeit einer Abschätzung

$$\|\gamma_1(t) - \gamma_2(t)\| \leqq r(t)\,|t - t_0|^k$$

mit

$$\lim_{t \to t_0} r(t) = 0\,.$$

Man vergleiche dazu Bd. I, S. 290. Offensichtlich handelt es sich um eine Äquivalenzrelation.

Krümmung von Kurven

Wenn man Aussagen über Kurven im euklidischen $\mathbb{R}^n$ erhalten will, verwendet man zweckmäßigerweise einen Bogenlängenparameter. Der Beschleunigungsvektor heißt dann auch *Krümmungsvektor* der Kurve an der Stelle s. Dieser Vektor ist orthogonal zum Tangenteneinheitsvektor an dieser Stelle, wie sich unmittelbar aus $\langle \gamma'(s), \gamma'(s) \rangle = 1$ durch Ableiten ergibt:

$$\langle \gamma'(s), \gamma''(s) \rangle = 0 .$$

Wenn $\gamma''(s) \neq \mathbf{0}$ gilt, dann sind die Vektoren $\gamma'(s), \gamma''(s)$ linear unabhängig; in diesem Fall heißt die von $\gamma'(s)$ und $\gamma''(s)$ aufgespannte Ebene *Schmiegebene* im Punkt $\gamma(s)$.

Bemerkung: Gilt $\gamma''(s) = \mathbf{0}$ für alle s, so folgt

$$\gamma(s) = \mathbf{a} + s\mathbf{b}, \qquad (\mathbf{b} \neq \mathbf{0})$$

d.h. γ ist die Parameterdarstellung einer Geraden.

Die Länge des Krümmungsvektors

$$|\gamma''(s)| =: \varkappa(s)$$

bezeichnet man als die *Krümmung* von γ an der Stelle s.

Als Beispiel berechnen wir Krümmungsvektor und Krümmung für Kreise. Auf Bogenlänge bezogen besitzt ein Kreis mit Mittelpunkt $\mathbf{m}$ und Radius $r > 0$ die Parameterdarstellung

$\frac{s}{r}$ ist der Winkel im Bogenmaß
s = Bogenlänge!

$$\gamma(s) = \mathbf{m} + r\cos\frac{s}{r}\,\mathbf{a} + r\sin\frac{s}{r}\,\mathbf{b} \qquad (|\mathbf{a}| = |\mathbf{b}| = 1, \langle \mathbf{a}, \mathbf{b} \rangle = 0).$$

Es ergibt sich

$$\gamma'(s) = -\sin\frac{s}{r}\,\mathbf{a} + \cos\frac{s}{r}\,\mathbf{b}, \qquad \text{also } |\gamma'(s)| = 1$$

und

$$\gamma''(s) = -\frac{1}{r}\cos\frac{s}{r}\,\mathbf{a} - \frac{1}{r}\sin\frac{s}{r}\,\mathbf{b}.$$

Der Krümmungsvektor hat somit die konstante Länge

$$|\gamma''(s)| = \frac{1}{r},$$

d.h. die Krümmung eines Kreises ist konstant und gleich dem Reziproken des Radius.

Aufgabe: Im ebenen Falle ($n = 2$) werden die Kreise durch diese Eigenschaft charakterisiert. Im Raum besitzen z.B. außer den Kreisen auch die Schraublinien konstante Krümmung.

Für beliebige Kurven ist die Krümmung von der jeweils betrachteten Stelle abhängig; jeder einzelnen Stelle kann der *Krümmungskreis* zugeordnet werden. Er hat den Mittelpunkt $\mathbf{m}(s) = \gamma(s) + \dfrac{1}{\varkappa^2(s)}\gamma''(s)$ und den Radius $r(s) = \dfrac{1}{\varkappa(s)}$. Dabei ist $\varkappa(s) \neq 0$ vorausgesetzt.

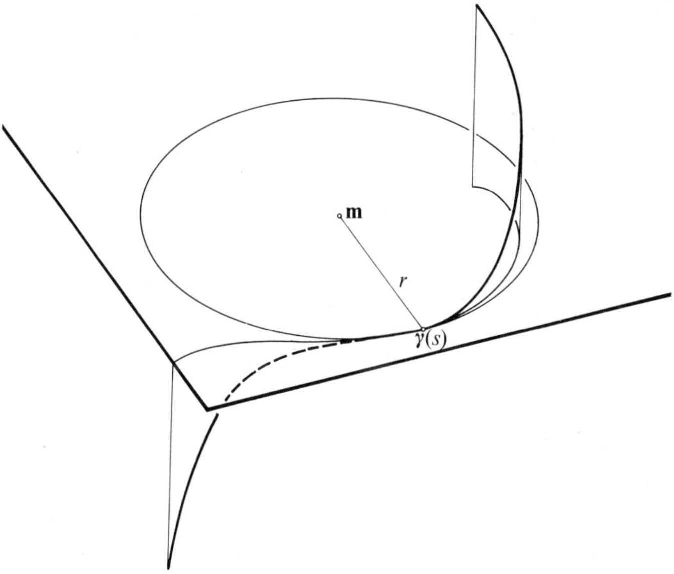

Unter allen Kreisen ist der Krümmungskreis der Stelle s_0 dadurch ausgezeichnet, daß er die Kurve an dieser Stelle „in zweiter Ordnung berührt"; d.h. Kurve und Kreis stimmen in zweiter Ordnung überein, wenn beide auf ihre Bogenlänge bezogen sind. Dies sieht man folgendermaßen ein:

Damit ein auf Bogenlänge bezogener Kreis

$$\tilde{\gamma}(s) = \mathbf{m} + r\cos\frac{s - s_0}{r}\,\mathbf{a} + r\sin\frac{s - s_0}{r}\,\mathbf{b} \qquad (|\mathbf{a}| = |\mathbf{b}| = 1,\ \langle\mathbf{a}, \mathbf{b}\rangle = 0)$$

in zweiter Ordnung die Kurve γ an der Stelle s_0 berührt, ist kennzeichnend:

$$\tilde{\gamma}(s_0) - \gamma(s_0), \quad \tilde{\gamma}'(s_0) - \gamma'(s_0), \quad \tilde{\gamma}''(s_0) - \gamma''(s_0).$$

Dies führt auf folgende Bestimmungsgleichungen für **m**, **a**, **b**, r:

$$\begin{aligned} \mathbf{m} + r\mathbf{a} &= \gamma(s_0) \\ \mathbf{b} &= \gamma'(s_0) \\ -\tfrac{1}{r}\mathbf{a} &= \gamma''(s_0). \end{aligned}$$

Aus der letzten Gleichung folgt

$$r = \frac{1}{|\gamma''(s_0)|} = \frac{1}{\varkappa(s_0)},$$

so daß die Vektoren **m**, **a**, **b** berechnet werden können:

$$\begin{aligned} \mathbf{a} &= -\frac{1}{\varkappa(s_0)}\gamma''(s_0) \\ \mathbf{b} &= \gamma'(s_0) \\ \mathbf{m} &= \gamma(s_0) + \frac{1}{\varkappa^2(s_0)}\gamma''(s_0). \end{aligned}$$

Damit ist gezeigt, daß der Krümmungskreis durch die Berührung in zweiter Ordnung gekennzeichnet wird.

Für theoretische Überlegungen ist die Verwendung der Bogenlänge zweckmäßig. Da aber die Bogenlänge nur in Ausnahmefällen explizit berechnet werden kann, benötigt man oft eine Formel für den Krümmungsvektor, die sich auf einen beliebig parametrisierten Weg bezieht.

Bei beliebiger Parameterdarstellung ist der Krümmungsvektor als Linearkombination von Geschwindigkeitsvektor und Beschleunigungsvektor darstellbar. Geht man nämlich von $\tilde{\gamma}(s)$ mittels einer orientierungserhaltenden Parametertransformation $s = \psi(t)$ zu einem äquivalenten Weg $\gamma(t)$ über, so findet man unter Verwendung der Kettenregel:

$$\begin{aligned} \gamma(t) &= \tilde{\gamma}(\psi(t)) \\ \dot{\gamma}(t) &= \tilde{\gamma}'(\psi(t)) \cdot \dot{\psi}(t) \\ \ddot{\gamma}(t) &= \tilde{\gamma}'(\psi(t)) \cdot \ddot{\psi}(t) + \tilde{\gamma}''(\psi(t)) \cdot \dot{\psi}^2(t). \end{aligned}$$

(Dabei bedeuten die Punkte Ableitungen nach t).

Wegen $|\tilde{\gamma}'(\psi(t))| = 1$ gilt $\dot{\psi}(t) = |\dot{\gamma}(t)|$. Weiter folgt nun

$$\ddot{\psi}(t) = \frac{\langle \dot{\gamma}(t), \ddot{\gamma}(t) \rangle}{|\dot{\gamma}(t)|}.$$

Setzt man dies ein und löst nach $\tilde{\gamma}''(\psi(t))$ auf, so ergibt sich:

$$\tilde{\gamma}''(\psi(t)) = \frac{1}{|\dot{\gamma}(t)|^2}\,\ddot{\gamma}(t) - \frac{\langle \dot{\gamma}(t), \ddot{\gamma}(t) \rangle}{|\dot{\gamma}(t)|^4}\,\dot{\gamma}(t).$$

Weiter erhält man als Krümmung der Kurve (in Abhängigkeit von t)

$$|\tilde{\gamma}''(\psi(t))| = \frac{\sqrt{|\dot{\gamma}(t)|^2 \cdot |\ddot{\gamma}(t)|^2 - \langle \dot{\gamma}(t), \ddot{\gamma}(t) \rangle^2}}{|\dot{\gamma}(t)|^3}$$

Bemerkung: Für $n = 2$ läßt sich die Formel für die Krümmung einfacher schreiben, da in diesem Fall unter der Wurzel ein „vollständiges Quadrat" steht. Damit hängt zusammen, daß man in der orientierten Ebene positiv und negativ gekrümmte Kurven unterscheiden kann. Ist $(x(t), y(t))$ eine Parameterdarstellung der betrachteten ebenen Kurve, so ergibt sich

$$\frac{|\dot{x}\ddot{y} - \ddot{x}\dot{y}|}{(\dot{x}^2 + \dot{y}^2)^{\frac{3}{2}}}$$

als Krümmung. Es ist üblich

$$\varkappa = \frac{\dot{x}\ddot{y} - \ddot{x}\dot{y}}{(\dot{x}^2 + \dot{y}^2)^{\frac{3}{2}}}$$

zu setzen. Falls Tangenten- und Krümmungsvektor eine positiv orientierte Basis bilden, gilt $\varkappa > 0$.

Aufgabe: Man untersuche den Krümmungsverlauf bei der Ellipse anhand der Parameterdarstellung $(a\cos t, b\sin t)$.

Aufgaben

1. Für die archimedische Spirale

$$\begin{pmatrix} t\cos t \\ t\sin t \end{pmatrix} \qquad (t \in \mathbb{R})$$

bestimme man Bogenlänge, Krümmung und Krümmungskreis; desgleichen für die logarithmische Spirale

$$\begin{pmatrix} e^{at}\cos t \\ e^{at}\sin t \end{pmatrix} \qquad (t \in \mathbb{R}).$$

Ferner bestimme man in beiden Fällen den Schnittwinkel mit einer vom Ursprung ausgehenden Geraden.

2. Wird eine ebene Kurve durch

$$\begin{pmatrix} x \\ f(x) \end{pmatrix} \qquad (a \leqq x \leqq b)$$

beschrieben, so erhält man als Krümmung

$$\frac{f''(x)}{\sqrt{1+f'(x)^2}^{\,3}}.$$

Man zeige mit dieser Darstellung, daß im allgemeinen die Kurve den Krümmungskreis durchsetzt. Wann ist dies nicht der Fall?

3. Man lasse eine Kreisscheibe auf einer Geraden ohne Gleiten rollen (vgl. Beispiel 3, S. 80). Welche Parameterdarstellung ergibt sich für die Bahn eines beliebig gewählten inneren Punktes der Kreisscheibe (bzw. eines äußeren fest mit der Kreisscheibe verbundenen Punktes)? Weiter bestimme man Bogenlänge und Krümmung der Bahnkurve.

4. Man zeige, daß die ebene Punktmenge

$$x^3 + y^3 - axy = 0$$

Wertemenge eines glatten Weges ist. Man fertige eine Skizze an! Gibt es „Doppelpunkte"? (Anleitung: Man setze $y = tx$).

5. Man zeige durch Beispiele, daß für $n \geqq 2$ das Analogon des Mittelwertsatzes nicht gilt, d.h. daß der Vektor $\dfrac{\gamma(t_2)-\gamma(t_1)}{t_2-t_1}$ nicht als Geschwindigkeitsvektor $\gamma'(\tau)$ mit $\tau \in [t_1, t_2]$ dargestellt werden kann. Für $n = 2$ gibt es aber eine Stelle τ, an der der Geschwindigkeitsvektor parallel zum Sehnenvektor ist; für $n \geqq 3$ ist auch diese Abschwächung im allgemeinen nicht richtig.

6. Man zeige, daß für glatte Wege der Vektor

$$\frac{\gamma(t_2)-\gamma(t_1)}{t_2-t_1}$$

in der konvexen Hülle der Wertemenge von $\gamma': [t_1, t_2] \to \mathbb{R}^n$ liegt. Weiter folgere man die Abschätzung

$$\|\gamma(t_2) - \gamma(t_1)\| \leqq \max_{t_1 \leq t \leq t_2} \|\gamma'(t)\| \cdot (t_2 - t_1)$$

(Schrankensatz für glatte Wege).

7. Für den Umfang U einer Ellipse mit den Halbachsen a und b gilt die Abschätzung

$$\pi(a+b) \leqq U \leqq \pi\sqrt{2(a^2+b^2)}\,.$$

Die Gleichheit trifft nur für $a = b$ zu.

8. Man berechne den Umfang U der Ellipse mit den Halbachsen a und b

$$U = \int_0^{2\pi} \sqrt{a^2 \sin^2 t + b^2 \cos^2 t}\, dt$$

$$= a \int_0^{2\pi} \sqrt{1 - \varepsilon^2 \cos^2 t}\, dt \qquad \left(\varepsilon := \frac{1}{a}\sqrt{a^2 - b^2}\right),$$

indem man den Integranden in eine gleichmäßig konvergente Potenzreihe bezüglich $\varepsilon \cos t$ entwickelt und gliedweise integriert. Für $\varepsilon \leqq \frac{1}{2}$ schätze man den Fehler ab, der bei Ersetzung der Potenzreihe durch das Näherungspolynom n-ten Grades gemacht wird.

9. Konvergiert die Folge (γ_k) von Wegen, die durch

$$\gamma_k(t) = \begin{pmatrix} \cos t + \frac{1}{k} \cos kt \\ \sin t + \frac{1}{k} \sin kt \end{pmatrix} \qquad (0 \leqq t \leqq 2\pi).$$

erklärt ist, im Sinne der C^1-Konvergenz (vgl. S. 82)? Welcher Weg γ käme als Limes in Frage? Man berechne $L(\gamma)$ und $L(\gamma_k)$.

10. Es sei $\gamma\colon [0,1] \to \mathbb{R}^n$ ein glatter Weg und $\mathbf{x}_0$ ein fester Punkt des $\mathbb{R}^n$. Man zeige, daß die euklidische Entfernung dieses Punktes von den Punkten des Weges nur dann an inneren Stellen von $[0,1]$ extremal sein kann, wenn der Verbindungsvektor orthogonal zum Tangentenvektor ist.

11. Der Krümmungsvektor eines zweimal stetig differenzierbaren Weges läßt sich darstellen als Linearkombination des Geschwindigkeits- und des Beschleunigungsvektors (vgl. S. 90). Der mit dem Krümmungsvektor gleichgerichtete Einheitsvektor heißt Hauptnormalenvektor.
Man stelle den Beschleunigungsvektor als Linearkombination des Tangenteneinheitsvektors und des Hauptnormalenvektors dar (Zerlegung der Beschleunigung in Tangential- und Normalbeschleunigung). Was ergibt sich im Fall der Kreisbewegung und speziell der gleichförmigen Kreisbewegung?

12. Es sei $\mathbf{f}$ eine vektorwertige Regelfunktion. Man beweise (für beliebige Norm) die Integralabschätzung

$$\left\| \int_a^b \mathbf{f}(t)\,dt \right\| \le \int_a^b \|\mathbf{f}(t)\|\,dt.$$

Wann gilt die Gleichheit?
Als Anwendung zeige man, daß der kürzeste Verbindungsweg zwischen zwei Punkten des $\mathbb{R}^n$ die Verbindungsstrecke ist. (Diese Aussage gilt auch, wenn man die Bogenlänge statt mit der euklidischen Norm mit einer beliebigen Norm definiert.)

14.2 Definition der Ableitung

Wir führen den Begriff der Differenzierbarkeit einer Abbildung $\mathbf{f}$ aus dem $\mathbb{R}^n$ in den $\mathbb{R}^m$ für den Fall ein, daß die Definitionsmenge von $\mathbf{f}$ offen ist. Diese Voraussetzung ist ausreichend für die Anwendungen; sie sichert, daß – im Falle der Existenz – die Ableitung eindeutig festgelegt ist und daß zu jeder Richtung eine Richtungsableitung erklärt ist.
Die Grundidee der Differentialrechnung, eine beliebige Funktion in der Umgebung einer festen Stelle durch eine lineare Funktion zu approximieren, führt auf die folgende

Def.: *Die Abbildung* $\mathbf{f}: U \to \mathbb{R}^m$ *(U offene Teilmenge des* $\mathbb{R}^n$*) heißt* differenzierbar an der Stelle $\mathbf{a} \in U$, *wenn es eine lineare Abbildung* $\mathbf{T}: \mathbb{R}^n \to \mathbb{R}^m$ *und eine an der Stelle* $\mathbf{a}$ *stetige Abbildung* $\mathbf{r}: U \to \mathbb{R}^m$ *gibt derart, daß für alle* $\mathbf{x} \in U$ *gilt*

$$\mathbf{f}(\mathbf{x}) = \mathbf{f}(\mathbf{a}) + \mathbf{T}(\mathbf{x}-\mathbf{a}) + \mathbf{r}(\mathbf{x})\|\mathbf{x}-\mathbf{a}\| \qquad \textit{und} \qquad \mathbf{r}(\mathbf{a}) = \mathbf{0}.$$

Wenn man gemäß dieser Definition prüfen will, ob eine Abbildung differenzierbar ist, hat man also zunächst eine lineare Abbildung $\mathbf{T}$ anzugeben, und dann zu untersuchen, ob die für $\mathbf{x} \neq \mathbf{a}$ eindeutig erklärte Abbildung

$$\mathbf{r}(\mathbf{x}) = \frac{\mathbf{f}(\mathbf{x}) - \mathbf{f}(\mathbf{a}) - \mathbf{T}(\mathbf{x}-\mathbf{a})}{\|\mathbf{x}-\mathbf{a}\|}$$

die Bedingung (diese ist unabhängig von der Norm!)

$$\lim_{\mathbf{x}\to\mathbf{a}} \mathbf{r}(\mathbf{x}) = \mathbf{0}$$

erfüllt. Darauf, wie man $\mathbf{T}$ findet, werden wir gleich eingehen. Zunächst zeigen wir, daß es höchstens eine solche lineare Abbildung $\mathbf{T}$ geben kann. Haben wir nämlich lineare Abbildungen $\mathbf{T}_1, \mathbf{T}_2$ mit entsprechenden Abbildungen $\mathbf{r}_1, \mathbf{r}_2$, so gilt

$$\mathbf{f}(\mathbf{x}) = \mathbf{f}(\mathbf{a}) + \mathbf{T}_1(\mathbf{x}-\mathbf{a}) + \mathbf{r}_1(\mathbf{x})\,\|\mathbf{x}-\mathbf{a}\|$$
$$\mathbf{f}(\mathbf{x}) = \mathbf{f}(\mathbf{a}) + \mathbf{T}_2(\mathbf{x}-\mathbf{a}) + \mathbf{r}_2(\mathbf{x})\,\|\mathbf{x}-\mathbf{a}\|,$$

also

$$(\mathbf{T}_1 - \mathbf{T}_2)(\mathbf{x}-\mathbf{a}) = \big(\mathbf{r}_2(\mathbf{x}) - \mathbf{r}_1(\mathbf{x})\big)\|\mathbf{x}-\mathbf{a}\|$$

und

$$\lim_{\mathbf{x}\to\mathbf{a}} \mathbf{r}_1(\mathbf{x}) = \mathbf{0} \qquad \text{und} \qquad \lim_{\mathbf{x}\to\mathbf{a}} \mathbf{r}_2(\mathbf{x}) = \mathbf{0}.$$

Hieraus ergibt sich, wenn man den Vektor $\mathbf{h}$ beliebig wählt und diejenigen $\mathbf{x}$ betrachtet, für die $\mathbf{x}-\mathbf{a} = t\mathbf{h}$ mit genügend kleinem positivem t gilt:

$$(\mathbf{T}_1 - \mathbf{T}_2)\mathbf{h} = \big(\mathbf{r}_2(\mathbf{a}+t\mathbf{h}) - \mathbf{r}_1(\mathbf{a}+t\mathbf{h})\big)\|\mathbf{h}\|.$$

Wegen $\lim_{t\to 0}\big(\mathbf{r}_2(\mathbf{a}+t\mathbf{h}) - \mathbf{r}_1(\mathbf{a}+t\mathbf{h})\big) = \mathbf{0}$ folgt daraus

$$(\mathbf{T}_1 - \mathbf{T}_2)\mathbf{h} = \mathbf{0} \qquad\qquad (\mathbf{h} \in \mathbb{R}^n).$$

Es gilt also $\mathbf{T}_1 = \mathbf{T}_2$.

Def.: *Ist* $\mathbf{f}$ *in* $\mathbf{a} \in U$ *differenzierbar, gilt also*

$$\mathbf{f}(\mathbf{x}) = \mathbf{f}(\mathbf{a}) + \mathbf{T}(\mathbf{x}-\mathbf{a}) + \mathbf{r}(\mathbf{x})\,\|\mathbf{x}-\mathbf{a}\| \qquad \textit{mit} \qquad \lim_{\mathbf{x}\to\mathbf{a}} \mathbf{r}(\mathbf{x}) = \mathbf{0},$$

so heißt die lineare Abbildung $\mathbf{T}$ *die* Ableitung *von* $\mathbf{f}$ *an der Stelle* $\mathbf{a}$.
Bezeichnung: $\mathbf{T} = \mathbf{f}'(\mathbf{a})$.

Den Vektor $\mathbf{f}'(\mathbf{a})\mathbf{h}$ des $\mathbb{R}^m$ $(\mathbf{h} \in \mathbb{R}^n)$ bezeichnen wir auch mit $\mathbf{f}'(\mathbf{a}, \mathbf{h})$.

Ist f reellwertig, so ist die Ableitung eine Linearform; in diesem Fall bezeichnet man die Ableitung auch als *Gradienten* $\operatorname{grad} f(\mathbf{a})$ und hat dann unter Verwendung des Skalarprodukts

$$f'(\mathbf{a}, \mathbf{h}) = \langle \operatorname{grad} f(\mathbf{a}), \mathbf{h} \rangle \qquad \text{für alle } \mathbf{h} \in \mathbb{R}^n.$$

Da nach Definition

$$f(\mathbf{a}+\mathbf{h}) - f(\mathbf{a}) = \langle \operatorname{grad} f(\mathbf{a}), \mathbf{h} \rangle + r(\mathbf{a}+\mathbf{h})\,\|\mathbf{h}\|$$

$$\text{mit} \quad \lim_{\mathbf{h}\to\mathbf{0}} r(\mathbf{a}+\mathbf{h}) = 0$$

gilt, also für hinreichend kleines $\|\mathbf{h}\|$ der Zuwachs $f(\mathbf{a}+\mathbf{h}) - f(\mathbf{a})$ durch das

Skalarprodukt $\langle \operatorname{grad} f(\mathbf{a}), \mathbf{h} \rangle$ gut wiedergegeben wird, ergibt sich folgende Deutung für den Gradienten:
$\operatorname{grad} f(\mathbf{a})$ zeigt in die Richtung des größten Zuwachses der Funktion f an der Stelle $\mathbf{a}$. Das Skalarprodukt $\langle \operatorname{grad} f(\mathbf{a}), \mathbf{h} \rangle$ nimmt nämlich (als Funktion von $\mathbf{h}$) seinen größten Wert an, wenn $\mathbf{h}$ ein positives Vielfaches von $\operatorname{grad} f(\mathbf{a})$ ist.

Den „Funktionsverlauf" einer reellwertigen Funktion im $\mathbb{R}^n$ kann man sich veranschaulichen, indem man die Niveauhyperflächen (vgl. hierzu auch S. 39) $f(\mathbf{x}) = \text{const.}$ bestimmt. Diejenigen Vektoren $\mathbf{h}$, die orthogonal zu $\operatorname{grad} f(\mathbf{a})$ sind, führen zu Nachbarpunkten von $\mathbf{a}$, in denen sich die Funktionswerte „nur wenig" von $f(\mathbf{a})$ unterscheiden: Sie spannen die Tangentialhyperebene an die Niveauhyperfläche durch den Punkt $\mathbf{a}$ auf, der Vektor $\operatorname{grad} f(\mathbf{a})$ steht senkrecht auf dieser und damit auf der Niveauhyperfläche.
Eine weitere Deutung für den Gradienten erhält man, wenn man den *Graphen* der Funktion $f\colon U \to \mathbb{R}$ als Hyperfläche im $\mathbb{R}^{n+1}$ betrachtet. Über den Punkten $(x_1, \ldots, x_n) \in U$ wird $z = f(x_1, \ldots, x_n)$ als Ordinate aufgetragen (siehe Figur). In

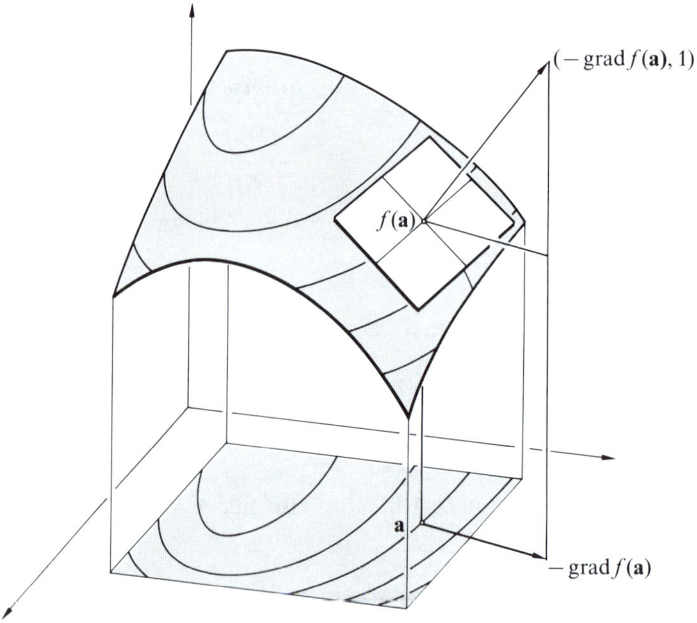

der Umgebung einer Stelle $\mathbf{a} \in U$ wird die Hyperfläche durch die Hyperebene mit der Gleichung

$$z = f(\mathbf{a}) + \langle \operatorname{grad} f(\mathbf{a}), \mathbf{x} - \mathbf{a} \rangle$$

approximiert. Diese heißt *Tangentialhyperebene* der Hyperfläche über der Stelle $\mathbf{a}$. Der Vektor

$$\left(-\operatorname{grad} f(\mathbf{a}), 1\right)$$

des $\mathbb{R}^{n+1}$ ist Normalenvektor der Tangentialhyperebene und damit der Hyperfläche im Punkte $(\mathbf{a}, f(\mathbf{a}))$.

Bemerkung: Auch die im Abschnitt 14.1 behandelten differenzierbaren Wege sind durch unsere allgemeine Definition mit erfaßt: $n = 1$, m beliebig. In diesem Fall ist die Ableitung eine lineare Abbildung von $\mathbb{R}$ in $\mathbb{R}^m$. Diese Auffassung ist jedoch unnötig kompliziert. Da der „Zuwachs" h nur als reeller Faktor auftritt, betrachten wir – wie in 14.1 – die Ableitung als Vektor des $\mathbb{R}^m$.

Wie kann man nun $\mathbf{f}'(\mathbf{a})$ für eine an der Stelle $\mathbf{a}$ differenzierbare Abbildung $\mathbf{f}$ bestimmen? Die lineare Abbildung $\mathbf{f}'(\mathbf{a})$ ist festgelegt, wenn man ihre Bildvektoren für eine Basis $\mathbf{v}_1, \mathbf{v}_2, \ldots, \mathbf{v}_n$ des $\mathbb{R}^n$ kennt. Wir versuchen deshalb zunächst für irgendeinen Vektor $\mathbf{v} \neq \mathbf{0}$ den Vektor $\mathbf{f}'(\mathbf{a}, \mathbf{v})$ zu berechnen und setzen dazu $\mathbf{x} = \mathbf{a} + t\mathbf{v}$ ein:

$$\mathbf{f}(\mathbf{a} + t\mathbf{v}) = \mathbf{f}(\mathbf{a}) + \mathbf{f}'(\mathbf{a}, t\mathbf{v}) + \mathbf{r}(\mathbf{a} + t\mathbf{v})|t| \cdot \|\mathbf{v}\|.$$

Es folgt für $t \neq 0$

$$\mathbf{f}'(\mathbf{a}, \mathbf{v}) = \frac{\mathbf{f}(\mathbf{a} + t\mathbf{v}) - \mathbf{f}(\mathbf{a})}{t} - \mathbf{r}(\mathbf{a} + t\mathbf{v}) \frac{|t|}{t} \|\mathbf{v}\|$$

und also

$$\mathbf{f}'(\mathbf{a}, \mathbf{v}) = \lim_{t \to 0} \frac{\mathbf{f}(\mathbf{a} + t\mathbf{v}) - \mathbf{f}(\mathbf{a})}{t}.$$

Den rechts stehenden Grenzwert nennt man die *Richtungsableitung* $D_{\mathbf{v}}\mathbf{f}(\mathbf{a})$ von $\mathbf{f}$ an der Stelle $\mathbf{a}$ bezüglich $\mathbf{v}$. Die lineare Abbildung $\mathbf{f}'(\mathbf{a})$ ist also durch die Richtungsableitungen bezüglich der Vektoren $\mathbf{v}_1, \ldots, \mathbf{v}_n$ einer Basis des $\mathbb{R}^n$ festgelegt. Wählt man speziell die Standardbasis $\mathbf{e}_1, \mathbf{e}_2, \ldots, \mathbf{e}_n$ des $\mathbb{R}^n$, so heißen die betreffenden Richtungsableitungen auch *partielle Ableitungen*.

Für die partiellen Ableitungen sind verschiedene Schreibweisen üblich. Wir bevorzugen für die „i-te partielle Ableitung" die Bezeichnung

$$D_i\mathbf{f}(\mathbf{a}).$$

Die klassischen Schreibweisen sind

$$\frac{\partial \mathbf{f}}{\partial x_i} \quad \text{bzw.} \quad \mathbf{f}_{x_i};$$

allerdings kann hier die explizite Nennung von x_i zu Mißverständnissen führen. Als Kurzbezeichnung sind $\mathbf{f}_{|i}$ bzw. $\mathbf{f}_i$ zweckmäßig; es ist dann darauf zu achten, daß Verwechslungen mit den Indizes von Komponentenfunktionen vermieden werden.

Die Aufgabe, eine partielle Ableitung zu bestimmen, kann mit den Mitteln der Differentialrechnung für Funktionen einer Variablen gelöst werden. Alle Argumente außer dem i-ten werden festgehalten, d. h. $\mathbf{f}$ wird als Funktion von x_i allein betrachtet. Es ist also der Grenzwert

$$\lim_{x_i \to a_i} \frac{\mathbf{f}(a_1, \ldots, x_i, \ldots, a_n) - \mathbf{f}(a_1, \ldots, a_i, \ldots, a_n)}{x_i - a_i}$$

zu bestimmen. (Dieser kann auch existieren, ohne daß $\mathbf{f}$ im Sinne unserer Definition differenzierbar ist.)

Hat man nun eine beliebige differenzierbare Abbildung $\mathbf{f}$, so existieren alle partiellen Ableitungen und es gilt für $\mathbf{h} = \sum_{i=1}^{n} h_i \mathbf{e}_i$

$$\mathbf{f}'(\mathbf{a}, \mathbf{h}) = \sum_{i=1}^{n} \mathbf{f}'(\mathbf{a}, \mathbf{e}_i) \cdot h_i = \sum_{i=1}^{n} D_i \mathbf{f}(\mathbf{a}) \cdot h_i .$$

Die Ableitung $\mathbf{f}'(\mathbf{a})$ ist also durch die partiellen Ableitungen $D_i \mathbf{f}(\mathbf{a})$ festgelegt.

Stellt man weiter die Vektoren $D_i \mathbf{f}(\mathbf{a})$ mittels der Standardbasis des $\mathbb{R}^m$ dar, zerlegt also $\mathbf{f}$ in die Komponentenfunktionen $f_1, f_2, \ldots, f_m$, so erhält man für $\mathbf{f}'(\mathbf{a})$ folgende Darstellung als $n \times m$-Matrix

$$\begin{pmatrix} D_1 f_1(\mathbf{a}) & D_2 f_1(\mathbf{a}) & \ldots & D_n f_1(\mathbf{a}) \\ D_1 f_2(\mathbf{a}) & D_2 f_2(\mathbf{a}) & \ldots & D_n f_2(\mathbf{a}) \\ \vdots & \vdots & & \vdots \\ D_1 f_m(\mathbf{a}) & D_2 f_m(\mathbf{a}) & \ldots & D_n f_m(\mathbf{a}) \end{pmatrix}.$$

Diese Matrix heißt die *Jacobi-Matrix* der differenzierbaren Abbildung $\mathbf{f}$ an der Stelle $\mathbf{a}$. Wir bezeichnen auch diese Matrix mit $\mathbf{f}'(\mathbf{a})$, da wir uns fast immer auf die Standardbasen von $\mathbb{R}^n$ und $\mathbb{R}^m$ beziehen.

Für die Prüfung der Differenzierbarkeit geht man nach diesen Überlegungen folgendermaßen vor: Da als Elemente der Jacobi-Matrix nur die partiellen Ableitungen

$$D_i f_j(\mathbf{a})$$

in Frage kommen, untersucht man zunächst, ob diese existieren. Wenn diese notwendige Bedingung erfüllt ist, hat man weiter mit der Matrix

$$\mathbf{T} = \left(D_i f_j(\mathbf{a})\right)$$

zu prüfen, ob

$$\lim_{\mathbf{h} \to \mathbf{0}} \frac{\mathbf{f}(\mathbf{a} + \mathbf{h}) - \mathbf{f}(\mathbf{a}) - \mathbf{Th}}{\|\mathbf{h}\|} = \mathbf{0}$$

gilt. Allein aus der Existenz der partiellen Ableitungen folgt die Differenzierbarkeit jedoch nicht (nicht einmal aus der Existenz aller Richtungsableitungen, vgl. Beispiel 4 und 5).

Beispiele:

1) Die Abbildung $\mathbf{f}: \mathbb{R}^2 \to \mathbb{R}^2$ sei gegeben durch

$$f_1(x_1, x_2) = x_1^2 - x_2^2$$
$$f_2(x_1, x_2) = 2x_1 x_2 .$$

Wenn **f** an der Stelle **a** differenzierbar ist, dann muß

$$\mathbf{T} = \begin{pmatrix} 2a_1 & -2a_2 \\ 2a_2 & 2a_1 \end{pmatrix}$$

gelten. Für $\mathbf{r}(\mathbf{h})$ erhält man mit diesem T:

$$r_1(\mathbf{h}) = \frac{(a_1 + h_1)^2 - (a_2 + h_2)^2 - a_1^2 + a_2^2 - 2a_1 h_1 + 2a_2 h_2}{\|\mathbf{h}\|} = \frac{h_1^2 - h_2^2}{\|\mathbf{h}\|}$$

$$r_2(\mathbf{h}) = \frac{2(a_1 + h_1)(a_2 + h_2) - 2a_1 a_2 - 2a_2 h_1 - 2a_1 h_2}{\|\mathbf{h}\|} = \frac{2h_1 h_2}{\|\mathbf{h}\|}.$$

Verwendet man die Maximumsnorm, so ergeben sich die Abschätzungen

$$|r_1(\mathbf{h})| \leqq 2\|\mathbf{h}\|$$
$$|r_2(\mathbf{h})| \leqq 2\|\mathbf{h}\|,$$

d.h. es gilt $\lim_{\mathbf{h} \to \mathbf{0}} r_1(\mathbf{h}) = \lim_{\mathbf{h} \to \mathbf{0}} r_2(\mathbf{h}) = 0$. Somit folgt die Differenzierbarkeit der gegebenen Abbildung $\mathbf{f}\colon \mathbb{R}^2 \to \mathbb{R}^2$ an der Stelle $\mathbf{a}$; ihre Ableitung ist

$$\mathbf{f}'(\mathbf{a}) = \begin{pmatrix} 2a_1 & -2a_2 \\ 2a_2 & 2a_1 \end{pmatrix}.$$

2) Es sei $\mathbf{f}$ eine affine Abbildung des $\mathbb{R}^n$ in den $\mathbb{R}^m$, es gelte also

$$\mathbf{f}(\mathbf{x}) = \mathbf{A}\mathbf{x} + \mathbf{c} \qquad (\mathbf{x} \in \mathbb{R}^n)$$

mit linearem $\mathbf{A}\colon \mathbb{R}^n \to \mathbb{R}^m$ und konstantem $\mathbf{c} \in \mathbb{R}^m$. Dann folgt:

$$\begin{aligned} \mathbf{f}(\mathbf{a}+\mathbf{h}) &= \mathbf{A}(\mathbf{a}+\mathbf{h}) + \mathbf{c} \\ &= \mathbf{A}\mathbf{a} + \mathbf{A}\mathbf{h} + \mathbf{c} \\ &= \mathbf{A}\mathbf{a} + \mathbf{c} + \mathbf{A}\mathbf{h} \\ &= \mathbf{f}(\mathbf{a}) + \mathbf{A}\mathbf{h}. \end{aligned}$$

In diesem Fall ist also $\mathbf{r}(\mathbf{h}) = \mathbf{0}$ für alle $\mathbf{h} \in \mathbb{R}^n$, d.h. $\mathbf{f}$ ist an jeder Stelle $\mathbf{a} \in \mathbb{R}^n$ differenzierbar und es gilt

$$\mathbf{f}'(\mathbf{a}) = \mathbf{A}.$$

3) Es sei $\mathbf{g}\colon \mathbb{R}^n \times \mathbb{R}^n \to \mathbb{R}^m$ eine beliebige (nicht notwendig symmetrische) bilineare Abbildung; dann ist die Abbildung $\mathbf{f}\colon \mathbb{R}^n \to \mathbb{R}^m$, die definiert ist durch

$$\mathbf{f}(\mathbf{x}) = \mathbf{g}(\mathbf{x}, \mathbf{x})$$

an jeder Stelle $\mathbf{a} \in \mathbb{R}^n$ differenzierbar und es gilt für die Ableitung $\mathbf{f}'(\mathbf{a})$:

$$\mathbf{f}'(\mathbf{a}, \mathbf{h}) = \mathbf{g}(\mathbf{a}, \mathbf{h}) + \mathbf{g}(\mathbf{h}, \mathbf{a}).$$

Zum Beweis rechnen wir aus

$$\begin{aligned} \mathbf{f}(\mathbf{a}+\mathbf{h}) &= \mathbf{g}(\mathbf{a}+\mathbf{h}, \mathbf{a}+\mathbf{h}) \\ &= \mathbf{g}(\mathbf{a}, \mathbf{a}) + \mathbf{g}(\mathbf{a}, \mathbf{h}) + \mathbf{g}(\mathbf{h}, \mathbf{a}) + \mathbf{g}(\mathbf{h}, \mathbf{h}) \\ &= \mathbf{f}(\mathbf{a}) + \mathbf{f}'(\mathbf{a}, \mathbf{h}) + \mathbf{g}(\mathbf{h}, \mathbf{h}). \end{aligned}$$

Es bleibt zu zeigen, daß

$$\lim_{\mathbf{h} \to \mathbf{0}} \frac{\mathbf{g}(\mathbf{h}, \mathbf{h})}{\|\mathbf{h}\|} = \mathbf{0}$$

gilt. Dies folgt unmittelbar aus der Abschätzung (vgl. S. 70):

$$\|\mathbf{g}(\mathbf{h}, \mathbf{h})\| \leq c \cdot \|\mathbf{h}\|^2.$$

Spezialfall: Für $f(\mathbf{x}) = \langle \mathbf{x}, \mathbf{x} \rangle$ ergibt sich

$$f'(\mathbf{a}, \mathbf{h}) = 2\langle \mathbf{a}, \mathbf{h} \rangle ,$$

d.h. es gilt in diesem Fall

$$\operatorname{grad} f(\mathbf{a}) = 2\mathbf{a}.$$

4) Es sei $f\colon \mathbb{R}^2 \to \mathbb{R}$ definiert durch

$$f(x_1, x_2) = \begin{cases} 0 & \text{für } (x_1, x_2) = (0,0) \\ \dfrac{x_1 x_2}{\sqrt{x_1^2 + x_2^2}} & \text{für } (x_1, x_2) \neq (0,0) \;. \end{cases}$$

Wir wollen prüfen, ob f an der Stelle $\mathbf{a} = (0,0)$ differenzierbar ist. Die beiden partiellen Ableitungen existieren an dieser Stelle, da

$$f(x_1, 0) = 0 \qquad \text{für alle } x_1 \in \mathbb{R}$$

und

$$f(0, x_2) = 0 \qquad \text{für alle } x_2 \in \mathbb{R}$$

gilt. Man hat also

$$D_1 f(\mathbf{0}) = 0 \quad \text{und} \quad D_2 f(\mathbf{0}) = 0.$$

Wäre nun f an der Stelle $\mathbf{a} = \mathbf{0}$ differenzierbar, so müßte $\mathbf{T}$ die Nullabbildung sein. Wir haben also zu untersuchen, ob

$$r(\mathbf{h}) = \frac{h_1 h_2}{\sqrt{h_1^2 + h_2^2}} \cdot \frac{1}{\|\mathbf{h}\|}$$

die Bedingung $\lim\limits_{\mathbf{h} \to \mathbf{0}} r(\mathbf{h}) = 0$ erfüllt.

Dazu verwenden wir am einfachsten die euklidische Norm $\|\mathbf{h}\| = \sqrt{h_1^2 + h_2^2}$ und erhalten

$$r(\mathbf{h}) = \frac{h_1 h_2}{h_1^2 + h_2^2}.$$

Setzt man $h_1 = h_2$, so sieht man, daß $\lim\limits_{\mathbf{h} \to \mathbf{0}} r(\mathbf{h}) = 0$ nicht gelten kann. Die Funktion f ist deshalb an der Stelle $\mathbf{a} = \mathbf{0}$ nicht differenzierbar.

Aufgabe: Man zeige, daß für die Funktion aus Beispiel 4) an der Stelle $\mathbf{a} = \mathbf{0}$ Richtungsableitungen nur bezüglich der Vektoren $\mathbf{e}_1 = (1,0)$ und $\mathbf{e}_2 = (0,1)$ sowie bezüglich $-\mathbf{e}_1$ und $-\mathbf{e}_2$ existieren.

Aufgabe: Sei f: $\mathbb{R}^2 \to \mathbb{R}$ definiert durch

$$f(x_1, x_2) = \begin{cases} 0 & \text{für } (x_1, x_2) = (0, 0) \\ \dfrac{x_1 |x_2|}{\sqrt{x_1^2 + x_2^2}} & \text{für } (x_1, x_2) \neq (0, 0) \end{cases}$$

Man zeige, daß an der Stelle $\mathbf{a} = \mathbf{0}$ alle Richtungsableitungen von f existieren, daß aber f an dieser Stelle nicht differenzierbar ist.

5) Es sei f: $\mathbb{R}^2 \to \mathbb{R}$ definiert durch

$$f(x_1, x_2) = \begin{cases} 0 & \text{für } (x_1, x_2) = (0, 0) \\ \dfrac{x_1 \cdot x_2^3}{x_1^2 + x_2^6} & \text{für } (x_1, x_2) \neq (0, 0). \end{cases}$$

Zwar sind für diese Funktion an der Stelle $\mathbf{a} = \mathbf{0}$ alle Richtungsableitungen vorhanden und haben den Wert 0 – deshalb kommt für $\mathbf{T}$ nur die Nullabbildung in Frage – doch ist f an der Stelle $\mathbf{a} = \mathbf{0}$ nicht differenzierbar. Für $r(\mathbf{h})$ erhält man nämlich (wenn man die euklidische Norm verwendet):

$$r(\mathbf{h}) = \frac{h_1 h_2^3}{(h_1^2 + h_2^6)\sqrt{h_1^2 + h_2^2}}.$$

Daß $\lim\limits_{\mathbf{h} \to \mathbf{0}} r(\mathbf{h}) = 0$ nicht gilt, erkennt man z. B., indem man $h_1 = t^3$, $h_2 = t$ einsetzt. Man erhält dann

$$r(t^3, t) = \frac{t^6}{2 \cdot t^6 \cdot \sqrt{t^6 + t^2}} = \frac{1}{2|t|} \cdot \frac{1}{\sqrt{1 + t^4}}.$$

Hiernach bleibt r in keiner Umgebung der Stelle $\mathbf{0}$ beschränkt.
Tatsächlich ist die Funktion f an der Stelle $\mathbf{a} = \mathbf{0}$ nicht einmal stetig (obwohl alle Richtungsableitungen existieren).

Aufgabe: Für die Funktion f: $\mathbb{R}^2 \to \mathbb{R}$ mit

$$f(x_1, x_2) = \begin{cases} 0 & \text{für } (x_1, x_2) = (0, 0) \\ \dfrac{x_1 x_2^3}{x_1^2 + x_2^4} & \text{für } (x_1, x_2) \neq (0, 0) \end{cases}$$

sind an der Stelle $\mathbf{a} = \mathbf{0}$ alle Richtungsableitungen vorhanden und haben den Wert 0. Diese Funktion ist an der Stelle $\mathbf{a} = \mathbf{0}$ stetig, aber nicht differenzierbar.

Das Beispiel 5) zeigt, daß es Funktionen f gibt, für die alle Richtungsableitungen $D_{\mathbf{v}}f(\mathbf{a})$ an der Stelle **a** existieren und mit geeigneter linearer Abbildung **T** gilt

$$D_{\mathbf{v}}f(\mathbf{a}) = \mathbf{T}\mathbf{v},$$

die aber trotzdem in **a** nicht differenzierbar und nicht einmal stetig sind. Die Existenz der Richtungsableitungen garantiert also nicht die Stetigkeit.
Dagegen gilt der

Satz: *Ist* **f** *an der Stelle* **a** *differenzierbar, so ist* **f** *dort stetig.*

Beweis: Aus

$$\mathbf{f}(\mathbf{x}) = \mathbf{f}(\mathbf{a}) + \mathbf{f}'(\mathbf{a}, \mathbf{x} - \mathbf{a}) + \mathbf{r}(\mathbf{x})\|\mathbf{x} - \mathbf{a}\|$$

folgt die Abschätzung

$$\|\mathbf{f}(\mathbf{x}) - \mathbf{f}(\mathbf{a})\| \leqq \|\mathbf{f}'(\mathbf{a})\| \cdot \|\mathbf{x} - \mathbf{a}\| + \|\mathbf{r}(\mathbf{x})\| \cdot \|\mathbf{x} - \mathbf{a}\|.$$

Wegen $\lim\limits_{\mathbf{x} \to \mathbf{a}} \mathbf{r}(\mathbf{x}) = \mathbf{0}$ ergibt sich hieraus weiter mit einer geeigneten Konstanten c:

$$\|\mathbf{f}(\mathbf{x}) - \mathbf{f}(\mathbf{a})\| \leqq c\|\mathbf{x} - \mathbf{a}\|.$$

Rechenregeln für differenzierbare Abbildungen

Zur Herleitung der Rechenregeln schreiben wir die Differenzierbarkeitsdefinition in der Form

$$\mathbf{f}(\mathbf{a} + \mathbf{h}) = \mathbf{f}(\mathbf{a}) + \mathbf{f}'(\mathbf{a}, \mathbf{h}) + \mathbf{r}(\mathbf{a} + \mathbf{h})\|\mathbf{h}\| \qquad \text{und} \qquad \lim_{\mathbf{h} \to \mathbf{0}} \mathbf{r}(\mathbf{a} + \mathbf{h}) = \mathbf{0}.$$

Weiter zeigen wir, daß das „Fehlerglied" $\mathbf{r}(\mathbf{a} + \mathbf{h})\|\mathbf{h}\|$ mit Hilfe einer von **h** abhängigen linearen Abbildung $\mathbf{R}(\mathbf{h})$ dargestellt werden kann:

$$\mathbf{r}(\mathbf{a} + \mathbf{h})\|\mathbf{h}\| = \mathbf{R}(\mathbf{h})\mathbf{h},$$

wobei

$$\lim_{\mathbf{h} \to \mathbf{0}} \mathbf{R}(\mathbf{h}) = \mathbf{O}$$

gilt (d.h. $\mathbf{R}(\mathbf{h})$ konvergiert gegen die Nullabbildung; wir setzen $\mathbf{R}(\mathbf{0}) = \mathbf{O}$, damit **R** stetig an der Stelle $\mathbf{h} = \mathbf{0}$ ist).

Den Beweis führen wir zunächst für reellwertiges f. Es ist dann auch r reellwertig und $\mathbf{R}(\mathbf{h})$ kann als Vektor des $\mathbb{R}^n$ aufgefaßt werden (wenn man das Skalarprodukt im $\mathbb{R}^n$ und die euklidische Norm verwendet); die Behauptung lautet dann, daß es ein $\mathbf{R}(\mathbf{h})$ gibt derart, daß gilt

$$r(\mathbf{a}+\mathbf{h})\|\mathbf{h}\| = \langle \mathbf{R}(\mathbf{h}), \mathbf{h}\rangle \qquad \text{und} \qquad \lim_{\mathbf{h}\to\mathbf{0}} \mathbf{R}(\mathbf{h}) = \mathbf{O}.$$

Für $\mathbf{R}(\mathbf{h})$ setzen wir an

$$\mathbf{R}(\mathbf{h}) = \lambda(\mathbf{h})\mathbf{h}$$

und finden für $\mathbf{h} \neq \mathbf{0}$:

$$\mathbf{R}(\mathbf{h}) = \frac{r(\mathbf{a}+\mathbf{h})}{\|\mathbf{h}\|}\mathbf{h}.$$

Hieraus folgt

$$\lim_{\mathbf{h}\to\mathbf{0}} \mathbf{R}(\mathbf{h}) = \mathbf{O},$$

also die behauptete Darstellbarkeit des Fehlergliedes.

Ist $\mathbf{f}$ vektorwertig, so führt man die entsprechende Überlegung für jede Komponente durch und erhält auch in diesem Fall die Darstellbarkeit des Fehlergliedes in der Form

$$\mathbf{r}(\mathbf{a}+\mathbf{h})\|\mathbf{h}\| = \mathbf{R}(\mathbf{h})\mathbf{h} \qquad \text{mit} \qquad \lim_{\mathbf{h}\to\mathbf{0}} \mathbf{R}(\mathbf{h}) = \mathbf{O}.$$

Schließlich können wir $\mathbf{f}'(\mathbf{a})$ und $\mathbf{R}(\mathbf{h})$ additiv zu einer linearen Abbildung $\mathbf{F}(\mathbf{h})$ zusammenfassen und erhalten als Differenzierbarkeitsbedingung:

$$\mathbf{f}(\mathbf{a}+\mathbf{h}) = \mathbf{f}(\mathbf{a}) + \mathbf{F}(\mathbf{h})\mathbf{h} \qquad \text{mit} \qquad \lim_{\mathbf{h}\to\mathbf{0}} \mathbf{F}(\mathbf{h}) = \mathbf{f}'(\mathbf{a}).$$

Diese Variante ist zweckmäßig z. B. für die Herleitung der Kettenregel und die Gewinnung der Ableitung von Umkehrabbildungen.

Bemerkung: Sowohl $\mathbf{r}$ wie $\mathbf{R}$ und $\mathbf{F}$ hängen von der Stelle $\mathbf{a}$ ab. Der Übersichtlichkeit halber haben wir die Abhängigkeit von $\mathbf{a}$ nicht in der Bezeichnung vermerkt. Dies führt nicht zu Irrtümern, solange man nur eine feste Stelle $\mathbf{a}$ betrachtet.

Satz: *Die Abbildungen* $\mathbf{f}: U \to \mathbb{R}^m$ *und* $\mathbf{g}: U \to \mathbb{R}^m$ *seien beide an der Stelle* $\mathbf{a} \in U$ *differenzierbar. Dann sind auch* $\mathbf{f}+\mathbf{g}$ *und* $c\mathbf{f}$ $(c \in \mathbb{R})$ *an der Stelle* $\mathbf{a}$ *differenzierbar und es gilt:*

$$(\mathbf{f}+\mathbf{g})'(\mathbf{a}) = \mathbf{f}'(\mathbf{a}) + \mathbf{g}'(\mathbf{a})$$
$$(c\mathbf{f})'(\mathbf{a}) = c\mathbf{f}'(\mathbf{a})$$

B e w e i s: Nach Voraussetzung hat man

$$\mathbf{f}(\mathbf{a}+\mathbf{h}) = \mathbf{f}(\mathbf{a}) + \mathbf{f}'(\mathbf{a},\mathbf{h}) + \mathbf{r}_1(\mathbf{a}+\mathbf{h})\|\mathbf{h}\| \quad \text{mit} \quad \lim_{\mathbf{h}\to\mathbf{0}} \mathbf{r}_1(\mathbf{a}+\mathbf{h}) = \mathbf{0}$$

$$\mathbf{g}(\mathbf{a}+\mathbf{h}) = \mathbf{g}(\mathbf{a}) + \mathbf{g}'(\mathbf{a},\mathbf{h}) + \mathbf{r}_2(\mathbf{a}+\mathbf{h})\|\mathbf{h}\| \quad \text{mit} \quad \lim_{\mathbf{h}\to\mathbf{0}} \mathbf{r}_2(\mathbf{a}+\mathbf{h}) = \mathbf{0}.$$

Durch Addition ergibt sich die Behauptung. Entsprechend erhält man die zweite Aussage, indem man die erste Gleichung mit c multipliziert.

Die Produktregel beweisen wir für reellwertige Funktionen (vgl. hierzu auch die nachfolgende Bemerkung auf S. 106).

Satz: *Die Funktionen $f\colon U \to \mathbb{R}$ und $g\colon U \to \mathbb{R}$ seien beide an der Stelle $\mathbf{a} \in U$ differenzierbar. Dann ist auch $f \cdot g$ an der Stelle $\mathbf{a}$ differenzierbar und es gilt:*

$$(f \cdot g)'(\mathbf{a},\mathbf{h}) = f(\mathbf{a}) \cdot g'(\mathbf{a},\mathbf{h}) + g(\mathbf{a}) \cdot f'(\mathbf{a},\mathbf{h}).$$

B e w e i s: Nach Voraussetzung hat man

$$f(\mathbf{a}+\mathbf{h}) = f(\mathbf{a}) + f'(\mathbf{a},\mathbf{h}) + r_1(\mathbf{a}+\mathbf{h})\|\mathbf{h}\| \quad \text{mit} \quad \lim_{\mathbf{h}\to\mathbf{0}} r_1(\mathbf{a}+\mathbf{h}) = 0$$

$$g(\mathbf{a}+\mathbf{h}) = g(\mathbf{a}) + g'(\mathbf{a},\mathbf{h}) + r_2(\mathbf{a}+\mathbf{h})\|\mathbf{h}\| \quad \text{mit} \quad \lim_{\mathbf{h}\to\mathbf{0}} r_2(\mathbf{a}+\mathbf{h}) = 0.$$

Nach Multiplizieren und Ordnen ergibt sich:

$$\begin{aligned}(fg)(\mathbf{a}+\mathbf{h}) = {} & (fg)(\mathbf{a}) + f(\mathbf{a}) \cdot g'(\mathbf{a},\mathbf{h}) + g(\mathbf{a}) \cdot f'(\mathbf{a},\mathbf{h}) \\ & + f'(\mathbf{a},\mathbf{h})\, g'(\mathbf{a},\mathbf{h}) + \big(g(\mathbf{a}) + g'(\mathbf{a},\mathbf{h})\big) r_1(\mathbf{a}+\mathbf{h})\|\mathbf{h}\| \\ & + \big(f(\mathbf{a}) + f'(\mathbf{a},\mathbf{h})\big) r_2(\mathbf{a}+\mathbf{h})\|\mathbf{h}\| + r_1(\mathbf{a}+\mathbf{h}) r_2(\mathbf{a}+\mathbf{h})\|\mathbf{h}\|^2\end{aligned}$$

→ Stetigkeit linearer Abbildungen

Da $|f'(\mathbf{a},\mathbf{h}) \cdot g'(\mathbf{a},\mathbf{h})|$ durch $c\|\mathbf{h}\|^2$ nach oben abgeschätzt werden kann, folgt, daß das aus den letzten sechs Summanden bestehende Fehlerglied in der Form $r(\mathbf{h})\|\mathbf{h}\|$ darstellbar ist, wobei $\lim_{\mathbf{h}\to\mathbf{0}} r(\mathbf{h}) = 0$ gilt.

B e m e r k u n g: Die Produktregel kann auch in der Form

$$\operatorname{grad} fg(\mathbf{a}) = f(\mathbf{a}) \operatorname{grad} g(\mathbf{a}) + g(\mathbf{a}) \operatorname{grad} f(\mathbf{a})$$

geschrieben werden.

A u f g a b e: Es sei $f\colon U \to \mathbb{R}$ in $\mathbf{a}$ differenzierbar und es gelte $f(\mathbf{a}) \neq 0$. Man zeige:

$$\operatorname{grad} \frac{1}{f}(\mathbf{a}) = -\frac{1}{(f(\mathbf{a}))^2} \operatorname{grad} f(\mathbf{a}).$$

Weiter beweise man eine entsprechende Aussage für $\operatorname{grad} \frac{g}{f}(\mathbf{a})$.

Neben dem Produkt von reellwertigen Funktionen spielt in den Anwendungen das Produkt von reellwertigen Funktionen mit vektorwertigen Abbildungen eine Rolle (Skalarfeld, Vektorfeld). Auch in diesem Fall gilt die entsprechende Regel (mit dem entsprechenden Beweis):

$$(f\mathbf{g})'(\mathbf{a}, \mathbf{h}) = f(\mathbf{a})\, \mathbf{g}'(\mathbf{a}, \mathbf{h}) + f'(\mathbf{a}, \mathbf{h})\, \mathbf{g}(\mathbf{a}).$$

Bemerkung: Die Produktregel kann auch auf vektorwertige Abbildungen verallgemeinert werden. An Stelle des Produkts zweier reellwertiger Funktionen tritt dann mit einer beliebigen bilinearen Abbildung

$$[\ ,\ ]\colon \mathbb{R}^p \times \mathbb{R}^q \to \mathbb{R}^m$$

die Produktbildung $[\mathbf{f}(\mathbf{x}), \mathbf{g}(\mathbf{x})]$ für differenzierbare Abbildungen $\mathbf{f}\colon U \to \mathbb{R}^p$ und $\mathbf{g}\colon U \to \mathbb{R}^q$. Es gilt dann

$$[\mathbf{f}, \mathbf{g}]'(\mathbf{a}, \mathbf{h}) = [\mathbf{f}(\mathbf{a}), \mathbf{g}'(\mathbf{a}, \mathbf{h})] + [\mathbf{f}'(\mathbf{a}, \mathbf{h}), \mathbf{g}(\mathbf{a})].$$

Hierbei ist auf die Reihenfolge der „Faktoren" zu achten, da die Abbildung $[\ ,\ ]$ i. a. nicht symmetrisch ist. Der Beweis kann wie oben geführt werden; man kann aber auch über die Komponentendarstellungen von $\mathbf{f}$, $\mathbf{g}$ und $[\mathbf{f}, \mathbf{g}]$ den Beweis auf die schon gewonnenen Rechenregeln zurückführen.

Für alle Abbildungen, die aus vorgegebenen differenzierbaren Funktionen mittels rationaler Rechenoperationen erklärt werden können, lassen sich die Ableitungen mit den bewiesenen Regeln bestimmen.
Eine wesentlich weiterführende Rechenregel ist die Kettenregel; sie sagt aus, daß man die Ableitung der Verkettung zweier differenzierbarer Abbildungen durch Verkettung der entsprechenden Ableitungen erhält. (Dies ist plausibel, da Ableitungen approximierende lineare Abbildungen sind.)

Satz: *Es sei* $\mathbf{f}\colon U \to \mathbb{R}^m$ *an der Stelle* $\mathbf{a} \in U$ *und* $\mathbf{g}\colon V \to \mathbb{R}^p$ *an der Stelle* $\mathbf{b} \in V$ *differenzierbar; es sei* $\mathbf{f}(U) \subset V$ *und* $\mathbf{b} = \mathbf{f}(\mathbf{a})$.
Dann ist $\mathbf{g} \circ \mathbf{f}$ *an der Stelle* $\mathbf{a} \in U$ *differenzierbar und es gilt*

$$(\mathbf{g} \circ \mathbf{f})'(\mathbf{a}) = \mathbf{g}'(\mathbf{f}(\mathbf{a})) \circ \mathbf{f}'(\mathbf{a}).$$

(*Kettenregel*)

Beweis: Wir verwenden die auf S. 104 hergeleitete Differenzierbarkeitsbedingung, gehen also von folgenden Darstellungen für **f** und **g** aus:

$$\mathbf{f}(\mathbf{a}+\mathbf{h}) = \mathbf{f}(\mathbf{a}) + \mathbf{F}(\mathbf{h})\mathbf{h} \qquad \text{mit} \qquad \lim_{\mathbf{h}\to\mathbf{0}} \mathbf{F}(\mathbf{h}) = \mathbf{f}'(\mathbf{a})$$

$$\mathbf{g}(\mathbf{b}+\mathbf{k}) = \mathbf{g}(\mathbf{b}) + \mathbf{G}(\mathbf{k})\mathbf{k} \qquad \text{mit} \qquad \lim_{\mathbf{k}\to\mathbf{0}} \mathbf{G}(\mathbf{k}) = \mathbf{g}'(\mathbf{b}).$$

Wir brauchen nur den Sonderfall $\mathbf{a} = \mathbf{0}, \mathbf{f}(\mathbf{a}) = \mathbf{0}, \mathbf{g}(\mathbf{b}) = \mathbf{0}$ zu betrachten, bei dem die Sachlage besonders deutlich hervortritt. Wir haben dann als Voraussetzung

$$\mathbf{f}(\mathbf{h}) = \mathbf{F}(\mathbf{h})\mathbf{h} \qquad \text{mit} \qquad \lim_{\mathbf{h}\to\mathbf{0}} \mathbf{F}(\mathbf{h}) = \mathbf{f}'(\mathbf{0})$$

$$\mathbf{g}(\mathbf{k}) = \mathbf{G}(\mathbf{k})\mathbf{k} \qquad \text{mit} \qquad \lim_{\mathbf{k}\to\mathbf{0}} \mathbf{G}(\mathbf{k}) = \mathbf{g}'(\mathbf{0})$$

und erhalten hieraus für $\mathbf{k} = \mathbf{f}(\mathbf{h})$:

$$\mathbf{g}\big(\mathbf{f}(\mathbf{h})\big) = \big(\mathbf{G}(\mathbf{F}(\mathbf{h})\mathbf{h}) \circ \mathbf{F}(\mathbf{h})\big)\mathbf{h}.$$

Diese Gleichung liefert nun schon den Beweis der Kettenregel, denn es folgt sofort, daß

$$\lim_{\mathbf{h}\to\mathbf{0}} \mathbf{G}\big(\mathbf{F}(\mathbf{h})\mathbf{h}\big) \circ \mathbf{F}(\mathbf{h}) = \mathrm{g}'(\mathbf{0}) \circ \mathbf{f}'(\mathbf{0})$$

gilt. Also ist $\mathbf{g} \circ \mathbf{f}$ an der Stelle $\mathbf{0}$ differenzierbar und die Ableitung dieser Verkettung ist gleich der Verkettung der Ableitungen. Die Übertragung auf beliebige Stellen **a** und $\mathbf{b} = \mathbf{f}(\mathbf{a})$ ergibt dann:

$$(\mathbf{g} \circ \mathbf{f})'(\mathbf{a}) = \mathbf{g}'\big(\mathbf{f}(\mathbf{a})\big) \circ \mathbf{f}'(\mathbf{a}).$$

Schreibt man die Ableitungen lieber in der Form $\mathbf{f}'(\mathbf{a}, \mathbf{h})$ bzw. $\mathbf{g}'(\mathbf{b}, \mathbf{k})$, so lautet die Kettenregel

$$(\mathbf{g} \circ \mathbf{f})'(\mathbf{a}, \mathbf{h}) = \mathbf{g}'\big(\mathbf{f}(\mathbf{a}), \mathbf{f}'(\mathbf{a}, \mathbf{h})\big).$$

Aus der Kettenregel ergibt sich für die Jacobi-Matrizen von **g**, **f** und $\mathbf{H} = \mathbf{g} \circ \mathbf{f}$:

$$\begin{pmatrix} D_1 H_1 & \dots & D_n H_1 \\ \vdots & & \vdots \\ D_1 H_p & \dots & D_n H_p \end{pmatrix} = \begin{pmatrix} D_1 g_1 & \dots & D_m g_1 \\ \vdots & & \vdots \\ D_1 g_p & \dots & D_m g_p \end{pmatrix} \begin{pmatrix} D_1 f_1 & \dots & D_n f_1 \\ \vdots & & \vdots \\ D_1 f_m & \dots & D_n f_m \end{pmatrix}$$

In die links und ganz rechts stehende Matrix ist **a** als Argument einzusetzen, in die mittlere Matrix das Argument $\mathbf{b} = \mathbf{f}(\mathbf{a})$.

Man hat also für die partiellen Ableitungen der Komponentenfunktionen $H_1, \dots, H_p$ der zusammengesetzten Abbildung $\mathbf{H} = \mathbf{g} \circ \mathbf{f}$:

$$D_i H_j = \sum_{k=1}^{m} D_k g_j \cdot D_i f_k ,$$

wobei hinsichtlich der einzusetzenden Argumente die gemachte Bemerkung zu beachten ist.

Ein wichtiger Spezialfall ist der, daß g und damit H reellwertig sind; man hat in diesem Fall

$$D_i H = \sum_{k=1}^{m} D_k g \cdot D_i f_k = \sum_{k=1}^{m} D_i f_k \cdot D_k g .$$

Zur Berechnung von grad H ist also die tranponierte Jacobi-Matrix mit dem Spaltenvektor grad g zu multiplizieren.

Wir geben noch ein weiteres Beispiel an: Wir betrachten eine in $U \subset \mathbb{R}^n$ erklärte reellwertige Funktion längs eines in U verlaufenden Weges γ, d. h. die Verkettung $F := f \circ \gamma$ von $\gamma : [a, b] \to U$ mit $f : U \to \mathbb{R}$. Sind γ und f differenzierbar, so gilt

$$F'(t) = f'(\gamma(t), \gamma'(t)).$$

Die rechte Seite kann auch als Skalarprodukt geschrieben werden:

$$F'(t) = \langle \operatorname{grad} f(\gamma(t)), \gamma'(t) \rangle .$$

Als Anwendung leiten wir die *Eulersche Relation für homogene Funktionen* her. f heißt *positiv homogen von der Ordnung* α, wenn für alle $t > 0$ gilt:

$$f(t\mathbf{x}) = t^{\alpha} \cdot f(\mathbf{x}).$$

Dabei wird vorausgesetzt, daß f in $\mathbb{R}^n$ mit Ausnahme des Nullpunkts erklärt und differenzierbar ist. Als Weg γ nehmen wir bei fest vorgegebenem $\mathbf{x}$ die Halbgerade $\gamma(t) = t\mathbf{x}$ mit $t > 0$.
Für die Ableitung von $F(t) = f(t\mathbf{x}) = t^{\alpha} \cdot f(\mathbf{x})$ erhält man einerseits

$$F'(t) = \langle \operatorname{grad} f(t\mathbf{x}), \mathbf{x} \rangle$$

und andererseits

$$F'(t) = \alpha t^{\alpha - 1} \cdot f(\mathbf{x}).$$

Setzt man $t = 1$ ein, so folgt

$$\langle \operatorname{grad} f(\mathbf{x}), \mathbf{x} \rangle = \alpha f(\mathbf{x}).$$

Als eine weitere Anwendung der Kettenregel bestimmen wir die Ableitung der

Umkehrabbildung einer bijektiven Abbildung. Setzt man voraus, daß $\mathbf{f}\colon U \to \mathbb{R}^n$ eine Umkehrabbildung $\mathbf{g}.\ V \to \mathbb{R}^n$ (V offen) besitzt und daß $\mathbf{f}$ an der Stelle $\mathbf{a} \in U$ und $\mathbf{g}$ an der Stelle $\mathbf{b} = \mathbf{f}(\mathbf{a}) \in V$ differenzierbar ist, dann kann man aufgrund der Kettenregel die Ableitung $\mathbf{g}'(\mathbf{b})$ durch die Ableitung $\mathbf{f}'(\mathbf{a})$ ausdrücken. Aus $\mathbf{g} \circ \mathbf{f} = \mathrm{id}_U$ folgt nämlich $(\mathbf{g} \circ \mathbf{f})'(\mathbf{a}) = \mathrm{id}_{\mathbb{R}^n}$ und also gilt wegen der Kettenregel

$$\mathbf{g}'(\mathbf{b}) \circ \mathbf{f}'(\mathbf{a}) = \mathrm{id}_{\mathbb{R}^n},$$

d.h.

$$\mathbf{g}'(\mathbf{f}(\mathbf{a})) = (\mathbf{f}'(\mathbf{a}))^{-1}.$$

Wir beweisen nun ein weitergehendes Resultat. Es genügt schon die Voraussetzung, daß die Umkehrabbildung an der betreffenden Stelle stetig ist; die Differenzierbarkeit kann dann bewiesen werden. Dabei verwenden wir zweckmäßigerweise die Differenzierbarkeitsbedingung in der Form von S. 104.

Satz: *Es sei* $\mathbf{f}\colon U \to \mathbb{R}^n$ $(U \subset \mathbb{R}^n)$ *umkehrbar, an der Stelle* $\mathbf{a}$ *differenzierbar und die Jacobi-Determinante* $\det \mathbf{f}'(\mathbf{a})$ *sei von Null verschieden. Weiter sei die Umkehrabbildung* $\mathbf{g}\colon \mathbf{f}(U) \to \mathbb{R}^n$ *an der Stelle* $\mathbf{b} = \mathbf{f}(\mathbf{a})$ *stetig.*

Dann ist $\mathbf{g}$ *an der Stelle* $\mathbf{b}$ *differenzierbar und es gilt*

$$\mathbf{g}'(\mathbf{b}) = (\mathbf{f}'(\mathbf{a}))^{-1}.$$

Beweis: Der Übersichtlichkeit halber nehmen wir an, daß $\mathbf{a} = \mathbf{0}$ und $\mathbf{f}(\mathbf{a}) = \mathbf{0}$ gilt. Die Voraussetzung der Differenzierbarkeit von $\mathbf{f}$ an der Stelle $\mathbf{0}$ besagt dann, daß es für $\mathbf{f}$ eine Darstellung

$$\mathbf{f}(\mathbf{x}) = \mathbf{F}(\mathbf{x})\mathbf{x} \qquad \text{mit} \qquad \lim_{\mathbf{x} \to \mathbf{0}} \mathbf{F}(\mathbf{x}) = \mathbf{f}'(\mathbf{0})$$

gibt, wobei $\mathbf{F}(\mathbf{x})$ eine von $\mathbf{x}$ abhängende lineare Abbildung ist, die an der Stelle $\mathbf{x} = \mathbf{0}$ stetig ist, d.h. für die $\mathbf{F}(\mathbf{0}) = \mathbf{f}'(\mathbf{0})$ gilt.
Aufgrund der Voraussetzung $\det \mathbf{F}(\mathbf{0}) = \det \mathbf{f}'(\mathbf{0}) \neq 0$ existieren deshalb in einer geeigneten Umgebung V von $\mathbf{0}$ die inversen linearen Abbildungen $(\mathbf{F}(\mathbf{x}))^{-1}$.

Wie etwa die Berechnung der inversen Matrizen mit Hilfe der Cramerschen Regel zeigt, gilt die Limes-Beziehung

$$\lim_{\mathbf{x} \to \mathbf{0}} (\mathbf{F}(\mathbf{x}))^{-1} = (\mathbf{f}'(\mathbf{0}))^{-1}.$$

Nun erhält man aus der Gleichung

$$\mathbf{y} = \mathbf{F}(\mathbf{x})\mathbf{x} \qquad (\mathbf{x} \in V)$$

die äquivalente Gleichung

$$\mathbf{x} = (\mathbf{F}(\mathbf{x}))^{-1}\,\mathbf{y}.$$

Setzt man weiter auf der rechten Seite $\mathbf{x} = \mathbf{g}(\mathbf{y})$ ein und erklärt $\mathbf{G}(\mathbf{y})$ durch

$$\mathbf{G}(\mathbf{y}) = (\mathbf{F}(\mathbf{g}(\mathbf{y})))^{-1} \qquad (\mathbf{y} \in \mathbf{f}(V)),$$

so erkennt man, daß die Umkehrabbildung $\mathbf{g}$ für $\mathbf{y} \in \mathbf{f}(V)$ durch

$$\mathbf{g}(\mathbf{y}) = \mathbf{G}(\mathbf{y})\,\mathbf{y} \qquad \text{mit} \qquad \lim_{\mathbf{y} \to \mathbf{0}} \mathbf{G}(\mathbf{y}) = (\mathbf{f}'(\mathbf{0}))^{-1}$$

dargestellt werden kann. Dabei wurde die Stetigkeit von $\mathbf{g}$ an der Stelle $\mathbf{0}$ verwendet. Es folgt, daß $\mathbf{g}$ an der Stelle $\mathbf{y} = \mathbf{0}$ differenzierbar ist und daß gilt

$$\mathbf{g}'(\mathbf{0}) = (\mathbf{f}'(\mathbf{0}))^{-1}.$$

Damit ist der Satz bewiesen.

Als Beispiel betrachten wir die Polarkoordinatenabbildung

$$\begin{aligned} x &= f_1(r, \varphi) = r\cos\varphi \\ y &= f_2(r, \varphi) = r\sin\varphi \end{aligned} \qquad (r > 0,\ 0 < \varphi < 2\pi).$$

Diese ist umkehrbar eindeutig, differenzierbar und ihre Jacobi-Determinante ist von 0 verschieden. Zur expliziten Beschreibung der Umkehrabbildung $\mathbf{g}$ sind Falluntersuchungen erforderlich, die Ableitung von $\mathbf{g}$ kann mit dem bewiesenen Satz jedoch unmittelbar bestimmt werden. Die Ableitung von $\mathbf{f}$ ist

$$\begin{pmatrix} \cos\varphi & -r\sin\varphi \\ \sin\varphi & r\cos\varphi \end{pmatrix},$$

also ergibt sich als Ableitung von $\mathbf{g}$:

$$\begin{pmatrix} \cos\varphi & \sin\varphi \\ -\dfrac{1}{r}\sin\varphi & \dfrac{1}{r}\cos\varphi \end{pmatrix} = \begin{pmatrix} \dfrac{x}{\sqrt{x^2+y^2}} & \dfrac{y}{\sqrt{x^2+y^2}} \\ \dfrac{-y}{x^2+y^2} & \dfrac{x}{x^2+y^2} \end{pmatrix}.$$

Bisher haben wir die Ableitung einer differenzierbaren Abbildung $\mathbf{f}$ an einer festen Stelle $\mathbf{a} \in U$ betrachtet. Ist $\mathbf{f}$ an allen Stellen $\mathbf{a}$ aus U differenzierbar, so erhält man durch

$$\mathbf{a} \mapsto \mathbf{f}'(\mathbf{a})$$

eine Abbildung von U in $\mathfrak{L}(\mathbb{R}^n, \mathbb{R}^m)$.

Die Ableitung von **f** kann dann also als eine Abbildung von U in den Raum der linearen Abbildungen des $\mathbb{R}^n$ in den $\mathbb{R}^m$ (konkret dargestellt durch $n \times m$ Matrizen) aufgefaßt werden:

$$\mathbf{f}' : U \to \mathfrak{L}(\mathbb{R}^n, \mathbb{R}^m).$$

Die Variable benennen wir nun – wie üblich – mit **x** statt **a**. Wendet man die lineare Abbildung $\mathbf{f}'(\mathbf{x})$ auf einen beliebigen Vektor **h** an, so erhält man einen Vektor aus $\mathbb{R}^m$, den wir im Einklang mit der auf S. 95 verwendeten Schreibweise mit $\mathbf{f}'(\mathbf{x}, \mathbf{h})$ bezeichnen wollen. Man kann deshalb $\mathbf{f}'$ auch als Abbildung von $U \times \mathbb{R}^n$ in $\mathbb{R}^m$ auffassen:

$$\mathbf{f}' : U \times \mathbb{R}^n \to \mathbb{R}^m.$$

Dabei ist diese Abbildung bezüglich des zweiten Arguments linear. Welche der beiden Auffassungen der Ableitung man verwendet, ist eine Frage der Zweckmäßigkeit.

Ist die Abbildung $\mathbf{f}'$ stetig (es kommt hierbei nicht darauf an, welche Auffassung verwendet wird), so heißt **f** *stetig differenzierbar*. Wir schreiben dann kurz $\mathbf{f} \in \mathfrak{C}^1(U)$.

Wenn **f** eine stetig differenzierbare umkehrbare Abbildung aus dem $\mathbb{R}^n$ in den $\mathbb{R}^n$ ist, dann braucht die Umkehrabbildung nicht differenzierbar zu sein, wie schon für $n = 1$ das Beispiel $x \mapsto x^3$ zeigte. Besonderes Interesse verdient der Fall, daß auch die Umkehrabbildung stetig differenzierbar ist.

Def.: *Es sei* $\mathbf{f}: U \to \mathbb{R}^n$ $(U \subset \mathbb{R}^n)$ *stetig differenzierbar, umkehrbar und die Bildmenge* $\mathbf{f}(U)$ *sei offen. Ist dann die Umkehrabbildung* $\mathbf{g}: \mathbf{f}(U) \to \mathbb{R}^n$ *ebenfalls stetig differenzierbar, so wird* **f** *(und auch* **g***) als* Diffeomorphismus *bezeichnet.*

Zum Beispiel ist die Polarkoordinatenabbildung ein Diffeomorphismus; man sagt dann auch, daß der Streifen $r > 0, 0 < \varphi < 2\pi$ *diffeomorph* auf die längs der positiven x-Achse aufgeschnittene Ebene $\{(x, y) \mid y \neq 0 \text{ oder } y = 0, x < 0\}$ abgebildet wird.

Aufgabe: Man zeige, daß die Ableitung eines Diffeomorphismus stets umkehrbar ist.

Bemerkung: Die Voraussetzung, daß $\mathbf{f}(U)$ offen ist, ist entbehrlich; dies zeigt der Satz von der lokalen Umkehrbarkeit, den wir in 14.6 (siehe S. 162) beweisen werden.

Aufgaben

1. Man prüfe mittels der Differenzierbarkeitsdefinition von S. 94, für welche p und welche Stellen $\mathbf{a}$ die l_p-Norm

$$|\mathbf{x}|_p = (|x_1|^p + \dots + |x_n|^p)^{\frac{1}{p}}$$

differenzierbar ist. Desgleichen für die Maximums-Norm.

2. Man beweise, daß die Inversion an der Einheitssphäre $S^{n-1} \subset \mathbb{R}^n$, also die Abbildung

$$\mathbf{f}(\mathbf{x}) = \frac{1}{|\mathbf{x}|^2}\,\mathbf{x} \qquad (\mathbf{x} \neq \mathbf{0})$$

an jeder Stelle $\mathbf{a} \neq \mathbf{0}$ differenzierbar ist und bestimme die Ableitung. Man zeige weiter, daß die Jacobi-Matrix proportional zu einer orthogonalen Matrix ist (geometrische Deutung?).

3. Man bestimme die Niveaulinien der Funktion

$$f(x, y) = ax^2 + 2bxy + cy^2,$$

und veranschauliche sich das Vektorfeld $\operatorname{grad} f(x, y)$ an diesem Beispiel. Wo sind die Niveaulinien „am dichtesten" und wo „am weitesten" voneinander entfernt?

4. Es sei φ eine für $t > 0$ differenzierbare Funktion. Dann ist $f(\mathbf{x}) = \varphi(|\mathbf{x}|)$ – wobei $|\mathbf{x}|$ die euklidische Norm von $\mathbf{x}$ ist – an jeder Stelle $\mathbf{a} \neq \mathbf{0}$ differenzierbar. Man beweise dies und bestimme die Ableitung. Was ergibt sich speziell für $f(\mathbf{x}) = |\mathbf{x}|^s$?
Weiter gebe man eine Bedingung für φ an, die die Differenzierbarkeit von f auch an der Stelle $\mathbf{a} = \mathbf{0}$ sichert.

5. Falls $\mathbf{f}$ an der Stelle $\mathbf{a}$ differenzierbar ist, existieren alle Richtungsableitungen $D_{\mathbf{v}}\mathbf{f}(\mathbf{a})$. Es gelten dann die Rechenregeln

$$D_{c\mathbf{v}}\mathbf{f}(\mathbf{a}) = c D_{\mathbf{v}}\mathbf{f}(\mathbf{a})$$

$$D_{\mathbf{v}+\mathbf{w}}\mathbf{f}(\mathbf{a}) = D_{\mathbf{v}}\mathbf{f}(\mathbf{a}) + D_{\mathbf{w}}\mathbf{f}(\mathbf{a}).$$

Richtungsableitungen können aber auch existieren, wenn $\mathbf{f}$ gemäß der Definition von S. 94 nicht differenzierbar ist.
Man zeige, daß die erste Rechenregel immer gültig ist und belege durch Beispiele, daß die zweite Rechenregel nicht zu gelten braucht.

6. Es sei

$$f(x, y) = \begin{cases} 0 & \text{für } (x, y) = (0,0) \\ \dfrac{x^3}{x^2 + y^2} & \text{für } (x, y) \neq (0,0) \end{cases}$$

Man zeige, daß an allen Stellen die Richtungsableitungen für jede Richtung existieren und berechne diese. Ist f überall differenzierbar?
Welche der durch $F(t) = f(at, bt)$ erklärten Funktionen einer Variablen t sind stetig differenzierbar?

7. Es sei

$$f(x, y) = \begin{cases} \dfrac{|x|^p \cdot |y|^q}{|x|^r + |y|^s} & \text{für } (x, y) \neq (0,0) \\ 0 & \text{für } (x, y) = (0,0)\,. \end{cases}$$

Man zeige, daß f an allen von (0,0) verschiedenen Stellen differenzierbar ist. Weiter gebe man Bedingungen für p, q, r, s an, unter denen f an der Stelle (0,0) stetig bzw. differenzierbar ist. Wann existieren die partiellen Ableitungen, wann alle Richtungsableitungen?

8. Die Funktion $f(x, t)$ sei in der Menge $I \times J$ (I und J seien offene Intervalle) stetig, desgleichen die partielle Ableitung von f nach t. Dann ist durch

$$F(t, u, v) := \int_u^v f(x, t)\, dx$$

in $J \times I \times I$ eine Funktion F erklärt. Man zeige, daß F stetig differenzierbar ist (vgl. hierzu Bd. I, S. 401). Sind weiter die Grenzen des Intervalls differenzierbare Funktionen $u = a(t)$, $v = b(t)$, so ist $G(t) = F(t, a(t), b(t))$ differenzierbar und es gilt

$$G'(t) = \int_{a(t)}^{b(t)} \frac{\partial f}{\partial t}(x, t)\, dx + f(b(t), t) \cdot b'(t) - f(a(t), t) \cdot a'(t)\,.$$

Als Anwendung bestimme man die Ableitung von

$$G_n(t) = \int_0^t \frac{(t - x)^n}{n!}\, g(x)\, dx \qquad (g \text{ stetig})\,.$$

Was ergibt sich als n-te Ableitung?

9. Die Determinante

$$\begin{vmatrix} x_{11}\, x_{12} & \dots & x_{1n} \\ x_{21}\, x_{22} & \dots & x_{2n} \\ \vdots & \ddots & \vdots \\ x_{n1}\, x_{n2} & \dots & x_{nn} \end{vmatrix}$$

ist eine ganzrationale Funktion von n^2 Variablen und somit überall differenzierbar. Man bestimme die Ableitung mittels der n^2 partiellen Ableitungen. Faßt man die Determinante als Funktion $f(\mathbf{x}_1, \dots, \mathbf{x}_n)$ etwa der Spaltenvektoren auf, so kann man die Ableitung in der Form

$$f'(\mathbf{x}_1, \dots, \mathbf{x}_n; \mathbf{h}_1, \dots, \mathbf{h}_n) = f(\mathbf{h}_1, \mathbf{x}_2, \dots, \mathbf{x}_n) + \dots + f(\mathbf{x}_1, \dots, \mathbf{x}_{n-1}, \mathbf{h}_n)$$

schreiben. Man beweise diese Gleichung direkt aus der Differenzierbarkeitsdefinition unter Verwendung der Multilinearität der Determinantenfunktion.

10. Es seien $f_1, \dots, f_n$ differenzierbare Funktionen einer Variablen und es sei $\mathbf{F}: \mathbb{R}^n \to \mathbb{R}^m$ differenzierbar. Man zeige, daß die Abbildung

$$(x_1, \dots, x_n) \mapsto \mathbf{F}\big(f_1(x_1), \dots, f_n(x_n)\big)$$

differenzierbar ist und berechne die Ableitung.
Sonderfälle: $f_1(x_1) + \dots + f_n(x_n)$ sowie $f_1(x_1) \cdot \ldots \cdot f_n(x_n)$.

11. Die Funktion f sei homogen von erster Ordnung, d.h. es gelte

$$f(t\mathbf{x}) = tf(\mathbf{x}) \qquad \text{für alle } t \in \mathbb{R} \text{ und alle } \mathbf{x} \in \mathbb{R}^n,$$

(insbesondere ist dann $f(\mathbf{0}) = 0$). Wenn f in allen von $\mathbf{0}$ verschiedenen Punkten differenzierbar ist, besteht die Eulersche Homogenitätsrelation

$$\langle \operatorname{grad} f(\mathbf{x}), \mathbf{x} \rangle = f(\mathbf{x}),$$

und es existieren im Nullpunkt alle Richtungsableitungen. Ist f im Nullpunkt differenzierbar, so ist f eine Linearform.

12. Es sei $\mathbf{A}: \mathbb{R}^n \to \mathbb{R}^n$ eine lineare Abbildung, $f: \mathbb{R}^n \to \mathbb{R}$ sei differenzierbar und es sei $F = f \circ \mathbf{A}$. Welche Beziehung besteht zwischen $\operatorname{grad} F$ und $\operatorname{grad} f$?

13. Es sei U der Streifen $0 < y < 2\pi$ der x, y-Ebene. Man betrachte die Abbildung

$$u - e^x \cos y$$
$$v = e^x \sin y$$

von U in die u, v-Ebene.
Sind alle Voraussetzungen des Satzes von S. 109 erfüllt? Was ergibt sich als

Ableitung der Umkehrabbildung? Man berechne diese Ableitung ausgehend von einer (lokalen) Darstellung der Umkehrabbildung auch direkt.

14.3 Mittelwertsatz

Eine unmittelbare Übertragung des Mittelwertsatzes für differenzierbare Funktionen einer Variablen auf Funktionen mehrerer Variabler ist möglich in dem Fall, daß die Funktion reellwertig ist und daß die Verbindungsstrecke der beiden betrachteten Punkte in der Definitionsmenge U von f liegt. Zum Beispiel ist diese letzte Bedingung für je zwei Punkte erfüllt, wenn U konvex ist.

Satz: *Die reellwertige Funktion $f\colon U \to \mathbb{R}$ sei differenzierbar und die Verbindungsstrecke der beiden Punkte $\mathbf{a}, \mathbf{b} \in U$ sei in U enthalten. Dann gibt es einen Punkt $\mathbf{c}$ auf der Verbindungsstrecke von $\mathbf{a}, \mathbf{b}$, so daß gilt:*

$$f(\mathbf{b}) - f(\mathbf{a}) = f'(\mathbf{c}, \mathbf{b} - \mathbf{a}).$$

Beweis: Die Verbindungsstrecke der beiden Punkte $\mathbf{a}, \mathbf{b}$ wird durch

$$\gamma(t) = \mathbf{a} + t(\mathbf{b} - \mathbf{a}) \qquad (0 \leqq t \leqq 1)$$

beschrieben. Diese Abbildung ist differenzierbar und hat konstante Ableitung:

$$\gamma'(t) = \mathbf{b} - \mathbf{a}.$$

Auf die Funktion $F\colon [0,1] \to \mathbb{R}$, die durch

$$F(t) = f(\gamma(t))$$

erklärt ist, kann der gewöhnliche Mittelwertsatz angewendet werden, d.h. es gibt eine Stelle $\vartheta \in]0,1[$ derart, daß gilt:

$$F(1) - F(0) = F'(\vartheta).$$

Für die Ableitung von F erhalten wir nach der Kettenregel:

$$F'(t) = f'(\gamma(t), \gamma'(t)).$$

Da $F(0) = f(\mathbf{a})$, $F(1) = f(\mathbf{b})$, $\gamma(\vartheta) =: \mathbf{c}$ ein Punkt der Verbindungsstrecke von $\mathbf{a}, \mathbf{b}$ und $\gamma'(\vartheta) = \mathbf{b} - \mathbf{a}$ ist, folgt die Behauptung.

Bemerkung: Ersetzt man die Verbindungsstrecke von $\mathbf{a}$ nach $\mathbf{b}$ durch einen beliebigen in U verlaufenden differenzierbaren Weg, so erhält man für den „Zuwachs“ $f(\mathbf{b}) - f(\mathbf{a})$ die Darstellung

$$f(\mathbf{b}) - f(\mathbf{a}) = f'(\gamma(\vartheta), \gamma'(\vartheta)) \qquad \text{mit } 0 < \vartheta < 1 .$$

An die Stelle des konstanten Vektors $\mathbf{b} - \mathbf{a}$ tritt hier der Geschwindigkeitsvektor $\gamma'(\vartheta)$ zu einem geeigneten „Zeitpunkt" $\vartheta \in]0,1[$.

Durch Umbenennung ergibt sich für den Mittelwertsatz die Formulierung:

$$f(\mathbf{x} + \mathbf{h}) - f(\mathbf{x}) = f'(\mathbf{x} + \vartheta\mathbf{h}, \mathbf{h}) \qquad \text{mit } 0 < \vartheta < 1 .$$

Im Mittelwertsatz tritt ein i.a. nicht bekannter Zwischenpunkt auf. In den Anwendungen braucht man oftmals nur eine Abschätzung für den Zuwachs $f(\mathbf{x} + \mathbf{h}) - f(\mathbf{x})$. Eine solche, in der die unbekannte Zwischenstelle nicht mehr erscheint, erhält man aus dem Mittelwertsatz, sofern die Ableitung grad f auf der Strecke von $\mathbf{x}$ nach $\mathbf{x} + \mathbf{h}$ beschränkt ist. Aus

$$f(\mathbf{x} + \mathbf{h}) - f(\mathbf{x}) = \langle \operatorname{grad} f(\mathbf{x} + \vartheta\mathbf{h}), \mathbf{h} \rangle \qquad \text{mit } 0 < \vartheta < 1$$

folgt der sogenannte *Schrankensatz*

$$|f(\mathbf{x} + \mathbf{h}) - f(\mathbf{x})| \leqq S \|\mathbf{h}\|,$$

wobei S eine obere Schranke der Norm $\|\operatorname{grad} f(\mathbf{x} + t\mathbf{h})\|$ im Intervall $0 \leqq t \leqq 1$ ist.

Eine Anwendung des Mittelwertsatzes ist – entsprechend wie bei den Funktionen einer Variablen – folgende Kennzeichnung der konstanten Funktionen:

Satz: *Die offene Menge $U \subset \mathbb{R}^n$ sei wegzusammenhängend und $f: U \to \mathbb{R}$ sei differenzierbar.*
Dann ist die Bedingung

$$f'(\mathbf{x}, \mathbf{h}) = 0 \qquad \textit{für alle } \mathbf{x} \in U \textit{ und für alle } \mathbf{h} \in \mathbb{R}^n$$

notwendig und hinreichend dafür, daß f konstant ist.

Beweis: Zunächst ist klar, daß konstante Funktionen diese Bedingung erfüllen (auch wenn U nicht wegzusammenhängend ist).
Um zu beweisen, daß $f'(\mathbf{x}, \mathbf{h}) = 0$ auch hinreichend dafür ist, daß f eine konstante Funktion ist, denken wir uns irgend zwei Punkte $\mathbf{a}, \mathbf{b}$ von U durch einen Streckenzug mit den „Eckpunkten" $\mathbf{a}_0 = \mathbf{a}, \mathbf{a}_1, \mathbf{a}_2, \ldots, \mathbf{a}_k = \mathbf{b}$ verbunden. Wendet man den Mittelwertsatz auf die Strecke mit den Endpunkten $\mathbf{a}_j, \mathbf{a}_{j+1}$ an, so folgen wegen $f'(\mathbf{c}_j, \mathbf{a}_{j+1} - \mathbf{a}_j) = 0$ die Gleichungen

$$f(\mathbf{a}_{j+1}) = f(\mathbf{a}_j) \qquad (j = 0, 1, \ldots, k-1).$$

Somit gilt auch $f(\mathbf{b}) = f(\mathbf{a})$.

Die Bedingung $f'(\mathbf{x}, \mathbf{h}) = 0$ ist gleichbedeutend mit

$$D_1 f(\mathbf{x}) = 0,\ D_2 f(\mathbf{x}), \ldots, D_n f(\mathbf{x}) = 0$$

bzw. mit

$$\operatorname{grad} f(\mathbf{x}) = \mathbf{0}.$$

Bemerkung: Der Beweis könnte statt mit Streckenzügen auch mit Hilfe eines differenzierbaren Verbindungsweges γ geführt werden. Dabei ergibt sich unmittelbar

$$f(\mathbf{b}) - f(\mathbf{a}) = f'(\gamma(\vartheta), \gamma'(\vartheta)) = 0.$$

Auf S. 97 hatten wir gezeigt, daß aus der Differenzierbarkeit von f die Existenz aller partiellen Ableitungen folgt, daß aber aus der Existenz der partiellen Ableitungen allein nicht auf die Differenzierbarkeit geschlossen werden kann. Wenn aber die partiellen Ableitungen stetig sind, dann folgt die Differenzierbarkeit. Bei diesem Beweis wird der Mittelwertsatz wesentlich verwendet.

Satz: *Wenn die Funktion $f\colon U \to \mathbb{R}$ sämtliche partiellen Ableitungen $D_1 f, \ldots, D_n f$ besitzt und diese an der Stelle* **a** *stetig sind, dann ist f an der Stelle* **a** *differenzierbar.*

Beweis: Wir haben zu zeigen, daß

$$\lim_{\mathbf{h} \to \mathbf{0}} \frac{f(\mathbf{a}+\mathbf{h}) - f(\mathbf{a}) - f'(\mathbf{a}, \mathbf{h})}{\|\mathbf{h}\|} = 0$$

gilt. Dabei kommt für die Ableitung nur

$$f'(\mathbf{a}, \mathbf{h}) = D_1 f(\mathbf{a}) \cdot h_1 + \ldots + D_n f(\mathbf{a}) \cdot h_n$$

in Frage. Wir führen „Zwischenpunkte" zu $\mathbf{a}_0 = \mathbf{a}$, $\mathbf{a}_n = \mathbf{a} + \mathbf{h}$ ein durch

$$\begin{aligned}
\mathbf{a}_1 - \mathbf{a}_0 &= h_1 \mathbf{e}_1 \\
\mathbf{a}_2 - \mathbf{a}_1 &= h_2 \mathbf{e}_2 \\
&\vdots \\
\mathbf{a}_n - \mathbf{a}_{n-1} &= h_n \mathbf{e}_n
\end{aligned}$$

und schreiben $f(\mathbf{a}+\mathbf{h}) - f(\mathbf{a})$ in der Form

$$\big(f(\mathbf{a}+\mathbf{h}) - f(\mathbf{a}_{n-1})\big) + \big(f(\mathbf{a}_{n-1}) - f(\mathbf{a}_{n-2})\big) + \ldots + \big(f(\mathbf{a}_1) - f(\mathbf{a})\big).$$

Auf die einzelnen Summanden können wir jeweils den Mittelwertsatz für differenzierbare Funktionen einer reellen Variablen anwenden; der zur Strecke mit den Endpunkten $\mathbf{a}_{j-1}, \mathbf{a}_j$ gehörende Zwischenpunkt sei mit $\mathbf{c}_j$ bezeichnet.

Dann folgt

$$f(\mathbf{a}+\mathbf{h})-f(\mathbf{a})=\sum_{j=1}^{n} D_j f(\mathbf{c}_j)\, h_j .$$

Damit erhalten wir

$$f(\mathbf{a}+\mathbf{h})-f(\mathbf{a})-f'(\mathbf{a},\mathbf{h})=\sum_{j=1}^{n}\big(D_j f(\mathbf{c}_j)-D_j f(\mathbf{a})\big)\cdot h_j$$

und weiter die Abschätzung

$$\begin{aligned}|f(\mathbf{a}+\mathbf{h})-f(\mathbf{a})-f'(\mathbf{a},\mathbf{h})| &\leqq \sum_{j=1}^{n}|D_j f(\mathbf{c}_j)-D_j f(\mathbf{a})|\,|h_j|\\ &\leqq \|\mathbf{h}\|\cdot\sum_{j=1}^{n}|D_j f(\mathbf{c}_j)-D_j f(\mathbf{a})|\end{aligned}$$

und also auch

$$\frac{|f(\mathbf{a}+\mathbf{h})-f(\mathbf{a})-f'(\mathbf{a},\mathbf{h})|}{\|\mathbf{h}\|}\leqq\sum_{j=1}^{n}|D_j f(\mathbf{c}_j)-D_j(f(\mathbf{a})|.$$

Wegen der Stetigkeit von $D_1 f, \ldots, D_n f$ folgt die Behauptung.
Dieser Satz gibt eine handliche hinreichende Bedingung für die Differenzierbarkeit einer Funktion an. Bevor man unmittelbar auf die Definition zurückgreift, wird man dieses Kriterium anzuwenden versuchen.

Beispiel: Die Funktion $f\colon \mathbb{R}^n\setminus\{\mathbf{0}\}\to\mathbb{R}$, die (für festes $s\in\mathbb{R}$) erklärt ist durch

$$f(\mathbf{x})=(x_1^2+\ldots+x_n^2)^s$$

ist überall differenzierbar. Denn die partiellen Ableitungen

$$D_j f(\mathbf{x})=s\cdot(x_1^2+\ldots+x_n^2)^{s-1}\cdot 2x_j \qquad (j=1,\ldots,n)$$

sind in $\mathbb{R}^n\setminus\{\mathbf{0}\}$ stetig.
Für die Ableitung $\operatorname{grad} f$ erhält man also (unter Verwendung des Standardskalarprodukts)

$$\operatorname{grad} f(\mathbf{x})=2s\langle\mathbf{x},\mathbf{x}\rangle^{s-1}\,\mathbf{x}.$$

Speziell ergibt sich für $n=3$ und $s=-\frac{1}{2}$ das „Newtonsche Potential"

$f(\mathbf{x})=\dfrac{1}{|\mathbf{x}|}$ mit dem zugehörigen „Kraftfeld"

$$\operatorname{grad} f(\mathbf{x})=-\frac{1}{|\mathbf{x}|^3}\,\mathbf{x}.$$

Die voranstehenden Sätze lassen sich auf vektorwertige Funktionen übertragen. Die Kennzeichnung der konstanten Funktionen und das Differenzierbarkeitskriterium gelten genau so für vektorwertige Funktionen, denn die entsprechenden Aussagen gelten für jede einzelne Komponentenfunktion f_j von $\mathbf{f}$.
Beim Mittelwertsatz selbst ist allerdings zu beachten, daß die Zwischenstellen für $f_1, \ldots, f_m$ im allgemeinen nicht dieselben sind. Man hat dann für $j=1,\ldots,m$ die Gleichungen:

$$f_j(\mathbf{x}+\mathbf{h})-f_j(\mathbf{x})=f_j'(\mathbf{x}+\vartheta_j\mathbf{h},\mathbf{h}) \qquad \text{mit} \qquad 0<\vartheta_j<1\,.$$

Diese Gleichungen kann man mit Hilfe des Skalarprodukts auch in der Form

$$\begin{aligned} f_1(\mathbf{x}+\mathbf{h})-f_1(\mathbf{x}) &= \langle \operatorname{grad} f_1(\mathbf{x}+\vartheta_1\mathbf{h}),\mathbf{h}\rangle \\ &\;\vdots \\ f_m(\mathbf{x}+\mathbf{h})-f_m(\mathbf{x}) &= \langle \operatorname{grad} f_m(\mathbf{x}+\vartheta_m\mathbf{h}),\mathbf{h}\rangle \end{aligned}$$

schreiben. Wendet man (bei beschränkter Ableitung) den Schrankensatz an, so folgt

$$\begin{aligned} |f_1(\mathbf{x}+\mathbf{h})-f_1(\mathbf{x})| &\leqq S_1\|\mathbf{h}\| \\ &\;\vdots \\ |f_m(\mathbf{x}+\mathbf{h})-f_m(\mathbf{x})| &\leqq S_m\|\mathbf{h}\|\,. \end{aligned}$$

Je nachdem, ob man im Zielraum $\mathbb{R}^m$ die Maximumsnorm oder die l_1-Norm verwenden will, setzt man nun

$$S=\max\{S_1,\ldots,S_m\} \qquad \text{bzw.} \qquad S=S_1+\ldots+S_m$$

und erhält folgende Normabschätzung für den Zuwachsvektor:

$$\|\mathbf{f}(\mathbf{x}+\mathbf{h})-\mathbf{f}(\mathbf{x})\|\leqq S\|\mathbf{h}\|\,.$$

Bemerkung: Zur Bestimmung einer geeigneten Schranke wird man zunächst für die einzelnen partiellen Ableitungen $D_i f_j$ obere Schranken S_{ij} auf der Verbindungsstrecke von $\mathbf{x}$ nach $\mathbf{x}+\mathbf{h}$ ermitteln. Die größte dieser Schranken sei mit $\tilde{S}$ bezeichnet. Dann gilt

$$|f_i(\mathbf{x}+\mathbf{h})-f_i(\mathbf{x})|\leqq \tilde{S}\sum_{j=1}^{n}|h_j|=\tilde{S}|\mathbf{h}|_1\,.$$

Wählt man im Zielraum $\mathbb{R}^m$ die Maximumsnorm, so erhält man die Abschätzung

$$\|\mathbf{f}(\mathbf{x}+\mathbf{h})-\mathbf{f}(\mathbf{x})\|\leqq \tilde{S}|\mathbf{h}|_1\,.$$

Wenn man auch im Urbildraum $\mathbb{R}^n$ die Maximumsnorm verwenden will, so lautet wegen $|\mathbf{h}|_1 \leqq n\|\mathbf{h}\|$ die Abschätzung für den Zuwachsvektor:

$$\|\mathbf{f}(\mathbf{x}+\mathbf{h})-\mathbf{f}(\mathbf{x})\| \leqq n\tilde{S}\|\mathbf{h}\|.$$

(Man mache sich klar, wie die auf S. 119 verwendeten Schranken mit $\tilde{S}$ zusammenhängen.)

Als einfache Folgerung aus dem Schrankensatz (oder auch aus dem Mittelwertsatz) nennen wir die Kennzeichnung der konstanten Abbildungen:

Ist die Definitionsmenge $U \subset \mathbb{R}^n$ der differenzierbaren Abbildung $\mathbf{f}\colon U \to \mathbb{R}^n$ wegzusammenhängend und gilt

$$\mathbf{f}'(\mathbf{x}, \mathbf{h}) = \mathbf{0} \qquad \text{für alle } \mathbf{x} \in U \text{ und alle } \mathbf{h} \in \mathbb{R}^n,$$

dann ist $\mathbf{f}$ *konstant.*

Daraus folgt natürlich, daß zwei Abbildungen mit übereinstimmender Ableitung sich nur durch einen „additiven konstanten Vektor“ unterscheiden, sofern die Definitionsmenge wegzusammenhängend ist.

Zum Schluß wollen wir noch zeigen, daß für stetig differenzierbare Funktionen das „Restglied“ gleichmäßig klein wird, sofern man die Argumente auf kompakte konvexe Teilmengen beschränkt.

Satz: *Es sei $f\colon U \to \mathbb{R}$ stetig differenzierbar und $K \subset U$ kompakt und konvex. Dann gibt es zu jedem $\varepsilon > 0$ ein $\delta > 0$ derart, daß für alle $\mathbf{x}, \mathbf{y} \in K$ mit $\|\mathbf{y}-\mathbf{x}\| \leqq \delta$ gilt:*

$$|f(\mathbf{y}) - f(\mathbf{x}) - \langle \operatorname{grad} f(\mathbf{x}), \mathbf{y}-\mathbf{x}\rangle| < \varepsilon\|\mathbf{y}-\mathbf{x}\|.$$

Der Beweis ergibt sich aus dem Mittelwertsatz und der Schwarzschen Ungleichung sowie der Bemerkung, daß $\operatorname{grad} f$ auf der kompakten Menge K sogar gleichmäßig stetig ist:

$$\begin{aligned}|f(\mathbf{y}) - f(\mathbf{x}) - \langle \operatorname{grad} f(\mathbf{x}), \mathbf{y}-\mathbf{x}\rangle| &= |\langle \operatorname{grad} f(\mathbf{z}), \mathbf{y}-\mathbf{x}\rangle - \langle \operatorname{grad} f(\mathbf{x}), \mathbf{y}-\mathbf{x}\rangle| \\ &\leqq \|\operatorname{grad} f(\mathbf{z}) - \operatorname{grad} f(\mathbf{x})\| \cdot \|\mathbf{y}-\mathbf{x}\|.\end{aligned}$$

(Dabei ist $\mathbf{z}$ ein Punkt der Verbindungsstrecke der Punkte $\mathbf{x}, \mathbf{y}$.)

Die Übertragbarkeit dieses Satzes auf stetig differenzierbare Abbildungen in den $\mathbb{R}^m$ ist unmittelbar zu sehen. Man sagt kurz:

Stetig differenzierbare Abbildungen sind auf kompakten Mengen gleichmäßig differenzierbar.

Bemerkung: Die Voraussetzung der Konvexität der kompakten Menge K ist entbehrlich, wie man z. B. mit Hilfe des Heine-Borelschen Überdeckungssatzes beweisen kann.

Aufgaben

1. Die Definitionsmenge U der differenzierbaren Abbildung $\mathbf{f}$ sei konvex. Wenn dann $D_1\mathbf{f}(\mathbf{x}) = \mathbf{0}$ für alle $\mathbf{x} \in U$ gilt, dann „hängt $\mathbf{f}$ nicht von x_1 ab", d.h. es gibt eine Abbildung $\mathbf{g}$ aus dem $\mathbb{R}^{n-1}$ derart, daß

$$\mathbf{f}(x_1, \ldots, x_n) = \mathbf{g}(x_2, \ldots, x_n)$$

gilt. Wie erhält man die Definitionsmenge von $\mathbf{g}$? Auf welche Obermenge von U kann $\mathbf{f}$ in natürlicher Weise fortgesetzt werden?

2. Sei $\mathbf{f}$ in der offenen konvexen Menge U differenzierbar. Für alle $\mathbf{h}$ aus einem Untervektorraum E des $\mathbb{R}^n$ gelte $\mathbf{f}'(\mathbf{x}, \mathbf{h}) = \mathbf{0}$. Man übertrage die Aussage aus Aufgabe 1 auf diesen Fall.

3. Wenn die differenzierbare Funktion $f(x, y)$ die Bedingung $f_x = f_y$ erfüllt, dann kann f mittels einer geeigneten differenzierbaren Funktion einer Variablen dargestellt werden in der Form

$$f(x, y) = \varphi(x + y).$$

4. Es sei f eine differenzierbare Funktion in $\mathbb{R}^n$, deren Niveauhyperflächen die konzentrischen Kugeln um den Ursprung sind. Durch welche Bedingung für die Ableitungen können Funktionen dieses Typs gekennzeichnet werden?

5. Es sei f eine Funktion mit beschränkten partiellen Ableitungen $D_1 f, \ldots, D_n f$. Man beweise, daß f dehnungsbeschränkt ist.

6. Die Funktion f sei für $\mathbf{x} \neq \mathbf{0}$ differenzierbar und es gelte

$$\langle \operatorname{grad} f(\mathbf{x}), \mathbf{x} \rangle = \alpha f(\mathbf{x}).$$

Man zeige, daß f positiv homogen von der Ordnung α ist. (Anleitung: $F(t) = f(t\mathbf{x}) - t^\alpha f(\mathbf{x})$ erfüllt die Bedingungen $tF'(t) = \alpha F(t)$, $F'(1) = 0$.)

7. Es sei $\gamma: [t_1, t_2] \to \mathbb{R}^n$ ein stückweise glatter Weg und man habe für die Norm des Geschwindigkeitsvektors eine Abschätzung

$$\|\gamma'(t)\| \leqq \varphi'(t),$$

wobei φ eine reellwertige stückweise stetig differenzierbare Funktion ist.

Dann gilt

$$\|\gamma(t_2) - \gamma(t_1)\| \leqq \varphi(t_2) - \varphi(t_1).$$

Speziell ergibt sich für konstantes $\varphi'(t)$ der Schrankensatz (vgl. S. 93).

8. Die positiv homogenen Funktionen im $\mathbb{R}^2$ erhält man, indem man auf dem Einheitskreis S^1 eine „willkürliche" Funktion vorgibt und die Funktionswerte für $(x, y) \neq (0,0)$ entsprechend der Homogenitätsrelation festsetzt. Ist die so definierte Funktion stetig differenzierbar, so kann die zugehörige Funktion auf S^1 in eine Fourier-Reihe entwickelt werden. Man leite daraus eine Darstellung in Polarkoordinaten und in cartesischen Koordinaten her. Für welche Homogenitätsgrade erhält man auch im Nullpunkt differenzierbare Funktionen?

9. Ein physikalisches Gesetz sei durch

$$u = f(x, y, z)$$

gegeben und es seien Werte x_0, y_0, z_0 mit möglichen Fehlern $\Delta x, \Delta y, \Delta z$ gemessen. Man schätze den möglichen Fehler Δu für $u_0 = f(x_0, y_0, z_0)$ ab. Für den Fall $f(x, y, z) = x^\alpha \cdot y^\beta \cdot z^\gamma$ untersuche man außerdem die Beziehungen zwischen den relativen Fehlern $\frac{\Delta x}{x_0}, \frac{\Delta y}{y_0}, \frac{\Delta z}{z_0}$ und $\frac{\Delta u}{u_0}$.

10. Es sei $f\colon U \to \mathbb{R}$ differenzierbar und $\operatorname{grad} f$ sei beschränkt. Gehört die Verbindungsstrecke $\overline{\mathbf{ab}}$ zu U und ist $\mathbf{x}_0$ beliebig in U gewählt, so gilt die Abschätzung

$$|f(\mathbf{b}) - f(\mathbf{a}) - \langle \operatorname{grad} f(\mathbf{x}_0), \mathbf{b} - \mathbf{a}\rangle| \leqq \sup_{\mathbf{x} \in \overline{\mathbf{ab}}} \|\operatorname{grad} f(\mathbf{x}) - \operatorname{grad} f(\mathbf{x}_0)\| \cdot \|\mathbf{b} - \mathbf{a}\|.$$

11. Man übertrage Satz und Beweis über die gliedweise Differenzierbarkeit einer Funktionenfolge (vgl. Bd. I, S. 329) auf den Fall mehrerer Variablen.

12. Es sei eine differenzierbare Abbildung des $\mathbb{R}^2$ in sich gegeben durch

$$u = f(x, y)$$
$$v = g(x, y)$$

und es gelte $f_x^2 + f_y^2 = g_x^2 + g_y^2$ sowie $f_x g_x + f_y g_y = 0$. (Was bedeuten diese Bedingungen für die Jacobi-Matrix?) Man zeige, daß der „Schnittwinkel" zwischen zwei Kurven der x, y-Ebene gleich dem Schnittwinkel der Bildkurven ist. Wie lautet die Verallgemeinerung auf den $\mathbb{R}^n$?

13. Die differenzierbare Abbildung des $\mathbb{R}^2$

$$u = f(x, y)$$
$$v = g(x, y)$$

erfülle die Bedingungen

$$f_x = g_y$$
$$f_y = g_x.$$

Man zeige, daß jede solche Abbildung mit Hilfe von zwei „willkürlichen“ differenzierbaren Funktionen φ, ψ einer Variablen dargestellt werden kann:

$$f(x, y) = \varphi(x + y) + \psi(x - y)$$
$$g(x, y) = \varphi(x + y) - \psi(x - y).$$

14. Wenn für die partiellen Ableitungen einer einmal stetig differenzierbaren Funktion $f(x, y)$ die Gleichung

$$y \cdot f_x(x, y) - x \cdot f_y(x, y) = 0$$

besteht, dann gibt es eine stetig differenzierbare Funktion φ einer Variablen derart, daß gilt $f(x, y) = \varphi(x^2 + y^2)$.

15. Aus der gleichmäßigen Differenzierbarkeit (vgl. S. 120) von $f\colon U \to \mathbb{R}$ folgt, daß f stetig differenzierbar ist. Die Ableitung $f'\colon U \times \mathbb{R}^n \to \mathbb{R}$ ist sogar gleichmäßig stetig. (Man betrachte $f(\mathbf{x} + \mathbf{h}) - f(\mathbf{x})$ und $f(\mathbf{y} + \mathbf{h}) - f(\mathbf{y})$.)

14.4 Höhere Ableitungen, Taylorsche Formel

Die Ableitung $\mathbf{f}'$ einer in U differenzierbaren Abbildung $\mathbf{f}$ kann man auffassen (vgl. S. 111) als Abbildung

$$\mathbf{f}'\colon U \to \mathfrak{L}(\mathbb{R}^n, \mathbb{R}^m)$$

oder als Abbildung

$$\mathbf{f}'\colon U \times \mathbb{R}^n \to \mathbb{R}^m.$$

Wir gehen zunächst von der ersten Auffassung aus. $\mathfrak{L}(\mathbb{R}^n, \mathbb{R}^m)$ besteht aus den linearen Abbildungen des $\mathbb{R}^n$ in den $\mathbb{R}^m$; bezogen auf die Standardbasen handelt es sich um die $n \times m$ Matrizen. Daher ist $\mathfrak{L}(\mathbb{R}^n, \mathbb{R}^m)$ ein $n \cdot m$-dimensionaler reeller Vektorraum (man vgl. auch Aufg. 1 von S. 57). Es ist nun unmittelbar klar, wie die zweite Ableitung einzuführen ist. Falls $\mathbf{f}'$ differenzierbar ist, setzt man $(\mathbf{f}')' =: \mathbf{f}''$ und hat damit $\mathbf{f}''$ als Abbildung

$$\mathbf{f}'' \colon U \to \mathfrak{L}\left(\mathbb{R}^n, \mathfrak{L}\left(\mathbb{R}^n, \mathbb{R}^m\right)\right).$$

Wir ziehen es vor, entsprechend der zweiten Auffassung Ableitungen als multilineare Abbildungen einzuführen: Für festes $\mathbf{h} \in \mathbb{R}^n$ betrachten wir die Abbildung $\mathbf{g_h} \colon U \to \mathbb{R}^m$, die erklärt ist durch

$$\mathbf{g_h}(\mathbf{x}) = \mathbf{f}'(\mathbf{x}, \mathbf{h}).$$

Wenn $\mathbf{g_h}$ differenzierbar ist – und zwar für jedes $\mathbf{h} \in \mathbb{R}^n$ –, so heißt $\mathbf{f}$ zweimal differenzierbar. Wir setzen dann

$$\mathbf{g}'_\mathbf{h}(\mathbf{x}, \mathbf{k}) =: \mathbf{f}''(\mathbf{x}, \mathbf{h}, \mathbf{k}).$$

Hierdurch ist die *zweite Ableitung* $\mathbf{f}''$ als Abbildung

$$\mathbf{f}'' \colon U \times \mathbb{R}^n \times \mathbb{R}^n \to \mathbb{R}^m$$

definiert. Wir zeigen, daß $\mathbf{f}''$ für jedes $\mathbf{x} \in U$ eine *bilineare Abbildung* ist.
Es ist klar, daß $\mathbf{f}''$ bezüglich des letzten Arguments $\mathbf{k}$ linear ist, da dies für $\mathbf{g}'_\mathbf{h}(\mathbf{x}, \mathbf{k})$ nach Definition gilt. Bezüglich des Arguments $\mathbf{h}$ hat man zunächst nach Definition von $\mathbf{g_h}$:

$$\mathbf{g}_{\mathbf{h}_1 + \mathbf{h}_2} = \mathbf{g}_{\mathbf{h}_1} + \mathbf{g}_{\mathbf{h}_2}$$
$$\mathbf{g}_{c\mathbf{h}} = c\mathbf{g}_\mathbf{h}.$$

Damit folgt die Behauptung mit den Rechenregeln für differenzierbare Abbildungen aus

$$\mathbf{g}'_{\mathbf{h}_1 + \mathbf{h}_2}(\mathbf{x}, \mathbf{k}) = \mathbf{g}'_{\mathbf{h}_1}(\mathbf{x}, \mathbf{k}) + \mathbf{g}'_{\mathbf{h}_2}(\mathbf{x}, \mathbf{k})$$
$$\mathbf{g}'_{c\mathbf{h}}(\mathbf{x}, \mathbf{k}) = c\mathbf{g}'_\mathbf{h}(\mathbf{x}, \mathbf{k}),$$

d.h. es gilt:

$$\mathbf{f}''(\mathbf{x}, \mathbf{h}_1 + \mathbf{h}_2, \mathbf{k}) = \mathbf{f}''(\mathbf{x}, \mathbf{h}_1, \mathbf{k}) + \mathbf{f}''(\mathbf{x}, \mathbf{h}_2, \mathbf{k})$$
$$\mathbf{f}''(\mathbf{x}, c\mathbf{h}, \mathbf{k}) = c\mathbf{f}''(\mathbf{x}, \mathbf{h}, \mathbf{k}).$$

Beziehen wir $\mathbf{h}$ und $\mathbf{k}$ auf die Standardbasis von $\mathbb{R}^n$, so erhalten wir:

$$\mathbf{f}'(\mathbf{x}, \mathbf{h}) = \sum_{i=1}^n D_i \mathbf{f}(\mathbf{x})\, h_i$$
$$\mathbf{f}''(\mathbf{x}, \mathbf{h}, \mathbf{k}) = \sum_{j=1}^n D_j \left(\sum_{i=1}^n D_i \mathbf{f}(\mathbf{x})\, h_i \right) k_j$$
$$= \sum_{j=1}^n \sum_{i=1}^n D_j D_i \mathbf{f}(\mathbf{x})\, h_i k_j.$$

Mit $\mathbf{f}''$ existieren auch die *partiellen Ableitungen zweiter Ordnung* $D_j D_i \mathbf{f}$, die man erhält, indem man die partielle Ableitung $D_i \mathbf{f}$ partiell nach der j-ten Variablen ableitet. Dies sieht man aufgrund der letzten Gleichung, in dem man z.B. $f''(x, h, e_j)v_j$ berechnet!

Bemerkung: Verwendet man für die partielle Ableitung $D_i \mathbf{f}$ die Bezeichnung $\frac{\partial \mathbf{f}}{\partial x_i}$, so ist $D_j D_i \mathbf{f}$ zu bezeichnen mit $\frac{\partial\left(\frac{\partial \mathbf{f}}{\partial x_i}\right)}{\partial x_j}$. Hierfür schreibt man $\frac{\partial^2 \mathbf{f}}{\partial x_j \partial x_i}$.
Andere übliche Bezeichnungen sind:

$$\mathbf{f}_{x_i x_j} \quad \text{oder} \quad \mathbf{f}_{ij}.$$

Geht man zurück auf die Definition der Ableitung (vgl. S. 95) von $\mathbf{g_h}$, so erhält man als definierende Bedingung für die zweite Ableitung $\mathbf{f}''$:

$$(*) \qquad \mathbf{f}'(\mathbf{x}+\mathbf{k}, \mathbf{h}) - \mathbf{f}'(\mathbf{x}, \mathbf{h}) = \mathbf{f}''(\mathbf{x}, \mathbf{h}, \mathbf{k}) + \mathbf{R_x}(\mathbf{h}, \mathbf{k}) \|\mathbf{k}\|$$

$$\text{mit} \quad \lim_{\mathbf{k} \to \mathbf{0}} \mathbf{R_x}(\mathbf{h}, \mathbf{k}) = \mathbf{0}.$$

Hierbei ist $\mathbf{R_x}$ bezüglich des ersten Arguments $\mathbf{h}$ eine lineare Abbildung, da dasselbe von den drei anderen Summanden in Gleichung $(*)$ gilt. !!
Wir zeigen nun, daß die bilineare Abbildung

$$(\mathbf{h}, \mathbf{k}) \mapsto \mathbf{f}''(\mathbf{x}, \mathbf{h}, \mathbf{k})$$

symmetrisch ist.

Satz: *Es sei* $\mathbf{f}: U \to \mathbb{R}^m$ *zweimal differenzierbar. Dann gilt für alle* $\mathbf{h}, \mathbf{k} \in \mathbb{R}^n$ *die Gleichung*

$$\mathbf{f}''(\mathbf{x}, \mathbf{h}, \mathbf{k}) = \mathbf{f}''(\mathbf{x}, \mathbf{k}, \mathbf{h}).$$

(*Satz von H. A. Schwarz*)

Beweis: Wir gehen aus von dem Leitgedanken, daß der Ausdruck

$$\mathbf{f}(\mathbf{x}+\mathbf{h}+\mathbf{k}) - \mathbf{f}(\mathbf{x}+\mathbf{h}) - \mathbf{f}(\mathbf{x}+\mathbf{k}) + \mathbf{f}(\mathbf{x})$$

ein Näherungswert für $\mathbf{f}''(\mathbf{x}, \mathbf{h}, \mathbf{k})$ ist. Dementsprechend werden wir beweisen:

$$\lim_{\substack{s \to 0 \\ s > 0}} \frac{\mathbf{f}(\mathbf{x}+s\mathbf{h}+s\mathbf{k}) - \mathbf{f}(\mathbf{x}+s\mathbf{h}) - \mathbf{f}(\mathbf{x}+s\mathbf{k}) + \mathbf{f}(\mathbf{x})}{s^2} = \mathbf{f}''(\mathbf{x}, \mathbf{h}, \mathbf{k}).$$

Aus dieser Gleichung folgt aber die Behauptung des Satzes unmittelbar, da die linke Seite sich bei Vertauschung von $\mathbf{h}$ und $\mathbf{k}$ nicht ändert.

Es genügt, die Limes-Beziehung für reellwertiges f zu beweisen. Wir zeigen zunächst, daß folgende Gleichung mit $0 < \vartheta < 1$ gilt:

$$(⁑)\qquad f(\mathbf{x}+\mathbf{h}+\mathbf{k}) - f(\mathbf{x}+\mathbf{h}) - f(\mathbf{x}+\mathbf{k}) + f(\mathbf{x}) = \\ = f''(\mathbf{x},\mathbf{h},\mathbf{k}) + R_{\mathbf{x}}(\mathbf{h},\vartheta\mathbf{h}+\mathbf{k})\,\|\vartheta\mathbf{h}+\mathbf{k}\| - R_{\mathbf{x}}(\mathbf{h},\vartheta\mathbf{h})\,\|\vartheta\mathbf{h}\|$$

Dazu betrachten wir für $0 \leqq t \leqq 1$ die Hilfsfunktion F, die erklärt ist durch

$$F(t) := f(\mathbf{x}+t\mathbf{h}+\mathbf{k}) - f(\mathbf{x}+t\mathbf{h}).$$

Dann gilt

$$F'(t) = f'(\mathbf{x}+t\mathbf{h}+\mathbf{k},\mathbf{h}) - f'(\mathbf{x}+t\mathbf{h},\mathbf{h})$$

und

$$F(1) - F(0) = f(\mathbf{x}+\mathbf{h}+\mathbf{k}) - \mathrm{f}(\mathbf{x}+\mathbf{h}) - \mathrm{f}(\mathbf{x}+\mathbf{k}) + f(\mathbf{x}).$$

Nach dem Mittelwertsatz für Funktionen einer reellen Variablen gilt

$$F(1) - F(0) = F'(\vartheta) \qquad \text{mit} \qquad 0 < \vartheta < 1$$

und es ergibt sich (nach Einfügen von $f'(\mathbf{x},\mathbf{h})$):

$$f(\mathbf{x}+\mathbf{h}+\mathbf{k}) - f(\mathbf{x}+\mathbf{h}) - f(\mathbf{x}+\mathbf{k}) + f(\mathbf{x}) = \\ = \big(f'(\mathbf{x}+\vartheta\mathbf{h}+\mathbf{k},\mathbf{h}) - f'(\mathbf{x},\mathbf{h})\big) - \big(f'(\mathbf{x}+\vartheta\mathbf{h},\mathbf{h}) - f'(\mathbf{x},\mathbf{h})\big).$$

Die beiden Differenzen auf der rechten Seite formen wir gemäß der Gleichung $(*)$ von S. 125 um:

$$f'(\mathbf{x}+\vartheta\mathbf{h}+\mathbf{k},\mathbf{h}) - f'(\mathbf{x},\mathbf{h}) = f''(\mathbf{x},\mathbf{h},\vartheta\mathbf{h}+\mathbf{k}) + R_{\mathbf{x}}(\mathbf{h},\vartheta\mathbf{h}+\mathbf{k})\,\|\vartheta\mathbf{h}+\mathbf{k}\| \\ f'(\mathbf{x}+\vartheta\mathbf{h},\mathbf{h}) - f'(\mathbf{x},\mathbf{h}) = f''(\mathbf{x},\mathbf{h},\vartheta\mathbf{h}) + R_{\mathbf{x}}(\mathbf{h},\vartheta\mathbf{h})\,\|\vartheta\mathbf{h}\|.$$

Wegen $f''(\mathbf{x},\mathbf{h},\vartheta\mathbf{h}+\mathbf{k}) - f''(\mathbf{x},\mathbf{h},\vartheta\mathbf{h}) = f''(\mathbf{x},\mathbf{h},\mathbf{k})$ folgt die Gleichung (⁑). Ersetzen wir nun $\mathbf{h}$ und $\mathbf{k}$ durch $s\mathbf{h}$ und $s\mathbf{k}$ $(s > 0)$, so folgt aus der bewiesenen Gleichung, da $R_{\mathbf{x}}$ im ersten Argument linear ist: → siehe Bemerkung nach (∗) auf S. 125

$$f(\mathbf{x}+s\mathbf{h}+s\mathbf{k}) - f(\mathbf{x}+s\mathbf{h}) - f(\mathbf{x}+s\mathbf{k}) + f(\mathbf{x}) = \\ = s^2\cdot\big(f''(\mathbf{x},\mathbf{h},\mathbf{k}) + R_{\mathbf{x}}\big(\mathbf{h},s(\vartheta\mathbf{h}+\mathbf{k})\big)\|\vartheta\mathbf{h}+\mathbf{k}\| - R_{\mathbf{x}}(\mathbf{h},s\vartheta\mathbf{h})\,\|\vartheta\mathbf{h}\|\big).$$

Wegen

$$\lim_{s\to 0} R_{\mathbf{x}}\big(\mathbf{h},s(\vartheta\mathbf{h}+\mathbf{k})\big) = 0, \qquad \lim_{s\to 0} R_{\mathbf{x}}(\mathbf{h},s\vartheta\mathbf{h}) = 0$$

folgt die behauptete Limes-Beziehung.

Bemerkung: Der Beweis zeigt, daß die Existenz der zweiten Ableitung nur für die betrachtete Stelle $\mathbf{x}$ benötigt wird. Dagegen muß die erste Ableitung natürlich in einer Umgebung von $\mathbf{x}$ vorhanden sein, damit die zweite Ableitung gebildet werden kann.

Ist $\mathbf{f}$ zweimal differenzierbar, so gilt also

$$D_i D_j \mathbf{f}(\mathbf{x}) = D_j D_i \mathbf{f}(\mathbf{x}),$$

d.h. es kommt nicht auf die Reihenfolge an, in der man die zweiten partiellen Ableitungen bildet. Wenn alle zweiten partiellen Ableitungen von $\mathbf{f}$ existieren und stetig sind, dann ist $\mathbf{f}$ nach dem Satz von S. 117 zweimal differenzierbar, so daß in diesem Fall die Vertauschbarkeit gesichert ist.

Höhere Ableitungen werden entsprechend wie die zweite, d.h. rekursiv, definiert.
Die p-te Ableitung $\mathbf{f}^{(p)}$ von $\mathbf{f}$ fassen wir als Abbildung von $U \times \mathbb{R}^n \times \ldots \times \mathbb{R}^n$ in den $\mathbb{R}^m$ auf:

$$(\mathbf{x}, \mathbf{h}^{(1)}, \ldots, \mathbf{h}^{(p)}) \mapsto \mathbf{f}^{(p)}(\mathbf{x}, \mathbf{h}^{(1)}, \ldots, \mathbf{h}^{(p)}).$$

Bei festem $\mathbf{x}$ handelt es sich um eine p-fach lineare Abbildung, die wegen des bewiesenen Vertauschbarkeitssatzes total symmetrisch ist: Bei Vertauschen zweier Argumente ändert sich der Funktionswert nicht.
Ist die Ableitung $\mathbf{f}^{(p)}$ stetig, so sagen wir, $\mathbf{f}$ sei *p-mal stetig differenzierbar*. Wenn $\mathbf{f}^{(p)}$ für jedes $p \in \mathbb{N}$ existiert, so heißt $\mathbf{f}$ *unendlich oft differenzierbar*.

Beispiel: Durch

$$f(\mathbf{x}) = \begin{cases} \exp\left(\dfrac{1}{\langle \mathbf{x}, \mathbf{x} \rangle - 1}\right), & \text{falls } \langle \mathbf{x}, \mathbf{x} \rangle < 1 \\ 0 \quad , & \text{falls } \langle \mathbf{x}, \mathbf{x} \rangle \geqq 1 \end{cases}$$

wird im $\mathbb{R}^n$ eine unendlich oft differenzierbare Funktion erklärt, deren Werte im Innern der (euklidischen) Einheitskugel stets positiv sind; auf dem Rand und außerhalb der Einheitskugel nimmt sie dagegen überall den Wert 0 an. Zum Beweis verwende man die Ergebnisse aus Bd. I, S. 281 bis 283. Wegen der Gestalt des Graphen von f im $\mathbb{R}^{n+1}$ wird diese Funktion oft als *Glockenfunktion* bezeichnet (für $n = 1$ fertige man eine Skizze an).
Zu jeder offenen Kugel im $\mathbb{R}^n$ können in entsprechender Weise Glockenfunktionen konstruiert werden.

Wie den Mittelwertsatz kann man auch die Taylorsche Formel auf reellwertige Funktionen mehrerer Variablen übertragen.

Satz: *Die Funktion $f\colon U \to \mathbb{R}$ sei $(p+1)$-mal differenzierbar und die Verbindungsstrecke der beiden Punkte* $\mathbf{x}$ *und* $\mathbf{x}+\mathbf{h}$ *gehöre zu U. Dann gilt*

$$f(\mathbf{x}+\mathbf{h}) = f(\mathbf{x}) + f'(\mathbf{x},\mathbf{h}) + \frac{1}{2!} f''(\mathbf{x},\mathbf{h},\mathbf{h}) + \\ + \ldots + \frac{1}{p!} f^{(p)}(\mathbf{x}, \underbrace{\mathbf{h},\ldots,\mathbf{h}}_{p\text{-mal}}) + R_p(\mathbf{x},\mathbf{h}),$$

wobei das Restglied in der Form

$$R_p(\mathbf{x},\mathbf{h}) = \frac{1}{(p+1)!} f^{(p+1)}(\mathbf{x}+\vartheta\mathbf{h}, \underbrace{\mathbf{h},\ldots,\mathbf{h}}_{(p+1)\text{-mal}}) \qquad \textit{mit} \qquad 0<\vartheta<1$$

dargestellt werden kann.
(Taylorsche Formel)

Beweis: Wie beim Beweis des Mittelwertsatzes setzen wir

$$\gamma(t) = \mathbf{x} + t\mathbf{h} \qquad (0 \leqq t \leqq 1)$$

und wenden auf $F = f\circ\gamma$ den (gewöhnlichen) Taylorschen Satz an:

$$F(1) = F(0) + F'(0) + \frac{1}{2!}F''(0) + \ldots + \frac{1}{p!}F^{(p)}(0) + \frac{1}{(p+1)!}F^{(p+1)}(\vartheta).$$

Für die Ableitungen von F berechnet man der Reihe nach:

$$\begin{aligned} F'(t) &= f'\big(\gamma(t), \gamma'(t)\big) = f'\big(\gamma(t),\mathbf{h}\big) \\ F''(t) &= f''\big(\gamma(t),\mathbf{h},\gamma'(t)\big) = f''\big(\gamma(t),\mathbf{h},\mathbf{h}\big) \\ &\vdots \\ F^{(p)}(t) &= f^{(p)}\big(\gamma(t), \underbrace{\mathbf{h},\ldots,\mathbf{h}}_{p\text{-mal}}\big) \\ F^{(p+1)}(t) &= f^{(p+1)}\big(\gamma(t), \underbrace{\mathbf{h},\ldots,\mathbf{h}}_{(p+1)\text{-mal}}\big). \end{aligned}$$

Da $\gamma(0) = \mathbf{x}$ und $\gamma(1) = \mathbf{x}+\mathbf{h}$ ist, folgt nun unmittelbar die Behauptung.

Will man eine *Integraldarstellung* des Restgliedes $R_p(\mathbf{x},\mathbf{h})$ haben, so wird man voraussetzen, daß f sogar $(p+1)$-mal stetig differenzierbar ist. Nach Bd. I, S. 375 erhält man

$$R_p(\mathbf{x},\mathbf{h}) = \frac{1}{p!}\int_0^1 (1-t)^p \cdot F^{(p+1)}(t)\,dt,$$

also

$$R_p(\mathbf{x}, \mathbf{h}) = \frac{1}{p!} \int_0^1 (1-t)^p \, f^{(p+1)}(\mathbf{x} + t\mathbf{h}, \underbrace{\mathbf{h}, \ldots, \mathbf{h}}_{(p+1)\text{-mal}}) \, dt .$$

Bemerkung: Auch für die Taylorsche Formel ist – wie beim Mittelwertsatz – eine Übertragung auf den Fall vektorwertiger Abbildungen möglich; dabei erhält man für die verschiedenen Komponentenfunktionen im allgemeinen auch verschiedene Zwischenstellen im Restglied.

Ist f unendlich oft differenzierbar, so kann man formal die unendliche Reihe

$$\sum_{k=0}^{\infty} \frac{1}{k!} f^{(k)}(\mathbf{a}, \underbrace{\mathbf{x}-\mathbf{a}, \ldots, \mathbf{x}-\mathbf{a}}_{k\text{-mal}})$$

bilden. Eine solche Reihe nennt man *Taylor-Reihe* von f bezüglich der Entwicklungsstelle $\mathbf{a}$; sie ist eine *Potenzreihe*; die einzelnen Summanden sind homogene Polynome in den Variablen $(x_1 - a_1), \ldots, (x_n - a_n)$ (vgl. Bem.).
Die Taylor-Reihe konvergiert und hat die Summe $f(\mathbf{x})$ genau dann, wenn

$$\lim_p R_p(\mathbf{a}, \mathbf{x}-\mathbf{a}) = \mathbf{0}$$

ist. Gibt es zu jedem $\mathbf{a} \in U$ eine offene Kugelumgebung von $\mathbf{a}$, in der f durch ihre Taylor-Reihe (bezüglich des „Entwicklungspunktes“ $\mathbf{a}$) dargestellt wird, so heißt f in U *reell-analytisch*.

Bemerkung: Wir haben hier für die einzelnen Summanden der Taylor-Entwicklung die koordinatenfreie Bezeichnung

$$\frac{1}{k!} f^{(k)}(\mathbf{a}, \underbrace{\mathbf{x}-\mathbf{a}, \ldots, \mathbf{x}-\mathbf{a}}_{k\text{-mal}})$$

verwendet. Schreibt man ein solches „homogenes Polynom k-ten Grades“ in den Variablen $x_1 - a_1, \ldots, x_n - a_n$ ausführlich hin, so erhält man

$$\sum_{i_1=1}^{n} \cdots \sum_{i_k=1}^{n} \frac{1}{k!} D_{i_1} \ldots D_{i_k} f(\mathbf{a}) (x_{i_1} - a_{i_1}) \ldots (x_{i_k} - a_{i_k}) .$$

Wegen der Vertauschbarkeit der partiellen Ableitungen können von den n^k Summanden jeweils mehrere zusammengefaßt werden. Dazu führt man zweckmäßigerweise sogenannte „Multi-Indizes“ $\boldsymbol{\alpha} = (\alpha_1, \ldots, \alpha_n)$ und die abkürzenden Bezeichnungen

$$D_1^{\alpha_1} \dots D_n^{\alpha_n} f(\mathbf{a}) =: D^{\boldsymbol{\alpha}} f(\mathbf{a})$$
$$(x_1 - a_1)^{\alpha_1} \dots (x_n - a_n)^{\alpha_n} =: (\mathbf{x} - \mathbf{a})^{\boldsymbol{\alpha}}$$
$$\alpha_1! \cdot \ldots \cdot \alpha_n! =: \boldsymbol{\alpha}!$$
$$\alpha_1 + \ldots + \alpha_n =: |\boldsymbol{\alpha}|$$

ein. Da bei vorgegebenem Multi-Index mit $|\boldsymbol{\alpha}| = k$ es insgesamt $\dfrac{k!}{\alpha_1! \dots \alpha_n!}$ Summanden gibt, die denselben Beitrag

$$D_1^{\alpha_1} \dots D_n^{\alpha_n} f(\mathbf{a})\,(x_1 - a_1)^{\alpha_1} \dots (x_n - a_n)^{\alpha_n}$$

liefern, ergibt sich schließlich

$$\frac{1}{k!} f^{(k)}(\mathbf{a}, \underbrace{\mathbf{x} - \mathbf{a}, \dots, \mathbf{x} - \mathbf{a}}_{k\text{-mal}}) = \sum_{|\boldsymbol{\alpha}| = k} \frac{1}{\boldsymbol{\alpha}!} D^{\boldsymbol{\alpha}} f(\mathbf{a})\,(\mathbf{x} - \mathbf{a})^{\boldsymbol{\alpha}}.$$

Wir beschäftigen uns nun mit der Bestimmung der lokalen Extremstellen von differenzierbaren Funktionen. Dabei – wie auch bei den anschließend behandelten konvexen Funktionen – spielt die zweite Ableitung eine wichtige Rolle. Diese ist eine (ortsabhängige) symmetrische Bilinearform; die zugehörige quadratische Form

$$f''(\mathbf{x}, \mathbf{h}, \mathbf{h}) \qquad\qquad (\mathbf{h} \in \mathbb{R}^n)$$

heißt auch *Hesse-Form* von f an der Stelle $\mathbf{x}$; sie hat bezüglich der Standardbasis die explizite Darstellung

$$f''(\mathbf{x}, \mathbf{h}, \mathbf{h}) = \sum_{i=1}^{n} \sum_{j=1}^{n} f_{ij}(\mathbf{x})\, h_i h_j,$$

wobei wir statt $D_j D_i f(\mathbf{x})$ kürzer $f_{ij}(\mathbf{x})$ geschrieben haben. Die zur Hesse-Form von f gehörende symmetrische Matrix wird also von den partiellen Ableitungen zweiter Ordnung der Funktion f gebildet.

Lokale Extrema

Bei der Bestimmung lokaler Extrema differenzierbarer reellwertiger Funktionen von n Variablen geht man entsprechend (vgl. Bd. I, S. 270) vor wie bei einer Variablen, d. h. man stellt zunächst notwendige Bedingungen auf. Nützlich ist dazu die folgende

Def.: *Sei $f\colon U \to \mathbb{R}$ differenzierbar und $\mathbf{a} \in U$. Gilt*

$$f'(\mathbf{a}, \mathbf{h}) = 0 \qquad \textit{für alle } \mathbf{h} \in \mathbb{R}^n,$$

so heißt **a** kritische Stelle *von f.*

$f'(\mathbf{a}, \mathbf{h}) = 0$ für alle $\mathbf{h} \in \mathbb{R}^n$ bedeutet, daß alle partiellen Ableitungen von f an der Stelle **a** den Wert 0 annehmen:

$$D_1 f(\mathbf{a}) = \ldots = D_n f(\mathbf{a}) = 0\,.$$

Dies läßt sich auch durch $\operatorname{grad} f(\mathbf{a}) = \mathbf{0}$ ausdrücken.

Satz: *Wenn* **a** *lokale Extremalstelle einer differenzierbaren Funktion f ist, dann muß* **a** *kritische Stelle von f sein.*

Beweis: Nach Voraussetzung gibt es eine Umgebung V von **a** derart, daß – etwa im Fall des Maximums – für alle $\mathbf{x} \in V$ gilt

$$f(\mathbf{x}) \leqq f(\mathbf{a})\,.$$

Wir wählen $\mathbf{h} \neq \mathbf{0}$ so, daß $\mathbf{a} + \mathbf{h}$ und $\mathbf{a} - \mathbf{h}$ in V liegen und betrachten f auf der Verbindungsstrecke dieser beiden Punkte:

$$F(t) := f(\mathbf{a} + t\mathbf{h}) \qquad (-1 \leqq t \leqq 1)\,.$$

Da $F(t) \leqq F(0)$ gilt und F differenzierbar ist, folgt (vgl. Bd. I, S. 271):

$$F'(0) = f'(\mathbf{a}, \mathbf{h}) = 0\,.$$

Diese Gleichung gilt zunächst nur für alle **h** aus einer Umgebung von $\mathbf{0} \in \mathbb{R}^n$; da $f'(\mathbf{a}, \mathbf{h})$ aber linear bezüglich **h** ist, gilt $f'(\mathbf{a}, \mathbf{h}) = 0$ sogar für alle $\mathbf{h} \in \mathbb{R}^n$. Entsprechend ergibt sich die Behauptung für den Fall des Minimums.

Sucht man die lokalen Extremalstellen einer in U differenzierbaren Funktion f zu bestimmen, so wird man also zunächst alle kritischen Stellen von f ermitteln. Ob eine kritische Stelle dann wirklich eine Extremalstelle ist, muß im einzelnen geprüft werden.

Als Beispiel für dieses Vorgehen wollen wir die Ungleichung zwischen dem arithmetischen und geometrischen Mittel herleiten. Dazu betrachten wir die Funktion

$$f(\mathbf{x}) = \frac{(x_1 x_2 \ldots x_n)^{\frac{1}{n+1}}}{1 + x_1 + x_2 + \ldots + x_n}\,,$$

die in der offenen Menge $x_1 > 0, \ldots, x_n > 0$ differenzierbar und in der abgeschlossenen Menge $x_1 \geqq 0, \ldots, x_n \geqq 0$ stetig ist.
Zur Bestimmung der kritischen Stellen berechnen wir:

$$D_i f(\mathbf{x}) = \frac{(1 + x_1 + \ldots + x_n) \cdot \dfrac{1}{n+1} \cdot (x_1 \cdot \ldots \cdot x_n)^{\frac{1}{n+1}} \cdot x_i^{-1} - (x_1 \cdot \ldots \cdot x_n)^{\frac{1}{n+1}}}{(1 + x_1 + \ldots + x_n)^2}$$

und erhalten aus den Bedingungen $D_i f(\mathbf{x}) = 0$ für $(x_1, \ldots, x_n)$ die Gleichungen

$$\frac{1}{n+1}(1 + x_1 + \ldots + x_n)\frac{1}{x_i} - 1 = 0 \qquad (i = 1, \ldots, n).$$

Hieraus folgert man zunächst, daß $x_1 = x_2 = \ldots = x_n$ gilt und findet schließlich $x_i = 1 \ (i = 1, \ldots, n)$.
Es gibt also nur *eine* kritische Stelle $\mathbf{a}$, nämlich

$$\mathbf{a} = (1,1, \ldots, 1).$$

Als Funktionswert erhält man

$$f(\mathbf{a}) = \frac{1}{n+1}.$$

Wir zeigen nun, daß die Funktion f an der Stelle $\mathbf{a}$ ihr absolutes Maximum annimmt. Dazu betrachten wir f auf der kompakten Menge, die durch die Ungleichungen

$$x_1 \geqq 0, \ldots, \ x_n \geqq 0, \ x_1 + \ldots + x_n \leqq c \qquad (c > 0)$$

beschrieben wird. In den Randpunkten dieser Menge mit $x_i = 0$ gilt $f(\mathbf{x}) = 0$; in den Randpunkten mit $x_1 + \ldots + x_n = c$ hat man wegen $x_1 \leqq c, \ldots, x_n \leqq c$ die Abschätzung $f(\mathbf{x}) \leqq \dfrac{c^{\frac{n}{n+1}}}{1+c}$.

Da $\lim\limits_{c \to \infty} \dfrac{c^{\frac{n}{n+1}}}{1+c} = 0$ gilt, können wir nun c so groß wählen, daß auf dem Rand unserer kompakten Menge (und erst recht außerhalb) die Abschätzung

$$f(\mathbf{x}) < \frac{1}{n+1}$$

besteht. Somit nimmt die Funktion f an der einzigen kritischen Stelle $\mathbf{a}$ im Innern der betrachteten Menge ihr absolutes Maximum $f(\mathbf{a}) = \dfrac{1}{n+1}$ an. Es gilt also für alle $\mathbf{x}$ mit $x_1 \geqq 0, \ldots, x_n \geqq 0$ die Ungleichung

$$f(\mathbf{x}) \leqq \frac{1}{n+1}.$$

Gehen wir nun auf die Erklärung von f zurück, so erhalten wir

$$(x_1 \cdot \ldots \cdot x_n)^{\frac{1}{n+1}} \leqq \frac{1 + x_1 + \ldots + x_n}{n+1},$$

wobei die Gleichheit nur für

$$x_1 = \ldots = x_n = 1$$

eintritt.

Bemerkung: Setzt man $x_i = \dfrac{y_i}{y_{n+1}}$, so ergibt sich die Ungleichung zwischen dem geometrischen und arithmetischen Mittel

$$\sqrt[n+1]{y_1 \cdot \ldots \cdot y_{n+1}} \leqq \frac{y_1 + \ldots + y_{n+1}}{n+1}$$

für $y_1 \geqq 0, \ldots, y_n \geqq 0, y_{n+1} > 0$. Offensichtlich ist diese Ungleichung aber auch noch richtig, falls $y_{n+1} = 0$ gilt.

Im Beispiel konnte die Entscheidung, ob eine Extremalstelle vorliegt, getroffen werden, ohne die zweite Ableitung heranzuziehen. Es empfiehlt sich, dies auch in anderen Fällen zunächst zu versuchen.

Im folgenden Satz verwenden wir einige für quadratische Formen erklärte Begriffe. Man bezeichnet eine quadratische Form $Q(\mathbf{h}, \mathbf{h})$ als

positiv definit, wenn sie für $\mathbf{h} \neq \mathbf{0}$ nur positive Werte,
negativ definit, wenn sie für $\mathbf{h} \neq \mathbf{0}$ nur negative Werte,
indefinit, wenn sie sowohl positive wie auch negative Werte annimmt.

Bemerkung: Hierbei handelt es sich nicht um eine vollständige Fallunterscheidung, z. B. kann eine quadratische Form $Q(\mathbf{h}, \mathbf{h})$ auch *positiv semidefinit* sein, d. h. es gilt $Q(\mathbf{h}, \mathbf{h}) \geqq 0$ für alle $\mathbf{h}$. Entsprechend sind *negativ semidefinite* Formen erklärt.

Methoden, mit denen man entscheiden kann, welcher Fall vorliegt, werden in der Linearen Algebra entwickelt. Im allgemeinen wird man zunächst versuchen, durch geeignete Umformungen oder Einsetzungen zu erkennen, welcher Typ vorliegt. Ein Kriterium von mehr theoretischem Interesse ist z. B. das folgende:

Gelten für $Q(\mathbf{h}, \mathbf{h}) = \sum_{i=1}^{n} \sum_{j=1}^{n} c_{ij} h_i h_j$ die Ungleichungen

$$c_{11} > 0, \quad \begin{vmatrix} c_{11} & c_{12} \\ c_{12} & c_{22} \end{vmatrix} > 0, \quad \begin{vmatrix} c_{11} & c_{12} & c_{13} \\ c_{12} & c_{22} & c_{23} \\ c_{13} & c_{23} & c_{33} \end{vmatrix} > 0, \ldots, \det(c_{ij}) > 0,$$

so ist Q positiv definit (und umgekehrt).

Satz *Die Funktion $f: U \to \mathbb{R}$ sei zweimal stetig differenzierbar und $\mathbf{a} \in U$ sei kritische Stelle von f. Ist dann die quadratische Form $f''(\mathbf{a}, \mathbf{h}, \mathbf{h})$*

positiv definit, so ist $\mathbf{a}$ Minimalstelle von f,
negativ definit, so ist $\mathbf{a}$ Maximalstelle von f,
indefinit, so ist $\mathbf{a}$ keine Extremalstelle von f.

Beweis: Es ist naheliegend, die Taylorsche Formel

$$f(\mathbf{x}) = f(\mathbf{a}) + f'(\mathbf{a}, \mathbf{x} - \mathbf{a}) + \tfrac{1}{2} f''\big(\mathbf{a} + \vartheta(\mathbf{x} - \mathbf{a}), \mathbf{x} - \mathbf{a}, \mathbf{x} - \mathbf{a}\big)$$

heranzuziehen. Da $f'(\mathbf{a}, \mathbf{x} - \mathbf{a}) = 0$ gilt, kommt es darauf an, nachzuprüfen, welches Verhalten das Restglied zeigt.
Wegen der Stetigkeit der zweiten Ableitung erhalten wir

$$f''\big(\mathbf{a} + \vartheta(\mathbf{x} - \mathbf{a}), \mathbf{x} - \mathbf{a}, \mathbf{x} - \mathbf{a}\big) = f''(\mathbf{a}, \mathbf{x} - \mathbf{a}, \mathbf{x} - \mathbf{a}) + r(\mathbf{x}) \|\mathbf{x} - \mathbf{a}\|^2$$
$$\text{mit} \quad \lim_{\mathbf{x} \to \mathbf{a}} r(\mathbf{x}) = 0,$$

so daß das Verhalten des Restgliedes in der Umgebung von $\mathbf{a}$ schon durch die zweite Ableitung von f an der Stelle $\mathbf{a}$ bestimmt sein wird.
Betrachten wir zunächst den Fall, daß $f''(\mathbf{a}, \mathbf{h}, \mathbf{h})$ positiv definit ist. Es gibt dann eine positive Zahl c derart, daß

$$f''(\mathbf{a}, \mathbf{h}, \mathbf{h}) \geqq c \|\mathbf{h}\|^2$$

gilt, da das Minimum c der quadratischen Form auf der Einheitskugel $\|\mathbf{h}\| = 1$ nach Voraussetzung positiv ist.
Wählt man nun $\|\mathbf{x} - \mathbf{a}\|$ so klein, daß $|r(\mathbf{x})| < \frac{c}{2}$ gilt, so folgt aus

$$f(\mathbf{x}) - f(\mathbf{a}) = \frac{1}{2} f''(\mathbf{a}, \mathbf{x} - \mathbf{a}, \mathbf{x} - \mathbf{a}) + \frac{1}{2} r(\mathbf{x}) \|\mathbf{x} - \mathbf{a}\|^2$$

die Abschätzung

$$f(\mathbf{x}) - f(\mathbf{a}) \geqq \frac{c}{4} \|\mathbf{x} - \mathbf{a}\|^2 \geqq 0,$$

d.h. der Punkt **a** ist für f lokale Minimalstelle.
Entsprechend beweist man, daß bei negativ definitem $f''(\mathbf{a}, \mathbf{h}, \mathbf{h})$ eine lokale Maximalstelle vorliegt.
Ist schließlich $f''(\mathbf{a}, \mathbf{h}, \mathbf{h})$ indefinit, so gibt es einen Vektor $\mathbf{h}_0$ mit $\|\mathbf{h}_0\| = 1$, für den

$$f''(\mathbf{a}, \mathbf{h}_0, \mathbf{h}_0) = C_0 > 0$$

und einen Vektor $\mathbf{k}_0$ mit $\|\mathbf{k}_0\| = 1$, für den

$$f''(\mathbf{a}, \mathbf{k}_0, \mathbf{k}_0) = c_0 < 0$$

gilt. Auf den Geraden durch **a** mit den Richtungsvektoren $\mathbf{h}_0$ bzw. $\mathbf{k}_0$ ist nun für genügend kleines $\|\mathbf{x} - \mathbf{a}\|$ die Differenz $f(\mathbf{x}) - f(\mathbf{a})$ positiv bzw. negativ; dies sieht man entsprechend wie oben ein. Der Punkt **a** kann daher in diesem Fall keine lokale Extremalstelle sein.

Bemerkung: Die Bedingung, daß $f''(\mathbf{a}, \mathbf{h}, \mathbf{h})$ positiv semidefinit ist, genügt nicht dafür, daß **a** Minimalstelle ist. Der Beweis läßt sich nicht auf diesen Fall übertragen. Tatsächlich zeigt etwa das Beispiel $f(x, y) = x^2 + y^3$, daß in dem einzigen kritischen Punkt (0,0) die Hesse-Form positiv semidefinit ist, daß aber (0,0) keine Extremalstelle ist.

Doch ist die Semidefinitheit notwendig für eine lokale Extremalstelle. Es gilt:

Ist **a** *lokale Minimalstelle (Maximalstelle) der zweimal stetig differenzierbaren Funktion f, so ist* $f''(\mathbf{a}, \mathbf{h}, \mathbf{h})$ *positiv (negativ) semidefinit.*
Man beweise dies!

Im Fall zweier Variablen lauten die bewiesenen Ergebnisse folgendermaßen:
Ist (x_0, y_0) kritische Stelle von $f(x, y)$ und setzt man

$$f_{xx}(x_0, y_0) = a, \; f_{xy}(x_0, y_0) = b, \; f_{yy}(x_0, y_0) = c,$$

so ist

$a > 0,\; ac - b^2 > 0$ hinreichend für ein Minimum

$a < 0,\; ac - b^2 > 0$ hinreichend für ein Maximum

$a \geqq 0,\; ac - b^2 \geqq 0$ notwendig für ein Minimum

$a \leqq 0,\; ac - b^2 \geqq 0$ notwendig für ein Maximum.

Gilt $ac - b^2 < 0$, so kann (x_0, y_0) keine Extremalstelle sein; die durch

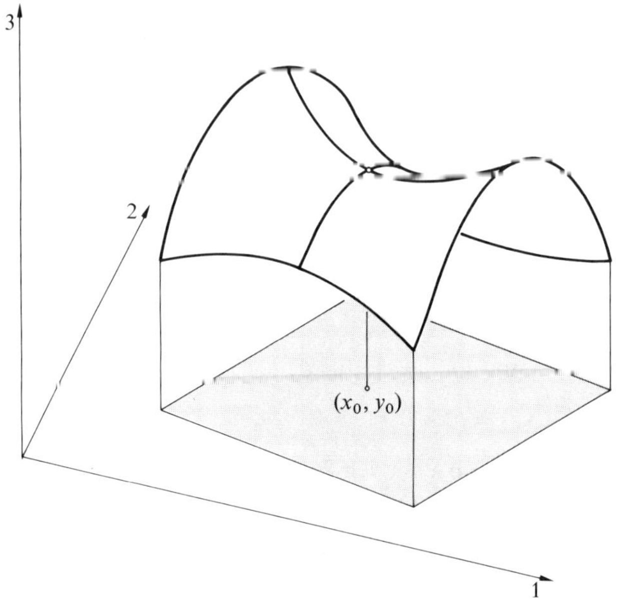

$z = f(x, y)$ dargestellte Fläche hat in (x_0, y_0) einen Sattelpunkt (vgl. Figur). Falls $ac - b^2 = 0$ gilt, ist die Hesse-Form semidefinit; mit dem bewiesenen Satz kann keine Entscheidung getroffen werden (vgl. hierzu auch Aufg. 12).

Beispiele:

1) Die Funktion

$$f(x, y) = 6xy - 3y^2 - 2x^3$$

besitzt zwei kritische Punkte, nämlich (0,0) und (1,1), wie sich aus

$$\begin{aligned} f_x(x, y) &= 6y - 6x^2 = 0 \\ f_y(x, y) &= 6x - 6y \quad = 0 \end{aligned}$$

ohne Mühe ergibt. Als Hesse-Matrix von f erhält man

$$\begin{pmatrix} -12x & 6 \\ 6 & -6 \end{pmatrix},$$

also für die kritische Stelle (0,0)

$$\begin{pmatrix} 0 & 6 \\ 6 & -6 \end{pmatrix}$$

und für die kritische Stelle (1,1)

$$\begin{pmatrix} -12 & 6 \\ 6 & -6 \end{pmatrix}.$$

An der Stelle (0,0) liegt daher ein Sattelpunkt vor und an der Stelle (1,1) hat f ein lokales Maximum.

2) Wir betrachten den (orientierten) Flächeninhalt eines dem Einheitskreis einbeschriebenen Dreiecks; dessen Ecken seien (1,0), $(\cos x, \sin x)$ und $(\cos y, \sin y)$. Es ist also die Funktion

$$f(x, y) = \tfrac{1}{2} \begin{vmatrix} \cos x - 1 & \sin x \\ \cos y - 1 & \sin y \end{vmatrix} = \tfrac{1}{2}\,(\cos x \sin y - \sin x \cos y + \sin x - \sin y)$$

im Quadrat $0 \leqq x < 2\pi, 0 \leqq y < 2\pi$ zu untersuchen. Tatsächlich ist f für alle x, y erklärt und beliebig oft differenzierbar. Die kritischen Stellen ergeben sich aus den Gleichungen

$$\begin{aligned} 2f_x(x, y) &= -\sin x \sin y - \cos x \cos y + \cos x = 0 \\ 2f_y(x, y) &= \cos x \cos y + \sin x \sin y - \cos y = 0, \end{aligned}$$

d.h. aus

$$\begin{aligned} \cos x - \cos(x - y) &= 0 \\ -\cos y + \cos(x - y) &= 0. \end{aligned}$$

Man erhält im angegebenen (halboffenen) Quadrat drei kritische Stellen:

$$(0,0), \quad \left(\frac{2\pi}{3}, \frac{4\pi}{3}\right), \quad \left(\frac{4\pi}{3}, \frac{2\pi}{3}\right).$$

Die Hesse-Matrix von $2f$ ist

$$\begin{pmatrix} \sin(x - y) - \sin x & -\sin(x - y) \\ -\sin(x - y) & \sin(x - y) + \sin y \end{pmatrix}.$$

Für die kritischen Stellen $\left(\frac{2\pi}{3}, \frac{4\pi}{3}\right)$ bzw. $\left(\frac{4\pi}{3}, \frac{2\pi}{3}\right)$ ergeben sich die Hesse-Matrizen

$$\begin{pmatrix} -\sqrt{3} & \frac{1}{2}\sqrt{3} \\ \frac{1}{2}\sqrt{3} & -\sqrt{3} \end{pmatrix} \text{ bzw. } \begin{pmatrix} \sqrt{3} & \frac{1}{2}\sqrt{3} \\ \frac{1}{2}\sqrt{3} & \sqrt{3} \end{pmatrix},$$

d.h. dort hat f ein lokales Maximum bzw. ein lokales Minimum.

Für die kritische Stelle (0,0) liefert die zugehörige Hesse-Matrix $\begin{pmatrix} 0 & 0 \\ 0 & 0 \end{pmatrix}$ keine Aussage. Tatsächlich nimmt f in der Umgebung dieser Stelle sowohl negative als auch positive Werte an, so daß dort keine Extremalstelle vorliegt.
Man veranschauliche sich Fragestellung und Ergebnisse auch geometrisch!

Konvexe Funktionen

Der Begriff der konvexen Funktion läßt sich mühelos vom eindimensionalen auf den n-dimensionalen Fall übertragen; dabei ist die Definitionsmenge U als konvex vorauszusetzen.

Def.: *Es sei* $U \subset \mathbb{R}^n$ *offen und konvex. Dann heißt* $f\colon U \to \mathbb{R}$ konvex, *wenn für alle* $\mathbf{x}_1, \mathbf{x}_2 \in U$ *mit* $\mathbf{x}_1 \neq \mathbf{x}_2$ *und für alle* $t \in [0,1]$ *gilt:*

$$f\big((1-t)\,\mathbf{x}_1 + t\mathbf{x}_2\big) \leqq (1-t)f(\mathbf{x}_1) + tf(\mathbf{x}_2).$$

f *heißt* streng konvex, *wenn für alle* t *mit* $0 < t < 1$ *sogar die Ungleichung*

$$f\big((1-t)\,\mathbf{x}_1 + t\mathbf{x}_2\big) < (1-t)f(\mathbf{x}_1) + tf(\mathbf{x}_2)$$

gilt.

Bemerkung: Es läßt sich zeigen (vgl. Bd. I, S. 287, Auf. 14), daß jede konvexe Funktion stetig ist. Beispiele konvexer Funktionen hat man mit den Normfunktionen; allerdings sind diese, da sie positiv homogen vom Grad 1 sind, nicht streng konvex.

Die Konvexitätsbedingung läßt sich im $\mathbb{R}^{n+1}$ folgendermaßen geometrisch deuten: Der Graph von f liegt stets unterhalb der Verbindungsstrecke von irgend zwei seiner Punkte. Wenn f konvex und außerdem differenzierbar ist, wird man vermuten, daß der Graph von f stets oberhalb irgendeiner seiner Tangentialhyperebenen liegt. Diese Bedingung ist sogar kennzeichnend; es gilt der

Satz: *Es sei* U *konvex und* $f\colon U \to \mathbb{R}$ *differenzierbar. Dann ist* f *streng konvex genau dann, wenn für alle* $\mathbf{a} \in U$ *und alle* $\mathbf{x} \in U$ *mit* $\mathbf{x} \neq \mathbf{a}$ *gilt:*

$$f(\mathbf{x}) > f(\mathbf{a}) + f'(\mathbf{a}, \mathbf{x} - \mathbf{a}).$$

Beweis: 1) Es sei f streng konvex. Setzen wir in der definierenden Ungleichung $\mathbf{x}_1 = \mathbf{a}$ und $\mathbf{x}_2 = \mathbf{x}$, so erhalten wir für $0 < t < 1$:

$$f\big(\mathbf{a} + t(\mathbf{x} - \mathbf{a})\big) < tf(\mathbf{x}) + (1-t)f(\mathbf{a})$$

oder

$$(*) \qquad \frac{f(\mathbf{a}+t(\mathbf{x}-\mathbf{a}))-f(\mathbf{a})}{t} < f(\mathbf{x})-f(\mathbf{a}) \qquad (\mathbf{x} \neq \mathbf{a}).$$

Wegen der Differenzierbarkeit von f gilt

$$\lim_{t \to 0} \frac{f(\mathbf{a}+t(\mathbf{x}-\mathbf{a}))-f(\mathbf{a})}{t} = f'(\mathbf{a}, \mathbf{x}-\mathbf{a})$$

und somit folgt

$$f'(\mathbf{a}, \mathbf{x}-\mathbf{a}) \leqq f(\mathbf{x})-f(\mathbf{a}).$$

Wir müssen noch zeigen, daß tatsächlich für $\mathbf{x} \neq \mathbf{a}$ die Kleinerbeziehung gilt. Dazu wenden wir die gerade bewiesene Ungleichung auf die Punkte $\mathbf{a}$ und $\mathbf{a}+t(\mathbf{x}-\mathbf{a})$ an; man erhält

$$f'(\mathbf{a}, t(\mathbf{x}-\mathbf{a})) \leqq f(\mathbf{a}+t(\mathbf{x}-\mathbf{a}))-f(\mathbf{a})$$

und weiter wegen der Homogenität von f' bezüglich des zweiten Arguments

$$f'(\mathbf{a}, \mathbf{x}-\mathbf{a}) \leqq \frac{f(\mathbf{a}+t(\mathbf{x}-\mathbf{a}))-f(\mathbf{a})}{t}.$$

Nach $(*)$ gilt somit

$$f'(\mathbf{a}, \mathbf{x}-\mathbf{a}) < f(\mathbf{x})-f(\mathbf{a}).$$

2) Wir setzen jetzt voraus, daß die differenzierbare Funktion f für alle $\mathbf{x}, \mathbf{a} \in U$ mit $\mathbf{x} \neq \mathbf{a}$ die Ungleichung

$$f(\mathbf{a})+f'(\mathbf{a}, \mathbf{x}-\mathbf{a}) < f(\mathbf{x})$$

erfüllt.

Seien nun $\mathbf{x}_1, \mathbf{x}_2$ verschiedene Punkte aus U und für t gelte $0 < t < 1$. Zu zeigen ist:

$$f((1-t)\mathbf{x}_1 + t\mathbf{x}_2) < (1-t)f(\mathbf{x}_1) + tf(\mathbf{x}_2).$$

Nach Voraussetzung gelten die beiden Ungleichungen

$$f(\mathbf{a})+f'(\mathbf{a}, \mathbf{x}_1-\mathbf{a}) < f(\mathbf{x}_1)$$
$$f(\mathbf{a})+f'(\mathbf{a}, \mathbf{x}_2-\mathbf{a}) < f(\mathbf{x}_2).$$

Hieraus ergibt sich nach Multiplikation mit $1-t$ bzw. t und Addition

$$f(\mathbf{a})+f'(\mathbf{a}, (1-t)(\mathbf{x}_1-\mathbf{a})+t(\mathbf{x}_2-\mathbf{a})) < (1-t)f(\mathbf{x}_1)+tf(\mathbf{x}_2).$$

Die Behauptung ergibt sich nun, indem man

$$\mathbf{a} = (1-t)\,\mathbf{x}_1 + t\mathbf{x}_2$$

setzt. Dann ist nämlich das zweite Argument in f' der Nullvektor.

Bemerkung: Entsprechend werden differenzierbare konvexe (nicht notwendig streng konvexe) Funktionen gekennzeichnet durch die Bedingung:

$$f(\mathbf{x}) \geqq f(\mathbf{a}) + f'(\mathbf{a}, \mathbf{x}-\mathbf{a}) \qquad \text{für alle } \mathbf{a}, \mathbf{x} \in U$$

Man beweise dies!

Wir wollen nun auch die zweite Ableitung heranziehen und setzen deshalb voraus, daß f in U zweimal differenzierbar ist. Nach dem Taylorschen Satz gilt

$$f(\mathbf{x}) = f(\mathbf{a}) + f'(\mathbf{a}, \mathbf{x}-\mathbf{a}) + \tfrac{1}{2} f''\big(\mathbf{a} + \vartheta(\mathbf{x}-\mathbf{a}), \mathbf{x}-\mathbf{a}, \mathbf{x}-\mathbf{a}\big) \text{ mit } 0 < \vartheta < 1.$$

Kennzeichnend für die strenge Konvexität von f ist, wie bewiesen, die Bedingung

$$f(\mathbf{x}) - f(\mathbf{a}) - f'(\mathbf{a}, \mathbf{x}-\mathbf{a}) > 0,$$

also nach dem Taylorschen Satz

$$f''\big(\mathbf{a} + \vartheta(\mathbf{x}-\mathbf{a}), \mathbf{x}-\mathbf{a}, \mathbf{x}-\mathbf{a}\big) > 0 \qquad \text{für } \mathbf{x} \neq \mathbf{a}.$$

Hieraus ergibt sich eine hinreichende Bedingung für die strenge Konvexität von f: Gilt nämlich für alle $\mathbf{y} \in U$ und alle $\mathbf{h} \neq \mathbf{0}$ aus $\mathbb{R}^n$ die Ungleichung

$$f''(\mathbf{y}, \mathbf{h}, \mathbf{h}) > 0,$$

d.h. ist für jedes $\mathbf{y} \in U$ die quadratische Form $f''(\mathbf{y}, \mathbf{h}, \mathbf{h})$ positiv definit, so ist die Konvexitätsbedingung erfüllt. Es folgt also der

Satz: *Es sei $U \subset \mathbb{R}^n$ konvex und $f\colon U \to \mathbb{R}$ zweimal differenzierbar. Wenn die zweite Ableitung überall positiv definit ist, dann ist f streng konvex.*

Aufgabe: Man zeige durch ein Beispiel, daß die Umkehrung nicht zu gelten braucht.

Für konvexe (nicht notwendig streng konvexe) zweimal differenzierbare Funktionen erhält man entsprechend als hinreichende Bedingung:
Wenn alle Hesse-Formen positiv semidefinit sind, d.h. wenn

$$f''(\mathbf{x}, \mathbf{h}, \mathbf{h}) \geqq 0 \qquad \text{für alle } \mathbf{x} \in U \text{ und alle } \mathbf{h} \in \mathbb{R}^n$$

gilt, dann ist f konvex.

Aufgabe: Man übertrage den für den streng konvexen Fall geführten Beweis. Weiter zeige man, daß von dieser Aussage auch die Umkehrung richtig ist.

Aufgaben

1. Die Vertauschbarkeit der partiellen Ableitungen kann unter stärkeren Voraussetzungen auch aus dem Vertauschbarkeitssatz für iterierte Integrale (vgl. Bd. I, S. 403) hergeleitet werden. Man beweise zunächst: Sind $D_1 D_2 f$ und $D_2 D_1 f$ in U stetig, so gilt für beliebige (hinreichend kleine) Intervalle $[a, b]$ und $[c, d]$:

$$\int_c^d \Big(\int_a^b D_1 D_2 f dx_1\Big) dx_2 = \int_a^b \Big(\int_c^d D_2 D_1 f dx_2\Big) dx_1 .$$

Daraus folgere man

$$D_1 D_2 f = D_2 D_1 f.$$

2. Man bestimme alle zweimal stetig differenzierbaren Funktionen, für die

$$D_1 D_2 f(\mathbf{x}) = 0 \qquad (\mathbf{x} \in U,\ U \subset \mathbb{R}^2 \text{ konvex})$$

gilt.
Welche Lösungen hat die „Wellengleichung"

$$f_{xx} - f_{tt} = 0\ ?$$

3. Man bestimme alle (in $\mathbb{R}^n \setminus \{\mathbf{0}\}$ zweimal differenzierbaren) Lösungen f der „Laplaceschen Differentialgleichung"

$$\Delta f := \frac{\partial^2 f}{\partial x_1^2} + \ldots + \frac{\partial^2 f}{\partial x_n^2} = 0,$$

die von der Form $f(\mathbf{x}) = \varphi\big(\sqrt{x_1^2 + \ldots + x_n^2}\big)$ sind.
4. Es seien

$$\mathbf{X}: U \to \mathbb{R}^n$$
$$\mathbf{Y}: U \to \mathbb{R}^n$$

stetig differenzierbare Vektorfelder. Durch die Festsetzung

$$[\mathbf{X}, \mathbf{Y}](\mathbf{u}) := \mathbf{X}'\big(\mathbf{u}, \mathbf{Y}(\mathbf{u})\big) - \mathbf{Y}'\big(\mathbf{u}, \mathbf{X}(\mathbf{u})\big)$$

wird ihnen ein neues (stetiges) Vektorfeld $[\mathbf{X}, \mathbf{Y}]$ zugeordnet (Liesches Klammerprodukt). Man beweise:

(1) $[\mathbf{Y},\mathbf{X}] = -[\mathbf{X},\mathbf{Y}]$

(2) $[c_1\mathbf{X}_1 + c_2\mathbf{X}_2, \mathbf{Y}] = c_1[\mathbf{X}_1,\mathbf{Y}] + c_2[\mathbf{X}_2,\mathbf{Y}]$

(3) $[f\mathbf{X}, g\mathbf{Y}] = fg[\mathbf{X},\mathbf{Y}] + \langle \operatorname{grad} f, \mathbf{X}\rangle g\mathbf{Y} - \langle \operatorname{grad} g, \mathbf{Y}\rangle f\mathbf{X}$

für stetig differenzierbares f, g.

(4) $[[\mathbf{X},\mathbf{Y}],\mathbf{Z}] + [[\mathbf{Y},\mathbf{Z}],\mathbf{X}] + [[\mathbf{Z},\mathbf{X}],\mathbf{Y}] = \mathbf{0}$ (Jacobi-Identität)

für zweimal stetig differenzierbare Vektorfelder $\mathbf{X}, \mathbf{Y}, \mathbf{Z}$.

5. Für die (zweimal stetig differenzierbare) Funktion $f(x,y,z)$ gelte

$$f_{xx} + f_{yy} + f_{zz} = 0.$$

Man bestimme eine hierzu äquivalente Bedingung für
$F(r,\varphi,\vartheta) := f(r\cos\vartheta\cos\varphi, r\cos\vartheta\sin\varphi, r\sin\vartheta)$.

6. Man bestimme für $f(x,y) = \dfrac{1}{1-x-y}$ die Taylor-Reihe bezüglich des Entwicklungspunktes (0,0). Für welche (x,y) konvergiert die Reihe? Wird f dann durch die Reihe dargestellt?
Für welche (x,y) ist die Familie der auftretenden Produkte $c_{ij}x^i y^j$ summierbar (vgl. Bd. I, S. 178)? Bei Umordnung in eine Potenzreihe bezüglich x mit Koeffizienten, die von y abhängen, erhält man für jedes y einen Konvergenzradius $r(y)$. Man bestimme diesen.

7. Es sei $f\colon \mathbb{R}^n\setminus\{\mathbf{0}\} \to \mathbb{R}$ stetig differenzierbar und es gelte mit einer stetig differenzierbaren Funktion φ die Gleichung

$$\operatorname{grad} f(\mathbf{x}) = \varphi(\mathbf{x})\,\mathbf{x}.$$

Dann hängen φ und f nur von $|\mathbf{x}|$ ab, d.h. das Gradientenfeld ist rotationssymmetrisch. Es gilt also mit Funktionen F und Φ einer reellen Variablen

$$f(\mathbf{x}) = F(|\mathbf{x}|) \qquad \text{und} \qquad \varphi(\mathbf{x}) = \Phi(|\mathbf{x}|).$$

Welche Beziehung besteht zwischen F und Φ?
(Die Aussage gilt auch schon, wenn φ nur als stetig vorausgesetzt wird.)

8. Die in Aufg. 12, S. 122 betrachteten Funktionen seien zweimal differenzierbar. Man zeige, daß $f_{xx} + f_{yy} = 0$ und $g_{xx} + g_{yy} = 0$ gilt. (Mit funktionentheoretischen Mitteln läßt sich beweisen, daß die genannten Abbildungen beliebig oft differenzierbar sind.)

9. Es sei $\boldsymbol{\Phi}\colon U \to \mathbb{R}^n$ $(U \subset \mathbb{R}^n)$ zweimal differenzierbar und es sei $\boldsymbol{\Phi}'(\mathbf{x})$ für jedes $\mathbf{x} \in U$ eine orthogonale Abbildung, d.h. es gelte
$\langle \boldsymbol{\Phi}'(\mathbf{x},\mathbf{h}), \boldsymbol{\Phi}'(\mathbf{x},\mathbf{k})\rangle = \langle \mathbf{h},\mathbf{k}\rangle$ für alle $\mathbf{h},\mathbf{k} \in \mathbb{R}^n$.
Man zeige, daß $\boldsymbol{\Phi}'$ von $\mathbf{x}$ unabhängig, $\boldsymbol{\Phi}$ also eine Isometrie ist.

10. Welche einem Kreis einbeschriebenen konvexen Vierecke haben den größten

Flächeninhalt? (Vgl. hierzu Beispiel 2 von S. 137). Man löse die entsprechende Aufgabe auch für konvexe n-Ecke.

11. Man bestimme zu n vorgegebenen Meßwertpaaren $(x_1, y_1), \ldots, (x_n, y_n)$ diejenigen Geraden $y = a + bx$, für die

$$F(a, b) := \sum_{i=1}^{n} (y_i - a - bx_i)^2$$

minimal wird (Methode der kleinsten Quadrate zur Bestimmung der „Ausgleichsgeraden").

12. Für die Funktion

$$f(x, y) = y^2 - 3x^2 y + 2x^4$$

bestimme man die kritischen Stellen und untersuche, ob Extremalstellen vorliegen.
Zur Untersuchung der Stelle (0,0) verwende man, daß
$f(x, y) = (y - x^2)(y - 2x^2)$ ist. Man zeige außerdem, daß f über jeder durch (0,0) verlaufenden Geraden ein lokales Minimum an dieser Stelle besitzt.

13. Im $\mathbb{R}^n$ seien r Punkte $\mathbf{a}_1, \ldots, \mathbf{a}_r$ gegeben. Man zeige, daß es genau einen Punkt gibt, für den

$$f(\mathbf{x}) = |\mathbf{x} - \mathbf{a}_1|^2 + \ldots + |\mathbf{x} - \mathbf{a}_r|^2$$

minimal wird und man bestimme diesen Punkt.

14. In der Ebene sei ein Dreieck gegeben. Man bestimme die Punkte der Ebene, für die die Summe der Abstände von den Eckpunkten des Dreiecks minimal ist. (Man beachte, daß die zu untersuchende Funktion in den drei Eckpunkten nicht differenzierbar ist. Unter welcher Voraussetzung erhält man einen Punkt im Innern des Dreiecks?) Man löse die entsprechende Aufgabe auch für ein konvexes Viereck in der Ebene.

15. Gegeben seien zwei Geraden im $\mathbb{R}^n$ ohne gemeinsamen Punkt. Man bestimme den kürzesten Abstand zwischen den Geraden.

16. Es sei $K \subset \mathbb{R}^n$ eine konvexe Menge und

$$f(\mathbf{x}) := \inf_{\mathbf{y} \in K} \|\mathbf{x} - \mathbf{y}\| \qquad (\mathbf{x} \in \mathbb{R}^n)$$

die Distanzfunktion von K (vgl. S. 52). Man zeige, daß f konvex ist.

17. Man zeige, daß eine streng konvexe Funktion (mit der offenen konvexen Definitionsmenge U) höchstens eine Minimalstelle hat.
Entsprechend hat eine konkave Funktion (vgl. Bd. I, S. 284) höchstens eine Maximalstelle.

18. Es seien f, g konvexe Funktionen und $c > 0$. Man zeige, daß $cf, f+g$ und $\max\{f, g\}$ konvexe Funktionen sind.
19. Die Funktion $f\colon U \to \mathbb{R}$ sei konvex. Man beweise, daß an jeder Stelle $\mathbf{a} \in U$ alle „halbseitigen" Richtungsableitungen

$$\lim_{\substack{t \to 0 \\ t > 0}} \frac{f(\mathbf{a} + t\mathbf{v}) - f(\mathbf{a})}{t}$$

existieren.
Ergeben $\mathbf{v}$ und $-\mathbf{v}$ immer denselben Grenzwert, so ist f in $\mathbf{a}$ differenzierbar.
20. Es sei $f\colon U \to \mathbb{R}$ eine zweimal differenzierbare konvexe Funktion und φ eine zweimal differenzierbare monoton wachsende konvexe Funktion einer Variablen. Dann ist $F = \varphi \circ f$ konvex. Welche Potenzen von l_p Normen sind im $\mathbb{R}^n$ differenzierbare konvexe Funktionen?
21. Für welche reellen Exponenten α, β ist die Funktion $f(x, y) = x^\alpha y^\beta$ $(x > 0, y > 0)$ konvex?
Man beantworte die entsprechende Frage im $\mathbb{R}^n$ wenigstens für den Sonderfall

$$f(\mathbf{x}) = (x_1 \cdot \ldots \cdot x_n)^\alpha.$$

22. Es sei $f\colon U \to \mathbb{R}$ eine konvexe Funktion. Man zeige, daß die Mengen

$$K_c := \{\mathbf{x} \in U \mid f(\mathbf{x}) < c\}$$

offen und konvex sind.

14.5 Banachscher Fixpunktsatz, Anwendungen

Mit dem Fixpunktsatz, den wir hier beweisen wollen, erhalten wir eine weitreichende Methode zum Beweis von Existenz- und Eindeutigkeitssätzen der Analysis, wie z. B. für den Satz von der lokalen Umkehrbarkeit oder für den Existenz- und Eindeutigkeitssatz für gewöhnliche Differentialgleichungssysteme.
Es ist zweckmäßig, diesen Fixpunktsatz nicht nur für Banach-Räume (d.h. für vollständige normierte Vektorräume, vgl. Bd. I, S. 342), sondern gleich für beliebige vollständige metrische Räume zu beweisen, da die Vektorraumstruktur nicht benötigt wird und so der Anwendungsbereich wesentlich erweitert werden kann.

Unter einem *metrischen Raum* (M, d) versteht man eine beliebige Menge M zusammen mit einer *Distanzfunktion* $d\colon M \times M \to \mathbb{R}$, die folgende Bedingungen erfüllt:

(1) $d(x, y) = 0$ genau dann, wenn $x = y$

(2) $d(x, y) = d(y, x)$

(3) $d(x, z) \leqq d(x, y) + d(y, z)$ (Dreiecksungleichung).

Hieraus folgt, daß $d(x, y) \geqq 0$ für alle $x, y \in M$ gilt. Beispiele für metrische Räume sind alle normierten Vektorräume mit der Distanz

$$d(\mathbf{x}, \mathbf{y}) = \|\mathbf{y} - \mathbf{x}\|.$$

Aber auch beliebige Teilmengen von normierten Vektorräumen sind metrische Räume.

Bemerkung: Jede beliebige Menge M kann zu einem metrischen Raum gemacht werden, indem man die „triviale" Distanzfunktion

$$d(x, y) = \begin{cases} 0 & \text{für } x = y \\ 1 & \text{für } x \neq y \end{cases}$$

einführt. Diese Räume sind jedoch für uns nicht von Interesse.

In metrischen Räumen kann die Konvergenz einer Folge (x_k) gegen einen Grenzwert $a \in M$ wie üblich erklärt werden; dasselbe gilt vom Begriff der Cauchy-Folge. Allerdings gibt es zu einer Cauchy-Folge (x_k) nicht notwendig eine Element $a \in M$, gegen das die Folge (x_k) konvergiert (z.B. hat nicht jede Cauchy-Folge in dem metrischen Raum $\mathbb{Q} \subset \mathbb{R}$ einen Grenzwert in $\mathbb{Q}$). Man definiert:

Wenn jede Cauchy-Folge aus M einen Grenzwert in M besitzt, dann heißt der metrische Raum M vollständig.

Beispiele für vollständige metrische Räume sind der $\mathbb{R}^n$ sowie alle abgeschlossenen Teilmengen des $\mathbb{R}^n$; weiter sind nach Definition alle Banach-Räume vollständige metrische Räume (so sind z.B. die Räume stetiger Funktionen mit kompakter Definitionsmenge vollständige metrische Räume).

Wir betrachten nun Abbildungen von metrischen Räumen in sich. Der Begriff der Stetigkeit wird wie üblich definiert; auch der Begriff der dehnungsbeschränkten Abbildung $\Phi\colon M \to M$ ist sinnvoll:

$$d(\Phi(x), \Phi(y)) \leqq c \cdot d(x, y).$$

Dehnungsbeschränkte Abbildungen sind stetig und sogar gleichmäßig stetig. Im folgenden untersuchen wir dehnungsbeschränkte Abbildungen, deren Dehnungsschranke c kleiner als 1 ist.

Def.: *Eine Abbildung*

$$\Phi : M \to M$$

heißt kontrahierend, *wenn es eine reelle Zahl c mit $0 \leqq c < 1$ gibt, derart daß für alle $x, y \in M$ gilt:*

$$d(\Phi(x), \Phi(y)) \leqq c \cdot d(x, y).$$

Satz: *Jede kontrahierende Abbildung Φ eines vollständigen metrischen Raumes (M, d) besitzt genau einen Fixpunkt, d.h. es gibt genau ein $z \in M$ derart, daß gilt*

$$\Phi(z) = z.$$

(Banachscher Fixpunktsatz)

Beweis: Wir weisen zunächst nach, daß ein Fixpunkt z existiert, indem wir rekursiv eine Cauchy-Folge konstruieren, deren Grenzwert z die Gleichung $\Phi(z) = z$ erfüllt. Sodann beweisen wir die Eindeutigkeit.
Wir wählen $x_0 \in M$ beliebig und setzen

$$x_{k+1} = \Phi(x_k).$$

Um zu beweisen, daß (x_k) eine Cauchy-Folge ist, müssen wir $d(x_{k+p}, x_k)$ abschätzen. Wir beachten dazu, daß nach Voraussetzung für alle $j \geqq 1$ gilt

$$(*) \qquad d(x_{j+1}, x_j) \leqq c \cdot d(x_j, x_{j-1})$$

und erhalten unter Einschub der Punkte $x_{k+p-1}, x_{k+p-2}, \ldots, x_{k+1}$ nach der Dreiecksungleichung

$$d(x_{k+p}, x_k) \leqq d(x_{k+p}, x_{k+p-1}) + \ldots + d(x_{k+1}, x_k).$$

Durch wiederholte Verwendung von $(*)$ folgt hieraus

$$\begin{aligned} d(x_{k+p}, x_k) &\leqq (c^{p-1} + c^{p-2} + \ldots + c + 1) \cdot d(x_{k+1}, x_k) \\ &\leqq \frac{1 - c^p}{1 - c} \cdot c^k \cdot d(x_1, x_0). \end{aligned}$$

Da $0 \leqq c < 1$ gilt, ergibt sich für beliebiges k und p die Abschätzung:

$$d(x_{k+p}, x_k) \leqq \frac{c^k}{1 - c} d(x_1, x_0).$$

Wegen $\lim\limits_k c^k = 0$ ist (x_k) also eine Cauchy-Folge.

Nach Voraussetzung ist (M, d) vollständig, d.h. es gibt ein $z \in M$, so daß gilt

$$\lim_k x_k = z.$$

Dieses z ist ein Fixpunkt von Φ, denn wegen der Stetigkeit von Φ folgt aus

$$x_{k+1} = \Phi(x_k)$$

unmittelbar:

$$z = \lim_k x_{k+1} = \lim_k \Phi(x_k) = \Phi(\lim_k x_k) = \Phi(z).$$

Schließlich ergibt sich die Eindeutigkeit des Fixpunktes folgendermaßen: Aus $\Phi(z) = z$ und $\Phi(z') = z'$ erhält man die Abschätzung:

$$d(z, z') = d\big(\Phi(z), \Phi(z')\big) \leqq c \cdot d(z, z')$$

Wegen $0 \leqq c < 1$ folgt hieraus $d(z, z') = 0$, d.h. $z = z'$.

Der Beweis zeigt, daß der „Fehler“, der nach dem k-ten Iterationsschritt noch vorhanden ist, explizit abgeschätzt werden kann, so daß wir nicht nur eine reine Existenzaussage, sondern auch ein numerisch verwendbares Verfahren erhalten haben.

Aus der bewiesenen Ungleichung

$$d(x_{k+p}, x_k) \leqq \frac{c^k}{1-c}\, d(x_1, x_0)$$

folgt wegen $\lim_p d(x_{k+p}, x_k) = d(z, x_k)$ die „a-priori-Abschätzung“ für den Fehler nach k Iterationen:

$$d(z, x_k) \leqq \frac{c^k}{1-c}\, d(x_1, x_0).$$

Dabei wird verwendet, daß die Abbildung

$$y \mapsto d(y, x_k)$$

von M in $\mathbb{R}$ stetig ist (Beweis als Aufgabe).

Man beachte, daß man mit jedem beliebigen $x_0 \in M$ beginnen kann! Natürlich wird man bei konkreten Anwendungen x_0 möglichst nahe bei dem vermuteten Fixpunkt zu wählen versuchen.

Bemerkung: Die Fehlerabschätzung

$$d(z, x_k) \leqq \frac{d(x_1, x_0)}{1 - c} \cdot c^k$$

besagt, daß die Folge (x_k) mindestens so schnell gegen den Fixpunkt a konvergiert wie die geometrische Folge $(a \cdot c^k)$ gegen 0 konvergiert.

Die Aussage des Banachschen Fixpunktsatzes kann im einfachsten Fall, nämlich der kontrahierenden Abbildung eines abgeschlossenen Intervalls in sich, gut veranschaulicht werden (vgl. Figur). Die Folge (x_k) ergibt sich dabei durch die in

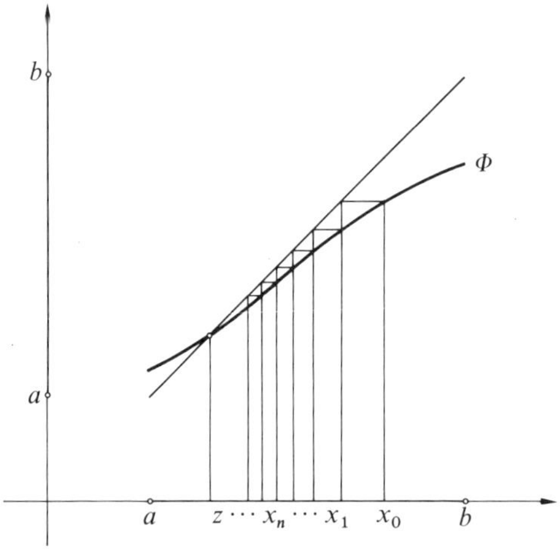

der Figur angegebenen geometrischen Konstruktion, in der die ,,Hauptdiagonale`` zur Bestimmung von $x_{k+1} = \Phi(x_k)$ herangezogen wird. Daß Φ kontrahierend ist, zeigt sich darin, daß der Graph von Φ flacher als die Hauptdiagonale verläuft.

Nullstellenbestimmung

Als erste Anwendung des Banachschen Fixpunktsatzes behandeln wir das Problem der näherungsweisen Berechnung von *Nullstellen* einer Abbildung. Die folgenden Überlegungen gelten natürlich auch im Fall $n = 1$ (diesen sollte man stets zur Veranschaulichung heranziehen).
Wir beschäftigen uns hier gleich mit dem n-dimensionalen Problem, d.h. wir suchen für eine gegebene Abbildung

$$\mathbf{f}\colon U \to \mathbb{R}^n \qquad (U \subset \mathbb{R}^n)$$

diejenigen Punkte $\mathbf{x}$ aus U zu ermitteln, für die gilt

$$\mathbf{f}(\mathbf{x}) = \mathbf{0}.$$

Dieses Problem ist äquivalent zur Bestimmung der Fixpunkte der Abbildung $\boldsymbol{\Phi}\colon U \to \mathbb{R}^n$, wenn $\boldsymbol{\Phi}$ erklärt wird durch

$$\boldsymbol{\Phi}(\mathbf{x}) = \mathbf{x} - \mathbf{A}(\mathbf{x})\,\mathbf{f}(\mathbf{x})$$

und $\mathbf{A}(\mathbf{x})$ eine (jedem $\mathbf{x} \in U$ zugeordnete) umkehrbare lineare Abbildung ist, die noch willkürlich gewählt werden kann. Man wird versuchen, $\mathbf{A}(\mathbf{x})$ so zu bestimmen, daß die zugehörige Abbildung $\boldsymbol{\Phi}$ kontrahierend ist.

Für praktische Rechnungen ist es meist zweckmäßig, für $\mathbf{A}(\mathbf{x})$ eine von $\mathbf{x}$ unabhängige lineare Abbildung $\mathbf{A}$ zu nehmen. Ist dann außerdem die Abbildung $\mathbf{f}$ differenzierbar, so gilt dies auch von $\boldsymbol{\Phi}$ und man erhält die Ableitung

$$\boldsymbol{\Phi}'(\mathbf{x}) = \mathrm{id}_{\mathbb{R}^n} - \mathbf{A} \circ \mathbf{f}'(\mathbf{x}).$$

Die Forderung, daß $\boldsymbol{\Phi}$ kontrahierend sein soll, kann in diesem Fall mittels der auf S. 69 eingeführten Norm ausgedrückt werden durch

$$\|\mathrm{id}_{\mathbb{R}^n} - \mathbf{A} \circ \mathbf{f}'(\mathbf{x})\| \leqq c < 1.$$

Der Beweis ergibt sich – dabei wird U als konvex vorausgesetzt – direkt aus dem Schrankensatz:

$$\|\boldsymbol{\Phi}(\mathbf{x}) - \boldsymbol{\Phi}(\mathbf{y})\| \leqq \sup_{\mathbf{z} \in U} \|\boldsymbol{\Phi}'(\mathbf{z})\| \cdot \|\mathbf{x} - \mathbf{y}\|.$$

Weiter hat man dann nach kompakten Teilmengen M von U zu suchen, die durch Φ in sich abgebildet werden.

Dazu gehen wir von der Vorstellung aus, daß wir schon einen Punkt $\mathbf{a}$ haben, der „nahezu" Nullstelle ist, d. h. für den $\|\mathbf{f}(\mathbf{a})\|$ klein ist. Ein solcher Punkt $\mathbf{a}$ ist dann auch nahezu ein Fixpunkt von $\boldsymbol{\Phi}$, denn es folgt aus $\boldsymbol{\Phi}(\mathbf{x}) - \mathbf{x} = -\mathbf{A}\mathbf{f}(\mathbf{x})$ die Abschätzung

$$\|\boldsymbol{\Phi}(\mathbf{a}) - \mathbf{a}\| \leqq \|\mathbf{A}\| \cdot \|\mathbf{f}(\mathbf{a})\|$$

Man wird nun erwarten – da $\boldsymbol{\Phi}$ kontrahierend ist – daß eine genügend kleine Kugel um $\mathbf{a}$ durch $\boldsymbol{\Phi}$ in sich abgebildet wird. Dies ist tatsächlich der Fall, wenn als Radius

$$r = \frac{\|\mathbf{A}\| \cdot \|\mathbf{f}(\mathbf{a})\|}{1 - c}$$

genommen wird. Mit diesem r folgt nämlich für $\|\mathbf{x}-\mathbf{a}\| \leqq r$ die Abschätzung

$$\begin{aligned}\|\boldsymbol{\Phi}(\mathbf{x})-\mathbf{a}\| &\leqq \|\boldsymbol{\Phi}(\mathbf{x})-\boldsymbol{\Phi}(\mathbf{a})\|+\|\boldsymbol{\Phi}(\mathbf{a})-\mathbf{a}\| \\ &\leqq c\|\mathbf{x}-\mathbf{a}\|+\|\mathbf{A}\|\cdot\|\mathbf{f}(\mathbf{a})\| \\ &\leqq cr+(1-c)r=r.\end{aligned}$$

Also ist unter den angegebenen Bedingungen der Banachsche Fixpunktsatz anwendbar, d. h. in der Kugel $\|\mathbf{x}-\mathbf{a}\| \leqq r$ hat $\boldsymbol{\Phi}$ genau einen Fixpunkt und damit $\mathbf{f}$ genau eine Nullstelle.
Dieses Ergebnis halten wir fest in dem folgenden

Satz: *Es sei* $\mathbf{f}\colon U \to \mathbb{R}^n$ $(U \subset \mathbb{R}^n)$ *eine differenzierbare Abbildung. Weiter sei* $\mathbf{A}$ *eine umkehrbare lineare Abbildung und es gelte für* $\|\mathbf{x}-\mathbf{a}\| \leqq r$ *die Abschätzung*

$$\|\mathrm{id}_{\mathbb{R}^n}-\mathbf{A}\circ\mathbf{f}'(\mathbf{x})\| \leqq c<1.$$

Ist dann die Bedingung

$$\|\mathbf{f}(\mathbf{a})\| \leqq \frac{r(1-c)}{\|\mathbf{A}\|}$$

erfüllt, so hat $\mathbf{f}$ *genau eine Nullstelle* $\mathbf{z}$ *in der Kugel* $\|\mathbf{x}-\mathbf{a}\| \leqq r$.

Diese Nullstelle erhält man als Grenzwert jeder Folge $(\mathbf{x}_k)$, *die bei beliebig gewähltem* $\mathbf{x}_0$ *mit* $\|\mathbf{x}_0-\mathbf{a}\| \leqq r$ *rekursiv festgelegt ist durch*

$$\mathbf{x}_{k+1}=\mathbf{x}_k-\mathbf{A}\mathbf{f}(\mathbf{x}_k).$$

Es gilt die Fehlerabschätzung

$$\|\mathbf{z}-\mathbf{x}_k\| \leqq \frac{c^k}{1-c}\|\mathbf{A}\|\cdot\|\mathbf{f}(\mathbf{x}_0)\|.$$

Wenn man diesen Satz anwenden will, so wählt man zunächst ein $\mathbf{a}$ in der Nähe der vermuteten Nullstelle, um von vornherein ein kleines $\|\mathbf{f}(\mathbf{a})\|$ zu erhalten. Als nächstes ist $\mathbf{A}$ festzulegen. Es bietet sich an,

$$\mathbf{A}=(\mathbf{f}'(\mathbf{a}))^{-1}$$

zu verwenden (man hat also $\mathbf{a}$ auch so zu wählen, daß die Bedingung $\det\mathbf{f}'(\mathbf{a}) \neq 0$ erfüllt ist), da dann für die Stelle $\mathbf{x}=\mathbf{a}$ die Gleichung

$$\|\mathrm{id}_{\mathbb{R}^n}-\mathbf{A}\circ\mathbf{f}'(\mathbf{a})\|=0$$

folgt. Bei stetigem $\mathbf{f}'$ kann nun eine Kugelumgebung $\|\mathbf{x}-\mathbf{a}\| \leqq r$ gefunden werden, in der

$$\|\mathrm{id}_{\mathbb{R}^n} - \mathbf{A} \circ \mathbf{f}'(\mathbf{x})\| \leqq c < 1$$

gilt. (Damit die Konvergenz hinreichend schnell erfolgt, wird man etwa $c \leqq \frac{1}{2}$ anstreben.)
Zum Schluß ist zu prüfen, ob die Ungleichung

$$\|\mathbf{f}(\mathbf{a})\| \leqq \frac{r(1-c)}{\|\mathbf{A}\|}$$

erfüllt ist. Ist dies nicht der Fall, hat man nach einer besser geeigneten Stelle **a** zu suchen.

Beispiel: Die beiden Gleichungen

$$f(x, y) = x^2 - y^2 - 1 = 0$$
$$g(x, y) = 2xy - 1 = 0$$

haben im ersten Quadranten (vgl. Figur) genau eine Lösung (x_0, y_0). Als Aus-

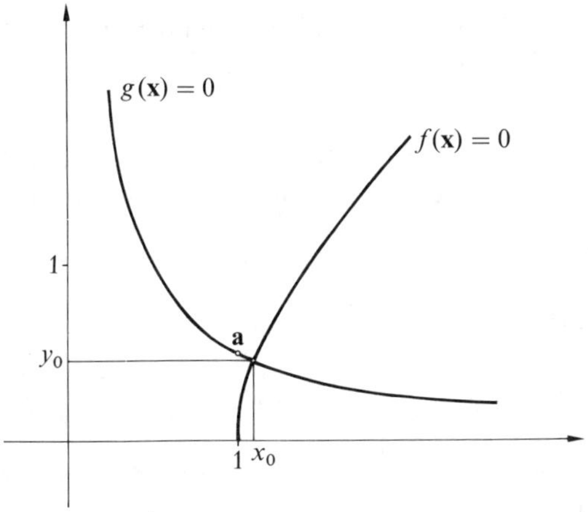

gangspunkt wählen wir $(1, \frac{1}{2})$ und finden für $\|\mathbf{f}(\mathbf{a})\|$ den Wert $\frac{1}{4}$ (wir verwenden die euklidische Norm). Die Jacobi-Matrix an der Stelle $(1, \frac{1}{2})$ ist

$$\begin{pmatrix} 2 & -1 \\ 1 & 2 \end{pmatrix};$$

für **A** nehmen wir die dazu inverse Matrix

$$\mathbf{A} = \begin{pmatrix} \frac{2}{5} & \frac{1}{5} \\ -\frac{1}{5} & \frac{2}{5} \end{pmatrix}.$$

Nun ist die Bedingung

$$\|\mathrm{id}_{\mathbb{R}^n} - \mathbf{A} \circ \mathbf{f}'(\mathbf{x})\| \leq c < 1$$

zu erfüllen, in unserem Fall also

$$\left\| \begin{pmatrix} 1 - \frac{4}{5}x - \frac{2}{5}y & -\frac{2}{5}x + \frac{4}{5}y \\ \frac{2}{5}x - \frac{4}{5}y & 1 - \frac{4}{5}x - \frac{2}{5}y \end{pmatrix} \right\| \leqq c\,.$$

Da die explizite Formel für die euklidische Norm einer 2×2-Matrix rechnerisch schon etwas unbequem ist, verwenden wir die Abschätzung

$$\left\| \begin{pmatrix} \alpha & \beta \\ \gamma & \delta \end{pmatrix} \right\| \leqq \sqrt{\alpha^2 + \beta^2 + \gamma^2 + \delta^2}\,.$$

Damit wird man auf die Bedingung

$$(x-1)^2 + (y - \tfrac{1}{2})^2 \leqq \frac{5c^2}{8},$$

geführt, d.h. man erhält als Radius der Kreisumgebung von $(1, \frac{1}{2})$ den Wert

$$r = c \cdot \sqrt{\tfrac{5}{8}}\,.$$

Da $\|\mathbf{f}(\mathbf{a})\| = \frac{1}{4}$ und $\|\mathbf{A}\| = \sqrt{\frac{1}{5}}$ gilt, ergibt sich aus der schließlich noch zu erfüllenden Bedingung $\|\mathbf{f}(\mathbf{a})\| \cdot \|\mathbf{A}\| \leqq r(1-c)$ für die noch nicht festgelegte Kontraktionskonstante c die Ungleichung

$$\frac{\sqrt{2}}{10} \leqq c(1-c)\,.$$

Wir können also z.B. $c = \frac{1}{5}$ erreichen.

Der Kreis um $(1, \frac{1}{2})$ mit dem Radius $\dfrac{1}{\sqrt{40}}$ wird somit durch die kontrahierende Abbildung $\boldsymbol{\Phi}$, die durch

$$\varphi(x,y) = x - \tfrac{2}{5}x^2 - \tfrac{2}{5}xy + \tfrac{2}{5}y^2 + \tfrac{3}{5}$$
$$\psi(x,y) = y + \tfrac{1}{5}x^2 - \tfrac{4}{5}xy - \tfrac{1}{5}y^2 + \tfrac{1}{5}$$

beschrieben wird, mit der Kontraktionskonstante $\frac{1}{5}$ in sich abgebildet.
Nimmt man als Anfangspunkt den Mittelpunkt des Kreises, so liefert die a-priori-Abschätzung für den Fehler bei der k-ten Näherung die obere Schranke

$$\frac{\sqrt{5}}{16} \cdot \left(\frac{1}{5}\right)^k$$

Aufgabe: In diesem Beispiel kann man die Lösung (x_0, y_0) natürlich auch explizit angeben:

$$x_0 = \sqrt{\frac{\sqrt{2}+1}{2}}, \quad y_0 = \sqrt{\frac{\sqrt{2}-1}{2}}.$$

Man vergleiche den tatsächlichen Fehler der zweiten Näherung mit der a-priori-Schranke.

Bemerkung: Die lineare Abbildung $\mathbf{A}$ kann im Rahmen der angegebenen Bedingungen nach Bequemlichkeitsgesichtspunkten gewählt werden.
Arbeitet man mit

$$\mathbf{A} = (\mathbf{f}'(\mathbf{a}))^{-1},$$

so spricht man oft vom *modifizierten Newton-Verfahren.*
Beim *allgemeinen Newton-Verfahren* verwendet man die von $\mathbf{x}$ abhängige lineare Abbildung

$$\mathbf{A}(\mathbf{x}) = (\mathbf{f}'(\mathbf{x}))^{-1}.$$

Der bedeutend besseren Konvergenz dieses Verfahrens (vgl. hierzu Aufg. 4) steht der bei größerem n erhebliche Rechenaufwand gegenüber, der bei jedem Iterationsschritt bei der Bestimmung von $(\mathbf{f}'(\mathbf{x}))^{-1}$ auftritt. Auch ist es oft nicht einfach, zu prüfen, ob die Voraussetzungen des Banachschen Fixpunktsatzes erfüllt sind.

Systeme gewöhnlicher Differentialgleichungen

Als weitere Anwendung des Fixpunktsatzes bringen wir einen Beweis dafür, daß das „Anfangswertproblem" für gewöhnliche Differentialgleichungssysteme

$$\begin{aligned} &\mathbf{x}'(t) = \mathbf{F}(t, \mathbf{x}(t)) \qquad (\text{kurz: } \mathbf{x}' = \mathbf{F}(t, \mathbf{x})) \\ &\mathbf{x}(t_0) = \mathbf{x}_0 \end{aligned}$$

unter Voraussetzungen, die wir gleich nennen werden, stets eindeutig lösbar ist. Die Maximumsnorm im $\mathbb{R}^n$ bezeichnen wir im folgenden mit $|\ |$, um sie von der Norm $\|\ \|$ des Raumes $\mathfrak{C}([t_0 - \delta, t_0 + \delta])$ der im Intervall $[t_0 - \delta, t_0 + \delta]$ stetigen vektorwertigen Abbildungen zu unterscheiden. Dieser normierte Vektorraum ist vollständig (vgl. Bd. I, S. 342).

Satz: *Es sei* $J \subset \mathbb{R}$ *ein Intervall und* $t_0 \in J$. *Weiter sei*

$$\mathbf{F}: J \times \mathbb{R}^n \to \mathbb{R}^n$$

stetig und erfülle eine Lipschitz-Bedingung, *d.h. es gelte für alle* $t \in J$ *und alle* $\mathbf{x}, \mathbf{y} \in \mathbb{R}^n$ *mit einer Konstanten L die Ungleichung*

$$|\mathbf{F}(t, \mathbf{y}) - \mathbf{F}(t, \mathbf{x})| \leqq L|\mathbf{y} - \mathbf{x}|.$$

Dann gibt es zu jedem Anfangswert $\mathbf{x}_0 \in \mathbb{R}^n$ *genau eine stetig differenzierbare Abbildung* $\mathbf{f}: J \to \mathbb{R}^n$, *für die gilt:*

$$\mathbf{f}'(t) = \mathbf{F}(t, \mathbf{f}(t)) \qquad (t \in J)$$
$$\mathbf{f}(t_0) = \mathbf{x}_0.$$

(*Satz von Picard-Lindelöf*)

Beweis: Nimmt man an, daß unser Problem eine Lösung **f** besitzt, dann muß nach dem Hauptsatz der Differential- und Integral-Rechnung die Gleichung

$$\mathbf{f}(t) = \mathbf{x}_0 + \int_{t_0}^{t} \mathbf{F}(\tau, \mathbf{f}(\tau))\, d\tau$$

gelten. **f** ist hiernach Fixelement der Abbildung Φ des Raumes aller in J stetigen vektorwertigen Funktionen in sich, die erklärt ist durch

$$(*) \qquad (\Phi(\mathbf{f}))(t) = \mathbf{x}_0 + \int_{t_0}^{t} \mathbf{F}(\tau, \mathbf{f}(\tau))\, d\tau.$$

Wir werden zeigen, daß bei Beschränkung von t auf ein genügend kleines Intervall $[t_0 - \delta, t_0 + \delta]$ die Selbstabbildung Φ des vollständigen metrischen Raumes $\mathfrak{C}([t_0 - \delta, t_0 + \delta])$ kontrahierend ist. Die Norm in diesem Raum ist dabei definiert durch

$$\|\mathbf{g}\| = \max_{t \in [t_0 - \delta, t_0 + \delta]} |\mathbf{g}(t)|.$$

Daß Φ eine Abbildung von $\mathfrak{C}([t_0 - \delta, t_0 + \delta])$ in sich ist, folgt unmittelbar aus $(*)$. Wir werden nun δ so festlegen, daß Φ kontrahierend ist. Dazu rechnen wir aus:

$$(\Phi(\mathbf{g}))(t) - (\Phi(\mathbf{f}))(t) = \int_{t_0}^{t} \big(\mathbf{F}(\tau, \mathbf{g}(\tau)) - \mathbf{F}(\tau, \mathbf{f}(\tau))\big)\, d\tau$$

und schätzen ab, (wobei das Vorzeichen von $t - t_0$ zu beachten ist):

$$\big|(\Phi(\mathbf{g}))(t) - (\Phi(\mathbf{f}))(t)\big| \leqq \operatorname{sign}(t - t_0) \int_{t_0}^{t} \big|\mathbf{F}(\tau, \mathbf{g}(\tau)) - \mathbf{F}(\tau, \mathbf{f}(\tau))\big|\, d\tau.$$

Wegen der vorausgesetzten Lipschitz-Bedingung gilt

$$\left|\mathbf{F}(\tau, \mathbf{g}(\tau)) - \mathbf{F}(\tau, \mathbf{f}(\tau))\right| \leqq L|\mathbf{g}(\tau) - \mathbf{f}(\tau)|.$$

Nach Definition der Norm in $\mathfrak{C}([t_0 - \delta, t_0 + \delta])$ folgt weiter:

$$\|\Phi(\mathbf{g}) - \Phi(\mathbf{f})\| \leqq \int_{t_0-\delta}^{t_0+\delta} L\|\mathbf{g} - \mathbf{f}\| d\tau = 2\delta L\|\mathbf{g} - \mathbf{f}\|.$$

Wählen wir nun $\delta < \frac{1}{2L}$, so ist Φ kontrahierend.

Nach dem Fixpunktsatz gibt es dann also ein $\mathbf{f} \in \mathfrak{C}([t_0 - \delta, t_0 + \delta])$, für das gilt

$$\mathbf{f}(t) = \mathbf{x}_0 + \int_{t_0}^{t} \mathbf{F}(\tau, \mathbf{f}(\tau)) d\tau.$$

Da der Integrand stetig ist, folgt hieraus

$$\mathbf{f}'(t) = \mathbf{F}(t, \mathbf{f}(t)),$$

auch ist die Anfangs-Bedingung $\mathbf{f}(t_0) = \mathbf{x}_0$ erfüllt. Also gibt es genau eine Lösung $\mathbf{f}$ für das gestellte Anfangswertproblem im Intervall $|t - t_0| \leqq \delta$.

Indem man das bewiesene Ergebnis auf die Anfangswertprobleme an den Stellen $t_0 - \delta$ bzw. $t_0 + \delta$ mit den Anfangswerten $\mathbf{f}(t_0 - \delta)$ bzw. $\mathbf{f}(t_0 + \delta)$ anwendet, erhält man eine und nur eine Lösung im doppelt so langen Intervall $|t - t_0| \leqq 2\delta$. Durch mehrmalige Anwendung dieses Fortsetzungsprozesses gelangt man schließlich zu einer Lösung $\mathbf{f}$ der Differentialgleichung, die im ganzen Intervall J erklärt ist. Dieses $\mathbf{f}$ ist offensichtlich die einzige Funktion, die unser Anfangswertproblem löst, da die Eindeutigkeitsaussage für jedes Teilintervall gilt.

Aufgabe: Die Lipschitz-Bedingung für $\mathbf{F}$ – also die Dehnungsbeschränktheit von $\mathbf{F}$ bezüglich der Variablen $\mathbf{x}$ – ist sicher dann erfüllt, wenn alle partiellen Ableitungen $D_1\mathbf{F}(t, \mathbf{x}), \ldots, D_n\mathbf{F}(t, \mathbf{x})$ existieren und beschränkt sind.

Bemerkung: Als Voraussetzung im Satz von Picard-Lindelöf wird die Stetigkeit von $\mathbf{F}$ bezüglich *aller* Variablen und die Lipschitz-Bedingung bezüglich der „Vektor-Variablen" $\mathbf{x}$ verlangt. Die Lipschitz-Bedingung beinhaltet zwar, daß $\mathbf{F}$ bezüglich $\mathbf{x}$ gleichmäßig stetig (sogar „gleichgradig" für alle t) ist, nicht aber, daß $\mathbf{F}$ die „volle" Stetigkeit besitzt. Für diese ist nun die zusätzliche Voraussetzung, daß $\mathbf{F}$ bezüglich t stetig ist (für jedes $\mathbf{x} \in \mathbb{R}^n$), schon hinreichend. Zum Beweis schätzen wir ab

$$|\mathbf{F}(t,\mathbf{x})-\mathbf{F}(t_0,\mathbf{x}_0)| \leqq |\mathbf{F}(t,\mathbf{x})-\mathbf{F}(t,\mathbf{x}_0)|+|\mathbf{F}(t,\mathbf{x}_0)-\mathbf{F}(t_0,\mathbf{x}_0)|$$
$$\leqq L|\mathbf{x}-\mathbf{x}_0|+|\mathbf{F}(t,\mathbf{x}_0)-\mathbf{F}(t_0,\mathbf{x}_0)|$$

Zu vorgegebenem $\varepsilon > 0$ sei nun $\delta > 0$ so bestimmt, daß für $|t-t_0| < \delta$ die Abschätzung

$$|\mathbf{F}(t,\mathbf{x}_0)-\mathbf{F}(t_0,\mathbf{x}_0)| < \varepsilon$$

gilt. Dann folgt für alle $(t,\mathbf{x})$ mit $|t-t_0| < \delta$ und $|\mathbf{x}-\mathbf{x}_0| < \frac{\varepsilon}{L}$ die Ungleichung

$$|\mathbf{F}(t,\mathbf{x})-\mathbf{F}(t_0,\mathbf{x}_0)| < L\cdot\frac{\varepsilon}{L}+\varepsilon = 2\varepsilon,$$

d.h. $\mathbf{F}$ ist an der Stelle $(t_0,\mathbf{x}_0)$ stetig.

Wir gehen noch kurz auf den wichtigen Sonderfall des Anfangswertproblems für *lineare homogene Differentialgleichungssysteme erster Ordnung* ein:

$$\mathbf{x}'(t) = \mathbf{A}(t)\,\mathbf{x}(t)$$
$$\mathbf{x}(t_0) = \mathbf{x}_0\,.$$

Dabei ist $\mathbf{A}(t)$ eine lineare Abbildung, die stetig von t abhängt; man hat also die Matrix-Darstellung

$$\mathbf{A}(t) = \begin{pmatrix} a_{11}(t) & \dots & a_{1n}(t) \\ \vdots & & \vdots \\ a_{n1}(t) & \dots & a_{nn}(t) \end{pmatrix} \qquad (t \in J)$$

mit gegebenen stetigen Funktionen a_{ij}. In diesem Fall ist

$$\mathbf{F}(t,\mathbf{x}) = \mathbf{A}(t)\,\mathbf{x},$$

so daß die Stetigkeit von $\mathbf{F}$ in $J\times\mathbb{R}^n$ unmittelbar ersichtlich ist. Weiter zeigt die Abschätzung

$$|\mathbf{F}(t,\mathbf{y})-\mathbf{F}(t,\mathbf{x})| = |\mathbf{A}(t)\,\mathbf{y}-\mathbf{A}(t)\,\mathbf{x}| \leqq |\mathbf{A}(t)|\cdot|\mathbf{y}-\mathbf{x}|,$$

daß $\mathbf{F}$ bei kompaktem Intervall $t_1 \leqq t \leqq t_2$ eine Lipschitz-Bedingung erfüllt. Man kann

$$L = \max_{t_1\leqq t\leqq t_2} \|\mathbf{A}(t)\|.$$

als Dehnungsschranke wählen.
Also besitzt das Anfangswertproblem für lineare homogene Differentialgleichungssysteme stets eine eindeutig bestimmte Lösung.

Läßt man den Anfangswert $\mathbf{x}_0$ den ganzen $\mathbb{R}^n$ durchlaufen, so erhält man die Menge aller Lösungen des linearen homogenen Differentialgleichungssystems erster Ordnung

$$\mathbf{x}'(t) = \mathbf{A}(t)\,\mathbf{x}(t).$$

Die Lösungsmenge bildet einen Vektorraum der Dimension n. Eine Basis („Fundamentalsystem") dieses Vektorraums erhält man, wenn man als Anfangswerte die Vektoren einer beliebigen Basis wählt. (Man führe die nicht schwierigen Beweise hierfür aus!)

Aufgabe: Man zeige, daß das Anfangswertproblem für die lineare homogene Differentialgleichung n-ter Ordnung

$$x^{(n)}(t) + a_{n-1}(t)x^{(n-1)}(t) + \ldots + a_1(t)x'(t) + a_0(t)x(t) = 0$$

$$x(t_0) = b_0, \quad x'(t_0) = b_1, \ldots, x^{(n-1)}(t_0) = b_{n-1}$$

eindeutig lösbar ist, indem man dieses Problem auf ein äquivalentes für ein lineares homogenes Differentialgleichungssystem erster Ordnung zurückführt.

Aufgaben:

1. Der vollständige metrische Raum M sei beschränkt, d.h. der Durchmesser $\sup_{x,y\in M} d(x,y)$ von M sei endlich. Weiter sei $\Phi\colon M \to M$ kontrahierend. Dann besteht der Durchschnitt der rekursiv erklärten Mengenfolge

$$M_0 = M$$
$$M_{k+1} = \Phi(M_k)$$

aus genau einem Punkt. Man beweise dies und gebe eine Abschätzung für den Durchmesser der Menge M_k an.

2. Man leite die „a-posteriori-Abschätzungen"

$$d(\Phi(x), z) \leqq \frac{c}{1-c}\, d(\Phi(x), x)$$

bzw.

$$d(x_{k+1}, z) \leqq \frac{c}{1-c}\, d(x_{k+1}, x_k)$$

für kontrahierende Abbildungen Φ eines vollständigen metrischen Raumes her. (Falls $c \leqq \frac{1}{2}$ gilt, liegt also x_{k+1} nicht weiter vom Fixpunkt z entfernt als von x_k, d.h. z liegt in der Kugel um x_{k+1} durch x_k.)

3. Es sei $\boldsymbol{\Phi}\colon U \to \mathbb{R}^n$ ($U \subset \mathbb{R}^n$) stetig differenzierbar und $\boldsymbol{\Phi}$ besitze einen Fix-

punkt $\mathbf{z}$. Gilt $\|\boldsymbol{\Phi}'(\mathbf{z})\| < 1$, so gibt es eine abgeschlossene Umgebung M von $\mathbf{z}$, die durch $\boldsymbol{\Phi}$ kontrahierend in sich abgebildet wird. Jeder Startwert $\mathbf{x}_0$ aus M fuhrt dann zu einer Folge $(\mathbf{x}_k)$, die gegen $\mathbf{z}$ mindestens so schnell konvergiert wie eine geometrische Folge („lineare Konvergenz"), vgl. S. 147.
Gilt $\boldsymbol{\Phi}'(\mathbf{z}) = \mathbf{0}$, so konvergiert die Folge $(\mathbf{x}_k)$ schneller. Setzt man dabei $\boldsymbol{\Phi}$ als zweimal stetig differenzierbar voraus, so liegt „quadratische Konvergenz" vor.
Man beweise unter der genannten Voraussetzung die Ungleichung

$$\|\boldsymbol{\Phi}(\mathbf{x}) - \mathbf{z}\| \leqq a\|\mathbf{x} - \mathbf{z}\|^2 .$$

Welche a-priori-Abschätzung ergibt sich in diesem Fall für $\|\mathbf{x}_{k+1} - \mathbf{z}\|$?

4. Es sei $\mathbf{z}$ eine Nullstelle der differenzierbaren Abbildung $\mathbf{f}$ und es gelte $\det \mathbf{f}'(\mathbf{z}) \neq 0$. Weiter sei

$$\boldsymbol{\Phi}(\mathbf{x}) = \mathbf{x} - \mathbf{A}(\mathbf{x})\,\mathbf{f}(\mathbf{x})$$

gesetzt. Kann man die lineare Abbildung $\mathbf{A}(\mathbf{x})$ so wählen, daß die Konvergenz der rekursiv erklärten Folge $(\mathbf{x}_k)$ mit $\mathbf{x}_{k+1} = \boldsymbol{\Phi}(\mathbf{x}_k)$ quadratisch ist?

5. Es sei $a > 0$ gegeben und

$$\Phi(x) = \frac{1}{2}\left(x + \frac{a}{x}\right) \qquad (x > 0).$$

Man suche ein abgeschlossenes Intervall, in dem Φ kontrahierend ist und das durch Φ in sich abgebildet wird.
(Übrigens kann in diesem Fall der Startwert $x_0 > 0$ beliebig – auch außerhalb des bestimmten Intervalls – gewählt werden. Das sich ergebende Iterationsverfahren zur Berechnung von $\sqrt{a}$ wird auch nach Heron benannt.)

6. Man entwickle ein Verfahren zur Berechnung von $\sqrt[p]{a}$, das quadratisch konvergiert.

7. Es sei f in $[a, b]$ zweimal stetig differenzierbar und es gelte

$$f(a) < 0, \quad f(b) > 0, \quad f'(x) > 0, \quad f''(x) > 0 .$$

Weiter sei F erklärt durch

$$F(x) = x - \frac{f(x)}{f'(x)}.$$

Dann konvergiert die durch

$$x_0 = b$$
$$x_{k+1} = F(x_k)$$

festgelegte Folge streng monoton fallend gegen die (einzige) Nullstelle z von f. Beginnt man mit $x_0 = a$, so ist die Folge (x_k) von $k = 1$ ab streng monoton fallend. Man beweise dies. Weiter leite man eine Abschätzung für den Fehler $|x_{k+1} - z|$ her.
Anleitung: Man zeige, daß mit einer Konstanten $\gamma > 0$ die Abschätzung

$$|F(x) - z| \leqq \gamma |x - z|^2$$

gilt. Die Folge (x_k) „konvergiert quadratisch" gegen z.
Das allgemeine Newton-Verfahren konvergiert also bedeutend besser als das im Text behandelte modifizierte Newton-Verfahren.

8. Die Funktion f sei für $|x| \leqq 1$ erklärt durch

$$f(x) = x - \tfrac{1}{5}x^3.$$

Sie hat in ihrer Definitionsmenge genau eine Nullstelle. Man prüfe, für welche Startwerte das allgemeine Newton-Verfahren eine Folge liefert, die gegen diese Nullstelle konvergiert.
Gibt es auch Startwerte, die zu nicht konvergenten Folgen führen?

9. Es sei Φ_λ eine Schar von kontrahierenden Abbildungen eines vollständigen metrischen Raumes in sich, die stetig vom Parameter λ abhängt und für die eine feste Kontraktionsschranke c vorliegt. Hängt der jeweilige Fixpunkt $z(\lambda)$ stetig von λ ab?

10. Die Abbildung $\mathbf{F}: J \times \mathbb{R}^n \to \mathbb{R}^n$ sei stetig und erfülle die Lipschitz-Bedingung

$$|\mathbf{F}(t, \mathbf{y}) - \mathbf{F}(t, \mathbf{x})| \leqq L|\mathbf{y} - \mathbf{x}|.$$

Der Raum $\mathfrak{C}(J)$ der im kompakten Intervall J stetigen vektorwertigen Abbildungen $\mathbf{g}$ sei mit der Norm

$$\|\mathbf{g}\| = \max_{t \in J} |\mathbf{g}(t)| e^{-\alpha t},$$

wobei $\alpha > 0$ noch beliebig gewählt werden kann, versehen.
Man führe den Beweis des Satzes von Picard-Lindelöf mit dieser Norm. Wie ist α zweckmäßigerweise zu wählen?

11. Man zeige, daß die durch $(t_0, \mathbf{x}_0)$ verlaufende Lösung $\mathbf{f}(t; t_0, \mathbf{x}_0)$ der Differentialgleichung $\mathbf{x}' = \mathbf{F}(t, \mathbf{x})$ – Voraussetzungen und Bezeichnungen wie auf S. 154 – stetig von $(t_0, \mathbf{x}_0)$ abhängt.

12. Nach dem Existenz- und Eindeutigkeitssatz hat das Anfangswertproblem

$$x' = \quad -y \qquad\qquad x(0) = 1$$
$$y' = x \qquad\qquad y(0) = 0$$

eine eindeutig bestimmte Lösung. Damit ist ein möglicher Zugang zu den trigonometrischen Funktionen cos und sin (auch ein Existenzbeweis) gegeben. Man leite die bekannten Eigenschaften von cos und sin, ausgehend von dem Anfangswertproblem, her.

13. Man erörtere den Sonderfall linearer Differentialgleichungssysteme mit konstanten Koeffizienten (d.h. $\mathbf{A}(t)$ ist von t unabhängig):

$$\mathbf{x}' = \mathbf{A}\mathbf{x}.$$

Wie kann man ein Fundamentalsystem finden unter der Voraussetzung, daß alle Eigenwerte von $\mathbf{A}$ verschieden sind?

14. Man zeige, daß jede Lösung von

$$\mathbf{x}' = \mathbf{A}(t)\,\mathbf{x}$$

mit Hilfe einer umkehrbaren linearen Abbildung $\mathbf{X}(t)$ in der Form

$$\mathbf{x}(t) = \mathbf{X}(t)\,\mathbf{c} \qquad (\mathbf{c} \in \mathbb{R}^n)$$

dargestellt werden kann (aus jeder Basis des $\mathbb{R}^n$ erhält man durch Anwendung von $\mathbf{X}(t)$ ein Fundamentalsystem von Lösungen).
Man zeige auch, daß für $\varphi(t) = \det \mathbf{X}(t)$ die Differentialgleichung $\varphi'(t) = \operatorname{Spur} \mathbf{A}(t) \cdot \varphi(t)$ erfüllt ist, d.h. man hat die Gleichung

$$\det \mathbf{X}(t) = \det \mathbf{X}(t_0) \cdot \exp\left(\int_{t_0}^{t} \operatorname{Spur} \mathbf{A}(\tau)\, d\tau \right).$$

15. Unter einem linearen inhomogenen Differentialgleichungssystem erster Ordnung versteht man die Aufgabe, die Lösungen von

$$\mathbf{y}' = \mathbf{A}(t)\,\mathbf{y} + \mathbf{b}(t)$$

zu bestimmen. Hierbei sind $\mathbf{A}(t)$ und $\mathbf{b}(t)$ als stetig vorausgesetzt.
Wie hängen die Lösungen dieser Gleichung mit denen der zugehörigen homogenen Gleichung zusammen?
Man bestimme eine spezielle Lösung der inhomogenen Gleichung mit Hilfe des Ansatzes

$$\mathbf{y}(t) = \mathbf{X}(t)\,\mathbf{c}(t).$$

(Dabei ist $\mathbf{X}(t)$ die in der vorigen Aufgabe eingeführte umkehrbare lineare Abbildung.)

16. Die Funktion

$$\Phi(x) = x + \cos x$$

ist in einer geeigneten Umgebung von $\frac{\pi}{2}$ kontrahierend und liefert – etwa von $x_0 = \frac{3}{2}$ ausgehend – eine quadratisch gegen $\frac{\pi}{2}$ konvergierende Folge. Man berechne die Näherungswerte x_1, x_2 und x_3 für $\frac{\pi}{2}$.
Wenn man die cos-Funktion nicht verwenden will, kann man statt Φ z. B. die in einer Umgebung von $x_0 = \frac{3}{2}$ kontrahierende Abbildung

$$\Phi_n(x) = x + 1 - \frac{x^2}{2!} + \frac{x^4}{4!} - \frac{x^6}{6!} + \ldots + (-1)^n \frac{x^{2n}}{(2n)!}$$

nehmen und deren Fixpunkt z_n berechnen. Man schätze $\frac{\pi}{2} - z_n$ für $n = 6$ und $n = 7$ ab.

17. Man zeige, daß die Menge $\mathfrak{C}^0(K)$ der in einer kompakten Menge K des $\mathbb{R}^n$ stetigen Funktionen mit der Maximumsnorm ein Banach-Raum (d. h. ein vollständiger normierter Vektorraum) ist.
Ist weiter $\mathfrak{C}^1(U)$ die Menge der in der offenen Menge U stetig differenzierbaren Funktionen, so ist für jede kompakte Teilmenge K von U die Menge der auf K eingeschränkten Funktionen aus $\mathfrak{C}^1(U)$ – die mit $\mathfrak{C}^1(K)$ bezeichnet werden soll – mit der Norm

$$\|f\| := \max_{\mathbf{x} \in K} |f(\mathbf{x})| + \max_{\mathbf{x} \in K} \|f'(\mathbf{x})\|$$

ein Banach-Raum.

14.6 Lokale Umkehrbarkeit, implizit gegebene Funktionen

Die Frage der Umkehrbarkeit einer in einem Intervall differenzierbaren reellwertigen Funktion wird durch das Monotonie-Kriterium (vgl. Bd. I, S. 270) zufriedenstellend beantwortet.
Bei differenzierbaren Abbildungen aus dem $\mathbb{R}^n$ in den $\mathbb{R}^m$ $(n > 1, m > 1)$ ist die Situation nicht so einfach. Wir betrachten hier nur den Fall $m = n$; diese Beschränkung wird schon durch den Sonderfall der linearen Abbildungen nahegelegt, weil bei diesen nur für $m = n$ die Dimension des Bildraumes mit der des Zielraumes übereinstimmen kann, und zwar gilt dies genau dann, wenn die Determinante der betreffenden linearen Abbildung von Null verschieden ist.
Da eine beliebige differenzierbare Abbildung $\mathbf{f}$ in der Umgebung eines Punktes $\mathbf{a}$ durch eine lineare Abbildung, nämlich durch die Ableitung $\mathbf{f}'(\mathbf{a})$, hinreichend

gut approximiert wird, wird man vermuten, daß die Bedingung

$$\det \mathbf{f}'(\mathbf{a}) \neq 0$$

hinreichend für die lokale Umkehrbarkeit von **f** ist. Wie wir schon im Fall $n = 1$ (vgl. Bd. I, S. 260) gesehen hatten, ist dies jedoch ohne weitere Voraussetzungen nicht richtig. Wir nehmen deshalb zusätzlich an, daß die erste Ableitung stetig ist.

Wir beweisen den

Satz: *Es sei $U \subset \mathbb{R}^n$ und die Abbildung $\mathbf{f}\colon U \to \mathbb{R}^n$ sei stetig differenzierbar. Für die Stelle $\mathbf{a} \in U$ sei die lineare Abbildung $\mathbf{f}'(\mathbf{a})\colon \mathbb{R}^n \to \mathbb{R}^n$ umkehrbar, d.h. es gelte*

$$\det \mathbf{f}'(\mathbf{a}) \neq 0.$$

Dann gibt es eine offene Umgebung V von $\mathbf{a}$ derart, daß gilt:

(1) $\mathbf{f}|V$ *ist injektiv,*
(2) $\mathbf{f}(V)$ *ist offen,*
(3) *die Umkehrabbildung* $\mathbf{g}$ von $\mathbf{f}|V$ *ist stetig differenzierbar,*

d.h. $\mathbf{f}$ *bildet V diffeomorph auf* $\mathbf{f}(V)$ *ab.*
(*Satz von der lokalen Umkehrbarkeit*)

Beweis: Zur Vereinfachung der Schreibweise nehmen wir an, daß $\mathbf{a} = \mathbf{0}$ und $\mathbf{f}(\mathbf{a}) = \mathbf{0}$ gilt (dies kann man erreichen, indem man statt $\mathbf{x} \mapsto \mathbf{f}(\mathbf{x})$ die Abbildung $\mathbf{x} \mapsto \mathbf{f}(\mathbf{x} + \mathbf{a}) - \mathbf{f}(\mathbf{a})$ betrachtet.

Um den Banachschen Fixpunktsatz anwenden zu können, führen wir noch eine Normierung für die Ableitung an der Stelle $\mathbf{0}$ durch. Nach Voraussetzung ist $\mathbf{f}'(\mathbf{0})$ umkehrbar. Betrachten wir nun statt $\mathbf{f}$ die Abbildung $(\mathbf{f}'(\mathbf{0}))^{-1} \circ \mathbf{f}$, so ist deren Ableitung an der Stelle $\mathbf{0}$ nach der Kettenregel (vgl. S. 106) die Identität. Wir nehmen deshalb von jetzt ab an, daß

$$\mathbf{f}(\mathbf{0}) = \mathbf{0} \quad \text{und} \quad \mathbf{f}'(\mathbf{0}) = \mathrm{id}_{\mathbb{R}^n}$$

gilt.

Um zu zeigen, daß jedes $\mathbf{y}$ aus einer geeigneten Umgebung V von $\mathbf{0}$ genau ein Urbild hat, betrachten wir die Abbildung $\Phi_{\mathbf{y}}$, die erklärt ist durch

$$(*) \qquad \Phi_{\mathbf{y}}(\mathbf{x}) = \mathbf{x} - \mathbf{f}(\mathbf{x}) + \mathbf{y}.$$

Jeder Fixpunkt von $\Phi_{\mathbf{y}}$ ist dann ein Urbild von $\mathbf{y}$ (dabei wird also $\mathbf{y}$ als „Parameter" betrachtet). Wir versuchen nun eine abgeschlossene Kugel $\bar{B}(\mathbf{0}, 2r)$ so zu bestimmen, daß für alle $\mathbf{y} \in B(\mathbf{0}, r)$ die Abbildung $\Phi_{\mathbf{y}}$ die Kugel $\bar{B}(\mathbf{0}, 2r)$ in sich abbildet und kontrahierend ist.

Wegen $\mathbf{f}'(\mathbf{0}) = \mathrm{id}_{\mathbb{R}^n}$ und der Stetigkeit von $\mathbf{f}'$ gibt es ein $r > 0$ derart, daß für $\|\mathbf{x}\| \leqq 2r$ gilt

$$\|\mathrm{id}_{\mathbb{R}^n} - \mathbf{f}'(\mathbf{x})\| \leqq \tfrac{1}{2}.$$

Dann folgt nach dem Schrankensatz für $\boldsymbol{\Phi}_{\mathbf{0}}(\mathbf{x}) = \mathbf{x} - \mathbf{f}(\mathbf{x})$ wegen

$$\boldsymbol{\Phi}_{\mathbf{0}}'(\mathbf{x}) = \mathrm{id}_{\mathbb{R}^n} - \mathbf{f}'(\mathbf{x})$$

die Abschätzung:

$$\|\mathbf{x} - \mathbf{f}(\mathbf{x})\| = \|\boldsymbol{\Phi}_{\mathbf{0}}(\mathbf{x}) - \boldsymbol{\Phi}_{\mathbf{0}}(\mathbf{0})\| \leqq \tfrac{1}{2}\|\mathbf{x}\|.$$

Für die Abbildung $\boldsymbol{\Phi}_{\mathbf{y}}$ ergibt sich nun, falls $\|\mathbf{y}\| < r$ und $\|\mathbf{x}\| \leqq 2r$ gilt:

$$\|\boldsymbol{\Phi}_{\mathbf{y}}(\mathbf{x})\| \leqq \|\mathbf{x} - \mathbf{f}(\mathbf{x})\| + \|\mathbf{y}\| < 2r.$$

Damit ist gezeigt, daß $\boldsymbol{\Phi}_{\mathbf{y}}$ für alle $\mathbf{y} \in B(\mathbf{0}, r)$ die Kugel $\bar{B}(\mathbf{0}, 2r)$ in sich abbildet.

Weiter beweisen wir, daß $\boldsymbol{\Phi}_{\mathbf{y}}$ – für jedes $\mathbf{y} \in B(\mathbf{0}, r)$ – kontrahierend ist. Dazu betrachten wir für $\mathbf{x}_1, \mathbf{x}_2 \in \bar{B}(\mathbf{0}, 2r)$ die Differenz

$$\boldsymbol{\Phi}_{\mathbf{y}}(\mathbf{x}_2) - \boldsymbol{\Phi}_{\mathbf{y}}(\mathbf{x}_1).$$

Da $\boldsymbol{\Phi}_{\mathbf{y}}' = \boldsymbol{\Phi}_{\mathbf{0}}'$ gilt, folgt mit Hilfe des Schrankensatzes

$$\|\boldsymbol{\Phi}_{\mathbf{y}}(\mathbf{x}_2) - \boldsymbol{\Phi}_{\mathbf{y}}(\mathbf{x}_1)\| \leqq \tfrac{1}{2}\|\mathbf{x}_2 - \mathbf{x}_1\|.$$

Nach dem Banachschen Fixpunktsatz hat $\boldsymbol{\Phi}_{\mathbf{y}}$ genau einen Fixpunkt $\mathbf{x}$ in $\bar{B}(\mathbf{0}, 2r)$, d. h. es gibt zu jedem $\mathbf{y} \in B(\mathbf{0}, r)$ genau ein $\mathbf{x} \in \bar{B}(\mathbf{0}, 2r)$, für das gilt:

$$\mathbf{f}(\mathbf{x}) = \mathbf{y}.$$

Das Urbild von $B(\mathbf{0}, r)$ wird somit durch $\mathbf{f}$ bijektiv auf $B(\mathbf{0}, r)$ abgebildet. Wegen der Stetigkeit von $\mathbf{f}$ ist dieses Urbild eine offene Menge V. Damit sind die Aussagen (1) und (2) des Satzes bewiesen.

Um (3) zu erhalten, genügt es nachzuweisen, daß die Umkehrabbildung $\mathbf{g}$ von $\mathbf{f}\,|\,V$ stetig ist, denn nach dem Satz von S. 109 ergibt sich daraus zunächst die Differenzierbarkeit von $\mathbf{g}$. Die Gleichung

$$\mathbf{g}'(\mathbf{y}) = \big(\mathbf{f}'(\mathbf{g}(\mathbf{y}))\big)^{-1} \qquad \big(\mathbf{y} \in \mathbf{f}(V)\big)$$

zeigt dann die Stetigkeit von $\mathbf{g}'$ (vgl. Aufgabe von S. 49).
Die Stetigkeit von $\mathbf{g}$ ergibt sich so: Aus den Gleichungen

$$\left.\begin{aligned} \boldsymbol{\Phi}_{\mathbf{0}}(\mathbf{x}_1) &= \mathbf{x}_1 - \mathbf{f}(\mathbf{x}_1) \\ \boldsymbol{\Phi}_{\mathbf{0}}(\mathbf{x}_2) &= \mathbf{x}_2 - \mathbf{f}(\mathbf{x}_2) \end{aligned}\right. \qquad \mathbf{x}_1, \mathbf{x}_2 \in \bar{B}(\mathbf{0}, 2r)$$

folgt zunächst

$$\mathbf{x}_2 - \mathbf{x}_1 = \boldsymbol{\Phi}_0(\mathbf{x}_2) - \boldsymbol{\Phi}_0(\mathbf{x}_1) + \mathbf{f}(\mathbf{x}_2) - \mathbf{f}(\mathbf{x}_1)$$

und weiter

$$\|\mathbf{x}_2 - \mathbf{x}_1\| \leqq \tfrac{1}{2}\|\mathbf{x}_2 - \mathbf{x}_1\| + \|\mathbf{f}(\mathbf{x}_2) - \mathbf{f}(\mathbf{x}_1)\|.$$

Dies bedeutet für $\mathbf{y}_1 = \mathbf{f}(\mathbf{x}_1)$, $\mathbf{y}_2 = \mathbf{f}(\mathbf{x}_2)$:

$$\|\mathbf{g}(\mathbf{y}_2) - \mathbf{g}(\mathbf{y}_1)\| \leqq 2\|\mathbf{y}_2 - \mathbf{y}_1\|,$$

d.h. $\mathbf{g}$ ist dehnungsbeschränkt und daher stetig.
Damit ist der Satz von der lokalen Umkehrbarkeit bewiesen.

Bemerkung: Aus

$$\mathbf{g}'(\mathbf{y}) = \big(\mathbf{f}'(\mathbf{g}(\mathbf{y}))\big)^{-1} \qquad \big(\mathbf{y} \in \mathbf{f}(V)\big)$$

folgt, daß $\mathbf{g}$ stetig differenzierbar von derselben Ordnung wie $\mathbf{f}$ ist.

Beispiel: Sei $\mathbf{f}: \mathbb{R}^3 \to \mathbb{R}^3$ erklärt durch

$$\begin{aligned}
f_1(x_1, x_2, x_3) &= x_1 + x_2 + x_3 \\
f_2(x_1, x_2, x_3) &= x_2 x_3 + x_3 x_1 + x_1 x_2 \\
f_3(x_1, x_2, x_3) &= x_1 x_2 x_3 .
\end{aligned}$$

Man stößt auf diese Funktionen, wenn man ein Polynom dritten Grades mit den Nullstellen x_1, x_2, x_3 bestimmt:

$$\begin{aligned}
(t - x_1)(t - x_2)(t - x_3) = t^3 &- (x_1 + x_2 + x_3)\, t^2 \\
&+ (x_2 x_3 + x_3 x_1 + x_1 x_2)\, t - x_1 x_2 x_3 .
\end{aligned}$$

f_1, f_2, f_3 heißen auch „elementarsymmetrische Funktionen“ von x_1, x_2, x_3.
Man berechnet (die erste Spalte wird von der zweiten und dritten subtrahiert):

$$\det \mathbf{f}'(\mathbf{x}) = \begin{vmatrix} 1 & 1 & 1 \\ x_2 + x_3 & x_3 + x_1 & x_1 + x_2 \\ x_2 x_3 & x_3 x_1 & x_1 x_2 \end{vmatrix}$$

$$= \begin{vmatrix} 1 & 0 & 0 \\ x_2 + x_3 & x_1 - x_2 & x_1 - x_3 \\ x_2 x_3 & (x_1 - x_2) x_3 & (x_1 - x_3) x_2 \end{vmatrix}$$

$$= (x_1 - x_2)(x_1 - x_3)(x_2 - x_3).$$

Nach dem Satz von der lokalen Umkehrbarkeit gilt für das Gleichungssystem

$$\begin{aligned} y_1 &= x_1 + x_2 + x_3 \\ y_2 &= x_2 x_3 + x_3 x_1 + x_1 x_3 \\ y_3 &= x_1 x_2 x_3 \end{aligned}$$

also folgendes: Wenn $\mathbf{x} = \mathbf{a}$ und $\mathbf{y} = \mathbf{b}$ das Gleichungssystem erfüllen und $(a_1 - a_2)(a_1 - a_3)(a_2 - a_3) \neq 0$ ist, dann lassen sich die Gleichungen für alle $\mathbf{y}$ aus einer geeigneten Umgebung $\mathbf{f}(V)$ von $\mathbf{b}$ nach $\mathbf{x}$ auflösen:

$$\begin{aligned} x_1 &= g_1(y_1, y_2, y_3) \\ x_2 &= g_2(y_1, y_2, y_3) \qquad (\mathbf{y} \in \mathbf{f}(V)) \\ x_3 &= g_3(y_1, y_2, y_3). \end{aligned}$$

Dabei gilt die Ungleichung

$$(x_1 - x_2)(x_1 - x_3)(x_2 - x_3) \neq 0$$

für alle $\mathbf{x}$, die zu $\mathbf{y} \in \mathbf{f}(V)$ gehören.

Für die „kubische Gleichung“

$$t^3 - y_1 t^2 + y_2 t - y_3 = 0$$

bedeutet das: Wenn diese Gleichung für $y_1 = b_1$, $y_2 = b_2$, $y_3 = b_3$ drei verschiedene reelle Nullstellen hat, so gilt dies auch, wenn die Koeffizienten y_1, y_2, y_3 in hinreichender Nähe von b_1, b_2, b_3 liegen und die Lösungen sind unendlich oft differenzierbare Funktionen von y_1, y_2, y_3.

Aufgabe: Man übertrage das Ergebnis auf die Gleichung n-ten Grades:

$$t^n - y_1 t^{n-1} + \ldots + (-1)^{n-1} y_{n-1} t + (-1)^n y_n = 0.$$

Im Fall $n = 1$ ist die Bedingung $f'(x) > 0$ für eine in einem Intervall erklärte differenzierbare Funktion sogar hinreichend für die „globale“ Umkehrbarkeit. Für $n \geqq 2$ gilt die entsprechende Aussage nicht, wie das folgende Beispiel zeigt: Es sei $U = \{(x, y) \mid 0 < x^2 + y^2\}$ und $\mathbf{f}: U \to \mathbb{R}^2$ erklärt durch

$$\begin{aligned} f_1(x, y) &= x^2 - y^2 \\ f_2(x, y) &= 2xy. \end{aligned}$$

Die Determinante der Ableitung von $\mathbf{f}$, d.h.

$$\begin{vmatrix} 2x & -2y \\ 2y & 2x \end{vmatrix} = 4(x^2 + y^2)$$

ist überall in U positiv. Nach dem bewiesenen Satz ist $\mathbf{f}$ also lokal umkehrbar; jedoch ist $\mathbf{f}$ nicht global umkehrbar, da (x, y) und $(-x, -y)$ jeweils denselben Bildpunkt liefern.

Aufgabe: Ein anderes Beispiel erhält man etwa mit $U = \{(x, y) \mid y > 0\}$ und

$$f_1(x, y) = y\cos x$$
$$f_2(x, y) = y\sin x\,.$$

Wieviele Punkte haben hier denselben Bildpunkt?

Diese (und andere) Beispiele zeigen, daß für die globale Umkehrbarkeit zusätzliche Voraussetzungen erforderlich sind. Wir geben hier zwei hinreichende Bedingungen an, die im konkreten Fall nicht allzu schwer nachzuprüfen sind.

1. Die Definitionsmenge U der Abbildung $\mathbf{f}$ sei konvex, so daß der Mittelwertsatz von S. 115 auf je zwei Punkte $\mathbf{x}, \mathbf{x}+\mathbf{h}$ von U angewendet werden kann:

$$\mathbf{f}(\mathbf{x}+\mathbf{h}) - \mathbf{f}(\mathbf{x}) = \begin{pmatrix} D_1 f_1(\mathbf{c}_1) & \dots & D_n f_1(\mathbf{c}_1) \\ \vdots & & \vdots \\ D_1 f_n(\mathbf{c}_n) & \dots & D_n f_n(\mathbf{c}_n) \end{pmatrix} \begin{pmatrix} h_1 \\ \vdots \\ h_n \end{pmatrix}.$$

In jeder Zeile kann hierbei eine andere Zwischenstelle stehen. Gelingt es nun zu zeigen, daß bei beliebiger Wahl von $\mathbf{z}_1, \dots, \mathbf{z}_n$ aus U stets

$$\begin{vmatrix} D_1 f_1(\mathbf{z}_1) & \dots & D_n f_1(\mathbf{z}_1) \\ \vdots & & \vdots \\ D_1 f_n(\mathbf{z}_n) & \dots & D_n f_n(\mathbf{z}_n) \end{vmatrix} \neq 0$$

gilt, so folgt sofort, daß $\mathbf{f}$ umkehrbar ist. Denn die Annahme $\mathbf{f}(\mathbf{x}+\mathbf{h}) = \mathbf{f}(\mathbf{x})$ führt auf ein lineares homogenes Gleichungssystem, das nur die Lösung $\mathbf{h} = \mathbf{0}$ besitzt.

Wenn man etwa diese Bedingung auf das Beispiel

$$f_1(x, y) = x^2 - y^2$$
$$f_2(x, y) = 2xy$$

anwenden will, so ist zu prüfen, in welchen konvexen Gebieten

$$\begin{vmatrix} 2x_1 & -2y_1 \\ 2y_2 & 2x_2 \end{vmatrix} \neq 0$$

gilt. Diese Determinante ist gleich dem Skalarprodukt der beiden Vektoren $2(x_1, y_1)$ und $2(x_2, y_2)$. Wählt man für U eine Viertelebene, deren Randgeraden durch den Nullpunkt laufen, so ist für $(x_1, y_1) \in U$ und $(x_2, y_2) \in U$ die Ungleichung

$$x_1 x_2 + y_1 y_2 > 0$$

erfüllt. Also bildet **f** jede solche Viertelebene U bijektiv auf die offene Menge $\mathbf{f}(U)$ ab. $\mathbf{f}(U)$ ist in diesem Fall eine offene Halbebene, die von einer Geraden durch den Ursprung begrenzt wird.

2. Da lokal umkehrbare *lineare* Abbildungen auch global umkehrbar sind, ist zu vermuten, daß eine beliebige stetig differenzierbare Abbildung, deren Ableitung sich hinreichend wenig von einer festen umkehrbaren linearen Abbildung unterscheidet, ebenfalls global umkehrbar ist. Als Abweichungsmaß für zwei lineare Abbildungen kann man dabei eine beliebige Norm verwenden. Außer den Ungleichungen

$$\begin{aligned} \|\mathbf{Ah}\| &\leqq \|\mathbf{A}\| \cdot \|\mathbf{h}\| \\ \|\mathbf{A}+\mathbf{B}\| &\leqq \|\mathbf{A}\| + \|\mathbf{B}\| \\ \|\mathbf{A}\circ\mathbf{B}\| &\leqq \|\mathbf{A}\| \cdot \|\mathbf{B}\| \end{aligned}$$

brauchen wir noch die für stetiges $\mathbf{A}(t)$ mit Hilfe der Dreiecksungleichung herleitbare Integralabschätzung

$$\left\|\int_0^1 \mathbf{A}(t)\,dt\right\| \leqq \int_0^1 \|\mathbf{A}(t)\|\,dt.$$

Satz: *Sei $U \subset \mathbb{R}^n$ offen und konvex und $\mathbf{f}\colon U \to \mathbb{R}^n$ stetig differenzierbar mit* $\det \mathbf{f}'(\mathbf{x}) \neq 0$. *Weiter möge es eine umkehrbare lineare Abbildung*

$$\mathbf{A}\colon \mathbb{R}^n \to \mathbb{R}^n$$

derart geben, daß für alle $\mathbf{x} \in U$ gilt

$$\|\mathrm{id}_{\mathbb{R}^n} - \mathbf{f}'(\mathbf{x}) \circ \mathbf{A}^{-1}\| < 1.$$

*Dann ist **f** ein Diffeomorphismus.*

Beweis: Aufgrund der Voraussetzungen ist **f** lokal umkehrbar, so daß wir nur noch die Injektivität von **f** zu zeigen brauchen. Nehmen wir an, daß es Punkte **x** und $\mathbf{x}+\mathbf{h}$ in U gäbe, für die gilt

$$\mathbf{f}(\mathbf{x}+\mathbf{h}) = \mathbf{f}(\mathbf{x}),$$

so gelangen wir zu einem Widerspruch, indem wir aus den beiden Gleichungen

$$\mathbf{0} = \mathbf{f}(\mathbf{x}+\mathbf{h}) - \mathbf{f}(\mathbf{x}) = \int_0^1 \mathbf{f}'(\mathbf{x}+t\mathbf{h}, \mathbf{h})\,dt$$

$$\mathbf{A}\mathbf{h} = \int_0^1 \mathbf{A}\mathbf{h}\,dt$$

durch Subtraktion die Gleichung

$$\begin{aligned}\mathbf{A}\mathbf{h} &= \int_0^1 \big(\mathbf{A} - \mathbf{f}'(\mathbf{x}+t\mathbf{h})\big)\mathbf{h}\,dt \\ &= \int_0^1 \big(\mathrm{id}_{\mathbb{R}^n} - \mathbf{f}'(\mathbf{x}+t\mathbf{h}) \circ \mathbf{A}^{-1}\big)(\mathbf{A}\mathbf{h})\,dt\end{aligned}$$

erhalten und aus dieser die Abschätzung gewinnen

$$\|\mathbf{A}\mathbf{h}\| \leqq \int_0^1 \|\mathrm{id}_{\mathbb{R}^n} - \mathbf{f}'(\mathbf{x}+t\mathbf{h}) \circ \mathbf{A}^{-1}\|\,\|\mathbf{A}\mathbf{h}\|\,dt\,.$$

Im Integranden ist der erste Faktor nach Voraussetzung im Intervall $0 \leqq t \leqq 1$ stetig und kleiner als 1. Also folgt $\|\mathbf{A}\mathbf{h}\| < \|\mathbf{A}\mathbf{h}\|$. Widerspruch!

Bemerkung: Die im Satz genannte Voraussetzung $\|\mathrm{id}_{\mathbb{R}^n} - \mathbf{f}'(\mathbf{x}) \cdot \mathbf{A}^{-1}\| < 1$ impliziert $\det \mathbf{f}'(\mathbf{x}) \neq 0$ (vgl. Aufg. 15, S. 76).

Als Beispiel betrachten wir – mit noch frei wählbarem Parameter λ – die Abbildung

$$\begin{aligned} f(x,y) &= x + \lambda\varphi(x,y) \\ g(x,y) &= y + \lambda\psi(x,y) \end{aligned}$$

eines ebenen Gebiets U in die Ebene. Für kleine λ unterscheidet sich diese Abbildung wenig von der Identität und wird deshalb umkehrbar sein. Bei der Anwendung des bewiesenen Satzes wird man $\mathbf{A} = \mathrm{id}_{\mathbb{R}^2}$ wählen. Es ist dann die Norm von

$$\begin{pmatrix} 1 & 0 \\ 0 & 1 \end{pmatrix} - \begin{pmatrix} 1+\lambda\varphi_x & \lambda\varphi_y \\ \lambda\psi_x & 1+\lambda\psi_y \end{pmatrix} = -\lambda \begin{pmatrix} \varphi_x & \varphi_y \\ \psi_x & \psi_y \end{pmatrix}$$

abzuschätzen. Existiert

$$\sup_{(x,y)\in U} \left\| \begin{pmatrix} \varphi_x(x,y) & \varphi_y(x,y) \\ \psi_x(x,y) & \psi_y(x,y) \end{pmatrix} \right\| =: M\,,$$

so lautet die im Satz formulierte Bedingung

$$\lambda^2 \cdot M < 1\,.$$

Daher ist die betrachtete Abbildung für $0 \leqq \lambda < \dfrac{1}{\sqrt{M}}$ sicher global umkehrbar.

Auflösung von Gleichungssystemen

Wir beschäftigen uns nun mit der Aufgabe, einen Überblick über die Lösungen eines Systems von m Gleichungen in n Variablen

$$\begin{matrix} f_1(x_1, \ldots, x_n) = 0 \\ \vdots \qquad\qquad \vdots \\ f_m(x_1, \ldots, x_n) = 0 \end{matrix}$$

$(m < n)$

zu gewinnen, wobei vorausgesetzt wird, daß $f_1, \ldots, f_m$ stetig differenzierbar sind und daß eine Lösung $(c_1, \ldots, c_n)$ bekannt ist.
Wir orientieren uns dazu an den *linearen* Gleichungssystemen: Wenn diese den höchstmöglichen Rang m besitzen, dann können bei geeigneter Numerierung die ersten m Variablen durch $x_{m+1}, \ldots, x_n$ ausgedrückt werden. Dies geschieht zweckmäßigerweise mit Hilfe des Gaußschen Algorithmus, durch den zugleich auch die Frage der Existenz von Lösungen beantwortet wird.

Im nichtlinearen Fall ist es nicht so leicht zu entscheiden, ob es überhaupt eine Lösung gibt. Hier setzen wir deshalb voraus, daß eine Lösung bekannt ist, und werden zeigen, daß dann eine von $n - m =: p$ Parametern abhängende Lösungsschar vorhanden ist, sofern das Analogon der Rangbedingung erfüllt ist.
Um diese bequem formulieren zu können, denken wir uns die Variablen geeignet numeriert und mit $x_1, \ldots, x_m, u_1, \ldots, u_p$ bezeichnet; untersucht werden soll dann das Gleichungssystem

$$\begin{matrix} f_1(x_1, \ldots, x_m, u_1, \ldots, u_p) = 0 \\ \vdots \qquad\qquad\qquad \vdots \\ f_m(x_1, \ldots, x_m, u_1, \ldots, u_p) = 0 \end{matrix}$$

unter der Voraussetzung

$$\begin{vmatrix} D_1 f_1(\mathbf{c}) & \ldots & D_m f_1(\mathbf{c}) \\ \vdots & & \vdots \\ D_1 f_m(\mathbf{c}) & \ldots & D_m f_m(\mathbf{c}) \end{vmatrix} \neq 0 .$$

Die Möglichkeit, die beliebigen differenzierbaren Funktionen $f_1, \ldots, f_m$ in der Nähe der Stelle $\mathbf{c}$ durch lineare Funktionen zu ersetzen, berechtigt zu der Vermutung, daß $x_1, \ldots, x_m$ als differenzierbare Funktionen von $u_1, \ldots, u_p$ so darstellbar sind, daß das Gleichungssystem für alle Werte von $(u_1, \ldots, u_p)$ aus einer geeigneten Umgebung des Punktes $(c_{m+1}, \ldots, c_n)$ erfüllt wird.
Bevor wir den entsprechenden Satz formulieren und beweisen, führen wir einige

zweckmäßige Bezeichnungen ein:

$$(x_1, \dots, x_m) =: \mathbf{x} \qquad (a_1, \dots, a_m) =: \mathbf{a}$$
$$(u_1, \dots, u_p) =: \mathbf{u} \qquad (b_1, \dots, b_p) =: \mathbf{b}$$
$$(\mathbf{a}, \mathbf{b}) =: \mathbf{c}\ .$$

Die Funktionen $f_1, \dots, f_m$ fassen wir zu einer Abbildung

$$\mathbf{f}: D \to \mathbb{R}^m \qquad (D \subset \mathbb{R}^m \times \mathbb{R}^p)$$

zusammen. Deren Ableitung $\mathbf{f}'(\mathbf{x}, \mathbf{u}; \mathbf{h}, \mathbf{k})$ kann additiv aufgespalten werden

$$\mathbf{f}'(\mathbf{x}, \mathbf{u}; \mathbf{h}, \mathbf{k}) = \mathbf{f}_1'(\mathbf{x}, \mathbf{u}; \mathbf{h}) + \mathbf{f}_2'(\mathbf{x}, \mathbf{u}; \mathbf{k}),$$

wie man durch Zurückgehen auf die Basisdarstellung von $(\mathbf{h}, \mathbf{k})$ bestätigt. Die Rangbedingung lautet dann $\det \mathbf{f}_1'(\mathbf{a}, \mathbf{b}) \neq 0$.

Satz: *Es sei $D \subset \mathbb{R}^m \times \mathbb{R}^p$ offen und $\mathbf{f}: D \to \mathbb{R}^m$ sei stetig differenzierbar. Weiter gelte*

$$\mathbf{f}(\mathbf{a}, \mathbf{b}) = \mathbf{0} \quad \textit{und} \quad \det \mathbf{f}_1'(\mathbf{a}, \mathbf{b}) \neq 0\,.$$

Dann gibt es eine Umgebung U von $\mathbf{b}$ und eine eindeutig bestimmte stetig differenzierbare Abbildung

$$\boldsymbol{\varphi}: U \to \mathbb{R}^m \qquad (U \subset \mathbb{R}^p)$$

derart, daß für alle $\mathbf{u} \in U$ gilt:

$$\mathbf{f}(\boldsymbol{\varphi}(\mathbf{u}), \mathbf{u}) = \mathbf{0}\,.$$

(*Satz über implizit gegebene Funktionen*)

Beweis: Naheliegend wäre es, bei festem $\mathbf{u}$ den Satz von der lokalen Umkehrbarkeit auf die Abbildung

$$\begin{aligned} z_1 &= f_1(x_1, \dots, x_m, u_1, \dots, u_p) \\ &\vdots \\ z_m &= f_m(x_1, \dots, x_m, u_1, \dots, u_p) \end{aligned}$$

anzuwenden und in die Umkehrabbildung $z_1 = \dots = z_m = 0$ einzusetzen. So ergibt sich zwar die Existenz einer Abbildung $\boldsymbol{\varphi}: U \to \mathbb{R}^m$ mit der Eigenschaft $\mathbf{f}(\boldsymbol{\varphi}(\mathbf{u}), \mathbf{u}) = \mathbf{0}$; jedoch erkennt man nicht ohne weiteres, daß $\boldsymbol{\varphi}$ stetig differenzierbar ist.

Durch einen Kunstgriff läßt sich aber das volle Resultat gewinnen, indem man den Satz von der lokalen Umkehrbarkeit auf eine zweckmäßig erklärte Abbildung $\mathbf{F}$ von D in den $\mathbb{R}^m \times \mathbb{R}^p = \mathbb{R}^n$ anwendet. Wir setzen

$\mathbf{z} = (\mathbf{y}, \mathbf{v})$ und definieren $(\mathbf{x}, \mathbf{u}) \mapsto \mathbf{z} = \mathbf{F}(\mathbf{x}, \mathbf{u})$ durch

$$\begin{aligned} \mathbf{y} &= \mathbf{f}(\mathbf{x}, \mathbf{u}) \\ \mathbf{v} &= \mathbf{u}. \end{aligned}$$

$\mathbf{F}$ ist dann stetig differenzierbar und man rechnet aus:

$$\mathbf{F}'(\mathbf{x}, \mathbf{u}; \mathbf{h}, \mathbf{k}) = \mathbf{F}_1'(\mathbf{x}, \mathbf{u}; \mathbf{h}) + \mathbf{F}_2'(\mathbf{x}, \mathbf{u}; \mathbf{k}) = \big(\mathbf{f}_1'(\mathbf{x}, \mathbf{u}; \mathbf{h}) + \mathbf{f}_2'(\mathbf{x}, \mathbf{u}; \mathbf{k}), \mathbf{k}\big).$$

Die Ableitung $\mathbf{F}'(\mathbf{x}, \mathbf{u})$ hat daher die Matrixdarstellung

$$\mathbf{F}'(\mathbf{x}, \mathbf{u}) = \begin{pmatrix} \mathbf{f}_1'(\mathbf{x}, \mathbf{u}) & \mathbf{f}_2'(\mathbf{x}, \mathbf{u}) \\ \mathbf{0} & \mathrm{id}_{\mathbb{R}^p} \end{pmatrix}.$$

Hieraus ergibt sich

$$\det \mathbf{F}'(\mathbf{x}, \mathbf{u}) = \det \mathbf{f}_1'(\mathbf{x}, \mathbf{u}).$$

Nach Voraussetzung hat man $\det \mathbf{f}_1'(\mathbf{a}, \mathbf{b}) \neq 0$, also

$$\det \mathbf{F}'(\mathbf{a}, \mathbf{b}) \neq 0.$$

$\mathbf{F}$ erfüllt nun die Voraussetzungen des Satzes von der lokalen Umkehrbarkeit, d.h. zu der Stelle $(\mathbf{a}, \mathbf{b}) \in D$ gibt es eine Umgebung W derart, daß $\mathbf{F} \mid W$ eine stetig differenzierbare Umkehrabbildung

$$\mathbf{G}: \mathbf{F}(W) \to W$$

besitzt. Aus $\mathbf{F}(\mathbf{x}, \mathbf{u}) = (\mathbf{y}, \mathbf{v})$ erhält man für $\mathbf{G}$ die Gleichungen

$$\mathbf{G}(\mathbf{y}, \mathbf{v}) = (\mathbf{x}, \mathbf{u}) \qquad \text{mit} \qquad \begin{aligned} \mathbf{x} &= \mathbf{g}(\mathbf{y}, \mathbf{v}) \\ \mathbf{u} &= \mathbf{v}, \end{aligned}$$

wobei $\mathbf{g}$ eine stetig differenzierbare Abbildung aus dem $\mathbb{R}^m \times \mathbb{R}^p$ in den $\mathbb{R}^m$ ist. Dieses $\mathbf{g}$ ergibt nun die gesuchte Abbildung φ, indem man $\mathbf{y} = \mathbf{0}$ einsetzt. Als Definitionsmenge von $\mathbf{g}$ hat man die offene Menge $\mathbf{F}(W)$, in der der Punkt $(\mathbf{0}, \mathbf{b})$ liegt. Es gibt somit eine Umgebung U von $\mathbf{b}$ im $\mathbb{R}^p$ derart, daß für alle $\mathbf{v} \in U$ die Punkte $(\mathbf{0}, \mathbf{v})$ zu $\mathbf{F}(W)$ gehören. Für diese $\mathbf{v}$ ist

$$\varphi(\mathbf{v}) = \mathbf{g}(\mathbf{0}, \mathbf{v})$$

erklärt.

Da $\mathbf{F} \circ \mathbf{G}$ die identische Abbildung der Menge $\mathbf{F}(W)$ ist, gilt insbesondere

$$\mathbf{f}\big(\mathbf{g}(\mathbf{y}, \mathbf{v}), \mathbf{v}\big) = \mathbf{y} \qquad \text{für } (\mathbf{y}, \mathbf{v}) \in \mathbf{F}(W).$$

Mit $\mathbf{y} = \mathbf{0}$ und $\mathbf{v} = \mathbf{u}$ erhält man also

$$\mathbf{f}(\boldsymbol{\varphi}(\mathbf{u}), \mathbf{u}) = \mathbf{0} \qquad \text{für alle } \mathbf{u} \in U.$$

Damit ist bewiesen, daß die Abbildung $\boldsymbol{\varphi}$ mit

$$\boldsymbol{\varphi}(\mathbf{u}) = \mathbf{g}(\mathbf{0}, \mathbf{u}) \qquad (\mathbf{u} \in U)$$

die Gleichung $\mathbf{f}(\mathbf{x}, \mathbf{u}) = \mathbf{0}$ „nach $\mathbf{x}$ auflöst".
Daß $\boldsymbol{\varphi}(\mathbf{u})$ die einzige Lösung ist, folgt aus der Gleichung $\mathbf{g}(\mathbf{f}(\mathbf{x}, \mathbf{u}), \mathbf{u}) = \mathbf{x}$: Wenn $\mathbf{f}(\mathbf{x}, \mathbf{u}) = \mathbf{0}$ gilt, hat man danach

$$\mathbf{g}(\mathbf{0}, \mathbf{u}) = \mathbf{x},$$

also

$$\mathbf{x} = \boldsymbol{\varphi}(\mathbf{u}).$$

Nachdem wir gezeigt haben, daß die Lösung $\boldsymbol{\varphi}$ differenzierbar ist, ist die Bestimmung der Ableitung nach der Kettenregel eine einfache Rechenaufgabe. Dazu beachten wir, daß

$$\mathbf{f}(\boldsymbol{\varphi}(\mathbf{u}), \mathbf{u}) = \mathbf{0} \qquad \text{für alle } \mathbf{u} \in U$$

gilt und erhalten

$$\mathbf{f}_1'(\boldsymbol{\varphi}(\mathbf{u}), \mathbf{u}; \boldsymbol{\varphi}'(\mathbf{u}, \mathbf{h})) + \mathbf{f}_2'(\boldsymbol{\varphi}(\mathbf{u}), \mathbf{u}; \mathbf{h}) = \mathbf{0}.$$

Wegen $\det \mathbf{f}_1'(\boldsymbol{\varphi}(\mathbf{u}), \mathbf{u}) \neq 0$ für $\mathbf{u} \in U$ kann man diese Gleichung nach $\boldsymbol{\varphi}'(\mathbf{u}, \mathbf{h})$ auflösen:

$$\boldsymbol{\varphi}'(\mathbf{u}, \mathbf{h}) = -\left(\mathbf{f}_1'(\boldsymbol{\varphi}(\mathbf{u}), \mathbf{u})\right)^{-1} \mathbf{f}_2'(\boldsymbol{\varphi}(\mathbf{u}), \mathbf{u}; \mathbf{h}).$$

Will man die Ableitung ohne das Argument $\mathbf{h}$ schreiben, so hat man

$$\boldsymbol{\varphi}'(\mathbf{u}) = -\left(\mathbf{f}_1'(\boldsymbol{\varphi}(\mathbf{u}),\mathbf{u})\right)^{-1} \circ \mathbf{f}_2'(\boldsymbol{\varphi}(\mathbf{u}), \mathbf{u})$$

Die rechte Seite kann man schon vor der expliziten Bestimmung der Lösung $\mathbf{x} = \boldsymbol{\varphi}(\mathbf{u})$ als Funktion von $\mathbf{x}$ und $\mathbf{u}$ berechnen; man erhält

$$-\left(\mathbf{f}_1(\mathbf{x}, \mathbf{u})\right)^{-1} \circ \left(\mathbf{f}_2(\mathbf{x}, \mathbf{u})\right).$$

Bestimmung von φ !!!!

Beispiele:

1) Hat man nur eine Gleichung

$$f(x_1, \ldots, x_n) = 0,$$

so bildet man $\operatorname{grad} f(\mathbf{x})$ und prüft, ob eine der Komponenten von 0 verschieden ist. Wenn etwa $D_n f(c_1, \ldots, c_n) \neq 0$ gilt, dann kann die gegebene Gleichung in einer Umgebung von $(c_1, \ldots, c_{n-1})$ nach x_n aufgelöst werden:

$$x_n = \varphi(x_1, \ldots, x_{n-1}).$$

Man kann nun $\operatorname{grad}\varphi$ gemäß der hergeleiteten Formel berechnen. Praktisch geht man so vor, daß man aus

$$f(x_1, \ldots, x_{n-1}, \varphi(x_1, \ldots, x_{n-1})) = 0$$

folgert:

$$\begin{aligned} D_1 f \quad &+ D_n f \cdot D_1 \varphi \quad = 0 \\ \vdots \qquad & \qquad \vdots \qquad\qquad \vdots \\ D_{n-1} f &+ D_n f \cdot D_{n-1} \varphi = 0 \end{aligned}$$

und daraus

$$\operatorname{grad}\varphi = \left(-\frac{D_1 f}{D_n f}, \ldots, -\frac{D_{n-1} f}{D_n f} \right)$$

berechnet.
So hat man etwa im Fall der Einheitskugel

$$f(\mathbf{x}) = x_1^2 + \ldots + x_n^2 - 1 = 0$$

die beiden Fälle $x_n < 0$ und $x_n > 0$ zu unterscheiden und erhält für die beiden (natürlich auch leicht explizit zu berechnenden) Auflösungen

$$x_n = \varphi(x_1, \ldots, x_{n-1})$$

als Gradienten

$$\operatorname{grad}\varphi(x_1, \ldots, x_{n-1}) = \left(-\frac{x_1}{x_n}, \ldots, -\frac{x_{n-1}}{x_n} \right).$$

Im Fall $n = 2$ handelt es sich um ebene Kurven, die durch eine Gleichung

$$f(x, y) = 0$$

definiert sind. Gilt nun etwa $f_y(x_0, y_0) \neq 0$ und $f(x_0, y_0) = 0$, so kann die betreffende Kurve lokal durch $y = \varphi(x)$ beschrieben werden. Es ergibt sich

$$\varphi'(x) = -\frac{f_x(x, y)}{f_y(x, y)} \qquad \text{(wobei } f(x, y) = 0 \text{ gilt)}.$$

Die Tangenten an die Kurve können hiermit leicht bestimmt werden; für den Punkt (x, y) der Kurve ist (mit laufenden Koordinaten ξ, η)

$$\eta - y = -\frac{f_x(x, y)}{f_y(x, y)} (\xi - x)$$

die Gleichung der Tangente. In der symmetrischen Form

$$f_x(x, y)(\xi - x) + f_y(x, y)(\eta - y) = 0$$

geschrieben, ist sie für alle Punkte (x, y) der Kurve $f(x, y) = 0$ brauchbar, für die $\operatorname{grad} f(x, y) \neq \mathbf{0}$ gilt.

Ganz entsprechend ergibt sich für eine „Hyperfläche“ $f(x_1, \ldots, x_n) = 0$ mit $\operatorname{grad} f \neq \mathbf{0}$ als Gleichung der Tangentialhyperebene mit $\boldsymbol{\xi} = (\xi_1, \ldots, \xi_n)$:

$$\langle \operatorname{grad} f(\mathbf{x}), \boldsymbol{\xi} - \mathbf{x} \rangle = 0$$

2) Durch zwei Gleichungen

$$f(x, y, z) = 0$$
$$g(x, y, z) = 0$$

wird im $\mathbb{R}^3$ im allgemeinen eine Raumkurve als Schnitt zweier Flächen bestimmt. Diese Aussage kann – wenigstens lokal – mit Hilfe des bewiesenen Satzes präzisiert werden. Man berechnet zunächst die Jacobi-Matrix

$$\begin{pmatrix} f_x & f_y & f_z \\ g_x & g_y & g_z \end{pmatrix}.$$

Ist nun etwa $f_x g_y - f_y g_x$ an einer Stelle, für die $f = g = 0$ gilt, von 0 verschieden, so kann man in einer Umgebung dieser Stelle x und y als stetig differenzierbare Funktionen von z darstellen:

$$x = \varphi(z)$$
$$y = \psi(z).$$

Als Ableitungsvektor $\begin{pmatrix} \varphi' \\ \psi' \end{pmatrix}$ erhält man nach der Formel von S. 172:

$$\begin{pmatrix} \varphi' \\ \psi' \end{pmatrix} = - \begin{pmatrix} f_x & f_y \\ g_x & g_y \end{pmatrix}^{-1} \begin{pmatrix} f_z \\ g_z \end{pmatrix} = \begin{pmatrix} \dfrac{f_y g_z - f_z g_y}{f_x g_y - f_y g_x} \\ \dfrac{f_z g_x - f_x g_z}{f_x g_y - f_y g_x} \end{pmatrix}.$$

Dieses Resultat ergibt sich auch aus den beiden Gleichungen

$$f_x \cdot \varphi' + f_y \cdot \psi' + f_z = 0$$
$$g_x \cdot \varphi' + g_y \cdot \psi' + g_z = 0,$$

die mit Hilfe der Kettenregel aus

$$f(\varphi(z), \psi(z), z) = 0$$
$$g(\varphi(z), \psi(z), z) = 0$$

folgen.

Aufgaben

1. Für die Abbildung

$$f(x, y) = x + a_1 x^2 + 2b_1 xy + c_1 y^2$$
$$g(x, y) = y + a_2 x^2 + 2b_2 xy + c_2 y^2$$

des $\mathbb{R}^2$ in sich bestimme man (möglichst große) Umgebungen von $(0,0)$, in denen die Abbildung umkehrbar eindeutig ist.

2. Durch

$$f(x, y) = x + a \sin(x + y)$$
$$g(x, y) = y + a \cos(x + y)$$

wird eine Abbildung des $\mathbb{R}^2$ auf sich erklärt. Für welche a ist diese Abbildung bijektiv?

3. Man beweise: Ist $\mathbf{f}: U \to \mathbb{R}^n$ eine differenzierbare Abbildung und F eine auf einer offenen Obermenge V von $\mathbf{f}(U)$ erklärte differenzierbare reellwertige Funktion derart, daß

$$\operatorname{grad} F(\mathbf{y}) \neq \mathbf{0} \quad (\mathbf{y} \in V) \qquad \text{und} \qquad F(\mathbf{f}(\mathbf{x})) = \text{const.} \quad (\mathbf{x} \in U)$$

gilt, so folgt

$$\det \mathbf{f}'(\mathbf{x}) = 0 \qquad (\mathbf{x} \in U).$$

(Für „funktional abhängige" Funktionen $f_1, \ldots, f_n$ ist also die Funktionaldeterminante gleich 0.)

4. Es sei $\mathbf{f}$ eine beliebige stetig differenzierbare Abbildung aus dem $\mathbb{R}^n$ in den $\mathbb{R}^m$. Man zeige, daß es zu jedem $\mathbf{a}$ (der Definitionsmenge von $\mathbf{f}$) eine Umgebung U von $\mathbf{a}$ sowie eine Umgebung V von $\mathbf{f}(\mathbf{a})$ und in diesen Umgebungen erklärte Diffeomorphismen $\mathbf{g}$ und $\mathbf{h}$ gibt derart, daß

$$\mathbf{F} = \mathbf{h} \circ \mathbf{f} \circ \mathbf{g}^{-1}$$

die einfache Gestalt

$$\mathbf{F}(\mathbf{y}) = \mathbf{F}(y_1, \ldots, y_n) = (y_1, \ldots, y_r, 0, \ldots, 0)$$

annimmt. Dabei ist r der Rang der Ableitung $\mathbf{f}'(\mathbf{a})$.

(Dies ist eine weitgehende Verallgemeinerung eines Satzes über lineare Abbildungen des $\mathbb{R}^n$ in den $\mathbb{R}^m$.)

5. Die speziellen Abbildungstypen des $\mathbb{R}^2$, für die entweder

$$f(x, y) = x \quad \text{und} \quad g_y(x, y) \neq 0$$

oder

$$f_x(x, y) \neq 0 \quad \text{und} \quad g(x, y) = y$$

gilt, heißen „primitiv". Man zeige, daß jede Abbildung, deren Jacobi-Determinante von 0 verschieden ist, lokal als Verkettung zweier primitiver Abbildungen dargestellt werden kann, sofern mindestens eines der Hauptdiagonalelemente von 0 verschieden ist. Wie ist die Aussage zu modifizieren, wenn beide Hauptdiagonalelemente gleich 0 sind?
Man übertrage Definition und Ergebnis auf den $\mathbb{R}^n$.

6. Man beweise, daß eine stetig differenzierbare Abbildung $\mathbf{f}\colon U \to \mathbb{R}^m$ $(U \subset \mathbb{R}^n)$ für $m < n$ nicht injektiv sein kann.
Anwendung: Es gibt stetig differenzierbare Homöomorphismen (vgl. S. 51) nur für $n = m$ (tatsächlich ist diese Aussage auch ohne die Voraussetzung der Differenzierbarkeit richtig; der Beweis erfordert dann aber tieferliegende Hilfsmittel).

7. Setzt man voraus, daß die stetig differenzierbare Abbildung

$$\mathbf{f}\colon U \to \mathbb{R}^n \qquad (U \subset \mathbb{R}^n)$$

umkehrbar eindeutig ist und die Bedingung

$$\det \mathbf{f}'(\mathbf{x}) \neq 0 \qquad (\mathbf{x} \in U)$$

erfüllt, so ist $\mathbf{f}$ ein Diffeomorphismus.

8. Man untersuche die Abbildung

$$u = \cos x \cosh y$$
$$v = \sin x \sinh y$$

des $\mathbb{R}^2$ mit Hilfe des Satzes von der lokalen Umkehrbarkeit. Außerdem skizziere man die Bilder der Geraden $x = \text{const.}$ und $y = \text{const.}$. Man zeige, daß die Abbildung „konform" ist, d.h. die Jacobi-Matrix ist proportional zu einer orthogonalen Matrix.

9. Man beweise die lokale Auflösbarkeit der Gleichung $F(x, y) = 0$ unter der Voraussetzung:

$$F \text{ reellwertig, stetig differenzierbar, } F(x_0, y_0) = 0,\ \frac{\partial F}{\partial y}(x_0, y_0) \neq 0$$

direkt (ohne Verwendung des Satzes von S. 170) mit Hilfe der Monotonie-Kriterien für Funktionen einer Variablen. Man zeige auch, daß die „Auflösung" $y = f(x)$ stetig differenzierbar ist. Schließlich übertrage man die Überlegungen auf den Fall einer Gleichung mit n Variablen.

10. Für die Ebene beweise man den Satz von der lokalen Umkehrbarkeit, indem man die Ergebnisse der Aufgaben 5 und 9 verwendet.
Wie läßt sich dieser Beweis auf den $\mathbb{R}^n$ übertragen?

11. Es sei $\mathbf{f}$ eine stetig differenzierbare Abbildung aus dem $\mathbb{R}^2$ in den $\mathbb{R}^3$:

$$\begin{aligned} y_1 &= f_1(x_1, x_2) \\ y_2 &= f_2(x_1, x_2) \\ y_3 &= f_3(x_1, x_2) \end{aligned} \qquad \text{mit} \qquad \begin{vmatrix} D_1 f_1 & D_2 f_1 \\ D_1 f_2 & D_2 f_2 \end{vmatrix} \neq 0.$$

Dann gibt es zu jedem Punkt $(b_1, b_2, b_3) = \big(f_1(a_1, a_2), f_2(a_1, a_2), f_3(a_1, a_2)\big)$ eine Umgebung V und einen Diffeomorphismus $\mathbf{G}$ von V auf eine Umgebung W des Punktes $(a_1, a_2, 0)$ derart, daß gilt

$$(\mathbf{G} \circ \mathbf{f})(x_1, x_2) = (x_1, x_2, 0).$$

Anleitung: Man wende den Satz von der lokalen Umkehrbarkeit auf die Abbildung $\mathbf{F}$ mit

$$\mathbf{F}(x_1, x_2, x_3) = \begin{pmatrix} f_1(x_1, x_2) \\ f_2(x_1, x_2) \\ f_3(x_1, x_2) \end{pmatrix} + \begin{pmatrix} 0 \\ 0 \\ x_3 \end{pmatrix}$$

an.
Man dehne das Ergebnis aus auf stetig differenzierbare Abbildungen aus dem $\mathbb{R}^n$ in den $\mathbb{R}^m$ für den Fall $n < m$.

12. Es sei $\mathbf{f}$ eine differenzierbare Abbildung in den $\mathbb{R}^n$ mit konvexer Definitionsmenge $U \subset \mathbb{R}^n$. Wenn die quadratischen Formen

$$\langle \mathbf{f}'(\mathbf{x}, \mathbf{h}), \mathbf{h} \rangle$$

für alle $\mathbf{x} \in U$ positiv definit sind, dann ist $\mathbf{f}$ global umkehrbar. Man beweise dieses Kriterium und erprobe es an Beispielen.

13. Es sei $\mathbf{f}\colon U \to \mathbb{R}^n$ eine stetig differenzierbare Abbildung, für die mit einer Konstanten $c > 0$ die Abschätzung

$$\|\mathbf{f}(\mathbf{y}) - \mathbf{f}(\mathbf{x})\| \geqq c\,\|\mathbf{y} - \mathbf{x}\| \qquad (\mathbf{x}, \mathbf{y} \in U)$$

gültig ist. Man zeige, daß

$$|\det \mathbf{f}'(\mathbf{x})| > 0 \qquad (\mathbf{x} \in U)$$

gilt und daß **f** die offene Menge U diffeomorph auf eine offene Menge V abbildet.

Weiter überlege man sich, daß für $U = \mathbb{R}^n$ auch $V = \mathbb{R}^n$ ist.

14.7 p-dimensionale Flächen im $\mathbb{R}^n$

In der mehrdimensionalen Integralrechnung hat man es nicht nur mit „Gebietsintegralen" zu tun; auch Integrale, bei denen der Integrationsbereich eine Kurve, eine Fläche oder allgemein eine p-dimensionale Fläche im $\mathbb{R}^n$ ist, treten in natürlicher Weise auf. Hier wollen wir den Begriff der *p-dimensionalen Fläche* im $\mathbb{R}^n$ einführen. Es handelt sich um die Verallgemeinerung des in 14.1 erörterten Begriffs der Kurven im $\mathbb{R}^n$.

Def.: *Es sei* $U \subset \mathbb{R}^p$ $(1 \leqq p \leqq n-1)$ *offen. Die Abbildung*

$$\gamma : U \to \mathbb{R}^n$$

sei stetig differenzierbar und die Ableitung

$$\gamma' : U \to \mathfrak{L}(\mathbb{R}^p, \mathbb{R}^n)$$

habe für alle $\mathbf{u} \in U$ *den Rang p.*

Dann heißt γ Parameterdarstellung *einer p-dimensionalen Fläche (kurz: p-Fläche) im* $\mathbb{R}^n$.

Aufgrund der Rangbedingung ist für jedes $\mathbf{u} \in U$

$$\tau(\mathbf{h}) = \gamma(\mathbf{u}) + \gamma'(\mathbf{u}, \mathbf{h}) \qquad (\mathbf{h} \in \mathbb{R}^p)$$

ebenfalls eine Parameterdarstellung einer p-Fläche, wobei τ „linear" vom Parameter **h** abhängt. Die Bildmenge von τ ist also ein affiner Unterraum des $\mathbb{R}^n$, durch den die Bildmenge von γ in der Nähe von $\gamma(\mathbf{u})$ „approximiert" wird: τ ist Parameterdarstellung des (p-dimensionalen) *Tangentialraums* für γ im Punkte $\gamma(\mathbf{u})$.

Beispiele:

1) Rotationsflächen im $\mathbb{R}^3$ können durch

$$\begin{aligned} \gamma_1(u,v) &= f(u)\cos v \\ \gamma_2(u,v) &= f(u)\sin v \qquad\qquad (u \in J,\ v \in \mathbb{R}) \\ \gamma_3(u,v) &= g(u) \end{aligned}$$

mit $f(u) > 0$ und $f'(u)^2 + g'(u)^2 > 0$ beschrieben werden. Es ergibt sich als Jacobi-Matrix

$$\gamma'(u, v) = \begin{pmatrix} f'(u)\cos v & -f(u)\sin v \\ f'(u)\sin v & f(u)\cos v \\ g'(u) & 0 \end{pmatrix}.$$

Aufgrund der gemachten Voraussetzungen hat γ' überall den Rang 2. Die Bildmenge entsteht durch Rotation der in der (x, z)-Ebene liegenden „Meridiankurve" mit der Parameterdarstellung $(f(u), g(u))$ um die z-Achse. Hat diese Kurve Doppelpunkte, so hat die Rotationsfläche „Selbstdurchdringungskurven", nämlich die den Doppelpunkten der Meridiankurve entsprechenden Kreise.

2) Durch

$$\begin{aligned} \gamma_1(\mathbf{u}) &= u_1 \\ &\vdots \qquad \ddots \\ \gamma_p(\mathbf{u}) &= \qquad\qquad u_p \\ \gamma_{p+1}(\mathbf{u}) &= f_1(u_1, \dots, u_p) \qquad\qquad (\mathbf{u} \in U \subset \mathbb{R}^p) \\ &\vdots \\ \gamma_n(\mathbf{u}) &= f_{n-p}(u_1, \dots, u_p) \end{aligned}$$

mit beliebigen in U stetig differenzierbaren Funktionen $f_1, \dots, f_{n-p}$ wird immer eine p-Fläche dargestellt, denn der Rang von γ' ist wegen

$$\gamma'(\mathbf{u}) = \begin{pmatrix} 1 & \dots & 0 \\ \vdots & & \vdots \\ 0 & \dots & 1 \\ D_1 f_1(\mathbf{u}) & \dots & D_p f_1(\mathbf{u}) \\ \vdots & & \vdots \\ D_1 f_{n-p}(\mathbf{u}) & \dots & D_p f_{n-p}(\mathbf{u}) \end{pmatrix}$$

gleich p. Daß γ injektiv ist, erkennt man sofort aus den ersten p Gleichungen.

Bei vielen Fragestellungen interessiert in erster Linie die Bildmenge, die zur Parameterdarstellung einer p-Fläche gehört. Entsprechend der Definition der Äquivalenz von Wegen (vgl. S. 85) führen wir auch für Parameterdarstellungen von p-Flächen eine Äquivalenz ein.

Def.: *Die Parameterdarstellung einer p-Fläche* $\tilde{\gamma}: V \to \mathbb{R}^n$ *heißt* äquivalent *zur Parameterdarstellung einer p-Fläche* $\gamma: U \to \mathbb{R}^n$, *wenn es einen*

Diffeomorphismus $\Phi: V \to U$ *gibt derart, daß gilt*

$$\tilde{\gamma} = \gamma \circ \Phi .$$

Es ist unmittelbar zu sehen, daß es sich wirklich um eine Äquivalenzrelation handelt. Die zugehörigen Äquivalenzklassen nennen wir *p-Flächen* (dies steht im Einklang damit, daß wir die in Frage kommenden Abbildungen γ schon von vornherein als Parameterdarstellungen einer p-Fläche bezeichnet haben).

Wir werden nun zeigen, daß jede Parameterdarstellung γ einer p-Fläche lokal zu einer Parameterdarstellung einer p-Fläche des Typs aus Beispiel 2) äquivalent ist. Daraus folgt, daß γ lokal injektiv ist. Wir können dabei von einer geeigneten Numerierung der Koordinaten im $\mathbb{R}^n$ ausgehen.

Satz: *Es sei* $\gamma: U \to \mathbb{R}^n$ $(U \subset \mathbb{R}^p)$ *Parameterdarstellung einer p-Fläche. Für* $\mathbf{u}_0 \in U$ *gelte*

$$\begin{vmatrix} D_1\gamma_1(\mathbf{u}_0) & \dots & D_p\gamma_1(\mathbf{u}_0) \\ \vdots & & \vdots \\ D_1\gamma_p(\mathbf{u}_0) & \dots & D_p\gamma_p(\mathbf{u}_0) \end{vmatrix} \neq 0 .$$

Dann gibt es eine Umgebung W *von* $\mathbf{u}_0$ *derart, daß* $\gamma \mid W$ *äquivalent ist zur Parameterdarstellung* $\tilde{\gamma}: V \to \mathbb{R}^n$, *die beschrieben wird durch*

$$\begin{aligned} \tilde{\gamma}_1(\mathbf{v}) &= v_1 \\ &\vdots \\ \tilde{\gamma}_p(\mathbf{v}) &= v_p \\ \tilde{\gamma}_{p+1}(\mathbf{v}) &= f_1(\mathbf{v}) \\ &\vdots \\ \tilde{\gamma}_n(\mathbf{v}) &= f_{n-p}(\mathbf{v}) . \end{aligned}$$

Insbesondere ist $\gamma \mid W$ *injektiv.*

Beweis: Wir wenden den Satz von der lokalen Umkehrbarkeit an auf die Abbildung von U in den $\mathbb{R}^p$, die durch die ersten p Komponentenfunktionen erklärt wird:

$$\begin{aligned} v_1 &= \gamma_1(\mathbf{u}) \\ &\vdots \\ v_p &= \gamma_p(\mathbf{u}) \end{aligned} \qquad (\mathbf{u} \in U) .$$

Aufgrund der Voraussetzung gibt es zu $\mathbf{u}_0 \in U$ eine Umgebung W von $\mathbf{u}_0$, in der die erklärte Abbildung ein Diffeomorphismus von W auf eine offene Menge V

ist. Die Umkehrabbildung sei mit

$$\boldsymbol{\Phi}: V \to W$$

bezeichnet. Setzen wir nun

$$\tilde{\gamma} = \gamma \circ \boldsymbol{\Phi},$$

so ist $\tilde{\gamma}$ äquivalent zu $\gamma | W$ und $\tilde{\gamma}$ hat die im Satz angegebene Gestalt. Da $\boldsymbol{\Phi}$ bijektiv und $\tilde{\gamma}$ injektiv ist, folgt die Injektivität von $\gamma | W$.

Beispiel: Durch stereographische Projektion (vgl. Figur) kann die Ebene auf

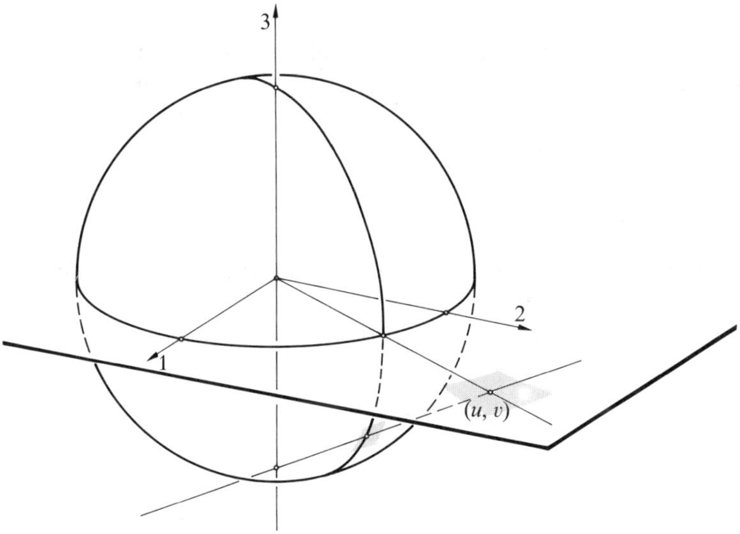

die „gelochte" Kugelfläche abgebildet werden. Man erhält so die Parameterdarstellung $\gamma: \mathbb{R}^2 \to \mathbb{R}^3$ mit

$$\gamma_1(u, v) = \frac{2u}{1 + u^2 + v^2}$$

$$\gamma_2(u, v) = \frac{2v}{1 + u^2 + v^2}$$

$$\gamma_3(u, v) = \frac{1 - u^2 - v^2}{1 + u^2 + v^2} \quad .$$

Deren Ableitung

$$\gamma'(u,v) = \frac{2}{(1+u^2+v^2)^2}\begin{pmatrix} 1-u^2+v^2 & -2uv \\ -2uv & 1+u^2-v^2 \\ -2u & -2v \end{pmatrix}$$

hat überall den Rang 2 (man beweise dies!).

Für die Anwendung des Satzes hat man die Determinante $\begin{vmatrix} D_1\gamma_1 & D_2\gamma_1 \\ D_1\gamma_2 & D_2\gamma_2 \end{vmatrix}$ zu berechnen; man findet, bis auf einen positiven Faktor, für sie den Wert

$$1-(u^2+v^2)^2.$$

Deshalb kann als geeignete Menge W das Innere oder das Äußere des Einheitskreises dienen.

Wählen wir für W das Innere des Einheitskreises, so ergibt sich – wenn wir die neuen Parameter mit x_1, x_2 bezeichnen – die Darstellung

$$\begin{aligned} \tilde{\gamma}_1(x_1,x_2) &= x_1 \\ \tilde{\gamma}_2(x_1,x_2) &= x_2 \\ \tilde{\gamma}_3(x_1,x_2) &= \sqrt{1-x_1^2-x_2^2}, \end{aligned}$$

durch die die „obere Hälfte" der Einheitskugel beschrieben wird.

Da äquivalente p-Flächen dieselbe Bildmenge haben, kann eine solche Bildmenge nach dem bewiesenen Satz stets lokal durch die folgenden Gleichungen beschrieben werden (bei geeigneter Numerierung der Koordinaten):

$$\begin{aligned} x_{p+1} - f_1(x_1,\ldots,x_p) &= 0 \\ \vdots \quad & \quad \vdots \\ x_n - f_{n-p}(x_1,\ldots,x_p) &= 0 \end{aligned} \qquad (x_1,\ldots,x_p) \in V$$

Lokal ist die Bildmenge einer p-Fläche also Nullstellenmenge eines Gleichungssystems des Typs

$$\begin{aligned} g_1(\mathbf{x}) &= 0 \\ \vdots \quad & \quad \vdots \\ g_{n-p}(\mathbf{x}) &= 0, \end{aligned}$$

wobei $g_1, \ldots, g_{n-p}$ stetig differenzierbare Funktionen sind und die Ableitung der Abbildung $\mathbf{g} = (g_1, \ldots, g_{n-p})$ aus dem $\mathbb{R}^n$ in den $\mathbb{R}^{n-p}$ den höchstmöglichen Rang $n-p$ hat.

Man kann somit die (an den p-Flächen vor allem interessierenden) Bildmengen

auch „implizit" als Nullstellenmenge von differenzierbaren Abbildungen beschreiben.
Andererseits ist die Nullstellenmenge $M = \{\mathbf{x} \mid \mathbf{g}(\mathbf{x}) = \mathbf{0}\}$ einer beliebig vorgegebenen stetig differenzierbaren Abbildung

$$\mathbf{g}: D \to \mathbb{R}^{n-p} \qquad (D \subset \mathbb{R}^n),$$

deren Ableitung überall den Rang $n-p$ hat, nach dem Satz über implizit gegebene Funktionen lokal als p-Fläche darstellbar (sofern M nicht leer ist).

Während bei p-Flächen „Selbstdurchdringungen" vorkommen können, sind die genannten Nullstellenmengen selbstdurchdringungsfrei, da man zu $\mathbf{x}_0 \in M$ immer eine Umgebung dieses Punktes im $\mathbb{R}^n$ finden kann, in der alle Lösungen von $\mathbf{g}(\mathbf{x}) = \mathbf{0}$ durch eine Parameterdarstellung $\mathbf{x} = \gamma(\mathbf{u})$ beschrieben werden.
Die gesamte Nullstellenmenge M kann man im allgemeinen nur durch mehrere Parameterdarstellungen erfassen. So braucht man z.B. für die Einheitssphäre

$$x_1^2 + \ldots + x_n^2 - 1 = 0$$

mindestens zwei.

Um Schwierigkeiten, die im Zusammenhang mit den Randpunkten von D auftreten können, zunächst zu vermeiden, wollen wir voraussetzen, daß die Abbildungen $\mathbf{g}$, deren Nullstellenmenge untersucht werden soll, in ganz $\mathbb{R}^n$ definiert sind.

Def.: *Es sei* $\mathbf{g}: \mathbb{R}^n \to \mathbb{R}^{n-p}$ *stetig differenzierbar und die Ableitung* $\mathbf{g}'$ *habe den Rang* $n-p$. *Dann wird die Menge*

$$M = \{\mathbf{x} \mid \mathbf{g}(\mathbf{x}) = \mathbf{0}\}$$

der Nullstellen von $\mathbf{g}$ *– sofern sie nicht leer ist – als* gleichungsdefinierte p-dimensionale Untermannigfaltigkeit *des* $\mathbb{R}^n$ *bezeichnet.*

Bemerkung: Es genügt vorauszusetzen, daß der Rang von $\mathbf{g}'$ auf M (und damit in einer Umgebung von M) gleich $n-p$ ist.

Einfachste Beispiele sind die p-dimensionalen affinen Unterräume des $\mathbb{R}^n$; diese sind als Nullstellenmengen von affinen Abbildungen erfaßbar. Weiter sind etwa die quadratischen Hyperflächen, die durch eine Gleichung des Typs

$$\sum_{i=1}^{n} \sum_{j=1}^{n} c_{ij} x_i x_j - 1 = 0 \qquad (\det(c_{ij}) \neq 0)$$

erklärt sind, $(n-1)$-dimensionale Untermannigfaltigkeiten des $\mathbb{R}^n$ (sofern sie nicht leer sind).

Eine p-dimensionale Untermannigfaltigkeit M des $\mathbb{R}^n$ hat in jedem ihrer Punkte $\mathbf{x}$ einen p-dimensionalen Tangentialraum. Dieser wird an der Stelle $\mathbf{x}$ durch das lineare Gleichungssystem

$$\mathbf{g}'(\mathbf{x}, \mathbf{y}-\mathbf{x}) = \mathbf{0} \qquad (\mathbf{y} \in \mathbb{R}^n)$$

beschrieben. Der Beweis ergibt sich unter Heranziehung der Kettenregel aus der Identität $\mathbf{g}(\gamma(\mathbf{u})) = \mathbf{0}$, wobei γ eine lokale Parameterdarstellung ist.

Aufgabe: Man führe diesen Beweis aus und zeige, daß mittels der Komponentenfunktionen von $\mathbf{g}$ der Tangentialraum im Punkt $\mathbf{x}$ von M auch durch die $n-p$ Gleichungen

$$\langle \operatorname{grad} g_i(\mathbf{x}), \mathbf{y}-\mathbf{x} \rangle = 0 \qquad (i = 1, \ldots, n-p)$$

beschrieben werden kann.

Der Einfachheit halber haben wir vorausgesetzt, daß $\mathbf{g}$ in $\mathbb{R}^n$ definiert ist. Damit können aber nicht alle Teilmengen M des $\mathbb{R}^n$, die man üblicherweise als Untermannigfaltigkeiten bezeichnet, erfaßt werden. Auch die Durchschnitte der zunächst betrachteten Nullstellenmengen mit beliebigen offenen Mengen sind Untermannigfaltigkeiten. Zur allgemeinen Definition der Untermannigfaltigkeiten vgl. man Abschnitt 17.5 (S. 383).

Bemerkung: Man beachte, daß verschiedene Gleichungssysteme dieselbe Nullstellenmenge festlegen können. Ist z. B. $\boldsymbol{\Phi}: \mathbb{R}^{n-p} \to \mathbb{R}^{n-p}$ ein Diffeomorphismus, der den Nullpunkt festläßt, so haben die Gleichungen

$$\mathbf{g}(\mathbf{x}) = \mathbf{0} \quad \text{und} \quad \boldsymbol{\Phi}(\mathbf{g}(\mathbf{x})) = \mathbf{0}$$

dieselbe Lösungsmenge.

Extrema unter Nebenbedingungen

Wir beginnen mit einem typischen Beispiel für die Aufgabe, Maxima und Minima unter Nebenbedingungen aufzusuchen: Es sollen diejenigen Punkte einer durch die Gleichung

$$ax^2 + 2bxy + cy^2 = 1 \qquad (a > 0,\ ac - b^2 > 0)$$

gegebenen Ellipse bestimmt werden, die von ihrem Mittelpunkt (0,0) maximale bzw. minimale Distanz haben. Statt der Distanz verwenden wir – zur formalen Vereinfachung – das Quadrat der Distanz; dabei erhalten wir dieselben Extremalstellen
Gesucht sind also die Extrema der Funktion

$$f(x, y) = x^2 + y^2$$

unter der Nebenbedingung

$$g(x, y) = ax^2 + 2bxy + cy^2 - 1 = 0.$$

Die Funktion f hat in $\mathbb{R}^2$ genau eine Minimalstelle und zwar in (0,0); diese Stelle interessiert aber nicht, da sie der Nebenbedingung nicht genügt.
Man könnte die gestellte Aufgabe nun etwa dadurch lösen, daß man die Nebenbedingung $g(x, y) = 0$ durch eine Parameterdarstellung

$$x = \varphi(t), \; y = \psi(t)$$

erfüllt und die Extremalstellen der Funktion F mit

$$F(t) = f(\varphi(t), \psi(t))$$

mit den üblichen Methoden bestimmt.

Wir werden jedoch zeigen, daß die mühsame explizite Bestimmung einer solchen Parameterdarstellung umgangen werden kann. Die kritischen Stellen von F genügen nämlich der Gleichung

$$F'(t) = D_1 f(\varphi(t), \psi(t)) \cdot \varphi'(t) + D_2 f(\varphi(t), \psi(t)) \cdot \psi'(t) = 0.$$

Wegen $g(\varphi(t), \psi(t)) = 0$ gilt weiter für alle t:

$$D_1 g(\varphi(t), \psi(t)) \cdot \varphi'(t) + D_2 g(\varphi(t), \psi(t)) \cdot \psi'(t) = 0.$$

An jeder kritischen Stelle von F sind deshalb die beiden Vektoren $(D_1 f, D_2 f)$ und $(D_1 g, D_2 g)$ linear abhängig, d.h. es gibt ein λ derart, daß gilt:

$$\begin{aligned} D_1 f(x, y) - \lambda D_1 g(x, y) &= 2x - 2\lambda(ax + by) = 0 \\ D_2 f(x, y) - \lambda D_2 g(x, y) &= 2y - 2\lambda(bx + cy) = 0 \\ g(x, y) &= ax^2 + 2bxy + cy^2 - 1 = 0. \end{aligned}$$

Hier kommt nun die verwendete Parameterdarstellung nicht mehr zum Vorschein; man kann also die kritischen Stellen von F auch dadurch erhalten, daß man die kritischen Stellen der in $\mathbb{R}^2$ erklärten Funktion

$$G = f - \lambda g$$

bestimmt, die zugleich die Bedingung $g(x, y) = 0$ erfüllen.
In unserem Beispiel wird man zunächst das lineare Gleichungssystem

$$\begin{aligned} (1-\lambda a)x \qquad -\lambda b y &= 0 \\ -\lambda b x + (1-\lambda c) y &= 0 \end{aligned}$$

lösen. Wegen $g(0,0) = -1$ interessieren nur die nichttrivialen Lösungen; also muß λ der Gleichung

$$\begin{vmatrix} 1-\lambda a & -\lambda b \\ -\lambda b & 1-\lambda c \end{vmatrix} = (ac - b^2)\lambda^2 - (a+c)\lambda + 1 = 0$$

genügen. Diese quadratische Gleichung hat aufgrund der Voraussetzung $a > 0$, $ac - b^2 > 0$ (d.h. auch $c > 0$) zwei verschiedene reelle Lösungen λ_1, λ_2, sofern $(a-c)^2 + 4b^2 > 0$ gilt, d.h. sofern kein Kreis vorliegt.
Zu λ_1, λ_2 gibt es linear unabhängige Lösungsvektoren (x_1, y_1), (x_2, y_2) des linearen Gleichungssystems. Diese können wir jeweils auf zwei Arten so normieren, daß sie auch die Gleichung $g(x, y) = 0$ erfüllen. Es gibt daher insgesamt vier kritische Stellen von G mit $g(x, y) = 0$, die paarweise symmetrisch zum Nullpunkt liegen; in diesen werden auch wirklich Extrema von $f(x, y) = x^2 + y^2$ angenommen (die gefundenen Stellen sind die Scheitelpunkte der Ellipse, ihre Verbindungsstrecken mit dem Nullpunkt deren Hauptachsen).

Aufgabe: Man zeige, daß die Lösungsvektoren (x_1, y_1), (x_2, y_2) orthogonal zueinander sind. Weiter bestimme man die gesuchten Extremwerte.

Das an diesem Beispiel erläuterte Verfahren, das auf Lagrange zurückgeht (λ heißt deshalb „Lagrangescher Multiplikator"), läßt sich nun analog auch für Extremwertprobleme mit n Variablen und r Nebenbedingungen durchführen.

Satz: *Es sei $f\colon U \to \mathbb{R}$ $(U \subset \mathbb{R}^n)$ stetig differenzierbar, desgleichen die (mindestens) in U erklärten reellwertigen Funktionen $g_1, \ldots, g_r$. Die Teilmenge M von U sei erklärt durch*

$$\begin{aligned} g_1(\mathbf{x}) &= 0 \\ &\vdots \\ g_r(\mathbf{x}) &= 0\,. \end{aligned}$$

Die Ableitung der Abbildung $\mathbf{g} = (g_1, \ldots, g_r)$ von U in $\mathbb{R}^r$ habe überall den Rang r, d.h. M sei eine $(n-r)$-dimensionale Untermannigfaltigkeit des $\mathbb{R}^n$.

Hat dann die eingeschränkte Funktion $f|M$ an der Stelle $\mathbf{a} \in M$ ein lokales Extremum, so gibt es reelle Zahlen $\lambda_1, \dots, \lambda_r$ derart, daß der Punkt $\mathbf{a}$ *für die in U erklärte Funktion*

$$G = f - \lambda_1 g_1 - \dots - \lambda_r g_r$$

eine kritische Stelle ist.

Beweis: Die Untermannigfaltigkeit M kann in einer Umgebung von $\mathbf{a}$ mittels einer Parameterdarstellung $\boldsymbol{\varphi}$ beschrieben werden (vgl. S. 183):

$$\boldsymbol{\varphi}: V \to \mathbb{R}^n \qquad (V \subset \mathbb{R}^p, p = n - r).$$

Die Verkettung $F = f \circ \boldsymbol{\varphi}$ muß im Urbild $\mathbf{b} \in V$ von $\mathbf{a}$ eine kritische Stelle haben, denn F hat – wie $f|M$ – in $\mathbf{b}$ ein lokales Extremum; es gilt also

$$F'(\mathbf{b}, \mathbf{k}) = f'(\mathbf{a}, \boldsymbol{\varphi}'(\mathbf{b}, \mathbf{k})) = 0 \qquad \text{für alle } \mathbf{k} \in \mathbb{R}^p.$$

Aus den Bedingungen $g_i(\boldsymbol{\varphi}(\mathbf{u})) = 0$ folgt durch Ableiten

$$g_i'(\mathbf{a}, \boldsymbol{\varphi}'(\mathbf{b}, \mathbf{k})) = 0 \qquad \text{für alle } \mathbf{k} \in \mathbb{R}^p.$$

Wir wollen nun beweisen, daß es reelle Zahlen $\lambda_1, \dots, \lambda_r$ gibt derart, daß gilt

$$(*) \qquad f'(\mathbf{a}, \mathbf{h}) - \lambda_1 g_1'(\mathbf{a}, \mathbf{h}) - \dots - \lambda_r g_r'(\mathbf{a}, \mathbf{h}) = 0 \qquad \text{für alle } \mathbf{h} \in \mathbb{R}^n.$$

Die Bedingungen $f'(\mathbf{a}, \boldsymbol{\varphi}'(\mathbf{b}, \mathbf{k})) = 0$ und $g_i'(\mathbf{a}, \boldsymbol{\varphi}'(\mathbf{b}, \mathbf{k})) = 0$ zeigen, daß für diejenigen Vektoren $\mathbf{h}$, die im Tangentialraum in $\mathbf{a}$ an M liegen, d.h. für die Vektoren $\boldsymbol{\varphi}'(\mathbf{b}, \mathbf{k})$ mit beliebigem $\mathbf{k} \in \mathbb{R}^p$, die Gleichung $(*)$ bei jeder Wahl von $\lambda_1, \dots, \lambda_r$ gültig ist.
Um zu zeigen, daß $(*)$ sogar für alle $\mathbf{h} \in \mathbb{R}^n$ erfüllt werden kann, wählen wir einen Komplementärraum W zum Tangentialraum des Punktes $\mathbf{a}$. Dieser ist r-dimensional und werde etwa von $\mathbf{w}_1, \dots, \mathbf{w}_r$ aufgespannt. Wir bestimmen nun $\lambda_1, \dots, \lambda_r$ aus dem linearen Gleichungssystem

$$\begin{array}{l} f'(\mathbf{a}, \mathbf{w}_1) - \lambda_1 g_1'(\mathbf{a}, \mathbf{w}_1) - \dots - \lambda_r g_r'(\mathbf{a}, \mathbf{w}_1) = 0 \\ \vdots \qquad\qquad\qquad\qquad\qquad \vdots \\ f'(\mathbf{a}, \mathbf{w}_r) - \lambda_1 g_1'(\mathbf{a}, \mathbf{w}_r) - \dots - \lambda_r g_r'(\mathbf{a}, \mathbf{w}_r) = 0. \end{array}$$

Dies ist möglich, weil nach Voraussetzung die Matrix

$$\begin{pmatrix} g_1'(\mathbf{a}, \mathbf{w}_1) & \dots & g_r'(\mathbf{a}, \mathbf{w}_1) \\ \vdots & & \vdots \\ g_1'(\mathbf{a}, \mathbf{w}_r) & \dots & g_r'(\mathbf{a}, \mathbf{w}_r) \end{pmatrix}$$

den Rang r hat.

Nun kann jeder beliebige Vektor $\mathbf{h} \in \mathbb{R}^n$ dargestellt werden in der Form

$$\mathbf{h} = \boldsymbol{\varphi}'(\mathbf{b}, \mathbf{k}) + c_1 \mathbf{w}_1 + \ldots + c_r \mathbf{w}_r \qquad (\mathbf{k} \in \mathbb{R}^p)$$

Die Gleichung $(*)$ ist also für alle $\mathbf{h} \in \mathbb{R}^n$ erfüllt.
Damit ist die Behauptung, daß $G = f - \lambda_1 g_1 - \ldots - \lambda_r g_r$ bei passender Wahl von $\lambda_1, \ldots, \lambda_r$ in $\mathbf{a}$ eine kritische Stelle hat, bewiesen.

Aufgrund dieses Satzes wird man bei der Bestimmung von lokalen Extremalstellen der Funktion f unter den Nebenbedingungen $g_1 = 0, \ldots, g_r = 0$ folgendermaßen vorgehen: Man setzt an

$$G = f - \lambda_1 g_1 - \ldots - \lambda_r g_r$$

mit noch unbekannten Konstanten $\lambda_1, \ldots, \lambda_r$ und hat die kritischen Stellen von G zu bestimmen, die zugleich die Nebenbedingungen erfüllen. Man hat dann $x_1, \ldots, x_n, \lambda_1, \ldots, \lambda_r$ aus den $n + r$ Gleichungen

$$\begin{aligned}
D_1 f(\mathbf{x}) &= \lambda_1 D_1 g_1(\mathbf{x}) + \ldots + \lambda_r D_1 g_r(\mathbf{x}) \\
&\vdots \\
D_n f(\mathbf{x}) &= \lambda_1 D_n g_1(\mathbf{x}) + \ldots + \lambda_r D_n g_r(\mathbf{x}) \\
g_1(\mathbf{x}) &= 0 \\
&\vdots \\
g_r(\mathbf{x}) &= 0
\end{aligned}$$

zu ermitteln. Wenn möglich, wird man die Zahlen $\lambda_1, \ldots, \lambda_r$, da sie letzten Endes nicht mehr benötigt werden, aus den Gleichungen eliminieren; dies ist jedoch nicht in allen Fällen zweckmäßig (vgl. Beispiel 2).

Nach der Bestimmung aller kritischen Stellen – nur diese kommen ja als Extremstellen in Frage – hat man natürlich noch zu prüfen, ob wirklich Minima oder Maxima vorliegen. Dies wird man zunächst direkt zu entscheiden versuchen, oder aber die auf S. 134 entwickelten Methoden auf die Funktion $f \circ \boldsymbol{\varphi}$ (dazu braucht man dann eine Parameterdarstellung von M in der Umgebung der kritischen Stelle) bzw. auf die Funktion G (wobei die quadratische Form $G''(\mathbf{a}, \mathbf{h}, \mathbf{h})$ eingeschränkt auf den Tangentialraum in $\mathbf{a}$ an M untersucht werden muß) anwenden.

Beispiele:

1) Wir betrachten für $x > 0$, $y > 0$ die Funktion

$$f(x, y) = \frac{1}{p} x^p + \frac{1}{q} y^q,$$

wobei die Konstanten $p > 1$, $q > 1$ die Bedingung $\frac{1}{p} + \frac{1}{q} = 1$ erfüllen sollen. Diese Funktion nimmt in der offenen Definitionsmenge weder Minimum noch Maximum an. Stellt man jedoch die Nebenbedingung

$$g(x, y) = xy - 1 = 0,$$

so besitzt f eine Minimalstelle, wie wir zeigen werden. Mit

$$G(x, y) = \frac{1}{p} x^p + \frac{1}{q} y^q - \lambda(xy - 1)$$

ergeben sich für x, y, λ die drei Gleichungen

$$\begin{aligned} x^{p-1} &= \lambda y \\ y^{q-1} &= \lambda x \\ xy &= 1. \end{aligned}$$

Aus den beiden ersten Gleichungen folgt

$$x^p = y^q, \qquad \text{d.h.} \qquad x = y^{\frac{q}{p}};$$

aus der dritten Gleichung ergibt sich dann:

$$y^{1+\frac{q}{p}} = 1, \qquad \text{d.h.} \qquad y = 1.$$

Also muß auch $x = 1$ gelten (und $\lambda = 1$). Es gibt somit nur eine kritische Stelle, nämlich $\mathbf{a} = (1,1)$.

Aufgabe: Man zeige, daß $\mathbf{a}$ eine Minimalstelle ist, indem man $f\left(x, \frac{1}{x}\right)$ untersucht.

Danach ist bewiesen: Für $p > 1$, $q > 1$, $\frac{1}{p} + \frac{1}{q} = 1$ und $xy = 1$ gilt

$$\frac{1}{p} x^p + \frac{1}{q} y^q \geqq 1.$$

Hieraus folgt nun leicht die *Höldersche Ungleichung* (vgl. Bd. I, S. 384), indem man bei gegebenem $u > 0, v > 0$ setzt

$$x = \frac{u}{(uv)^{\frac{1}{p}}}, \qquad y = \frac{v}{(uv)^{\frac{1}{q}}}.$$

Wegen $xy = 1$ folgt

$$\frac{1}{p}u^p + \frac{1}{q}v^q \geqq uv \qquad \text{für alle } u > 0, v > 0.$$

2) Im einleitenden Beispiel dieses Abschnitts hatten wir die Hauptachsen einer Ellipse bestimmt. Wir wollen nun die n-dimensionale Verallgemeinerung dieser Fragestellung behandeln, dabei aber nicht mehr voraussetzen, daß die auftretende quadratische Form positiv definit ist. Es ist dann nicht zweckmäßig, nach den Extremwerten der Distanz auf der quadratischen Hyperfläche $\sum_{i,j=1}^{n} a_{ij}x_i x_j = 1$ zu fragen, da diese Extremwerte nicht zu existieren brauchen (wie etwa die Hyperbel zeigt, bei der keine Maxima vorliegen). Vielmehr suchen wir die Extrema der quadratischen Form

$$f(\mathbf{x}) = \sum_{i,j=1}^{n} a_{ij}x_i x_j$$

auf der Einheitskugel $|\mathbf{x}| = 1$, d.h. wir haben die Nebenbedingung

$$g(\mathbf{x}) = \langle \mathbf{x}, \mathbf{x} \rangle - 1 = 0.$$

Die quadratische Form schreiben wir mit Hilfe einer linearen Abbildung

$$\mathbf{A}\colon \mathbb{R}^n \to \mathbb{R}^n$$

als Skalarprodukt, d.h. wir setzen

$$f(\mathbf{x}) = \langle \mathbf{A}\mathbf{x}, \mathbf{x} \rangle.$$

Die lineare Abbildung $\mathbf{A}\colon \mathbb{R}^n \to \mathbb{R}^n$ wird dabei als „selbstadjungiert" vorausgesetzt, d.h. für alle $\mathbf{x}, \mathbf{y} \in \mathbb{R}^n$ gilt die Gleichung

$$\langle \mathbf{A}\mathbf{x}, \mathbf{y} \rangle = \langle \mathbf{x}, \mathbf{A}\mathbf{y} \rangle.$$

Mit

$$G(\mathbf{x}) = \langle \mathbf{A}\mathbf{x}, \mathbf{x} \rangle - \lambda(\langle \mathbf{x}, \mathbf{x} \rangle - 1)$$

erhält man nun zur Ermittlung der kritischen Stellen die beiden Gleichungen:

$$G'(\mathbf{x}, \mathbf{h}) = 2\langle \mathbf{A}\mathbf{x}, \mathbf{h} \rangle - 2\lambda\langle \mathbf{x}, \mathbf{h} \rangle = 2\langle \mathbf{A}\mathbf{x} - \lambda\mathbf{x}, \mathbf{h} \rangle = 0 \qquad (\text{für alle } \mathbf{h} \in \mathbb{R}^n)$$
$$g(\mathbf{x}) = \langle \mathbf{x}, \mathbf{x} \rangle - 1 = 0,$$

d.h. gesucht sind alle $\mathbf{x} \in \mathbb{R}^n$, $\lambda \in \mathbb{R}$, die die beiden Bedingungen

$$\mathbf{A}\mathbf{x} = \lambda\mathbf{x}, \qquad \langle \mathbf{x}, \mathbf{x} \rangle = 1$$

erfüllen.

Die erste Gleichung besagt, daß $\mathbf{x}$ Eigenvektor zum Eigenwert λ ist; für λ kommen also nur Nullstellen des „charakteristischen Polynoms“

$$\det(\mathbf{A} - \lambda \operatorname{id}_{\mathbb{R}^n}) = 0$$

in Frage, da nur für solche λ das lineare Gleichungssystem $\mathbf{A}\mathbf{x} = \lambda\mathbf{x}$ nichttrivial lösbar ist (die Lösung $\mathbf{x} = \mathbf{0}$ scheidet wegen $\langle \mathbf{x}, \mathbf{x} \rangle = 1$ aus).

Zum Beweis der Existenz von Eigenvektoren und von Eigenwerten braucht man aber nicht auf das charakteristische Polynom zurückzugreifen: Da f stetig ist, existiert auf der kompakten Menge $\langle \mathbf{x}, \mathbf{x} \rangle = 1$ eine Stelle $\mathbf{x}_1$, an der die Funktion f ihr absolutes Maximum annimmt; für den zugehörigen Eigenwert erhält man dann $\lambda_1 = \langle \mathbf{A}\mathbf{x}_1, \mathbf{x}_1 \rangle$. (Natürlich kann man auch vom absoluten Minimum der Funktion f ausgehen. Falls Minimum und Maximum übereinstimmen, hat man nur einen Eigenwert und jeder Vektor ist Eigenvektor; es gilt dann $f(\mathbf{x}) = a\langle \mathbf{x}, \mathbf{x} \rangle$.)
Die Existenz mindestens eines Eigenvektors $\mathbf{x}_1$ ist somit gesichert. Tatsächlich gibt es sogar eine *orthonormierte Basis* von Eigenvektoren. Dies beweist man durch folgende Reduktion: Die selbstadjungierte lineare Abbildung $\mathbf{A}$ führt das orthogonale Komplement von $\mathbf{x}_1$, d.h. die Menge aller Vektoren $\mathbf{y}$ mit $\langle \mathbf{x}_1, \mathbf{y} \rangle = 0$ in sich über, wie aus

$$\langle \mathbf{x}_1, \mathbf{A}\mathbf{y} \rangle = \langle \mathbf{A}\mathbf{x}_1, \mathbf{y} \rangle = \lambda_1 \langle \mathbf{x}_1, \mathbf{y} \rangle$$

folgt. Zur Bestimmung eines weiteren Eigenvektors hat man also das Extremwertproblem in dem $(n-1)$-dimensionalen Orthogonalraum von $\mathbf{x}_1$ zu lösen. Man erhält so schließlich eine Basis von *n paarweise orthogonalen* Eigenvektoren $\mathbf{x}_1, \ldots, \mathbf{x}_n$ mit zugehörigen reellen Eigenwerten $\lambda_1, \ldots, \lambda_n$ (die nicht verschieden zu sein brauchen). Bezüglich dieser Basis hat die quadratische Form die einfache Gestalt

$$f(\mathbf{x}) = \sum_{i=1}^{n} \lambda_i \xi_i^2,$$

wobei $\mathbf{x} = \sum_{i=1}^{n} \xi_i \mathbf{x}_i$ gesetzt ist.
Die Basisvektoren können schließlich noch jeweils auf zwei Arten normiert werden.

3) Wir wollen nun die *Hadamardsche Determinanten-Abschätzung* mit Hilfe der Lagrangeschen Multiplikatoren-Methode beweisen. Dazu betrachten wir die durch

$$f(\mathbf{x}_1, \ldots, \mathbf{x}_n) = \det(\mathbf{x}_1, \ldots, \mathbf{x}_n)$$

auf $\mathbb{R}^n \times \ldots \times \mathbb{R}^n$ erklärte reellwertige Funktion unter den Nebenbedingungen

$$\begin{aligned} g_1(\mathbf{x}_1) &= \langle \mathbf{x}_1, \mathbf{x}_1 \rangle - 1 = 0 \\ &\vdots \\ g_n(\mathbf{x}_n) &= \langle \mathbf{x}_n, \mathbf{x}_n \rangle - 1 = 0, \end{aligned}$$

und haben die kritischen Stellen von

$$G = f - \lambda_1 g_1 - \ldots - \lambda_n g_n$$

zu bestimmen:

$$G'(\mathbf{x}_1, \ldots, \mathbf{x}_n; \mathbf{h}_1, \ldots, \mathbf{h}_n) = 0 \qquad \text{für alle } \mathbf{h}_1, \ldots, \mathbf{h}_n.$$

Es folgt, da jeder einzelne Summand gleich 0 sein muß:

$$\begin{aligned} \det(\mathbf{h}_1, \mathbf{x}_2, \ldots, \mathbf{x}_n) - 2\lambda_1 \langle \mathbf{x}_1, \mathbf{h}_1 \rangle &= 0 \\ \det(\mathbf{x}_1, \mathbf{h}_2, \ldots, \mathbf{x}_n) - 2\lambda_2 \langle \mathbf{x}_2, \mathbf{h}_2 \rangle &= 0 \\ &\vdots \\ \det(\mathbf{x}_1, \mathbf{x}_2, \ldots, \mathbf{h}_n) - 2\lambda_n \langle \mathbf{x}_n, \mathbf{h}_n \rangle &= 0. \end{aligned}$$

Aus der ersten Gleichung ergibt sich, indem man für $\mathbf{h}_1$ nacheinander $\mathbf{x}_2, \ldots, \mathbf{x}_n$ einsetzt, daß $\mathbf{x}_1$ orthogonal zu $\mathbf{x}_2, \ldots, \mathbf{x}_n$ sein muß. Entsprechende Aussagen folgen aus den anderen Gleichungen. Die kritischen Stellen von G sind daher genau die orthonormierten Basen des $\mathbb{R}^n$. Auch die Multiplikatoren kann man leicht ausrechnen, indem man $\mathbf{h}_1 = \mathbf{x}_1, \ldots, \mathbf{h}_n = \mathbf{x}_n$ einsetzt. Da für orthonormierte Basen $\det(\mathbf{x}_1, \ldots, \mathbf{x}_n) = \pm 1$ gilt, ergibt sich $\lambda_1 = \lambda_2 = \ldots = \lambda_n = \pm \frac{1}{2}$, je nachdem, ob $(\mathbf{x}_1, \ldots, \mathbf{x}_n)$ positiv oder negativ orientiert ist.
Da die Menge, die durch $g_1(\mathbf{x}) = \ldots = g_n(\mathbf{x}) = 0$ beschrieben wird, kompakt ist, hat f auf dieser Menge ein absolutes Maximum und ein absolutes Minimum. Diese werden in den kritischen Stellen angenommen und sind also gleich 1 bzw. gleich -1; es gilt daher

$$-1 \leqq \det(\mathbf{x}_1, \ldots, \mathbf{x}_n) \leqq 1$$

für alle n-Tupel von Einheitsvektoren $(\mathbf{x}_1, \ldots, \mathbf{x}_n)$ und die Gleichheit tritt jeweils für orthonormierte Systeme ein.
Wenn man die Normierung der Vektoren aufgibt, folgt wegen der Homogenität der Determinantenfunktion:

$$-|\mathbf{x}_1| \cdot \ldots \cdot |\mathbf{x}_n| \leqq \det(\mathbf{x}_1, \ldots, \mathbf{x}_n) \leqq |\mathbf{x}_1| \cdot \ldots \cdot |\mathbf{x}_n|$$

bzw. nach Quadrieren (unter Verwendung des Determinanten-Multiplikations-Satzes)

$$\begin{vmatrix} \langle \mathbf{x}_1, \mathbf{x}_1 \rangle & \dots & \langle \mathbf{x}_1, \mathbf{x}_n \rangle \\ \vdots & & \vdots \\ \langle \mathbf{x}_n, \mathbf{x}_1 \rangle & \dots & \langle \mathbf{x}_n, \mathbf{x}_n \rangle \end{vmatrix} \leqq \langle \mathbf{x}_1, \mathbf{x}_1 \rangle \cdot \ldots \cdot \langle \mathbf{x}_n, \mathbf{x}_n \rangle$$

Geometrisch sagt diese „Hadamardsche Ungleichung" aus, daß das Volumen eines Parallelotops höchstens gleich dem Volumen eines Quaders ist, dessen Kanten dieselbe Länge wie die des Parallelotops besitzen.

Aufgaben

1. Man prüfe, ob durch die folgenden Abbildungen 2-Flächen dargestellt werden:

a) $\gamma(u, v) = \begin{pmatrix} (a + \cos u) \cos v \\ (a + \cos u) \sin v \\ \sin u \end{pmatrix}$ (Torus im $\mathbb{R}^3$)

b) $\gamma(u, v) = \begin{pmatrix} \cos u \\ \sin u \\ \cos v \\ \sin v \end{pmatrix}$ (Torus im $\mathbb{R}^4$)

c) $\gamma(u, v) = \begin{pmatrix} u(1-u)^2 \\ u^2(1-u) \\ v \end{pmatrix}$.

Man beschreibe – wenn möglich – die Bildmengen als Nullstellenmengen. In welchen Fällen liegen Untermannigfaltigkeiten vor?

2. Mit Hilfe des Kreuzprodukts im (euklidischen) $\mathbb{R}^3$ formuliere man eine notwendige und hinreichende Bedingung dafür, daß $\gamma: U \to \mathbb{R}^3$ die Parameterdarstellung einer 2-Fläche ist.

3. Es sei $F: \mathbb{R}^2 \to \mathbb{R}$ zweimal stetig differenzierbar und die Nullstellenmenge von F sei nicht leer. Besitzt F kritische Stellen, die zur „Kurve" $F(x, y) = 0$ gehören und hat die Hesse-Matrix von F an dieser Stelle den Rang 2, so handelt es sich nicht um eine eindimensionale Untermannigfaltigkeit des $\mathbb{R}^2$.

   Man untersuche die Lösungsmenge von $F(x, y) = 0$ in der Umgebung solcher Stellen.

4. Man untersuche die Nullstellenmenge M von

$$g(x, y) = (x^2 + y^2)^2 - 2x^2 + 2y^2 + 1 - a^4 .$$

Für welche a handelt es sich um eine Untermannigfaltigkeit des $\mathbb{R}^2$? Wie lauten die Tangentengleichungen? Weiter beschreibe man M (lokal und, wenn möglich, auch global) mittels Parameterdarstellungen.

5. Wann ist die Nullstellenmenge von

$$g(\mathbf{x}) = \sum_{i=1}^{r} a_i x_i^2 \qquad (1 \leq r \leq n,\ a_i \neq 0)$$

eine Untermannigfaltigkeit des $\mathbb{R}^n$? Wie lauten die Gleichungen der Tangentialhyperebenen? Wieviel lokale Parameterdarstellungen werden zur Beschreibung der Nullstellenmenge mindestens benötigt?

6. Es sei M eine p-dimensionale Untermannigfaltigkeit des $\mathbb{R}^n$ und $\mathbf{x}_0$ ein beliebiger Punkt von M. Man zeige, daß es eine (n-dimensionale) Umgebung U von $\mathbf{x}_0$ und einen Diffeomorphismus $\mathbf{F}$ von U auf die offene Einheitskugel des $\mathbb{R}^n$ gibt derart, daß $\mathbf{F}(M \cap U)$ genau das p-dimensionale Ebenenstück

$$\|\mathbf{y}\| < 1, \qquad y_{p+1} = \ldots = y_n = 0$$

ist.

7. Es sei M eine p-dimensionale Untermannigfaltigkeit des $\mathbb{R}^n$ und $\mathbf{x}_0$ ein beliebiger Punkt von M. Man zeige, daß es eine (n-dimensionale) Umgebung U von $\mathbf{x}_0$ und eine Parameterdarstellung $\gamma: V \to \mathbb{R}^n$ einer p-Fläche derart gibt, daß γ die Menge V umkehrbar eindeutig auf $M \cap U$ abbildet. Weiter beweise man, daß die Umkehrabbildung $\gamma^{-1}: M \cap U \to V$ stetig ist.
(Die in Aufgabe 6 und 7 zu beweisenden Eigenschaften können auch umgekehrt zur Definition der p-dimensionalen Untermannigfaltigkeiten des $\mathbb{R}^n$ verwendet werden.)

8. Die Elemente des $\mathbb{R}^{n^2}$ seien mit (x_{ij}) bezeichnet. Man zeige, daß durch die Gleichung

$$\det(x_{ij}) - 1 = 0$$

eine $(n^2 - 1)$-dimensionale Untermannigfaltigkeit des $\mathbb{R}^{n^2}$ festgelegt ist. Weiter zeige man, daß die Nullstellenmenge der Gleichungen

$$\sum_{k=1}^{n} x_{ik}^2 - 1 = 0 \qquad (i = 1, \ldots, n)$$

$$\sum_{k=1}^{n} x_{ik} x_{jk} = 0 \qquad (i \neq j)$$

eine Untermannigfaltigkeit des $\mathbb{R}^{n^2}$ ist. Welche Dimension hat diese? (Die „spezielle“ lineare Gruppe und die orthogonale Gruppe des $\mathbb{R}^n$ können somit als Untermannigfaltigkeiten des $\mathbb{R}^{n^2}$ beschrieben werden.)

9. Man zeige, daß die stereographische Projektion (vgl. S. 181) umkehrbar eindeutig ist und gebe die Umkehrabbildung an
10. Es sei M eine $(n-1)$-dimensionale Untermannigfaltigkeit des $\mathbb{R}^n$ und **a** ein fest vorgegebener Punkt, der nicht auf M liegt. Durch welche geometrische Bedingung sind die Punkte von M gekennzeichnet, in denen der Abstand zu **a** (lokal) extremal ist?
11. Man veranschauliche sich an dem Beispiel von S. 185 die Bestimmung der kritischen Stellen von $G = f - \lambda g$, indem man die Kurve $g(x, y) = 0$ und die Kurvenschar $f(x, y) = \text{const.}$ zeichnet.
    Man übertrage diese Veranschaulichung auf den n-dimensionalen Fall.
12. Welches der Dreiecke mit gegebenem Umfang $2s = a + b + c$ hat den größten Flächeninhalt?
13. Durch $\langle \mathbf{A}\mathbf{x}, \mathbf{x} \rangle = 1$ sei ein Ellipsoid im $\mathbb{R}^3$ beschrieben. Man bestimme die Hauptachsen der Ellipse, die als Schnitt des Ellipsoids mit der Ebene $\langle \mathbf{a}, \mathbf{x} \rangle = 0$ entsteht.
14. Man leite die Schwarzsche Ungleichung (vgl. S. 11) mit Hilfe der Lagrangeschen Multiplikatoren-Methode her.
15. Es sei **a** kritische Stelle von $G = f - \lambda_1 g_1 - \ldots - \lambda_r g_r$. Wenn dann die Einschränkung der Hesse-Form von G auf den Tangentialraum von $M = \{\mathbf{x} \,|\, \mathbf{g}(\mathbf{x}) = \mathbf{0}\}$ im Punkt **a** positiv definit ist, dann hat $f|M$ in **a** ein lokales Minimum.
    (Notwendig für ein lokales Minimum ist die positive Semidefinitheit.)
16. Der $\mathbb{R}^n$ sei durch die Hyperebene $x_n = 0$ in zwei Halbräume zerlegt, in denen die Lichtgeschwindigkeit die konstanten Werte c_1 bzw. c_2 hat. Wo liegt der Punkt **x** in der Hyperebene $x_n = 0$, für den bei gegebenen Punkten $\mathbf{a}_1$ und $\mathbf{a}_2$ aus den jeweiligen Halbräumen die Zeit („Lichtweg")

$$\frac{|\mathbf{x} - \mathbf{a}_1|}{c_1} + \frac{|\mathbf{x} - \mathbf{a}_2|}{c_2}$$

    minimal wird? (Herleitung des Brechungsgesetzes aus dem Fermatschen Prinzip.)
17. Es seien $s_1, \ldots, s_n$ fest vorgegebene positive reelle Zahlen und f sei für $x_1 > 0, \ldots, x_n > 0$ erklärt durch

$$f(\mathbf{x}) = x_1^{s_1} \cdot \ldots \cdot x_n^{s_n}.$$

    Man bestimme die Extremwerte von f unter der Nebenbedingung

$$g(\mathbf{x}) = x_1 + \ldots + x_n - 1 = 0,$$

und folgere die Ungleichung

$$x_1^{s_1} \cdot \ldots \cdot x_n^{s_n} \leqq \frac{s_1^{s_1} \cdot \ldots \cdot s_n^{s_n}}{(s_1 + \ldots + s_n)^{s_1 + \ldots + s_n}} \qquad (x_1 + \ldots + x_n = 1),$$

sowie die für beliebige positive Zahlen $y_1, \ldots, y_n$ geltende Verallgemeinerung der Ungleichung zwischen dem geometrischen und arithmetischen Mittel

$$y_1^{s_1} \cdot \ldots \cdot y_n^{s_n} \leqq \left(\frac{s_1 y_1 + \ldots + s_n y_n}{s_1 + \ldots + s_n}\right)^{s_1 + \ldots + s_n}.$$

Wann gilt die Gleichheit?

18. Die „elementarsymmetrische" (vgl. S. 164/165) Funktion

$$f(\mathbf{x}) = \sum_{1 \leqq i < j \leqq n} x_i x_j$$

nimmt auf der kompakten Menge

$$x_1 \geqq 0, \ldots, x_n \geqq 0, \quad x_1 + \ldots + x_n = 1$$

ihr absolutes Minimum und ihr absolutes Maximum an. Man bestimme diese!
Weiter beweise man, daß für positive $y_1, \ldots, y_n$ die Ungleichung gilt:

$$\frac{1}{\binom{n}{2}} \sum_{1 \leqq i < j \leqq n} y_i y_j \leqq \left(\frac{y_1 + \ldots + y_n}{n}\right)^2.$$

Entsprechende Ergebnisse erhält man auch für die anderen elementarsymmetrischen Funktionen.

19. Man zeige, daß die „Potenzsumme"

$$f(\mathbf{x}) = x_1^k + \ldots + x_n^k \qquad (k > 1)$$

für $x_1 > 0, \ldots, x_n > 0$ unter der Nebenbedingung

$$g(\mathbf{x}) = x_1 + \ldots + x_n - 1 = 0$$

genau ein absolutes Minimum besitzt.
Weiter beweise man für beliebige positive $y_1, \ldots, y_n$ die Ungleichung

$$\left(\frac{y_1 + \ldots + y_n}{n}\right)^k \leqq \left(\frac{y_1^k + \ldots + y_n^k}{n}\right).$$

15 Lebesguesches Maß im $\mathbb{R}^n$

In diesem Kapitel beschäftigen wir uns mit dem Volumenproblem, d. h. mit der Frage, ob beliebigen (zunächst etwa als beschränkt vorauszusetzenden) Teilmengen M des $\mathbb{R}^n$ eine nichtnegative Maßzahl $\mu(M)$ so zugeordnet werden kann, daß die gesuchte *Mengenfunktion* μ Eigenschaften besitzt, die man vom Volumen erwartet. Als solche Eigenschaften wird man sicher die *Additivität*

$$\mu(M_1 \cup M_2) = \mu(M_1) + \mu(M_2) \qquad \text{(falls } M_1 \cap M_2 = \emptyset\text{)}$$

und die *Bewegungsinvarianz* ansehen. Außerdem sollte natürlich einfachen Mengen, wie etwa den Quadern, das elementargeometrische Volumen als Maßzahl zugeordnet sein.
Eine Schwierigkeit liegt darin, daß das System von Teilmengen des $\mathbb{R}^n$, denen eine Maßzahl als Volumen zugeordnet werden kann, nicht von vornherein bekannt ist. Wir können uns zunächst nur vornehmen, möglichst viele Teilmengen einzubeziehen. Das gesuchte Maß sehen wir daher als eine Abbildung μ eines noch zu bestimmenden Mengensystems $\mathfrak{M}$ in die Menge der nichtnegativen reellen Zahlen an.
Entscheidend für die Brauchbarkeit der zu entwickelnden Maßtheorie ist nun, daß statt der *endlichen Additivität* die Eigenschaft der *abzählbaren Additivität* gefordert wird. Hinsichtlich des Verhaltens bei Kongruenzabbildungen wird – etwas bescheidener – nur die *Invarianz gegenüber Translationen* postuliert; es läßt sich dann zeigen, daß die Invarianz des Maßes nicht nur bei Kongruenzabbildungen, sondern sogar bei äquiaffinen Abbildungen des $\mathbb{R}^n$ folgt. Wir fassen zusammen:

Es ist ein hinreichend umfassendes System $\mathfrak{M}$ von Teilmengen des $\mathbb{R}^n$ und eine Funktion

$$\mu : \mathfrak{M} \to \mathbb{R}_0^+$$

gesucht mit folgenden Eigenschaften:

(1) Falls die abzählbar vielen Mengen $M_1, M_2, \ldots$ aus $\mathfrak{M}$ paarweise disjunkt sind und ihre Vereinigung zu $\mathfrak{M}$ gehört, gilt

$$\mu(M_1 \cup M_2 \cup \ldots) = \sum_{j=1}^{\infty} \mu(M_j) \qquad (\sigma\text{-Additivität})$$

(2) Für jedes $M \in \mathfrak{M}$ und jedes $\mathbf{a} \in \mathbb{R}^n$ gilt

$$\mu(\mathbf{a} + M) = \mu(M) \qquad \text{(Translationsinvarianz)}$$

(3) Für den Einheitswürfel W^n des $\mathbb{R}^n$ gilt

$$\mu(W^n) = 1 \qquad \text{(Normierung)}$$

Wie schon betont, wird durch die Forderung (1) ein wesentlicher Fortschritt gegenüber älteren Inhaltstheorien, die auf der endlichen Additivität beruhen, erzielt. Wir entwickeln hier die – nach Lebesgue benannte – Maßtheorie, indem wir die in Bd. I, Kap. 5 hergeleiteten Eigenschaften von absolut konvergenten Reihen (die ja denen von endlichen Summen weitgehend gleichen) heranziehen. Unsere Darstellung entspricht dabei im wesentlichen der ursprünglichen Fassung der Maßtheorie, wie sie um die Jahrhundertwende von E. Borel und H. Lebesgue konzipiert wurde.
Die Konstruktion des gesuchten Maßes μ werden wir in zwei Stufen vornehmen: Im ersten Schritt erfassen wir mit einfachen Mitteln die beschränkten offenen (und auch manche unbeschränkten offenen) Mengen sowie die kompakten Mengen. Damit hat man schon eine große Klasse von Mengen, die für die meisten Anwendungen umfassend genug ist, mit einer – durch die Forderungen (1), (2), (3) eindeutig bestimmten – Maßzahl versehen.
Im zweiten Schritt ordnen wir allen beschränkten (und auch manchen unbeschränkten) Teilmengen des $\mathbb{R}^n$ – ausgehend vom Gedanken der Exhaustion – zwei Maßzahlen, das *innere* und das *äußere Maß,* zu. So ergibt sich ein naheliegender Ansatzpunkt zur endgültigen Festlegung des Definitionsbereichs $\mathfrak{M}$ von μ. Weiter zeigt sich, daß es nicht möglich ist, alle beschränkten Teilmengen des $\mathbb{R}^n$ in das gesuchte System $\mathfrak{M}$ aufzunehmen.

Als Vorbereitung für die Integralrechnung führen wir schließlich den Begriff der *Lebesgue-meßbaren Funktion* ausgehend von Funktionen ein, die nur abzählbar viele Werte annehmen, und für die die Urbilder dieser Werte Lebesgue-meßbar sind. Diese Funktionen wollen wir *einfache Funktionen* nennen. (Es sei bemerkt, daß diese Bezeichnung häufig nur dann verwendet wird, wenn die Wertemenge endlich ist.)
In der Definition verwenden wir zunächst gleichmäßig konvergente Folgen einfacher Funktionen; es stellt sich aber heraus, daß die Menge der Lebesgue-meßbaren Funktionen auch abgeschlossen ist gegenüber anderen Konvergenzarten. Neben der *punktweisen Konvergenz fast überall* ist die *Konvergenz dem Maße nach* für die Integralrechnung von Bedeutung. Die Beziehungen, die zwischen den verschiedenen Konvergenzbegriffen bestehen, werden untersucht.

15.1 Das Lebesguesche Maß von offenen und kompakten Mengen

Als einfachste Mengen des $\mathbb{R}^n$ im Sinne unserer Fragestellung wird man „achsenparallele“ *Quader Q* ansehen, d. h. die cartesischen Produkte von n beschränkten Intervallen

$$Q = J_1 \times J_2 \times \ldots \times J_n.$$

Insbesondere werden wir offene Quader

$$\{\mathbf{x} \in \mathbb{R}^n \mid a_i < x_i < b_i \quad \text{für} \quad i = 1, \ldots, n\}$$

und kompakte Quader

$$\{\mathbf{x} \in \mathbb{R}^n \mid a_i \leqq x_i \leqq b_i \quad \text{für} \quad i = 1, \ldots, n\}$$

betrachten, jedoch spielt die Hinzunahme oder das Weglassen von Randpunkten bei Quadern für das Maß keine Rolle.

Es läßt sich zeigen, daß aus den in der Einleitung formulierten Postulaten folgt, daß jedem Quader als Maß das Produkt seiner Kantenlängen zugeordnet werden muß (vgl. hierzu Aufgabe 1). Man hat – als Verallgemeinerung der bekannten Formeln für Rechtecksinhalt im $\mathbb{R}^2$ und Quadervolumen im $\mathbb{R}^3$ – daher

$$\mu(Q) = \operatorname{vol}(Q) = (b_1 - a_1)(b_2 - a_2) \ldots (b_n - a_n).$$

Ausgeartete, d. h. in einer Hyperebene enthaltene Quader haben hiernach das Maß 0.

Damit zumindest die Quader in das gesuchte Mengensystem $\mathfrak{M}$ aufgenommen werden können, haben wir zu prüfen, ob (1), (2) und (3) bei der angegebenen Festsetzung von $\mu(Q)$ erfüllt sind. Dies ist für (2) und (3) unmittelbar zu sehen; der Nachweis von (1) ist mühsamer. Wir beweisen gleich etwas mehr, indem wir die Voraussetzung der paarweisen Disjunktheit abschwächen; unser Ziel ist es, folgendes zu zeigen:

Wenn der Quader Q Vereinigung von abzählbar vielen Quadern $Q_1, Q_2, \ldots$ ist, die paarweise keine inneren Punkte gemeinsam haben, dann gilt

$$\operatorname{vol}(Q) = \sum_{j=1}^{\infty} \operatorname{vol}(Q_j).$$

Man sagt hierfür kurz: Das Quadervolumen ist σ-additiv. Den Beweis führen wir in mehreren Schritten, indem wir zunächst die teilweise Bedeckung bzw. die Überdeckung von Q durch endlich viele Quader betrachten.

Falls die Zerlegung von Q nur endlich viele Quader umfaßt, ist die Behauptung in dem Fall direkt einsichtig, daß die Zerlegung durch Einteilung der n Quaderkanten erzeugt wird (vgl. Figur). Da die einzelnen Kantenlängen jeweils als

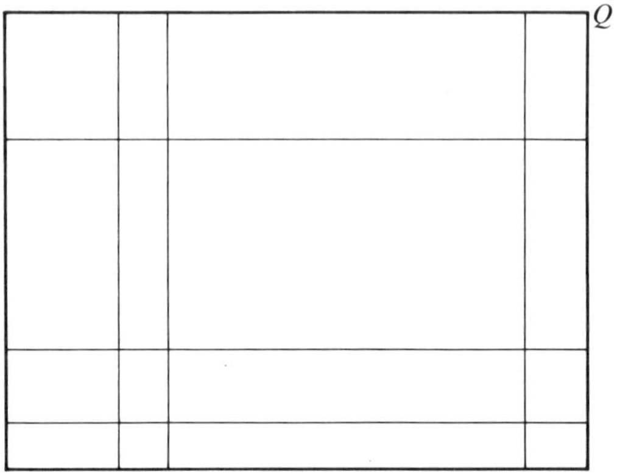

Summe der Teillängen dargestellt werden können, folgt die Behauptung durch Ausmultiplizieren der auftretenden Summen.
Hat die Zerlegung von Q nicht diese einfache Gestalt, so kann man diese durch „Verfeinerung" erreichen, indem man alle vorkommenden Randhyperebenenstücke der Teilquader bis zum Rand von Q ausdehnt (vgl. Figur). In den einzel-

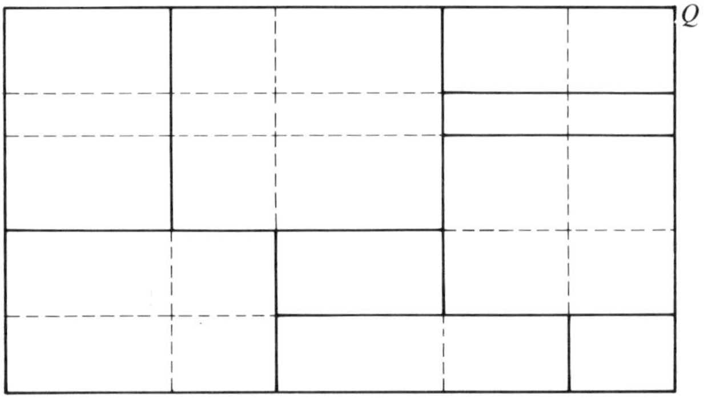

nen Quadern Q_j entsteht dadurch dann auch jeweils eine Zerlegung der genannten einfachen Art, und die Verifikation der Gleichung

$$\mathrm{vol}(Q) = \sum_{j=1}^{r} \mathrm{vol}(Q_j)$$

geschieht durch geeignetes Zusammenfassen von Summanden in der schon bewiesenen Gleichung für die feinere Zerlegung.
Die Herstellung solcher verfeinerter Zerlegungen von Q liefert nun in entsprechender Weise die folgenden beiden Abschätzungen, indem man berücksichtigt, wie oft die Teilquader der verfeinerten Zerlegung „bedeckt" werden.

(i) *Haben endlich viele Quader $Q_1, \ldots, Q_r$ paarweise keine inneren Punkte gemeinsam und ist ihre Vereinigung im Quader Q enthalten, so gilt*

$$\sum_{j=1}^{r} \mathrm{vol}(Q_j) \leqq \mathrm{vol}(Q).$$

(ii) *Wird der Quader Q von den Quadern $Q_1, \ldots, Q_r$ überdeckt (wobei diese Quader nicht disjunkt zu sein brauchen), so gilt*

$$\mathrm{vol}(Q) \leqq \sum_{j=1}^{r} \mathrm{vol}(Q_j).$$

Die Übertragbarkeit der ersten Ungleichung auf den abzählbar unendlichen Fall ist offensichtlich:

Haben die Quader der Folge (Q_j) paarweise keine inneren Punkte gemeinsam, und ist ihre Vereinigung im Quader Q enthalten, so gilt

$$\sum_{j=1}^{\infty} \mathrm{vol}(Q_j) \leqq \mathrm{vol}(Q).$$

Denn für jedes endliche Teilsystem gilt die entsprechende Abschätzung durch die feste Zahl $\mathrm{vol}(Q)$, so daß die Reihe $\sum_{j=1}^{\infty} \mathrm{vol}(Q_j)$ absolut konvergiert und ihre Summe ebenfalls höchstens gleich $\mathrm{vol}(Q)$ ist.
Die zweite Ungleichung läßt sich nicht so einfach auf den abzählbar unendlichen Fall übertragen, da endliche Teilsysteme von (Q_j) natürlich den Quader Q nicht zu überdecken brauchen, wenn dies für das Gesamtsystem der Fall ist. Wir gehen daher von Q_j zu etwas größeren offenen Quadern Q_j' über, d. h. bei vorgegebenem $\varepsilon > 0$ wählen wir zu jedem Q_j einen offenen Quader Q_j' mit

$$Q_j \subset Q_j' \quad \text{und} \quad \mathrm{vol}(Q_j') = \mathrm{vol}(Q_j) + \frac{\varepsilon}{2^j}.$$

Außerdem nehmen wir an, daß Q kompakt ist (andernfalls betrachte man die abgeschlossene Hülle des Quaders). Nach dem Überdeckungssatz von Heine-

Borel gibt es nun ein endliches Teilsystem der Folge (Q_j'), das den Quader Q überdeckt; es seien dies etwa die Quader

$$Q_{j_1}', Q_{j_2}', \ldots, Q_{j_r}'.$$

Nach (ii) gilt für diese die Abschätzung

$$\operatorname{vol}(Q) \leqq \sum_{\nu=1}^{r} \operatorname{vol}(Q_{j_\nu}')$$

und wegen $\sum_{\nu=1}^{r} \frac{\varepsilon}{2^{j_\nu}} < \varepsilon$ also

$$\operatorname{vol}(Q) < \sum_{\nu=1}^{r} \operatorname{vol}(Q_{j_\nu}) + \varepsilon.$$

Aus

$$\sum_{\nu=1}^{r} \operatorname{vol}(Q_{j_\nu}) \leqq \sum_{j=1}^{\infty} \operatorname{vol}(Q_j)$$

folgt nun

$$\operatorname{vol}(Q) < \sum_{j=1}^{\infty} \operatorname{vol}(Q_j) + \varepsilon$$

für jedes $\varepsilon > 0$. Damit haben wir bewiesen:

Wird der Quader Q von den (nicht notwendig paarweise disjunkten) Quadern der Folge (Q_j) überdeckt und ist $\sum_{j=1}^{\infty} \operatorname{vol}(Q_j)$ konvergent, so gilt

$$\operatorname{vol}(Q) \leqq \sum_{j=1}^{\infty} \operatorname{vol}(Q_j).$$

Es ergibt sich nun auch die σ-Additivität des Quadervolumens, denn die auf S. 199 gemachten Voraussetzungen erlauben die Anwendung beider Abschätzungen, die wir gerade hergleitet haben. Man hat also

$$\sum_{j=1}^{\infty} \operatorname{vol}(Q_j) \leqq \operatorname{vol}(Q) \leqq \sum_{j=1}^{\infty} \operatorname{vol}(Q_j),$$

d. h. es gilt die Gleichung

$$\operatorname{vol}(Q) = \sum_{j=1}^{\infty} \operatorname{vol}(Q_j),$$

wenn die Q_j paarweise keine inneren Punkte gemeinsam haben und ihre Vereinigung gleich Q ist.
Wir können somit alle Quader in das gesuchte Mengensystem $\mathfrak{M}$ aufnehmen.

Der nächste Erweiterungsschritt liegt nahe: Jeder Menge M, die als abzählbare Vereinigung von paarweise disjunkten Quadern dargestellt werden kann, muß als Maß $\mu(M)$ aufgrund von (1) die entsprechende Reihensumme zugeordnet werden – vorausgesetzt, daß die Reihe konvergiert.
Wieder kann die Bedingung $Q_i \cap Q_j = \emptyset$ dahingehend abgeschwächt werden, daß Q_i und Q_j keine inneren Punkte gemeinsam haben. Diese Voraussetzung kann auch durch $\operatorname{vol}(Q_i \cap Q_j) = 0$ ausgedrückt werden, da genau die Quader mit inneren Punkten positives Maß haben.

Def.: *Jeder Menge* $M = \bigcup_{j=1}^{\infty} Q_j$ *mit* $\operatorname{vol}(Q_i \cap Q_j) = 0$ *für* $i \neq j$ *wird, falls* $\sum_{j=1}^{\infty} \operatorname{vol}(Q_j)$ *konvergiert, die Zahl*

$$\mu(M) := \sum_{j=1}^{\infty} \operatorname{vol}(Q_j)$$

als Lebesguesches Maß *zugeordnet.*
Das System aller dieser Mengen sei mit $\mathfrak{M}_0$ *bezeichnet.*

Diese Definition bedarf natürlich noch einer Rechtfertigung, da jedes $M \in \mathfrak{M}_0$ ja auf viele Arten als Quadervereinigung dargestellt werden kann. Hat man für M die weitere Darstellung

$$M = \bigcup_{k=1}^{\infty} Q'_k \qquad (\operatorname{vol}(Q'_k \cap Q'_l) = 0 \quad \text{für } k \neq l),$$

so betrachte man das abzählbare System der Quader

$$Q_j \cap Q'_k \qquad (j, k = 1, 2, 3, \ldots),$$

dessen Vereinigung ebenfalls M ergibt. Aufgrund des großen Umordnungssatzes (vgl. Bd. I, S. 181) und der gerade bewiesenen σ-Additivität bei Quaderzerlegungen gilt dann

$$\sum_{j,k} \operatorname{vol}(Q_j \cap Q'_k) = \sum_j \operatorname{vol}(Q_j) = \sum_k \operatorname{vol}(Q'_k).$$

Beispiel: Es sei f in $[a, b]$ stetig und nichtnegativ. Dann gehört die Menge

$$M = \{(x, y) \mid a \leqq x \leqq b, 0 \leqq y < f(x)\}$$

zu $\mathfrak{M}_0$ (bezüglich $\mathbb{R}^2$) und es gilt

$$\mu(M) = \int_a^b f(x)\,dx.$$

Um eine Darstellung von M als abzählbare Vereinigung von abgeschlossenen Rechtecken, die paarweise keine inneren Punkte gemeinsam haben, zu gewinnen, geht man von einer monoton wachsenden Folge (g_k) von Treppenfunktionen aus, die gleichmäßig gegen f konvergiert. Eine solche Folge erhält man z. B., wenn man das Intervall $[a, b]$ fortlaufend halbiert und die Funktionswerte der entsprechenden Treppenfunktionen geeignet festsetzt. Beim Übergang von g_k zu g_{k+1} kommen dann eventuell einige Rechtecke mit dem Maß

$$\int_a^b g_{k+1}(x)\,dx - \int_a^b g_k(x)\,dx$$

hinzu und die abzählbare Vereinigung aller auftretenden Rechtecke ist gleich M. Ihr Lebesguesches Maß ist

$$\mu(M) = \int_a^b g_1(x)\,dx + \sum_{k=1}^{\infty} \left(\int_a^b g_{k+1}(x)\,dx - \int_a^b g_k(x)\,dx\right).$$

Somit gilt

$$\mu(M) = \lim_k \int_a^b g_{k+1}(x)\,dx = \int_a^b f(x)\,dx.$$

Z. B. ergibt sich für den (nach oben offenen) Halbkreis

$$M = \{(x, y) \mid -r \leqq x \leqq r,\ 0 \leqq y < \sqrt{r^2 - x^2}\}$$

der bekannte Wert $\mu(M) = \frac{1}{2}\pi r^2$.

Mit den in der Definition genannten Mengen hat man nun schon eine umfangreiche Klasse von „meßbaren" Mengen zur Verfügung. So ist z. B. für alle *beschränkten offenen Mengen* U des $\mathbb{R}^n$ das Lebesguesche Maß $\mu(U)$ erklärt, denn nach S. 23 kann jede offene Menge in der Form

$$U = \bigcup_{j=1}^{\infty} Q_j \qquad (\operatorname{vol}(Q_i \cap Q_j) = 0 \quad \text{für} \quad i \neq j)$$

dargestellt werden. Insbesondere sind offene Quader Q meßbar und es gilt

$\mu(Q) = \text{vol}(Q)$. Auch unbeschränkte offene Mengen sind zugelassen, sofern $\sum_{j=1}^{\infty} \text{vol}(Q_j)$ konvergiert.

Es ist leicht zu verifizieren, daß die Forderungen (1), (2) und (3) erfüllt sind, wenn man das System $\mathfrak{M}_0$ als Definitionsbereich für μ nimmt. So folgt (1) aus dem großen Umordnungssatz und (2), (3) sind unmittelbar ersichtlich.

Diejenigen Mengen aus $\mathfrak{M}_0$, die durch endlich viele „Gitterwürfel" (vgl. S. 24) darstellbar sind, wollen wir *Elementarmengen* nennen. Wir können uns eine Elementarmenge E jeweils aus kongruenten Würfeln der kleinsten vorkommenden Kantenlänge zusammengesetzt denken, und entsprechend können wir bei der Darstellung zweier Elementarmengen E_1, E_2 verfahren.
Mit E_1, E_2 sind auch $E_1 \cup E_2$ und $E_1 \cap E_2$ Elementarmengen. Für die zugehörigen Maße gilt die Gleichung

$$(*) \qquad \mu(E_1 \cup E_2) = \mu(E_1) + \mu(E_2) - \mu(E_1 \cap E_2),$$

da die Würfel des Durchschnitts $E_1 \cap E_2$ bei der Berechnung der Summe $\mu(E_1) + \mu(E_2)$ zweimal berücksichtigt werden.
Nun seien zwei meßbare offene Mengen U_1, U_2 gegeben. Wie auf S. 24 konstruieren wir zu ihnen aufsteigende Folgen $(E_1^{(k)})$ und $(E_2^{(k)})$, deren Vereinigungen U_1 bzw. U_2 ergeben. Es gilt dann

$$\mu(U_1) = \lim_k \mu(E_1^{(k)}), \quad \mu(U_2) = \lim_k \mu(E_2^{(k)}), \quad \mu(U_1 \cap U_2) = \lim_k \mu(E_1^{(k)} \cap E_2^{(k)}).$$

Mit Hilfe von (*) erkennt man, daß auch $U_1 \cup U_2$ meßbar ist, und daß die Gleichung

$$\mu(U_1 \cup U_2) + \mu(U_1 \cap U_2) = \mu(U_1) + \mu(U_2)$$

gilt. Daraus folgen weiter die Abschätzungen

$$\mu(U_1 \cup U_2) \leqq \mu(U_1) + \mu(U_2), \qquad \mu\left(\bigcup_{j=1}^{\infty} U_j\right) \leqq \sum_{j=1}^{\infty} \mu(U_j),$$

sofern die rechts stehende Reihe konvergiert.

Wir wollen nun auch den kompakten Teilmengen K des $\mathbb{R}^n$ eine Maßzahl $\mu(K)$ zuordnen. Ein naheliegender Gedanke ist der folgende: Man wähle zu der kompakten Menge K einen *offenen* Quader Q mit $Q \supset K$. Dann gilt

$$Q = K \cup (Q \backslash K) \qquad \text{mit } K \cap (Q \backslash K) = \emptyset$$

und $Q \backslash K$ ist offen. Für Q und $Q \backslash K$ ist μ schon erklärt; da μ additiv sein soll, müßte gelten:

$$\mu(K) = \mu(Q) - \mu(Q \setminus K).$$

Um dies zu einer Definition zu machen, hat man sich zu vergewissern, daß die Wahl von Q keinen Einfluß auf den Wert von $\mu(K)$ hat. Sei also Q' ein anderer offener Quader mit $Q' \supset K$. Dann ist auch $Q \cap Q'$ ein offener Quader, der K enthält und die Differenzmengen

$$Q \setminus (Q \cap Q') =: P \quad \text{bzw.} \quad Q' \setminus (Q \cap Q') =: P'$$

sind Vereinigungsmengen von endlich vielen Quadern (vgl. hierzu die Figur und Aufg. 11, S. 210).

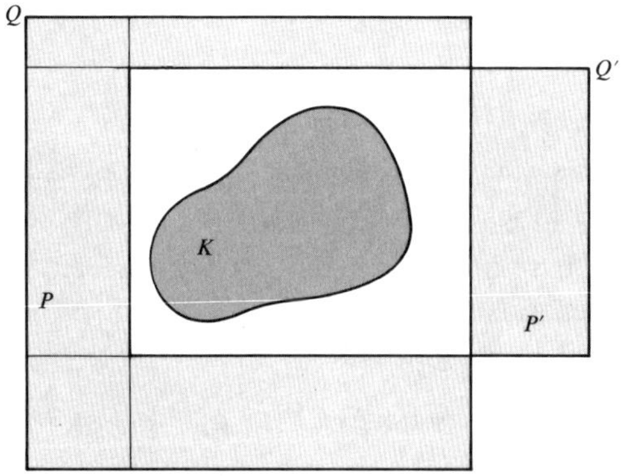

Aus

$$Q \setminus K = ((Q \cap Q') \setminus K) \cup P$$

folgt

$$\mu(Q \setminus K) = \mu((Q \cap Q') \setminus K) + \mu(P),$$

und außerdem gilt

$$\mu(Q) = \mu(Q \cap Q') + \mu(P),$$

da alle auftretenden Mengen zu $\mathfrak{M}_0$ gehören.
Setzt man beides in die Gleichung

$$\mu(K) = \mu(Q) - \mu(Q \setminus K)$$

ein, so folgt

$$\mu(K) = \mu(Q \cap Q') - \mu((Q \cap Q') \setminus K).$$

Dieselbe Gleichung würde man auch aus

$$\mu(K) = \mu(Q') - \mu(Q' \setminus K)$$

erhalten. Man sieht so, daß die Differenz $\mu(Q) - \mu(Q \setminus K)$ unabhängig von der Wahl von Q ist.

Def.: *Es sei $K \subset \mathbb{R}^n$ kompakt und Q ein offener Quader mit $Q \supset K$. Dann ordnet man K als* Lebesguesches Maß *die (von Q unabhängige) Zahl*

$$\mu(K) := \mu(Q) - \mu(Q \setminus K)$$

zu.

Beispiel: Wir berechnen das Lebesguesche Maß der zweidimensionalen Cantorschen Menge C (vgl. S. 23). Diese kompakte Teilmenge des Einheitsquadrats

$$Q = \{(x, y) \mid 0 \leqq x \leqq 1, 0 \leqq y \leqq 1\}$$

entsteht, indem man im ersten Schritt aus Q das offene Quadrat

$$\{(x, y) \mid \tfrac{1}{3} < x < \tfrac{2}{3}, \tfrac{1}{3} < y < \tfrac{2}{3}\}$$

entfernt. Mit den verbleibenden angrenzenden 8 abgeschlossenen Quadraten der Kantenlänge $\frac{1}{3}$ verfährt man entsprechend, desgleichen mit den dann noch vorhandenen 64 Quadraten mit der Kantenlänge $\frac{1}{9}$ usw. (vgl. Figur S. 23).
Die Vereinigung M aller offenen Quadrate, die auf diese Weise aus Q entfernt werden, besitzt das Lebesguesche Maß

$$\mu(M) = \frac{1}{9} + \frac{8}{81} + \frac{64}{729} + \ldots = \frac{1}{9} \cdot \frac{1}{1 - \frac{8}{9}} = 1.$$

Somit hat man für die Cantorsche Menge $C = Q \setminus M$:

$$\mu(C) = \mu(Q) - \mu(M) = 0.$$

Aufgabe: Man berechne entsprechend das Lebesguesche Maß der eindimensionalen Cantorschen Menge C und zeige, daß C außer den abzählbar vielen Endpunkten der aus $[0, 1]$ entfernten offenen Intervalle noch überabzählbar viele weitere Punkte enthält (man verwende dazu die „triadischen Entwicklungen" der Zahlen aus $[0, 1]$, vgl. Bd. I, Aufg. 9, S. 231).

Als unmittelbare Folgerung aus der Definition des Maßes für kompakte Mengen erhält man:

Sind K_1, K_2 kompakte Mengen, so gilt

$$\mu(K_1 \cup K_2) = \mu(K_1) + \mu(K_2) - \mu(K_1 \cap K_2).$$

Der Beweis ergibt sich aus der entsprechenden Gleichung

$$\mu(U_1 \cap U_2) = \mu(U_1) + \mu(U_2) - \mu(U_1 \cup U_2)$$

für offene Mengen, indem man mit geeignetem Quader Q einsetzt:

$$U_1 = Q\backslash K_1, \qquad U_2 = Q\backslash K_2,$$
$$U_1 \cap U_2 = Q\backslash(K_1 \cup K_2),$$
$$U_1 \cup U_2 = Q\backslash(K_1 \cap K_2).$$

Insbesondere folgt, daß für disjunkte kompakte Mengen K_1, K_2 gilt

$$\mu(K_1 \cup K_2) = \mu(K_1) + \mu(K_2)$$

und entsprechend für endlich viele paarweise disjunkte $K_1, \ldots, K_r$:

$$\mu(K_1 \cup \ldots \cup K_r) = \mu(K_1) + \ldots + \mu(K_r).$$

Zum Schluß zeigen wir noch, daß für kompaktes K und meßbares offenes $U \supset K$ die Gleichung

$$\mu(K) = \mu(U) - \mu(U\backslash K)$$

gilt. Zum Beweis nehmen wir zunächst an, daß U beschränkt ist. Es gibt dann einen offenen Quader $Q \supset U$. Setzt man $U_1 = U$, $U_2 = Q\backslash K$, so folgt $U_1 \cup U_2 = Q$ und $U_1 \cap U_2 = U\backslash K$, und also gilt nach der auf S. 205 bewiesenen Gleichung

$$\mu(Q) + \mu(U\backslash K) = \mu(U) + \mu(Q\backslash K).$$

Nach Definition des Maßes von kompakten Mengen kann $\mu(Q) - \mu(K)$ für $\mu(Q\backslash K)$ eingesetzt werden. Damit ist die Behauptung für beschränktes offenes U bewiesen.

Für unbeschränktes, aber meßbares offenes U wähle man eine aufsteigende Folge (U_j) von beschränkten offenen Obermengen von K mit $\bigcup_{j=1}^{\infty} U_j = U$. Es gilt dann für jedes j die Gleichung

$$\mu(K) = \mu(U_j) - \mu(U_j\backslash K).$$

Nach Definition von $\mu(U)$ hat man

$$\lim_j \mu(U_j) = \mu(U) \qquad \text{und} \qquad \lim_j \mu(U_j\backslash K) = \mu(U\backslash K).$$

Damit ist alles bewiesen.

Für die uns am meisten interessierenden Mengentypen, wie etwa die offenen beschränkten und die kompakten Mengen, haben wir das Lebesguesche Maß erklärt, und dabei gesehen, daß die Forderungen (1), (2), (3) dieses eindeutig festlegen.
Es fehlen uns jedoch noch so einfache Mengen wie etwa die Vereinigung einer beschränkten offenen mit einer kompakten Menge. Auch für den noch relativ einfachen Typ des abzählbaren Durchschnitts von offenen Mengen und der abzählbaren Vereinigung von kompakten Mengen kennen wir die Maßzahlen noch nicht.
Wir werden deshalb in den beiden nächsten Abschnitten das Mengensystem $\mathfrak{M}$ endgültig festlegen und das Maß $\mu(M)$ für alle $M \in \mathfrak{M}$ erklären.
Den Beweis, daß der Forderung (1) der abzählbaren Additivität mit der gerade angegebenen Definition des Maßes für kompakte Mengen nicht widersprochen wird, führen wir an dieser Stelle noch nicht (obwohl dies nicht schwierig wäre), da er in dem entsprechend umfassenderen Beweis von S. 226 enthalten ist.

Aufgaben

1. Es sei μ eine für alle achsenparallelen Rechtecke $Q \subset \mathbb{R}^2$ erklärte nichtnegative reellwertige Funktion, die folgende Bedingungen erfüllt:

   (i) Ist Q in Q_1 und Q_2 zerlegt, so gilt $\mu(Q) = \mu(Q_1) + \mu(Q_2)$
   (ii) $\mu(\mathbf{a} + Q) = \mu(Q)$ für jedes $\mathbf{a} \in \mathbb{R}^2$
   (iii) $\mu(W) = 1$ für $W = [0, 1] \times [0, 1]$.

   Man zeige, daß für $Q = [a_1, b_1] \times [a_2, b_2]$ gilt $\mu(Q) = (b_1 - a_1)(b_2 - a_2)$.

   Anleitung: Für $Q = [0, x] \times [0, 1]$ setze man $\mu(Q) =: f(x)$, stelle eine Funktionalgleichung für f auf und zeige, daß $f(x) = x$ gilt.
2. Man beweise, daß das Lebesguesche Maß eines kompakten Quaders gemäß der Definition von S. 207 mit dem Volumen dieses Quaders übereinstimmt.
3. Man bestimme das Lebesguesche Maß des offenen Dreiecks

   $$U = \{(x, y) \mid 0 < y < x,\ x < a\}$$

   direkt gemäß der Def. von S. 203.
4. Man zeige, daß – für stetiges, nichtnegatives f – die kompakte Menge $\{(x, y) \mid a \leqq x \leqq b,\ 0 \leqq y \leqq f(x)\}$ das Lebesguesche Maß $\int_a^b f(x)\,dx$ und die kompakte Menge $\{(x, y) \mid a \leqq x \leqq b,\ y = f(x)\}$ das Lebesguesche Maß 0 besitzt.

5. Welches Maß hat ein Dreieck mit den Endpunkten (a_1, a_2), (b_1, b_2), (c_1, c_2) und welches Maß ein Parallelogramm mit den Kantenvektoren $\mathbf{a}, \mathbf{b}$?
6. Das Lebesguesche Maß (im $\mathbb{R}^2$) eines kompakten Parallelogramms mit den Kantenvektoren $\mathbf{a}, \mathbf{b}$ sei mit $f(\mathbf{a}, \mathbf{b})$ bezeichnet.
Man beweise, daß für f gilt

$$f(\mathbf{a}+\mathbf{b}, \mathbf{b}) = f(\mathbf{a}, \mathbf{a}+\mathbf{b}) = f(\mathbf{a}, \mathbf{b})$$
$$f(s\mathbf{a}, \mathbf{b}) = f(\mathbf{a}, s\mathbf{b}) = |s| f(\mathbf{a}, \mathbf{b})$$

und folgere hieraus

$$f(\mathbf{a}, \mathbf{b}) = |\det(\mathbf{a}, \mathbf{b})| .$$

Ein entsprechendes Ergebnis leite man für Parallelotope im $\mathbb{R}^3$ her.
7. Die Menge sM entstehe aus M durch Streckung vom Nullpunkt aus mit dem Streckfaktor $s > 0$:

$$sM := \{\mathbf{x} \in \mathbb{R}^n \mid \mathbf{x} = s\mathbf{y}, \mathbf{y} \in M\} .$$

Man zeige, daß mit $M \in \mathfrak{M}_0$ auch $sM \in \mathfrak{M}_0$ und $\mu(sM) = s^n \mu(M)$ gilt. Weiter beweise man die entsprechenden Aussagen für kompakte Mengen.
8. Man zeige, daß im $\mathbb{R}^3$ die gerade Pyramide über dem Einheitsquadrat mit der Höhe h das Lebesguesche Maß $\frac{1}{3} h$ besitzt (gleichgültig, ob offen oder kompakt). Eine entsprechende Aussage beweise man auch für den $\mathbb{R}^n$.
9. Es sei $\mathfrak{W}$ das abzählbare System kompakter Würfel des $\mathbb{R}^n$, das zum Beweis des Darstellungssatzes von S. 23 verwendet wurde ($\mathfrak{W}$ besteht also aus den „Gitterwürfeln" sowie allen durch fortlaufende Halbierung hieraus entstehenden Würfeln). Man zeige, daß jeder kompakte Quader Q mit inneren Punkten abzählbare Vereinigung von Würfeln aus $\mathfrak{W}$, die paarweise keine inneren Punkte gemeinsam haben, ist. (Bei der Prüfung, ob eine Menge M zu dem Mengensystem $\mathfrak{M}_0$ gehört, kann man deshalb mit den Würfeln aus $\mathfrak{W}$ sowie ausgearteten Quadern auskommen.)
Man beweise, daß mit $M_1, M_2, \ldots$ auch $M = \bigcup_{j=1}^{\infty} M_j$ zu $\mathfrak{M}_0$ gehört, sofern $\sum_{j=1}^{\infty} \mu(M_j)$ konvergiert.
10. Man gebe Beispiele für kompakte Teilmengen des $\mathbb{R}^n$ an, die nicht zu $\mathfrak{M}_0$ gehören. Gibt es auch solche mit positivem Maß?
11. Man zeige, daß der Durchschnitt zweier Quader wieder ein Quader ist und daß die Vereinigung zweier Quader als endliche Vereinigung von Quadern, die paarweise keine inneren Punkte gemeinsam haben, dargestellt werden kann.

12. Man zeige, daß mit $M_1, M_2 \in \mathfrak{M}_0$ auch $M_1 \cup M_2 \in \mathfrak{M}_0$ und $M_1 \cap M_2 \in \mathfrak{M}_0$ gilt, daß aber die Differenzmenge $M_1 \setminus M_2$ nicht zu $\mathfrak{M}_0$ zu gehören braucht.
13. Die Konstruktion der Cantorschen Menge in $[0,1] \subset \mathbb{R}$ werde folgendermaßen abgeändert: Im ersten Schritt wird ein (in der Mitte liegendes) offenes Intervall der Länge $\frac{1}{4}$ entnommen, im zweiten Schritt entnehme man entsprechend aus dem Rest zwei offene Intervalle der Länge $\frac{1}{4^2}$, usw. Man berechne die Lebesgueschen Maße der gesamten entnommenen offenen Menge U sowie der verbleibenden kompakten Menge K (verallgemeinerte Cantorsche Menge). Weiter bestimme man die Menge der Randpunkte von U und auch die Menge der Randpunkte von K.
Eine entsprechende Konstruktion läßt sich auch im mehrdimensionalen Fall durchführen; es gibt also offene Mengen, deren Randpunktmengen positives Maß haben.

15.2 Äußeres und inneres Lebesguesches Maß

Im vorigen Abschnitt wurde das Lebesguesche Maß insbesondere für alle beschränkten offenen Mengen und für alle kompakten Mengen definiert. Eine beliebige beschränkte Teilmenge M des $\mathbb{R}^n$ kann man nun z. B. von innen her durch kompakte Teilmengen von M auszuschöpfen versuchen; dieser Gedanke führt zum Begriff des *inneren Maßes* von M. Eine entsprechende Annäherung durch offene Mengen von außen her führt zum Begriff des *äußeren Maßes*. Bevor wir diese anschaulich naheliegenden Überlegungen präzisieren und dann schließlich auch das Mengensystem $\mathfrak{M}$, auf dem das Lebesguesche Maß μ erklärt ist, festlegen werden, wollen wir einige Folgerungen aus den in der Einleitung zu diesem Kapitel genannten Forderungen

(1) $\mu\left(\bigcup_{j=1}^{\infty} M_j\right) = \sum_{j=1}^{\infty} \mu(M_j)$ $\quad\left(M_j \in \mathfrak{M},\ \bigcup_{j=1}^{\infty} M_j \in \mathfrak{M},\ M_j \cap M_k = \emptyset \text{ für } j \neq k\right)$

(σ-Additivität)

(2) $\mu(\mathbf{a} + M) = \mu(M)$ $\quad(\mathbf{a} \in \mathbb{R}^n,\ M \in \mathfrak{M})$

(Translationsinvarianz)

(3) $\mu(W^n) = 1$ $\quad(W^n$ Einheitswürfel des $\mathbb{R}^n)$

(Normierung)

ziehen. Dazu müssen auch noch Bedingungen an das Mengensystem $\mathfrak{M}$ gestellt werden, die in der Einleitung noch nicht formuliert sind. Da das Lebesguesche Maß eine Verallgemeinerung des Volumenbegriffs erbringen soll, wird man verlangen, daß mit zwei Mengen M_1, M_2 auch die Mengen $M_1 \cup M_2, M_1 \cap M_2$ und $M_1 \backslash M_2$ zu $\mathfrak{M}$ gehören sollen. Wegen

$$M_1 \cap M_2 = (M_1 \cup M_2) \backslash ((M_1 \backslash M_2) \cup (M_2 \backslash M_1))$$

genügt es, für $\mathfrak{M}$ zu fordern:

(i) $M_1, M_2 \in \mathfrak{M} \quad \Rightarrow \quad M_1 \cup M_2 \in \mathfrak{M}$
(ii) $M_1, M_2 \in \mathfrak{M} \quad \Rightarrow \quad M_1 \backslash M_2 \in \mathfrak{M}$.

Wenn ein (nichtleeres) Mengensystem $\mathfrak{M}$ die Eigenschaften (i) und (ii) besitzt, sagt man auch kurz, daß $\mathfrak{M}$ ein Mengenring ist (vgl. Aufg. 1, S. 222).

Bemerkung: Daß mit $M_1, M_2, M_3, \ldots$ stets auch die Vereinigung $\bigcup_{j=1}^{\infty} M_j$ zu $\mathfrak{M}$ gehört, kann man nicht verlangen, da z. B. der $\mathbb{R}^n$ als Vereinigung von Einheitswürfeln dargestellt werden kann. Der $\mathbb{R}^n$ hat aber kein endliches Maß, kann also nicht zu $\mathfrak{M}$ gehören. (Vgl. aber hierzu Aufg. 7, S. 233.)

Wir nehmen nun an, daß $\mathfrak{M}$ ein Mengenring ist.

Die leere Menge gehört dann wegen $M_1 \backslash M_1 = \emptyset$ zu $\mathfrak{M}$ und es ergibt sich aus (1), wenn man für alle M_j die leere Menge nimmt:

$$\mu(\emptyset) = 0.$$

Aus der σ-Additivität folgt wegen

$$M_1 \cup \ldots \cup M_k = M_1 \cup \ldots \cup M_k \cup \emptyset \cup \emptyset \cup \ldots$$

die *endliche Additivität* des Maßes. Insbesondere gilt also:

(4) $$\mu(M_1 \cup M_2) = \mu(M_1) + \mu(M_2), \quad \text{falls } M_1 \cap M_2 = \emptyset.$$

Da man für $M_1 \subset M_2$ die Gleichung

$$M_2 = M_1 \cup (M_2 \backslash M_1) \quad \text{mit } M_1 \cap (M_2 \backslash M_1) = \emptyset$$

hat, erhält man weiter

(5) $$M_1 \subset M_2 \quad \Rightarrow \quad \mu(M_2 \backslash M_1) = \mu(M_2) - \mu(M_1).$$

Aus (4) und (5) folgt für zwei beliebige, nicht notwendig disjunkte Mengen aus $\mathfrak{M}$ die Gleichung

(6) $$\mu(M_1 \cup M_2) + \mu(M_1 \cap M_2) = \mu(M_1) + \mu(M_2),$$

indem man $M_1 \cup M_2$ als disjunkte Vereinigung dargestellt:

$$M_1 \cup M_2 = \big(M_1 \backslash (M_1 \cap M_2)\big) \cup M_2$$

Aus (5) folgt wegen $\mu(M_2 \backslash M_1) \geqq 0$ die *Monotonie* des Maßes μ:

(7) $$M_1 \subset M_2 \quad \Rightarrow \quad \mu(M_1) \leqq \mu(M_2).$$

Besonders wichtig sind die folgenden beiden „Stetigkeitseigenschaften" des Maßes μ:

(8) Ist (M_j) eine aufsteigende Folge von Mengen aus $\mathfrak{M}$ und gehört $\bigcup_{j=1}^{\infty} M_j$ zu $\mathfrak{M}$, so gilt

$$\mu\left(\bigcup_{j=1}^{\infty} M_j\right) = \lim_j \mu(M_j).$$

(9) Ist (M_j) eine absteigende Folge von Mengen aus $\mathfrak{M}$, so gehört $\bigcap_{j=1}^{\infty} M_j$ zu $\mathfrak{M}$ und es gilt

$$\mu\left(\bigcap_{j=1}^{\infty} M_j\right) = \lim_j \mu(M_j).$$

Die Beweise dieser beiden Aussagen ergeben sich aus der σ-Additivität von μ. Um (8) herzuleiten, ziehen wir die Darstellung

$$M = M_1 \cup (M_2 \backslash M_1) \cup (M_3 \backslash M_2) \cup \ldots$$

und die gemäß (5) geltenden Gleichungen

$$\mu(M_{k+1} \backslash M_k) = \mu(M_{k+1}) - \mu(M_k) \qquad (k = 1, 2, 3, \ldots)$$

heran.

Nach (1), (5) und der Definition der Reihenkonvergenz gilt

$$\begin{aligned} \mu(M) &= \mu(M_1) + \sum_{k=1}^{\infty} \mu(M_{k+1} \backslash M_k) \\ &= \mu(M_1) + \sum_{k=1}^{\infty} \big(\mu(M_{k+1}) - \mu(M_k)\big) \\ &= \lim_j \mu(M_j), \end{aligned}$$

so daß (8) bewiesen ist.

Die Aussage (9) kann auf (8) zurückgeführt werden, indem man für $j = 1, 2, 3, \ldots$ setzt

$$M_j' := M_1 \backslash M_j.$$

Dann ist (M_j') eine aufsteigende Folge; nach der de Morganschen Regel gilt

$$\bigcup_{j=1}^{\infty} M_j' = M_1 \backslash \bigcap_{j=1}^{\infty} M_j.$$

Man hat also nach (8) und (5):

$$\lim_j \mu(M_j') = \mu(M_1) - \mu\left(\bigcap_{j=1}^{\infty} M_j\right).$$

Da außerdem nach (5) für jedes j die Gleichung

$$\mu(M_j') = \mu(M_1) - \mu(M_j)$$

gilt, folgt die Behauptung (9).

Im vorangehenden haben wir aus der Voraussetzung, daß $\mathfrak{M}$ ein Mengenring ist und daß μ: $\mathfrak{M} \to \mathbb{R}_0^+$ die Eigenschaften (1), (2), (3) besitzt, die Folgerungen (4) bis (9) gewonnen. Diese können als Sätze aber erst dann verwendet werden, wenn die Existenz von $\mathfrak{M}$ und μ mit den genannten Eigenschaften gesichert ist.

Unser Ziel ist es nun, $\mathfrak{M}$ als hinreichend umfassendes Mengensystem festzulegen, und dies natürlich so, daß $\mathfrak{M}_0$ (vgl. S. 203) und das System $\mathfrak{K}$ der kompakten Mengen in $\mathfrak{M}$ enthalten sind. Auch sollte $\mathfrak{M}$ ein Mengenring sein ($\mathfrak{M}_0$ und $\mathfrak{K}$ sind keine Mengenringe).
Da in einem Mengenring für σ-additives μ die Stetigkeitseigenschaften (8) und (9) gelten, ist dann z. B. nach (9) das Maß für den Durchschnitt einer absteigenden Folge meßbarer offener Mengen eindeutig festgelegt und ebenso nach (8) das Maß der Vereinigung einer aufsteigenden Folge kompakter Mengen, falls die zugehörige Folge der Maßzahlen konvergiert.
So fortfahrend, könnten – von $\mathfrak{M}_0$ und $\mathfrak{K}$ ausgehend – immer neue Mengen aufgenommen werden. Wir wollen diesen Weg (der zum System der „Borelschen Mengen“ des $\mathbb{R}^n$ führt) hier nicht gehen, sondern mit Hilfe der eingangs genannten „Exhaustions-Methode“ für nahezu beliebige Teilmengen des $\mathbb{R}^n$ das innere und das äußere Lebesguesche Maß einführen.

Def.: *Es sei M eine beliebige Teilmenge des $\mathbb{R}^n$ und es existiere mindestens eine meßbare offene Obermenge von M. Dann heißt die Zahl*

$$\mu^*(M) := \inf\{\mu(U) \mid M \subset U,\ U \text{ offen}\}$$

das äußere Lebesguesche Maß *von M.*

Def.: *Es sei M eine beliebige Teilmenge des* $\mathbb{R}^n$ *und für die Maße aller in M enthaltenen kompakten Mengen existiere eine obere Schranke. Dann heißt die Zahl*

$$\mu_*(M) := \sup\{\mu(K) \mid K \subset M,\ K \textit{ kompakt}\}$$

das innere Lebesguesche Maß *von M.*

Das System aller Teilmengen des $\mathbb{R}^n$, für die das äußere Maß erklärt ist, wollen wir mit $\mathfrak{M}^*$ bezeichnen. Zu $\mathfrak{M}^*$ gehören insbesondere *alle* beschränkten Teilmengen des $\mathbb{R}^n$.

Aufgabe: Man zeige, daß $\mathfrak{M}^*$ ein Mengenring ist.

Die Mengenfunktionen μ^* und μ_* besitzen zwar die Eigenschaften der Translationsinvarianz, auch gilt $\mu^*(W^n) = \mu_*(W^n) = \mu(W^n) = 1$ für den Einheitswürfel W^n, doch ist weder μ^* noch μ_* σ-additiv (Aufg. 9, S. 223).
Aus diesem Grund brauchen für die Mengenfunktionen μ^* und μ_* die aus (1), (2), (3) gezogenen Folgerungen (4) bis (9) nicht zu gelten. An Stelle von (1) tritt für μ^* die abzählbare Subadditivität (1*) und für μ_* die abzählbare Superadditivität (1_*):

$$(1^*) \qquad \mu^*\left(\bigcup_{j=1}^{\infty} M_j\right) \leqq \sum_{j=1}^{\infty} \mu^*(M_j)$$

$$(1_*) \qquad \mu_*\left(\bigcup_{j=1}^{\infty} M_j\right) \geqq \sum_{j=1}^{\infty} \mu_*(M_j), \qquad (M_i \cap M_j = \emptyset \text{ für } i \neq j)$$

wobei natürlich vorausgesetzt ist, daß alle vorkommenden inneren und äußeren Maße existieren und die in (1*) auftretende Reihe konvergiert.

Der Beweis von (1*) ergibt sich so: Nach Vorgabe von $\varepsilon > 0$ wähle man zu jeder Menge M_j eine offene Obermenge U_j mit

$$\mu(U_j) < \mu^*(M_j) + \frac{\varepsilon}{2^j}.$$

Dies ist nach Definition des äußeren Maßes möglich. Die Vereinigung aller U_j ist eine offene Obermenge von $\bigcup_{j=1}^{\infty} M_j$, also erhält man unter Verwendung der Ungleichung für abzählbar viele offene Mengen von S. 205:

$$\mu^*\left(\bigcup_{j=1}^{\infty} M_j\right) \leqq \mu\left(\bigcup_{j=1}^{\infty} U_j\right) \leqq \sum_{j=1}^{\infty} \mu(U_j) < \sum_{j=1}^{\infty} \mu^*(M_j) + \varepsilon.$$

Da diese Ungleichungskette für jedes $\varepsilon > 0$ gilt, folgt (1*).

Um (1_*) zu erhalten, beweisen wir zunächst, daß für endlich viele paarweise disjunkte Mengen $M_1, \ldots, M_r$ die Abschätzung

$$\mu_*(M_1 \cup \ldots \cup M_r) \geqq \mu_*(M_1) + \ldots + \mu_*(M_r)$$

gilt. Dazu bestimmen wir nach Vorgabe von $\varepsilon > 0$ zu jeder Menge M_j eine in ihr enthaltene kompakte Menge K_j mit

$$\mu(K_j) > \mu_*(M_j) - \frac{\varepsilon}{r},$$

was nach Definition des inneren Maßes möglich ist. Da die K_j paarweise disjunkt sind, folgt nach S. 208:

$$\mu(K \cup \ldots \cup K_r) = \mu(K_1) + \ldots + \mu(K_r) > \mu_*(M_1) + \ldots + \mu_*(M_r) - \varepsilon.$$

Mit $K_1 \cup \ldots \cup K_r$ hat man nun eine kompakte Teilmenge von $M_1 \cup \ldots \cup M_r$, d. h. es gilt

$$\mu_*(M_1 \cup \ldots \cup M_r) \geqq \mu(K_1 \cup \ldots \cup K_r).$$

Also hat man für jedes $\varepsilon > 0$ die Ungleichung

$$\mu_*(M_1 \cup \ldots \cup M_r) > \mu_*(M_1) + \ldots + \mu_*(M_r) - \varepsilon.$$

Daraus folgt:

$$(*) \qquad \mu_*(M_1 \cup \ldots \cup M_r) \geqq \mu_*(M_1) + \ldots + \mu_*(M_r).$$

Wäre nun (1_*) nicht richtig, würde also für eine Folge (M_j) von paarweise disjunkten Mengen die Ungleichung

$$\mu_*\left(\bigcup_{j=1}^{\infty} M_j\right) < \sum_{j=1}^{\infty} \mu_*(M_j)$$

gelten, so müßte schon für genügend großes r die Ungleichung

$$\mu_*\left(\bigcup_{j=1}^{\infty} M_j\right) < \mu_*(M_1) + \ldots + \mu_*(M_r)$$

richtig sein. Mit der fast selbstverständlichen Abschätzung (der Beweis der Monotonie-Eigenschaft von μ_* folgt auf der nächsten Seite)

$$\mu_*(M_1 \cup \ldots \cup M_r) \leqq \mu_*\left(\bigcup_{j=1}^{\infty} M_j\right),$$

erhielte man:

$$\mu_*(M_1 \cup \ldots \cup M_r) < \mu_*(M_1) + \ldots + \mu_*(M_r)$$

im Widerspruch zur Ungleichung (*). Damit ist (1_*) bewiesen.

Aufgabe: Man beweise, daß für jede aufsteigende Folge (M_j)

$$(8^*) \qquad \mu^*\left(\bigcup_{j=1}^{\infty} M_j\right) = \lim_j \mu^*(M_j)$$

und daß für jede absteigende Folge (M_j)

$$(9_*) \qquad \mu_*\left(\bigcap_{j=1}^{\infty} M_j\right) = \lim_j \mu_*(M_j)$$

gilt. Dabei ist vorausgesetzt, daß in (8*) alle vorkommenden äußeren Maße und in (9_*) die inneren Maße $\mu_*(M_j)$ existieren.

Die Monotonie-Eigenschaft (7) ist sowohl für das äußere Maß in μ^* als auch für das innere Maß μ_* richtig:

$$(7) \qquad \begin{array}{lll} M_1 \subset M_2 & \Rightarrow & \mu^*(M_1) \leqq \mu^*(M_2) \\ M_1 \subset M_2 & \Rightarrow & \mu_*(M_1) \leqq \mu_*(M_2) \end{array}$$

(von denen wir die zweite gerade schon verwendet haben).
Sie ergeben sich direkt aus den Definitionen des äußeren und inneren Maßes, wenn man bedenkt, daß für reelle Zahlenmengen A, B gilt:

$$\begin{array}{lll} A \supset B & \Rightarrow & \inf A \leqq \inf B \\ A \subset B & \Rightarrow & \sup A \leqq \sup B. \end{array}$$

Anstelle der Gleichung (6) von S. 212 tritt für das äußere Maß μ^* die Ungleichung

$$(6^*) \qquad \mu^*(M_1 \cup M_2) + \mu^*(M_1 \cap M_2) \leqq \mu^*(M_1) + \mu^*(M_2).$$

Zum Beweis wähle man zu gegebenem $\varepsilon > 0$ offene Mengen $U_1 \supset M_1$ und $U_2 \supset M_2$ mit $\mu(U_1) < \mu^*(M_1) + \varepsilon$ und $\mu(U_2) < \mu^*(M_2) + \varepsilon$. Dann folgt aufgrund der für offene Mengen gültigen Gleichung von S. 212

$$\begin{aligned} \mu^*(M_1 \cup M_2) + \mu^*(M_1 \cap M_2) &\leqq \mu(U_1 \cup U_2) + \mu(U_1 \cap U_2) = \mu(U_1) + \mu(U_2) \\ &< \mu^*(M_1) + \mu^*(M_2) + 2\varepsilon. \end{aligned}$$

Da diese Abschätzung für jedes $\varepsilon > 0$ richtig ist, ergibt sich (6*).

Aufgabe: Entsprechend beweise man

$$(6_*) \qquad \mu_*(M_1 \cup M_2) + \mu_*(M_1 \cap M_2) \geqq \mu_*(M_1) + \mu_*(M_2)$$

und leite aus (6*) und (6_*) auch die Aussagen

$$(5^*) \qquad M_1 \subset M_2 \quad \Rightarrow \quad \mu^*(M_2 \backslash M_1) \geqq \mu^*(M_2) - \mu^*(M_1)$$

$$(5_*) \qquad M_1 \subset M_2 \quad \Rightarrow \quad \mu_*(M_2 \backslash M_1) \leqq \mu_*(M_2) - \mu_*(M_1)$$

her.

Welche Beziehungen bestehen zwischen äußerem und innerem Maß? Zunächst ist klar, daß – falls $\mu^*(M)$ existiert – die Ungleichung

$$\mu_*(M) \leqq \mu^*(M)$$

erfüllt ist.
Ist nämlich K irgendeine kompakte Teilmenge von M und U irgendeine meßbare offene Obermenge von M, so hat man $K \subset U$ und daher nach S. 208 $\mu(K) < \mu(U)$. Aus dieser Ungleichung folgt, daß das Supremum aller $\mu(K)$ höchstens gleich dem Infimum aller $\mu(U)$ ist.

Wir wollen jetzt zeigen, daß für die im vorigen Abschnitt behandelten Quadervereinigungen äußeres und inneres Maß übereinstimmen. Es sei

$$M = \bigcup_{j=1}^{\infty} Q_j \qquad \big(\mu(Q_i \cap Q_j) = 0 \text{ für } i \neq j\big)$$

eine Menge aus $\mathfrak{M}_0$; es ist also

$$\mu(M) = \sum_{j=1}^{\infty} \mu(Q_j).$$

Wir behaupten, daß gilt

$$\mu^*(M) \leqq \mu(M) \leqq \mu_*(M).$$

Beweis: Nach Vorgabe von $\varepsilon > 0$ konstruieren wir zu jedem Q_j einen offenen Quader Q_j' mit

$$Q_j \subset Q_j' \quad \text{und} \quad \mu(Q_j') = \mu(Q_j) + \frac{\varepsilon}{2^j}.$$

Dann ist $U = \bigcup\limits_{j=1}^{\infty} Q_j'$ eine offene Obermenge von M und es gilt nach S. 205

$$\mu(U) \leq \sum_{j=1}^{\infty} \mu(Q_j') = \mu(M) + \varepsilon .$$

Da ε beliebig klein gewählt werden kann, folgt wegen $\mu^*(M) \leqq \mu(U)$ die Ungleichung

$$\mu^*(M) \leqq \mu(M) .$$

Die Abschätzung

$$\mu_*(M) \geqq \mu(M)$$

ergibt sich ähnlich: Zu $\varepsilon > 0$ bestimme man zunächst den Index r so, daß

$$\sum_{j=1}^{r} \mu(Q_j) \geqq \mu(M) - \frac{\varepsilon}{2}$$

gilt und wähle dann in $Q_1, \ldots, Q_r$ enthaltene kompakte Quader $Q_1'', \ldots, Q_r''$ mit

$$\mu(Q_j'') = \mu(Q_j) - \frac{\varepsilon}{2r} .$$

Dann ist $K = \bigcup_{j=1}^{r} Q_j''$ eine kompakte Teilmenge von M und es gilt

$$\mu(K) = \sum_{j=1}^{r} \mu(Q_j'') = \sum_{j=1}^{r} \mu(Q_j) - \frac{\varepsilon}{2} \geqq \mu(M) - \varepsilon .$$

Also folgt, da ε beliebig klein gewählt werden kann:

$$\mu_*(M) \geqq \mu(M) .$$

Aus $\mu^*(M) \leqq \mu(M) \leqq \mu_*(M)$ ergibt sich nun wegen $\mu_*(M) \leqq \mu^*(M)$, daß für Quadervereinigungen M das äußere und das innere Maß gleich sind.

Insbesondere gilt für beschränkte offene Mengen U

$$\mu_*(U) = \mu^*(U) = \mu(U) .$$

Auch für kompakte Mengen hat man die Übereinstimmung von innerem und äußerem Maß.

Nach Definition des inneren Maßes gilt nämlich zunächst $\mu_*(K) = \mu(K)$. Daß auch $\mu^*(K) = \mu(\mathrm{K})$ richtig ist, d.h. daß die Gleichung

$$\inf\{\mu(U) \mid K \subset U,\ U \text{ offen}\} = \mu(K)$$

gilt, ergibt sich folgendermaßen: Man wähle einen offenen Quader $Q \supset K$ und betrachte die offene Menge $V = Q \setminus K$. Zu jedem $\varepsilon > 0$ gibt es – gemäß der gerade bewiesenen Übereinstimmung des inneren und äußeren Maßes offener Mengen – eine kompakte Menge $L \subset V$ mit $\mu(L) > \mu(V) - \varepsilon$.

Für die offene Menge $U := Q \setminus L$ gilt $U \supset K$ und

$$\mu(U) = \mu(Q) - \mu(L) < \mu(Q) - \mu(V) + \varepsilon = \mu(K) + \varepsilon.$$

Hieraus folgt $\mu^*(K) \leqq \mu(K)$ und damit – wegen $\mu(K) \leqq \mu^*(K)$ – die Behauptung $\mu^*(K) = \mu(K)$.

Vitalische Mengen

Wir wollen nun zeigen, daß es beschränkte Teilmengen V des $\mathbb{R}^n$ gibt, für die

$$\mu_*(V) < \mu^*(V)$$

gilt. Diese Tatsache wurde 1905 von dem italienischen Mathematiker Vitali entdeckt; wir nennen solche Mengen deshalb kurz *Vitalische Mengen.*

Wir gehen aus von der abzählbaren additiven Untergruppe $\mathbb{Q}^n$ des $\mathbb{R}^n$ und zerlegen den $\mathbb{R}^n$ mit Hilfe der Äquivalenzrelation

$$\mathbf{x} \sim \mathbf{y} \qquad :\Leftrightarrow \qquad \mathbf{x} - \mathbf{y} \in \mathbb{Q}^n$$

in überabzählbar viele Klassen, die wir mit $\mathbf{a} + \mathbb{Q}^n$ bezeichnen. Zugleich erhalten wir damit eine Klasseneinteilung etwa des Würfels W^n; jede der Klassen von $\mathbb{R}^n$ hat mit W^n abzählbar unendlich viele Punkte gemeinsam (warum?).
Aus jeder der überabzählbar vielen Klassen, in die W^n zerlegt ist, wählen wir einen Punkt aus und fassen die ausgewählten Punkte zu einer Menge V zusammen. (Hierbei wird das Auswahlaxiom der Mengenlehre verwendet.)
Nun betrachten wir die Elemente $\mathbf{r}$ von $\mathbb{Q}^n$, die durch

$$-1 \leqq r_i \leqq 1 \qquad\qquad (i = 1, \ldots, n)$$

charakterisiert sind, und denken uns diese durchnumeriert:

$$\mathbf{r}^{(1)}, \mathbf{r}^{(2)}, \mathbf{r}^{(3)}, \ldots, \mathbf{r}^{(j)}, \ldots$$

Die Mengen

$$V_j := \mathbf{r}^{(j)} + V$$

haben alle dasselbe äußere und innere Maß wie V, da sie durch Translationen aus V hervorgehen. Außerdem sind sie paarweise disjunkt: Nimmt man nämlich an, es gäbe für $j \neq k$ einen Punkt $\mathbf{x}$ in $V_j \cap V_k$, so würde gelten

$$\mathbf{x} = \mathbf{r}^{(j)} + \mathbf{a} \qquad \text{mit } \mathbf{a} \in V, \qquad \mathbf{x} = \mathbf{r}^{(k)} + \mathbf{b} \qquad \text{mit } \mathbf{b} \in V.$$

Hieraus würde folgen, daß $\mathbf{a}-\mathbf{b}$ zu $\mathbb{Q}^n$ gehört, d. h. daß $\mathbf{a}$ und $\mathbf{b}$ in derselben Klasse bezuglich $\sim$ liegen. V hat aber nach Konstruktion nur ein Element mit jeder Klasse gemeinsam. Also müßte $\mathbf{a}=\mathbf{b}$ und damit auch $\mathbf{r}^{(j)}=\mathbf{r}^{(k)}$ sein. Widerspruch!

Nun bilden wir die Vereinigung der V_j und finden die Inklusion

$$W^n \subset \bigcup_{j=1}^{\infty} V_j .$$

Denn ein beliebig gewähltes $\mathbf{x} \in W^n$ gehört zu genau einer der Klassen, in die W^n zerlegt ist. Diese Klasse werde durch $\mathbf{a} \in V$ repräsentiert; es gilt also

$$\mathbf{x}-\mathbf{a} \in \mathbb{Q}^n .$$

Der Vektor $\mathbf{x}-\mathbf{a}$ muß aber unter den Vektoren $\mathbf{r}^{(j)}$ vorkommen, da aus $0 \leqq x_i \leqq 1$ und $0 \leqq a_i \leqq 1$ folgt

$$-1 \leqq x_i - a_i \leqq 1 .$$

Damit ist die Behauptung $W^n \subset \bigcup_{j=1}^{\infty} V_j$ bewiesen.

Andererseits ist $\bigcup_{j=1}^{\infty} V_j$ in dem kompakten Würfel

$$K=\{\mathbf{x} \in \mathbb{R}^n \mid -1 \leqq x_i \leqq 2, i=1, \ldots, n\}$$

enthalten, da die Komponenten der $\mathbf{r}^{(j)}$ alle zwischen -1 und 1 liegen.

Zur Abschätzung von $\mu^*(V)$ und $\mu_*(V)$ ziehen wir die Ungleichungen (1*) und (1_*) von S. 215 heran.
Zuerst zeigen wir, daß die Annahme $\mu^*(V)=0$ nicht zutrifft. Da die Mengen V_j aus V durch Translation hervorgehen, hätte man auch $\mu^*(V_j)=0$ und erhielte aus (1*) die Abschätzung

$$\mu^*\left(\bigcup_{j=1}^{\infty} V_j\right) \leqq \sum_{j=1}^{\infty} \mu^*(V_j)=0 .$$

Die Menge $\bigcup_{j=1}^{\infty} V_j$ kann aber nicht das äußere Maß 0 haben, da sie den Einheitswürfel W^n enthält. Es gilt also

$$0<\mu^*(V) .$$

Weiter beweisen wir die Gleichung

$$\mu_*(V) = 0,$$

indem wir die Annahme $\mu_*(V) > 0$ zum Widerspruch führen.

Wegen $\mu_*(V_j) = \mu_*(V)$ würde nämlich aus (1_*) folgen, daß die Menge $\bigcup_{j=1}^{\infty} V_j$ kein endliches inneres Maß hätte. Dies kann aber nicht sein, da diese Menge im Würfel K enthalten ist, also

$$\mu_*\left(\bigcup_{j=1}^{\infty} V_j\right) \leqq 3^n$$

gelten muß.

Damit ist gezeigt, daß es beschränkte Teilmengen des $\mathbb{R}^n$ gibt, für die inneres und äußeres Maß nicht übereinstimmen.

Aufgaben

1. Es sei $\mathfrak{M}$ ein Mengensystem, das die Eigenschaften
   (i) $M_1, M_2 \in \mathfrak{M} \quad \Rightarrow \quad M_1 \cup M_2 \in \mathfrak{M}$
   (ii) $M_1, M_2 \in \mathfrak{M} \quad \Rightarrow \quad M_1 \setminus M_2 \in \mathfrak{M}$

   besitzt. Nach S. 212 folgt
   (iii) $M_1, M_2 \in \mathfrak{M} \quad \Rightarrow \quad M_1 \cap M_2 \in \mathfrak{M}$.

   Mit M_1, M_2 gehört auch die „symmetrische Differenz"

   $$M_1 \triangle M_2 := (M_1 \setminus M_2) \cup (M_2 \setminus M_1)$$

   zu $\mathfrak{M}$.
   Man beweise, daß $\mathfrak{M}$ mit der „Addition" $\triangle$ und der „Multiplikation" $\cap$ ein Ring ist, in dem außerdem gilt:

   $$M \triangle M = \emptyset$$
   $$M \cap M = M.$$

   ($\mathfrak{M}$ ist ein „Boolescher Ring".)
2. Es sei $\mathfrak{E}$ das System der „Elementarmengen" des $\mathbb{R}^n$, d. h. der endlichen Vereinigungen von kompakten Quadern. Ist $\mathfrak{E}$ ein Mengenring? Gehört mit zwei Elementarmengen auch deren Durchschnitt zu $\mathfrak{E}$?
   Man beantworte diese Fragen auch für den Fall, daß an die Stelle kompakter Quader „halboffene" Quader $\{\mathbf{x} \in \mathbb{R}^n \mid a_i \leqq x_i < b_i, i = 1, \ldots, n\}$ treten.
3. Es seien M_1 und M_2 Mengen aus $\mathfrak{M}^*$ und es gebe disjunkte offene Mengen $U_1 \supset M_1$ und $U_2 \supset M_2$. Dann gilt

$$\mu^*(M_1 \cup M_2) = \mu^*(M_1) + \mu^*(M_2).$$

4. Es sei M eine beliebige Teilmenge eines Quaders Q. Man beweise die Gleichung

$$\mu_*(M) = \mu(Q) - \mu^*(Q \setminus M)$$

und folgere, daß für kompaktes K gilt

$$\mu_*(K) = \mu^*(K) = \mu(K).$$

5. Die Menge $M_1 \cup M_2$ gehöre zu $\mathfrak{M}^*$ und es gelte $\mu^*(M_1 \cap M_2) = 0$. Dann gilt

$$\mu_*(M_1 \cup M_2) \leqq \mu_*(M_1) + \mu^*(M_2) \leqq \mu^*(M_1 \cup M_2).$$

6. Wenn M_1 und M_2 zu $\mathfrak{M}^*$ gehören, dann gilt die Ungleichung

$$|\mu^*(M_1) - \mu^*(M_2)| \leqq \mu^*(M_1 \triangle M_2).$$

7. Man zeige, daß jede nichtleere offene Menge und allgemeiner jede beliebige Teilmenge des $\mathbb{R}^n$ mit positivem äußeren Maß Vitalische Teilmengen besitzt.
8. Man zeige durch ein Beispiel, daß es beschränkte Mengen M_1, M_2 gibt, so daß $\mu_*(M_1) = 0$, aber

$$\mu_*(M_1 \cup M_2) \neq \mu_*(M_2)$$

gilt.
9. Man belege durch ein Beispiel, daß die Mengenfunktion μ^* auf $\mathfrak{M}^*$ nicht die Eigenschaft der σ-Additivität besitzt.
10. Man zeige, daß für zwei Mengen M_1, M_2 mit endlichem äußeren Maß und positiver Distanz die Gleichung

$$\mu^*(M_1 \cup M_2) = \mu^*(M_1) + \mu^*(M_2)$$

gilt. Dabei kann die Distanz $\varrho(M_1, M_2)$ erklärt werden durch $\inf\limits_{\mathbf{x} \in M_1} \varrho(\mathbf{x}, M_2)$, vgl. S. 53.
Eine entsprechende Gleichung gilt dann auch für endlich viele Mengen, die paarweise positive Distanz haben. Läßt sich die Aussage auch auf abzählbar viele Mengen übertragen?
11. Man zeige, daß die Vitalische Menge (für $n = 1$) gleichmächtig zu $\mathbb{R}$ ist, d. h. daß V bijektiv auf $\mathbb{R}$ abgebildet werden kann.

15.3 Lebesgue-meßbare Teilmengen des $\mathbb{R}^n$

Unser Ziel ist die Abgrenzung eines hinreichend umfassenden Mengenrings $\mathfrak{M}$, für dessen Mengen ein Maß μ erklärt werden kann, das die Bedingungen (1), (2) und (3) von S. 211 erfüllt. Natürlich soll sowohl $\mathfrak{M}_0$ als auch $\mathfrak{K}$ in $\mathfrak{M}$ enthalten sein; wie wir gezeigt haben, ist μ für die Mengen aus $\mathfrak{M}_0$ und $\mathfrak{K}$ durch (1), (2) und (3) eindeutig festgelegt. Die Bedingung (1) wollen wir im folgenden so verschärfen, daß mit jeder Folge (M_j) von paarweise disjunkten Mengen aus $\mathfrak{M}$ stets auch $\bigcup_{j=1}^{\infty} M_j$ zu $\mathfrak{M}$ gehören soll, sofern $\sum_{j=1}^{\infty} \mu(M_j)$ konvergiert.

Es ist dann sicher nicht möglich, alle beschränkten Teilmengen des $\mathbb{R}^n$ in $\mathfrak{M}$ aufzunehmen, wie z. B. die Vitalischen Mengen $V^{(j)}$, die im vorigen Abschnitt angegeben wurden, zeigen. Einerseits müßte nämlich $\mu(V^{(j)}) = 0$ gelten, da für jedes $k \geqq 1$ wegen

$$\mu(V^{(1)} \cup \ldots \cup V^{(k)}) = k\,\mu(V)$$

und $V^{(1)} \cup \ldots \cup V^{(k)} \subset K$ die Ungleichung

$$\mu(V) \leqq \frac{3^n}{k}$$

bestehen müßte. Daraus würde folgen

$$\mu\left(\bigcup_{j=1}^{\infty} V^{(j)}\right) = 0.$$

Andererseits enthält $\bigcup_{j=1}^{\infty} V^{(j)}$ den Einheitswürfel, d. h. es müßte

$$\mu\left(\bigcup_{j=1}^{\infty} V^{(j)}\right) \geqq 1$$

gelten. Daher kann also die Menge V zu keinem Mengensystem $\mathfrak{M}$, das die genannten Forderungen erfüllt, gehören.

Naheliegend ist es, diejenigen Mengen, für die das äußere und das innere Maß übereinstimmen, auszuwählen. Es wird sich zeigen, daß das System $\mathfrak{M}$ dieser Mengen ein Mengenring ist, daß μ von $\mathfrak{M}_0$ und $\mathfrak{K}$ auf $\mathfrak{M}$ fortgesetzt werden kann und daß $\mu : \mathfrak{M} \to \mathbb{R}_0^+$ die Forderungen (1), (2), (3) erfüllt.

Def.: *Eine Teilmenge M des $\mathbb{R}^n$ heißt* Lebesgue-meßbar, *wenn gilt*

$$\mu^*(M) = \mu_*(M).$$

Die Zahl

$$\mu(M) := \mu^*(M) = \mu_*(M)$$

heißt das Lebesguesche Maß *von M. Das System aller Lebesgue-meßbaren Teilmengen des $\mathbb{R}^n$ werde mit $\mathfrak{M}$ bezeichnet.*

Bemerkung: Diese Definition steht im Einklang mit den Definitionen des Lebesgueschen Maßes für offene und kompakte Mengen, denn für diese stimmen, wie wir gezeigt haben, äußeres und inneres Maß überein.

Unmittelbar aus der Definition ergibt sich das folgende Kriterium für Lebesgue-Meßbarkeit:

Eine Teilmenge M des $\mathbb{R}^n$ ist genau dann Lebesgue-meßbar, wenn es zu jedem $\varepsilon > 0$ eine offene Menge U und eine kompakte Menge K gibt, so daß gilt:

$$K \subset M \subset U$$

und

$$\mu(U) - \mu(K) < \varepsilon.$$

Beweis: 1) Sei M Lebesgue-meßbar, d. h. es sei $\mu^*(M) = \mu_*(M)$. Nach Definition des äußeren Maßes gibt es dann zu jedem $\varepsilon > 0$ eine offene Obermenge U von M, so daß gilt

$$\mu(U) < \mu^*(M) + \frac{\varepsilon}{2}.$$

Entsprechend gibt es nach Definition des inneren Maßes zu jedem $\varepsilon > 0$ eine kompakte Teilmenge K von M, so daß gilt

$$\mu(K) > \mu_*(M) - \frac{\varepsilon}{2}.$$

Also folgt wegen $\mu^*(M) = \mu_*(M)$ die Ungleichung

$$\mu(U) - \mu(K) < \varepsilon.$$

2) Wird umgekehrt vorausgesetzt, daß es zu jedem $\varepsilon > 0$ eine offene Menge U und eine kompakte Menge K gibt, so daß gilt

$$K \subset M \subset U$$

und

$$\mu(U) - \mu(K) < \varepsilon,$$

so kann nicht $\mu_*(M) < \mu^*(M)$ sein, denn wegen der für $K \subset M \subset U$ geltenden Ungleichungen

$$\mu(K) \leqq \mu_*(M) \leqq \mu^*(M) \leqq \mu(U)$$

ist die Differenz $\mu(U) - \mu(K)$ mindestens gleich $\mu^*(M) - \mu_*(M)$.

Wir beweisen nun den

Satz: *Das System $\mathfrak{M}$ der Lebesgue-meßbaren Teilmengen des $\mathbb{R}^n$ ist ein Mengenring, d. h. es gilt*

(i) $M_1, M_2 \in \mathfrak{M} \quad \Rightarrow \quad M_1 \cup M_2 \in \mathfrak{M}$

(ii) $M_1, M_2 \in \mathfrak{M} \quad \Rightarrow \quad M_2 \backslash M_1 \in \mathfrak{M}$.

Weiter gehört mit jeder Folge (M_j) von paarweise disjunkten Mengen aus $\mathfrak{M}$ auch deren Vereinigung $\bigcup\limits_{j=1}^{\infty} M_j$ zu $\mathfrak{M}$, sofern $\sum\limits_{j=1}^{\infty} \mu(M_j)$ konvergiert. Auch gehört mit M für jedes $\mathbf{a} \in \mathbb{R}^n$ die Menge $\mathbf{a} + M$ zu $\mathfrak{M}$.

Die Lebesguesche Maßfunktion $\mu : \mathfrak{M} \to \mathbb{R}_0^+$ ist σ-additiv, translationsinvariant und normiert, d. h. es gilt

(1) $\mu\left(\bigcup\limits_{j=1}^{\infty} M_j\right) = \sum\limits_{j=1}^{\infty} \mu(M_j)$ *falls* $M_i \cap M_j = \emptyset$ *für* $i \neq j$

(2) $\mu(\mathbf{a} + M) = \mu(M)$ *für jedes* $\mathbf{a} \in \mathbb{R}^n$

(3) $\mu(W^n) = 1$.

Beweis: Zu (i) zeigen wir, daß mit M_1, M_2 nicht nur $M_1 \cup M_2$, sondern auch $M_1 \cap M_2$ zu $\mathfrak{M}$ gehört. Dazu verwenden wir die Ungleichungen (6*) und (6_*) von S. 217. Nach Voraussetzung gilt $\mu^*(M_1) = \mu_*(M_1) = \mu(M_1)$ und $\mu^*(M_2) = \mu_*(M_2) = \mu(M_2)$, so daß wir erhalten:

$$\begin{aligned} \mu^*(M_1 \cup M_2) + \mu^*(M_1 \cap M_2) &\leqq \mu(M_1) + \mu(M_2) \\ &\leqq \mu_*(M_1 \cup M_2) + \mu_*(M_1 \cap M_2). \end{aligned}$$

Wegen $\mu_*(M) \leqq \mu^*(M)$ folgt hieraus

$$\mu^*(M_1 \cup M_2) + \mu^*(M_1 \cap M_2) = \mu_*(M_1 \cup M_2) + \mu_*(M_1 \cap M_2),$$

also

$$\mu^*(M_1 \cup M_2) - \mu_*(M_1 \cup M_2) = \mu_*(M_1 \cap M_2) - \mu^*(M_1 \cap M_2).$$

Diese Gleichung kann aber nur bestehen, wenn beide Seiten gleich 0 sind. Die Mengen $M_1 \cup M_2$ und $M_1 \cap M_2$ sind somit meßbar.

Bemerkung: Außerdem zeigt der Beweis, daß für $M_1, M_2 \in \mathfrak{M}$ gilt:

$$\mu(M_1 \cup M_2) + \mu(M_1 \cap M_2) = \mu(M_1) + \mu(M_2).$$

Zum Beweis von (ii) verwenden wir das Kriterium von S. 225. Nach Voraussetzung gibt es für jedes $\varepsilon > 0$ zu M_1 bzw. M_2 eine kompakte Menge K_1 bzw. K_2 sowie eine offene meßbare Menge U_1 bzw. U_2, so daß gilt:

$$K_1 \subset M_1 \subset U_1 \quad \text{und} \quad \mu(U_1) - \mu(K_1) < \varepsilon$$
$$K_2 \subset M_2 \subset U_2 \quad \text{und} \quad \mu(U_2) - \mu(K_2) < \varepsilon.$$

Zu zeigen ist, daß für jedes $\varepsilon > 0$ eine kompakte Menge K und eine offene meßbare Menge U existiert, so daß gilt

$$K \subset M_2 \backslash M_1 \subset U \quad \text{und} \quad \mu(U) - \mu(K) < 2\varepsilon.$$

Wenn wir setzen:

$$K := K_2 \backslash U_1$$
$$U := U_2 \backslash K_1,$$

so ist K kompakt, U offen und es gilt

$$K \subset M_2 \backslash M_1 \subset U.$$

Um $\mu(U) - \mu(K)$ abzuschätzen, verwenden wir die Inklusion

$$U \backslash K \subset (U_2 \backslash K_2) \cup (U_1 \backslash K_1).$$

Die drei auftretenden Differenzmengen sind offen und meßbar, und es gilt

$$\mu(U \backslash K) \leqq \mu(U_2 \backslash K_2) + \mu(U_1 \backslash K_1).$$

Wegen $\mu(U \backslash K) = \mu(U) - \mu(K)$ folgt (vgl. S. 208)

$$\mu(U) - \mu(K) \leqq \mu(U_2) - \mu(K_2) + \mu(U_1) - \mu(K_1) < 2\varepsilon.$$

Aufgabe: Man begründe, daß K kompakt und U offen ist und daß $K \subset M_2 \backslash M_1 \subset U$ und $U \backslash K \subset (U_2 \backslash K_2) \cup (U_1 \backslash K_1)$ gilt.

Bemerkung: Für $M_1 \subset M_2$ gilt

$$M_2 = M_1 \cup (M_2 \backslash M_1) \quad \text{und} \quad M_1 \cap (M_2 \backslash M_1) = \emptyset;$$

es folgt $\mu(M_2) = \mu(M_1) + \mu(M_2 \backslash M_1)$, also

$$M_1 \subset M_2 \quad \Rightarrow \quad \mu(M_2 \backslash M_1) = \mu(M_2) - \mu(M_1).$$

Weiter beweisen wir, daß $\mathfrak{M}$ auch gegenüber abzählbaren Vereinigungen von paarweise disjunkten Mengen abgeschlossen ist, sofern die Reihe der Maße konvergiert. Dies folgt unmittelbar aus den Ungleichungen (vgl. S. 215)

$$(1^*) \qquad \mu^*\left(\bigcup_{j=1}^{\infty} M_j\right) \leqq \sum_{j=1}^{\infty} \mu(M_j)$$

$$(1_*) \qquad \mu_*\left(\bigcup_{j=1}^{\infty} M_j\right) \geqq \sum_{j=1}^{\infty} \mu(M_j). \qquad (M_i \cap M_j = \emptyset \text{ für } i \neq j)$$

Da schließlich μ_* und μ^* translationsinvariant sind, gehört mit M stets auch $\mathbf{a} + M$ zu $\mathfrak{M}$.
Damit ist gezeigt, daß die Lebesguesche Maßfunktion $\mu : \mathfrak{M} \to \mathbb{R}_0^+$ die Eigenschaften (1), (2) und (3) besitzt.

Auch die in Abschnitt 15.2 (S. 212) hergeleiteten Aussagen (4) bis (9) sind nun, da $\mathfrak{M}$ ein Mengenring ist, für das Lebesguesche Maß gültig; insbesondere besitzt also μ die Stetigkeitseigenschaften:

(8) *Für jede aufsteigende Folge* (M_j) *gilt*

$$\lim_j \mu(M_j) = \mu\left(\bigcup_{j=1}^{\infty} M_j\right),$$

sofern die Zahlenfolge $(\mu(M_j))$ *beschränkt ist.*

(9) *Für jede absteigende Folge* (M_j) *gilt*

$$\lim_j \mu(M_j) = \mu\left(\bigcap_{j=1}^{\infty} M_j\right).$$

Für beliebige (nicht notwendig auf- oder absteigende) Folgen (M_j) folgt hieraus:

(10) *Wenn* $\sum_{j=1}^{\infty} \mu(M_j)$ *konvergiert, dann gehört* $\dot{\bigcup}_{j=1}^{\infty} M_j$ *zu* $\mathfrak{M}$.

(11) $\bigcap_{j=1}^{\infty} M_j$ *gehört zu* $\mathfrak{M}$.

Der Beweis von (10) bzw. (11) ergibt sich durch Zurückführung auf (8) bzw. (9), indem man die Folgen $M_j' = \bigcup_{k=1}^{j} M_k$ bzw. $M_j' = \bigcap_{k=1}^{j} M_k$ betrachtet.

Vom systematischen Standpunkt her sollte und könnte nun das Verhalten des

Lebesgueschen Maßes bei linearen Abbildungen des $\mathbb{R}^n$ untersucht werden. Wir verschieben diese Aufgabe jedoch nach 16.4 (S. 312), da die dann zur Verfügung stehenden Mittel eine Beantwortung ermöglichen, die weniger Aufwand erfordert. An dieser Stelle bemerken wir nur, daß bei beliebiger Permutation der Koordinaten das Lebesguesche Maß sich nicht ändert; dies folgt unmittelbar aus der Formel für das Quadervolumen.

Bevor wir die Struktur beliebiger Lebesgue-meßbarer Teilmengen des $\mathbb{R}^n$ noch etwas näher untersuchen, führen wir den Begriff der *Nullmenge* ein.

Def.: *Eine Teilmenge N des $\mathbb{R}^n$ heißt* Lebesguesche Nullmenge, *wenn gilt*

$$\mu^*(N) = 0.$$

Wegen $0 \leqq \mu_*(N) \leqq \mu^*(N) = 0$ ist jede Nullmenge Lebesgue-meßbar. Weiter hat – wegen der Monotonie des äußeren Maßes – jede Teilmenge einer Nullmenge auch das äußere Maß (und damit das Maß) 0. Eine Menge $N \subset \mathbb{R}^n$ ist genau dann eine Nullmenge, wenn es zu jedem $\varepsilon > 0$ eine offene Obermenge U von N gibt mit $\mu(U) < \varepsilon$.

Bemerkung: Die Tatsache, daß *jede* Teilmenge einer Lebesgueschen Nullmenge eine Lebesguesche Nullmenge ist, wird oft durch die Formulierung ausgedrückt: Das Lebesguesche Maß ist *vollständig*.

Satz: *Jede abzählbare Vereinigung von Nullmengen ist eine Nullmenge.*

Beweis: Bei vorgegebenen $\varepsilon > 0$ gibt es zu der Nullmenge N_j eine offene Obermenge U_j mit $\mu(U_j) < \frac{\varepsilon}{2^j}$. Dann ist $\bigcup\limits_{j=1}^{\infty} U_j$ eine offene Obermenge U von $\bigcup\limits_{j=1}^{\infty} N_j$ mit $\mu(U) < \sum\limits_{j=1}^{\infty} \frac{\varepsilon}{2^j} = \varepsilon$.

Beispiele:

1) Jede abzählbare Teilmenge A des $\mathbb{R}^n$ ist eine Nullmenge, da einpunktige Mengen Nullmengen sind. Insbesondere ist auch die in $\mathbb{R}^n$ überall dicht liegende Menge $\mathbb{Q}^n$ eine Nullmenge.

2) Es sei N der Graph einer stetigen Funktion $f: \mathbb{R}^{n-1} \to \mathbb{R}$, also

$$N = \{\mathbf{x} \in \mathbb{R}^n \mid \mathbf{x} = (\mathbf{u}, f(\mathbf{u})), \mathbf{u} \in \mathbb{R}^{n-1}\}.$$

Dann ist N eine Nullmenge.

Es genügt, f auf einem kompakten Würfel $W \subset \mathbb{R}^{n-1}$ mit der Kantenlänge 1 zu betrachten, da der $\mathbb{R}^{n-1}$ mit abzählbar vielen solchen Würfeln überdeckt werden kann. Da f auf W gleichmäßig stetig ist, gibt es zu jedem $\varepsilon > 0$ ein $\delta > 0$ derart, daß für $\|\mathbf{v} - \mathbf{u}\| < \delta$ gilt $|f(\mathbf{v}) - f(\mathbf{u})| < \varepsilon$. Nun wähle man eine natürliche Zahl $k > \frac{2}{\delta}$ und zerlege W durch äquidistante Einteilung der Kanten in k^{n-1} Teilwürfel. Zu jedem dieser Teilwürfel bestimme man einen offenen „Oberwürfel" der Kantenlänge $\frac{2}{k}$; auf diesen ist jeweils die *Schwankung* $\max|f(\mathbf{v}) - f(\mathbf{u})|$ kleiner als ε. Der Graph von f wird daher überdeckt von k^{n-1} offenen Quadern mit dem Volumen $\left(\frac{2}{k}\right)^{n-1} \cdot \varepsilon$. Somit gibt es eine offene Obermenge U des Graphen von f mit

$$\mu(U) \leqq k^{n-1}\left(\frac{2}{k}\right)^{n-1} \cdot \varepsilon = 2^{n-1} \cdot \varepsilon,$$

und dies besagt, daß

$$\{\mathbf{x} \in \mathbb{R}^n \,|\, \mathbf{x} = (\mathbf{u}, f(\mathbf{u})),\, \mathbf{u} \in W\}$$

eine Nullmenge ist.

Speziell haben hiernach alle Hyperebenen das Maß 0. Weiter sind also auch alle affinen Unterräume des $\mathbb{R}^n$ Nullmengen, da sie Teilmengen von Hyperebenen sind. Natürlich haben dann auch beliebige Teilmengen von affinen Unterräumen das Maß 0.

Entsprechende Aussagen erhält man für Hyperflächen und Untermannigfaltigkeiten des $\mathbb{R}^n$, deren Dimension p kleiner als n ist. Eine p-dimensionale Untermannigfaltigkeit des $\mathbb{R}^n$ kann nämlich nach S. 383 (und Aufg. 5, S. 34) mit Hilfe von höchstens abzählbar unendlich vielen p-Flächenstücken in „Koordinatendarstellung" beschrieben werden. Diese p-Flächenstücke sind aber Teilmengen von Nullmengen des gerade behandelten Typs.

3) Ein Beispiel für eine kompliziertere Nullmenge ist die auf S. 23 konstruierte Cantorsche Menge C im $\mathbb{R}^2$. Sie gehört nicht zu den Nullmengen, die unter 1) und 2) beschrieben sind.

Man zeige, daß die entsprechende Cantorsche Menge des $\mathbb{R}^n$ ebenfalls eine Nullmenge ist.

Aufgabe: Es sei M eine meßbare Menge und N eine Nullmenge. Dann gilt:

$$\mu(M \cup N) = \mu(M)$$
$$\mu(M \cap N) = 0$$
$$\mu(M \backslash N) = \mu(M).$$

Die Bedingung $M_i \cap M_j = \emptyset$ für $i \neq j$, die wir bisher als Voraussetzung für die Gültigkeit der Gleichung

$$(1) \qquad \mu\left(\bigcup_{j=1}^{\infty} M_j\right) = \sum_{j=1}^{\infty} \mu(M_j)$$

verwendet haben, kann abgeschwächt werden zu

$$\mu(M_i \cap M_j) = 0 .$$

Zum Beweis ersetze man jedes M_j durch jene maßgleiche Menge M_j', die durch Entfernung aller Nullmengen $M_j \cap M_i$ $(i \neq j)$ aus M_j entsteht. Dann sind die Mengen $\bigcup_{j=1}^{\infty} M_j'$ und $\bigcup_{j=1}^{\infty} M_j$ maßgleich, und die Mengen M_j' sind paarweise disjunkt.

Aus dem Meßbarkeits-Kriterium von S. 225 folgt, daß es zu jeder Lebesgue-meßbaren Menge M des $\mathbb{R}^n$ bei vorgegebenem $\varepsilon > 0$ eine kompakte Menge K und eine offene Menge U gibt, so daß gilt

$$K \subset M \subset U$$
$$\mu(U) - \varepsilon < \mu(M) < \mu(K) + \varepsilon .$$

Meßbare Mengen können also „dem Maße nach beliebig gut" von innen her durch kompakte und von außen her durch meßbare offene Mengen „approximiert" werden. Hierfür sagt man auch, meßbare Mengen seien „nahezu offen" bzw. „nahezu kompakt".
Zu maßgleichen Mengen einfachen Typs gelangt man, indem man ε eine Nullfolge durchlaufen läßt. Dies Vorgehen führt auf Mengen, die abzählbare Durchschnitte von offenen Mengen, sogenannte G_δ-Mengen, bzw. abzählbare Vereinigungen von abgeschlossenen (sogar kompakten) Mengen, sogenannten F_σ-Mengen, sind. Es folgt somit:

Zu jeder meßbaren Teilmenge M des $\mathbb{R}^n$ gibt es eine meßbare F_σ-Menge A und eine meßbare G_δ-Menge B, so daß gilt:

$$A \subset M \subset B$$
$$\mu(A) = \mu(M) = \mu(B) .$$

Dabei wurde verwendet, daß die bei dieser Überlegung auftretenden G_δ- und F_σ-Mengen Lebesgue-meßbar sind (vgl. S. 228). A heißt *maßgleicher Kern* und B *maßgleiche Hülle* der meßbaren Menge M. Die Mengen $M \setminus A$ und $B \setminus M$ sind Nullmengen.

Aufgaben

1. Man beweise, daß $M \subset \mathbb{R}^n$ genau dann Lebesgue meßbar ist, wenn es zu jedem $\varepsilon > 0$ eine meßbare offene Menge $U \supset M$ gibt derart, daß gilt

$$\mu^*(U \backslash M) < \varepsilon .$$

2. Es sei $\mathbb{R}^n = \mathbb{R}^{n-1} \times \mathbb{R}$, M eine Lebesgue-meßbare Teilmenge des $\mathbb{R}^{n-1}$ und $J \subset \mathbb{R}$ ein beschränktes Intervall. Man zeige, daß die „Zylindermenge" $M \times J$ Lebesgue-meßbar ist und berechne $\mu(M \times J)$.
   Weiter beweise man, daß eine Zylindermenge $A \times J$ nur dann meßbar sein kann, wenn die „Basis" A eine meßbare Teilmenge des $\mathbb{R}^{n-1}$ ist.
3. Man konstruiere im $\mathbb{R}^1$ und im $\mathbb{R}^2$ eine beschränkte meßbare Menge von positivem Maß, die nirgends dicht ist (vgl. Aufg. 4, S. 34), indem man das auf S. 207 verwendete Verfahren modifiziert: Statt jeweils „gleichgroße Anteile" zu entfernen, lasse man diese Anteile hinreichend schnell klein werden.
4. Es seien M_1, M_2 Lebesgue-meßbare Mengen. Man führe die Lebesgue-Meßbarkeit von $M_1 \cup M_2$ und $M_1 \cap M_2$ auf die Lebesgue-Meßbarkeit von $M_1 \backslash M_2$ zurück. (Der Beweis von S. 226 kann also auch so geführt werden, daß (i) aus (ii) gefolgert wird.)
5. Es sei (A_j) eine Folge von Mengen. Dann heißt die Menge

$$\overline{A} := \bigcap_{k=1}^{\infty} \bigcup_{j=k}^{\infty} A_j$$

   der „mengenalgebraische obere Limes" und die Menge

$$\underline{A} := \bigcup_{k=1}^{\infty} \bigcap_{j=k}^{\infty} A_j$$

   der „mengenalgebraische untere Limes" der Folge (A_j).
   Man zeige, daß $\overline{A}$ die Menge derjenigen Elemente ist, die unendlich vielen der Mengen A_j angehören, und daß $\underline{A}$ die Menge derjenigen Elemente ist, die zu fast allen A_j gehören. Es folgt $\underline{A} \subset \overline{A}$.
   Gilt $\overline{A} = \underline{A}$, so heißt die Mengenfolge konvergent. Man zeige, daß aufsteigende und absteigende Mengenfolgen konvergent sind, und gebe für diese Fälle die Grenzmengen an.
   Wenn $M_j \subset M$ gilt und die Mengen M_j und M zu $\mathfrak{M}$ gehören, dann gilt auch $\underline{M} \in \mathfrak{M}$ und $\overline{M} \in \mathfrak{M}$.
6. Die Teilmengen M_j der meßbaren Menge M seien sämtlich meßbar und es gelte

$$\mu(M_j) \geqq c > 0 .$$

Dann gibt es überabzählbar viele Punkte, die zu unendlich vielen der Mengen M_j gehören. Zum Beweis zeige man:

$$\mu(\overline{M}) \geqq c.$$

(Man vgl. hierzu auch den ohne Maßtheorie auskommenden Beweis einer schwächeren Aussage in Bd. I, S. 389.)

7. Lebesgue-meßbare Mengen mit unendlichem Maß können folgendermaßen definiert werden: Wenn für jedes $r > 0$ der Durchschnitt der Kugel $B(\mathbf{0}, r)$ mit der Menge M Lebesgue-meßbar ist und die Funktion $r \mapsto \mu(M \cap B(\mathbf{0}, r))$ nicht beschränkt ist, dann wird

$$\mu(M) = \infty$$

gesetzt. Z. B. ist der $\mathbb{R}^n$ in diesem erweiterten Sinn Lebesgue-meßbar. Durch Hinzunahme der Lebesgue-meßbaren Mengen mit unendlichem Maß zu $\mathfrak{M}$ erhält man ein Mengensystem $\overline{\mathfrak{M}}$, das nicht nur ein Mengenring, sondern sogar ein σ-Mengenring ist, d. h. beliebige abzählbare Vereinigungen von Mengen aus $\overline{\mathfrak{M}}$ gehören wieder zu $\overline{\mathfrak{M}}$. Man beweise dies!
Außerdem überzeuge man sich davon, daß für die Mengen $M \in \mathfrak{M}$ gilt

$$\lim_{r \to \infty} \mu(M \cap B(\mathbf{0}, r)) = \mu(M).$$

8. Verwendet man, wie in Aufg. 7, das erweiterte System $\overline{\mathbb{R}_0^+} := \mathbb{R}_0^+ \cup \{\infty\}$, so ist das äußere Maß $\mu^*(M)$ für alle Teilmengen M des $\mathbb{R}^n$ erklärt.
Die Caratheodorysche Definition der Meßbarkeit lautet dann: Eine Teilmenge M des $\mathbb{R}^n$ heißt meßbar, wenn für jede Teilmenge X des $\mathbb{R}^n$ gilt:

$$\mu^*(X) = \mu^*(M \cap X) + \mu^*((\mathbb{R}^n \backslash M) \cap X).$$

Man beweise, daß die gemäß dieser Definition meßbaren Mengen genau die Mengen des σ-Rings $\overline{\mathfrak{M}}$ aus Aufg. 7 sind. (Man beachte hierzu das Ergebnis von Aufg. 10, S. 223.)

9. Man beweise für $M_1, M_2, M_3 \in \mathfrak{M}$ die Ungleichung (zur Def. von $\triangle$ vgl. Aufg. 1, S. 222):

$$\mu(M_1 \triangle M_3) \leqq \mu(M_1 \triangle M_2) + \mu(M_2 \triangle M_3).$$

Weiter zeige man, daß durch

$$M_1 \sim M_2 \quad :\Leftrightarrow \quad \mu(M_1 \triangle M_2) = 0$$

auf $\mathfrak{M}$ eine Äquivalenzrelation erklärt ist.
Die Menge $\tilde{\mathfrak{M}}$ der Äquivalenzklassen $[M]$ bezüglich $\sim$ ist mit der Distanz

$$\varrho([M_1],[M_2]) := \mu(M_1 \triangle M_2)$$

ein metrischer Raum.

10. Man beweise, daß der in Aufg. 9 eingeführte metrische Raum $(\tilde{\mathfrak{M}}, \varrho)$ vollständig ist.
11. Eine Teilmenge A des $\mathbb{R}^n$ wird im Sinne von Vitali durch ein System $\mathfrak{W}$ von achsenparallelen Würfeln überdeckt, wenn es zu jedem $\varepsilon > 0$ und jedem Punkt $\mathbf{x} \in A$ einen Würfel W aus $\mathfrak{W}$ mit $\mu(W) < \varepsilon^n$ und $\mathbf{x} \in W$ gibt. Wird eine beschränkte Teilmenge A des $\mathbb{R}^n$ im Sinne von Vitali durch ein System $\mathfrak{W}$ überdeckt, so gibt es ein abzählbares Teilsystem (W_j) von $\mathfrak{W}$ derart, daß gilt:

$$W_i \cap W_j = \emptyset \qquad \text{für } i \neq j$$

und

$$\mu^*\left(A \setminus \bigcup_{j=1}^{\infty} W_j\right) = 0.$$

(Vitalischer Überdeckungssatz)

12. Es sei $U \subset \mathbb{R}^n$ und $\boldsymbol{\Phi} : U \to \mathbb{R}^n$ sei dehnungsbeschränkt. Man zeige, daß mit N auch $\boldsymbol{\Phi}(N)$ eine Nullmenge ist.

15.4 Lebesgue-meßbare Funktionen

In diesem Abschnitt setzen wir voraus, daß die auftretenden Funktionen auf einer Lebesgue-meßbaren Teilmenge M des $\mathbb{R}^n$ definiert sind. Im Hinblick auf die Integralrechnung betrachten wir zunächst *verallgemeinerte Treppenfunktionen*

$$g : M \to \mathbb{R}.$$

Darunter wollen wir solche Funktionen verstehen, die höchstens abzählbar viele Werte annehmen und für die das Urbild jedes Wertes eine meßbare Menge ist. Man hat dann also eine Klasseneinteilung von M in abzählbar viele meßbare Teilmengen $M_1, M_2, \ldots$ und reelle Zahlen $c_1, c_2, \ldots$ derart, daß gilt:

$$g(\mathbf{x}) = c_j \qquad \text{für } \mathbf{x} \in M_j.$$

Wir wollen im folgenden solche Funktionen kurz als *einfache Funktionen* bezeichnen.

B e m e r k u n g: Beispiele einfacher Funktionen sind die *charakteristischen Funk-*

tionen oder *Indikatorfunktionen* von meßbaren Mengen

$$1_M(\mathbf{x}) = \begin{cases} 1 & \text{für } \mathbf{x} \in M \\ 0 & \text{für } \mathbf{x} \notin M. \end{cases}$$

Statt 1_M ist auch die Bezeichnung χ_M üblich.

Jede einfache Funktion g kann in der Form

$$g = \sum_{j=1}^{\infty} c_j 1_{M_j}$$

geschrieben werden. Da die Mengen M_j paarweise disjunkt sind, ist in der Reihe

$$g(\mathbf{x}) = \sum_{j=1}^{\infty} c_j 1_{M_j}(\mathbf{x})$$

für jedes $\mathbf{x}$ nur ein Summand von 0 verschieden, so daß kein Konvergenzproblem auftritt.
Es ist unmittelbar zu sehen, daß die Menge $\mathfrak{T}(M)$ aller auf einer festen meßbaren Menge M positiven Maßes definierten einfachen Funktionen ein reeller Vektorraum unendlicher Dimension ist. Da einfache Funktionen nicht beschränkt zu sein brauchen, ist $\mathfrak{T}(M)$ (bezüglich der Supremums-Norm) kein normierter Vektorraum.

Wir beschäftigen uns nun – analog zu dem Vorgehen in Bd. I, S. 339 – mit denjenigen Funktionen, die gleichmäßig durch einfache Funktionen approximiert werden können.

Def.: *Jede Funktion $f: M \to \mathbb{R}$, $M \in \mathfrak{M}$, zu der es eine Folge (g_k) von einfachen Funktionen gibt, die gleichmäßig gegen f konvergiert, für die also* $\lim_k \|f - g_k\| = 0$ *gilt, heißt* Lebesgue-meßbare Funktion.

Alle Funktionen g aus $\mathfrak{T}(M)$ sind Lebesgue-meßbar, da die Folge (g_k) mit $g_k = g$ für alle k gleichmäßig gegen g konvergiert. Weiter ist unmittelbar zu sehen, daß mit f auch af $(a \in \mathbb{R})$ und mit f_1, f_2 auch $f_1 + f_2$ Lebesgue-meßbar sind. Die Menge aller Lebesgue-meßbaren Funktionen, die in $M \in \mathfrak{M}$ definiert sind, ist also ein reeller Vektorraum; wir bezeichnen diesen mit $\mathfrak{L}(M)$.

Die Funktionen aus $\mathfrak{L}(M)$ können auch auf andere Weise charakterisiert werden.

Satz: *Eine Funktion $f: M \to \mathbb{R}$ ist genau dann Lebesgue-meßbar, wenn für jedes $c \in \mathbb{R}$ die Menge*

$$\{\mathbf{x} \in M \,|\, f(\mathbf{x}) \leqq c\}$$

Lebesgue-meßbar ist.

Beweis: Wir zeigen zunächst, daß jede Funktion $f \in \mathfrak{L}(M)$ die Eigenschaft hat, daß für jedes $c \in \mathbb{R}$ die Menge

$$C := \{\mathbf{x} \in M \,|\, f(\mathbf{x}) \leqq c\}$$

zu $\mathfrak{M}$ gehört.

Nach Voraussetzung gibt es eine Folge (g_k) mit $\lim_k \|f - g_k\| = 0$, d. h. die Folge (ε_k) mit $\varepsilon_k := \|f - g_k\|$ ist eine Nullfolge. Für jedes $\mathbf{x} \in M$ folgt die Ungleichung

$$g_k(\mathbf{x}) - \varepsilon_k \leqq f(\mathbf{x}).$$

Wir setzen nun

$$B_k := \{\mathbf{x} \in M \,|\, g_k(\mathbf{x}) - \varepsilon_k \leqq c\}.$$

Dann gehört jedes $\mathbf{x} \in C$ auch zu B_k, d. h. man hat

$$C \subset B_k$$

und also auch

$$C \subset \bigcap_{k=1}^{\infty} B_k.$$

Tatsächlich gilt sogar

$$C = \bigcap_{k=1}^{\infty} B_k,$$

denn $\mathbf{x} \in \bigcap_{k=1}^{\infty} B_k$ bedeutet, daß für jedes k die Ungleichung

$$g_k(\mathbf{x}) - \varepsilon_k \leqq c$$

erfüllt ist. Wegen $\lim_k g_k(\mathbf{x}) = f(\mathbf{x})$ und $\lim_k \varepsilon_k = 0$ folgt hieraus

$$f(\mathbf{x}) \leqq c,$$

d. h. jedes $\mathbf{x} \in \bigcap_{k=1}^{\infty} B_k$ gehört zu C.

Die Mengen B_k sind alle Lebesgue-meßbar; nach S. 228 ist also auch $C = \bigcap_{k=1}^{\infty} B_k$ Lebesgue-meßbar.

Umgekehrt sei nun vorausgesetzt, daß für jedes $c \in \mathbb{R}$ gilt

$$\{\mathbf{x} \in M \mid f(\mathbf{x}) \leqq c\} \in \mathfrak{M}.$$

Wir haben eine Folge (g_k) von einfachen Funktionen anzugeben, die gleichmäßig gegen f konvergiert. Um g_k zu definieren, teilen wir $\mathbb{R}$ äquidistant in halboffene Intervalle $\left]\frac{m}{2^k}, \frac{m+1}{2^k}\right]$; dabei durchläuft m die Menge $\mathbb{Z}$ aller ganzen Zahlen. Wir setzen

$$g_k(\mathbf{x}) = \frac{m}{2^k}, \qquad \text{falls } \frac{m}{2^k} < f(\mathbf{x}) \leqq \frac{m+1}{2^k}.$$

Dann ist g_k eine einfache Funktion, denn g_k nimmt nur abzählbar viele Werte an und das Urbild jedes Wertes ist als Differenzmenge von zwei Lebesgue-meßbaren Mengen eine Lebesgue-meßbare Menge. Außerdem gilt für alle $\mathbf{x} \in M$ die Abschätzung

$$|f(\mathbf{x}) - g_k(\mathbf{x})| \leqq \frac{1}{2^k},$$

woraus folgt

$$\lim_k \|f - g_k\| = 0.$$

Damit ist der Satz bewiesen.

Wie die Konstruktion der Folge (g_k) zeigt, gibt es zu Lebesgue-meßbarem f immer auch monoton wachsende Folgen einfacher Funktionen, die gleichmäßig gegen f konvergieren.

Äquivalent mit der Lebesgue-Meßbarkeit der Mengen des Typs

(1) $\{\mathbf{x} \in M \mid f(\mathbf{x}) \leqq c\}$

ist, daß jeweils die Mengen der Typen

(2) $\{\mathbf{x} \in M \mid f(\mathbf{x}) < c\}$

(3) $\{\mathbf{x} \in M \mid f(\mathbf{x}) \geqq c\}$

(4) $\{\mathbf{x} \in M \mid f(\mathbf{x}) > c\}$

Lebesgue-meßbar sind. Dies ist unmittelbar klar für (4), denn mit

$C := \{\mathbf{x} \in M | f(\mathbf{x}) \leqq c\}$ gehört auch $M \setminus C = \{\mathbf{x} \in M | f(\mathbf{x}) > c\}$ zu $\mathfrak{M}$. Um die Lebesgue-Meßbarkeit von (3) zu zeigen, betrachte man die Folge

$$C_k := \{\mathbf{x} \in M | f(\mathbf{x}) > c - \frac{1}{k}\}.$$

Alle C_k gehören zu $\mathfrak{M}$, also auch $\bigcap_{k=1}^{\infty} C_k$. Dieser Durchschnitt ist aber gleich der Menge

$$\{\mathbf{x} \in M | f(\mathbf{x}) \geqq c\}.$$

Durch Komplementbildung erhält man hieraus schließlich auch die Lebesgue-Meßbarkeit von $\{\mathbf{x} \in M | f(\mathbf{x}) < c\}$. Dies ist übrigens die in der Literatur meistens verwendete Definition der Lebesgue-Meßbarkeit.

Aufgabe: Man führe die noch fehlende Überlegung durch, daß aus der Lebesgue-Meßbarkeit der Mengen vom Typ (2) die des Typs (1) folgt.
Weiter zeige man, daß $f: M \to \mathbb{R}$ genau dann Lebesgue-meßbar ist, wenn für jedes Intervall $J \subset \mathbb{R}$ die Urbildmenge $f^{-1}(J)$ zu $\mathfrak{M}$ gehört.

Wenn $f: M \to \mathbb{R}$ Lebesgue-meßbar ist, dann gehört auch für jede offene Teilmenge $U \subset \mathbb{R}$ die Urbildmenge $f^{-1}(U)$ zu $\mathfrak{M}$. Dies folgt unmittelbar aus der Darstellbarkeit von U als abzählbare Vereinigung von disjunkten offenen Intervallen (vgl. Bd. I, S. 225). Nach der Aufgabe ist $f^{-1}(U)$ dann abzählbare Vereinigung von disjunkten Mengen aus $\mathfrak{M}$ (diese Vereinigung gehört tatsächlich zu $\mathfrak{M}$, da alle Mengen in der Menge $M \in \mathfrak{M}$ enthalten sind.)
Dieses Ergebnis und die vorangehenden Überlegungen fassen wir zusammen:

$f: M \to \mathbb{R}$ gehört genau dann zu $\mathfrak{L}(M)$, wenn für jede offene Teilmenge $U \subset \mathbb{R}$ die Urbildmenge $f^{-1}(U)$ zu $\mathfrak{M}$ gehört.

Als Folgerung ergibt sich:

Alle stetigen Funktionen $f: M \to \mathbb{R}$ sind Lebesgue-meßbar.

Die Urbildmengen $f^{-1}(U)$ sind für stetiges f nämlich relativ offen, d. h. Durchschnitte von offenen Teilmengen des $\mathbb{R}^n$ mit der Lebesgue-meßbaren Menge M, gehören also zu $\mathfrak{M}$.

Den Vektorraum $\mathfrak{L}(M)$ hatten wir aus dem Vektorraum $\mathfrak{T}(M)$ als abgeschlossene Hülle bezüglich gleichmäßiger Konvergenz gewonnen. Die Grenzfunktion f einer gleichmäßig konvergenten Folge (f_k) mit $f_k \in \mathfrak{L}(M)$ gehört dann auch zu $\mathfrak{L}(M)$, wie man entsprechend zum Beweis des Satzes in Bd. I, S. 342, einsieht. Anders als bei den elementaren Treppen- und Regelfunktionen zeigt sich nun für den Vektorraum $\mathfrak{L}(M)$, daß dieser sogar gegenüber punktweiser Konvergenz abgeschlossen ist.

Satz: *Die Funktionen der Folge (f_k) seien Lebesgue-meßbar, und es sei vorausgesetzt, daß*

$$\overline{H}(\mathbf{x}) := \sup_{k \in \mathbb{N}} f_k(\mathbf{x})$$

$$\underline{H}(\mathbf{x}) := \inf_{k \in \mathbb{N}} f_k(\mathbf{x})$$

$$\overline{h}(\mathbf{x}) := \overline{\lim_k} f_k(\mathbf{x})$$

$$\underline{h}(\mathbf{x}) := \underline{\lim_k} f_k(\mathbf{x})$$

für jedes $\mathbf{x} \in M$ existieren. Dann gehören die Funktionen $\underline{H}$, $\overline{H}$, $\underline{h}$ und $\overline{h}$ zu $\mathfrak{L}(M)$. Insbesondere ist die Grenzfunktion f einer punktweise konvergenten Folge (f_k) selber Lebesgue-meßbar.

Beweis: Für beliebiges $c \in \mathbb{R}$ gilt

$$\{\mathbf{x} \in M \mid \overline{H}(\mathbf{x}) \leqq c\} = \bigcap_{k=1}^{\infty} \{\mathbf{x} \in M \mid f_k(\mathbf{x}) \leqq c\},$$

denn aus $\sup\limits_{k \in \mathbb{N}} f_k(\mathbf{x}) \leqq c$ folgt, daß für jedes $k \in \mathbb{N}$ die Ungleichung $f_k(\mathbf{x}) \leqq c$ erfüllt ist, und umgekehrt folgt aus $f_k(\mathbf{x}) \leqq c$ für alle $k \in \mathbb{N}$, daß auch $\sup\limits_{k \in \mathbb{N}} f_k(\mathbf{x}) \leqq c$ gilt. Da abzählbare Durchschnitte von Lebesgue-meßbaren Mengen zu $\mathfrak{M}$ gehören, ergibt sich, daß $\overline{H}$ zu $\mathfrak{L}(M)$ gehört.

Zum Beweis von $\underline{H} \in \mathfrak{L}(M)$ kann man entsprechend die Gleichung

$$\{\mathbf{x} \in M \mid \underline{H}(\mathbf{x}) \geqq c\} = \bigcap_{k=1}^{\infty} \{\mathbf{x} \in M \mid f_k(\mathbf{x}) \geqq c\}$$

verwenden.
Weiter folgt $\overline{h} \in \mathfrak{L}(M)$ aufgrund der Beziehung

$$\overline{\lim_k} f_k(\mathbf{x}) = \sup_{k \in \mathbb{N}} \left(\inf\{f_k(\mathbf{x}), f_{k+1}(\mathbf{x}), \ldots\}\right),$$

und $\underline{h} \in \mathfrak{L}(M)$ wegen

$$\underline{\lim_k} f_k(\mathbf{x}) = \inf_{k \in \mathbb{N}} \left(\sup\{f_k(\mathbf{x}), f_{k+1}(\mathbf{x}), \ldots\}\right)$$

(vgl. Bd. I, S. 123/124).

Schließlich ergibt sich als Spezialfall die Aussage über die Grenzfunktion einer punktweise konvergenten Folgc.

Eine einfache Folgerung aus diesem Satz ist:

Wenn $\varphi : \mathbb{R}^2 \to \mathbb{R}$ *stetig ist und* $f_1, f_2 \in \mathfrak{L}(M)$ *gilt, dann gehört die durch*

$$f(\mathbf{x}) := \varphi\big(f_1(\mathbf{x}), f_2(\mathbf{x})\big)$$

erklärte Funktion $f : M \to \mathbb{R}$ *auch zu* $\mathfrak{L}(M)$.

Denn zu f_1, f_2 gibt es Folgen (g_{1k}) bzw. (g_{2k}) von einfachen Funktionen, die gleichmäßig, also erst recht punktweise, gegen f_1 bzw. f_2 konvergieren. Die durch

$$g_k(\mathbf{x}) := \varphi\big(g_{1k}(\mathbf{x}), g_{2k}(\mathbf{x})\big)$$

erklärten Funktionen sind einfach und gehören somit zu $\mathfrak{L}(M)$. Wegen der Stetigkeit von φ gilt für jedes $\mathbf{x} \in M$

$$\lim_k g_k(\mathbf{x}) = f(\mathbf{x}),$$

und damit ist f als Grenzfunktion einer punktweise konvergenten Folge meßbarer Funktionen selber meßbar.

Aufgabe: Man zeige, daß die entsprechende Aussage auch gilt, wenn φ in einer offenen Teilmenge U erklärt und stetig ist und die Wertemengen von f_1, f_2 in U enthalten sind. Als Anwendung ergibt sich die Lebesgue-Meßbarkeit von

$$f_1 + f_2,\ f_1 - f_2,\ f_1 f_2,\ \frac{f_1}{f_2} \quad (\text{falls } f_2(\mathbf{x}) \neq 0 \text{ für } \mathbf{x} \in M),$$

$$|f|,\ |f|^s\ (s > 0),\ f^+,\ f^-,$$

sofern die auftretenden Funktionen f_1, f_2, f zu $\mathfrak{L}(M)$ gehören. Dabei ist f^+ durch $f^+(\mathbf{x}) := \max\{f(\mathbf{x}), 0\}$ und f^- durch $f^-(\mathbf{x}) := \min\{f(\mathbf{x}), 0\}$ erklärt.

Der Unterschied zwischen punktweiser und gleichmäßiger Konvergenz ist im Bereich der Lebesgue-meßbaren Funktionen nicht so ausgeprägt, wie man vielleicht erwarten könnte. Dies zeigt der

Satz: *Es sei* (f_k) *eine punktweise konvergente Folge von Funktionen aus* $\mathfrak{L}(M)$. *Dann gibt es zu jedem* $\varepsilon > 0$ *eine Lebesgue-meßbare Teilmenge* E *von* M *derart, daß*

$$\mu(E) < \varepsilon$$

gilt und die Folge (f_k) *auf* $M \backslash E$ *gleichmäßig konvergiert.*
(Satz von Egoroff)

Beweis: Die Grenzfunktion f der Folge (f_k) ist nach S. 239 Lebesgue-meßbar. Daher gehören die Mengen

$$M_{ij} := \bigcap_{k=j}^{\infty} \left\{ \mathbf{x} \in M \,\middle|\, |f_k(\mathbf{x}) - f(\mathbf{x})| < \frac{1}{i} \right\}$$

für beliebiges $i, j \in \mathbb{N}$ zu $\mathfrak{M}$. Bei festem i ist die Mengenfolge $(M_{ij})_{j \in \mathbb{N}}$ aufsteigend:

$$M_{i1} \subset M_{i2} \subset \ldots \subset M_{ij} \subset \ldots,$$

und es gilt:

$$\bigcup_{j=1}^{\infty} M_{ij} = M.$$

Zum Beweis ist zu zeigen, daß es zu jedem $\mathbf{x} \in M$ einen Index j gibt, so daß $\mathbf{x}$ zu M_{ij} gehört. Dies folgt aber aus der Konvergenz der Folge $(f_k(\mathbf{x}))$, denn für genügend großes k ist die Ungleichung $|f_k(\mathbf{x}) - f(\mathbf{x})| < \frac{1}{i}$ (i ist fest vorgegeben!) erfüllt.

Nach Eigenschaft (8), S. 228 gilt also

$$\lim_{j} \mu(M_{ij}) = \mu(M).$$

Somit gibt es zu beliebig vorgegebenem $\varepsilon > 0$ ein $j_0(\varepsilon, i)$ so, daß für $j \geqq j_0$ die Ungleichung

$$\mu(M \backslash M_{ij}) < \frac{\varepsilon}{2^i}$$

erfüllt ist.

Auf der Menge

$$M \backslash E := \bigcap_{i=1}^{\infty} M_{ij_0}$$

konvergiert nun (f_k) gleichmäßig gegen f.

$\mathbf{x} \in M \backslash E$ bedeutet nämlich, daß $\mathbf{x}$ zu jeder der Mengen M_{ij_0} $(i = 1, 2, \ldots)$ gehört und dies heißt

$$|f_k(\mathbf{x}) - f(\mathbf{x})| < \frac{1}{i} \qquad \text{für alle } k \geqq j_0(\varepsilon, i).$$

Wählt man dann ein i mit $i > \frac{1}{\varepsilon}$ aus und setzt $j_0(\varepsilon, i) =: k_0(\varepsilon)$, so gilt

$$|f_k(\mathbf{x}) - f(\mathbf{x})| < \varepsilon \qquad \text{für alle } k \geqq k_0(\varepsilon).$$

Da k_0 nur von ε, nicht aber von $\mathbf{x} \in M \setminus E$ abhängt, konvergiert (f_k) auf $M \setminus E$ tatsächlich gleichmäßig gegen f.
Um $\mu(E)$ abzuschätzen, formen wir

$$E = M \setminus \bigcap_{i=1}^{\infty} M_{ij_0}$$

um in (de Morgansche Regel, Bd. I, S. 484)

$$E = \bigcup_{i=1}^{\infty} (M \setminus M_{ij_0})$$

und finden wegen $\mu(M \setminus M_{ij}) < \dfrac{\varepsilon}{2^i}$:

$$\mu(E) < \sum_{i=1}^{\infty} \frac{\varepsilon}{2^i} = \varepsilon.$$

Damit ist der Satz von Egoroff bewiesen.

Als Folgerung aus diesem Satz ergibt sich:

Es seien f_k Lebesgue-meßbare Funktionen und (f_k) konvergiere punktweise gegen f. Für $\eta > 0$ sei

$$E_k(\eta) := \{\mathbf{x} \in M \,\big|\, |f_k(\mathbf{x}) - f(\mathbf{x})| \geqq \eta\}.$$

Dann gilt

$$\lim_k \mu\big(E_k(\eta)\big) = 0.$$

Nach dem Satz von Egoroff gibt es zu vorgegebenem $\varepsilon > 0$ eine meßbare Teilmenge E von M mit $\mu(E) < \varepsilon$ derart, daß (f_k) auf $M \setminus E$ gleichmäßig gegen f konvergiert, d. h. es gibt ein $k_0(\varepsilon)$, so daß für alle $k \geqq k_0(\varepsilon)$ und für alle $\mathbf{x} \in M \setminus E$ gilt

$$|f_k(\mathbf{x}) - f(\mathbf{x})| < \varepsilon.$$

Falls $\varepsilon < \eta$ gewählt wird, so gehören die Elemente $\mathbf{x}$ der Menge $E_k(\eta)$ nicht zu $M \setminus E$, d. h. es gilt

$$E_k(\eta) \subset E.$$

Daraus folgt für alle $k \geqq k_0(\varepsilon)$

$$\mu(E_k(\eta)) \leqq \mu(E) < \varepsilon,$$

d. h.

$$\lim_k \mu(E_k(\eta)) = 0.$$

Bei den Vertauschbarkeitssätzen der Integralrechnung (vgl. S. 273) kann man nun gerade die Bedingung

$$\lim_k \mu(E_k(\eta)) = 0$$

gebrauchen. Dies gibt Anlaß, einen weiteren abgeschwächten Konvergenzbegriff einzuführen.

Def.: *Es seien f_k und f Funktionen aus $\mathfrak{L}(M)$. Dann heißt die Folge (f_k)* maßkonvergent *gegen f, wenn für jedes $\eta > 0$ gilt:*

$$\lim_k \mu(\{\mathbf{x} \in M \mid |f_k(\mathbf{x}) - f(\mathbf{x})| \geqq \eta\}) = 0.$$

Damit kann der bewiesene Satz folgendermaßen formuliert werden:

Jede punktweise konvergente Folge Lebesgue-meßbarer Funktionen ist auch maßkonvergent.

Die Umkehrung ist nicht richtig, wie das folgende Beispiel – in dem der Einfachheit halber $n = 1$ gewählt ist – zeigt:
In $M = [0, 1]$ seien für $m \in \mathbb{N}$ und $1 \leqq j \leqq m$ die Funktionen g_{mj} erklärt durch

$$g_{mj}(x) = \begin{cases} 1 & \text{für } \dfrac{j-1}{m} \leqq x \leqq \dfrac{j}{m} \\ 0 & \text{sonst} \end{cases}$$

Die abzählbar vielen Funktionen g_{mj} seien „zeilenweise" durchnumeriert und in dieser Numerierung als (f_k) bezeichnet.
Dann ist (f_k) maßkonvergent gegen die Nullfunktion, denn für $0 < \eta < 1$ gilt offensichtlich

$$\lim_k \mu(E_k(\eta)) = 0.$$

Andererseits konvergiert $(f_k(x))$ für kein x aus $[0, 1]$, da für jedes x in dieser Zahlenfolge sowohl 0 als auch 1 unendlich oft auftreten.

Es gilt aber der folgende

Satz: *Ist die Folge* (f_k) *mit* $f_k \in \mathfrak{L}(M)$ *maßkonvergent gegen* f, *so gibt es eine Nullmenge* $N \subset M$ *und eine Teilfolge* $f_{k_1}, f_{k_2}, \ldots$, *die auf* $M \backslash N$ *punktweise gegen* f *konvergiert.*
(Satz von Riesz)

Beweis: Man wähle die Indizes k_j so aus, daß die Mengen

$$E_j := \left\{\mathbf{x} \in M \,\middle|\, |f_{k_j}(\mathbf{x}) - f(\mathbf{x})| \geqq \frac{1}{j^2}\right\}$$

die Bedingung $\mu(E_j) < \frac{1}{j^2}$ erfüllen; dies ist aufgrund der Maßkonvergenz von (f_k) gegen f möglich. Weiter setze man

$$F_i := E_i \cup E_{i+1} \cup \ldots$$

sowie

$$N = \bigcap_{i=1}^{\infty} F_i.$$

Es gilt dann

$$\mu(F_i) < \sum_{j=i}^{\infty} \frac{1}{j^2} < \frac{1}{i-1},$$

so daß wegen $F_1 \supset F_2 \supset F_3 \supset \ldots$ folgt:

$$\mu(N) = \mu\left(\bigcap_{i=1}^{\infty} F_i\right) = \lim_i \mu(F_i) = 0.$$

Auf der Menge $M \backslash N$ ist die ausgewählte Teilfolge $f_{k_1}, f_{k_2}, \ldots$ punktweise konvergent gegen f. Denn $\mathbf{x} \notin \bigcap_{i=1}^{\infty} F_i$ bedeutet, daß ein Index i_0 existiert, so daß $\mathbf{x} \notin F_{i_0}$ gilt. Nach der Erklärung von F_{i_0} gehört dann $\mathbf{x}$ zu keiner der Mengen E_j mit $j \geqq i_0$. Also folgt für alle $j \geqq i_0$

$$|f_{k_j}(\mathbf{x}) - f(\mathbf{x})| < \frac{1}{j^2},$$

d. h. die Folge $(f_{k_j}(\mathbf{x}))$ konvergiert für $\mathbf{x} \in M \backslash N$ gegen $f(\mathbf{x})$.

Es ist noch die Frage zu klären, ob eine Folge (f_k) maßkonvergent gegen verschiedene Grenzfunktionen $f, \tilde{f}$ sein kann. Dies ist tatsächlich der Fall, doch unterscheiden sich f und $\tilde{f}$ höchstens in einer Menge vom Maß 0. Dies ergibt sich aufgrund der Inklusion

$$\{\mathbf{x} \in M \,|\, |f(\mathbf{x}) - \tilde{f}(\mathbf{x})| \geqq 2\eta\} \subset$$
$$\subset \{\mathbf{x} \in M \,|\, |f_k(\mathbf{x}) - f(\mathbf{x})| \geqq \eta\} \cup \{\mathbf{x} \in M \,|\, |f_k(\mathbf{x}) - \tilde{f}(\mathbf{x})| \geqq \eta\}$$

aus der Abschätzung

$$\mu(\{\mathbf{x} \in M \,|\, |f(\mathbf{x}) - \tilde{f}(\mathbf{x})| \geqq 2\eta\}) \leqq \mu(E_k(\eta)) + \mu(\tilde{E}_k(\eta)).$$

Hieraus folgt, daß für jedes $\eta > 0$ gilt

$$\mu(\{\mathbf{x} \in M \,|\, |f(\mathbf{x}) - \tilde{f}(\mathbf{x})| \geqq 2\eta\}) = 0.$$

Andererseits ist mit f auch jede Funktion $\tilde{f}$, die sich von f nur auf einer Nullmenge N unterscheidet, Grenzfunktion von (f_k) im Sinne der Maßkonvergenz. Dies ergibt sich aufgrund der Inklusion

$$\{\mathbf{x} \in M \,|\, |f_k(\mathbf{x}) - \tilde{f}(\mathbf{x})| \geqq \eta\} \subset \{\mathbf{x} \in M \,|\, \tilde{f}(\mathbf{x}) \neq f(\mathbf{x})\} \cup \{\mathbf{x} \in M \,|\, |f_k(\mathbf{x}) - f(\mathbf{x})| \geqq \eta\}$$

aus der Abschätzung

$$\mu(\tilde{E}_k(\eta)) \leqq \mu(N) + \mu(E_k(\eta)).$$

Aus $\mu(N) = 0$ und $\lim\limits_k \mu(E_k(\eta)) = 0$ folgt hiernach $\lim\limits_k \mu(\tilde{E}_k(\eta)) = 0$, d. h. (f_k) ist gegen $\tilde{f}$ maßkonvergent.

Wenn sich die Werte zweier Funktionen

$$f: M \to \mathbb{R} \qquad \text{und} \qquad \tilde{f}: M \to \mathbb{R}$$

nur in den Punkten einer Menge N vom Maß 0 unterscheiden, d. h. wenn gilt

$$\mu(\{\mathbf{x} \in M \,|\, f(\mathbf{x}) \neq \tilde{f}(\mathbf{x})\}) = 0,$$

dann sagt man, f sei *fast überall* (kurz: f. ü.) gleich $\tilde{f}$. Hierbei handelt es sich um eine Äquivalenzrelation (Beweis als Aufgabe!); man sagt deshalb auch, f und $\tilde{f}$ seien *äquivalent* und schreibt

$$f \sim \tilde{f} \quad \text{bzw.} \quad f = \tilde{f} \quad \text{f. ü.}$$

Zum Beispiel ist die in [0, 1] erklärte Dirichlet-Funktion (vgl. Bd. I, S. 69) äquivalent zur Nullfunktion.

Ersetzt man den gewöhnlichen Gleichheitsbegriff für Funktionen durch den genannten Äquivalenzbegriff, so hat eine maßkonvergente Folge ein eindeutig bestimmtes Grenzelement.

Entsprechend sagt man, eine Folge (f_k) von Funktionen $f_k : M \to \mathbb{R}$ sei *fast überall* konvergent, wenn es eine Nullmenge N gibt, so daß (f_k) auf der Menge $M \backslash N$ punktweise konvergiert.

Aufgabe: Man zeige, daß eine fast überall konvergente Folge (f_k) im Sinne der „Gleichheit fast überall" genau eine Grenzfunktion besitzt.

Für die Maß- und Integrationstheorie sind die „Gleichheit f. ü." und die „Konvergenz f. ü." sowie weitere entsprechende Begriffsbildungen sehr zweckmäßig. So braucht z. B. im Satz von S. 239 nur vorausgesetzt zu werden, daß $\overline{H}(\mathbf{x})$, $\underline{H}(\mathbf{x})$, $\overline{h}(\mathbf{x})$ und $\underline{h}(\mathbf{x})$ f. ü. existieren und die dort genannte Folge (f_k) braucht nur f. ü. zu konvergieren. Entsprechende Abänderungen sind bei den Sätzen von S. 240 und S. 243 möglich.

Bemerkung: Wir haben den Begriff der Meßbarkeit nur für Funktionen mit meßbarer Definitionsmenge M erklärt. Der wichtige Fall der in $\mathbb{R}^n$ definierten Funktionen ist hiermit nicht erfaßt. Zu seiner Behandlung führt man zweckmäßigerweise den Begriff der Lebesgue-meßbaren Menge mit unendlichem Maß ein (vgl. Aufg. 7, S. 233). Wir kommen auf diese Fragestellung zurück, wenn wir Integrale, die über den $\mathbb{R}^n$ erstreckt sind, einführen (vgl. S. 297).

Aufgaben

1. Man zeige, daß für die Indikatorfunktionen beliebiger Teilmengen $A, B, \ldots$ des $\mathbb{R}^n$ folgende Rechenregeln gelten:

$$1_{A \cup B} = 1_A + 1_B - 1_{A \cap B}$$
$$1_{A \cap B} = 1_A \cdot 1_B$$
$$1_{A \backslash B} = 1_A - 1_{A \cap B}$$
$$1_{\cup \mathfrak{A}} = \sup_{A \in \mathfrak{A}} 1_A$$
$$1_{\cap \mathfrak{A}} = \inf_{A \in \mathfrak{A}} 1_A$$
$$A \subset B \quad \Leftrightarrow \quad 1_A(\mathbf{x}) \leqq 1_B(\mathbf{x}) \quad \text{für} \quad \mathbf{x} \in \mathbb{R}^n.$$

Weiter zeige man, daß das Produkt zweier einfacher Funktionen einfach ist ($\mathfrak{T}(M)$ ist eine assoziative Algebra mit Einselement über dem Körper der reellen Zahlen).

2. Es sei $n = 1$ und $M = [0, 1]$. Man gebe Beispiele für Lebesgue-meßbare Funktionen $f: M \to \mathbb{R}$ an, die
   a) sowohl Regelfunktionen als auch einfach, jedoch keine Treppenfunktionen, sind,
   b) Regelfunktionen, aber nicht einfach sind,
   c) keine Regelfunktionen, aber einfach sind,
   d) weder Regelfunktionen noch einfach sind.
3. Es sei $f: M \to \mathbb{R}$ Lebesgue-meßbar. Man zeige, daß für jedes $c \in \mathbb{R}$ gilt:

$$\{\mathbf{x} \in M \mid f(\mathbf{x}) = c\} \in \mathfrak{M}.$$

4. Man konstruiere eine Funktion $f: M \to \mathbb{R}$, für die zwar jede Menge

$$\{\mathbf{x} \in M \mid f(\mathbf{x}) = c\}$$

zu $\mathfrak{M}$ gehört, die aber nicht Lebesgue-meßbar ist.
5. Es sei $\varphi: \mathbb{R}^2 \to \mathbb{R}$ dehnungsbeschränkt und $f_1, f_2 \in \mathfrak{L}(M)$. Man beweise unmittelbar nach der Definition von S. 235, daß auch die durch

$$f(\mathbf{x}) := \varphi(f_1(\mathbf{x}), f_2(\mathbf{x}))$$

erklärte Funktion f zu $\mathfrak{L}(M)$ gehört. Dieselbe Beweismethode führt auch zum Ergebnis, wenn φ nur auf $f_1(M) \times f_2(M)$ erklärt und dort gleichmäßig stetig ist.
6. Mit Hilfe der Kennzeichnung der Lebesgue-meßbaren Funktionen gemäß dem Satz von S. 236 zeige man, daß mit f auch f^2 zu $\mathfrak{L}(M)$ gehört. Daraus folgere man, daß mit f_1, f_2 auch $f_1 f_2$ zu $\mathfrak{L}(M)$ gehört.
   Auf ähnliche Weise überzeuge man sich von der Lebesgue-Meßbarkeit der Funktionen $|f|, |f|^s, f^+, f^-$ und $\frac{1}{f}$, sofern $f \in \mathfrak{L}(M)$ und gegebenenfalls $f(\mathbf{x}) \neq 0$ für $\mathbf{x} \in M$ vorausgesetzt wird.
7. Es gelte $f_1, f_2 \in \mathfrak{L}(M)$. Man zeige, daß dann die Mengen

$$\{\mathbf{x} \in M \mid f_1(\mathbf{x}) = f_2(\mathbf{x})\}$$
$$\{\mathbf{x} \in M \mid f_1(\mathbf{x}) \leqq f_2(\mathbf{x})\}$$
$$\{\mathbf{x} \in M \mid f_1(\mathbf{x}) < f_2(\mathbf{x})\}$$

Lebesgue-meßbar sind.
8. Es sei $(f_{ij})_{(i,j) \in \mathbb{N} \times \mathbb{N}}$ eine Familie von Funktionen aus $\mathfrak{L}(M)$, für die der „iterierte Limes"

$$\lim_i \left(\lim_j f_{ij}(\mathbf{x})\right)$$

fast überall in M existiert. Man zeige, daß hierdurch bis auf Äquivalenz eine Funktion aus $\mathfrak{L}(M)$ festgelegt wird.

9. Für die gleichmäßige Konvergenz f. ü., für die punktweise Konvergenz f. ü., und für die Maßkonvergenz formuliere und beweise man die jeweiligen Cauchy-Kriterien.
10. Gilt $f \in \mathfrak{L}(M)$ und $f = \tilde{f}$ f. ü., so gehört auch $\tilde{f}$ zu $\mathfrak{L}(M)$.
11. Sind f und $\tilde{f}$ äquivalent und beide stetig, so gilt $f(\mathbf{x}) = \tilde{f}(\mathbf{x})$ für alle $\mathbf{x} \in M$.
12. Die Folge $(f_k) : \mathbb{R} \to \mathbb{R}$ sei festgelegt durch

$$f_k(x) = \begin{cases} 1 & \text{für} \quad k \leqq x \leqq k+1 \\ 0 & \text{sonst.} \end{cases}$$

Ist (f_k) punktweise konvergent?
Für $0 < \eta < 1$ gilt

$$\lim_k \mu(\{x \in \mathbb{R} \mid |f_k(x)| \geqq \eta\}) = 1 .$$

Warum steht dieses Ergebnis nicht im Widerspruch zu der Aussage, daß aus der punktweisen Konvergenz die Konvergenz dem Maße nach folgt?

13. Es sei $f : M \to \mathbb{R}$ Lebesgue-meßbar und beschränkt; $\eta > 0$ und $\varepsilon > 0$ seien vorgegeben. Dann gibt es eine stetige Funktion $h : M \to \mathbb{R}$ derart, daß gilt

$$\mu(\{\mathbf{x} \in M \mid |f(\mathbf{x}) - h(\mathbf{x})| \geqq \eta\}) < \varepsilon .$$

Anleitung: Es sei $f(M) \subset [-c, c]$. Man teile das Intervall $[-c, c]$ äquidistant in hinreichend kleine Teilintervalle und wähle in den meßbaren Urbildern dieser Teilintervalle jeweils kompakte Teilmengen mit hinreichend nahekommenden Maßzahlen. Auf diesen kompakten Teilmengen setze man h konstant an. Dann verwende man Aufgabe 3 von S. 72.
Man dehne den Satz anschließend auf unbeschränkte Funktionen aus.

14. Zu jeder Lebesgue-meßbaren Funktion $f : M \to \mathbb{R}$ gibt es eine Folge (h_k) von beschränkten stetigen Funktionen, die maßkonvergent gegen f ist. Somit gibt es auch (vgl. S. 244) eine Folge beschränkter stetiger Funktionen, die punktweise f. ü. gegen f konvergiert.
15. Es sei $f : M \to \mathbb{R}$ Lebesgue-meßbar und $\varepsilon > 0$ vorgegeben. Dann gibt es eine stetige Funktion $h : M \to \mathbb{R}$ derart, daß gilt (Satz von Lusin)

$$\mu(\{\mathbf{x} \in M \mid f(\mathbf{x}) \neq h(\mathbf{x})\}) < \varepsilon .$$

Man sagt deshalb auch, daß Lebesgue-meßbare Funktionen „nahezu stetig" sind. (Anleitung: Man verwende Aufg. 14 und den Satz von Egoroff, S. 240.)

16. Nach dem Satz von Egoroff (vgl. S. 240) ist jede f.ü. punktweise konvergente Folge (f_k) „nahezu gleichmäßig konvergent". Man zeige, daß auch die Umkehrung richtig ist.
17. Man zeige, daß das Intervall [0, 1] homöomorph so auf sich abgebildet werden kann, daß eine Nullmenge auf eine Menge von positivem Maß abgebildet wird.
Man verwende zur Konstruktion eines solchen Homöomorphismus h: $[0,1] \to [0,1]$ eine eindimensionale Cantorsche Menge und die modifizierte Cantorsche Menge aus Aufg. 3, S. 232.
$h : [0,1] \to [0,1]$ die eindimensionale Cantorsche Menge und die modifizierte Cantorsche Menge aus Aufg. 3, S. 232.
Man zeige weiter, daß das homöomorphe Bild einer Lebesgue-meßbaren Menge nicht Lebesgue-meßbar zu sein braucht.
18. Es sei $Q \in \mathbb{R}^n$ ein kompakter Quader und $f: Q \to \mathbb{R}$ eine beschränkte (nicht notwendig meßbare) Funktion. Der Würfel um $\mathbf{x} \in Q$ mit Durchmesser $\delta > 0$ sei mit $W_\delta(\mathbf{x})$ bezeichnet und es sei

$$\varphi_\delta(\mathbf{x}) := \inf_{\mathbf{y} \in W_\delta(\mathbf{x})} f(\mathbf{y}), \qquad \Phi_\delta(\mathbf{x}) := \sup_{\mathbf{y} \in W_\delta(\mathbf{x})} f(\mathbf{y})$$

gesetzt. Dann existieren

$$\lim_{\delta \to 0} \varphi_\delta(\mathbf{x}) =: \varphi(\mathbf{x}) \qquad \text{und} \qquad \lim_{\delta \to 0} \Phi_\delta(\mathbf{x}) =: \Phi(\mathbf{x}).$$

Die Funktion φ heißt „untere" und die Funktion Φ heißt „obere Limesfunktion" von f.
Man beweise, daß φ und Φ Lebesgue-meßbar sind. Man gebe mit Hilfe dieser Limesfunktionen eine notwendige und hinreichende Bedingung dafür an, daß $f: Q \to \mathbb{R}$ fast überall stetig ist.
19. Es sei f: $M \to \mathbb{R}$ eine nichtnegative Funktion. Die Teilmenge

$$M_f = \{(\mathbf{x}, z) \mid \mathbf{x} \in M,\ 0 \leqq z < f(x)\}$$

des $\mathbb{R}^{n+1}$ heißt Ordinatenmenge von f (vgl. S. 254 und S. 257).
Man zeige: Wenn M_f Lebesgue-meßbar ist, dann gilt $f \in \mathfrak{L}(M)$.
Zum Beweis betrachte man – für $k \in \mathbb{N}$ – den durch $c \leqq z \leqq c + \dfrac{1}{k}$ festgelegten meßbaren Teil von M_f und strecke ihn in z-Richtung mit dem Faktor k. Die Vereinigung der so konstruierten Mengen C_k ist eine Zylindermenge im $\mathbb{R}^{n+1}$ mit der Höhe 1 und der Basis $\{\mathbf{x} \in M \mid f(\mathbf{x}) > c\}$. Mittels Aufg. 2, S. 232, folgt dann die Behauptung.

16 Lebesguesches Integral im $\mathbb{R}^n$

Die Erklärung des Integrals für nichtnegative Lebesgue-meßbare Integranden könnte ohne weiteres in der Maßtheorie ihren Platz finden, indem man die zugehörigen *Ordinatenmengen* verwendet. Für Integranden, die sowohl positive als auch negative Werte annehmen, hätte man entsprechend die Ordinatenmengen des Positiv- bzw. Negativteils heranzuziehen.

Wir wollen hier jedoch nicht so vorgehen, sondern die Integralrechnung eigenständig entwickeln. Dies bringt den Vorteil, daß man die aufwendige Konstruktion des Lebesgueschen Maßes nicht notwendig vor der Beschäftigung mit dem Integralbegriff im einzelnen kennenzulernen braucht. Für die meisten Sätze der Integrationstheorie genügt nämlich die σ-Additivität des Maßes μ. Damit wird zugleich die Möglichkeit einer abstrakteren Auffassung der Maß- und Integrationstheorie deutlich gemacht.

Die Einführung des Integrals erfolgt ähnlich wie in der elementaren Theorie. Während dort zunächst intervallweise konstante Funktionen mit endlich vielen Werten betrachtet wurden, gehen wir hier von den *einfachen Funktionen* aus, das sind Funktionen, die abzählbar viele Werte annehmen können, wobei die Urbilder dieser Werte Lebesgue-meßbar sind.

Integrale für einfache Funktionen werden in naheliegender Weise durch absolut konvergente Reihen erklärt. Da die Rechenregeln für absolut konvergente Reihen denen für endliche Summen entsprechen – insbesondere können absolut konvergente Reihen beliebig umgeordnet werden – ergibt sich kaum eine Erschwerung gegenüber der elementaren Theorie. Es ist aber natürlich stets zu prüfen, ob die vorkommenden Reihen die Voraussetzung der absoluten Konvergenz erfüllen.

Der Fortsetzungsprozeß, der vom Integral für einfache Funktionen zum allgemeinen Lebesgueschen Integral führt, wird wie in der elementaren Theorie mittels gleichmäßiger Konvergenz vollzogen. Dabei werden von Anfang an unbeschränkte Integranden mit erfaßt; auch kann das Integrationsgebiet unbeschränkt sein. Wesentlich ist nur, daß es sich um eine Lebesgue-meßbare Menge handelt.

Die Überlegenheit des Lebesgueschen Integrals zeigt sich besonders deutlich bei der Vertauschbarkeit von Integration und Grenzübergang, die schon aus schwachen Voraussetzungen gefolgert werden kann. Damit wird z. B. auch die Untersuchung von Funktionen, die durch parameterabhängige Integrale dargestellt sind, sehr erleichtert.

Von der Voraussetzung, daß das Integrationsgebiet „endliches Maß" besitzt, kann man sich befreien, indem man Integrale, die über den $\mathbb{R}^n$ erstreckt werden sollen, als absolut konvergente Reihen von Integralen über Lebesgue-meßbare Teilmengen, in die der $\mathbb{R}^n$ zerlegt werden kann, einführt. Der vorher behandelte engere Integralbegriff läßt sich leicht einordnen. Die Vertauschbarkeitssätze können zum größten Teil übertragen werden. Wichtig für die Berechnung von Integralen ist der *Satz von Fubini,* dessen geometrischer Gehalt im sogenannten *Cavalierischen Prinzip* zum Ausdruck kommt.
Das Cavalierische Prinzip ermöglicht auch die Beantwortung der noch offen gebliebenen Frage nach dem Verhalten des Lebesgueschen Maßes bei linearen und affinen Abbildungen. Weiter ergibt sich dann das Transformationsverhalten des Lebesgueschen Maßes bei Diffeomorphismen und damit die *Transformationsformel* für mehrfache Integrale, die für die Berechnung von Integralen, aber auch für viele theoretische Überlegungen ein unentbehrliches Hilfsmittel ist.

16.1 Lebesgue-integrierbare Funktionen

Die in 15.4 eingeführten verallgemeinerten Treppenfunktionen hatten wir kurz als *einfache* Funktionen bezeichnet: Es sind dies also die auf einer – fest vorgegebenen – Lebesgue-meßbaren Menge M definierten meßbaren Funktionen g, die höchstens abzählbar viele Werte annehmen. Jedes g kann in der Form

$$g = \sum_{j=1}^{\infty} c_j 1_{M_j}$$

dargestellt werden, wobei die M_j paarweise disjunkte meßbare Teilmengen von M sind, die eine Zerlegung von M bilden.
Den reellen Vektorraum der in M definierten einfachen Funktionen hatten wir mit $\mathfrak{T}(M)$ bezeichnet.

Als *Integral* einer einfachen Funktion g wird man nun naheliegenderweise

$$I(g) := \sum_{j=1}^{\infty} c_j \mu(M_j)$$

erklären. Dies entspricht dem Vorgehen bei der Einführung des Integrals für Treppenfunktionen in Bd. I, S. 347; jedoch muß jetzt beachtet werden, daß rechts im allgemeinen nicht eine endliche Summe, sondern eine unendliche Reihe steht. Für die zu entwickelnde Integrationstheorie ist die Voraussetzung wesentlich, daß diese Reihe sogar *absolut* konvergiert. So ergibt sich aus dieser Voraussetzung, daß der Wert $I(g)$ nicht von der für die Darstellung von g verwendeten Zerlegung der Menge M abhangt. Aus zwei Zerlegungen

$$M = M_1' \cup \ldots \cup M_i' \cup \ldots$$

und

$$M = M_1 \cup \ldots \cup M_j \cup \ldots$$

erhält man nämlich eine Zerlegung von M in meßbare Teilmengen $M_i' \cap M_j$, auf denen g jeweils einen festen Wert c_{ij} annimmt. Bezüglich dieser Zerlegung hat man:

$$I(g) = \sum_{(i,j) \in \mathbb{N} \times \mathbb{N}} c_{ij} \mu(M_i' \cap M_j).$$

Wegen der absoluten Konvergenz ergibt sich nach dem Umordnungssatz (vgl. Bd. I, S. 181) unter Verwendung der σ-Additivität von μ, daß die Gleichung

$$\sum_{(i,j) \in \mathbb{N} \times \mathbb{N}} c_{ij} \mu(M_i' \cap M_j) = \sum_{i=1}^{\infty} c_i' \mu(M_i') = \sum_{j=1}^{\infty} c_j \mu(M_j)$$

gilt. Deshalb ist die folgende Definition sinnvoll.

Def.: *Wenn für* $g \in \mathfrak{T}(M)$ *die Reihe*

$$\sum_{j=1}^{\infty} c_j \mu(M_j)$$

absolut konvergent ist, dann heißt g Lebesgue-integrierbar *und die Zahl*

$$I(g) := \sum_{j=1}^{\infty} c_j \mu(M_j)$$

das Lebesguesche Integral *des Integranden* g *über die Menge* M.

Bezeichnung: $I(g) = \int\limits_M g \, d\mu = \int\limits_M g(\mathbf{x}) \, d\mu(\mathbf{x})$.

Anders als in der elementaren Theorie, die in Bd. I entwickelt wurde, ist das Integral nicht für alle einfachen Funktionen erklärt; durch die Konvergenzforderung wird eine Teilmenge $\mathfrak{T}^1(M)$ des Vektorraums $\mathfrak{T}(M)$ ausgesondert. Tatsächlich ist $\mathfrak{T}^1(M)$ ein Untervektorraum von $\mathfrak{T}(M)$. Zunächst ist klar, daß mit g auch cg $(c \in \mathbb{R})$ Lebesgue-integrierbar ist. Um zu zeigen, daß mit $g_1, g_2 \in \mathfrak{T}^1(M)$ auch $g_1 + g_2 \in \mathfrak{T}^1(M)$ gilt, verwende man eine Zerlegung von M, die für die beiden einfachen Funktionen g_1, g_2 zugleich geeignet ist, und beachte, daß die Summe zweier absolut konvergenter Reihen eine absolut konvergente Reihe ist.

Wie in der elementaren Theorie folgt nun der

Satz: *Das Integral* $I : \mathfrak{T}^1(M) \to \mathbb{R}$ *ist eine* monotone Linearform, *d. h. es gilt*

(1) $I(g_1 + g_2) = I(g_1) + I(g_2)$

(2) $I(cg) = c\,I(g)$ $\qquad (c \in \mathbb{R})$

(3) *Aus* $g_1(\mathbf{x}) \leqq g_2(\mathbf{x})$ *für* $\mathbf{x} \in M$ *folgt* $I(g_1) \leqq I(g_2)$.

Die Gültigkeit von (2) ist unmittelbar zu sehen; zum Beweis von (1) und (3) geht man zu einer Zerlegung von M über, die für g_1 und g_2 gemeinsam brauchbar ist, und verwendet die entsprechenden Sätze über absolut konvergente Reihen.

Mit g ist auch die einfache Funktion $|g|$ Lebesgue-integrierbar, denn aus der absoluten Konvergenz der Reihe $\sum\limits_{j=1}^{\infty} c_j \mu(M_j)$ folgt die absolute Konvergenz der Reihe $\sum\limits_{j=1}^{\infty} |c_j| \mu(M_j)$.

Aus (3) – oder auch unmittelbar – ergibt sich weiter die Ungleichung

(4) $|I(g)| \leqq I(|g|)$.

Ist speziell g eine *beschränkte* einfache Funktion, d. h. gilt

$$a \leqq g(\mathbf{x}) \leqq b \qquad \text{für } \mathbf{x} \in M,$$

so gehört g zu $\mathfrak{T}^1(M)$, denn die Reihe $\sum\limits_{j=1}^{\infty} c_j \mu(M_j)$ ist dann wegen $c_j \leqq \|g\|$ und der absoluten Konvergenz von $\sum\limits_{j=1}^{\infty} \mu(M_j) = \mu(M)$ sicher absolut konvergent.
Es gilt in diesem Fall die Integralabschätzung

$$a\mu(M) \leqq \int_M g\,d\mu \leqq b\mu(M).$$

Dies folgt unmittelbar aus (3). Oft arbeitet man mit der hieraus folgenden Ungleichung

(5) $|I(g)| \leqq \|g\| \mu(M)$.

Diese zeigt, daß die Linearform $I : \mathfrak{T}^1(M) \to \mathbb{R}$ *stetig* ist in folgendem Sinn:

Für jede Folge (g_k) *mit* $g_k \in \mathfrak{T}^1(M)$, *die gleichmäßig gegen* $g \in \mathfrak{T}^1(M)$ *konvergiert, gilt*

$$\lim_k I(g_k) = I(g).$$

Beispiele:

1) Es sei M eine beliebige meßbare Teilmenge des $\mathbb{R}^n$ und $g: M \to \mathbb{R}$ die zugehörige Dirichlet-Funktion, d. h. es gelte

$$g(\mathbf{x}) = \begin{cases} 1 & \text{für } \mathbf{x} \in M \cap \mathbb{Q}^n \\ 0 & \text{sonst} \end{cases}$$

(g sei also die Indikatorfunktion der Menge der in M liegenden rationalen Punkte.)
Wegen $\mu(M \cap \mathbb{Q}^n) = 0$ gilt

$$I(g) = 0.$$

Man beachte, daß – im Fall $n = 1$ – die Funktion g keine Regelfunktion ist und das elementare Integral daher nicht erklärt ist.

2) Es sei C die auf S. 23 definierte (überabzählbare) Teilmenge des Einheitsquadrats W im $\mathbb{R}^2$. Auf $W \backslash C$ nehme g den Wert 1 an und $g(C)$ sei eine abzählbare Menge. Dann ist $g: W \to \mathbb{R}$ eine einfache Funktion, da die Urbildmengen der abzählbar vielen Werte von g entweder gleich $W \backslash C$ oder aber Teilmengen von C, d. h. Nullmengen sind. Wegen $\mu(W \backslash C) = 1$ folgt

$$I(g) = 1.$$

3) Die *Ordinatenmenge*

$$M_g := \{(\mathbf{x}, z) \in \mathbb{R}^{n+1} \,|\, \mathbf{x} \in M, 0 \leqq z < g(\mathbf{x})\}$$

einer *nichtnegativen* Lebesgue-integrierbaren einfachen Funktion g ist Lebesgue-meßbar und für das $(n+1)$-dimensionale Lebesguesche Maß von M_g gilt

$$\mu_{n+1}(M_g) = \int_M g \, d\mu.$$

Die Menge M_g ist nämlich darstellbar als abzählbare disjunkte Vereinigung von zylindrischen Ordinatenmengen $M_j \times [0, c_j[$; diese sind Lebesgue-meßbar und es gilt (vgl. Aufg. 2, S. 232)

$$\mu_{n+1}(M_j \times [0, c_j[) = c_j \mu(M_j).$$

Also ergibt sich wegen der σ-Additivität von μ_{n+1} die Gleichung

$$\mu_{n+1}(M_g) = \sum_{j=1}^{\infty} c_j \mu(M_j) = \int_M g \, d\mu.$$

Unser Ziel ist es nun, die Integraldefinition von den integrierbaren einfachen Funktionen auf meßbare Funktionen – soweit möglich – zu übertragen. Die Fortsetzung der stetigen Linearform $I : \mathfrak{T}^1(M) \to \mathbb{R}$ auf die abgeschlossene Hülle des Vektorraums $\mathfrak{T}^1(M)$ bezüglich der gleichmäßigen Konvergenz ist zwangsläufig; sie wird genau so durchgeführt wie die Fortsetzung der Linearform $I : \mathfrak{T}([a, b]) \to \mathbb{R}$ auf den Raum $\mathfrak{R}([a, b)]$ der Regelfunktionen in Bd. I, S. 351.

Def.: *Jede Funktion f mit Lebesgue-meßbarer Definitionsmenge M, zu der es eine Folge (g_k) von Lebesgue-integrierbaren einfachen Funktionen gibt, die gleichmäßig gegen f konvergiert, heißt* Lebesgue-integrierbar. *Die Menge aller dieser Funktionen bezeichnen wir mit $\mathfrak{L}^1(M)$.*

Aufgabe: Man zeige, daß $\mathfrak{L}^1(M)$ Untervektorraum des Raums $\mathfrak{L}(M)$ der Lebesgue-meßbaren Funktionen ist.

Nun sei f eine Funktion aus $\mathfrak{L}^1(M)$ und (g_k) eine Folge von Funktionen aus $\mathfrak{T}^1(M)$ mit

$$\lim_k \|f - g_k\| = 0.$$

Dann ist die Zahlenfolge $\big(I(g_k)\big)$ konvergent, denn es gilt die Abschätzung

$$|I(g_{k+p}) - I(g_k)| \leqq \|g_{k+p} - g_k\| \mu(M),$$

aus der sich ergibt, daß $\big(I(g_k)\big)$ eine Cauchy-Folge ist.
Ist weiter (h_k) eine andere Folge von Funktionen aus $\mathfrak{T}^1(M)$ mit

$$\lim_k \|f - h_k\| = 0,$$

so konvergiert die Zahlenfolge $\big(I(h_k)\big)$ gegen denselben Grenzwert wie $\big(I(g_k)\big)$. Denn nach Voraussetzung gilt für alle genügend großen k die Abschätzung

$$\|g_k - h_k\| \leqq \|f - g_k\| + \|f - h_k\| < 2\varepsilon$$

und also

$$|I(g_k) - I(h_k)| \leqq \|g_k - h_k\| \mu(M) < 2\mu(M)\varepsilon.$$

Wenn nun die stetige Linearform I auf $\mathfrak{T}^1(M)$ zu einer stetigen Linearform auf $\mathfrak{L}^1(M)$ fortgesetzt werden soll (wir bezeichnen die Fortsetzung ebenfalls mit I), so ist zu setzen

$$I(f) := \lim_k I(g_k).$$

Wie wir gezeigt haben, hängt der Grenzwert nicht von der Folge einfacher Funktionen, durch die f approximiert wird, ab.

Def.: *Es sei f eine Funktion aus $\mathfrak{L}^1(M)$ und (g_k) irgendeine Folge einfacher Funktionen mit $\lim\limits_k \|f - g_k\| = 0$. Dann heißt die Zahl*

$$I(f) := \lim_k I(g_k)$$

das Lebesguesche Integral *des Integranden f über die Menge M.*

Bezeichnung: $I(f) = \int\limits_M f\,d\mu = \int\limits_M f(\mathbf{x})\,d\mu(\mathbf{x})$.

Bemerkung: Das Lebesguesche Integral für Funktionen aus $\mathfrak{T}^1(M)$ und für Funktionen aus $\mathfrak{L}^1(M)$ kann mit demselben Symbol bezeichnet werden, da $\mathfrak{T}^1(M)$ in $\mathfrak{L}^1(M)$ enthalten ist und die Abbildung I von $\mathfrak{T}^1(M)$ auf $\mathfrak{L}^1(M)$ fortgesetzt wurde.

Auch für die Fortsetzung $I : \mathfrak{L}^1(M) \to \mathbb{R}$ gelten die üblichen Rechenregeln, wie sich unmittelbar mit Hilfe der Rechenregeln für konvergente Zahlenfolgen ergibt. Es gilt also der

Satz: *Das Lebesguesche Integral ist eine* monotone Linearform *auf $\mathfrak{L}^1(M)$, d. h. es gilt*

(1) $\int\limits_M (f_1 + f_2)\,d\mu = \int\limits_M f_1\,d\mu + \int\limits_M f_2\,d\mu$

(2) $\int\limits_M c f\,d\mu = c \int\limits_M f\,d\mu$

(3) *Aus $f_1(\mathbf{x}) \leqq f_2(\mathbf{x})$ für $\mathbf{x} \in M$ folgt* $\int\limits_M f_1\,d\mu \leqq \int\limits_M f_2\,d\mu$.

(4) *Mit f gehört auch $|f|$ zu $\mathfrak{L}^1(M)$ und es gilt* $\left|\int\limits_M f\,d\mu\right| \leqq \int\limits_M |f|\,d\mu$.

Wenn f beschränkt und Lebesgue-meßbar ist, dann gehört f zu $\mathfrak{L}^1(M)$, da die approximierenden einfachen Funktionen beschränkt sind, also nach S. 253 zu $\mathfrak{T}^1(M)$ gehören.

Aufgabe: Wenn f Lebesgue-meßbar ist und es eine Lebesgue-integrierbare Funktion F gibt, so daß gilt

$$|f(\mathbf{x})| \leqq F(\mathbf{x}) \qquad (\mathbf{x} \in M),$$

dann ist f Lebesgue-integrierbar.

Aus (3) ergibt sich: Wenn für alle $\mathbf{x} \in M$ die Bedingung

$$a \leqq f(\mathbf{x}) \leqq b$$

erfüllt ist, dann gilt

$$a\mu(M) \leqq \int_M f d\mu \leqq b\mu(M).$$

Weiter folgt für beschränktes $f \in \mathfrak{L}^1(M)$ die Ungleichung

$$(5) \quad \left|\int_M f d\mu\right| \leqq \|f\| \mu(M).$$

Das Lebesguesche Integral ist also auf dem Untervektorraum der beschränkten Lebesgue-meßbaren Funktionen eine beschränkte Linearform. (Man beachte, daß die Abschätzung (4) auch für unbeschränktes $f \in \mathfrak{L}^1(M)$ gültig ist.)

Zur geometrischen Deutung des Lebesgueschen Integrals betrachten wir zunächst den Fall, daß der Integrand in M keine negativen Werte annimmt. Die *Ordinatenmenge*

$$M_f = \{(\mathbf{x}, z) \in \mathbb{R}^{n+1} \mid \mathbf{x} \in M, 0 \leqq z < f(\mathbf{x})\}$$

ist dann eine Lebesgue-meßbare Teilmenge des $\mathbb{R}^{n+1}$ und hat das Lebesguesche Maß

$$\mu_{n+1}(M_f) = \int_M f d\mu.$$

(Das Lebesguesche Maß im $\mathbb{R}^{n+1}$ haben wir hier der Deutlichkeit halber mit μ_{n+1} bezeichnet.)

Zum Beweis dieser Behauptung verwenden wir eine Folge (g_k) nichtnegativer einfacher Lebesgue-integrierbarer Funktionen, die monoton steigend gleichmäßig gegen f konvergiert.

Dazu kann man z. B. $M_j^k := \left\{\mathbf{x} \in M \,\middle|\, \frac{j-1}{2^k} \leqq f(\mathbf{x}) < \frac{j}{2^k}\right\}$ und $g_k(\mathbf{x}) := \frac{j-1}{2^k}$ für $\mathbf{x} \in M_j^k$ setzen.

Für die Funktionen g_k und ihre Ordinatenmengen M_{g_k} gilt nun (vgl. Beispiel 3), S. 254):

$$\mu_{n+1}(M_{g_k}) = \int_M g_k d\mu,$$

so daß aufgrund der Integraldefinition die Gleichung

$$\lim_k \mu_{n+1}(M_{g_k}) = \int_M f\,d\mu$$

folgt. Da andererseits (M_{g_k}) eine monoton aufsteigende Folge Lebesgue-meßbarer Mengen ist und

$$\bigcup_{k=1}^{\infty} M_{g_k} = M_f$$

gilt (warum?), ergibt sich schließlich aufgrund der Stetigkeitseigenschaft von μ_{n+1} die behauptete Gleichung

$$\mu_{n+1}(M_f) = \int_M f\,d\mu.$$

Auch die folgende Umkehrung der bewiesenen Aussage ist richtig:
Wenn die Ordinatenmenge M_f einer nichtnegativen Funktion $f\colon M \to \mathbb{R}$ eine Lebesgue-meßbare Teilmenge des $\mathbb{R}^{n+1}$ ist, dann gehört f zu $\mathfrak{L}^1(M)$ und es gilt

$$\int_M f\,d\mu = \mu_{n+1}(M_f).$$

Zum Beweis überzeugt man sich zunächst davon, daß f Lebesgue-meßbar ist (vgl. Aufg. 19, S. 249) und verwendet weiter die auf S. 257 erklärte Folge (g_k), die monoton steigend gleichmäßig gegen f konvergiert.
Um auch für beliebiges $f \in \mathfrak{L}^1(M)$ eine geometrische Deutung für $\int_M f\,d\mu$ zu erhalten, betrachten wir die Funktionen

$$f^+ = \frac{1}{2}(f + |f|)$$

und

$$f^- = \frac{1}{2}(f - |f|).$$

Diese gehören mit f zu $\mathfrak{L}^1(M)$ und wegen $f = f^+ + f^-$ folgt auch umgekehrt aus $f^+, f^- \in \mathfrak{L}^1(M)$, daß f Lebesgue-integrierbar ist.
Wir bezeichnen nun die Ordinatenmenge von f^+ mit M_f^+; dem *Negativteil* f^- von f ordnen wir sinngemäß

$$M_f^- := \{(\mathbf{x}, z) \in \mathbb{R}^{n+1} \mid \mathbf{x} \in M, f^-(\mathbf{x}) < z \leqq 0\}$$

als Ordinatenmenge zu. Es gilt dann

$$\mu_{n+1}(M_f^-) = -\int_M f^-\,d\mu,$$

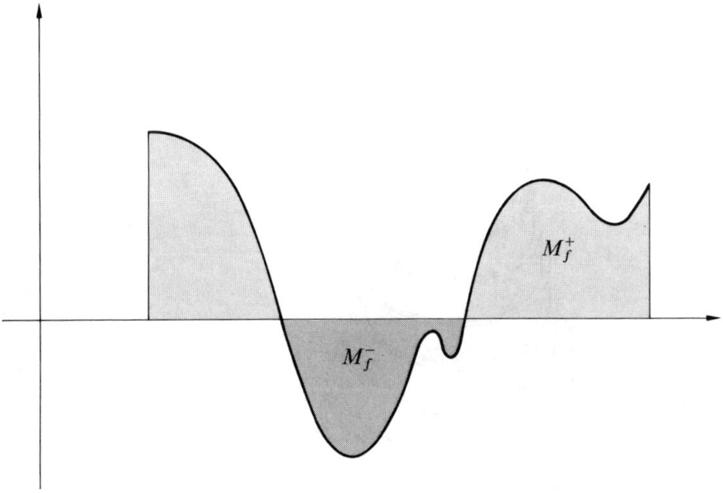

und damit folgt (vgl. Figur)

$$\int\limits_M f\,d\mu = \mu_{n+1}(M_f^+) - \mu_{n+1}(M_f^-).$$

Die Berechnung von Integralen aufgrund der Definition ist in konkreten Fällen meist mühsam. Geeignetere Methoden besprechen wir in den folgenden Abschnitten (Satz von Fubini, Transformationsformel). Zur Erläuterung der Integraldefinition bringen wir dennoch zwei Beispiele:

1) Es sei $M = \{(x,y) \mid 0 < x^2 + y^2 \leqq 1\}$ und $f: M \to \mathbb{R}$ erklärt durch

$$f(x,y) = \frac{1}{\sqrt{x^2+y^2}}.$$

f ist eine nichtbeschränkte Funktion, die zu $\mathfrak{L}(M)$ gehört, da sie stetig ist. Um zu zeigen, daß f Lebesgue-integrierbar ist, geben wir eine Folge (g_k) einfacher Funktionen aus $\mathfrak{T}^1(M)$ an, die gleichmäßig gegen f konvergiert. Wir setzen dazu (vgl. Figur auf S. 260)

$$g_k(x,y) = \frac{j}{k} \qquad \text{für} \quad \frac{k}{j+1} < \sqrt{x^2+y^2} \leqq \frac{k}{j}.$$

Hierbei durchläuft j alle natürlichen Zahlen, die größer oder gleich k sind.

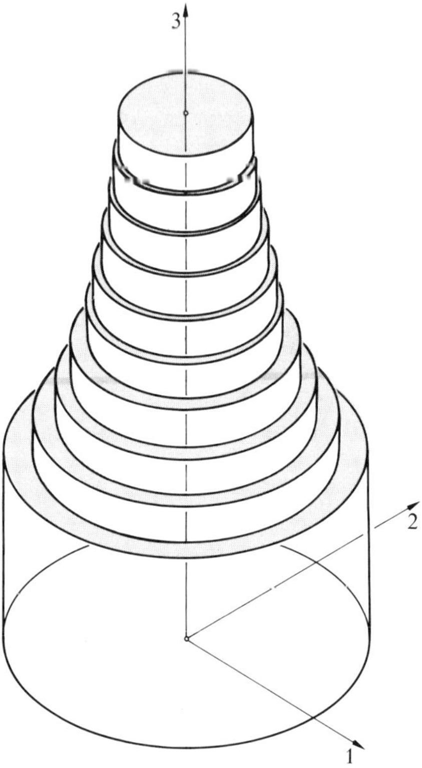

Es gilt $\|f - g_k\| = \frac{1}{k}$, d. h. (g_k) konvergiert tatsächlich gleichmäßig gegen f. Um zu zeigen, daß g_k Lebesgue-integrierbar ist, haben wir zu untersuchen, ob die zu g_k gehörende Reihe $\sum_{j=k}^{\infty} c_j \mu(M_j)$ absolut konvergiert. Dabei ist M_j der Kreisring mit den Radien $\frac{k}{j+1}$ und $\frac{k}{j}$; also ist $\mu(M_j) = \pi k^2 \left(\frac{1}{j^2} - \frac{1}{(j+1)^2}\right)$ und weiter

$$\sum_{j=1}^{\infty} c_j \mu(M_j) = \pi k \cdot \sum_{j=k}^{\infty} j \left(\frac{1}{j^2} - \frac{1}{(j+1)^2}\right) = \pi k \cdot \sum_{j=k}^{\infty} \frac{2j+1}{j(j+1)^2}.$$

Die absolute Konvergenz der Reihe folgt aus der Abschätzung

$$\frac{2j+1}{j(j+1)^2} \leqq \frac{3}{(j+1)^2}$$

aufgrund der Konvergenz von $\sum_{j=1}^{\infty} \frac{1}{j^2}$. Somit gehört g_k zu $\mathfrak{L}^1(M)$ und es gilt

$$I(g_k) = \pi k \cdot \sum_{j=k}^{\infty} \frac{2j+1}{j(j+1)^2}.$$

Nun ist der Grenzwert $\lim_k I(g_k)$ – der nach der allgemeinen Theorie existieren muß – zu berechnen. Dazu verwenden wir die Gleichung

$$\frac{2j+1}{j(j+1)^2} = \frac{1}{(j+1)^2} + \frac{1}{j} - \frac{1}{j+1}$$

und finden wegen $\sum_{j=k}^{\infty} \left(\frac{1}{j} - \frac{1}{j+1}\right) = \frac{1}{k}$ als Integral von g_k:

$$I(g_k) = \pi \left(k \cdot \sum_{j=k}^{\infty} \frac{1}{(j+1)^2} + 1\right).$$

Für die Reihe in der Klammer hat man die Abschätzung (Beweis als Aufgabe!):

$$\frac{1}{k+1} < \sum_{j=k}^{\infty} \frac{1}{(j+1)^2} < \frac{1}{k}.$$

Somit ergibt sich

$$\lim_k I(g_k) = 2\pi,$$

d. h. es gilt

$$\int_M \frac{1}{\sqrt{x^2+y^2}} \, d\mu(x,y) = 2\pi.$$

2) Es sei $M = \{(x,y) \mid x^2 + y^2 \leqq r^2\}$ und $f(x,y) = \exp(-x^2 - y^2)$. f ist in der kompakten Menge M stetig, gehört also zu $\mathfrak{L}^1(M)$. Zur Berechnung von $\int_M f \, d\mu$ kann man den Kreis M in Kreisringe zerlegen. Bei vorgegebenem k sei M_j der Kreisring mit den Radien $\frac{j-1}{k} r$ und $\frac{j}{k} r$. Auf M_j setzen wir (vgl. Figur auf S. 262)

$$g_k(x,y) = \exp\left(-\frac{j^2}{k^2} r^2\right) =: c_j;$$

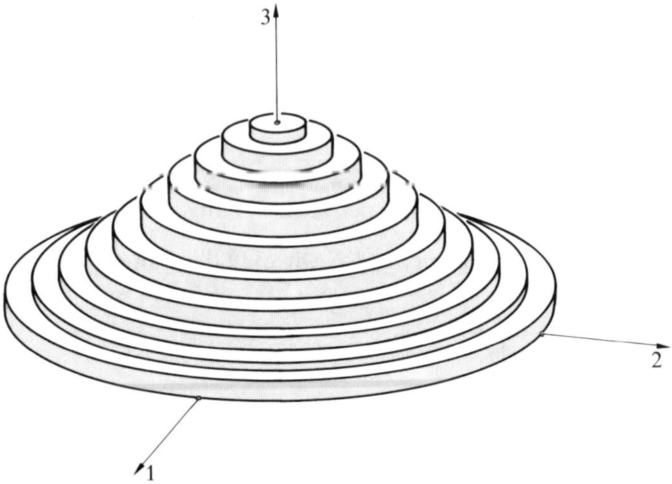

dann konvergiert (g_k) auf M gleichmäßig gegen f. Für $I(g_k)$ ergibt sich wegen $\mu(M_j) = \pi(2j-1)\frac{r^2}{k^2}$:

$$I(g_k) = \pi \cdot \sum_{j=1}^{k} (2j-1)\frac{r^2}{k^2}\exp\left(-\frac{j^2}{k^2}r^2\right).$$

Die Bestimmung des Grenzwertes

$$\lim_k I(g_k)$$

gelingt dadurch, daß die beiden rechts vorkommenden Summen

$$\sum_{j=1}^{k} \frac{2j}{k} r \exp\left(-\frac{j^2}{k^2}r^2\right)\frac{r}{k}$$

und

$$\sum_{j=1}^{k} \exp\left(-\frac{j^2}{k^2}r^2\right)\frac{r}{k}$$

als Näherungssummen für die Integrale

$$\int_0^r 2t\exp(-t^2)\,dt$$

und

$$\int_0^r \exp(-t^2)\,dt$$

aufgefaßt werden können. Das erste der beiden Integrale kann explizit berechnet werden

$$\int_0^r 2t \exp(-t^2)\,dt = 1 - \exp(-r^2).$$

Das zweite Integral führt zu der Abschätzung

$$\sum_{j=1}^{k} \exp\left(-\frac{j^2}{k^2} r^2\right)\frac{r}{k} \leqq \int_0^r \exp(-t^2)\,dt$$

und damit zu der Gleichung

$$\lim_k \sum_{j=1}^{k} \frac{r^2}{k^2} \exp\left(-\frac{j^2}{k^2} r^2\right) = 0.$$

Somit ergibt sich

$$\lim_k I(g_k) = \pi\big(1 - \exp(-r^2)\big),$$

d. h. es gilt

$$\int_{x^2+y^2 \leqq r^2} \exp(-x^2-y^2)\,d\mu(x,y) = \pi\big(1-\exp(-r^2)\big).$$

Ist f auf der meßbaren Menge M stetig und beschränkt, so gehört f nach S. 238 und S. 256 zu $\mathfrak{L}^1(M)$. Insbesondere gilt also:

Stetige Funktionen mit kompakter Definitionsmenge und stetige beschränkte Funktionen mit offener meßbarer Definitionsmenge sind Lebesgue-integrierbar.

Wenn der Integrand nicht – wie in Beispiel 1) oder 2) – irgendwelche Symmetrie-Eigenschaften besitzt, wird man darauf abzielen, daß die „Konstanzmengen" der approximierenden einfachen Funktionen Quader sind, damit die Berechnung der $\mu(M_j)$ keine Mühe macht.

Wir betrachten hier den Fall, daß M ein kompakter Quader Q und $f: Q \to \mathbb{R}$ stetig und also auch gleichmäßig stetig ist. Für eine approximierende Folge kann man dann – wie im Fall $n = 1$ (vgl. Bd. I, S. 338) – „gewöhnliche" Treppenfunktionen (quaderweise konstant und nur endlich viele Werte annehmend) verwenden.

Eine Zerlegung von Q wird man in diesem Fall mit Hilfe von Einteilungen der Quaderkanten konstruieren. Für die einer solchen Zerlegung entsprechenden Treppenfunktionen bieten sich die Festlegung mit Hilfe des Infimums $\underline{c}_j$ (Unterfunktionen), des Supremums $\bar{c}_j$ (Oberfunktionen) bzw. eines Zwischenwerts

$f(\xi_j)$ von f auf den Teilquadern an. Man erhält dann – wie in der elementaren Integrationstheorie – Unter- und Obersummen für das Integral $\int_Q f\,d\mu$:

$$\sum_{j=1}^{r} \underline{c}_j\,\mu(Q_j) \leqq \int_Q f\,d\mu \leqq \sum_{j=1}^{r} \bar{c}_j\,\mu(Q_j).$$

Wenn das „Feinheitsmaß" der Zerlegung von Q, d. h. die größte vorkommende Kantenlänge der Teilquader, hinreichend klein ist, unterscheiden sich Unter- und Obersumme beliebig wenig vom Integralwert. Dasselbe gilt dann natürlich auch für die Zwischenwertsummen wegen

$$\sum_{j=1}^{r} \underline{c}_j\,\mu Q_j) \leqq \sum_{j=1}^{r} f(\xi_j)\,\mu(Q_j) \leqq \sum_{j=1}^{r} \bar{c}_j\,\mu(Q_j).$$

Somit kann hier das Integral $\int_Q f\,d\mu$ wie in der elementaren Theorie als Grenzwert einer Zahlenfolge, deren Glieder als endliche Produktsummen leicht berechenbar sind, erhalten werden. Zur Definition des Integrals in diesem einfachen Sonderfall ist offenbar weder der Begriff des Lebesgueschen Maßes noch der Begriff der meßbaren Funktion erforderlich.

Ist $f: U \to \mathbb{R}$ stetig, so wird durch

$$\varphi(Q) := \int_Q f\,d\mu \qquad (Q \subset U)$$

eine *Mengenfunktion* φ erklärt, deren Definitionsmenge aus allen in U enthaltenen Quadern besteht. Die Funktion φ besitzt die beiden Eigenschaften:

(i) Ist Q in Q_1, Q_2 zerlegt, so gilt

$$\varphi(Q) = \varphi(Q_1) + \varphi(Q_2)$$

(ii) $$\min_{\mathbf{x}\in Q} f(\mathbf{x}) \cdot \mu(Q) \leqq \varphi(Q) \leqq \max_{\mathbf{x}\in Q} f(\mathbf{x}) \cdot \mu(Q).$$

Umgekehrt ergibt sich leicht aus dem vorhergehenden:

Für jede Mengenfunktion φ, die für alle in U enthaltenen kompakten Quader erklärt ist und die beiden Eigenschaften (i) *und* (ii) *besitzt, gilt*

$$\varphi(Q) = \int_Q f\,d\mu.$$

Alle Überlegungen in diesem Abschnitt können in der Weise verallgemeinert werden, daß an die Stelle der Gleichheit von Funktionen die Äquivalenz (vgl.

S. 245) tritt. Aus $f \sim \tilde{f}$ und $f \in \mathfrak{L}^1(M)$ folgt $\tilde{f} \in \mathfrak{L}^1(M)$ und

$$\int_M f\,d\mu = \int_M \tilde{f}\,d\mu,$$

da $f - \tilde{f}$ nur auf einer Nullmenge von 0 verschiedene Werte annimmt. So ist z. B. die Dirichlet-Funktion g in Beispiel 1) von S. 254 äquivalent zur Nullfunktion, woraus sich unmittelbar $I(g) = 0$ ergibt. Auch brauchen für die Integrationstheorie die Integranden nur fast überall in M erklärt zu sein (auf einer Nullmenge kann der Integrand gegebenenfalls beliebig festgesetzt werden).

Aufgabe: Man verallgemeinere die Begriffe, Definitionen und Sätze dieses Abschnitts unter Verwendung der „Gleichheit fast überall".

Das Lebesguesche Integral als Mengenfunktion

Wir untersuchen nun das Lebesguesche Integral über meßbaren Teilmengen A von M bei festem Integranden $f \in \mathfrak{L}^1(M)$. Die Einschränkung $f|A$ ist über A Lebesgue-integrierbar, da aus der gleichmäßigen Konvergenz von (g_k) gegen f die gleichmäßige Konvergenz von $(g_k|A)$ gegen $f|A$ folgt und die absolute Konvergenz der Reihen für $I(g_k)$ die absolute Konvergenz der Reihen für $I(g_k|A)$ nach sich zieht.

Für $\int_A f|A\,d\mu$ schreiben wir – wie üblich – kurz $\int_A f\,d\mu$ und nennen diese Zahl das Integral der Funktion f über die Menge A.

Aufgabe: Man zeige, daß $\int_A f\,d\mu = \int_M 1_A f\,d\mu$ gilt.

Bezüglich der Integrationsgebiete hat nun das Lebesguesche Integral die Eigenschaft der σ-Additivität.

Satz: *Gehört f zu $\mathfrak{L}^1(M)$ und ist die meßbare Teilmenge A von M in abzählbar viele Teilmengen A_j zerlegt, d. h. gilt*

$$A = \bigcup_{j=1}^{\infty} A_j \qquad \text{mit } A_i \cap A_j = \emptyset \text{ für } i \neq j,$$

so folgt

$$\int_A f\,d\mu = \sum_{j=1}^{\infty} \int_{A_j} f\,d\mu.$$

Beweis: Man betrachtet zunächst einfache integrierbare Funktionen g. Hat $g : M \to \mathbb{R}$ die Konstanzmengen M_k, so ist $g|A$ jeweils auf den Mengen $A_j \cap M_k$ konstant. Aufgrund des Umordnungssatzes für absolut konvergente Reihen faßt man die zu einem festen j gehörenden Summanden zusammen und erhält so die Gleichung

$$\int_A g\,d\mu = \sum_{j=1}^{\infty} \int_{A_j} g\,d\mu,$$

wobei die rechts stehende Reihe absolut konvergiert.
Für beliebiges $f \in \mathfrak{L}^1(M)$ wählt man nun nach Vorgabe von $\varepsilon > 0$ eine einfache Funktion $g \in \mathfrak{T}^1(M)$ mit

$$\|f - g\| < \varepsilon.$$

Dann gehört $f - g$ zu $\mathfrak{L}^1(M)$ und ist über jedes A_j integrierbar. Die Reihe $\sum_{j=1}^{\infty} \int_{A_j} (f-g)\,d\mu$ ist wegen

$$\left| \int_{A_j} (f-g)\,d\mu \right| \leqq \varepsilon\mu(A_j)$$

absolut konvergent. Da auch $\sum_{j=1}^{\infty} \int_{A_j} g\,d\mu$ absolut konvergent ist, folgt die absolute Konvergenz der Reihe

$$\sum_{j=1}^{\infty} \int_{A_j} f\,d\mu,$$

sowie die Abschätzung

$$\left| \sum_{j=1}^{\infty} \int_{A_j} f\,d\mu - \sum_{j=1}^{\infty} \int_{A_j} g\,d\mu \right| \leqq \varepsilon \sum_{j=1}^{\infty} \mu(A_j) = \varepsilon\mu(A).$$

Andererseits ergibt sich aus $\|f - g\| < \varepsilon$ die Ungleichung

$$\left| \int_A f\,d\mu - \int_A g\,d\mu \right| \leqq \varepsilon\mu(A).$$

Damit folgt schließlich wegen $\int_A g\,d\mu = \sum_{j=1}^{\infty} \int_{A_j} g\,d\mu$ die Abschätzung

$$\left| \int_A f\,d\mu - \sum_{j=1}^{\infty} \int_{A_j} f\,d\mu \right| \leqq \left| \int_A f\,d\mu - \int_A g\,d\mu \right| + \left| \sum_{j=1}^{\infty} \int_{A_j} g\,d\mu - \sum_{j=1}^{\infty} \int_{A_j} f\,d\mu \right| \leqq 2\varepsilon\mu(A)$$

und damit die Behauptung des Satzes.

Aufgabe: Man beweise, daß die Behauptung des Satzes auch unter der schwächeren Voraussetzung $\mu(A_i \cap A_j) = 0$ für $i \neq j$ richtig ist.

Bei festem f wird durch das Integral $\int_A f\,d\mu$ eine Abbildung φ des Systems $\mathfrak{A}$ der meßbaren Teilmengen A von M in die Menge der reellen Zahlen erklärt:

$$\varphi(A) := \int_A f\,d\mu.$$

Das Mengensystem $\mathfrak{A}$ ist ein *σ-Ring*, denn $\mathfrak{A}$ ist abgeschlossen gegenüber der Differenzbildung und der Bildung abzählbarer Vereinigungen. Da auch die Menge M zu $\mathfrak{A}$ gehört, sagt man kurz: $\mathfrak{A}$ ist eine *σ-Algebra.*
Der gerade bewiesene Satz sagt aus, daß die Mengenfunktion

$$\varphi : \mathfrak{A} \to \mathbb{R}$$

σ-additiv ist. Anders als das Lebesguesche Maß μ ist aber φ nicht translationsinvariant und φ kann sowohl positive als auch negative Werte annehmen.
Weiter besitzt φ die Eigenschaft, daß für kleines $\mu(A)$ auch $|\varphi(A)|$ klein ist:

Zu jedem $\varepsilon > 0$ gibt es ein $\delta > 0$ derart, daß für jede Lebesgue-meßbare Teilmenge A von M gilt:

$$\mu(A) < \delta \quad \Rightarrow \quad |\varphi(A)| < \varepsilon.$$

Hierfür sagt man, daß φ *absolut stetig* (bezüglich des Lebesgueschen Maßes) ist.
Es gilt der

Satz: *Für $f \in \mathfrak{L}^1(M)$ ist die durch*

$$\varphi(A) = \int_A f\,d\mu$$

erklärte σ-additive Mengenfunktion φ absolut stetig.

Beweis: Falls f beschränkt ist, ergibt sich die Behauptung unmittelbar aus der Integralabschätzung

$$|\varphi(A)| \leqq \|f\|\,\mu(A).$$

Für nichtbeschränktes f ziehen wir den gerade bewiesenen Satz heran. Dazu zerlegen wir zunächst M in die abzählbar vielen meßbaren Teilmengen

$$M_j := \{\mathbf{x} \in M \mid j - 1 \leqq |f(\mathbf{x})| < j\}$$

und verwenden für beliebiges meßbares A die entsprechende Zerlegung in die meßbaren Teilmengen $A_j := A \cap M_j$. Aus der Gleichung

$$\int_M |f|\,d\mu = \sum_{j=1}^{\infty} \int_{M_j} |f|\,d\mu$$

folgt, daß zu vorgegebenem $\varepsilon > 0$ ein Index m derart existiert, daß gilt

$$\sum_{j=m+1}^{\infty} \int_{M_j} |f|\,d\mu < \varepsilon.$$

Auf der Menge $A_1 \cup \ldots \cup A_m$ hat $|f|$ die obere Schranke m, so daß man die Abschätzung

$$|\varphi(A_1) + \ldots + \varphi(A_m)| \leqq m \cdot \mu(A)$$

erhält. Wir können daher $\delta = \dfrac{\varepsilon}{m}$ wählen, und finden dann, daß aus $\mu(A) < \delta$ folgt

$$|\varphi(A)| \leqq \left|\sum_{j=1}^{m} \varphi(A_j)\right| + \left|\sum_{j=m+1}^{\infty} \varphi(A_j)\right| < m\delta + \sum_{j=m+1}^{\infty} \int_{M_j} |f|\,d\mu < 2\varepsilon.$$

Damit ist der Satz bewiesen.

Bemerkung: Wenn man die Einführung des Lebesgueschen Integrals auf die verwendeten Voraussetzungen hin prüft, findet man, daß die Translationsinvarianz des Lebesgueschen Maßes nicht gebraucht wurde. Man kann die angegebenen Definitionen und Sätze daher auch für beliebige σ-additive Mengenfunktionen formulieren und gelangt so zu dem allgemeinen Begriff des *Lebesgue-Stieltjes-Integrals* (manchmal auch *Radon-Integral* genannt). Von dem Mengensystem $\mathfrak{A}$, auf dem das verallgemeinerte Maß erklärt ist, wird man dabei verlangen, daß es ein σ-Ring ist und daß die kompakten Quader zu ihm gehören.

Weiter liegt auf der Hand, daß der „Maß-Raum" M auch eine abstrakte Menge sein könnte, da die Voraussetzung, daß M eine Teilmenge des $\mathbb{R}^n$ ist, für die Integraldefinition unwesentlich ist. Darstellungen einer solchen „abstrakten" Maß- und Integrationstheorie findet man z. B. in [11], [16], [20].

Aufgaben

1. Man belege durch Beispiele, daß es einfache Funktionen $g = \sum_{j=1}^{\infty} c_j 1_{M_j}$ gibt, für die zwar $\sum_{j=1}^{\infty} c_j \mu(M_j)$ konvergiert, die aber nicht Lebesgue-integrierbar sind.
2. Es sei $M \subset \mathbb{R}^n$ die Einheitskugel bezüglich der Maximumsnorm und $s > 0$. Man zeige, daß die durch (vgl. Bd. I, S. 69)

$$g(\mathbf{x}) = \left[\frac{1}{\|\mathbf{x}\|^s}\right]$$

erklärte Funktion $g : M \to \mathbb{R}$ eine einfache Funktion ist. Für welche s gehört g zu $\mathfrak{T}^1(M)$?

3. Die Komplementärmenge der in $M = [0, 1]$ enthaltenen Cantorschen Menge C ist abzählbare Vereinigung von offenen Intervallen der Länge $\frac{1}{3^k}$. Die Funktion g nehme auf den Intervallen der Länge $\frac{1}{3^k}$ den Wert k an, für $x \in C$ sei $g(x) = 1$ gesetzt. Gehört g zu $\mathfrak{T}^1(M)$? Man beantworte die entsprechende Frage auch für die Ebene.
4. Man zeige, daß die Menge aller beschränkten einfachen Funktionen $g : M \to \mathbb{R}$ ein Untervektorraum von $\mathfrak{T}^1(M)$ ist und daß mit g_1, g_2 auch das Produkt $g_1 g_2$ zu diesem Untervektorraum gehört.
Falls weder g_1 noch g_2 beschränkt sind, braucht $g_1 g_2$ nicht zu $\mathfrak{T}^1(M)$ zu gehören. Man gebe hierfür Beispiele an.
5. Es seien g_1, g_2 einfache Funktionen, für die g_1^2 und g_2^2 zu $\mathfrak{T}^1(M)$ gehören. Man zeige, daß $g_1 g_2$ zu $\mathfrak{T}^1(M)$ gehört und daß die Schwarzsche Ungleichung

$$\big(I(g_1 g_2)\big)^2 \leqq I(g_1^2)\,I(g_2^2)$$

gilt. Wann besteht die Gleichheit?
6. Die Menge der Lebesgue-meßbaren Funktionen f, für die f^2 zu $\mathfrak{L}^1(M)$ gehört, sei mit $\mathfrak{L}^2(M)$ bezeichnet. Aus $f_1, f_2 \in \mathfrak{L}^2(M)$ folgt $f_1 f_2 \in \mathfrak{L}^1(M)$ und die Gültigkeit der Schwarzschen Ungleichung

$$\Big(\int_M f_1 f_2\, d\mu\Big)^2 \leqq \Big(\int_M f_1^2\, d\mu\Big)\Big(\int_M f_2^2\, d\mu\Big).$$

Man beweise dies und zeige weiter, daß $\mathfrak{L}^2(M)$ ein reeller Vektorraum ist. In welcher Beziehung stehen die Vektorräume $\mathfrak{L}^1(M)$ und $\mathfrak{L}^2(M)$?
7. Man zeige, daß die Abbildung $g \mapsto I(|g|)$ von $\mathfrak{T}^1(M)$ in $\mathbb{R}_0^+$ eine Halbnorm ist:

(1) $\quad I(|g|) \geqq 0$

(2) $\quad I(|cg|) = |c|\, I(|g|)$

(3) $\quad I(|g_1 + g_2|) \leqq I(|g_1|) + I(|g_2|)$.

Für welche g gilt $I(|g|) = 0$?
Man zeige weiter, daß auch auf $\mathfrak{L}^1(M)$ durch

$$f \mapsto \int_M |f| \, d\mu$$

eine Halbnorm gegeben ist.

8. Jedem $f \in \mathfrak{L}(M)$ kann durch

$$F(y) := \mu(\{\mathbf{x} \in M \mid f(\mathbf{x}) < y\})$$

eine „Verteilungsfunktion“ $F: \mathbb{R} \to [0, \mu(M)]$ zugeordnet werden. Man zeige, daß F monoton wachsend und linksseitig stetig ist. Weiter zeige man, daß $f \in \mathfrak{L}^1(M)$ genau dann gilt, wenn das uneigentliche Stieltjes-Integral (vgl. hierzu Bd. I, S. 363, Aufg. 18 und S. 438) $\int_{-\infty}^{\infty} y \, dF(y)$ existiert, und daß gilt

$$\int_M f \, d\mu = \int_{-\infty}^{\infty} y \, dF(y).$$

(Dabei kann $\int_{-\infty}^{\infty} y \, dF(y)$ etwa durch $\lim_{a \to -\infty} \int_a^0 y \, dF(y) + \lim_{b \to \infty} \int_0^b y \, dF(y)$ definiert werden.)

9. Es sei $K \subset \mathbb{R}^n$ die (kompakte) Einheitskugel bezüglich einer beliebigen Norm $\| \ \|$ und $\beta_n(K)$ ihr Lebesguesches Maß. Man zeige, daß die durch

$$f(\mathbf{x}) = 1 - \|\mathbf{x}\|$$

erklärte Funktion f zu $\mathfrak{L}^1(K)$ gehört und berechne $\int_K f \, d\mu$.
Man gebe eine geometrische Deutung des Ergebnisses, indem man die Ordinatenmenge von f heranzieht.
Schließlich bestimme man das Volumen der Einheitskugel des $\mathbb{R}^n$ bezüglich der l_1-Norm.

10. Für $M = [a, b] \subset \mathbb{R}$ und $f \in \mathfrak{L}^1(M)$ wird das Integral $\int_M f \, d\mu$ auch – wie üblich – mit $\int_a^b f(x) \, dx$ bezeichnet. Dies ist möglich, da das Lebesguesche Integral für Regelfunktionen mit dem in Bd. I eingeführten Integral übereinstimmt. Man begründe dies! Weiter belege man durch Beispiele, daß es Funktionen $f \in \mathfrak{L}^1([a, b])$ gibt, die
(1) zu $\mathfrak{R}([a, b])$, aber nicht zu $\mathfrak{T}^1([a, b])$,
(2) zu $\mathfrak{T}^1([a, b])$, aber nicht zu $\mathfrak{R}([a, b])$,
(3) weder zu $\mathfrak{R}([a, b])$ noch zu $\mathfrak{T}^1([a, b])$
gehören.

11. Man gebe ein Beispiel einer im Intervall [0, 1] nicht beschränkten, nicht Le-

besgue-integrierbaren Funktion f an, für die das uneigentliche Integral (im Sinne der Def. von Bd. I, S. 436) existiert.

12. Es sei $Q \subset \mathbb{R}^n$ ein kompakter Quader. Ist $f: Q \to \mathbb{R}$ beschränkt und $g: Q \to \mathbb{R}$ eine Treppenfunktion (vgl. S. 263) mit $g(\mathbf{x}) \leqq f(\mathbf{x})$ für alle $\mathbf{x} \in Q$, so wird g als „Unterfunktion" von f und das Integral $I(g)$ als „Untersumme" von f bezeichnet.
Analog werden Oberfunktionen und Obersummen von f erklärt.
$U_f \subset \mathbb{R}$ sei die Menge aller Untersummen von f und $O_f \subset \mathbb{R}$ die Menge aller Obersummen von f.
Man zeige, daß für stetiges $f: Q \to \mathbb{R}$ gilt:
$$\sup U_f = \inf O_f = \int_Q f\,d\mu.$$

13. Für beschränktes f existieren $\sup U_f$ und $\inf O_f$; diese Zahlen werden als Darbouxsches Unterintegral bzw. Oberintegral von f bezeichnet. Stimmen Unter- und Oberintegral überein, so heißt f Riemann-integrierbar und die Zahl $\sup U_f = \inf O_f =: (R)\int f$ das Riemannsche Integral von f über Q.
Man zeige, daß jede Riemann-integrierbare Funktion $f: Q \to \mathbb{R}$ auch Lebesgue-integrierbar ist und daß
$$(R)\int f = \int f\,d\mu$$
gilt, daß aber umgekehrt nicht jedes beschränkte $f \in \mathfrak{L}^1(Q)$ Riemann-integrierbar ist.
Anleitung: Man betrachte zunächst nichtnegative Integranden und deren Ordinatenmengen.

14. Es sei $p > 0$ und $f: M \to \mathbb{R}$ eine Funktion, für die $|f|^p$ Lebesgue-integrierbar ist. Man zeige, daß für jedes $a > 0$ die Abschätzung gilt:
$$\mu(\{\mathbf{x} \in M \mid |f(\mathbf{x})| \geqq a\}) \leqq \frac{1}{a^p} \int_M |f|^p\,d\mu$$
(Ungleichung von Tschebyscheff-Markoff).
Folgerungen: $\int_M |f|^p\,d\mu = 0$ impliziert, daß $f(\mathbf{x}) = 0$ für fast alle $\mathbf{x} \in M$ gilt.
Wenn $f(\mathbf{x}) > 0$ für fast alle $\mathbf{x} \in M$ gilt, dann ist $\int f\,d\mu > 0$, sofern $\mu(M) > 0$.

15. Für $f \in \mathfrak{L}^1(M)$ und Lebesgue-meßbares $A \subset M$ sei
$$\varphi(A) = \int_A f\,d\mu$$

gesetzt. Wenn für jedes A gilt $\varphi(A) \geqq 0$, so folgt $f(\mathbf{x}) \geqq 0$ für fast alle $\mathbf{x} \in M$. Man beweise dies, und zeige weiter: Aus $\varphi(A) = 0$ für jedes A folgt $f(\mathbf{x}) = 0$ f. ü. in M.

16. Die Funktion $f : M \to \mathbb{R}$ sei Lebesgue-meßbar und beschränkt. Weiter sei $\mathfrak{A}$ die σ-Algebra der Lebesgue-meßbaren Teilmengen von M.
Wenn die Mengenfunktion $\varphi : \mathfrak{A} \to \mathbb{R}$ die Bedingungen
(i) φ ist σ-additiv
(ii) $\inf\limits_{\mathbf{x} \in A} f(\mathbf{x}) \cdot \mu(A) \leqq \varphi(A) \leqq \sup\limits_{\mathbf{x} \in A} f(\mathbf{x}) \cdot \mu(A)$
erfüllt, dann ist φ eindeutig bestimmt und es gilt

$$\varphi(A) = \int\limits_A f \, d\mu.$$

17. Es sei $p_j > 0$ und $\sum\limits_{j=1}^{\infty} p_j = 1$, sowie $(\mathbf{x}_j)$ eine Folge von Punkten des $\mathbb{R}^n$ (z. B. die irgendwie durchnumerierten rationalen Punkte des $\mathbb{R}^n$). Die Mengenfunktion P sei als Verteilung der Massen p_j auf die Punkte $\mathbf{x}_j$ erklärt, d. h. es sei für beliebiges $M \subset \mathbb{R}^n$

$$P(M) := \sum_{\mathbf{x}_j \in M} p_j$$

gesetzt. P ist damit auf der Potenzmenge $\mathfrak{P}(\mathbb{R}^n)$ definiert, die Werte von P liegen im Intervall [0, 1].
Man zeige, daß P
(1) σ-additiv
(2) nicht absolut stetig
(3) nicht translationsinvariant
ist.
Welche Funktionen sind bezüglich des Maßes P integrierbar und wie kann $\int_M f \, dP$ berechnet werden?

18. Für $n = 1$ kann der Begriff der Absolutstetigkeit für gewöhnliche Funktionen folgendermaßen erklärt werden: Die Funktion $F : [a, b] \to \mathbb{R}$ heißt absolut stetig, wenn es zu jedem $\varepsilon > 0$ ein $\delta > 0$ gibt, so daß gilt

$$|b_1 - a_1| + \ldots + |b_k - a_k| < \delta$$
$$\Rightarrow \qquad |F(b_1) - F(a_1)| + \ldots + |F(b_k) - F(a_k)| < \varepsilon.$$

Dabei sind $[a_1, b_1], \ldots, [a_k, b_k]$ beliebige, paarweise disjunkte Teilintervalle von $[a, b]$.
Man beweise, daß für $f \in \mathfrak{L}^1([a, b])$ die durch

$$F(x) = \int_a^x f(t)\,dt$$

erklärte Funktion F absolut stetig ist.
Weiter zeige man: Ist f äquivalent zu einer stetigen Funktion, so ist F differenzierbar und es gilt $F'(x) = f(x)$ für fast alle $x \in [a, b]$.

19. Es sei C die Cantorsche Menge in $[0, 1]$, die Funktion $F : [0, 1] \to [0, 1]$ sei auf den offenen Komplementärintervallen von C jeweils konstant und zwar gelte für die Mittelpunkte x_i dieser Intervalle die Gleichung $F(x_i) = x_i$ (man fertige eine Skizze an!).
Die so zunächst auf $[0, 1]\backslash C$ erklärte Funktion besitzt genau eine stetige Fortsetzung $F : [0, 1] \to [0, 1]$.
Man zeige, daß F nicht absolut stetig ist, daß F fast überall in $[0, 1]$ differenzierbar ist, daß aber $F(1) - F(0)$ nicht mit $\int_0^1 F'(x)\,dx$ übereinstimmt.

20. Es sei $M \subset \mathbb{R}^n$ eine beschränkte Lebesgue-meßbare Menge, $\varrho \in \mathfrak{L}^1(M)$ sei nichtnegativ und es gelte $\int_M \varrho\,d\mu > 0$. Dann existieren die Integrale

$$\int_M x_i \varrho(\mathbf{x})\,d\mu(\mathbf{x}) \qquad (i = 1, \ldots, n).$$

Der Punkt $\mathbf{s}$ mit den Koordinaten

$$s_i = \frac{1}{\int_M \varrho\,d\mu} \cdot \int_M x_i \varrho(\mathbf{x})\,d\mu(\mathbf{x})$$

heißt Schwerpunkt von M bezüglich der Massendichte ϱ. (Falls $\varrho(\mathbf{x}) = 1$ für $\mathbf{x} \in M$ gilt, heißt $\mathbf{s}$ kurz der Schwerpunkt von M.)
Man zeige, daß $\mathbf{s}$ – bei beliebigem ϱ – in der konvexen Hülle von M liegt. Weiter zeige man, daß – im Fall $\varrho(\mathbf{x}) = 1$ – die Ordinatenmenge einer beliebigen ganzrationalen Funktion ersten Grades, die an der Stelle $\mathbf{s}$ den Wert $h > 0$ annimmt, dasselbe Maß besitzt wie der Zylinder der Höhe h über M.

16.2 Integration und Grenzübergang

Wenn eine Folge (f_k) Lebesgue-integrierbarer Funktionen gleichmäßig – oder auch nur f. ü. gleichmäßig – gegen eine Funktion f konvergiert, dann ist f Lebesgue-integrierbar und es gilt

$$(*) \qquad \lim_k \int_M f_k \, d\mu = \int_M f \, d\mu,$$

d. h. Grenzübergang und Integration sind vertauschbar.
Um zu zeigen, daß f Lebesgue-integrierbar ist, stellen wir zunächst fest, daß f Lebesgue-meßbar ist. Für genügend großes k ist $f - f_k$ beschränkt, und also ist $f - f_k$ Lebesgue-integrierbar. Dasselbe gilt somit auch für $f = (f - f_k) + f_k$. Die Gleichung (*) ergibt sich dann aus der Abschätzung

$$\left| \int_M f_k \, d\mu - \int_M f \, d\mu \right| \leqq \|f_k - f\| \mu(M).$$

Einer der wesentlichen Vorzüge der Lebesgueschen Integrationstheorie ist nun darin zu sehen, daß die Vertauschbarkeit von Grenzübergang und Integration schon aus viel schwächeren Voraussetzungen folgt. Es genügt z. B. die Konvergenz dem Maße nach, wenn zusätzlich für die Funktionen der Folge eine Lebesgue-integrierbare *Majorante* vorhanden ist.

Bemerkung: Ohne die Voraussetzung, daß es eine Majorante gibt, braucht die Gleichung (*) nicht zu gelten, wie das in Bd. I, S. 388 angegebene Beispiel zeigt. Auch ist die Grenzfunktion zwar stets Lebesgue-meßbar, braucht aber nicht zu $\mathfrak{L}^1(M)$ zu gehören. Man konstruiere hierfür Beispiele!

Wir beweisen nun den Lebesgueschen Vertauschbarkeitssatz bei „majorisierter Konvergenz" in folgender Form:

Satz: *Es sei (f_k) eine Folge Lebesgue-integrierbarer Funktionen, die maßkonvergent gegen f ist. Weiter sei F eine Lebesgue-integrierbare Majorante dieser Folge, d. h. es gelte $F \in \mathfrak{L}^1(M)$ und für alle k*

$$|f_k(\mathbf{x})| \leqq F(\mathbf{x})$$

f. ü. in M. Dann ist f Lebesgue-integrierbar und es gilt

$$\lim_k \int_M f_k \, d\mu = \int_M f \, d\mu.$$

Beweis: Zunächst überzeugt man sich davon, daß die meßbare Grenzfunktion f ebenfalls die Majorante F besitzt. Dies ergibt sich aus dem Satz von F. Riesz (vgl. S. 244), nach dem es eine Teilfolge $f_{k_1}, f_{k_2}, \ldots$ gibt, die punktweise f. ü. gegen f konvergiert. Aus

$$|f_{k_j}(\mathbf{x})| \leqq F(\mathbf{x})$$

ergibt sich $\lim_j |f_{k_j}(\mathbf{x})| \leqq F(\mathbf{x})$ und also

$$|f(\mathbf{x})| \leqq F(\mathbf{x})$$

f. ü. in M. Daraus folgt, daß f Lebesgue-integrierbar ist (vgl. Aufgabe auf S. 256).

Um nun

$$\lim_k \int_M (f_k - f)\, d\mu = 0$$

zu beweisen, zerlegen wir M bei vorgegebenem $\eta > 0$ für jedes k in die disjunkten meßbaren Mengen

$$A_k(\eta) := \{\mathbf{x} \in M \mid |f_k(\mathbf{x}) - f(\mathbf{x})| \geqq \eta\}$$

und

$$B_k(\eta) := \{\mathbf{x} \in M \mid |f_k(\mathbf{x}) - f(\mathbf{x})| < \eta\}.$$

Nach Voraussetzung gilt für jedes $\eta > 0$:

$$\lim_k \mu(A_k(\eta)) = 0.$$

Aus der Gleichung

$$\int_M (f_k - f)\, d\mu = \int_{A_k(\eta)} (f_k - f)\, d\mu + \int_{B_k(\eta)} (f_k - f)\, d\mu$$

folgt die Abschätzung

$$\left| \int_M (f_k - f)\, d\mu \right| \leqq \int_{A_k(\eta)} |f_k - f|\, d\mu + \int_{B_k(\eta)} |f_k - f|\, d\mu$$
$$\leqq \int_{A_k(\eta)} 2F\, d\mu + \eta \cdot \mu(M).$$

Nun sei $\varepsilon > 0$ vorgegeben und $\eta = \dfrac{\varepsilon}{\mu(M)}$ gesetzt. Wegen $F \in \mathfrak{L}^1(M)$ gibt es nach S. 267 zu $\varepsilon > 0$ ein $\delta > 0$ derart, daß aus $\mu(A) < \delta$ folgt $\int_A 2F\, d\mu < \varepsilon$. Da nach Voraussetzung $\lim_k \mu\left(A_k\left(\dfrac{\varepsilon}{\mu(M)}\right)\right) = 0$ gilt, erhält man hiernach für alle genügend große k die Abschätzung

$$\left| \int_M (f_k - f)\, d\mu \right| < 2\varepsilon,$$

d. h. es gilt die Gleichung

$$\lim_k \int_M f_k\, d\mu = \int_M f\, d\mu.$$

Damit ist der Satz bewiesen.

Da jede f. ü. punktweise gegen f konvergierende Folge (f_k) auch maßkonvergent gegen f ist (vgl. S. 243), ergibt sich als Folgerung der

Satz: *Es sei (f_k) eine Folge Lebesgue-integrierbarer Funktionen, die punktweise f. ü. gegen f konvergiert, und diese Folge besitze eine Lebesgue-integrierbare Majorante F, d. h. es gelte f. ü. in M für alle k*

$$|f_k(\mathbf{x})| \leqq F(\mathbf{x}).$$

Dann ist f Lebesgue-integrierbar und es gilt

$$\lim_k \int_M f_k \, d\mu = \int_M f \, d\mu .$$

(*Lebesguescher Satz von der majorisierten Konvergenz*)

Bemerkung: Insbesondere sind Grenzübergang und Integration dann vertauschbar, wenn für die Funktionen der Folge eine feste Schranke existiert. Der entsprechende in Bd. I, S. 393 bewiesene Satz von Arzela-Osgood ist als Sonderfall in dem Lebesgueschen Satz enthalten. Es ist aber zu beachten, daß dort die Klasse der integrierbaren Funktionen viel enger ist und die Integrierbarkeit der Grenzfunktion ausdrücklich vorausgesetzt werden muß.

Wir beweisen nun einen – in Anwendungen oft nützlichen – Satz über die Vertauschbarkeit von Grenzübergang und Integration für monoton wachsende Folgen (f_k); es genügt, den Fall zu betrachten, daß alle f_k nur nichtnegative Werte annehmen (anderenfalls betrachte man die Funktionen $f_k - f_1$).

Satz: *Es sei (f_k) eine Folge Lebesgue-integrierbarer Funktionen mit den Eigenschaften*

(i) $0 \leqq f_1(\mathbf{x}) \leqq f_2(\mathbf{x}) \leqq \dots$ *für alle* $\mathbf{x} \in M$,

(ii) *Die Folge der Integrale ist beschränkt, d. h. es gibt ein $a > 0$, so daß für alle k gilt*

$$\int_M f_k \, d\mu \leqq a .$$

Dann existiert $\lim_k f_k(\mathbf{x})$ *f. ü. in M, die Grenzfunktion f ist Lebesgue-integrierbar und es gilt*

$$\lim_k \int_M f_k \, d\mu = \int_M f \, d\mu .$$

(*Satz von B. Levi*)

B e w e i s: Um zu zeigen, daß $\lim_k f_k(\mathbf{x})$ für fast alle $\mathbf{x} \in M$ existiert, schätzen wir zunächst für beliebig groß vorgegebenes $c > 0$ das Maß der Mengen

$$M_k(c) := \{\mathbf{x} \in M \mid f_k(\mathbf{x}) \geqq c\} \qquad (k = 1, 2, 3, \ldots)$$

ab. Es gilt

$$a \geqq \int_M f_k d\mu \geqq \int_{M_k(c)} f_k d\mu \geqq c\,\mu\big(M_k(c)\big)$$

und also

$$\mu\big(M_k(c)\big) \leqq \frac{a}{c}.$$

Die Menge derjenigen Punkte $\mathbf{x} \in M$, für die $\lim_k f_k(\mathbf{x}) \geqq c$ ist oder aber der Grenzwert nicht existiert, sei mit $M(c)$ bezeichnet. Dann folgt

$$M(c) = M_1(c) \cup M_2(c) \cup \ldots$$

und

$$\mu\big(M(c)\big) \leqq \frac{a}{c},$$

da die Mengenfolge $\big(M_k(c)\big)$ monoton aufsteigend ist.

Für die Menge N der Punkte $\mathbf{x} \in M$, für die $\lim_k f_k(\mathbf{x})$ nicht existiert, gilt also auch

$$\mu(N) \leqq \frac{a}{c},$$

und zwar für jedes $c > 0$. Daher folgt

$$\mu(N) = 0,$$

d. h. für fast alle $\mathbf{x} \in M$ ist die Grenzfunktion f erklärt (auf N können die Werte von f beliebig festgesetzt werden).

Die weiteren Behauptungen ergeben sich leicht, wenn man die auftretenden Integrale als $(n+1)$-dimensionale Maße der entsprechenden Ordinatenmengen interpretiert. Dabei können wir $N = \emptyset$ annehmen. Dann folgt aus

$$\int_M f_k d\mu = \mu_{n+1}(M_{f_k})$$

aufgrund der Voraussetzung (ii), daß für die aufsteigende Mengenfolge

$$M_{f_1} \subset M_{f_2} \subset M_{f_3} \subset \ldots$$

die Vereinigungsmenge Lebesgue-meßbar ist. Andererseits gilt

$$\bigcup_{k=1}^{\infty} M_{f_k} = M_f .$$

Somit folgt nach S. 228

$$\lim_k \mu_{n+1}(M_{f_k}) = \mu_{n+1}(M_f),$$

und dies bedeutet nach S. 258, daß f Lebesgue-integrierbar ist und daß gilt

$$\lim_k \int_M f_k \, d\mu = \int_M f \, d\mu .$$

Bemerkung: Die Voraussetzung (i) kann selbstverständlich dahingehend abgeschwächt werden, daß sie f. ü. in M erfüllt ist.

Der Satz von B. Levi kann auch folgendermaßen formuliert werden:

Jede Reihe $\sum_{k=1}^{\infty} f_k$ *nichtnegativer Lebesgue-integrierbarer Funktionen, für die die Reihe der Integrale*

$$\sum_{k=1}^{\infty} \int_M f_k \, d\mu$$

konvergiert, ist f. ü. in M konvergent und die Reihensumme ist Lebesgue-integrierbar. Es gilt die Gleichung

$$\int_M \left(\sum_{k=1}^{\infty} f_k \right) d\mu = \sum_{k=1}^{\infty} \int_M f_k \, d\mu .$$

Aufgabe: Aus $f(\mathbf{x}) \geqq 0$ f. ü. in M und $\int_M f \, d\mu = 0$ folgt $f(\mathbf{x}) = 0$ f. ü. in M.

Die Nichtnegativität der f_k braucht nicht vorausgesetzt zu werden, wenn die Reihe

$$\sum_{k=1}^{\infty} \int_M |f_k| \, d\mu$$

konvergiert. Es ist dann nämlich $\sum_{k=1}^{\infty} |f_k(\mathbf{x})|$ für fast alle $\mathbf{x} \in M$ konvergent und damit auch $\sum_{k=1}^{\infty} f_k(\mathbf{x})$.

Rekursive Berechnung des Lebesgueschen Maßes

Die Aufgabe, für eine Lebesgue-meßbare Teilmenge M des $\mathbb{R}^n$ das Maß zu bestimmen, kann mit Hilfe der Integralrechnung auf die entsprechende Aufgabe im $\mathbb{R}^{n-1}$ zurückgeführt werden. Aufgrund der Vorstellung, daß M in „dünne Scheiben" parallel zur Hyperebene $x_n = 0$ zerlegt werden kann, wird man vermuten, daß

$$\mu(M) = \int_a^b f(z)\,dz$$

gilt, wenn $f(z)$ das $(n-1)$-dimensionale Lebesguesche Maß des Durchschnitts von M mit der Hyperebene $x_n = z$ ist, und M zwischen den beiden Hyperebenen $x_n = a$ und $x_n = b$ liegt.

Ein Beweis hierfür – einschließlich der Feststellung, daß $f(z)$ für fast alle $z \in [a, b]$ existiert – kann mit Hilfe des Satzes von B. Levi geführt werden. Zuvor legen wir noch einige Bezeichnungen fest. Da wir Lebesgue-Maße in Räumen verschiedener Dimensionen zu betrachten haben, wollen wir hier (und auch in Abschnitt 16.3) das Lebesgue-Maß im $\mathbb{R}^p$ mit μ_p bezeichnen. Im Fall $p = 1$ verwenden wir für Integrale auch die gewohnte Schreibweise, also etwa

$$\int_a^b f(z)\,dz \qquad \text{für} \quad \int_{[a,b]} f(z)\,d\mu_1(z).$$

Die Projektion des Durchschnitts von M mit der Hyperebene $x_n = z$ auf den $\mathbb{R}^{n-1}$ bezeichnen wir mit $M(z)$, d. h. wir setzen

$$M(z) := \{(x_1, \ldots, x_{n-1}) \mid (x_1, \ldots, x_{n-1}, z) \in M\}.$$

Wir beweisen nun das sogenannte *Cavalierische Prinzip* in folgender Fassung:

Es sei M eine in x_n-Richtung beschränkte Lebesgue-meßbare Teilmenge des $\mathbb{R}^n$. Dann ist für fast alle z die Menge $M(z)$ eine Lebesgue-meßbare Teilmenge des $\mathbb{R}^{n-1}$, die Funktion f, die durch

$$f(z) := \mu_{n-1}(M(z))$$

fast überall erklärt ist, ist Lebesgue-integrierbar und es gilt (mit geeignetem a, b)

$$\mu_n(M) = \int_a^b f(z)\,dz.$$

Wir führen den Beweis zunächst für meßbare offene Teilmengen M des $\mathbb{R}^n$, deren Projektion auf die x_n-Achse nach Voraussetzung im Intervall $a \leqq x_n \leqq b$ enthalten ist, indem wir M als abzählbare Vereinigung von Rasterwürfeln (vgl. S. 24) darstellen. M_k sei die Vereinigung aller Rasterwürfel bis zur k-ten Stufe, die in der offenen Menge M enthalten sind. Da M als meßbar vorausgesetzt wird, besteht M_k aus nur endlich vielen Würfeln. Für jedes $z \in [a, b]$ besteht die Menge $M_k(z)$ aus endlich vielen $(n-1)$-dimensionalen Würfeln, die paarweise keine inneren Punkte (bezüglich $\mathbb{R}^{n-1}$) gemeinsam haben; wir setzen

$$\mu_{n-1}(M_k(z)) =: f_k(z).$$

Die Funktion f_k ist eine Treppenfunktion in $[a, b]$, nimmt keine negativen Werte an, und es gilt offenbar

$$\int_a^b f_k(z)\,dz = \mu_n(M_k).$$

Nun betrachten wir die Funktionenfolge (f_k). Für jedes $z \in [a, b]$ ist $(f_k(z))$ monoton wachsend, außerdem gilt

$$\int_a^b f_k(z)\,dz \leqq \mu_n(M).$$

Nach dem Satz von B. Levi existiert daher für fast alle $z \in [a, b]$

$$\lim_k f_k(z) =: f(z),$$

die Funktion f ist Lebesgue-integrierbar und es gilt

$$\lim_k \int_a^b f_k(z)\,dz = \int_a^b f(z)\,dz.$$

Wegen $\lim\limits_k \mu_n(M_k) = \mu_n(M)$ folgt

$$\mu_n(M) = \int_a^b f(z)\,dz.$$

Die Bedeutung des Integranden f ergibt sich schließlich aus der Bemerkung, daß die Menge $M(z)$ in $\mathbb{R}^{n-1}$ offen ist und gleich der Vereinigung aller $M_k(z)$ ist; deshalb gilt

$$f(z) = \lim_k \mu_{n-1}(M_k(z)) = \mu_{n-1}(M(z)).$$

Aus der Gültigkeit des Satzes für offene Teilmengen folgt weiter die Gültigkeit für kompakte Mengen. Denn ist K kompakt, so gibt es einen offenen Quader Q

mit $K \subset Q$; es ist dann $U = Q \setminus K$ offen und dasselbe gilt von

$$U(z) = Q(z) \setminus K(z)$$

in $\mathbb{R}^{n-1}$. Für die Maße ergibt sich hieraus

$$\mu_n(U) = \mu_n(Q) - \mu_n(K)$$

und

$$\mu_{n-1}(U(z)) = \mu_{n-1}(Q(z)) - \mu_{n-1}(K(z)).$$

Da

$$\int_a^b \mu_{n-1}(U(z))\,dz = \mu_n(U)$$

und

$$\int_a^b \mu_{n-1}(Q(z))\,dz = \mu_n(Q)$$

gilt, folgt die Integrierbarkeit der Funktion $z \mapsto \mu_{n-1}(K(z))$ und die Gleichung

$$\int_a^b \mu_{n-1}(K(z))\,dz = \mu_n(K).$$

Damit ist der Satz für offene und für kompakte Mengen bewiesen.

Zu einer beliebigen meßbaren Menge M wählen wir nun eine aufsteigende Folge (K_j) und eine absteigende Folge (U_j) derart, daß $K_j \subset M \subset U_j$ und

$$\lim_j \mu_n(K_j) = \lim_j \mu_n(U_j) = \mu_n(M)$$

gilt. Wir setzen

$$\mu_{n-1}(K_j(z)) =: g_j(z)$$

und

$$\mu_{n-1}(U_j(z)) =: h_j(z).$$

Wegen $M(z) \subset U_j(z)$ existiert für fast alle $z \in [a, b]$ das äußere Maß

$$\mu^*_{n-1}(M(z)) =: f(z)$$

und man erhält f. ü. in $[a, b]$ die Ungleichung

$$g_j(z) \leqq f(z) \leqq h_j(z).$$

Die Funktionen g_j und h_j sind Lebesgue-integrierbar und es gilt

$$\int_a^b g_j(z)\,dz = \mu_n(K_j)$$

sowie

$$\int_a^b h_j(z)\,dz = \mu_n(U_j).$$

Wegen $\lim\limits_j \mu_n(K_j) = \lim\limits_j \mu_n(U_j)$ folgt

$$\lim_j \int_a^b \big(h_j(z) - g_j(z)\big)\,dz = 0\,.$$

Da – für fast alle z – die Folge $\big(g_j(z)\big)$ monoton steigend und die Folge $\big(h_j(z)\big)$ monoton fallend ist, folgt nach dem Satz von B. Levi, daß gilt

$$\lim_j \big(h_j(z) - g_j(z)\big) = 0 \qquad \text{f. ü. in } [a, b]\,.$$

Also ergibt sich für fast alle $z \in [a, b]$:

$$\lim_j g_j(z) = \lim_j h_j(z) = f(z)\,.$$

Für fast alle z stimmen also das innere und das äußere Maß von $M(z)$ überein, d. h. es gilt

$$f(z) = \mu_{n-1}\big(M(z)\big) \qquad \text{f. ü. in } [a, b]\,.$$

Außerdem folgt die Lebesgue-Integrierbarkeit von f und die Gültigkeit der Gleichung

$$\mu_n(M) = \int_a^b f(z)\,dz\,.$$

Damit ist das Cavalierische Prinzip für Lebesgue-meßbare Mengen des $\mathbb{R}^n$, die in einer Richtung beschränkt sind, bewiesen. Im nächsten Abschnitt werden wir nach Erweiterung des Integralbegriffs die Gültigkeit dieses Prinzips für beliebige nicht notwendig beschränkte Lebesgue-meßbare Mengen nachweisen.

Beispiele

1) Wir bezeichnen das Volumen der n-dimensionalen Einheitskugel $\langle \mathbf{x}, \mathbf{x} \rangle \leqq 1$ mit β_n. Dann gilt für das $(n-1)$-dimensionale Volumen der Kugel vom Radius $\sqrt{1 - z^2}$:

$$f(z) = \beta_{n-1} \cdot \big(\sqrt{1 - z^2}\big)^{n-1}\,.$$

Es folgt:

$$\beta_n = \beta_{n-1} \cdot \int_{-1}^{1} \big(\sqrt{1 - z^2}\big)^{n-1}\,dz$$

bzw.

$$\beta_n = \beta_{n-1} \cdot \int_{-\frac{\pi}{2}}^{\frac{\pi}{2}} \cos^n t\, dt .$$

Je nachdem, ob n gerade oder ungerade ist, findet man durch zweimalige Anwendung der Produktintegration (vgl. Bd. I, S. 371) die Rekursionsformeln

$$\beta_{2m} = \frac{\pi}{m} \cdot \beta_{2m-2}$$

$$\beta_{2m+1} = \frac{2\pi}{2m+1} \cdot \beta_{2m-1} .$$

Wegen $\beta_1 = 2$ und $\beta_2 = \pi$ ergeben sich hieraus die expliziten Formeln

$$\beta_{2m} = \frac{\pi^m}{m!}$$

$$\beta_{2m+1} = \frac{2^{m+1} \cdot \pi^m}{1 \cdot 3 \cdot \ldots \cdot (2m+1)} .$$

2) Es sei G eine Lebesgue-meßbare Teilmenge des $\mathbb{R}^{n-1}$. Verschiebt man G in die Hyperebene $x_n = h$ und verbindet die Punkte von G mit dem Ursprung von $\mathbb{R}^n$, so erhält man einen *Kegel* M des $\mathbb{R}^n$ (vgl. Figur). Wir zeigen, daß dieser Kegel M

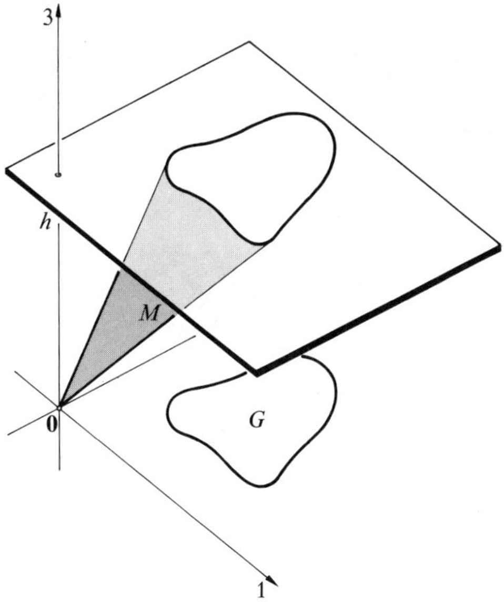

Lebesgue-meßbar ist. Nach Voraussetzung gibt es zu jedem $\varepsilon > 0$ eine kompakte Menge K' und eine meßbare offene Menge U' des $\mathbb{R}^{n-1}$, so daß gilt

$$K' \subset G \subset U' \qquad \text{und} \qquad \mu_{n-1}(U') - \mu_{n-1}(K') < \varepsilon .$$

Es ist leicht zu sehen, daß es einen kompakten Kegel K des $\mathbb{R}^n$ und einen meßbaren offenen Kegel U (dessen Spitze unterhalb des Nullpunkts liegt) gibt, so daß gilt

$$K \subset M \subset U \qquad \text{und} \qquad \mu_n(U) - \mu_n(K) < (h+1)\varepsilon .$$

Somit ist der Kegel M Lebesgue-meßbar. Da $M(z)$ zu G ähnlich ist (der Ähnlichkeitsfaktor ist $\frac{z}{h}$), folgt

$$\mu_{n-1}(M(z)) = \left(\frac{z}{h}\right)^{n-1} \mu_{n-1}(G) .$$

Als Kegelvolumen ergibt sich nun nach dem Cavalierischen Prinzip

$$\begin{aligned} \mu_n(M) &= \mu_{n-1}(G) \cdot \int_0^h \left(\frac{z}{h}\right)^{n-1} dz \\ &= \tfrac{1}{n}\, h\, \mu_{n-1}(G) . \end{aligned}$$

3) Als Anwendung von Beispiel 2) berechnen wir das Volumen des „Standardsimplex“

$$S_n := \{\mathbf{x} \in \mathbb{R}^n \mid 0 \leqq x_1, \ldots, 0 \leqq x_n,\ x_1 + \ldots + x_n \leqq 1\} .$$

Es ergibt sich wegen $h = 1$ die Rekursionsformel

$$\mu_n(S_n) = \frac{1}{n} \mu_{n-1}(S_{n-1})$$

und also wegen $\mu_1(S_1) = 1$ die explizite Formel

$$\mu_n(S_n) = \frac{1}{n!} .$$

Als Volumen des ähnlich vergrößerten oder verkleinerten Simplex cS_n erhält man entsprechend

$$\mu_n(cS_n) = \frac{c^n}{n!} .$$

Parameterabhängige Integrale

Als weitere Anwendung der Vertauschbarkeitssätze leiten wir nun Verallgemeinerungen der in Bd. I behandelten Sätze über parameterabhängige Integrale her. Vom Integranden in

$$F(\mathbf{t}) := \int_M f(\mathbf{x}, \mathbf{t})\, d\mu(\mathbf{x})$$

wird natürlich vorausgesetzt, daß für jedes $\mathbf{t} \in D$ die Funktion $\mathbf{x} \mapsto f(\mathbf{x}, \mathbf{t})$ Lebesgue-integrierbar ist. Die Parametermenge D könnte dabei völlig beliebig sein; da wir uns aber für die Stetigkeit und Differenzierbarkeit von F interessieren, wollen wir annehmen, daß D eine offene Teilmenge des $\mathbb{R}^p$ ist.

Satz: *Es sei $M \subset \mathbb{R}^n$ Lebesgue-meßbar, $D \subset \mathbb{R}^p$ offen und*

$$f : M \times D \to \mathbb{R}$$

bei jedem festen $\mathbf{t} \in D$ Lebesgue-integrierbar sowie für fast alle $\mathbf{x} \in M$ stetig bezüglich $\mathbf{t}$.
Wenn f eine Lebesgue-integrierbare Majorante $\Phi : M \to \mathbb{R}$ besitzt, d. h. wenn für alle $(\mathbf{x}, \mathbf{t}) \in M \times D$ die Ungleichung

$$|f(\mathbf{x}, \mathbf{t})| \leqq \Phi(\mathbf{x})$$

gilt, dann ist die durch

$$F(\mathbf{t}) = \int_M f(\mathbf{x}, \mathbf{t})\, d\mu(\mathbf{x})$$

definierte Funktion F in D stetig.

Der Beweis ergibt sich unmittelbar aus dem Lebesgueschen Satz von der majorisierten Konvergenz, wenn man die „Folgen-Definition“ (vgl. S. 45) der Stetigkeit verwendet. Es sei nämlich $(\mathbf{t}_k)$ eine beliebige Folge aus D mit

$$\lim_k \mathbf{t}_k = \mathbf{t} \in D \qquad \text{und} \qquad \varphi_k(\mathbf{x}) := f(\mathbf{x}, \mathbf{t}_k)$$

gesetzt. Nach Voraussetzung konvergiert die Folge (φ_k) punktweise f. ü. gegen die Funktion φ: $M \to \mathbb{R}$, die durch $\varphi(\mathbf{x}) = f(\mathbf{x}, \mathbf{t})$ erklärt ist. Da Φ eine Majorante für die Folge (φ_k) ist, folgt

$$\lim_k \int_M f(\mathbf{x}, \mathbf{t}_k)\, d\mu(\mathbf{x}) = \int_M f(\mathbf{x}, \mathbf{t})\, d\mu(\mathbf{x}),$$

d. h.

$$\lim_k F(\mathbf{t}_k) = F(\mathbf{t})$$

für jede gegen $\mathbf{t} \in D$ konvergierende Folge $(\mathbf{t}_k)$. Somit ist F in D stetig.

Beispiel: Es sei $M = [0, 1]$, $D =]-1, 1[$ und

$$f(x, t) = \begin{cases} 0 & \text{für } x = 0, \ -1 < t < 1 \\ \dfrac{1}{\sqrt{x} + |t|} & \text{für } 0 < x \leqq 1, \ -1 < t < 1. \end{cases}$$

Die Funktion f ist in $M \times D$ nicht beschränkt, besitzt aber Lebesgue-integrierbare Majoranten, z. B.

$$\Phi(x) = \frac{1}{\sqrt{x}} \qquad (0 \leqq x \leqq 1).$$

Da f bei festem t Lebesgue-integrierbar (für $t \neq 0$ sogar stetig) und bei festem x stetig bezüglich t ist, folgt die Stetigkeit der Funktion

$$F(t) = \int_0^1 \frac{dx}{\sqrt{x} + |t|} \qquad (-1 < t < 1).$$

Aufgabe: Man beweise diese Aussage auch durch explizite Bestimmung von $F(t)$. Für welche t ist F differenzierbar?

Wir wenden uns nun der Frage nach der Differenzierbarkeit von

$$F(\mathbf{t}) = \int_M f(\mathbf{x}, \mathbf{t})\, d\mu(\mathbf{x})$$

zu und behandeln zunächst den Fall, daß t ein reeller Parameter ist. Wir setzen voraus, daß – für fast alle $\mathbf{x} \in M$ – die Funktion

$$t \mapsto f(\mathbf{x}, t)$$

an allen Stellen ihrer Definitionsmenge D, die wir der Einfachheit halber als offenes Intervall annehmen wollen, differenzierbar ist; ihre Ableitung bezeichnen wir mit

$$t \mapsto \frac{\partial f}{\partial t}(\mathbf{x}, t).$$

Satz: *Es sei $M \subset \mathbb{R}^n$ Lebesgue-meßbar, $D \subset \mathbb{R}$ offen und $f: M \times D \to \mathbb{R}$ bei jedem festen $t \in D$ Lebesgue-integrierbar. Weiter sei für fast alle $\mathbf{x} \in M$ die Funktion $t \mapsto f(\mathbf{x}, t)$ differenzierbar und ihre Ableitung $\frac{\partial f}{\partial t}(\mathbf{x}, t)$ besitze eine Lebesgue-integrierbare Majorante $\Phi(\mathbf{x})$, d. h. es gelte*

$$\left|\frac{\partial f}{\partial t}(\mathbf{x}, t)\right| \leqq \Phi(\mathbf{x})$$

für alle $t \in D$ und für fast alle $\mathbf{x} \in M$. Dann ist für jedes $t \in D$ die Funktion

$$\mathbf{x} \mapsto \frac{\partial f}{\partial t}(\mathbf{x}, t)$$

Lebesgue-integrierbar, die durch

$$F(t) = \int_M f(\mathbf{x}, t)\, d\mu(\mathbf{x})$$

definierte Funktion F ist in D differenzierbar und hat die Ableitung

$$F'(t) = \int_M \frac{\partial f}{\partial t}(\mathbf{x}, t)\, d\mu(\mathbf{x}).$$

Beweis: Um zunächst die Lebesgue-Integrierbarkeit von $\mathbf{x} \mapsto \frac{\partial f}{\partial t}(\mathbf{x}, t)$ zu zeigen, wählen wir eine Folge (t_k) aus D mit $t_k \neq t$ und $\lim_k t_k = t$ und betrachten die Funktionenfolge

$$\psi_k(\mathbf{x}) = \frac{f(\mathbf{x}, t_k) - f(\mathbf{x}, t)}{t_k - t}.$$

Nach Voraussetzung sind die ψ_k Lebesgue-integrierbar und es gilt für fast alle $\mathbf{x} \in M$

$$\lim_k \psi_k(\mathbf{x}) = \frac{\partial f}{\partial t}(\mathbf{x}, t).$$

Somit ist $\mathbf{x} \mapsto \frac{\partial f}{\partial t}(\mathbf{x}, t)$ Lebesgue-meßbar. Da weiter für $\frac{\partial f}{\partial t}$ eine Lebesgue-integrierbare Majorante Φ existiert, folgt, daß $\mathbf{x} \mapsto \frac{\partial f}{\partial t}(\mathbf{x}, t)$ Lebesgue-integrierbar ist.

Mit Hilfe des Mittelwertsatzes ergibt sich nun, daß Φ auch eine Majorante für alle ψ_k ist:

$$|\psi_k(\mathbf{x})| - \left|\frac{f(\mathbf{x}, t_k) - f(\mathbf{x}, t)}{t_k - t}\right| - \left|\frac{\partial f}{\partial t}(\mathbf{x}, \iota_k)\right| \leqq \Phi(\mathbf{x}).$$

Es kann also der Lebesguesche Konvergenzsatz angewendet werden:

$$\lim_k \int_M \psi_k(\mathbf{x})\,d\mu(\mathbf{x}) = \int_M \frac{\partial f}{\partial t}(\mathbf{x}, t)\,d\mu(\mathbf{x}).$$

Wegen

$$\int_M \psi_k(\mathbf{x})\,d\mu(\mathbf{x}) = \frac{F(t_k) - F(t)}{t_k - t}$$

folgt die Differenzierbarkeit von F und die Gleichung

$$F'(t) = \int_M \frac{\partial f}{\partial t}(\mathbf{x}, t)\,d\mu(\mathbf{x}).$$

Die Übertragbarkeit dieses Satzes auf Parameter $\mathbf{t} \in \mathbb{R}^p$ ist offensichtlich: Wenn die partiellen Ableitungen $\frac{\partial f}{\partial t_1}(\mathbf{x}, \mathbf{t}), \ldots, \frac{\partial f}{\partial t_p}(\mathbf{x}, \mathbf{t})$ jeweils eine und damit auch eine gemeinsame Lebesgue-integrierbare Majorante $\Phi(\mathbf{x})$ besitzen, dann existieren die partiellen Ableitungen $\frac{\partial F}{\partial t_1}(\mathbf{t}), \ldots, \frac{\partial F}{\partial t_p}(\mathbf{t})$ für alle $\mathbf{t} \in D \subset \mathbb{R}^p$ und es gilt:

$$\frac{\partial F}{\partial t_j}(\mathbf{t}) = \int_M \frac{\partial f}{\partial t_j}(\mathbf{x}, \mathbf{t})\,d\mu(\mathbf{x}) \qquad \text{für } i = 1, \ldots, p.$$

Über die Differenzierbarkeit von F im Sinne der Def. S. 94 ist mit dem bewiesenen Satz natürlich nichts ausgesagt. Tatsächlich ist der entsprechende Satz aber auch richtig: Wenn f (für fast alle $\mathbf{x} \in M$) bezüglich $\mathbf{t}$ differenzierbar ist, dann gilt dasselbe für F.

Wir bezeichnen die Ableitung der Funktion $\mathbf{t} \mapsto f(\mathbf{x}, \mathbf{t})$ mit $f'_{\mathbf{t}}(\mathbf{x}, \mathbf{t})$; es gilt dann also für $\mathbf{t} \in D$, $\mathbf{t} + \mathbf{h} \in D$ und für fast alle $\mathbf{x} \in M$

$$f(\mathbf{x}, \mathbf{t} + \mathbf{h}) - f(\mathbf{x}, \mathbf{t}) = f'_{\mathbf{t}}(\mathbf{x}, \mathbf{t})\mathbf{h} + r(\mathbf{x}, \mathbf{t}, \mathbf{h})\|\mathbf{h}\| \qquad \text{mit} \qquad \lim_{\mathbf{h} \to \mathbf{0}} r(\mathbf{x}, \mathbf{t}, \mathbf{h}) = 0.$$

Wählt man $\mathbf{t} + \mathbf{h}$ aus einer Kugelumgebung von $\mathbf{t}$, so findet man für $r(\mathbf{x}, \mathbf{t}, \mathbf{h})$ die Abschätzung

$$|r(\mathbf{x}, \mathbf{t}, \mathbf{h})| = \frac{|f(\mathbf{x}, \mathbf{t}+\mathbf{h}) - f(\mathbf{x}, \mathbf{t}) - f'_{\mathbf{t}}(\mathbf{x}, \mathbf{t})\mathbf{h}|}{\|\mathbf{h}\|}$$

$$\leqq \frac{|f(\mathbf{x}, \mathbf{t}+\mathbf{h}) - f(\mathbf{x}, \mathbf{t})|}{\|\mathbf{h}\|} + \|f'_{\mathbf{t}}(\mathbf{x}, \mathbf{t})\|.$$

Besitzt nun die Ableitung $f'_{\mathbf{t}}(\mathbf{x}, \mathbf{t})$ eine Lebesgue-integrierbare Majorante, d. h. gilt für $\mathbf{t} \in D$ und fast alle $\mathbf{x} \in M$ die Ungleichung

$$\|f'_{\mathbf{t}}(\mathbf{x}, \mathbf{t})\| \leqq \Phi(\mathbf{x})$$

mit $\Phi \in \mathfrak{L}^1(M)$, so folgt nach dem Schrankensatz

$$|r(\mathbf{x}, \mathbf{t}, \mathbf{h})| \leqq 2\Phi(\mathbf{x}).$$

Durch Integration über M ergibt sich aus

$$f(\mathbf{x}, \mathbf{t}+\mathbf{h}) - f(\mathbf{x}, \mathbf{t}) = \sum_{j=1}^{p} \frac{\partial f}{\partial t_j}(\mathbf{x}, \mathbf{t}) h_j + r(\mathbf{x}, \mathbf{t}, \mathbf{h}) \|\mathbf{h}\|$$

die Gleichung

$$F(\mathbf{t}+\mathbf{h}) - F(\mathbf{t}) = \sum_{j=1}^{p} \left(\int_M \frac{\partial f}{\partial t_j}(\mathbf{x}, \mathbf{t})\, d\mu(\mathbf{x}) \right) h_j + R(\mathbf{t}, \mathbf{h}) \|\mathbf{h}\|,$$

wobei

$$R(\mathbf{t}, \mathbf{h}) = \int_M r(\mathbf{x}, \mathbf{t}, \mathbf{h})\, d\mu(\mathbf{x})$$

gesetzt ist.

Um die Differenzierbarkeit von F zu beweisen, ist zu zeigen, daß

$$\lim_{\mathbf{h} \to \mathbf{0}} R(\mathbf{t}, \mathbf{h}) = 0$$

gilt. Dies folgt aber mit Hilfe des Lebesgueschen Konvergenzsatzes, wenn man für $\mathbf{h}$ eine beliebige Nullfolge $(\mathbf{h}_k)$ einsetzt, da $2\Phi(\mathbf{x})$ eine Majorante der Folge $(r(\mathbf{x}, \mathbf{t}, \mathbf{h}_k))$ ist. Damit ist bewiesen:

Wenn $f: M \times D \to \mathbb{R}$ die Bedingungen
(i) $\mathbf{x} \mapsto f(\mathbf{x}, \mathbf{t})$ *ist für jedes* $\mathbf{t} \in D$ *Lebesgue-integrierbar,*
(ii) $\mathbf{t} \mapsto f(\mathbf{x}, \mathbf{t})$ *ist für fast alle* $\mathbf{x} \in M$ *differenzierbar,*
(iii) $\mathbf{x} \mapsto f'_{\mathbf{t}}(\mathbf{x}, \mathbf{t})$ *hat eine Lebesgue-integrierbare Majorante* Φ, *d. h. es gilt*

$$\|f'_{\mathbf{t}}(\mathbf{x}, \mathbf{t})\| \leqq \Phi(\mathbf{x}) \qquad \text{für fast alle } \mathbf{x} \in M,$$

erfüllt, dann ist die durch

$$F(\mathbf{t}) := \int_M f(\mathbf{x}, \mathbf{t})\, d\mu(\mathbf{x})$$

erklärte Funktion $F : D \to \mathbb{R}$ *differenzierbar und es gilt*

$$F'(\mathbf{t}, \mathbf{h}) = \int_M f'(\mathbf{x}, \mathbf{t}, \mathbf{h})\, d\mu(\mathbf{x}) \qquad (\mathbf{h} \in \mathbb{R}^p).$$

Beispiel: Die auf S. 127 eingeführte unendlich oft differenzierbare Glockenfunktion wollen wir hier mit ϱ bezeichnen:

$$\varrho(\mathbf{x}) = \begin{cases} \exp \dfrac{1}{\langle \mathbf{x}, \mathbf{x} \rangle - 1} & \text{falls } |\mathbf{x}| < 1 \\ 0 & \text{falls } |\mathbf{x}| \geqq 1. \end{cases}$$

Dann ist ϱ über jede meßbare Teilmenge von $\mathbb{R}^n$ integrierbar und $\int\limits_{|\mathbf{x}|<1} \varrho\, d\mu$ ist positiv. Aus ϱ erhält man für jedes $a > 0$ eine unendlich oft differenzierbare Glockenfunktion ϱ_a mit den Eigenschaften

(i) $\varrho_a(\mathbf{x}) = 0, \qquad$ falls $|\mathbf{x}| \geqq a$

(ii) $\int\limits_{|\mathbf{x}|<a} \varrho_a\, d\mu = 1,$

indem man $\varrho\left(\frac{1}{a}\mathbf{x}\right)$ mit einem geeigneten positiven Faktor multipliziert.

Ist nun $f : M \to \mathbb{R}$ Lebesgue-integrierbar, dann wird durch

$$F(\mathbf{y}) = \int_M f(\mathbf{x})\, \varrho_a(\mathbf{y} - \mathbf{x})\, d\mu(\mathbf{x})$$

eine Funktion $F : \mathbb{R}^n \to \mathbb{R}$ erklärt. Der bewiesene Satz zeigt, daß F differenzierbar und sogar unendlich oft differenzierbar ist.
Wegen $\varrho_a(\mathbf{y} - \mathbf{x}) = 0$ für $|\mathbf{y} - \mathbf{x}| \geqq a$ kann F außerhalb der offenen Menge M_a, die die Vereinigung aller offenen Kugeln vom Radius a mit Mittelpunkt in M ist, nur den Wert 0 annehmen:

$$F(\mathbf{y}) = 0, \qquad \text{falls } \mathbf{y} \notin M_a.$$

Der Wert von F an der Stelle $\mathbf{y}$ wird allein durch die Werte von f in der Kugel vom Radius a um $\mathbf{y}$ bestimmt; bei kleinem a und stetigem f unterscheiden sich $f(\mathbf{y})$ und $F(\mathbf{y})$ nicht wesentlich.

Nach dem Weierstraßschen Satz (vgl. S. 68) kann jede auf einem Kompaktum stetige Funktion gleichmäßig durch ganzrationale Funktionen approximiert werden. Oft genügt es zu wissen, daß eine stetige Funktion gleichmäßig durch hinreichend oft differenzierbare Funktionen approximierbar ist. Dieses Ergebnis kann mit Hilfe der im vorangehenden Beispiel eingeführten *Regularisierung* gewonnen werden.

Satz: *Jede auf einer kompakten Menge $K \subset \mathbb{R}^n$ stetige Funktion f kann gleichmäßig durch unendlich oft differenzierbare Funktionen approximiert werden.*

Beweis: Es sei $\varepsilon > 0$ vorgegeben. Da die Definitionsmenge von f kompakt ist, gibt es zu diesem ε ein $\delta > 0$ derart, daß gilt:

$$\mathbf{x}, \mathbf{y} \in K, \|\mathbf{y} - \mathbf{x}\| < \delta \quad \Rightarrow \quad |f(\mathbf{y}) - f(\mathbf{x})| < \varepsilon.$$

Wählen wir nun $a = \delta$ und setzen $f(\mathbf{x}) = 0$ für $\mathbf{x} \in K_a \backslash K$, so folgt wegen

$$f(\mathbf{y}) = \int_{K_a} f(\mathbf{y}) \varrho_a(\mathbf{y} - \mathbf{x}) \, d\mu(\mathbf{x}),$$

also

$$F(\mathbf{y}) - f(\mathbf{y}) = \int_{K_a} \big(f(\mathbf{x}) - f(\mathbf{y})\big) \varrho_a(\mathbf{y} - \mathbf{x}) \, d\mu(\mathbf{x}),$$

die Abschätzung

$$|F(\mathbf{y}) - f(\mathbf{y})| \leqq \int_{K_a} |f(\mathbf{x}) - f(\mathbf{y})| \varrho_a(\mathbf{y} - \mathbf{x}) \, d\mu(\mathbf{x})$$

$$\leqq \varepsilon \int_{K_a} \varrho_a(\mathbf{y} - \mathbf{x}) \, d\mu(\mathbf{x}) = \varepsilon,$$

und zwar für alle $\mathbf{y} \in K$, d. h. es gilt

$$\|F - f\| \leqq \varepsilon.$$

Dieses Ergebnis kann man auch folgendermaßen ausdrücken:

Im Banach-Raum $\mathfrak{C}(K)$ der auf K stetigen Funktionen liegt der Unterraum der unendlich oft differenzierbaren Funktionen dicht.

Aufgaben

1. Es sei $M = [0, 1]$ und

$$f_k(x) = \frac{k^s x}{1 + k^2 x^2}$$

mit $s > 0$. Für welche s ist die Folge (f_k) punktweise konvergent, für welche s besitzt (f_k) eine Lebesgue-integrierbare Majorante und für welche s ist Integration und Grenzübergang vertauschbar?

2. Für $-1 \leqq x \leqq 1$ sei

$$f_k(x) = \frac{1}{k}(1 - |x|)^k$$

gesetzt. Man gebe eine notwendige und hinreichende Bedingung dafür an, daß die Funktionenreihe

$$\sum_{k=1}^{\infty} c_k f_k(x)$$

für fast alle $x \in [-1, 1]$ punktweise konvergiert. Für den Fall, daß alle c_k gleich 1 sind, bestimme man die Reihensumme.

3. Aus dem Satz von B. Levi folgere man: Besitzt eine monoton wachsende Folge (f_k) Lebesgue-integrierbarer Funktionen eine Lebesgue-integrierbare Grenzfunktion f, so gilt

$$\lim_k \int_M f_k \, d\mu = \int_M f \, d\mu .$$

Man formuliere eine äquivalente Aussage für Funktionenreihen.

4. Es sei $f_k \in \mathfrak{L}^1(M)$ und die Folge (f_k) monoton fallend. Dann gilt

$$\lim_k \int_M f_k \, d\mu = 0$$

genau dann, wenn

$$\lim_k f_k(\mathbf{x}) = 0 \qquad \text{für fast alle } \mathbf{x} \in M .$$

5. Man gebe Beispiele für Folgen (f_k) von Lebesgue-integrierbaren Funktionen an, die dem Maße nach gegen die Nullfunktion konvergieren, die aber keine Lebesgue-integrierbare Majorante besitzen. Die Zahlenfolge $\left(\int_M f_k \, d\mu\right)$ braucht dann nicht zu konvergieren. Muß im Falle der Konvergenz $\lim_k \int_M f_k \, d\mu = 0$ gelten?

6. Aus dem Satz von B. Levi folgere man: Wenn die Funktionen $f_k : M \to \mathbb{R}$ nichtnegativ und Lebesgue-integrierbar sind und es ein $a > 0$ gibt derart, daß

$$\int_M f_k \, d\mu \leqq a$$

für alle k gilt, und wenn schließlich $\lim_k f_k(\mathbf{x}) =: f(\mathbf{x})$ für fast alle $\mathbf{x} \in M$ existiert, dann ist f Lebesgue-integrierbar und es gilt

$$\int_M f\,d\mu \leqq a.$$

Anleitung: Man betrachte die Funktionen h_k mit

$$h_k(\mathbf{x}) = \inf\{f_k(\mathbf{x}), f_{k+1}(\mathbf{x}), \ldots\}.$$

7. Entsprechend wie in Aufg. 6 beweise man: Die Funktionen $f_k : M \to \mathbb{R}$ seien nichtnegativ und Lebesgue-integrierbar und es existiere der Limes inferior $\underline{\lim}_k \int_M f_k\,d\mu$. Dann existiert für fast alle $\mathbf{x} \in M$

$$\underline{\lim}_k f_k(\mathbf{x}) =: f(\mathbf{x}),$$

die hierdurch festgelegte Funktion f ist Lebesgue-integrierbar und es gilt

$$\int_M f\,d\mu \leqq \underline{\lim}_k \int_M f_k\,d\mu.$$

(Lemma von Fatou)

Man belege durch ein Beispiel, daß die Gleichheit nicht zu gelten braucht.

8. Es sei (f_k) eine Folge Lebesgue-integrierbarer Funktionen, die eine Lebesgue-integrierbare Majorante F besitzt. Dann gelten die Ungleichungen

$$\int_M \big(\underline{\lim}_k f_k(\mathbf{x})\big)\,d\mu(\mathbf{x}) \leqq \underline{\lim}_k \int_M f_k\,d\mu$$

und

$$\int_M \big(\overline{\lim}_k f_k(\mathbf{x})\big)\,d\mu(\mathbf{x}) \geqq \overline{\lim}_k \int_M f_k\,d\mu.$$

Hieraus folgere man den Lebesgueschen Satz von der majorisierten Konvergenz.

9. Man beweise den Lebesgueschen Satz von der majorisierten Konvergenz unter Verwendung des Satzes von Egoroff (vgl. S. 240).

10. Es sei $f : [a, b] \to \mathbb{R}$ Lebesgue-integrierbar. Man zeige, daß es zu vorgegebenem $\varepsilon > 0$ eine stetige Funktion $h : [a, b] \to \mathbb{R}$ gibt derart, daß gilt

$$\int_a^b |f(x) - h(x)|\,dx < \varepsilon.$$

11. Es sei Q ein kompakter Quader und $f : Q \to \mathbb{R}$ sei beschränkt. Dann sind die Limesfunktionen φ und Φ von f (vgl. Aufg. 18, S. 249) Lebesgue-integrierbar.

Mit den in Aufg. 12, S. 271 eingeführten Bezeichnungen gilt

$$\int_M \varphi\, d\mu = \sup U_f \qquad \text{und} \qquad \int_M \Phi\, d\mu = \inf O_f$$

12. Mit Hilfe von Aufg. 11 zeige man, daß eine beschränkte Funktion $f: Q \to \mathbb{R}$ genau dann Riemann-integrierbar (vgl. Aufg. 13, S. 271) ist, wenn die Unstetigkeitspunkte von f eine Lebesguesche Nullmenge bilden.

    Für Riemann-integrierbares $f: [a, b] \to \mathbb{R}$ ist die durch $F(x) = \int_a^x f(t)\, dt$ erklärte Funktion F fast überall differenzierbar und es gilt $F'(x) = f(x)$ für fast alle x.
13. Die Funktion $F: [a, b] \to \mathbb{R}$ sei differenzierbar und ihre Ableitung F' sei beschränkt. Dann gilt

    $$\int_a^b F'(x)\, dx = F(b) - F(a).$$

    Für welche $s > 0$ ist die Ableitung der in $[0, 1]$ differenzierbaren Funktion $F(x) = x^2 \sin \frac{1}{x^s}$, $F(0) = 0$, nicht Lebesgue-integrierbar?
14. Die Funktionen $f_k: M \to \mathbb{R}$ seien Lebesgue-meßbar. Dann gehört $\frac{|f_k|}{1 + |f_k|}$ zu $\mathfrak{L}^1(M)$.
    Man beweise, daß (f_k) genau dann dem Maß nach gegen die Nullfunktion konvergiert, wenn $\lim_k \int_M \frac{|f_k|}{1 + |f_k|} d\mu = 0$ gilt.
15. Es sei M die Ordinatenmenge der Funktion $f(x, y) = \exp(-x^2 - y^2)$. Man berechne $\mu_3(M)$ mit Hilfe des Cavalierischen Prinzips.
16. Es sei M eine Teilmenge des $\mathbb{R}^2$, deren Projektion auf die 2-Achse in einem kompakten Intervall $[a, b]$ enthalten ist, und die von jeder Geraden $x_2 = z$ ($z \in [a, b]$) in einem Intervall geschnitten wird.
    Unter welchen Bedingungen ist M Lebesgue-meßbar?
17. Es sei M der „Torus" im $\mathbb{R}^3$, der durch Rotation der Kreisfläche $(x - a)^2 + z^2 \leqq b^2$ um die z-Achse entsteht (dabei sei $a \geqq b$ vorausgesetzt). Man berechne das Volumen von M mit Hilfe des Cavalierischen Prinzips.
18. Man berechne das Volumen des Durchschnitts der beiden Kreiszylinder, die durch $x^2 + z^2 \leqq 1$ bzw. $y^2 + z^2 \leqq 1$ beschrieben werden.
    Welches Volumen hat der Durchschnitt der drei Kreiszylinder $x^2 + y^2 \leqq 1,\ x^2 + z^2 \leqq 1,\ y^2 + z^2 \leqq 1$?
19. In der Lebesgue-meßbaren Teilmenge M des $\mathbb{R}^n$ sei eine Lebesgue-integrier-

bare Funktion ϱ gegeben. Weiter sei U eine offene Teilmenge des $\mathbb{R}^n$, die zu M disjunkt ist. Man zeige, daß die durch

$$F(\mathbf{y}) = \int_M \frac{\varrho(\mathbf{x})}{|\mathbf{y}-\mathbf{x}|^{n-2}}\, d\mu(\mathbf{x}) \qquad (\mathbf{y} \in U)$$

erklärte Funktion unendlich oft differenzierbar ist und die Gleichung $\Delta F = 0$ erfüllt (Δ ist der „Laplacesche Differentialoperator", vgl. Aufg. 3, S. 141).

20. Es sei S das Standardsimplex im $\mathbb{R}^{n-1}$. Man zeige, daß durch das parameterabhängige Integral

$$B(t_1, \ldots, t_n) := \int_S x_1^{t_1-1} \ldots x_{n-1}^{t_{n-1}-1} (1 - x_1 - \ldots - x_{n-1})^{t_n-1}\, dx_1 \ldots dx_{n-1}$$

in der offenen Menge $t_1 > 0, \ldots, t_n > 0$ eine unendlich oft differenzierbare Funktion erklärt wird. Diese wird als verallgemeinerte Beta-Funktion bezeichnet. Ähnlich wie in Bd. I, S. 447, Aufg. 14, beweise man die Gleichung

$$B(t_1, \ldots, t_n) = \frac{\Gamma(t_1) \cdot \ldots \cdot \Gamma(t_n)}{\Gamma(t_1 + \ldots + t_n)}.$$

16.3 Erweiterung der Integraldefinition, Satz von Fubini

In den vorangehenden Abschnitten hatten wir vorausgesetzt, daß das Integrationsgebiet M Lebesgue-meßbar ist; dies wurde an einigen Stellen, z. B. bei der Integraldefinition oder beim Beweis des Lebesgueschen Satzes von der majorisierten Konvergenz wesentlich verwendet.

Wir wollen jetzt auch Integrale erklären, deren Integrationsgebiet der ganze $\mathbb{R}^n$ ist. Hierzu kann man z. B. den $\mathbb{R}^n$ als Vereinigung von abzählbar vielen Lebesgue-meßbaren Mengen M_j mit $\mu(M_j \cap M_k) = 0$ für $j \neq k$ darstellen. Wenn dann für

$$f: \mathbb{R}^n \to \mathbb{R}$$

alle Integrale $\int_{M_j} f\, d\mu$ existieren (d. h. wenn $f|M_j$ Lebesgue-meßbar und integrierbar ist) und weiter die Reihe

$$\sum_{j=1}^{\infty} \int_{M_j} |f|\, d\mu$$

konvergiert, dann wird man setzen

$$\int f\,d\mu := \sum_{j=1}^{\infty} \int_{M_j} f\,d\mu .$$

Bevor wir die verallgemeinerte Integraldefinition in dieser Weise formulieren können, ist nachzuweisen, daß die verwendete Zerlegung keinen Einfluß auf den Wert des Integrals hat. Dies ergibt sich aus dem „großen Umordnungssatz“ für absolut konvergente Reihen (vgl. Bd. I, S. 181) folgendermaßen:
Es sei etwa

$$\mathbb{R}^n = \bigcup_{i=1}^{\infty} \tilde{M}_i \qquad \text{mit } \mu(\tilde{M}_i \cap \tilde{M}_k) = 0 \text{ für } i \neq k$$

und

$$\mathbb{R}^n = \bigcup_{j=1}^{\infty} M_j \qquad \text{mit } \mu(M_j \cap M_k) = 0 \text{ für } j \neq k .$$

Dann ist $\mathbb{R}^n$ auch als Vereinigung der abzählbar vielen Lebesgue-meßbaren Mengen

$$\tilde{M}_i \cap M_j ,$$

die paarweise nur Nullmengen gemeinsam haben, darstellbar. Nach dem Satz von S. 265 gilt für jedes j die Gleichung

$$\int_{M_j} f\,d\mu = \sum_{i=1}^{\infty} \int_{\tilde{M}_i \cap M_j} f\,d\mu ,$$

wobei die rechts stehende Reihe absolut konvergiert und diejenigen Summanden, für die $\tilde{M}_i \cap M_j = \emptyset$ gilt, sinngemäß gleich 0 gesetzt sind. Da vorausgesetzt ist, daß $\sum_{j=1}^{\infty} \int_{M_j} |f|\,d\mu$ konvergiert und damit die Reihe

$$\sum_{j=1}^{\infty} \int_{M_j} f\,d\mu$$

absolut konvergiert, folgt die Summierbarkeit der Zahlenfamilie

$$\left(\int_{\tilde{M}_i \cap M_j} f\,d\mu \right)_{(i,j) \in \mathbb{N} \times \mathbb{N}}$$

und die Gültigkeit der Gleichungen

$$\sum_{j=1}^{\infty} \int_{M_j} f\,d\mu = \sum_{(i,j) \in \mathbb{N} \times \mathbb{N}} \left(\int_{\tilde{M}_i \cap M_j} f\,d\mu \right) = \sum_{i=1}^{\infty} \int_{\tilde{M}_i} f\,d\mu .$$

Def.: *Es gelte* $\mathbb{R}^n = \bigcup_{j=1}^{\infty} M_j$ *mit Lebesgue-meßbaren Mengen* M_j *und* $\mu(M_j \cap M_k) = 0$ *für* $j \neq k$. *Weiter sei* $f: \mathbb{R}^n \to \mathbb{R}$ *über jedes* M_j *Lebesgue-integrierbar und die Reihe* $\sum_{j=1}^{\infty} \int_{M_j} |f| d\mu$ *sei konvergent.*

Dann heißt f Lebesgue-integrierbar über $\mathbb{R}^n$ *und die Zahl*

$$\int f d\mu := \sum_{j=1}^{\infty} \int_{M_j} f d\mu$$

heißt das Lebesguesche Integral von f über den $\mathbb{R}^n$.

Bezeichnung: $\int f d\mu = \int f(\mathbf{x}) d\mu(\mathbf{x}) = \int_{\mathbb{R}^n} f d\mu = \int_{\mathbb{R}^n} f(\mathbf{x}) d\mu(\mathbf{x})$.

Die Definition des Lebesgueschen Integrals $\int_M f d\mu$ aus Abschnitt 16.1 ordnet sich hier ein, wenn man $f: M \to \mathbb{R}$ zu $f: \mathbb{R}^n \to \mathbb{R}$ erweitert, indem man für $\mathbf{x} \notin M$ festsetzt $f(\mathbf{x}) = 0$.

Als *Träger* einer Funktion $f: \mathbb{R}^n \to \mathbb{R}$ bezeichnet man die abgeschlossene Hülle der Menge

$$\{\mathbf{x} \in \mathbb{R}^n | f(\mathbf{x}) \neq 0\}.$$

Mit dieser Ausdrucksweise kann man sagen, daß in den beiden vorangehenden Abschnitten die Integrationstheorie für Funktionen $f: \mathbb{R}^n \to \mathbb{R}$ mit Lebesgue-meßbarem Träger entwickelt wurde.
Ist der Träger einer Funktion, für die das Integral über den $\mathbb{R}^n$ existiert, in einer Teilmenge A – die wir stets als abgeschlossen voraussetzen können – enthalten, so wollen wir auch die Schreibweise

$$\int_A f d\mu$$

verwenden. Mit dieser Bezeichnung können z. B. auch die Halbräume oder unbeschränkte konvexe Mengen (also Mengen, deren Lebesgue-Maß nicht endlich ist) als Integrationsgebiete benannt werden. Es ist klar, daß die Wahl von A keinen Einfluß auf den Wert des Integrals hat, da der Integrand außerhalb seines Trägers den Wert 0 annimmt. Aus $\int f d\mu = \sum_{j=1}^{\infty} \int_{M_j} f d\mu$ folgt mit der eingeführten Bezeichnungsweise:

$$\int_A f d\mu = \sum_{j=1}^{\infty} \int_{A \cap M_j} f d\mu$$

Daß es sich um eine echte Erweiterung der Integraldefinition von S. 256 handelt, zeigt das folgende Beispiel: Die durch

$$f(x, y) = \exp(-x^2 - y^2)$$

erklärte Funktion $f: \mathbb{R}^2 \to \mathbb{R}$ hat als Träger den ganzen $\mathbb{R}^2$, ihr Träger ist also nicht Lebesgue-meßbar. Wohl aber existiert $\int f d\mu$ gemäß der neuen Definition: Für M_j nehme man etwa den Kreisring $(j-1)^2 \leqq x^2 + y^2 < j^2$; dann ergibt sich aus Beispiel 2) von S. 261:

$$\int_{M_j} f d\mu = \pi \cdot (e^{-(j-1)^2} - e^{-j^2}).$$

Man erhält also die Teilsummen

$$\sum_{j=1}^{k} \int_{M_j} f d\mu = \pi \cdot (1 - e^{-k^2})$$

und, da die Reihenglieder alle positiv sind, ergibt sich die absolute Konvergenz der zu betrachtenden Reihe. Es folgt

$$\int \exp(-x^2 - y^2) d\mu(x, y) = \pi.$$

Die meisten der in den vorangehenden Abschnitten hergeleiteten Ergebnisse für Integrale des Typs $\int_M f d\mu$ bleiben auch für Integrale, die über den $\mathbb{R}^n$ erstreckt werden, gültig.
Die Menge aller über $\mathbb{R}^n$ Lebesgue-integrierbaren Funktionen bezeichnen wir mit $\mathfrak{L}^1(\mathbb{R}^n)$. Es handelt sich um einen reellen Vektorraum und das Lebesguesche Integral ist eine monotone Linearform auf diesem Vektorraum.

Satz: *Für $f, f_1, f_2 \in \mathfrak{L}^1(\mathbb{R}^n)$ und $c \in \mathbb{R}$ gilt:*

(1) $\int (f_1 + f_2) d\mu = \int f_1 d\mu + \int f_2 d\mu$

(2) $\int c f d\mu = c \int f d\mu$

(3) *Aus $f_1(\mathbf{x}) \leqq f_2(\mathbf{x})$ f. ü. in $\mathbb{R}^n$ folgt $\int f_1 d\mu \leqq \int f_2 d\mu$*

(4) *$|f|$ gehört zu $\mathfrak{L}^1(\mathbb{R}^n)$ und es gilt $|\int f d\mu| \leqq \int |f| d\mu$.*

Der Beweis der Aussagen (1), (2), (3) ergibt sich unmittelbar aus dem Satz von S. 256 unter Verwendung der Rechenregeln für absolut konvergente Reihen.

Um die Lebesgue-Integrierbarkeit von $|f|$ zu beweisen, zerlegen wir jede der Mengen M_j, die zur Berechnung von

$$\int f d\mu = \sum_{j=1}^{\infty} \int_{M_j} f d\mu$$

verwendet werden, in die beiden Lebesgue-meßbaren Mengen

$$M_j^+ := \{\mathbf{x} \in M_j | f(\mathbf{x}) \geqq 0\}$$

und

$$M_j^- := \{\mathbf{x} \in M_j | f(\mathbf{x}) < 0\}.$$

Dann kann $\int f d\mu$ auch unter Bezug auf die abzählbar vielen Mengen M_j^+ und M_j^- berechnet werden; es gilt

$$\int f d\mu = \sum_{j=1}^{\infty} \int_{M_j^+} f d\mu + \sum_{j=1}^{\infty} \int_{M_j^-} f d\mu,$$

wobei beide Reihen absolut konvergieren.

Da die Funktion $|f|$ auf $\bigcup_{j=1}^{\infty} M_j^+$ mit f und auf $\bigcup_{j=1}^{\infty} M_j^-$ mit $(-f)$ übereinstimmt, folgt die Lebesgue-Integrierbarkeit von $|f|$ und die Gleichung

$$\int |f| d\mu = \sum_{j=1}^{\infty} \int_{M_j^+} f d\mu - \sum_{j=1}^{\infty} \int_{M_j^-} f d\mu,$$

aus der sich auch die in (4) genannte Abschätzung

$$|\int f d\mu| \leqq \int |f| d\mu$$

ergibt.

Aufgabe: Man zeige, daß umgekehrt für meßbares f aus der Lebesgue-Integrierbarkeit von $|f|$ auch die Lebesgue-Integrierbarkeit von f folgt:

Die geometrische Deutung des Lebesgueschen Integrals mittels der Maße von $(n+1)$-dimensionalen Ordinatenmengen (vgl. S. 257) ist unverändert auch für Integrale, die über den $\mathbb{R}^n$ erstreckt sind, gültig:
Genau dann gehört f zu $\mathfrak{L}^1(\mathbb{R}^n)$, wenn die Ordinatenmengen

$$M_f^+ = \{(\mathbf{x}, z) \in \mathbb{R}^{n+1} | \mathbf{x} \in \mathbb{R}^n, 0 \leqq z < f^+(\mathbf{x})\}$$

und

$$M_f^- = \{(\mathbf{x}, z) \in \mathbb{R}^{n+1} | \mathbf{x} \in \mathbb{R}^n, f^-(\mathbf{x}) < z \leqq 0\}$$

Lebesgue-meßbar sind (dabei ist $f^+ = \frac{1}{2}(f + |f|)$ und $f^- = \frac{1}{2}(f - |f|)$ gesetzt). Dies folgt unmittelbar aus den Gleichungen

$$\int f^+ d\mu = \sum_{j=1}^{\infty} \int_{M_j} f^+ d\mu = \sum_{j=1}^{\infty} \mu_{n+1}(M_j^+) = \mu_{n+1}(M_f^+)$$

und

$$\int f^- d\mu = \sum_{j=1}^{\infty} \int_{M_j} f^- d\mu = -\sum_{j=1}^{\infty} \mu_{n+1}(M_j^-) = -\mu_{n+1}(M_f^-),$$

aus denen sich

$$\int f d\mu = \mu_{n+1}(M_f^+) - \mu_{n+1}(M_f^-)$$

ergibt.

Die Integralabschätzung (5) von S. 257 hat kein Analogon, da der $\mathbb{R}^n$ kein endliches Maß hat. Damit ist auch klar, daß der Beweis für die Vertauschbarkeit von Integration und Grenzübergang bei gleichmäßiger Konvergenz nicht übertragbar ist; man vergleiche hierzu das in Bd. I, S. 419, angeführte Beispiel.

Die Sätze von Lebesgue und B. Levi (vgl. S. 274 und S. 276) über die Vertauschbarkeit von Integration und Grenzübergang sind aber auch für den erweiterten Integralbegriff richtig.

Satz: *Es sei $f_k \in \mathfrak{L}^1(\mathbb{R}^n)$ und es existiere*

$$\lim_k f_k(\mathbf{x}) =: f(\mathbf{x})$$

für fast alle $\mathbf{x} \in \mathbb{R}^n$. Weiter gebe es ein $F \in \mathfrak{L}^1(\mathbb{R}^n)$ derart, daß

$$|f_k(\mathbf{x})| \leqq F(\mathbf{x})$$

für fast alle $\mathbf{x} \in \mathbb{R}^n$ gilt.
Dann gehört f zu $\mathfrak{L}^1(\mathbb{R}^n)$ und es besteht die Gleichung

$$\lim_k \int f_k d\mu = \int f d\mu .$$

(Lebesguescher Satz von der majorisierten Konvergenz)

Beweis: Es sei $\varepsilon > 0$ vorgegeben. Da $F \in \mathfrak{L}^1(\mathbb{R}^n)$ vorausgesetzt ist, gibt es eine natürliche Zahl r derart, daß gilt

$$\sum_{j=r+1}^{\infty} \int_{M_j} F d\mu < \varepsilon .$$

Hierbei bilden die M_j irgendeine Zerlegung von $\mathbb{R}^n$ in Lebesgue-meßbare Teilmengen.
Um zu zeigen, daß f zu $\mathfrak{L}^1(\mathbb{R}^n)$ gehört, beachten wir zunächst, daß F Majorante für die Folge (f_k) und damit auch für f auf jeder der meßbaren Mengen M_j ist und daß somit $\int_{M_j} f d\mu$ existiert. Weiter ist die Reihe $\sum_{j=1}^{\infty} \int_{M_j} f d\mu$ absolut konvergent,

da aus $|f(\mathbf{x})| \leqq F(\mathbf{x})$ f. ü. in $\mathbb{R}^n$ die Abschätzung

$$\sum_{j=r+1}^{\infty} \int_{M_j} |f| d\mu < \varepsilon$$

folgt. Es gilt daher $f \in \mathfrak{L}^1(R^n)$.
Die Vertauschbarkeit von Integration und Grenzübergang beweisen wir nun, indem wir mit $M = M_1 \cup \ldots \cup M_r$ die Gleichungen

$$\int f d\mu = \int_M f d\mu + \sum_{j=r+1}^{\infty} \int_{M_j} f d\mu$$

und

$$\int f_k d\mu = \int_M f_k d\mu + \sum_{j=r+1}^{\infty} \int_{M_j} f_k d\mu$$

erhalten und wie folgt abschätzen:

$$|\int f d\mu - \int f_k d\mu| \leqq |\int_M f d\mu - \int_M f_k d\mu| + \sum_{j=r+1}^{\infty} \int_{M_j} |f| d\mu + \sum_{j=r+1}^{\infty} \int_{M_j} |f_k| d\mu.$$

Neben der schon hergeleiteten Ungleichung

$$\sum_{j=r+1}^{\infty} \int_{M_j} |f| d\mu < \varepsilon$$

hat man wegen $|f_k(\mathbf{x})| \leqq F(\mathbf{x})$ f. ü. in $\mathbb{R}^n$ – auch für jedes k

$$\sum_{j=r+1}^{\infty} \int_{M_j} |f_k| d\mu < \varepsilon.$$

Nach dem Lebesgueschen Satz von S. 276 gibt es schließlich zu dem gegebenen $\varepsilon > 0$ einen Index k_0 derart, daß für alle $k \geqq k_0$ gilt

$$|\int_M f d\mu - \int_M f_k d\mu| < \varepsilon.$$

Es folgt also für alle $k \geqq k_0$ die Ungleichung

$$|\int f d\mu - \int f_k d\mu| < 3\varepsilon,$$

d. h. es gilt

$$\lim_k \int f_k d\mu = \int f d\mu.$$

Damit ist der Satz von der majorisierten Konvergenz bewiesen.

Als Folgerung ergibt sich, daß die Beweise der im vorigen Abschnitt genannten Sätze über parameterabhängige Integrale wörtlich auf parameterabhängige Integrale

$$\int f(\mathbf{x}, \mathbf{t})\, d\mu(\mathbf{x}),$$

die über $\mathbb{R}^n$ erstreckt sind, übertragen werden können.

Als Beispiel betrachten wir die *Fourier-Transformation*

$$g(\mathbf{y}) = (2\pi)^{-\frac{n}{2}} \int f(\mathbf{x})\, e^{-i\langle \mathbf{x}, \mathbf{y}\rangle}\, d\mu(\mathbf{x}),$$

durch die jeder reellwertigen Funktion $f \in \mathfrak{L}^1(\mathbb{R}^n)$ ihre *Fouriertransformierte* $g : \mathbb{R}^n \to \mathbb{C}$ zugeordnet wird. Da der Integrand die Majorante $|f|$ besitzt und stetig (sogar unendlich oft differenzierbar) von $\mathbf{y}$ abhängt, folgt, daß g stetig ist. Wenn weiter die Funktionen $x_1 f(\mathbf{x}), \ldots, x_n f(\mathbf{x})$ zu $\mathfrak{L}^1(\mathbb{R}^n)$ gehören, ist g sogar stetig differenzierbar.

Aufgabe: Man zeige, daß die Fourier-Transformierte einer Funktion $f \in \mathfrak{L}^1(\mathbb{R}^n)$ gleichmäßig stetig ist.

Wir wenden uns nun der Übertragung des zweiten Satzes von S. 276 zu.

Satz: *Es gelte $f_k \in \mathfrak{L}^1(\mathbb{R}^n)$ und*

(i) $0 \leqq f_1(\mathbf{x}) \leqq f_2(\mathbf{x}) \leqq \ldots$ *f. ü. in $\mathbb{R}^n$,*

(ii) $\int f_k\, d\mu \leqq a$ *für alle k.*

Dann existiert $\lim_k f_k(x)$ f. ü. in $\mathbb{R}^n$, die Grenzfunktion f gehört zu $\mathfrak{L}^1(\mathbb{R}^n)$ und es gilt

$$\lim_k \int f_k\, d\mu = \int f\, d\mu.$$

(Satz von B. Levi)

Beweis: Wir gehen aus von irgendeiner Zerlegung des $\mathbb{R}^n$ in abzählbar viele Lebesgue-meßbare Teilmengen M_j. Auf jeder Menge M_j existiert dann nach dem Satz von B. Levi in der Fassung von S. 276 f. ü. der Grenzwert $\lim_k f_k(\mathbf{x}) =: f(\mathbf{x})$ und es gilt $f \in \mathfrak{L}^1(M_j)$.

Daraus folgt, daß f. ü. in $\mathbb{R}^n$

$$\lim_k f_k(\mathbf{x}) =: f(\mathbf{x})$$

existiert.

Die weiteren Behauptungen, nämlich daß f zu $\mathfrak{L}^1(\mathbb{R}^n)$ gehört und daß die Gleichung

$$\lim_k \int f_k \, d\mu = \int f \, d\mu$$

gilt, ergeben sich durch Betrachtung der Ordinatenmengen von f_k und f ganz entsprechend wie auf S. 277.

Eine andere Formulierung des Satzes von B. Levi lautet:

Wenn die nichtnegativen Funktionen f_k zu $\mathfrak{L}^1(\mathbb{R}^n)$ gehören und die Reihe

$$\sum_{k=1}^{\infty} \int f_k \, d\mu$$

konvergiert, dann gilt die Gleichung

$$\sum_{k=1}^{\infty} \int f_k \, d\mu = \int \left(\sum_{k=1}^{\infty} f_k \right) d\mu .$$

Cavalierisches Prinzip

In ganz ähnlicher Weise wie auf S. 279ff. ergibt sich nun die folgende allgemeine Fassung des *Cavalierischen Prinzips:*

Es sei M eine Lebesgue-meßbare Teilmenge des $\mathbb{R}^n = \mathbb{R}^p \times \mathbb{R}^q$ und

$$M(\mathbf{y}) := \{(x_1, \ldots, x_p) \mid (x_1, \ldots, x_p, y_1, \ldots, y_q) \in M\}.$$

Dann ist für fast alle $\mathbf{y} \in \mathbb{R}^q$ die Menge $M(\mathbf{y})$ eine Lebesgue-meßbare Teilmenge des $\mathbb{R}^p$, die Funktion $h : \mathbb{R}^q \to \mathbb{R}$, die durch

$$h(\mathbf{y}) := \mu_p(M(\mathbf{y}))$$

f. ü. erklärt ist, gehört zu $\mathfrak{L}^1(\mathbb{R}^q)$ und es gilt

$$\mu_n(M) = \int h(\mathbf{y}) \, d\mu_q(\mathbf{y}) .$$

Den Beweis brauchen wir hier im einzelnen nicht auszuführen, da sich der entsprechende Beweis von S. 279ff. ohne Mühe übertragen läßt. Wir geben deshalb nur eine Beweisübersicht:
Nachdem die Aussage des Satzes für offenes meßbares M mit Hilfe des Satzes von B. Levi gewonnen ist, folgt weiter die Gültigkeit für kompakte Mengen. Zu einer beliebigen meßbaren Menge M wählt man dann eine aufsteigende Folge

von kompakten Mengen und eine absteigende Folge von meßbaren offenen Mengen, für die die Maße gegen $\mu_n(M)$ konvergieren. Durch nochmalige Anwendung des Satzes von B. Levi erkennt man, daß $h(\mathbf{y})$ für fast alle $\mathbf{y} \in \mathbb{R}^q$ definiert ist, daß h zu $\mathfrak{L}^1(\mathbb{R}^q)$ gehört und daß gilt

$$\mu_n(M) = \int h(\mathbf{y})\, d\mu_q(\mathbf{y}).$$

Aufgabe: Man führe die angegebenen Beweisschritte im einzelnen aus.

Der Satz von Fubini, in dem es um die Darstellung und Berechnung von $\int f\, d\mu_n$ als *iteriertes Integral*

$$\int \Big(\int f(\mathbf{x}, \mathbf{y})\, d\mu_p(\mathbf{x}) \Big)\, d\mu_q(\mathbf{y})$$

geht, ergibt sich unmittelbar aus dem Cavalierischen Prinzip, indem man die Ordinatenmengen M_f^+ und M_f^- von f im Raum $\mathbb{R}^n \times \mathbb{R}$ betrachtet. Da das Lebesguesche Maß invariant gegenüber Vertauschungen der Koordinaten ist, kann $\mathbb{R}^n \times \mathbb{R}$ auch als $(\mathbb{R}^p \times \mathbb{R}) \times \mathbb{R}^q$ (bzw. als $\mathbb{R}^p \times (\mathbb{R}^q \times \mathbb{R})$) angesehen werden.

Satz: *Die Funktion $f : \mathbb{R}^n \to \mathbb{R}$ sei Lebesgue-integrierbar und es sei $\mathbb{R}^n$ als Produkt $\mathbb{R}^p \times \mathbb{R}^q$ aufgefaßt. Dann gehört für fast alle $\mathbf{y} \in \mathbb{R}^q$ die Funktion*

$$\mathbf{x} \mapsto f(\mathbf{x}, \mathbf{y})$$

zu $\mathfrak{L}^1(\mathbb{R}^p)$. Die für fast alle $\mathbf{y} \in \mathbb{R}^q$ erklärte Funktion

$$\mathbf{y} \mapsto \int f(\mathbf{x}, \mathbf{y})\, d\mu_p(\mathbf{x})$$

gehört zu $\mathfrak{L}^1(\mathbb{R}^q)$ und es gilt

$$\int f\, d\mu_n = \int \Big(\int f(\mathbf{x}, \mathbf{y})\, d\mu_p(\mathbf{x}) \Big)\, d\mu_q(\mathbf{y}).$$

(Satz von Fubini)

Beweis: Wir betrachten zunächst den Fall, daß $f(\mathbf{x}, \mathbf{y}) \geqq 0$ gilt. Da f zu $\mathfrak{L}^1(\mathbb{R}^n)$ gehört, ist die zugehörige Ordinatenmenge $M_f \subset \mathbb{R}^{n+1}$ Lebesgue-meßbar. Auf sie wenden wir das Cavalierische Prinzip an, indem wir den $\mathbb{R}^{n+1}$ als $(\mathbb{R}^p \times \mathbb{R}) \times \mathbb{R}^q$ auffassen. Es ergibt sich, daß für fast alle $\mathbf{y} \in \mathbb{R}^q$ die Menge

$$M_f(\mathbf{y}) = \{(\mathbf{x}, z) \in \mathbb{R}^p \times \mathbb{R} \mid (\mathbf{x}, z, \mathbf{y}) \in M_f\}$$

eine Lebesgue-meßbare Teilmenge des $\mathbb{R}^{p+1}$ ist und daß die durch

$$h(\mathbf{y}) := \mu_{p+1}\big(M_f(\mathbf{y})\big)$$

f. ü. erklärte Funktion zu $\mathfrak{L}^1(\mathbb{R}^q)$ gehört. Nun ist – für fast alle $\mathbf{y}$ – das Maß der Ordinatenmenge $M_f(\mathbf{y})$ als Integral (vgl. S. 258) darstellbar:

$$\mu_{p+1}(M_f(\mathbf{y})) = \int f(\mathbf{x}, \mathbf{y})\, d\mu_p(\mathbf{x}).$$

Nach dem Cavalierischen Prinzip gilt

$$\mu_{n+1}(M_f) = \int \mu_{p+1}(M_f(\mathbf{y}))\, d\mu_q(\mathbf{y}).$$

Wegen $\mu_{n+1}(M_f) = \int f\, d\mu_n$ folgt die Gültigkeit der Gleichung

$$\int f\, d\mu_n = \int\left(\int f(\mathbf{x}, \mathbf{y})\, d\mu_p(\mathbf{x})\right) d\mu_q(\mathbf{y}).$$

Damit ist der Satz von Fubini für nichtnegatives $f \in \mathfrak{L}^1(\mathbb{R}^n)$ bewiesen.

Weiter ist klar, daß aus der Gültigkeit des Satzes von Fubini für f_1 und f_2 die Gültigkeit für $f_1 + f_2$ folgt. Für beliebiges $f \in \mathfrak{L}^1(\mathbb{R}^n)$ kann man daher die Zerlegung $f = f^+ + f^-$ verwenden, und erhält damit die Behauptung.

Da die Rollen von $\mathbf{x}$ und $\mathbf{y}$ vertauscht werden können (vgl. hierzu S. 304), wird der Satz von Fubini oft in der Form

$$\int f\, d\mu_n = \int\left(\int f(\mathbf{x}, \mathbf{y})\, d\mu_p(\mathbf{x})\right) d\mu_q(\mathbf{y}) = \int\left(\int f(\mathbf{x}, \mathbf{y})\, d\mu_q(\mathbf{y})\right) d\mu_p(\mathbf{x})$$

geschrieben. Dabei soll durch diese Gleichung auch ausgedrückt werden, daß alle auftretenden Integrale existieren.

Bemerkung: Aus der Existenz und Gleichheit der beiden iterierten Integrale kann aber nicht auf die Existenz von $\int f\, d\mu_n$ geschlossen werden, wie das folgende Beispiel zeigt. Es gilt zwar

$$\int\left(\int \frac{xy}{(x^2+y^2)^2}\, dx\right) dy = 0$$

und

$$\int\left(\int \frac{xy}{(x^2+y^2)^2}\, dy\right) dx = 0,$$

aber die Funktion f mit

$$f(x, y) = \begin{cases} \dfrac{xy}{(x^2+y^2)^2} & \text{für } (x, y) \neq (0, 0) \\ 0 & \text{für } (x, y) = (0, 0) \end{cases}$$

gehört nicht zu $\mathfrak{L}^1(\mathbb{R}^2)$. Denn mit f müßte auch $|f|$ integrierbar sein; also müßte nach dem Satz von Fubini das iterierte Integral

$$\int\left(\int \frac{|xy|}{(x^2+y^2)^2}\,dx\right)dy$$

existieren. Für das innere Integral findet man

$$\int \frac{|xy|}{(x^2+y^2)^2}\,dx = \frac{1}{|y|};$$

die Funktion $y \mapsto \frac{1}{|y|}$ gehört aber nicht zu $\mathfrak{L}^1(\mathbb{R})$.

Aufgabe: Wenn die iterierten Integrale übereinstimmen und f ist nichtnegativ, dann gehört f zu $\mathfrak{L}^1(\mathbb{R}^n)$.

Wiederholte Anwendung des Satzes von Fubini ergibt für $f \in \mathfrak{L}^1(\mathbb{R}^n)$ die Gleichung

$$\int f\,d\mu_n = \int(\ldots(\int(\int f(x_1, x_2, \ldots, x_n)\,dx_1)\,dx_2)\ldots)\,dx_n,$$

durch die die Berechnung von $\int f\,d\mu_n$ auf die Berechnung „eindimensionaler" Integrale zurückgeführt wird.
Ist z. B. $f \in \mathfrak{L}^1(\mathbb{R}^n)$ als Produkt von Funktionen je einer Variablen darstellbar, gilt also

$$f(\mathbf{x}) = \varphi_1(x_1) \cdot \varphi_2(x_2) \cdot \ldots \cdot \varphi_n(x_n),$$

so gehören $\varphi_1, \varphi_2, \ldots, \varphi_n$ zu $\mathfrak{L}^1(\mathbb{R})$ und es gilt:

$$\int f\,d\mu_n = \int \varphi_1\,d\mu_1 \cdot \int \varphi_2\,d\mu_1 \cdot \ldots \cdot \int \varphi_n\,d\mu_1.$$

Beispiele:

1) Nach S. 298 gilt

$$\int \exp(-x^2 - y^2)\,d\mu(x, y) = \pi.$$

Wegen $\exp(-x^2 - y^2) = \exp(-x^2) \cdot \exp(-y^2)$ folgt

$$\pi = \int \exp(-x^2)\,dx \cdot \int \exp(-y^2)\,dy,$$

d. h. man erhält

$$\int \exp(-x^2)\,dx = \sqrt{\pi}.$$

(Man vergleiche hiermit die trickreiche Herleitung dieses Ergebnisses in Bd. I, S. 404, Aufg. 4.)

Weiter ergibt sich nun für beliebiges n die Gleichung

$$\int \exp(-x_1^2 - \ldots - x_n^2)\, d\mu(x_1, \ldots, x_n) = (\sqrt{\pi})^n.$$

2) Wenn der Träger von $f \in \mathfrak{L}^1(\mathbb{R}^n)$ in einer kompakten konvexen Menge K enthalten ist, dann sind die einzelnen eindimensionalen Integrale über kompakte Intervalle zu erstrecken. Diese werden sukzessive bestimmt; im ersten Schritt ermittelt man die Endpunkte der Strecke, die von der Parallelen zur 1-Achse durch den Punkt $(0, x_2, \ldots, x_n)$ aus K ausgeschnitten wird, ihre 1-Koordinaten seien $a_1(x_2, \ldots, x_n)$ und $b_1(x_2, \ldots, x_n)$. Das „innerste" Integral

$$\int\limits_{a_1(x_2,\ldots,x_n)}^{b_1(x_2,\ldots,x_n)} f(x_1, x_2, \ldots, x_n)\, dx_1$$

ist nun über der kompakten konvexen Menge $K_1 \subset \mathbb{R}^{n-1}$, die durch Projektion von K auf die Hyperebene $x_1 = 0$ längs der 1-Achse entsteht, definiert. Mit K_1 verfährt man entsprechend wie mit K und erhält im nächsten Schritt das iterierte Integral

$$\int\limits_{a_2(x_3,\ldots,x_n)}^{b_2(x_3,\ldots,x_n)} \left(\int\limits_{a_1(x_2,\ldots,x_n)}^{b_1(x_2,\ldots,x_n)} f(x_1, x_2, \ldots, x_n)\, dx_1 \right) dx_2 .$$

Schließlich gelangt man zu der Gleichung

$$\int\limits_K f\, d\mu_n = \int\limits_{a_n}^{b_n} \left(\ldots \left(\int\limits_{a_2(x_3,\ldots,x_n)}^{b_2(x_3,\ldots,x_n)} \left(\int\limits_{a_1(x_2,\ldots,x_n)}^{b_1(x_2,\ldots,x_n)} f(x_1, x_2, \ldots, x_n)\, dx_1 \right) dx_2 \right) \ldots \right) dx_n .$$

Ist speziell K ein Quader, so sind alle vorkommenden Grenzen konstant.

Für den Fall, daß K die Einheitskugel des $\mathbb{R}^3$ ist, erhält man so z. B. die folgende Gleichung

$$\int\limits_K f(x,y,z)\, d\mu(x,y,z) = \int\limits_{-1}^{1} \left(\int\limits_{-\sqrt{1-z^2}}^{\sqrt{1-z^2}} \left(\int\limits_{-\sqrt{1-y^2-z^2}}^{\sqrt{1-y^2-z^2}} f(x,y,z)\, dx \right) dy \right) dz .$$

Aufgaben

1. Für Funktionen $f: \mathbb{R} \to \mathbb{R}$, die in jedem kompakten Intervall Regelfunktionen sind, wurde in Bd. I, S. 420 und S. 439 erklärt, wann sie ein absolut konvergentes uneigentliches Integral $\int\limits_{-\infty}^{\infty} f(x)\, dx$ besitzen.

   Man zeige, daß jede solche Funktion zu $\mathfrak{L}^1(\mathbb{R})$ gehört, und daß die Integralwerte übereinstimmen. Weiter gebe man Beispiele von Funktionen aus $\mathfrak{L}^1(\mathbb{R})$ an, die nicht unter den oben genannten Begriff der „uneigentlich absoluten Integrierbarkeit" fallen.

2. In Bd. I, S. 441 wurde die Γ-Funktion für $t > 0$ durch

$$\Gamma(t) = \int_0^\infty x^{t-1} \cdot \exp(-x)\,dx$$

erklärt. Man beweise, daß gilt

$$\lim_k \int_0^k x^{t-1} \cdot \left(1 - \frac{x}{k}\right)^k dx = \Gamma(t).$$

Weiter leite man durch Produktintegration die Gleichung

$$\int_0^k x^{t-1} \cdot \left(1 - \frac{x}{k}\right)^k dx = \frac{(k-1)!}{k^{k-1}} \cdot \frac{1}{t(t+1)\ldots(t+k-1)} \int_0^k x^{t+k-1}\,dx$$

her, und gewinne daraus die „Produktdarstellung" der Γ-Funktion:

$$\Gamma(t) = \lim_k \frac{k!\,k^t}{t(t+1)\ldots(t+k)} \qquad (t > 0).$$

Für welche $t < 0$ existiert der rechts stehende Grenzwert?

3. Die Funktion $f_k : \mathbb{R} \to \mathbb{R}$ sei erklärt durch

$$f_k(x) = \begin{cases} \dfrac{1}{k} & \text{für} \quad |x| \leqq k \\ 0 & \text{für} \quad |x| > k. \end{cases}$$

Konvergiert die Folge (f_k) dem Maße nach bzw. punktweise bzw. gleichmäßig? Sind Integration und Grenzübergang vertauschbar?

4. Für $f(x) = \dfrac{1}{1+x^2}$ bestimme man explizit die Fourier-Transformierte

$$g(y) = \frac{1}{\sqrt{2\pi}} \int_{-\infty}^{\infty} \frac{e^{-ixy}}{1+x^2}\,dx.$$

Ist g differenzierbar?

5. Man zeige, daß $f(x) = \exp(-ax^2)$ für $a > 0$ eine unendlich oft differenzierbare Fourier-Transformierte g besitzt. Man bestimme diese explizit, indem man für g eine lineare Differentialgleichung erster Ordnung herleitet. Was ergibt sich für $a = \frac{1}{2}$?

6. Es sei $f \in \mathfrak{L}^1(\mathbb{R}^n)$ und $B(\mathbf{0}, r)$ die Kugel vom Radius $r > 0$ um den Nullpunkt. Dann gilt:

   (i) $\int\limits_{B(\mathbf{0}, r)} f\,d\mu$ existiert für jedes $r > 0$

   (ii) $\lim\limits_{r \to \infty} \int\limits_{B(\mathbf{0}, r)} |f|\,d\mu$ existiert.

   Man beweise, daß $f: \mathbb{R}^n \to \mathbb{R}$ genau dann zu $\mathfrak{L}^1(\mathbb{R}^n)$ gehört, wenn (i) und (ii) erfüllt ist.
   Die Bedingung (ii) kann dahingehend abgeschwächt werden, daß für eine monoton wachsende nicht beschränkte Folge (r_j) gilt:

   $$\lim_j \int\limits_{B(\mathbf{0}, r_j)} |f|\,d\mu \text{ existiert.}$$

7. Man übertrage die Definition der Konvergenz dem Maße nach (vgl. S. 243) auf Funktionenfolgen (f_k), wenn die Funktionen f_k zu $\mathfrak{L}^1(\mathbb{R}^n)$ gehören. Man zeige, daß für maßkonvergente Folgen, die eine Majorante in $\mathfrak{L}^1(\mathbb{R}^n)$ besitzen, Integration und Grenzübergang vertauscht werden können.
8. Gilt das Lemma von Fatou (vgl. Aufg. 7, S. 293) auch für Funktionen aus $\mathfrak{L}^1(\mathbb{R}^n)$? Kann der Beweis für den Lebesgueschen Satz von der majorisierten Konvergenz aus Aufg. 8, S. 293, übertragen werden?
9. Es sei $f \in \mathfrak{L}^1(\mathbb{R}^n)$. Dann gehört für jedes $\mathbf{t} \in \mathbb{R}^n$ die Funktion $f_{\mathbf{t}}$, die durch $f_{\mathbf{t}}(\mathbf{x}) = f(\mathbf{x} + \mathbf{t})$ erklärt ist, ebenfalls zu $\mathfrak{L}^1(\mathbb{R}^n)$. Man untersuche die Funktion $F: \mathbb{R}^n \to \mathbb{R}_0^+$, die durch

   $$F(\mathbf{t}) := \int |f_{\mathbf{t}} - f|\,d\mu$$

   gegeben ist. Existiert $\lim\limits_{\mathbf{t} \to \mathbf{0}} F(\mathbf{t})$?
   (Man wähle für f zunächst Indikatorfunktionen von Quadern.)
10. Es sei (M_k) eine Folge von Lebesgue-meßbaren Teilmengen des $\mathbb{R}^n$ und (f_k) eine Folge von Funktionen aus $\mathfrak{L}^1(\mathbb{R}^n)$, deren Träger jeweils in M_k enthalten sind. Man zeige: Sind die Funktionen f_k beschränkt, und konvergiert die Reihe $\sum\limits_{k=1}^{\infty} \|f_k\| \mu(M_k)$, so ist die Funktionenreihe $\sum\limits_{k=1}^{\infty} f_k(\mathbf{x})$ fast überall konvergent und es gilt

    $$\int \Big(\sum_{k=1}^{\infty} f_k\Big) d\mu = \sum_{k=1}^{\infty} \Big(\int f_k\,d\mu\Big).$$

11. Wenn eine Folge (f_k) von Funktionen aus $\mathfrak{L}^1(\mathbb{R}^n)$ gegeben ist, so gehört zu ihr eine Folge (φ_k) von σ-additiven, absolut stetigen Mengenfunktionen ge-

mäß
$$\varphi_k(A) = \int_A f_k d\mu .$$

Die Folge (φ_k) heißt „gleichgradig absolut stetig“, wenn es zu jedem $\varepsilon > 0$ ein $\delta > 0$ derart gibt, daß für alle $k \in \mathbb{N}$ gilt:

$$\mu(A) < \delta \quad \Rightarrow \quad |\varphi_k(A)| < \varepsilon .$$

Man sagt dann auch, daß die Funktionenfolge (f_k) „gleichgradig absolut stetige Integrale“ besitzt.
Man zeige: Mit (f_k) hat auch die Folge $(|f_k|)$ gleichgradig absolut stetige Integrale.

12. Besitzt die Folge (f_k) gleichgradig absolut stetige Integrale und konvergiert die Folge f. ü. gegen f, so gehört f zu $\mathfrak{L}^1(\mathbb{R}^n)$ und es gilt
$$\lim_k \int f_k d\mu = \int f d\mu .$$
(Satz von Vitali)
13. Es sei $M \subset \mathbb{R}^2$ eine Lebesgue-meßbare Menge. Dann und nur dann gilt $\mu(M) = 0$, wenn fast alle Schnittmengen $M(x)$ eindimensionale Nullmengen sind.
14. Es seien A, B Lebesgue-meßbare Teilmengen des $\mathbb{R}^p$ bzw. des $\mathbb{R}^q$. Man zeige, daß $A \times B$ eine Lebesgue-meßbare Teilmenge des $\mathbb{R}^{p+q}$ ist und drücke $\mu_{p+q}(A \times B)$ durch $\mu_p(A)$ und $\mu_q(B)$ aus.
Man vergleiche das Volumen der n-dimensionalen Einheitskugel B^n mit dem Volumen von $B^p \times B^q$ $(p + q = n)$.
15. Auf der meßbaren Teilmenge $M \subset \mathbb{R}$ positiven Maßes sei f positiv und es gelte $f \in \mathfrak{L}^1(M)$ sowie $\frac{1}{f} \in \mathfrak{L}^1(M)$. Man beweise das folgende Analogon der Ungleichung zwischen arithmetischem und harmonischem Mittel:
$$\frac{1}{\mu(M)} \int_M f d\mu \geqq \frac{1}{\dfrac{1}{\mu(M)} \displaystyle\int_M \frac{1}{f} d\mu} .$$
Anleitung: Man forme das Produkt $\left(\int_M f d\mu\right)\left(\int_M \frac{1}{f} d\mu\right)$ unter Verwendung des Satzes von Fubini um.
16. Es sei $U \subset \mathbb{R}^2$ offen und $f: U \to \mathbb{R}$ sei stetig differenzierbar. Wenn die „gemischten Ableitungen“ $D_2(D_1 f)$ und $D_1(D_2 f)$ existieren und beschränkt sind, dann gehören sie zu $\mathfrak{L}^1(U)$.
Man berechne für ein beliebiges in U enthaltenes Rechteck R die Integrale

$$\int_R D_2(D_1 f)\,d\mu \text{ und } \int_R D_1(D_2 f)\,d\mu .$$

Welche Folgerung ergibt sich für die gemischten Ableitungen?

17. Es sei U eine offene beschränkte Teilmenge des $\mathbb{R}^{n-1}$ und für die stetigen Funktionen $\varphi_1 : U \to \mathbb{R}$, $\varphi_2 : U \to \mathbb{R}$ gelte $\varphi_1(\mathbf{x}) \leqq \varphi_2(\mathbf{x})$. Die Teilmenge M des $\mathbb{R}^n$, die durch $\mathbf{x} = (x_1, \ldots, x_{n-1}) \in U$ und $\varphi_1(\mathbf{x}) < x_n < \varphi_2(\mathbf{x})$ festgelegt ist, soll als „Normalbereich" bezeichnet werden.
Man zeige: Existiert für die stetige Funktion $f: M \to \mathbb{R}$ die partielle Ableitung $D_n f$ und ist diese Ableitung beschränkt, so gilt:

$$\int_M D_n f\,d\mu = \int_U \big(f(\mathbf{x}, \varphi_2(\mathbf{x})) - f(\mathbf{x}, \varphi_1(\mathbf{x}))\big)\,d\mu_{n-1}(\mathbf{x}).$$

18. Die Funktion $h : \mathbb{R} \to \mathbb{R}$ sei auf jedem beschränkten Intervall Lebesgue-meßbar und es gelte $h(z) > 0$ für alle $z \in \mathbb{R}$. Die Menge M des $\mathbb{R}^3$ entstehe durch Rotation der Ordinatenmenge von h um die z-Achse.
Welche Bedingungen sind an h zu stellen, damit M Lebesgue-meßbar ist? Wie kann $\mu_3(M)$ berechnet werden?

19. Für die auf $\mathbb{R}^n$ erklärten Funktionen f_1, f_2 gelte:
(i) $f_1(\mathbf{x}) \leqq f_2(\mathbf{x})$
(ii) f_1 ist auf jeder Kugel $B(\mathbf{0}, r)$ Lebesgue-meßbar
(iii) $f_2 - f_1$ gehört zu $\mathfrak{L}^1(\mathbb{R}^n)$.
Man zeige, daß die Menge

$$M := \{(\mathbf{x}, z) \in \mathbb{R}^{n+1} \mid \mathbf{x} \in \mathbb{R}^n, f_1(\mathbf{x}) \leqq z \leqq f_2(\mathbf{x})\}$$

Lebesgue-meßbar ist und daß gilt

$$\mu_{n+1}(M) = \int (f_2 - f_1)\,d\mu_n .$$

Weiter zeige man, daß für $h \in \mathfrak{L}^1(M)$ gilt:

$$\int_M h\,d\mu_{n+1} = \int \left(\int_{f_1(\mathbf{x})}^{f_2(\mathbf{x})} h(\mathbf{x}, z)\,dz \right) d\mu_n(\mathbf{x}).$$

16.4 Die Transformationsformel

Wir wollen nun die in Abschnitt 15.3, S. 229, noch offen gebliebene Frage nach dem Verhalten des Lebesgueschen Maßes bei linearen Abbildungen des $\mathbb{R}^n$ auf sich beantworten.

Satz: *Es sei* $\mathbf{A} : \mathbb{R}^n \to \mathbb{R}^n$ *eine umkehrbare lineare Abbildung und* $M \subset \mathbb{R}^n$ *Lebesgue-meßbar. Dann ist auch die Menge* $\mathbf{A}(M)$ *Lebesgue-meßbar und es gilt*

$$\mu_n(\mathbf{A}(M)) = |\det \mathbf{A}|\,\mu_n(M).$$

Beweis: Für $n = 1$ ist die Behauptung richtig, da $\mathbf{A}$ in diesem Fall eine Streckung ist. Wir nehmen weiter an, daß der Satz für alle Dimensionen kleiner als n gültig ist.
Wir betrachten zunächst spezielle lineare Abbildungen, nämlich

$$\mathbf{B} = \begin{pmatrix} 1 & 0 & \dots & 0 \\ b_{21} & b_{22} & \dots & b_{2n} \\ \vdots & \vdots & & \vdots \\ b_{n1} & b_{n2} & \dots & b_{nn} \end{pmatrix} \quad \text{und} \quad \mathbf{C} = \begin{pmatrix} c_{11} & c_{12} & \dots & c_{1n} \\ 0 & 1 & & 0 \\ \vdots & \vdots & \ddots & \vdots \\ 0 & 0 & \dots & 1 \end{pmatrix}.$$

Durch $\mathbf{B}$ werden alle Hyperebenen $x_1 = z$ affin auf sich abgebildet. Wegen der Translationsinvarianz von μ_{n-1} brauchen wir nur die lineare Abbildung des $\mathbb{R}^{n-1}$, die durch die Matrix

$$\mathbf{B}_0 = \begin{pmatrix} b_{22} & \dots & b_{2n} \\ \vdots & & \vdots \\ b_{n2} & \dots & b_{nn} \end{pmatrix}$$

beschrieben wird, zu berücksichtigen. Nach Annahme gilt für fast alle z:

$$\mu_{n-1}(\mathbf{B}_0(M(z))) = |\det \mathbf{B}_0|\,\mu_{n-1}(M(z)),$$

so daß aufgrund des Cavalierischen Prinzips (vgl. S. 279) die Gleichung

$$\mu_n(\mathbf{B}(M)) = |\det \mathbf{B}_0|\,\mu_n(M)$$

folgt. Wegen $\det \mathbf{B}_0 = \det \mathbf{B}$ ist damit der Satz für Abbildungen des Typs $\mathbf{B}$ bewiesen.

Durch $\mathbf{C}$ werden (unter anderem) alle Hyperebenen $x_n = z$ affin auf sich abgebildet; die zugehörige lineare Abbildung hat die $(n-1) \times (n-1)$-Matrix

$$\mathbf{C}_0 = \begin{pmatrix} c_{11} & c_{12} & \dots & c_{1,n-1} \\ 0 & 1 & \dots & 0 \\ \vdots & \vdots & \ddots & \vdots \\ 0 & 0 & \dots & 1 \end{pmatrix}.$$

Wie oben folgt nach dem Cavalierischen Prinzip aufgrund der Induktionsannahme

$$\mu_n(\mathbf{C}(M)) = |\det \mathbf{C}_0| \mu_n(M)$$

und weiter wegen $\det \mathbf{C}_0 = \det \mathbf{C}$ die Behauptung des Satzes auch für Abbildungen des Typs $\mathbf{C}$.

Nach dem Determinantenmultiplikationssatz folgt nun für lineare Abbildungen des Typs $\mathbf{B} \circ \mathbf{C}$:

$$\begin{aligned} \mu_n(\mathbf{B} \circ \mathbf{C}(M)) = |\det \mathbf{B}| \mu_n(\mathbf{C}(M)) &= |\det \mathbf{B}|\,|\det \mathbf{C}| \mu_n(M) \\ &= |\det \mathbf{B} \circ \mathbf{C}| \mu_n(M), \end{aligned}$$

d. h. auch für alle diese Abbildungen ist der Satz gültig.

Tatsächlich kann jede beliebige umkehrbare lineare Abbildung $\mathbf{A}$ in der Form $\mathbf{B} \circ \mathbf{C}$ dargestellt werden. Da eine Permutation der Koordinaten das Maß invariant läßt, können wir $a_{11} \neq 0$ annehmen. Rechnet man $\mathbf{B} \circ \mathbf{C}$ aus, so erhält man die Gleichung

$$\begin{pmatrix} c_{11} & c_{12} & \dots & c_{1n} \\ b_{21}c_{11} & (b_{21}c_{12} + b_{22}) & \dots & (b_{21}c_{1n} + b_{2n}) \\ \vdots & \vdots & & \vdots \\ b_{n1}c_{11} & (b_{n1}c_{12} + b_{n2}) & \dots & (b_{n1}c_{1n} + b_{nn}) \end{pmatrix} = \begin{pmatrix} a_{11} & a_{12} & \dots & a_{1n} \\ a_{21} & a_{22} & \dots & a_{2n} \\ \vdots & \vdots & & \vdots \\ a_{n1} & a_{n2} & \dots & a_{nn} \end{pmatrix},$$

aus der der Reihe nach $c_{11}, c_{12}, \dots, c_{1n}, b_{21}, \dots, b_{n1}$ und die Matrixelemente b_{ij} von $\mathbf{B}_0$ ermittelt werden können.
Damit ist der Satz für umkehrbare lineare Abbildungen bewiesen.

Bemerkung: Für nicht umkehrbares $\mathbf{A}$ ist die Gleichung

$$\mu_n(\mathbf{A}(M)) = |\det \mathbf{A}| \mu_n(M)$$

auch gültig, da $\mathbf{A}(M)$ dann in einer Hyperebene enthalten ist und also eine Nullmenge ist.

Als Folgerung aus dem bewiesenen Satz ergibt sich, daß das Lebesguesche Maß invariant ist gegenüber *äquiaffinen Abbildungen,* d. h. gegenüber Abbildungen des Typs

$$\mathbf{x} \mapsto \mathbf{A}\mathbf{x} + \mathbf{c} \qquad \text{mit } |\det \mathbf{A}| = 1.$$

Insbesondere ist das Lebesguesche Maß *bewegungsinvariant,* denn für orthogonale Abbildungen $\mathbf{A}$ gilt $|\det \mathbf{A}| = 1$.

Beispiele:

1) Für Parallelotope P mit den Kantenvektoren $\mathbf{a}_1, \dots, \mathbf{a}_n$ gilt

$$\mu_n(P) = |\det(\mathbf{a}_1, \ldots, \mathbf{a}_n)|.$$

Zum Beweis bilde man den Einheitswürfel durch eine affine Abbildung auf das Parallelotop P ab.

2) Entsprechend findet man für ein Simplex S mit den Eckpunkten $\mathbf{a}_0, \mathbf{a}_1, \ldots, \mathbf{a}_n$ durch Zurückgehen auf das Standardsimplex:

$$\mu_n(S) = \frac{1}{n!}|\det(\mathbf{a}_1 - \mathbf{a}_0, \ldots, \mathbf{a}_n - \mathbf{a}_0)|.$$

3) Für ein Ellipsoid mit den „Hauptachsenlängen" $2a_1, \ldots, 2a_n$, also für

$$E = \left\{\mathbf{x} \in \mathbb{R}^n \,\middle|\, \frac{x_1^2}{a_1^2} + \ldots + \frac{x_n^2}{a_n^2} \leqq 1\right\}$$

ergibt sich

$$\mu_n(E) = \beta_n \cdot a_1 \ldots a_n,$$

wobei β_n das Volumen der Einheitskugel des $\mathbb{R}^n$ ist.

Wir wenden uns nun der Verallgemeinerung der Substitutionsregel

$$\int_a^b f(g(t)) \cdot g'(t)\,dt = \int_{g(a)}^{g(b)} f(x)\,dx$$

auf Integrale im $\mathbb{R}^n$ zu.

Diese Gleichung wurde in Bd. I, S. 367, als formale Folgerung aus dem Hauptsatz der Differential- und Integralrechnung gewonnen.
Die dort verwendete Beweismethode läßt sich nicht übertragen, da uns ein Analogon des Hauptsatzes nicht zur Verfügung steht. Auch ist zu beachten, daß es sich bei der Substitutionsregel im $\mathbb{R}^1$ um orientierte Integrale handelt; dies hat zur Folge, daß die stetig differenzierbare Funktion g nicht als umkehrbar vorausgesetzt zu werden braucht. (Auf mehrdimensionale orientierte Integrale gehen wir in Kap. 17 ein.)

Zum Beweis der *Transformationsformel* im $\mathbb{R}^n$

$$\int_M f(\boldsymbol{\Phi}(\mathbf{x})) \cdot |\det \boldsymbol{\Phi}'(\mathbf{x})|\,d\mu(\mathbf{x}) = \int_{\boldsymbol{\Phi}(M)} f(\mathbf{y})\,d\mu(\mathbf{y})$$

setzen wir zunächst voraus, daß die Transformation $\boldsymbol{\Phi}$ ein C^1-Diffeomorphismus ist, d. h. daß $\boldsymbol{\Phi} : U \to \mathbb{R}^n$ eine homöomorphe Abbildung ist, die samt ihrer Umkehrabbildung stetig differenzierbar ist (vgl. S. 111).

Die Transformationsformel erscheint plausibel, wenn man sich beide Integrale durch Näherungssummen ersetzt und dabei $\boldsymbol{\Phi}$ in kleinen Teilgebieten durch affine Abbildungen approximiert denkt. Dabei tritt als „Volumenverzerrungsfaktor“ für das jeweilige Teilgebiet der Betrag der betreffenden Jacobi-Determinante auf.
Wir wollen nun diese Überlegung zu einem strengen Beweis ausbauen.
Dazu betrachten wir zunächst den Fall, daß der Integrand f konstant gleich 1 ist, d. h. wir untersuchen das Transformationsverhalten des Lebesgueschen Maßes bei diffeomorphen Abbildungen.

Bemerkung: Nach Aufg. 17, S. 249 braucht das *homöomorphe Bild* einer Lebesgue-meßbaren Menge nicht Lebesgue-meßbar zu sein. Von *C^1-Diffeomorphismen,* die sich lokal durch affine Abbildungen approximieren lassen, ist jedoch zu erwarten, daß sie ein solches „pathologisches Verhalten“ nicht zeigen.

Um zu der vermuteten Gleichung

$$\int_{\boldsymbol{\Phi}(M)} 1\,d\mu = \int_M |\det \boldsymbol{\Phi}'(\mathbf{x})|\,d\mu(\mathbf{x})$$

zu gelangen, beweisen wir als erstes:

Es sei $\boldsymbol{\Phi}: U \to \mathbb{R}^n$ ein Diffeomorphismus und $Q \subset U$ ein kompakter Quader. Dann gilt für das Lebesguesche Maß der Bildmenge

$$\min_{\mathbf{x}\in Q} |\det \boldsymbol{\Phi}'(\mathbf{x})| \cdot \mu(Q) \leqq \mu(\boldsymbol{\Phi}(Q)) \leqq \max_{\mathbf{x}\in Q} |\det \boldsymbol{\Phi}'(\mathbf{x})| \cdot \mu(Q).$$

Wir beschäftigen uns zunächst mit der Abschätzung nach oben.
Da mit Q auch $\boldsymbol{\Phi}(Q)$ kompakt ist, ergibt sich die Meßbarkeit von $\boldsymbol{\Phi}(Q)$. Mit einer geeigneten nichtnegativen reellen Zahl c besteht daher die Gleichung

$$\mu(\boldsymbol{\Phi}(Q)) = c \cdot \mu(Q).$$

Wir haben zu zeigen:

$$c \leqq \max_{\mathbf{x}\in Q} |\det \boldsymbol{\Phi}'(\mathbf{x})|.$$

Dies gelingt mit dem Halbierungsverfahren folgendermaßen: Q wird im ersten Schritt in 2^n Teilquader zerlegt. Unter diesen gibt es mindestens einen, etwa $Q^{(1)}$, für den

$$\mu(\boldsymbol{\Phi}(Q^{(1)})) \geqq c \cdot \mu(Q^{(1)}),$$

gilt, denn andernfalls erhielte man durch Addition über alle 2^n Teilquader die

Ungleichung

$$\mu(\boldsymbol{\Phi}(Q)) < c \cdot \mu(Q),$$

die der Voraussetzung $\mu(\boldsymbol{\Phi}(Q)) = c \cdot \mu(Q)$ widerspricht. Dabei wird die Additivität des Lebesgueschen Maßes verwendet, sowie die Tatsache, daß alle „Randhyperflächenstücke" das Maß 0 haben.
Durch wiederholte Anwendung dieser Überlegung erhält man dann eine absteigende Folge

$$Q \supset Q^{(1)} \supset Q^{(2)} \supset Q^{(3)} \supset \ldots$$

von kompakten Quadern, die sich auf einen Punkt **a** zusammenziehen. Für jedes k gilt die Abschätzung

$$\mu(\boldsymbol{\Phi}(Q^{(k)})) \geqq c \cdot \mu(Q^{(k)}).$$

Nun ziehen wir die Voraussetzung heran, daß $\boldsymbol{\Phi}$ an der Stelle **a** differenzierbar ist. Zu jedem $\varepsilon > 0$ gibt es danach ein $\delta > 0$ derart, daß für $\mathbf{r}(\mathbf{h})$ in der Darstellung

$$\boldsymbol{\Phi}(\mathbf{a} + \mathbf{h}) = \boldsymbol{\Phi}(\mathbf{a}) + \boldsymbol{\Phi}'(\mathbf{a})\mathbf{h} + \mathbf{r}(\mathbf{h})\|\mathbf{h}\|$$

die Ungleichung $\|\boldsymbol{\Phi}'(\mathbf{a})^{-1}\mathbf{r}(\mathbf{h})\| < \varepsilon$ erfüllt ist, falls $\|\mathbf{h}\| < \delta$ gilt.
Das Bild eines beliebigen Quaders Q', der im Würfel $\|\mathbf{h}\| < \delta$ um den Punkt **a** enthalten ist, liegt hiernach stets in dem mit $(1 + \varepsilon)$ ähnlich vergrößerten Parallelotop, das man durch die affine Abbildung

$$\mathbf{h} \mapsto \boldsymbol{\Phi}(\mathbf{a}) + \boldsymbol{\Phi}'(\mathbf{a})\mathbf{h}$$

aus Q' erhält (vgl. Figur). Es gilt also für das Maß der Bildmenge von Q':

$$\mu(\boldsymbol{\Phi}(Q')) \leqq (1 + \varepsilon)^n |\det \boldsymbol{\Phi}'(\mathbf{a})| \mu(Q').$$

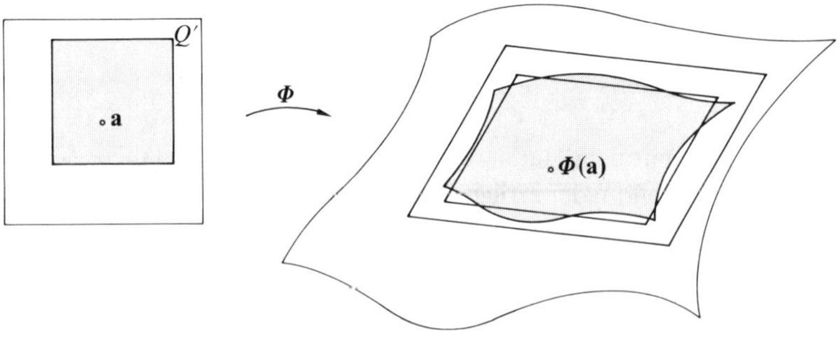

Nehmen wir nun an, daß die Behauptung falsch ist, daß also

$$\max_{\mathbf{x} \in Q} |\det \boldsymbol{\Phi}'(\mathbf{x})| < c$$

gilt, so könnte man $\varepsilon > 0$ so klein wählen, daß auch noch

$$(1 + \varepsilon)^n |\det \boldsymbol{\Phi}'(\mathbf{a})| < c$$

richtig wäre. Von einem k_0 an sind die Quader $Q^{(k)}$ im Würfel $\|\mathbf{h}\| < \delta(\varepsilon)$ um den Punkt $\mathbf{a}$ enthalten, so daß man für $k \geqq k_0$

$$\mu\big(\boldsymbol{\Phi}(Q^{(k)})\big) < c \cdot \mu(Q^{(k)})$$

hätte. Dies widerspricht der oben hergeleiteten Abschätzung

$$\mu\big(\boldsymbol{\Phi}(Q^{(k)})\big) \geqq c \cdot \mu(Q^{(k)}).$$

Damit ist die Abschätzung

$$\mu\big(\boldsymbol{\Phi}(Q)\big) \leqq \max_{\mathbf{x} \in Q} |\det \boldsymbol{\Phi}'(\mathbf{x})| \cdot \mu(Q)$$

bewiesen.

Es ist klar, daß für Mengen aus $\mathfrak{M}_0$ (vgl. S. 203) die entsprechende Ungleichung

$$\mu\big(\boldsymbol{\Phi}(M)\big) \leqq \sup_{\mathbf{x} \in M} |\det \boldsymbol{\Phi}'(\mathbf{x})| \cdot \mu(M).$$

gültig ist, sofern das Supremum existiert. Dabei wird verwendet, daß die Bildmengen der Quaderränder das Maß 0 haben.

Weiter ergibt sich dann für diejenigen kompakten Mengen $K \subset U$, die durch den Diffeomorphismus $\boldsymbol{\Phi}$ auf kompakte Quader $\tilde{Q} \subset V$ abgebildet werden, die Ungleichung

$$\mu\big(\boldsymbol{\Phi}(K)\big) \leqq \max_{\mathbf{x} \in K} |\det \boldsymbol{\Phi}'(\mathbf{x})| \cdot \mu(K).$$

Die gesuchte Abschätzung nach unten erhalten wir nun, indem wir den Umkehrdiffeomorphismus $\boldsymbol{\Psi}$ von $\boldsymbol{\Phi}$ heranziehen. Mit $\tilde{Q} = \boldsymbol{\Phi}(K)$ und $K = \boldsymbol{\Psi}(\tilde{Q})$ lautet die zuletzt bewiesene Ungleichung

$$\mu(\tilde{Q}) \leqq \max_{\mathbf{x} \in K} |\det \boldsymbol{\Phi}'(\mathbf{x})| \cdot \mu\big(\boldsymbol{\Psi}(\tilde{Q})\big).$$

Wegen $|\det \boldsymbol{\Psi}'(\mathbf{y})| \cdot |\det \boldsymbol{\Phi}'(\mathbf{x})| = 1$ – wobei $\mathbf{y} = \boldsymbol{\Phi}(\mathbf{x})$ gilt – folgt

$$\min_{\mathbf{y} \in \tilde{Q}} |\det \boldsymbol{\Psi}'(\mathbf{y})| = \frac{1}{\max\limits_{\mathbf{x} \in K} |\det \boldsymbol{\Phi}'(\mathbf{x})|}$$

und damit

$$\min_{\mathbf{y} \in \tilde{Q}} |\det \boldsymbol{\Psi}'(\mathbf{y})| \cdot \mu(\tilde{Q}) \leq \mu\big(\boldsymbol{\Psi}(\tilde{Q})\big).$$

Da die Rollen von $\boldsymbol{\Phi}$ und $\boldsymbol{\Psi}$ vertauscht werden können, gilt also auch für jeden in U enthaltenen Quader Q die Ungleichung

$$\min_{\mathbf{x} \in Q} |\det \boldsymbol{\Phi}'(\mathbf{x})| \cdot \mu(Q) \leqq \mu\big(\boldsymbol{\Phi}(Q)\big).$$

Dies ist die zu beweisende Abschätzung nach unten für $\mu\big(\boldsymbol{\Phi}(Q)\big)$.

Aus der Abschätzung von $\mu\big(\boldsymbol{\Phi}(Q)\big)$ nach unten und nach oben sowie der Additivität dieser Quaderfunktion folgt nach S. 264 die Gleichung

$$\mu\big(\boldsymbol{\Phi}(Q)\big) = \int_Q |\det \boldsymbol{\Phi}'(\mathbf{x})| \, d\mu(\mathbf{x}).$$

Die entsprechende Aussage gilt auch für beliebige Lebesgue-meßbare Mengen. Wir notieren als

Satz: *Es sei $\boldsymbol{\Phi} : U \to \mathbb{R}^n$ ein Diffeomorphismus und $M \subset U$ eine Lebesgue-meßbare Teilmenge. Wenn das Integral*

$$\int_M |\det \boldsymbol{\Phi}'(\mathbf{x})| \, d\mu(\mathbf{x})$$

existiert, dann ist die Bildmenge $\boldsymbol{\Phi}(M)$ Lebesgue-meßbar und es gilt

$$\mu\big(\boldsymbol{\Phi}(M)\big) = \int_M |\det \boldsymbol{\Phi}'(\mathbf{x})| \, d\mu(\mathbf{x}).$$

Beweis: Ist M offen, so folgt die Behauptung aus der Darstellbarkeit von M als abzählbare Vereinigung $M = \bigcup_{j=1}^{\infty} Q_j$ von Quadern, die paarweise keine inneren Punkte gemeinsam haben. Auch die meßbaren Mengen $\boldsymbol{\Phi}(Q_j)$ haben nämlich nur Mengen vom Maß 0 gemeinsam und die Reihe

$$\sum_{j=1}^{\infty} \mu\big(\boldsymbol{\Phi}(Q_j)\big) = \sum_{j=1}^{\infty} \int_{Q_j} |\det \boldsymbol{\Phi}'(\mathbf{x})| \, d\mu(\mathbf{x}) = \int_M |\det \boldsymbol{\Phi}'(\mathbf{x})| \, d\mu(\mathbf{x})$$

ist nach Voraussetzung konvergent, so daß $\boldsymbol{\Phi}(M)$ also meßbar ist und das angegebene Maß hat.

Ist M kompakt, so kann M als Differenz

$$M = Q\backslash(Q\backslash M)$$

dargestellt werden, wobei Q ein offener Quader ist, der M enthält. Damit ergibt sich

$$\begin{aligned}\mu(\boldsymbol{\Phi}(M)) &= \mu(\boldsymbol{\Phi}(Q)) - \mu(\boldsymbol{\Phi}(Q\backslash M)) \\ &= \int_Q |\det \boldsymbol{\Phi}'(\mathbf{x})|\, d\mu(\mathbf{x}) - \int_{Q\backslash M} |\det \boldsymbol{\Phi}'(\mathbf{x})|\, d\mu(\mathbf{x}) \\ &= \int_M |\det \boldsymbol{\Phi}'(\mathbf{x})|\, d\mu(\mathbf{x}).\end{aligned}$$

Ist schließlich M meßbar, so gibt es eine aufsteigende Folge (K_j) von kompakten Mengen, die alle in M enthalten sind und für die gilt

$$\lim_j \mu(K_j) = \mu(M).$$

Die Menge $\bigcup\limits_{j=1}^{\infty} K_j = L$ ist meßbar und hat das gleiche Maß wie M; es gilt daher

$$\int_L |\det \boldsymbol{\Phi}'(\mathbf{x})|\, d\mu(\mathbf{x}) = \int_M |\det \boldsymbol{\Phi}'(\mathbf{x})|\, d\mu(\mathbf{x}).$$

Da mit $M\backslash L$ auch $\boldsymbol{\Phi}(M\backslash L)$ eine Nullmenge ist, braucht nur

$$\mu(\boldsymbol{\Phi}(L)) = \int_L |\det \boldsymbol{\Phi}'(\mathbf{x})|\, d\mu(\mathbf{x})$$

gezeigt zu werden. Dies folgt aber aus

$$\mu(\boldsymbol{\Phi}(K_j)) = \int_{K_j} |\det \boldsymbol{\Phi}'(\mathbf{x})|\, d\mu(\mathbf{x})$$

aufgrund der Stetigkeitseigenschaft (8) des Lebesgueschen Maßes (vgl. S. 228).

Beispiel: Mit der Polarkoordinatenabbildung (vgl. S. 43)

$$\begin{aligned}x &= r\cos\varphi\cos\vartheta \\ y &= r\sin\varphi\cos\vartheta \\ z &= r\sin\vartheta\end{aligned}$$

kann man die Kugel B vom Radius a um den Nullpunkt des $\mathbb{R}^3$ – bis auf eine Nullmenge – als diffeomorphes Bild eines offenen Quaders erhalten; dieser wird beschrieben durch

$$0 < r < a, \quad 0 < \varphi < 2\pi, \quad -\frac{\pi}{2} < \vartheta < \frac{\pi}{2}.$$

Als Jacobi-Determinante der Polarkoordinatenabbildung ergibt sich

$$\begin{vmatrix} \cos\varphi\cos\vartheta & -r\sin\varphi\cos\vartheta & -r\cos\varphi\sin\vartheta \\ \sin\varphi\cos\vartheta & r\cos\varphi\cos\vartheta & r\sin\varphi\sin\vartheta \\ \sin\vartheta & 0 & r\cos\vartheta \end{vmatrix} = r^2\cos\vartheta$$

Man erhält daher – unter Verwendung des Satzes von Fubini – als Kugelvolumen:

$$\mu(B) = \left(\int_{-\frac{\pi}{2}}^{\frac{\pi}{2}} \cos\vartheta\, d\vartheta\right)\left(\int_0^{2\pi} d\varphi\right)\left(\int_0^a r^2\, dr\right) = \frac{4\pi}{3}a^3.$$

Aufgabe: Man berechne die Jacobi-Determinante der Polarkoordinatenabbildung und das Kugelvolumen im $\mathbb{R}^4$.

Die Transformationsformel ergibt sich leicht aus dem bewiesenen Satz über das Maß von diffeomorphen Bildern meßbarer Mengen.

Satz: *Es sei $\boldsymbol{\Phi} : U \to \mathbb{R}^n$ ein Diffeomorphismus, M und $\boldsymbol{\Phi}(M)$ seien Lebesgue-meßbar und*

$$f : \boldsymbol{\Phi}(M) \to \mathbb{R}$$

sei Lebesgue-integrierbar. Dann ist auch

$$(f \circ \boldsymbol{\Phi}) \cdot |\det \boldsymbol{\Phi}'| : M \to \mathbb{R}$$

Lebesgue-integrierbar und es gilt

$$\int_M f(\boldsymbol{\Phi}(\mathbf{x})) \cdot |\det \boldsymbol{\Phi}'(\mathbf{x})|\, d\mu(\mathbf{x}) = \int_{\boldsymbol{\Phi}(M)} f(\mathbf{y})\, d\mu(\mathbf{y}).$$

Beweis: Zunächst betrachten wir den Fall einer einfachen Funktion f, d. h. $\tilde{M} = \boldsymbol{\Phi}(M)$ sei in abzählbar viele Lebesgue-meßbare Teilmengen $\tilde{M}_j = \boldsymbol{\Phi}(M_j)$, die paarweise disjunkt sind, zerlegt, auf denen die einfache Funktion jeweils den Wert c_j annimmt. Nach Voraussetzung gilt dann

$$\int_{\boldsymbol{\Phi}(M)} f(\mathbf{y})\, d\mu(\mathbf{y}) = \sum_{j=1}^{\infty} c_j\, \mu(\boldsymbol{\Phi}(M_j)),$$

wobei die rechts stehende Reihe absolut konvergiert. Weiter folgt wegen

$f(\boldsymbol{\Phi}(\mathbf{x})) = c_j$ für $\mathbf{x} \in M_j$ (mit $\tilde{M}_j$ ist auch M_j meßbar):

$$\begin{aligned}\int_{\boldsymbol{\Phi}(M)} f(\mathbf{y})\,d\mu(\mathbf{y}) &= \sum_{j=1}^{\infty} c_j \cdot \int_{M_j} |\det \boldsymbol{\Phi}'(\mathbf{x})|\,d\mu(\mathbf{x}) \\ &= \sum_{j=1}^{\infty} \int_{M_j} c_j \cdot |\det \boldsymbol{\Phi}'(\mathbf{x})|\,d\mu(\mathbf{x}) \\ &= \int_M f(\boldsymbol{\Phi}(\mathbf{x})) \cdot |\det \boldsymbol{\Phi}'(\mathbf{x})|\,d\mu(\mathbf{x}).\end{aligned}$$

Für beliebiges $f \in \mathfrak{L}^1(\boldsymbol{\Phi}(M))$ ergibt sich die Behauptung, indem man eine gleichmäßig gegen f konvergierende Folge (f_k) einfacher Funktionen nimmt und beachtet, daß die Folge $(f_k \circ \boldsymbol{\Phi})$ gleichmäßig gegen $f \circ \boldsymbol{\Phi}$ konvergiert. Da Integration und Grenzübergang – $\boldsymbol{\Phi}(M)$ ist nach Voraussetzung Lebesgue-meßbar – vertauschbar sind, folgt:

$$\begin{aligned}\int_{\boldsymbol{\Phi}(M)} f(\mathbf{y})\,d\mu(\mathbf{y}) = \lim_k \int_{\boldsymbol{\Phi}(M)} f_k(\mathbf{y})\,d\mu(\mathbf{y}) &= \lim_k \int_M f_k(\boldsymbol{\Phi}(\mathbf{x})) \cdot |\det \boldsymbol{\Phi}'(\mathbf{x})|\,d\mu(\mathbf{x}) \\ &= \int_M f(\boldsymbol{\Phi}(\mathbf{x})) \cdot |\det \boldsymbol{\Phi}'(\mathbf{x})|\,d\mu(\mathbf{x}).\end{aligned}$$

Damit ist der Satz bewiesen.

Die Voraussetzung, daß M und $\boldsymbol{\Phi}(M)$ endliches Maß haben, kann entfallen. Es genügt, daß eines der beiden vorkommenden Integrale existiert.

Satz: *Es sei $\boldsymbol{\Phi} : U \to \mathbb{R}^n$ ein Diffeomorphismus und A eine abgeschlossene Teilmenge von U. Weiter sei auf $\boldsymbol{\Phi}(A)$ eine Funktion f gegeben, für die*

$$\int_{\boldsymbol{\Phi}(A)} f(\mathbf{y})\,d\mu(\mathbf{y})$$

existiert. Dann ist die Funktion

$$(f \circ \boldsymbol{\Phi}) \cdot |\det \boldsymbol{\Phi}'| : A \to \mathbb{R}$$

Lebesgue-integrierbar und es gilt

$$\int_A f(\boldsymbol{\Phi}(\mathbf{x})) \cdot |\det \boldsymbol{\Phi}'(\mathbf{x})|\,d\mu(\mathbf{x}) = \int_{\boldsymbol{\Phi}(A)} f(\mathbf{y})\,d\mu(\mathbf{y}).$$

Der Beweis ergibt sich gemäß der Definition von $\int_{\boldsymbol{\Phi}(A)} f(\mathbf{y})\,d\mu(\mathbf{y})$ als absolut konvergente Reihe von Integralen über meßbare Mengen:

$$\begin{aligned}\int\limits_{\Phi(A)} f(\mathbf{y})\,d\mu(\mathbf{y}) &= \sum_{j=1}^{\infty} \int\limits_{\Phi(M_j)} f(\mathbf{y})\,d\mu(\mathbf{y}) \\ &= \sum_{j=1}^{\infty} \int\limits_{M_j} f(\Phi(\mathbf{x})) \cdot |\det \Phi'(\mathbf{x})|\,d\mu(\mathbf{x}) \\ &= \int\limits_A f(\Phi(\mathbf{x})) \cdot |\det \Phi'(\mathbf{x})|\,d\mu(\mathbf{x})\,.\end{aligned}$$

Dabei ist die zur Berechnung von $\int\limits_{\Phi(A)} f(\mathbf{y})\,d\mu(\mathbf{y})$ verwendete Zerlegung des $\mathbb{R}^n$ in abzählbar viele Mengen $\tilde{M}_j = \Phi(M_j)$ so zu wählen, daß auch die Urbilder $M_j = \Phi^{-1}(\tilde{M}_j)$ Lebesgue-meßbar sind.

Folgerung: Wird vorausgesetzt, daß die Funktion

$$(f \circ \Phi) \cdot |\det \Phi'| : A \to \mathbb{R}$$

Lebesgue-integrierbar ist, so ist auch

$$f : \Phi(A) \to \mathbb{R}$$

Lebesgue-integrierbar und es gilt die Gleichung

$$\int\limits_A f(\Phi(\mathbf{x})) \cdot |\det \Phi'(\mathbf{x})|\,d\mu(\mathbf{x}) = \int\limits_{\Phi(A)} f(\mathbf{y})\,d\mu(\mathbf{y})\,.$$

Dies ergibt sich aus dem bewiesenen Satz, indem man statt Φ den Umkehrdiffeomorphismus Ψ und statt f die Funktion $(f \circ \Phi) \cdot |\det \Phi'|$ verwendet.

Beispiel: Um das Integral

$$\int \exp\Big(-\sum_{i=1}^{n} \sum_{j=1}^{n} c_{ij} y_i y_j\Big)\,d\mu(y_1, \ldots, y_n)$$

zu berechnen, wobei die quadratische Form $\sum_{i=1}^{n} \sum_{j=1}^{n} c_{ij} y_i y_j$ positiv definit sein soll, verwendet man einen linearen Diffeomorphismus $\Phi : \mathbb{R}^n \to \mathbb{R}^n$, durch den die quadratische Form auf „Quadratsummengestalt" gebracht wird. Es gilt dann die Matrizengleichung

$${}^t\Phi' \circ \mathbf{C} \circ \Phi' = \mathrm{id}_{\mathbb{R}^n},$$

wobei ${}^t\Phi'$ die zu Φ' transponierte Matrix und $\mathbf{C}$ die symmetrische Matrix (c_{ij}) bezeichnet. Hieraus folgt die Gleichung

$$(\det \Phi')^2 \det \mathbf{C} = 1\,.$$

Also ergibt sich (vgl. S. 307)

$$\int \exp\left(-\sum_{i,j=1}^{n} c_{ij} y_i y_j\right) d\mu(y_1, \ldots, y_n) = \frac{1}{\sqrt{\det \mathbf{C}}} \int \exp\left(-\sum_{i=1}^{n} x_i^2\right) d\mu(x_1, \ldots, x_n)$$

$$= \frac{(\sqrt{\pi})^n}{\sqrt{\det \mathbf{C}}}.$$

Zum Schluß wollen wir die Voraussetzung, daß $\boldsymbol{\Phi}$ ein Diffeomorphismus ist, abschwächen. Es kommt manchmal vor, daß für die stetig differenzierbare Abbildung $\boldsymbol{\Phi} : U \to \mathbb{R}^n$ nur die Bedingung $\det \boldsymbol{\Phi}'(\mathbf{x}) \geqq 0$ erfüllt ist und daß dementsprechend nicht einmal die lokale Umkehrbarkeit von $\boldsymbol{\Phi}$ erwartet werden kann. Aber selbst wenn $\boldsymbol{\Phi}$ umkehrbar ist, liegt nur ein stetig differenzierbarer Homöomorphismus, aber kein Diffeomorphismus vor, falls Punkte mit $\det \boldsymbol{\Phi}'(\mathbf{x}) = 0$ auftreten.

Auf den Wert des Integrals

$$\int_U f(\boldsymbol{\Phi}(\mathbf{x})) \cdot \det \boldsymbol{\Phi}'(\mathbf{x}) \, d\mu(\mathbf{x})$$

hat aber die Menge der *kritischen Punkte* von $\boldsymbol{\Phi}$

$$C := \{\mathbf{x} \in U \mid \det \boldsymbol{\Phi}'(\mathbf{x}) = 0\},$$

d. h. der Punkte mit Rang $\boldsymbol{\Phi}'(\mathbf{x}) < n$, keinen Einfluß. Andererseits werden wir zeigen, daß die Menge $\boldsymbol{\Phi}(C)$ der *kritischen Werte* von $\boldsymbol{\Phi}$ eine Lebesguesche Nullmenge ist. Sofern $\boldsymbol{\Phi}$ auf der Menge $U \setminus C$ umkehrbar eindeutig ist, folgt daher auch unter den genannten abgeschwächten Voraussetzungen die Gleichung

$$\int_U f(\boldsymbol{\Phi}(\mathbf{x})) \cdot \det \boldsymbol{\Phi}'(\mathbf{x}) \, d\mu(\mathbf{x}) = \int_{\boldsymbol{\Phi}(U)} f(\mathbf{y}) \, d\mu(\mathbf{y}).$$

Wir beweisen nun den angekündigten

Satz: *Es sei $U \subset \mathbb{R}^n$ und $\boldsymbol{\Phi} : U \to \mathbb{R}^n$ stetig differenzierbar; C sei die Menge der kritischen Punkte von $\boldsymbol{\Phi}$.*
Dann ist die Bildmenge $\boldsymbol{\Phi}(C)$ eine Nullmenge, d. h. es gilt

$$\mu(\boldsymbol{\Phi}(C)) = 0.$$

(*Lemma von Sard*)

Bemerkung: Das Lemma von Sard gilt auch für Abbildungen aus dem $\mathbb{R}^n$ in den $\mathbb{R}^m$. Für $n > m$ ist vorauszusetzen, daß $\boldsymbol{\Phi}$ mindestens $(n - m + 1)$-mal stetig differenzierbar ist, während es für $n \leqq m$ genügt, wenn $\boldsymbol{\Phi}$ stetig differenzierbar ist. Wir beschäftigen uns hier nur mit dem Fall $n = m$.

Beweis: Da U als abzählbare Vereinigung von Würfeln dargestellt werden kann, genügt es, die kritischen Punkte in einem kompakten Würfel Q zu untersuchen.
Wir betrachten einen in Q enthaltenen Würfel Q', dessen Durchmesser b wir uns klein vorstellen und in dem eine kritische Stelle $\mathbf{c}$ liegt. Das Bild $\boldsymbol{\Phi}(Q')$ ist dann in einem Zylinder enthalten, für den wir das Maß der Grundfläche und die Höhe abschätzen können.
Dazu verwenden wir, daß $\boldsymbol{\Phi}$ auf der kompakten Menge Q gleichmäßig differenzierbar und dehnungsbeschränkt ist (vgl. S. 120). Zu vorgegebenem $\varepsilon > 0$ gibt es hiernach ein $\delta > 0$ derart, daß für die durch

$$\boldsymbol{\Phi}(\mathbf{y}) = \boldsymbol{\Phi}(\mathbf{x}) + \boldsymbol{\Phi}'(\mathbf{x}, \mathbf{y} - \mathbf{x}) + \mathbf{r}(\mathbf{x}, \mathbf{y}) \|\mathbf{y} - \mathbf{x}\|$$

definierte Abbildung $\mathbf{r}$ gilt:

$$\|\mathbf{y} - \mathbf{x}\| < \delta \quad \Rightarrow \quad \|\mathbf{r}(\mathbf{x}, \mathbf{y})\| < \varepsilon .$$

Weiter gibt es eine Dehnungsschranke L, so daß für $\mathbf{x}, \mathbf{y} \in Q$ gilt:

$$\|\boldsymbol{\Phi}(\mathbf{y}) - \boldsymbol{\Phi}(\mathbf{x})\| \leqq L \|\mathbf{y} - \mathbf{x}\| .$$

Wegen $\det \boldsymbol{\Phi}'(\mathbf{c}) = 0$ ist die Bildmenge der affinen Abbildung, die $\boldsymbol{\Phi}$ an der Stelle $\mathbf{c}$ approximiert, ein affiner Unterraum, dessen Dimension höchstens $n - 1$ ist; dieser Unterraum ist also in einer Hyperebene enthalten.

Sei nun Q' ein Teilwürfel von Q, in dem ein kritischer Punkt $\mathbf{c}$ liegt.
Aus der Gleichung

$$\boldsymbol{\Phi}(\mathbf{y}) = \boldsymbol{\Phi}(\mathbf{c}) + \boldsymbol{\Phi}'(\mathbf{c}, \mathbf{y} - \mathbf{c}) + \mathbf{r}(\mathbf{c}, \mathbf{y}) \|\mathbf{y} - \mathbf{c}\|$$

folgt, daß $\boldsymbol{\Phi}(Q')$, wenn der Durchmesser b von Q' kleiner als $\delta(\varepsilon)$ ist, in einem Parallelstreifen der genannten Hyperebene, der die Höhe $2\varepsilon \cdot b$ hat, enthalten ist.

Aus der Abschätzung

$$\|\boldsymbol{\Phi}(\mathbf{y}) - \boldsymbol{\Phi}(\mathbf{c})\| \leqq L \|\mathbf{y} - \mathbf{c}\|$$

folgt andererseits, daß $\boldsymbol{\Phi}(Q')$ in einer Kugel um $\boldsymbol{\Phi}(\mathbf{c})$ vom Radius Lb liegt. Diese Kugel schneidet die Hyperebene in einer $(n-1)$-dimensionalen Kugel vom Radius Lb. Die Menge $\boldsymbol{\Phi}(Q')$ liegt also in einem Zylinder über dieser Grundfläche mit der Höhe $2\varepsilon \cdot b$, d.h. es gilt

$$\mu(\Phi(Q')) \leqq \beta_{n-1}(Lb)^{n-1} \cdot 2\varepsilon \cdot b.$$

(Dabei ist β_{n-1} das Volumen der $(n-1)$-dimensionalen Einheitskugel.)

Wählen wir nun k so groß, daß $k\,\delta(\varepsilon)$ größer ist als der Durchmesser a des Würfels Q und zerlegen Q in k^n kongruente Teilwürfel, so folgt mit $b = \frac{a}{k} < \delta(\varepsilon)$ für das Maß des Bildes von C:

$$\mu(\Phi(C)) \leqq k^n \cdot 2\beta_{n-1} L^{n-1} \cdot \frac{a^n}{k^n} \cdot \varepsilon = (2\beta_{n-1} L^{n-1} a^n)\varepsilon.$$

Da $\varepsilon > 0$ beliebig gewählt werden kann und der vor ε stehende Faktor für unsere Betrachtung eine Konstante ist, folgt

$$\mu(\Phi(C)) = 0.$$

Damit ist das Lemma von Sard (für den Fall $n = m$) bewiesen.

Unsere Überlegungen führen damit zu folgender Fassung des Transformationssatzes:

Es sei $U \subset \mathbb{R}^n$ *offen und* $\Phi: U \to \mathbb{R}^n$ *stetig differenzierbar. Weiter gelte* $\det \Phi'(\mathbf{x}) \geqq 0$, *und* Φ *bilde die Menge*

$$U \backslash C = \{\mathbf{x} \in U \mid \det \Phi'(\mathbf{x}) > 0\}$$

der regulären Punkte von Φ *umkehrbar eindeutig ab.*
Dann gilt die Gleichung

$$\int_U f(\Phi(\mathbf{x})) \cdot \det \Phi'(\mathbf{x})\, d\mu(\mathbf{x}) = \int_{\Phi(U)} f(\mathbf{y})\, d\mu(\mathbf{y}),$$

falls eines der beiden Integrale existiert.

Aufgaben

1. Es sei $\sum_{i=1}^{n} \sum_{j=1}^{n} c_{ij} x_i x_j =: F(\mathbf{x})$ eine positiv definite quadratische Form. Welches Volumen hat das durch $F(\mathbf{x}) \leqq 1$ beschriebene Ellipsoid? (Vgl. Beispiel 3, S. 314.)
2. Wann ist eine beschränkte Teilmenge M des $\mathbb{R}^n$ als „Lebesgue-meßbarer Kegel" zu bezeichnen? Was ist unter der „Höhe" des Kegels zu verstehen? Man zeige, daß das Lebesguesche Maß eines solchen Kegels nach der Formel „$\frac{1}{n}$-mal Grundfläche mal Höhe" berechnet werden kann.
3. Man berechne den Flächeninhalt des Gebiets der Ebene, das von der „Lemniskate" $(x^2 + y^2)^2 - 2a^2 xy = 0$ umschlossen wird (Skizze!).

4. Wird durch die Abbildungsgleichungen

$$\begin{aligned} x &= (a + r\cos\psi)\cos\varphi \\ y &= (a + r\cos\psi)\sin\varphi \qquad (0 < r < a,\ 0 < \varphi < 2\pi,\ 0 < \psi < 2\pi) \\ z &= r\sin\psi \end{aligned}$$

ein Diffeomorphismus beschrieben?
Man beschreibe die Bildmenge des Quaders

$$0 < r < b,\ 0 < \varphi < 2\pi,\ 0 < \psi < 2\pi$$

geometrisch und bestimme ihr Volumen.
5. Es sei M die „obere Hälfte" der Einheitskugel im $\mathbb{R}^3$. Man bestimme den Schwerpunkt von M bezüglich einer nur von $|\mathbf{x}|$ abhängenden Massendichte $\varrho(\mathbf{x}) = f(|\mathbf{x}|)$; vgl. Aufg. 20, S. 273. Was ergibt sich für $f(|\mathbf{x}|) = |\mathbf{x}|^s$?
6. In der Kugelschale $a \leqq |\mathbf{x}| \leqq b$ des $\mathbb{R}^3$ sei die radialsymmetrische Massendichte $\varrho(\mathbf{x}) = f(|\mathbf{x}|)$ vorgegeben. Man bestimme die Gesamtmasse und zeige weiter, daß das zu der gegebenen Massenverteilung gehörende Newtonsche Potential

$$F(\mathbf{y}) = \int\limits_{a \leqq |\mathbf{x}| \leqq b} \frac{\varrho(\mathbf{x})}{|\mathbf{y} - \mathbf{x}|}\, d\mu(\mathbf{x})$$

für $|\mathbf{y}| > b$ mit dem Newtonschen Potential übereinstimmt, das zu der im Nullpunkt konzentrierten Gesamtmasse gehört.
Welches Potential ergibt sich für $|\mathbf{y}| < a$?
7. Es sei G eine meßbare Teilmenge des $\mathbb{R}^{n-1}$, der von $\mathbf{e}_2, \ldots, \mathbf{e}_n$ aufgespannt wird und G sei im Halbraum $x_2 > 0$ enthalten. Die Teilmenge M des $\mathbb{R}^n$ entstehe durch Rotation von G um den „Fixpunktraum" $\mathbb{R}^{n-2}$, der von $\mathbf{e}_3, \ldots, \mathbf{e}_n$ aufgespannt wird. Man gebe eine formale Beschreibung von M und zeige, daß M meßbar ist.
Weiter bestimme man den Abstand a des Schwerpunkts von G vom Fixpunktraum $\mathbb{R}^{n-2}$, und beweise die Guldinsche Regel:

$$\mu_n(M) = 2\pi a \mu_{n-1}(G).$$

(Man führe in der von $\mathbf{e}_1$, $\mathbf{e}_2$ aufgespannten Ebene Polarkoordinaten ein.)
8. Man gebe für die Abschätzung (vgl. S. 315)

$$\min_{\mathbf{x} \in Q} |\det \boldsymbol{\Phi}'(\mathbf{x})|\, \mu(Q) \leqq \mu(\boldsymbol{\Phi}(Q))$$

einen anderen Beweis, indem man das Halbierungsverfahren und den Satz von der lokalen Umkehrbarkeit verwendet.

9. Nach Aufg. 19, S. 295 ist das Newtonsche Potential im $\mathbb{R}^3$

$$F(\mathbf{y}) = \int_M \frac{\varrho(\mathbf{x})}{|\mathbf{x}-\mathbf{y}|} d\mu(\mathbf{x})$$

in jeder zu M disjunkten offenen Teilmenge U des $\mathbb{R}^3$ unendlich oft differenzierbar. Man zeige, daß bei beschränktem ϱ die Funktion F überall in $\mathbb{R}^3$ erklärt ist. Weiter beweise man, daß F in den Punkten der abgeschlossenen Hülle von M einmal stetig differenzierbar ist.
Anleitung: Man untersuche für hinreichend kleines $\varepsilon > 0$ die Integrale

$$\int_{|\mathbf{x}-\mathbf{y}| \leqq \varepsilon} \frac{\varrho(\mathbf{x})}{|\mathbf{x}-\mathbf{y}|} d\mu(\mathbf{x}) \qquad \text{sowie} \qquad \int_{|\mathbf{x}-\mathbf{y}| \leqq \varepsilon} \frac{\varrho(\mathbf{x})(x_i - y_i)}{|\mathbf{x}-\mathbf{y}|^3} d\mu(\mathbf{x})$$

unter Verwendung räumlicher Polarkoordinaten.

10. Es sei S das Standardsimplex im $\mathbb{R}^n$, und $f \in \mathfrak{L}^1(S)$ hänge nur von $\sum_{i=1}^{n} x_i$ ab. Man drücke $\int_S f d\mu$ durch ein eindimensionales Integral aus.

11. Man beweise das Lemma von Sard für den Fall $n < m$ (der leichter als der Fall $n = m$ zu beweisen ist).

12. Man beweise folgende Verallgemeinerung des Transformationssatzes von S. 325: Es sei $U \subset \mathbb{R}^n$ und $\boldsymbol{\Phi} : U \to \mathbb{R}^n$ stetig differenzierbar mit $\det \boldsymbol{\Phi}'(\mathbf{x}) \geqq 0$. Jedes $\mathbf{y}$ aus $\boldsymbol{\Phi}(U \backslash C)$ habe nur endlich viele Urbilder; diese Anzahl sei mit $k(\mathbf{y})$ bezeichnet. Dann gilt die Gleichung

$$\int_U f(\boldsymbol{\Phi}(\mathbf{x})) \det \boldsymbol{\Phi}'(\mathbf{x}) d\mu = \int_{\boldsymbol{\Phi}(U)} k(\mathbf{y}) f(\mathbf{y}) d\mu(\mathbf{y}).$$

(Nach dem Satz von der lokalen Umkehrbarkeit ist k lokal konstant.)

13. Wenn keine Annahme über $\det \boldsymbol{\Phi}'(\mathbf{x})$ gemacht wird, kann in einem Urbild $\mathbf{x}$ von $\mathbf{y} \in \boldsymbol{\Phi}(U \backslash C)$ auch $\det \boldsymbol{\Phi}'(\mathbf{x}) < 0$ gelten. Es sei vorausgesetzt, daß jedes $\mathbf{y} \in \boldsymbol{\Phi}(U \backslash C)$ nur endlich viele Urbilder hat. Die Anzahl der Urbildpunkte von $\mathbf{y}$, für die $\det \boldsymbol{\Phi}'(\mathbf{x}) > 0$ gilt, sei mit $k^+(\mathbf{y})$, diejenige, für die $\det \boldsymbol{\Phi}'(\mathbf{x}) < 0$ gilt, mit $k^-(\mathbf{y})$ bezeichnet. Die Zahl

$$\deg(\boldsymbol{\Phi}, \mathbf{y}) := k^+(\mathbf{y}) - k^-(\mathbf{y})$$

heißt „lokaler Abbildungsgrad" von $\boldsymbol{\Phi}$.
Man beweise die Gleichung

$$\int_U f(\boldsymbol{\Phi}(\mathbf{x})) \det \boldsymbol{\Phi}'(\mathbf{x}) d\mu(\mathbf{x}) = \int_{\boldsymbol{\Phi}(U)} \deg(\boldsymbol{\Phi}, \mathbf{y}) f(\mathbf{y}) d\mu(\mathbf{y}).$$

17 Differentialformen, Integralsätze der Vektoranalysis

Nachdem im vorigen Kapitel die nächstliegende Übertragung des Integralbegriffs von einer auf mehrere Dimensionen behandelt wurde, gehen wir nun noch einen Schritt weiter. Neben den „Gebietsintegralen“ begegnet man nämlich auch anderen Integralen, wie z. B. „Kurvenintegralen“ oder „Flächenintegralen“. Dabei sind zweckmäßige Definitionen hinsichtlich der Integranden und der Integrationsgebiete zu finden. Als besonders geeignet hat sich hierbei der Begriff der *alternierenden Differentialform* erwiesen; im $\mathbb{R}^n$ gibt es solche Formen für die Stufen $0, 1, 2, \ldots, p, \ldots, n$. Hat man als Integrationsgebiet eine *p-dimensionale berandete Untermannigfaltigkeit M* des $\mathbb{R}^n$, so kommt eine *Funktion* als Integrand nur dann in Frage, wenn auf M ein Maß gegeben ist (was z. B. bei euklidischem $\mathbb{R}^n$ in natürlicher Weise der Fall ist). Liegt jedoch ein solches Maß nicht vor, sind p-Formen die geeigneten Integranden, da für diese die in naheliegender Weise erklärten Integrale unabhängig von der verwendeten Parameterdarstellung von M sind.

Auf alternierende Differentialformen kann man nun andererseits auch die Operation der Ableitung anwenden und zwar läßt sich diese so modifizieren, daß die sich ergebende *äußere Ableitung* wieder eine alternierende Differentialform ist. Damit eröffnet sich eine Möglichkeit – wie im Fall $n = 1$ – einen Zusammenhang zwischen Ableitung und Integration herzustellen. Die aus dem Hauptsatz der Differential- und Integralrechnung folgende Gleichung

$$\int_a^b f'(x)\,dx = f(b) - f(a)$$

erscheint so als einfachster Spezialfall des *Satzes von Stokes*

$$\int_M d\omega = \int_{\partial M} \omega .$$

Schließlich sei noch darauf hingewiesen, daß sich auch die Methoden und Ergebnisse der klassischen Vektoranalysis, wie sie in der Physik verwendet wird, in sehr durchsichtiger Weise ergeben; darauf werden wir an den geeigneten Stellen eingehen.

Der Kalkül der alternierenden Differentialformen wurde von H. Poincaré und E. Cartan zu Beginn dieses Jahrhunderts entwickelt.

Bei der Darstellung des Differentialformenkalküls haben wir uns bemüht, den formalen Aufwand gering zu halten. Zur Einführung behandeln wir zunächst Kurvenintegrale; hier sind die Integranden *Pfaffsche Formen* (oder 1-Formen). Die Frage nach der Unabhängigkeit von der Kurve, längs der integriert wird, führt zu den Begriffen exakte bzw. geschlossene Pfaffsche Form. Die Begriffe „exakt" und „geschlossen" sind auch für Formen höherer Stufe sinnvoll; ihr Zusammenhang wird im *Lemma von Poincaré* beschrieben.
Für die sinnvolle Erklärung von Integralen, die über p-Flächen erstreckt werden, ist die in 16.4 bewiesene Transformationsformel unerläßlich. Als technisches Hilfsmittel bei der Erweiterung der Integraldefinition auf p-dimensionale Untermannigfaltigkeiten verwenden wir „glatte Zerlegungen der 1"; zur tatsächlichen Berechnung solcher Integrale wird die p-dimensionale Untermannigfaltigkeit in p-Flächenstücke zerschnitten.
Kernstücke dieses Kapitels sind die *Integralsätze von Gauß und Stokes.* Aus ihnen ergeben sich zahlreiche wichtige Folgerungen. Als Beispiel bringen wir einen Beweis des *Brouwerschen Fixpunktsatzes.*
Für die Theorie der Differentialformen und ihrer Integrale wird die euklidische Struktur des $\mathbb{R}^n$ nicht benötigt. In geometrischen und physikalischen Anwendungen erscheinen in p-Flächen-Integralen jedoch oft p-dimensionale Oberflächenmaße; dabei ist dann natürlich der $\mathbb{R}^n$ als euklidischer Raum aufzufassen. Wir führen deshalb den Begriff des p-dimensionalen Oberflächenmaßes ein und stellen dann p-Flächen-Integrale unter Verwendung dieses Oberflächenmaßes dar.

17.1 Kurvenintegrale

Als „Integrationsgebiet" hat man hier einen stückweise glatten Weg im $\mathbb{R}^n$ (vgl. S. 79); der Integrand ist in den Anwendungen – wie z. B. bei der Berechnung der Arbeit, die nötig ist, um einen Massenpunkt in einem Kraftfeld von einem Punkt zum anderen zu bewegen – meistens durch ein Vektorfeld festgelegt. Hat der betreffende Weg die Parameterdarstellung

$$\gamma : [a, b] \to U$$

und wird das Vektorfeld durch

$$\mathbf{v} : U \to \mathbb{R}^n$$

beschrieben, so erklärt man das Integral des Vektorfeldes $\mathbf{v}$ längs des Weges γ unter Heranziehung des Skalarprodukts im $\mathbb{R}^n$ durch

$$\int_\gamma \langle \mathbf{v}, d\mathbf{x} \rangle := \int_a^b \langle \mathbf{v}(\gamma(t)), \gamma'(t) \rangle \, dt .$$

Wenn **v** ein stetiges Vektorfeld ist, dann steht rechts ein gewöhnliches Integral mit einem in $[a, b]$ stückweise stetigen Integranden. Der „Integrand" $\langle \mathbf{v}, d\mathbf{x} \rangle$ auf der linken Seite ist als Kurzbezeichnung anzusehen, aus der sich in zwangsläufiger Weise durch Einsetzen von $\mathbf{x} = \gamma(t)$ und $d\mathbf{x} = \gamma'(t)dt$ der Integrand auf der rechten Seite ergibt.

Das Auftreten des Skalarproduktes ist für die folgenden Entwicklungen nicht wesentlich; die Integranden $\langle \mathbf{v}, d\mathbf{x} \rangle$ lassen sich dem Begriff der *Pfaffschen Differentialformen* unterordnen, den wir gleich definieren werden. Die volle Tragweite des Begriffs der Differentialformen (erster und höherer Stufe) wird sich bei der Behandlung der Flächenintegrale (vgl. 17.4) zeigen.

Def.: *Eine stetige Abbildung*

$$\omega : U \times \mathbb{R}^n \to \mathbb{R}, \qquad (U \subset \mathbb{R}^n, \textit{ offen})$$

die bezüglich des zweiten Arguments linear ist, heißt 1-Form (*oder* Pfaffsche Form) *in U.*

Explizit läßt sich ω beschreiben, indem man das zweite Argument **h** etwa bezüglich der Standardbasis darstellt und die Linearität ausnutzt:

$$\omega(\mathbf{x}, \mathbf{h}) = \omega(\mathbf{x}, \mathbf{e}_1) h_1 + \ldots + \omega(\mathbf{x}, \mathbf{e}_n) h_n .$$

Mit der Abkürzung $\omega(\mathbf{x}, \mathbf{e}_i) = a_i(\mathbf{x})$ erhält man

$$\omega(\mathbf{x}, \mathbf{h}) = \sum_{i=1}^{n} a_i(\mathbf{x}) h_i .$$

Dabei sind die a_i reellwertige stetige Funktionen in U und die h_i beliebige reelle Zahlen.

Hat man nun außerdem einen stückweise glatten Weg

$$\gamma : [a, b] \to U,$$

so erklärt man das Integral über ω längs γ durch

$$\int_\gamma \omega := \int_a^b \omega(\gamma(t), \gamma'(t)) dt .$$

Die rechte Seite ist sinnvoll, da der Integrand eine reelle stückweise stetige Funktion im Intervall $[a, b]$ ist. Man hätte natürlich gern, daß $\int_\gamma \omega$ nicht von der

Parameterdarstellung des Weges abhängt. Dies ist tatsächlich richtig, wenn man diejenigen Umparametrisierungen zuläßt, die positive Ableitung haben. Sind nämlich γ_1, γ_2 äquivalente Wege im Sinne der Definition von S. 85, d. h. es gelte $\gamma_2 = \gamma_1 \circ \varphi$, so hat man nach der Kettenregel

$$\gamma_2'(t) = \gamma_1'(\varphi(t)) \cdot \varphi'(t),$$

und damit

$$\int_{\gamma_2} \omega = \int_{a_2}^{b_2} \omega(\gamma_2(t), \gamma_2'(t))\,dt = \int_{a_2}^{b_2} \omega(\gamma_1(\varphi(t)), \gamma_1'(\varphi(t))) \cdot \varphi'(t)\,dt.$$

Andererseits ist

$$\int_{\gamma_1} \omega = \int_{a_1}^{b_1} \omega(\gamma_1(\tau), \gamma_1'(\tau))\,d\tau.$$

Setzt man nun

$$f(\tau) := \omega(\gamma_1(\tau), \gamma_1'(\tau)),$$

so zeigt die Substitutionsregel für streng monoton wachsendes φ

$$\int_{a_1}^{b_1} f(\tau)\,d\tau = \int_{a_2}^{b_2} f(\varphi(t))\,\varphi'(t)\,dt,$$

daß für äquivalente Wege γ_1 und γ_2 gilt:

$$\int_{\gamma_1} \omega = \int_{\gamma_2} \omega.$$

Die angegebene Erklärung von $\int_\gamma \omega$ ist daher so beschaffen, daß man mit ihr Integrale von 1-Formen längs orientierten stückweise glatten Kurven (vgl. S. 85) erhält. Statt der Bezeichnung Wegintegral verwenden wir deshalb die Bezeichnung *Kurvenintegral.*

Bemerkung: Bei der Erklärung von Kurvenintegralen wird manchmal ausdrücklich auf den Bogenlängenparameter Bezug genommen. Tatsächlich spielt es – wie gerade gezeigt – keine Rolle, welche Parameterdarstellung man für die Kurve, längs der integriert wird, verwendet.

Def.: *Es sei ω eine stetige 1-Form in U und $\gamma: [a, b] \to U$ ein stückweise glatter Weg in U. Dann heißt die Zahl*

$$\int_\gamma \omega := \int_a^b \omega(\gamma(t), \gamma'(t))\,dt$$

Integral von ω längs der durch γ festgelegten orientierten Kurve.

Man hat also in $\omega(\mathbf{x}, \mathbf{h})$ für $\mathbf{x}$ die Parameterdarstellung $\gamma(t)$ einzusetzen sowie für $\mathbf{h}$ die Ableitung $\gamma'(t)$, und dann ein „gewöhnliches“ Integral auszurechnen. Es ist daher auch üblich, an Stelle von $\mathbf{h}$ das Symbol $d\mathbf{x}$ (wie auf S. 330) zu verwenden; man kann dann formal $d\mathbf{x} = \gamma'(t)\,dt$ einsetzen. In expliziter Darstellung werden 1-Formen daher oft so geschrieben:

$$\omega = a_1(\mathbf{x})\,dx_1 + a_2(\mathbf{x})\,dx_2 + \ldots + a_n(\mathbf{x})\,dx_n.$$

Ist $\tilde{\gamma}$ ein Weg, der aus γ durch Umkehrung der Orientierung hervorgeht, so gilt:

$$\int_{\tilde{\gamma}} \omega = -\int_{\gamma} \omega.$$

Beispiel: Es sei $U = \mathbb{R}^2 \setminus \{(0,0)\}$ und

$$\omega = -\frac{x_2}{x_1^2 + x_2^2}\,dx_1 + \frac{x_1}{x_1^2 + x_2^2}\,dx_2.$$

Mit $\gamma(t) = (\cos t, \sin t)$ für $0 \leqq t \leqq \pi$ erhält man $\gamma'(t) = (-\sin t, \cos t)$ und damit

$$\int_{\gamma} \omega = \int_0^{\pi} (\sin^2 t + \cos^2 t)\,dt = \int_0^{\pi} dt = \pi.$$

Das Integral von ω längs der „positiv durchlaufenen oberen Hälfte des Einheitskreises“ ist also π.

Verbindet man die beiden Endpunkte $(1,0)$ und $(-1,0)$ dagegen durch den stückweise glatten Weg $\tilde{\gamma}: [0,2] \to \mathbb{R}^2$, der durch

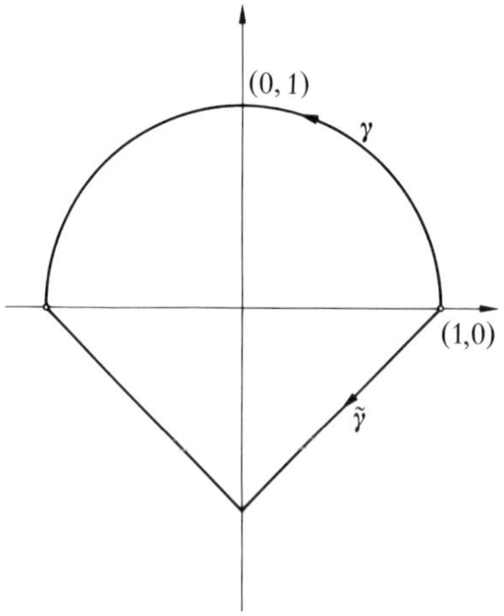

$$\tilde{\gamma}(t) = \begin{cases} (1-t, -t) & \text{für } 0 \leqq t \leqq 1 \\ (1-t, t-2) & \text{für } 1 < t \leqq 2 \end{cases}$$

gegeben ist, so ergibt sich als Kurvenintegral (setze $\tau = 2t - 1$ bzw. $\tau = 2t - 3$)

$$\int_{\tilde{\gamma}} \omega = -\int_0^1 \frac{dt}{(1-t)^2 + t^2} - \int_1^2 \frac{dt}{(1-t)^2 + (t-2)^2} = -2 \int_{-1}^1 \frac{d\tau}{1+\tau^2} = -\pi .$$

Man erhält also für die zweite Kurve einen anderen Wert als für die erste (obwohl beide Kurven denselben Anfangspunkt und Endpunkt haben).

Für Kurvenintegrale gelten die folgenden Rechenregeln:

(1) $$\int_\gamma (\omega_1 + \omega_2) = \int_\gamma \omega_1 + \int_\gamma \omega_2$$

(2) $$\int_\gamma c\omega = c \int_\gamma \omega$$

(3) $$\int_{\gamma_1 + \gamma_2} \omega = \int_{\gamma_1} \omega + \int_{\gamma_2} \omega .$$

Dabei ist die „Wegaddition" nur für den Fall erklärt, daß der Endpunkt von γ_1 gleich dem Anfangspunkt von γ_2 ist. Für

$$\gamma_1 : [a, b] \to \mathbb{R}^n \quad \text{und} \quad \gamma_2 : [b, c] \to \mathbb{R}^n \quad \text{mit} \quad \gamma_1(b) = \gamma_2(b)$$

wird $\gamma_1 + \gamma_2 =: \gamma$ festgesetzt durch

$$\gamma(t) = \begin{cases} \gamma_1(t) & \text{für } a \leqq t \leqq b \\ \gamma_2(t) & \text{für } b \leqq t \leqq c . \end{cases}$$

(Man beachte, daß $\gamma_2 + \gamma_1$ nicht erklärt ist!)
Die Beweise für (1), (2), (3) ergeben sich unmittelbar aus der Definition des Kurvenintegrals.

Wir wenden uns nun der Frage zu, wann $\int_\gamma \omega$ nur von den Endpunkten der Kurve abhängt. Zum Beispiel ist dies für eine solche 1-Form ω der Fall, die Ableitung einer reellen Funktion ist. Aus

$$\omega(\mathbf{x}, \mathbf{h}) = f'(\mathbf{x}, \mathbf{h})$$

folgt nämlich wegen $(f \circ \gamma)'(t) = f'(\gamma(t), \gamma'(t))$:

$$\int_\gamma \omega = \int_a^b f'(\gamma(t), \gamma'(t))\, dt = f(\gamma(b)) - f(\gamma(a)).$$

Diese Feststellung gibt Anlaß zu der

Def.: *Existiert zu der* 1-*Form* ω *in* U *eine stetig differenzierbare Funktion* $f: U \to \mathbb{R}$ *derart, daß*

$$\omega(\mathbf{x}, \mathbf{h}) - f'(\mathbf{x}, \mathbf{h})$$

gilt, so heißt ω exakt *und* f *eine* Stammfunktion *von* ω.

Bemerkung: Wenn ω als Skalarprodukt $\langle \mathbf{v}, d\mathbf{x} \rangle$ auftritt, bedeutet die Exaktheit von ω, daß $\mathbf{v}$ ein Gradientenfeld ist: Es gilt $\mathbf{v} = \operatorname{grad} f$. ($\mathbf{v}$ heißt dann auch *konservativ*.)

Für exakte Formen ω hängt, wie wir gesehen haben $\int_\gamma \omega$ nur von Anfangs- und Endpunkt von γ ab. Man sagt deshalb, das Kurvenintegral sei für exakte Formen *wegunabhängig*. Von dieser Aussage gilt auch die Umkehrung.

Satz: *Eine stetige* 1-*Form* ω *in* U *ist genau dann exakt, wenn gilt:*

$$\int_{\gamma_1} \omega = \int_{\gamma_2} \omega$$

für je zwei Wege mit denselben Anfangs- und Endpunkten.

Beweis: Wir haben nur noch zu zeigen, daß aus der Wegunabhängigkeit von $\int_\gamma \omega$ die Exaktheit von ω folgt, d.h. wir haben eine differenzierbare Funktion $f: U \to \mathbb{R}$ anzugeben, für die gilt

$$f'(\mathbf{x}, \mathbf{h}) = \omega(\mathbf{x}, \mathbf{h})$$

Dazu wählen wir einen Punkt $\mathbf{x}_0$ in U und setzen für irgendeinen in U verlaufenden Weg γ, der $\mathbf{x}_0$ mit $\mathbf{x}$ verbindet

$$f(\mathbf{x}) := \int_\gamma \omega.$$

Da $\int_\gamma \omega$ nach Voraussetzung wegunabhängig ist, wird hierdurch wirklich eine Funktion f in U erklärt. Wir zeigen, daß f differenzierbar ist und bestimmen die Ableitung von f. Dazu hängen wir an γ einen Weg γ_1 an, der den Punkt $\mathbf{x}$ mit dem Punkt $\mathbf{x} + \mathbf{h}$ geradlinig verbindet. Dies ist für genügend kleines $\|\mathbf{h}\|$ möglich, da U offen ist. Es folgt dann

$$f(\mathbf{x} + \mathbf{h}) - f(\mathbf{x}) = \int_{\gamma_1} \omega = \int_0^1 \omega(\mathbf{x} + t\mathbf{h}, \mathbf{h})\, dt.$$

Nach dem Mittelwertsatz der Integralrechnung (vgl. Bd. I, S. 358) gibt es nun ein τ mit $0 < \tau < 1$ derart, daß die Gleichung

$$\int_0^1 \omega(\mathbf{x} + t\mathbf{h}, \mathbf{h})\, dt = \omega(\mathbf{x} + \tau\mathbf{h}, \mathbf{h})$$

gilt. Weiter ergibt sich wegen der Stetigkeit von ω bezüglich des ersten Arguments und der Linearität bezüglich des zweiten Arguments die Gleichung

$$\omega(\mathbf{x}+\tau\mathbf{h},\mathbf{h})-\omega(\mathbf{x},\mathbf{h})=r(\mathbf{h})\,\|\mathbf{h}\| \qquad \text{mit} \qquad \lim_{\mathbf{h}\to\mathbf{0}} r(\mathbf{h})=0\,.$$

Somit folgt

$$f(\mathbf{x}+\mathbf{h})-f(\mathbf{x})=\omega(\mathbf{x},\mathbf{h})+r(\mathbf{h})\,\|\mathbf{h}\| \qquad \text{mit} \qquad \lim_{\mathbf{h}\to\mathbf{0}} r(\mathbf{h})=0\,,$$

d.h. es gilt $f'=\omega$.

Bemerkung: Die Wegunabhängigkeit von $\int_\gamma \omega$ kann auch folgendermaßen gefaßt werden:

Für jeden geschlossenen Weg γ gilt $\int\limits_\gamma \omega = 0$.

Einerseits erhält man nämlich aus zwei Wegen mit denselben Anfangs- und Endpunkten bei geeigneter Durchlaufung einen geschlossenen Weg. Andererseits erhält man aus jedem geschlossenen Weg, indem man zwei Punkte beliebig auf diesem Weg wählt, zwei Wege mit denselben Anfangs- und Endpunkten (vgl. Figur).

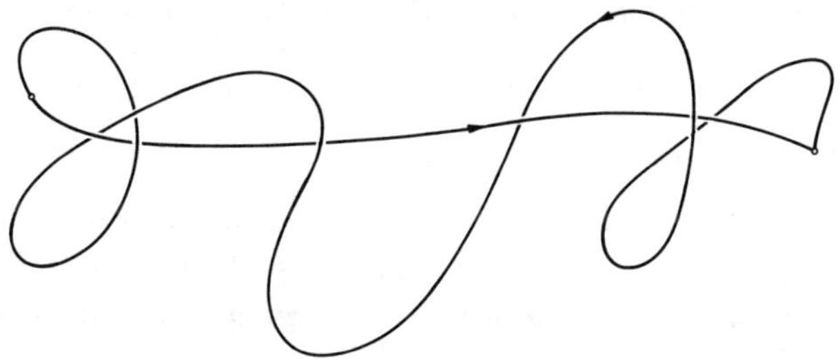

Das Beispiel von S. 332 zeigt, daß nicht jede 1-Form exakt ist. Für die beiden Wege von $(1,0)$ nach $(-1,0)$ ergaben sich verschiedene Werte, nämlich π und $-\pi$.

Eine notwendige Bedingung für die Exaktheit von

$$\omega = a_1(\mathbf{x})\,dx_1+\ldots+a_n(\mathbf{x})\,dx_n$$

läßt sich sofort angeben, wenn wir annehmen, daß die Funktionen $a_1,\ldots,a_n$ nicht nur stetig, sondern sogar stetig differenzierbar sind. Nach Voraussetzung hat man dann wegen $\omega(\mathbf{x},\mathbf{h})=f'(\mathbf{x},\mathbf{h})$ die Gleichungen

$$a_i(\mathbf{x})=D_i f(\mathbf{x})$$

sowie

$$D_j a_i(\mathbf{x}) = D_j D_i f(\mathbf{x}).$$

Aufgrund der Vertauschbarkeit von D_i und D_j (vgl. S. 127) ergeben sich die $\binom{n}{2}$ *Integrabilitätsbedingungen*

$$D_i a_j = D_j a_i.$$

Für die 1-Form ω aus dem Beispiel von S. 332 ist die Integrabilitätsbedingung erfüllt; trotzdem ist ω nicht exakt in $\mathbb{R}^2 \setminus \{(0,0)\}$. Die Integrabilitätsbedingungen sind allein also nicht hinreichend für die Exaktheit einer stetig differenzierbaren 1-Form, es muß noch eine Voraussetzung über die Definitionsmenge U hinzukommen. Zum Beispiel genügt es, U als konvex oder – etwas allgemeiner – als *sternförmig* anzunehmen. U heißt sternförmig bezüglich eines Punktes $\mathbf{p} \in U$, wenn für jedes $\mathbf{x} \in U$ die Verbindungsstrecke von $\mathbf{p}$ mit $\mathbf{x}$ in U enthalten ist.

Satz: *Erfüllt die stetig differenzierbare* 1-*Form*

$$\omega = \sum_{i=1}^{n} a_i dx_i$$

in einer sternförmigen offenen Menge U die Integrabilitätsbedingungen

$$D_i a_j = D_j a_i \qquad (i, j = 1, \ldots, n),$$

so ist ω exakt in U.

Beweis: Wir nehmen an, daß U sternförmig bezüglich $\mathbf{0}$ ist, d. h. daß mit $\mathbf{x}$ stets auch die Punkte $t\mathbf{x}$ für $0 \leqq t \leqq 1$ zu U gehören (vgl. Figur). Es liegt nahe, eine Stammfunktion f von ω direkt anzugeben, indem man ω längs des geradlinigen

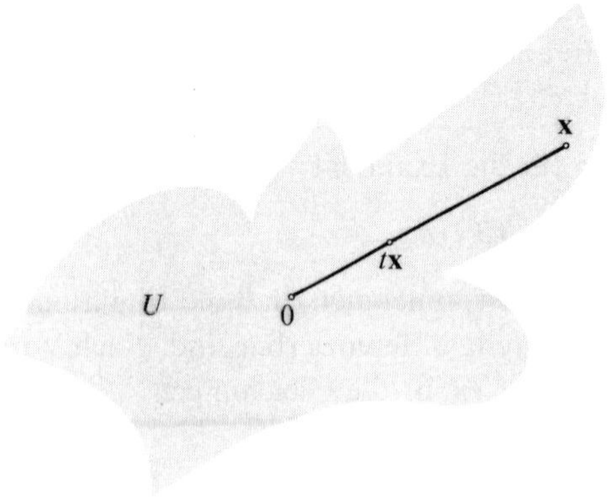

Weges von $\mathbf{0}$ nach $\mathbf{x}$ integriert, d.h. man setzt

$$f(\mathbf{x}) := \int_0^1 \omega(t\mathbf{x}, \mathbf{x})\, dt.$$

In der expliziten Darstellung heißt dies:

$$f(\mathbf{x}) = \int_0^1 \Big(\sum_{i=1}^n x_i a_i(t\mathbf{x})\Big)\, dt.$$

Zu zeigen ist, daß

$$D_j f(\mathbf{x}) = a_j(\mathbf{x})$$

gilt. Da die a_i stetig differenzierbar sind, können Ableitung und Integration vertauscht werden (vgl. S. 287); es ergibt sich

$$D_j f(\mathbf{x}) = \int_0^1 a_j(t\mathbf{x})\, dt + \int_0^1 \Big(\sum_{i=1}^n x_i t \cdot D_j a_i(t\mathbf{x})\Big)\, dt.$$

Nun verwendet man die Integrabilitätsbedingungen und erhält für das rechts stehende Integral:

$$\int_0^1 \Big(t \cdot \sum_{i=1}^n x_i D_i a_j(t\mathbf{x})\Big)\, dt.$$

Mit $u(t) = t$ und $v'(t) = \sum_{i=1}^n x_i D_i a_j(t\mathbf{x})$, also $u'(t) = 1$ und $v(t) = a_j(t\mathbf{x})$, ergibt sich durch Produktintegration die Gleichung

$$\int_0^1 \Big(t \cdot \sum_{i=1}^n x_i D_i a_j(t\mathbf{x})\Big)\, dt = t \cdot a_j(t\mathbf{x})\Big|_0^1 - \int_0^1 a_j(t\mathbf{x})\, dt = a_j(\mathbf{x}) - \int_0^1 a_j(t\mathbf{x})\, dt.$$

Durch Einsetzen folgt die Behauptung

$$D_j f(\mathbf{x}) = a_j(\mathbf{x}).$$

Mit dem bewiesenen Satz hat man ein rechnerisch gut zu handhabendes Kriterium für die Exaktheit einer 1-Form (wobei auf die einschränkenden Voraussetzungen zu achten ist).

Beispiel: Es sei φ eine in $\mathbb{R}_0^+$ stetig differenzierbare Funktion. Dann ist die in $U = \mathbb{R}^n$ definierte 1-Form

$$\omega = \sum_{i=1}^{n} x_i \varphi(|\mathbf{x}|)\, dx_i$$

exakt. Für $a_i(\mathbf{x}) = x_i \varphi(|\mathbf{x}|)$ rechnet man nämlich für $\mathbf{x} \neq \mathbf{0}$ aus

$$D_j a_i(\mathbf{x}) = \delta_{ij} \varphi(|\mathbf{x}|) + x_i \varphi'(|\mathbf{x}|) \frac{x_j}{|\mathbf{x}|}.$$

Dabei ist $\delta_{ij} = 0$ für $i \neq j$ und $\delta_{ii} = 1$ („Kronecker-Symbol").

Aufgabe: Man bestimme die partiellen Ableitungen von a_i an der Stelle $\mathbf{x} = \mathbf{0}$ und zeige, daß die Funktionen $D_j a_i$ in $\mathbb{R}^n$ stetig sind.

Es gilt also $D_j a_i(\mathbf{x}) = D_i a_j(\mathbf{x})$ für alle $\mathbf{x} \in \mathbb{R}^n$, so daß $\omega = \sum_{i=1}^{n} x_i \varphi(|\mathbf{x}|)\, dx_i$ exakt ist. ω besitzt somit eine Stammfunktion f; diese könnte nach der im Beweis verwendeten Methode berechnet werden.

Tatsächlich läßt sich in diesem Fall eine Stammfunktion f von ω leichter direkt angegeben. Dazu setzen wir

$$\Phi(r) := \int_0^r t \varphi(t)\, dt,$$

so daß

$$\Phi'(r) = r \varphi(r)$$

gilt. Man prüft dann durch Ausrechnen nach, daß $f(\mathbf{x}) = \Phi(|\mathbf{x}|)$ eine Stammfunktion von ω ist:

$$D_i f(\mathbf{x}) = |\mathbf{x}|\, \varphi(|\mathbf{x}|) \frac{x_i}{|\mathbf{x}|}.$$

Die explizite Angabe zeigt übrigens, daß es genügt, φ als stetig vorauszusetzen.

Zieht man das Skalarprodukt im $\mathbb{R}^n$ heran, so entspricht der 1-Form ω ein zentralsymmetrisches Vektorfeld, nämlich

$$\mathbf{v}(\mathbf{x}) = \varphi(|\mathbf{x}|)\, \mathbf{x}.$$

Unser Ergebnis besagt dann, daß es sich hierbei immer um ein *Gradientenfeld* handelt:

$$\mathbf{v}(\mathbf{x}) = \operatorname{grad} \Phi(|\mathbf{x}|).$$

Bemerkung: Diese Aussage bleibt auch richtig, wenn φ nur für $r > 0$ erklärt und stetig ist. Zwar ist $U = \mathbb{R}^n \setminus \{\mathbf{0}\}$ dann nicht mehr sternförmig, doch kann –

ähnlich wie oben – eine Stammfunktion f von ω explizit angegeben werden (man setze etwa $\Phi(r) = \int\limits_{r_0}^{r} t\varphi(t)\,dt$ mit $r_0 > 0$).

Aufgaben

1. Es sei ω in $\mathbb{R}^2 \setminus \{(0,0)\}$ durch

$$\omega = \frac{x}{x^2+y^2}\,dx + \frac{y}{x^2+y^2}\,dy$$

gegeben. Man berechne $\int_\gamma \omega$ für den Fall, daß der Integrationsweg
(a) der (positiv durchlaufene) Kreis vom Radius r um den Nullpunkt,
(b) ein achsenparalleles Rechteck, das den Nullpunkt im Innern enthält,
(c) ein achsenparalleles Rechteck, das den Nullpunkt nicht enthält, ist.

2. Es sei $\omega = p(x,y)\,dx + q(x,y)\,dy$ eine in der offenen Menge $U \subset \mathbb{R}^2$ stetige 1-Form. Man gebe für $\int_\gamma \omega$ explizite Formeln an, wenn γ der (positiv durchlaufene) Rand eines achsenparallelen in U enthaltenen Rechtecks ist.

3. Es sei $\omega = p(x,y)\,dx + q(x,y)\,dy$ in dem offenen Rechteck $U \subset \mathbb{R}^2$ stetig differenzierbar und erfülle dort die Integrabilitätsbedingung $q_x = p_y$. Man gebe einen anderen Beweis für die Exaktheit von ω, indem man zeigt, daß für beliebiges $(a,b) \in U$

$$f(x,y) = \int\limits_a^x p(t,b)\,dt + \int\limits_b^y q(x,t)\,dt$$

eine Stammfunktion von ω ist.
Man übertrage diese Beweismethode auf den $\mathbb{R}^3$ und den $\mathbb{R}^n$.

4. In $\mathbb{R}^2 \setminus \{(0,0)\}$ sei durch

$$u(x,y) = -\,\varphi\left(\sqrt{x^2+y^2}\right)\cdot y$$
$$v(x,y) = \quad \varphi\left(\sqrt{x^2+y^2}\right)\cdot x.$$

ein stetig differenzierbares Vektorfeld gegeben (φ sei stetig differenzierbar in $\mathbb{R}^+$).
Man skizziere das Vektorfeld und berechne das Kurvenintegral

$$\int\limits_\gamma (u\,dx + v\,dy),$$

wenn der Integrationsweg der positiv durchlaufene Kreis vom Radius r um den Nullpunkt ist.

Kann bei geeignetem φ das Vektorfeld in Teilgebieten von $\mathbb{R}^2$ konservativ sein?

5. Man beweise folgende Abschätzung für Kurvenintegrale:

$$\left|\int_\gamma \langle \mathbf{v}, d\mathbf{x}\rangle\right| \leqq \|\mathbf{v}\| \cdot L(\gamma).$$

Dabei ist $L(\gamma)$ die euklidische Länge des Weges γ und $\|\mathbf{v}\|$ das Maximum der euklidischen Norm des (stetigen) Vektorfeldes $\mathbf{v}$ längs γ.

6. Es sei U eine offene konvexe Menge des $\mathbb{R}^2$ und f eine in U zweimal stetig differenzierbare Funktion. Man gebe eine notwendige und hinreichende Bedingung dafür an, daß das Vektorfeld $\mathbf{v} = (-f_y, f_x)$ konservativ ist und gebe eine Funktion g an, so daß $\mathbf{v} = \operatorname{grad} g$ gilt. g heißt dann „konjugiertes Potential" zu f. Man zeige schließlich, daß $-f$ ein zu g konjugiertes Potential ist.

7. Die Pfaffsche Form $\omega = p(x, y)\,dx + q(x, y)\,dy$ sei in $\mathbb{R}^2 \setminus \{(0,0)\}$ stetig differenzierbar und die Integrabilitätsbedingung $q_x = p_y$ sei erfüllt. Ist dann das Integral über ω längs eines Kreises um den Nullpunkt gleich 0, dann gilt $\int_\gamma \omega = 0$ für jeden geschlossenen Weg γ, d.h. ω ist exakt.

8. Das Vektorfeld (u, v) sei in $\mathbb{R}^2 \setminus \{(0,0)\}$ stetig differenzierbar und es gelte $u_y = v_x$. Man zeige, daß es eine reelle Zahl c gibt, so daß das Vektorfeld $\left(u(x,y) - c\dfrac{y}{x^2+y^2},\ v(x,y) + c\dfrac{x}{x^2+y^2}\right)$ konservativ ist.

9. Faßt man den $\mathbb{R}^2$ als die komplexe Ebene $\mathbb{C}$ auf und ist f eine in einer offenen Teilmenge U von $\mathbb{C}$ stetige Funktion, so wird das Kurvenintegral $\int_\gamma f(z)\,dz$ längs des Weges $\gamma\colon [\alpha, \beta] \to U$ erklärt durch

$$\int_\gamma f(z)\,dz := \int_\alpha^\beta f(\gamma(t)) \cdot \gamma'(t)\,dt.$$

Zerlegt man f und γ in Real- und Imaginärteil, so ergibt sich folgende Darstellung durch reelle Kurvenintegrale:

$$\int_\gamma f(z)\,dz = \int_\gamma (u\,dx - v\,dy) + i\int_\gamma (v\,dx + u\,dy).$$

Man berechne für $\gamma(t) = \cos kt + i \sin kt$ $(0 \leqq t \leqq 2\pi)$ das Kurvenintegral

$$\int_\gamma \frac{dz}{z - c} \qquad (|c| \neq 1).$$

10. Es sei $\gamma\colon [\alpha, \beta] \to U$ ein stückweise glatter Weg in $U \subset \mathbb{C}$, der nicht durch den Punkt $c \in U$ geht. Man zeige, daß die Funktion

$$g(t) := \int_{\alpha}^{t} \frac{\gamma'(\tau)}{\gamma(\tau) - c} d\tau$$

stetig und stückweise stetig differenzierbar ist. Weiter zeige man, daß die Funktion

$$h(t) = (\gamma(t) - c)\exp(-g(t))$$

im Intervall $[\alpha, \beta]$ konstant ist, d.h. es gilt

$$\exp g(t) = \frac{\gamma(t) - c}{\gamma(\alpha) - c}.$$

Ist γ ein geschlossener Weg, so folgt $\exp g(\beta) = 1$, d.h. $g(\beta) = 2k\pi i$ $(k \in \mathbb{Z})$. Die ganze Zahl

$$k(\gamma, c) := \frac{1}{2\pi i} \int_{\gamma} \frac{dz}{z - c}$$

heißt *Umlaufzahl* der Kurve γ um den Punkt c. Man stelle die Umlaufzahl auch als reelles Kurvenintegral dar.

11. Im Rechteck $0 \leqq s \leqq 1$, $\alpha \leqq t \leqq \beta$ sei eine zweimal stetig differenzierbare komplexwertige Funktion $\gamma(s, t)$ mit $\gamma(s, \alpha) = \gamma(s, \beta) = z_0$ für alle $s \in [0,1]$ gegeben. Für jedes s hat man also einen geschlossenen Weg $t \mapsto \gamma(s, t) =: \gamma_s(t)$ in $\mathbb{C}$, der von z_0 ausgeht und in z_0 endet. Weiter sei $c \in \mathbb{C}$ ein vorgegebener Punkt. Gilt dann $\gamma(s, t) \neq c$ für alle s, t, so ist die Umlaufzahl $k(\gamma_s, c)$ von s unabhängig.
12. Es sei $\mathbf{v}$ ein in $U \subset \mathbb{R}^n$ konservatives Vektorfeld (d.h. $\mathbf{v} = \operatorname{grad} f$) und γ ein in U verlaufender Weg, der die Bedingung

$$\gamma''(t) = \mathbf{v}(\gamma(t))$$

erfüllt (Newtonsches Bewegungsgesetz). Man zeige, daß

$$\tfrac{1}{2}\langle \gamma'(t), \gamma'(t)\rangle \Big|_{t_1}^{t_2} = f(\gamma(t_1)) - f(\gamma(t_2))$$

gilt (Energie-Satz).

17.2 Alternierende Differentialformen

Bei der Definition der Kurvenintegrale hatten wir gesehen, daß 1-Formen die geeigneten Integranden sind, weil für diese – aufgrund der Substitutionsformel – die Parameterdarstellung des Integrationsweges keine Rolle spielt. Wir wollen nun entsprechend geeignete Integranden für Integrale über p-dimensionale Flächenstücke suchen. Dabei soll wieder die für das Flächenstück verwendete Parameterdarstellung für den Wert des Integrals unwesentlich sein. Entsprechend der Transformationsformel für p-fache Integrale nehmen wir daher p-fach lineare alternierende (ortsabhängige) Formen als Integranden; denn für diese läßt sich bei Parameterwechsel die betreffende Funktionaldeterminante als Faktor herausziehen (vgl. dazu S. 368).

Def.: *Eine stetige Abbildung*

$$\omega\colon U \times \mathbb{R}^n \times \ldots \times \mathbb{R}^n \to \mathbb{R} \qquad (U \subset \mathbb{R}^n,\ \textit{offen})$$

$$(\mathbf{x}, \mathbf{h}_1, \ldots, \mathbf{h}_p) \mapsto \omega(\mathbf{x}, \mathbf{h}_1, \ldots, \mathbf{h}_p),$$

die bezüglich der Argumente $\mathbf{h}_1, \ldots, \mathbf{h}_p$ *linear und alternierend ist, heißt* p-Form in U *(ausführlicher: alternierende Differentialform p-ter Stufe).*

Bemerkung: Es wird also gefordert, daß bei Vertauschen zweier Argumente $\mathbf{h}_i$ und $\mathbf{h}_j$ gilt

$$\omega(\mathbf{x}, \ldots, \mathbf{h}_i, \ldots, \mathbf{h}_j, \ldots) = -\,\omega(\mathbf{x}, \ldots, \mathbf{h}_j, \ldots, \mathbf{h}_i, \ldots).$$

Insbesondere ergibt sich 0, wenn zwei der „linearen" Argumente gleich sind. Ist σ eine beliebige Permutation der Zahlen $1, \ldots, p$ und $\varepsilon(\sigma)$ gleich 1 oder -1, je nachdem σ gerade oder ungerade ist, so gilt

$$\omega(\mathbf{x}, \mathbf{h}_{\sigma(1)}, \ldots, \mathbf{h}_{\sigma(p)}) = \varepsilon(\sigma) \cdot \omega(\mathbf{x}, \mathbf{h}_1, \ldots, \mathbf{h}_p).$$

Aus der Definition ergibt sich durch Ausrechnen die explizite Darstellung von ω, wenn man die Vektoren $\mathbf{h}_1, \ldots, \mathbf{h}_p$ auf die Standardbasis $\mathbf{e}_1, \ldots, \mathbf{e}_n$ bezieht.

So ergibt sich etwa für eine beliebige 2-Form $\omega(\mathbf{x}, \mathbf{h}, \mathbf{k})$ zunächst:

$$\omega\Big(\mathbf{x}, \sum_{i=1}^{n} h_i \mathbf{e}_i, \sum_{j=1}^{n} k_j \mathbf{e}_j\Big) = \sum_{i=1}^{n} \sum_{j=1}^{n} \omega(\mathbf{x}, \mathbf{e}_i, \mathbf{e}_j)\, h_i k_j.$$

Wegen $\omega(\mathbf{x}, \mathbf{e}_i, \mathbf{e}_j) = -\,\omega(\mathbf{x}, \mathbf{e}_j, \mathbf{e}_i)$ folgt weiter

$$\omega(\mathbf{x}, \mathbf{h}, \mathbf{k}) - \frac{1}{2} \sum_{i=1}^{n} \sum_{j=1}^{n} \omega(\mathbf{x}, \mathbf{e}_i, \mathbf{e}_j)(h_i k_j - k_i h_j)$$

oder auch

$$\omega(\mathbf{x}, \mathbf{h}, \mathbf{k}) = \sum_{i<j} \omega(\mathbf{x}, \mathbf{e}_i, \mathbf{e}_j) \begin{vmatrix} h_i & k_i \\ h_j & k_j \end{vmatrix}.$$

Man erhält also eine Linearkombination von besonders einfachen (ortsunabhängigen) 2-Formen mit ortsabhängigen Koeffizienten. Für diese „Basis-Formen" führen wir schon jetzt eine zweckmäßige Abkürzung ein, die im Einklang mit der auf S. 345 einzuführenden Multiplikation von Formen steht. Die spezielle 2-Form

$$(\mathbf{h}, \mathbf{k}) \mapsto \begin{vmatrix} h_i & k_i \\ h_j & k_j \end{vmatrix}$$

bezeichnen wir mit $dx_i \wedge dx_j$. (Bei den 1-Formen hatten wir die speziellen 1-Formen $\mathbf{h} \mapsto h_i$ entsprechend mit dx_i bezeichnet.) Es gilt dann:

$$dx_i \wedge dx_j = - dx_j \wedge dx_i$$

sowie

$$dx_i \wedge dx_i = 0.$$

Weiter kürzen wir $\omega(\mathbf{x}, \mathbf{e}_i, \mathbf{e}_j)$ durch $a_{ij}(\mathbf{x})$ ab und erhalten so für eine beliebige 2-Form ω die Darstellung

$$\omega = \sum_{i<j} a_{ij}(\mathbf{x})\, dx_i \wedge dx_j.$$

Diese Summe hat $\binom{n}{2}$ Summanden, die Koeffizienten a_{ij} sind irgendwelche in U stetige Funktionen.

Für p-Formen kürzt man entsprechend die speziellen p-Formen

$$(\mathbf{h}_1, \ldots, \mathbf{h}_p) \mapsto \begin{vmatrix} h_{1i_1} & \ldots & h_{pi_1} \\ \vdots & & \vdots \\ h_{1i_p} & \ldots & h_{pi_p} \end{vmatrix}$$

mit $dx_{i_1} \wedge \ldots \wedge dx_{i_p}$ ab. Es gilt dann:

$$dx_{i_{\sigma(1)}} \wedge \ldots \wedge dx_{i_{\sigma(p)}} = \varepsilon(\sigma) \cdot dx_{i_1} \wedge \ldots \wedge dx_{i_p}.$$

Sind die Indizes $i_1, \ldots, i_p$ nicht paarweise verschieden, so ist $dx_{i_1} \wedge \ldots \wedge dx_{i_p}$ die Nullform.

Bei paarweise verschiedenen Indizes genügt es, die Anordnung

$$i_1 < i_2 < \ldots < i_p$$

zu betrachten, da bei anderer Anordnung höchstens ein anderes Vorzeichen auftritt. Für jedes p hat man also $\binom{n}{p}$ *Basis-Formen*

$$dx_{i_1} \wedge \ldots \wedge dx_{i_p} \qquad (i_1 < \ldots < i_p).$$

Mit der Abkürzung

$$\omega(\mathbf{x}, \mathbf{e}_{i_1}, \ldots, \mathbf{e}_{i_p}) =: a_{i_1 \ldots i_p}(\mathbf{x})$$

ergibt sich dann für ω die Darstellung

$$\omega = \sum_{i_1 < \ldots < i_p} a_{i_1 \ldots i_p}(\mathbf{x})\, dx_{i_1} \wedge \ldots \wedge dx_{i_p}$$

als Linearkombination der $\binom{n}{p}$ Basis-Formen mit beliebigen in U stetigen Koeffizientenfunktionen $a_{i_1 \ldots i_p}$.

Von der Nullform verschiedene p-Formen gibt es hiernach nicht für $p > n$; es wird also $p = 0, 1, 2, \ldots, n$ sein. Insbesondere erhält man für $p = 0$ eine reellwertige stetige Funktion a in U und für $p = n$ eine Form mit nur einem Summanden

$$\omega = a_{12\ldots n}(\mathbf{x})\, dx_1 \wedge dx_2 \wedge \ldots \wedge dx_n.$$

Bemerkung: Die Indizierung der Koeffizientenfunktion scheint hier unnötig aufwendig und eigentlich überflüssig; es ist jedoch nicht zweckmäßig, 0-Formen und n-Formen durch eine solche Vereinfachung der Bezeichnung in Verwechslungsgefahr zu bringen.

Für $n = 3$ hat man vier Arten von Differentialformen und zwar

0-Formen: $a(\mathbf{x})$

1-Formen: $a_1(\mathbf{x})\,dx_1 + a_2(\mathbf{x})\,dx_2 + a_3(\mathbf{x})\,dx_3$

2-Formen: $a_{12}(\mathbf{x})\,dx_1 \wedge dx_2 + a_{13}(\mathbf{x})\,dx_1 \wedge dx_3 + a_{23}(\mathbf{x})\,dx_2 \wedge dx_3$

3-Formen: $a_{123}(\mathbf{x})\,dx_1 \wedge dx_2 \wedge dx_3$.

Offensichtlich kann man p-Formen in U addieren bzw. mit reellwertigen stetigen Funktionen multiplizieren und erhält stets wieder eine p-Form. Die Menge aller p-Formen in U bildet somit einen Modul der Dimension $\binom{n}{p}$ über dem Ring der in U stetigen Funktionen.

Wir führen weiterhin nun eine *Multiplikation* für Formen ein, indem wir diese zunächst für Basis-Formen erklären. Als Multiplikationszeichen verwenden wir vorläufig das Symbol $\square$ und setzen für Basis-Formen $dx_{i_1} \wedge \ldots \wedge dx_{i_p} =: \omega_1$ und $dx_{j_1} \wedge \ldots \wedge dx_{j_q} =: \omega_2$ fest:

$$\omega_1 \square \omega_2 := dx_{i_1} \wedge \ldots \wedge dx_{i_p} \wedge dx_{j_1} \wedge \ldots \wedge dx_{j_q}.$$

Falls die Indizes $i_1, \ldots, i_p, j_1, \ldots, j_q$ alle verschieden sind, erhalten wir (bis aufs Vorzeichen) eine Basis-Form der Stufe $p + q$; andernfalls ergibt sich die Nullform.

Die Gültigkeit des Assoziativ-Gesetzes

$$(\omega_1 \square \omega_2) \square \omega_3 = \omega_1 \square (\omega_2 \square \omega_3)$$

für Basis-Formen $\omega_1, \omega_2, \omega_3$ ist aufgrund der Definition unmittelbar ersichtlich.
Jede beliebige Basis-Form kann als Produkt von 1-Formen dargestellt werden:

$$dx_{i_1} \wedge \ldots \wedge dx_{i_p} = dx_{i_1} \square \ldots \square dx_{i_p}.$$

Es ist deshalb möglich (und zweckmäßig), das vorläufig eingeführte Zeichen $\square$ durch das Zeichen $\wedge$ zu ersetzen.

Nachdem wir die „Dach-Multiplikation" für Basis-Formen festgelegt haben, kann die Definition auf beliebige Linearkombinationen von Basis-Formen ausgedehnt werden, indem man die Gültigkeit der bei Produktbildungen üblichen Rechenregeln (ohne das Kommutativ-Gesetz) verlangt. Z. B. ergibt sich:

$$\begin{aligned}(a_1 dx_1 + a_2 dx_2 + a_3 dx_3) \wedge (b_{12} dx_1 \wedge dx_2 + b_{13} dx_1 \wedge dx_3 + b_{23} dx_2 \wedge dx_3) \\ = (a_1 b_{23} - a_2 b_{13} + a_3 b_{12}) dx_1 \wedge dx_2 \wedge dx_3.\end{aligned}$$

Wir stellen einige Rechenregeln für die $\wedge$-Multiplikation zusammen. Dabei sind $\omega_1, \tilde{\omega}_1$ Formen der Stufe p und $\omega_2, \tilde{\omega}_2$ Formen der Stufe q sowie ω_3 eine Form der Stufe r. In (5) ist a eine Form der Stufe 0, d. h. eine in U stetige Funktion.

(1) $\quad (\omega_1 + \tilde{\omega}_1) \wedge \omega_2 = \omega_1 \wedge \omega_2 + \tilde{\omega}_1 \wedge \omega_2$

(2) $\quad \omega_1 \wedge (\omega_2 + \tilde{\omega}_2) = \omega_1 \wedge \omega_2 + \omega_1 \wedge \tilde{\omega}_2$

(3) $\quad (\omega_1 \wedge \omega_2) \wedge \omega_3 = \omega_1 \wedge (\omega_2 \wedge \omega_3)$

(4) $\quad \omega_1 \wedge \omega_2 = (-1)^{pq} \omega_2 \wedge \omega_1$

(5) $\quad a(\omega_1 \wedge \omega_2) = (a\omega_1) \wedge \omega_2 = \omega_1 \wedge (a\omega_2).$

Die einfachen Beweise von (1), (2), (3) und (5) seien dem Leser überlassen. Der Beweis von (4) ergibt sich durch Nachprüfen für Basiselemente: Vertauscht man in der obigen Definition die Indexfolgen $i_1 \ldots i_p$ und $j_1 \ldots j_q$ miteinander, so kann man die ursprüngliche Reihenfolge durch pq Vertauschungen von Nachbarelementen wieder herstellen.

Bemerkung: Man kann die Addition in formaler Weise auch für Formen verschiedener Stufe einführen und erhält dann zunächst einen Modul $\mathfrak{A}(U)$, der von $\sum_{p=0}^{n} \binom{n}{p} = 2^n$ Basis-Formen aufgespannt wird (als Koeffizienten hat man in U stetige Funktionen). Weiter kann die $\wedge$-Multiplikation für je zwei Elemente aus $\mathfrak{A}(U)$ erklärt werden. Man bezeichnet $\mathfrak{A}(U)$ dann als *Graßmann-Algebra* der Differentialformen in U. Diese Konstruktionen, die der formalen algebraischen Abrundung dienen, sind für die weiteren Entwicklungen in diesem Buch entbehrlich.

Nachdem die wichtigsten algebraischen Begriffsbildungen und Rechenregeln für Differentialformen besprochen sind, wollen wir nun den angemessenen *Ableitungsbegriff* für Differentialformen einführen.

Für eine stetig differenzierbare 0-Form a kann die in Kap. 14 eingeführte Ableitung a' als 1-Form in U betrachtet werden; man bezeichnet diese 1-Form

$$\begin{aligned} a' : U \times \mathbb{R}^n &\to \mathbb{R} \\ (\mathbf{x}, \mathbf{h}) &\mapsto a'(\mathbf{x}, \mathbf{h}) \end{aligned}$$

auch mit da und erhält

$$da = D_1 a\, dx_1 + \ldots + D_n a\, dx_n .$$

In dieser Sichtweise nennt man da auch die *äußere Ableitung* von a.
Für eine p-Form $(p \geqq 1)$ der einfachen Gestalt

$$\omega = a\, dx_{i_1} \wedge \ldots \wedge dx_{i_p}$$

– einem sogenannten Monom – mit stetig differenzierbarer Koeffizientenfunktion a setzt man die äußere Ableitung so fest:

$$d\omega := da \wedge dx_{i_1} \wedge \ldots \wedge dx_{i_p} .$$

Dabei ist da, wie oben erklärt, einzusetzen. Es ergibt sich eine $(p+1)$-Form, deren Normaldarstellung im konkreten Fall leicht berechnet werden kann, z. B. erhält man für $\omega = a\, dx_1$ als äußere Ableitung

$$d\omega = -D_2 a\, dx_1 \wedge dx_2 - \ldots - D_n a\, dx_1 \wedge dx_n .$$

Allgemein definieren wir für p-Formen

$$\omega = \sum_{i_1 < \ldots < i_p} a_{i_1 \ldots i_p} dx_{i_1} \wedge \ldots \wedge dx_{i_p}$$

mit stetig differenzierbaren Koeffizientenfunktionen die *äußere Ableitung* durch

$$d\omega := \sum_{i_1 < \ldots < i_p} da_{i_1 \ldots i_p} \wedge dx_{i_1} \wedge \ldots \wedge dx_{i_p},$$

wobei $da_{i_1 \ldots i_p} = \sum_{i=1}^{n} D_i a_{i_1 \ldots i_p} dx_i$ einzusetzen ist. Mit dieser Definition hat man zugleich ein übersichtliches Berechnungsverfahren zur Verfügung.

Für $n = 3$ und $p = 0, 1, 2, 3$ erhält man (vgl. S. 344)

$$\begin{aligned}
&da = D_1 a\, dx_1 + D_2 a\, dx_2 + D_3 a\, dx_3 \\
&d(a_1 dx_1 + a_2 dx_2 + a_3 dx_3) = \quad (D_1 a_2 - D_2 a_1) dx_1 \wedge dx_2 \\
&\qquad\qquad + (D_1 a_3 - D_3 a_1) dx_1 \wedge dx_3 \\
&\qquad\qquad + (D_2 a_3 - D_3 a_2) dx_2 \wedge dx_3 \\
&d(a_{12} dx_1 \wedge dx_2 + a_{13} dx_1 \wedge dx_3 + a_{23} dx_2 \wedge dx_3) = \\
&\qquad\qquad (D_1 a_{23} - D_2 a_{13} + D_3 a_{12}) dx_1 \wedge dx_2 \wedge dx_3 \\
&d(a_{123} dx_1 \wedge dx_2 \wedge dx_3) = 0.
\end{aligned}$$

Bemerkung: Der 1-Form da entspricht das Vektorfeld $(D_1 a, D_2 a, D_3 a)$, also das Vektorfeld $\operatorname{grad} a$. Entsprechendes gilt im $\mathbb{R}^n$.

Im $\mathbb{R}^3$ läßt sich auch jeder 2-Form ein Vektorfeld zuordnen; dazu schreibt man die 2-Form in der Gestalt:

$$b_1 dx_2 \wedge dx_3 + b_2 dx_3 \wedge dx_1 + b_3 dx_1 \wedge dx_2.$$

(Diese Identifikation ist sinnvoll im euklidischen $\mathbb{R}^3$, für den euklidischen $\mathbb{R}^n$ vgl. Aufg. 15.)
Der 1-Form $\omega = a_1 dx_1 + a_2 dx_2 + a_3 dx_3$ entspricht das Vektorfeld $\mathbf{v} = (a_1, a_2, a_3)$ und zu der äußeren Ableitung $d\omega$ gehört dann das Vektorfeld

$$(D_2 a_3 - D_3 a_2, D_3 a_1 - D_1 a_3, D_1 a_2 - D_2 a_1) =: \operatorname{rot} \mathbf{v}.$$

Dieses Feld wird in der Vektoranalysis des $\mathbb{R}^3$ üblicherweise als *Rotation* des Vektorfeldes $\mathbf{v}$ bezeichnet.
Schließlich erhält man als äußere Ableitung der 2-Form

$$\omega = b_1\, dx_2 \wedge dx_3 + b_2 dx_3 \wedge dx_1 + b_3 dx_1 \wedge dx_2$$

die 3-Form

$$d\omega = (D_1 b_1 + D_2 b_2 + D_3 b_3) dx_1 \wedge dx_2 \wedge dx_3.$$

Der skalare Faktor in dieser 3-Form

$$D_1 b_1 + D_2 b_2 + D_3 b_3 =: \operatorname{div} \mathbf{b}$$

wird in der Vektoranalysis des $\mathbb{R}^3$ als *Divergenz* des Vektorfeldes **b** bezeichnet.

Im Differentialformenkalkül werden also die vektoranalytischen Operationen grad, rot, div einheitlich erfaßt (vgl. hierzu auch Aufg. 16).

Durch die äußere Ableitung d wird jeder stetig differenzierbaren p-Form eindeutig eine $(p+1)$-Form $d\omega$ zugeordnet. Wir beweisen nun einige wichtige Rechenregeln für die äußere Ableitung.

Satz: *$\omega_1, \tilde{\omega}_1$ seien stetig differenzierbare p-Formen, f eine stetig differenzierbare Funktion, ω_2 eine stetig differenzierbare q-Form und ω eine zweimal stetig differenzierbare p-Form in U. Dann gilt:*

(1) $d(\omega_1 + \tilde{\omega}_1) = d\omega_1 + d\tilde{\omega}_1$

(2) $d(f\omega_1) = df \wedge \omega_1 + f d\omega_1$

(3) $d(\omega_1 \wedge \omega_2) = d\omega_1 \wedge \omega_2 + (-1)^p \omega_1 \wedge d\omega_2$

(4) $d(d\omega) = 0$.

Beweis: Wegen der unmittelbar einsichtigen Regel (1) genügt es, die übrigen Behauptungen für Monome nachzurechnen. Es sei etwa

$$\omega_1 = a\,dx_1 \wedge \ldots \wedge dx_p.$$

Dann folgt wegen $d(fa) = a\,df + f\,da$ und der Definition der äußeren Ableitung

$$\begin{aligned} d(f\omega_1) &= d(fa) \wedge dx_1 \wedge \ldots \wedge dx_p \\ &= df \wedge (a\,dx_1 \wedge \ldots \wedge dx_p) + f\,(da \wedge dx_1 \wedge \ldots \wedge dx_p) \\ &= df \wedge \omega_1 + f d\omega_1, \end{aligned}$$

so daß (2) bewiesen ist.
Zum Beweis von (3) genügt es, für ω_2 ein Monom des Typs

$$\omega_2 = b\,dx_{p+1} \wedge \ldots \wedge dx_{p+q}$$

zu nehmen (warum?).
Dann folgt

$$\omega_1 \wedge \omega_2 = (ab)\,dx_1 \wedge \ldots \wedge dx_{p+q}$$

und weiter

$$d(\omega_1 \wedge \omega_2) = (b\,da + a\,db) \wedge dx_1 \wedge \ldots \wedge dx_{p+q}.$$

Die rechte Seite dieser Gleichung stimmt aber mit der rechten Seite von (3) überein, wie man durch p-maliges Vertauschen von db mit $dx_1, \ldots, dx_p$ erkennt („Durchschieben" von db).

Zum Nachweis von (4) rechnet man zunächst für 0-Formen a

$$\begin{aligned} d(da) &= d\left(\sum_{i=1}^{n} D_i a\, dx_i\right) = \sum_{i=1}^{n} d(D_i a) \wedge dx_i \\ &= \sum_{i=1}^{n} \sum_{j=1}^{n} D_j D_i a\, dx_j \wedge dx_i \end{aligned}$$

aus und findet wegen $D_j D_i a = D_i D_j a$ und $dx_j \wedge dx_i = -dx_i \wedge dx_j$, daß

$$d(da) = 0$$

gilt. Für Monome $\omega = a\,dx_1 \wedge \ldots \wedge dx_p$ ergibt sich wegen (3):

$$\begin{aligned} d(d\omega) &= d(da \wedge dx_1 \wedge \ldots \wedge dx_p) \\ &= d(da) \wedge (dx_1 \wedge \ldots \wedge dx_p) - da \wedge d(dx_1 \wedge \ldots \wedge dx_p). \end{aligned}$$

Es ist schon gezeigt, daß $d(da) = 0$ ist.

Wegen $dx_1 \wedge \ldots \wedge dx_p = 1\,dx_1 \wedge \ldots \wedge dx_p$ folgt weiter aus der Definition der äußeren Ableitung

$$d(dx_1 \wedge \ldots \wedge dx_p) = 0.$$

Damit ist (4) bewiesen.

Bemerkung: Die Bedeutung der äußeren Ableitung zeigt sich schon jetzt an folgenden Beobachtungen:

(1) Die Integrabilitätsbedingungen für 1-Formen ω (vgl. S. 336) können zusammengefaßt werden zu $d\omega = 0$, denn für $\omega = \sum_{i=1}^{n} a_i dx_i$ ergibt sich

$$d\omega = \sum_{i<j} (D_i a_j - D_j a_i)\, dx_i \wedge dx_j.$$

(2) Für 0-Formen f und 1-Formen $\omega = a_1 dx_1 + a_2 dx_2 + a_3 dx_3$ im $\mathbb{R}^3$ ergeben sich aus $d(d\omega) = 0$ Identitäten der Vektoranalysis, nämlich $\operatorname{rot}(\operatorname{grad} f) = \mathbf{0}$ und für das Vektorfeld $\mathbf{a} = (a_1, a_2, a_3)$ die Beziehung $\operatorname{div}(\operatorname{rot} \mathbf{a}) = 0$.

Aufgaben

1. Wann gilt $\omega_1 \wedge \omega_2 \wedge \omega_3 = \omega_3 \wedge \omega_2 \wedge \omega_1$? ($\omega_1$ sei eine p-Form, ω_2 eine q-Form und ω_3 eine r-Form.)
2. Es sei $\omega_1 = \sum_{i=1}^{n} a_i dx_i$ und $\omega_2 = \sum_{j=1}^{n} b_j dx_j$ sowie $\omega := \omega_1 \wedge \omega_2$. Man berechne die Koeffizienten der Basisdarstellung $\omega = \sum_{i<j} c_{ij} dx_i \wedge dx_j$ und zeige, daß die Koeffizienten (mit der Festsetzung $c_{ji} = -c_{ij}$) die Bedingungen

$$c_{ij} c_{kr} + c_{jk} c_{ir} + c_{ki} c_{jr} = 0$$

erfüllen. Umgekehrt zeige man, daß diese Bedingungen hinreichend sind dafür, daß eine 2-Form als Dach-Produkt zweier 1-Formen darstellbar ist.
3. Eine p-Form heißt zerlegbar, wenn sie als Dach-Produkt von 1-Formen darstellbar ist.
Es seien $\omega, \tilde{\omega}$ zerlegbare p-Formen. Man berechne $(\omega + \tilde{\omega}) \wedge (\omega + \tilde{\omega})$.
4. Die p-Form ω sei zerlegbar, d. h. es gelte

$$\omega = \omega_1 \wedge \ldots \wedge \omega_p$$

mit 1-Formen $\omega_1, \ldots, \omega_p$.
Man zeige, daß für alle $\mathbf{x} \in U$ und alle $\mathbf{h}_1, \ldots, \mathbf{h}_p \in \mathbb{R}^n$ gilt:

$$\omega(\mathbf{x}, \mathbf{h}_1, \ldots, \mathbf{h}_p) = \begin{vmatrix} \omega_1(\mathbf{x}, \mathbf{h}_1) & \ldots & \omega_1(\mathbf{x}, \mathbf{h}_p) \\ \vdots & & \vdots \\ \omega_p(\mathbf{x}, \mathbf{h}_1) & \ldots & \omega_p(\mathbf{x}, \mathbf{h}_p) \end{vmatrix}$$

5. Es seien $\omega_1, \ldots, \omega_r$ Pfaffsche Formen in U. Diese heißen *linear unabhängig*, wenn $f_1 \omega_1 + \ldots + f_r \omega_r$ nur dann die Nullform ist, wenn die (stetigen) Funktionen $f_1, \ldots, f_r$ sämtlich gleich der Nullfunktion sind.
Man beweise, daß $\omega_1, \ldots, \omega_r$ genau dann linear unabhängig sind, wenn (für alle $\mathbf{x} \in U$) gilt

$$\omega_1 \wedge \ldots \wedge \omega_r \neq 0.$$

Weiter zeige man, daß zu linear unabhängigen $\omega_1, \ldots, \omega_r$ lokal Pfaffsche Formen $\omega_{r+1}, \ldots, \omega_n$ existieren, so daß gilt

$$\omega_1 \wedge \ldots \wedge \omega_r \wedge \omega_{r+1} \wedge \ldots \wedge \omega_n \neq 0.$$

6. Die Pfaffschen Formen $\omega_1, \ldots, \omega_r$ seien linear unabhängig. Weiter mögen die Pfaffschen Formen $\tilde{\omega}_1, \ldots, \tilde{\omega}_r$ die Bedingung

$$\sum_{i=1}^{r} \omega_i \wedge \tilde{\omega}_i = 0$$

erfüllen. Man zeige, daß es (lokal) Funktionen f_{ij} gibt, so daß gilt:

$$\tilde{\omega}_i = \sum_{j=1}^{r} f_{ij}\omega_j \quad \text{und} \quad f_{ij} = f_{ji}.$$

7. Eine basisfreie Definition des Dach-Produkts einer p-Form ω_1 mit einer q-Form ω_2 ist:

$$(\omega_1 \wedge \omega_2)(\mathbf{x}, \mathbf{h}_1, \ldots, \mathbf{h}_{p+q}) =$$
$$= \frac{1}{p!q!} \sum_{\sigma \in \mathfrak{S}_{p+q}} \varepsilon(\sigma)\,\omega_1(\mathbf{x}, \mathbf{h}_{\sigma(1)}, \ldots, \mathbf{h}_{\sigma(p)})\,\omega_2(\mathbf{x}, \mathbf{h}_{\sigma(p+1)}, \ldots, \mathbf{h}_{\sigma(p+q)}).$$

Dabei kommen in der Summe $(p+q)!$ Summanden, die den Permutationen σ der Zahlen $1, \ldots, p+q$ entsprechen, vor.
Man schreibe diese Definitionen für $p = 1, 2$ sowie $q = 1, 2$ ausführlich hin und bestätigte die Übereinstimmung mit der basisabhängigen Definition von S. 345.
Weiter beweise man die Rechenregeln für das Dach-Produkt aufgrund der angegebenen basisfreien Definition.

8. Die „gewöhnliche“ Ableitung der stetig differenzierbaren p-Form ω sei mit

$$\omega'(\mathbf{x}, \mathbf{h}, \mathbf{h}_1, \ldots, \mathbf{h}_p)$$

bezeichnet. Die Abbildung ω' ist zwar bezüglich der Argumente $\mathbf{h}, \mathbf{h}_1, \ldots, \mathbf{h}_p$ linear, jedoch nicht alternierend.
Die äußere Ableitung $d\omega$ wird basisfrei definiert durch

$$d\omega(\mathbf{x}, \mathbf{h}_0, \mathbf{h}_1, \ldots, \mathbf{h}_p) := \sum_{i=0}^{p} (-1)^i \omega'(\mathbf{x}, \mathbf{h}_1, \ldots, \mathbf{h}_i, \mathbf{h}_0, \mathbf{h}_{i+1}, \ldots, \mathbf{h}_p).$$

Für $p = 1, 2$ schreibe man diese Definition ausführlich hin und bestätige die Übereinstimmung mit der basisabhängigen Definition von S. 347.
Man beweise dann die Rechenregeln für die äußere Ableitung aufgrund der basisfreien Definition.

9. Man zeige, daß die äußere Ableitung axiomatisch gekennzeichnet werden kann durch die Forderung, daß sie für 0-Formen mit der gewöhnlichen Ableitung übereinstimmt und daß die Summenregel (1), die Produktregel (3) und die Regel (4) $d(d\omega) = 0$ gilt (vgl. S. 348).

10. Man leite Produktregeln für die äußere Ableitung von $\omega_1 \wedge \omega_2 \wedge \omega_3$ bzw. $\omega_1 \wedge \omega_2 \wedge \ldots \wedge \omega_k$ her.

11. Man zeige, daß jede n-Form $(U \subset \mathbb{R}^n)$

$$a\,dx_1 \wedge \ldots \wedge dx_n$$

äußere Ableitung einer stetig differenzierbaren $(n-1)$-Form ist. Insbesondere gebe man solche $(n-1)$-Formen für den Fall $a(\mathbf{x}) = 1$ an.

12. Es sei $\varphi\colon \mathbb{R} \to \mathbb{R}$ stetig differenzierbar und f, g seien stetig differenzierbare 0-Formen in U. Wenn $g = \varphi \circ f$ ist, dann gilt $df \wedge dg = 0$.

13. In der Vektoranalysis des (euklidischen) $\mathbb{R}^3$ hat man u. a. folgende „Produktregeln“:

(1) $\operatorname{div}(f\mathbf{v}) = f \operatorname{div} \mathbf{v} + \langle \operatorname{grad} f, \mathbf{v} \rangle$

(2) $\operatorname{rot}(f\mathbf{v}) = f \operatorname{rot} \mathbf{v} + \operatorname{grad} f \times \mathbf{v}$

(3) $\operatorname{div}(\mathbf{v} \times \mathbf{w}) = -\langle \mathbf{v}, \operatorname{rot} \mathbf{w} \rangle + \langle \operatorname{rot} \mathbf{v}, \mathbf{w} \rangle$.

Man beweise diese Formeln, indem man die entsprechenden Gleichungen für Differentialformen herleitet.
Anmerkung: Das Kreuzprodukt $(v_1, v_2, v_3) \times (w_1, w_2, w_3)$ hat die Komponenten $(v_2 w_3 - v_3 w_2, v_3 w_1 - v_1 w_3, v_1 w_2 - v_2 w_1)$.
Weiter berechne man $\operatorname{div}(\operatorname{grad} f) =: \Delta f$. Δ ist der „Laplacesche Differentialoperator“; er kann auf Vektorfelder komponentenweise angewendet werden. Schließlich beweise man die Formel

$$\operatorname{rot}(\operatorname{rot} \mathbf{v}) = \operatorname{grad}(\operatorname{div} \mathbf{v}) - \Delta \mathbf{v}.$$

14. Werden die Komponentenfunktionen der stetig differenzierbaren Abbildung $\boldsymbol{\Phi}$ aus dem $\mathbb{R}^n$ in den $\mathbb{R}^n$ mit $\varphi_1, \ldots, \varphi_n$ bezeichnet, so gilt die Gleichung

$$d\varphi_1 \wedge \ldots \wedge d\varphi_n = \det \boldsymbol{\Phi}'\, dx_1 \wedge \ldots \wedge dx_n.$$

15. Im orientierten euklidischen $\mathbb{R}^n$ kann jeder p-Form ω in natürlicher Weise eine $(n-p)$-Form $*\omega$ zugeordnet werden. Diese Zuordnung kann mit Hilfe der Basisformen $dx_{i_1} \wedge \ldots \wedge dx_{i_p}$ erklärt werden durch

$$*(dx_{i_1} \wedge \ldots \wedge dx_{i_p}) = \varepsilon\, dx_{j_1} \wedge \ldots \wedge dx_{j_{n-p}}.$$

Dabei sei $(i_1, \ldots, i_p, j_1, \ldots, j_{n-p})$ eine Permutation der Zahlen $1, \ldots, n$ und es gelte $j_1 < \ldots < j_{n-p}$; das Vorzeichen ε sei 1 oder -1, je nachdem die genannte Permutation gerade oder ungerade ist.
Durch die Forderungen

$$*(f\omega) = f(*\omega)$$

und

$$*(\omega_1 + \omega_2) = *\omega_1 + *\omega_2$$

ist dann die Abbildung $\omega \mapsto *\omega$ („Hodgescher Stern-Operator“) festgelegt. Für zwei p-Formen ω_1, ω_2 kann nun ein Skalarprodukt $\langle \omega_1, \omega_2 \rangle$ durch die Gleichung

$$\langle \omega_1, \omega_2 \rangle \, dx_1 \wedge \ldots \wedge dx_n = \omega_1 \wedge *\omega_2$$

erklärt werden. Man berechne $\langle \omega_1, \omega_2 \rangle$ explizit.
$\sqrt{\langle \omega, \omega \rangle} =: |\omega|$ heißt die Norm von ω. Man beweise die Rechenregeln

(1) $\quad **\omega = (-1)^{p(n-p)}\omega$

(2) $\quad \omega_1 \wedge *\omega_2 = \omega_2 \wedge *\omega_1$

(3) $\quad |\omega| = |*\omega|$.

Schließlich berechne man für zweimal stetig differenzierbare p-Formen ω die p-Form

$$*d*d\omega.$$

16. Im euklidischen $\mathbb{R}^3$ seien ein Skalarfeld f und eine Pfaffsche Form ω gegeben. Welche Skalar- bzw. Vektorfelder entsprechen den Formen

$$df, \; *d\omega, \; *d*\omega, \; *d*df, \; *d*d\omega?$$

17. In $\mathbb{R}^n \setminus \{\mathbf{0}\}$ ist die Funktion r mit $r(\mathbf{x}) = |\mathbf{x}|$ differenzierbar. Man berechne $dr \wedge (*dr)$.

17.3 Geschlossene und exakte Formen, Lemma von Poincaré

Im vorigen Abschnitt ist mit der Einführung der äußeren Ableitung und der Herleitung einiger wichtiger Rechenregeln eine Übertragung der Differentialrechnung in den Bereich der Differentialformen gelungen. Dabei hat man neben vielen formalen Übereinstimmungen einen gravierenden Unterschied zur „gewöhnlichen“ Differentialrechnung. Dieser zeigt sich in der Regel (4) des Satzes von S. 348, wonach für zweimal stetig differenzierbares ω gilt:

$$d(d\omega) = 0,$$

d. h. bei zweimaliger Anwendung der äußeren Ableitung d erhält man immer ein „triviales“ Ergebnis.
Dies mag zunächst als Nachteil erscheinen, tatsächlich aber kommt durch diese Eigenschaft eine Verbindung zwischen Ableitung und Integration, wie wir sie bei den Funktionen einer Variablen kennen, auch mehrdimensional zustande.

Mit einer naheliegenden Frage aus diesem Problemkreis wollen wir uns nun beschäftigen: Gibt es zu einer gegebenen p-Form ω immer eine $(p-1)$-Form π derart, daß

$$d\pi = \omega$$

gilt?

Es handelt sich hierbei um ein Analogon zum „Stammfunktionenproblem" (vgl. Bd. I, S. 365); deshalb wollen wir – falls es zu ω ein π mit $d\pi = \omega$ gibt – eine solche Form π eine *Stammform* von ω nennen.

Setzen wir nun voraus, daß die gegebene Form ω stetig differenzierbar ist, so ergibt sich aus $d\pi = \omega$ durch äußeres Ableiten

$$d(d\pi) = d\omega = 0 .$$

Damit ω eine Stammfunktion haben kann, muß also die notwendige Bedingung

$$d\omega = 0$$

erfüllt sein. Für den Spezialfall der 1-Formen haben wir diese *Integrabilitätsbedingung* schon auf S. 336 hergeleitet und weiter gesehen, daß in diesem Fall $d\omega = 0$ allein nicht hinreichend ist für die Existenz einer Stammfunktion f zu ω; hinzukommen mußte eine Eigenschaft der Definitionsmenge U, etwa die „Sternförmigkeit" bezüglich eines Punktes von U.

Bevor wir für p-Formen einen entsprechenden Satz – das Lemma von Poincaré – beweisen, wollen wir, um uns kürzer ausdrücken zu können, einige zweckmäßige Begriffsbildungen einführen.

Def.: *Ist ω in U differenzierbar und gilt*

$$d\omega = 0 ,$$

so heißt ω geschlossen.

Gibt es zu der in U stetigen p-Form ω eine stetig differenzierbare $(p-1)$-Form π derart, daß

$$\omega = d\pi$$

gilt, so heißt ω exakt *und π eine* Stammform *von ω.*

Als unmittelbare Folgerung aus Regel (4) von S. 348 und dieser Definition ergibt sich:

Jede stetig differenzierbare exakte Form ist geschlossen.

Die Umkehrung gilt nicht, wie das Beispiel von S. 332 zeigt:

Für $\omega = -\dfrac{x_2}{x_1^2 + x_2^2}\,dx_1 + \dfrac{x_1}{x_1^2 + x_2^2}\,dx_2$ gilt zwar $d\omega = 0$ (Aufgabe!), jedoch ist ω nicht exakt.

Unser nächstes Ziel ist es, für beliebige Formen ω einen Integrationsprozeß einzuführen. Dieser wird uns dazu dienen, eine Stammform zu konstruieren, falls U sternförmig und ω geschlossen ist.
Wir betrachten zunächst ein Beispiel. Es sei etwa ω eine stetig differenzierbare 2-Form im $\mathbb{R}^3$:

$$\omega = a_{12}(x_1, x_2, x_3)\,dx_1 \wedge dx_2 + a_{13}(x_1, x_2, x_3)\,dx_1 \wedge dx_3 + a_{23}(x_1, x_2, x_3)\,dx_2 \wedge dx_3 .$$

Wenn man nun bezüglich der Variablen x_1 über ein festes Intervall integriert und den Summanden wegläßt, der dx_1 nicht enthält, so gelangt man zu einer 1-Form im x_2, x_3-Raum $\mathbb{R}^2$, die mit $K\omega$ bezeichnet sei:

$$K\omega = \Big(\int_0^1 a_{12}(t, x_2, x_3)\,dt\Big)dx_2 + \Big(\int_0^1 a_{13}(t, x_2, x_3)\,dt\Big)dx_3 .$$

Entsprechend setzt man für eine 3-Form:

$$K\big(b_{123}(x_1, x_2, x_3)\,dx_1 \wedge dx_2 \wedge dx_3\big) = \Big(\int_0^1 b_{123}(t, x_2, x_3)\,dt\Big)dx_2 \wedge dx_3 .$$

Um nun das Zusammenspiel des eingeführten Integrationsprozesses mit der äußeren Ableitung zu erkennen, berechnen wir $K(d\omega)$ und $d(K\omega)$. Es gilt

$$d\omega = (D_3 a_{12} - D_2 a_{13} + D_1 a_{23})\,dx_1 \wedge dx_2 \wedge dx_3 .$$

Wegen $\int_0^1 D_1 a_{23}(t, x_2, x_3)\,dt = a_{23}(1, x_2, x_3) - a_{23}(0, x_2, x_3)$ ergibt sich also:

$$K(d\omega) = \Big(\int_0^1 (D_3 a_{12} - D_2 a_{13})(t, x_2, x_3)\,dt\Big)dx_2 \wedge dx_3 + \big(a_{23}(1, x_2, x_3) - a_{23}(0, x_2, x_3)\big)dx_2 \wedge dx_3 .$$

Andererseits folgt aus

$$K\omega = \Big(\int_0^1 a_{12}(t, x_2, x_3)\,dt\Big)dx_2 + \Big(\int_0^1 a_{13}(t, x_2, x_3)\,dt\Big)dx_3 ,$$

da man aufgrund der Voraussetzungen über ω Integration und (partielle) Ableitungen vertauschen kann:

$$d(K\omega) = \Big(\int_0^1 (D_2 a_{13} - D_3 a_{12})(t, x_2, x_3)\,dt\Big)dx_2 \wedge dx_3 .$$

Also gilt

$$K(d\omega) + d(K\omega) = a_{23}(1, x_2, x_3)dx_2 \wedge dx_3 - a_{23}(0, x_2, x_3)dx_2 \wedge dx_3.$$

Die rechts stehende 2-Form des (x_2, x_3) Raumes bezeichnen wir kurz mit $\omega_1 - \omega_0$. Für unser Beispiel gilt also

$$K(d\omega) + d(K\omega) = \omega_1 - \omega_0.$$

Ein entsprechendes Resultat gilt allgemein. Wir führen zunächst zweckmäßige Bezeichnungen ein. Im $\mathbb{R}^{n+1} = \mathbb{R} \times \mathbb{R}^n$ betrachten wir eine in einer „Zylinder-Menge" $\mathbb{R} \times U$ definierte p-Form ω; die erste Variable bezeichnen wir mit t, die weiteren mit $\mathbf{x} = (x_1, \ldots, x_n)$. In der Darstellung von ω trennen wir die Summanden, in denen dt vorkommt, ab und bezeichnen den Rest mit $\tilde{\omega}$:

$$\omega = \sum_{j_1 < \ldots < j_{p-1}} a_{j_1 \ldots j_{p-1}}(t, \mathbf{x})dt \wedge dx_{j_1} \wedge \ldots \wedge dx_{j_{p-1}} + \tilde{\omega}.$$

Dann definieren wir

$$K\omega := \sum_{j_1 < \ldots < j_{p-1}} \Big(\int_0^1 a_{j_1 \ldots j_{p-1}}(t, \mathbf{x})dt\Big)dx_{j_1} \wedge \ldots \wedge dx_{i_{p-1}}.$$

$K\omega$ ist also eine in $U \subset \mathbb{R}^n$ erklärte $(p-1)$-Form.

Diese Definition ist für $p = 1, \ldots, n+1$ sinnvoll. Unmittelbar einsichtig ist die Gültigkeit der Regeln

$$K(\omega_1 + \omega_2) = K\omega_1 + K\omega_2$$
$$K(c\omega) = c \cdot K\omega \qquad (c \in \mathbb{R}).$$

Weiter setzen wir

$$\omega_1 = \tilde{\omega}(1, \mathbf{x})$$
$$\omega_0 = \tilde{\omega}(0, \mathbf{x}),$$

wobei auf der rechten Seite angedeutet ist, daß $t = 1$ bzw. $t = 0$ einzusetzen ist. ω_1 und ω_0 sind p-Formen in U.

Es gilt dann der

Satz: *Für jede in $\mathbb{R} \times U$ erklärte stetig differenzierbare p-Form ω $(1 \leqq p \leqq n+1)$ gilt*

$$K(d\omega) + d(K\omega) = \omega_1 - \omega_0.$$

Beweis: Wegen der Additivität von K genügt es, die behauptete Gleichung für

Monome nachzurechnen. Wir unterscheiden dazu zwei Fälle, je nachdem, ob dt in dem Monom vorkommt oder nicht.

(1) Es sei

$$\omega = a(t, \mathbf{x})\, dt \wedge dx_{j_1} \wedge \ldots \wedge dx_{j_{p-1}}$$

Dann folgt aus

$$d\omega = \Big(\sum_{i=1}^{n} D_i a(t, \mathbf{x})\, dx_i\Big) \wedge dt \wedge dx_{j_1} \wedge \ldots \wedge dx_{j_{p-1}}$$

die Gleichung

$$K(d\omega) = -\sum_{i=1}^{n} \Big(\int_0^1 D_i a(t, \mathbf{x})\, dt\Big) dx_i \wedge dx_{j_1} \wedge \ldots \wedge dx_{j_{p-1}}.$$

Weiter erhält man aus

$$K\omega = \Big(\int_0^1 a(t, \mathbf{x})\, dt\Big) dx_{j_1} \wedge \ldots \wedge dx_{j_{p-1}}$$

die äußere Ableitung

$$d(K\omega) = \sum_{i=1}^{n} \Big(\int_0^1 D_i a(t, \mathbf{x})\, dt\Big) dx_i \wedge dx_{j_1} \wedge \ldots \wedge dx_{j_{p-1}},$$

da man Integration und partielle Ableitungen vertauschen darf. Somit gilt $K(d\omega) + d(K\omega) = 0$. Wegen $\tilde{\omega} = 0$ ist andererseits $\omega_1 = \omega_0 = 0$. Damit ist im Fall (1) die Behauptung bewiesen.

(2) Es sei

$$\omega = a(t, \mathbf{x})\, dx_{j_1} \wedge \ldots \wedge dx_{j_p}.$$

Wir bezeichnen die partielle Ableitung nach t mit D_0 und erhalten

$$d\omega = \Big(D_0 a\, dt + \sum_{i=1}^{n} D_i a\, dx_i\Big) \wedge dx_{j_1} \wedge \ldots \wedge dx_{j_p},$$

also

$$\begin{aligned} K(d\omega) &= \Big(\int_0^1 D_0 a(t, \mathbf{x})\, dt\Big) dx_{j_1} \wedge \ldots \wedge dx_{j_p} \\ &= \big(a(1, \mathbf{x}) - a(0, \mathbf{x})\big) dx_{j_1} \wedge \ldots \wedge dx_{j_p} \\ &= \omega_1 - \omega_0 . \end{aligned}$$

Weiter ist nach Definition von K

$$K\omega = 0, \qquad \text{also auch} \qquad d(K\omega) = 0.$$

Durch Addition ergibt sich auch in diesem Fall die Behauptung

$$K(d\omega) + d(K\omega) = \omega_1 - \omega_0 .$$

B e m e r k u n g : Die Voraussetzung, daß ω in der ganzen Zylinder-Menge $\mathbb{R} \times U$ stetig differenzierbar ist, kann abgeschwächt werden. Es genügt, wenn ω in $]0, 1[\times U$ stetig differenzierbar und in $[0, 1] \times U$ stetig ist.

Im nächsten Schritt wollen wir uns von der Hinzunahme einer zusätzlichen Dimension befreien und aus K einen Integrationsoperator I gewinnen, durch den man aus p-Formen in U nun $(p-1)$-Formen erhält, die ebenfalls in U erklärt sind. Dazu setzen wir voraus, daß die offene Menge U *sternförmig* in Bezug auf irgendeinen ihrer Punkte ist. Es sei dies der Punkt $\mathbf{0}$, d. h. es gelte

$$\mathbf{x} \in U \quad \Rightarrow \quad t\mathbf{x} \in U \quad \text{für} \quad 0 \leqq t \leqq 1 .$$

Durch die einparametrige Schar von Abbildungen

$$\mathbf{x} \mapsto t\mathbf{x} \qquad (\mathbf{x} \in U)$$

wird die Menge U, wenn t von 1 auf 0 schrumpft, auf den Punkt $\mathbf{0}$ zusammengezogen.

Ist nun in U eine p-Form ω gegeben, so können wir in $[0, 1] \times U$ eine p-Form Ω erklären, indem wir in ω das Argument $\mathbf{x}$ durch $t\mathbf{x}$ und dx_i durch $x_i dt + t dx_i$ ersetzen. Aus dem Monom

$$\omega = a(\mathbf{x}) dx_{i_1} \wedge \ldots \wedge dx_{i_p}$$

entsteht so folgende p-Form Ω in $[0, 1] \times U$:

$$\begin{aligned} \Omega = {} & t^p a(t\mathbf{x}) dx_{i_1} \wedge \ldots \wedge dx_{i_p} \\ & + t^{p-1} a(t\mathbf{x}) dt \wedge \left(x_{i_1} dx_{i_2} \wedge \ldots \wedge dx_{i_p} - x_{i_2} dx_{i_1} \wedge \ldots \wedge dx_{i_p} \pm \ldots\right). \end{aligned}$$

Von den ursprünglich möglichen 2^p Summanden fallen nämlich alle weg, in denen dt mindestens zweimal vorkommt.

In der letzten Klammer rechts steht eine im ganzen $\mathbb{R}^n$ erklärte $(p-1)$-Form, die wir mit $\sigma_{i_1 \ldots i_p}$ bezeichnen wollen. Unter Verwendung des „Auslassungs-Symbols" $\widehat{\ }$ kann $\sigma_{i_1 \ldots i_p}$ folgendermaßen geschrieben werden:

$$\sigma_{i_1 \ldots i_p} := \sum_{\nu=1}^{p} (-1)^{\nu-1} x_{i_\nu} dx_{i_1} \wedge \ldots \wedge \widehat{dx_{i_\nu}} \wedge \ldots \wedge dx_{i_p} .$$

Nun rechnen wir $K\Omega$ gemäß der Definition von S. 356 aus und erhalten eine $(p-1)$-Form in $U \subset \mathbb{R}^n$, die durch das Monom $\omega = a(\mathbf{x}) dx_{i_1} \wedge \ldots \wedge dx_{i_p}$ eindeutig festgelegt ist und die wir mit $I\omega$ bezeichnen wollen.

Def.: *Jedem Monom $\omega = a\,dx_{i_1} \wedge \ldots \wedge dx_{i_p}$ $(p \geqq 1)$ wird durch*

$$I\omega := \Big(\int_0^1 t^{p-1} a(t\mathbf{x})\,dt\Big)\sigma_{i_1 \ldots i_p}$$

eindeutig eine $(p-1)$-Form zugeordnet. Dabei wird U als sternförmig bezüglich des Nullpunkts vorausgesetzt.
Durch die Forderung der Additivität wird weiter durch I auch jeder p-Form $(p \geqq 1)$ eindeutig eine $(p-1)$-Form zugeordnet.

Beispiele: Der 1-Form $\omega = a_1\,dx_1 + a_2\,dx_2 + a_3\,dx_3$ im $\mathbb{R}^3$ wird die 0-Form

$$I\omega = x_1 \cdot \int_0^1 a_1(t\mathbf{x})\,dt + x_2 \cdot \int_0^1 a_2(t\mathbf{x})\,dt + x_3 \cdot \int_0^1 a_3(t\mathbf{x})\,dt$$

zugeordnet.
Der 2-Form $\omega = b_1\,dx_2 \wedge dx_3 + b_2\,dx_3 \wedge dx_1 + b_3\,dx_1 \wedge dx_2$ im $\mathbb{R}^3$ wird die 1-Form

$$I\omega = p_1\,dx_1 + p_2\,dx_2 + p_3\,dx_3$$

mit

$$p_1(\mathbf{x}) = x_3 \cdot \int_0^1 t b_2(t\mathbf{x})\,dt - x_2 \cdot \int_0^1 t b_3(t\mathbf{x})\,dt$$

$$p_2(\mathbf{x}) = x_1 \cdot \int_0^1 t b_3(t\mathbf{x})\,dt - x_3 \cdot \int_0^1 t b_1(t\mathbf{x})\,dt$$

$$p_3(\mathbf{x}) = x_2 \cdot \int_0^1 t b_1(t\mathbf{x})\,dt - x_1 \cdot \int_0^1 t b_2(t\mathbf{x})\,dt$$

zugeordnet.

Der Integrationsoperator I kann – grob gesprochen – als Umkehrung der äußeren Ableitung d angesehen werden. Den genauen Zusammenhang gibt der folgende Satz wieder.

Satz: *Es sei U eine bezüglich $\mathbf{0}$ sternförmige offene Menge und ω eine in U stetig differenzierbare p-Form mit $1 \leqq p \leqq n$. Dann gilt*

$$I(d\omega) + d(I\omega) = \omega.$$

Beweis: Wegen der Additivität von I und d genügt es, den Beweis etwa für das Monom

$$\omega = a(\mathbf{x})\,dx_1 \wedge \ldots \wedge dx_p$$

zu führen. Aus

$$d\omega = \sum_{j=1}^{n} D_j a\, dx_j \wedge dx_1 \wedge \ldots \wedge dx_p$$

ergibt sich

$$I(d\omega) = \sum_{j=1}^{n} \Big(\int_0^1 t^p D_j a(t\mathbf{x})\, dt\Big) \cdot \sigma_{j1\ldots p}.$$

Andererseits hat man

$$I\omega = \Big(\int_0^1 t^{p-1} a(t\mathbf{x})\, dt\Big) \cdot \sigma_{1\ldots p}.$$

Um $d(I\omega)$ zu berechnen, bestimmen wir zunächst $d\sigma_{1\ldots p}$; es ergibt sich

$$d\sigma_{1\ldots p} = p\, dx_1 \wedge \ldots \wedge dx_p.$$

Damit folgt, da man partielle Ableitungen und Integration vertauschen darf:

$$\begin{aligned} d(I\omega) &= \Big(\int_0^1 p t^{p-1} a(t\mathbf{x})\, dt\Big) dx_1 \wedge \ldots \wedge dx_p \\ &\quad + \sum_{j=1}^{n} \Big(\int_0^1 t^{p-1} \cdot t \cdot D_j a(t\mathbf{x})\, dt\Big) dx_j \wedge \sigma_{1\ldots p}. \end{aligned}$$

Durch Ausrechnen bestätigt man die Gleichung

$$dx_j \wedge \sigma_{1\ldots p} = -\sigma_{j1\ldots p} + x_j dx_1 \wedge \ldots \wedge dx_p$$

und erhält insgesamt:

$$I(d\omega) + d(I\omega) = \left(\int_0^1 p t^{p-1} a(t\mathbf{x})\, dt + \int_0^1 \Big(\sum_{j=1}^{n} t^p \cdot x_j D_j a(t\mathbf{x})\Big) dt\right) dx_1 \wedge \ldots \wedge dx_p.$$

Auf der rechten Seite steht ein Monom, das zu ω proportional ist. Wir werden zeigen, daß der Faktor von $dx_1 \wedge \ldots \wedge dx_p$ gleich a ist. Hierzu formen wir den zweiten Summanden in der runden Klammer mittels Produktintegration um, indem wir

$$\begin{aligned} u(t) &= t^p, & v'(t) &= \sum_{j=1}^{n} x_j D_j a(t\mathbf{x}) \\ u'(t) &= p t^{p-1}, & v(t) &= a(t\mathbf{x}) \end{aligned}$$

wählen. Wir erhalten dann

$$I(d\omega) + d(I\omega) = t^p a(t\mathbf{x})\Big|_0^1 dx_1 \wedge \ldots \wedge dx_p = \omega.$$

A u f g a b e: Wie lautet die Aussage des Satzes sinngemäß für 0-Formen?

Aus dem bewiesenen Satz ergibt sich unmittelbar, daß jede stetig differenzierbare Form ω mit $d\omega = 0$ eine Stammform besitzt, falls die Definitionsmenge sternförmig ist. In diesem Fall folgt aus der bewiesenen Gleichung

$$d(I\omega) = \omega,$$

d. h. $I\omega$ ist eine Stammform von ω. Also gilt der

Satz: *Jede in einer sternförmigen Menge U stetig differenzierbare geschlossene Differentialform ω ist exakt.*
(Lemma von Poincaré)

B e m e r k u n g: Jede geschlossene Form ist hiernach „lokal" exakt.

Mit Hilfe des Lemmas von Poincaré läßt sich auch eine Aussage über die Gesamtheit aller Stammformen einer geschlossenen p-Form ω gewinnen, falls die Definitionsmenge von ω sternförmig ist. Für $p = 1$ wissen wir schon, daß je zwei Stammfunktionen sich nur durch eine Konstante unterscheiden. Wir betrachten deshalb jetzt den Fall $p \geqq 2$.
Sind π_1, π_2 Stammformen von ω, gilt also

$$d\pi_1 = \omega \quad \text{und} \quad d\pi_2 = \omega,$$

so folgt

$$d(\pi_2 - \pi_1) = 0,$$

d. h. $\pi_2 - \pi_1$ besitzt eine Stammform η:

$$\pi_2 - \pi_1 = d\eta.$$

Ist andererseits η eine beliebige zweimal stetig differenzierbare $(p-2)$-Form und π eine Stammform von ω, so ist auch

$$\pi + d\eta$$

eine Stammform von ω, wie man durch Nachrechnen bestätigt. Somit ergibt sich der

Satz: *Es sei U sternförmig, ω eine in U stetig differenzierbare geschlossene p-Form ($p \geqq 2$). Dann kann jede Stammform von ω dargestellt werden durch*

$$I\omega + d\eta$$

mit einer geeigneten in U zweimal stetig differenzierbaren $(p-2)$-Form η.

Bemerkung: Die Bestimmung aller Stammformen von ω mit $d\omega = 0$ in der sternförmigen Menge U kann auch als Lösung eines Differentialgleichungssystems aufgefaßt werden. Der Form ω entsprechen $\binom{n}{p}$ gegebene Funktionen

$$a_{i_1 \ldots i_p}$$

und die Integrabilitätsbedingungen $d\omega = 0$, die wir hier nicht explizit aufschreiben wollen, seien erfüllt. Für die Koeffizienten einer Stammform

$$\pi = \sum_{j_1 < \ldots < j_{p-1}} v_{j_1 \ldots j_{p-1}} dx_{j_1} \wedge \ldots \wedge dx_{j_{p-1}}$$

von ω bedeutet dieBedingung $d\pi = \omega$, daß ein partielles Differentialgleichungssystem erfüllt sein muß. Dieses ergibt sich durch Koeffizientenvergleich (s. das folgende Beispiel und Aufg. 13).
Das Lemma von Poincaré besagt, daß das sich aus $d\pi = \omega$ ergebende Differentialgleichungssystem lösbar ist; man kann eine Lösung in der Gestalt $I\omega$ direkt berechnen. Die Gesamtheit aller Lösungen hängt weiter von $\binom{n}{p-2}$ beliebigen Funktionen, nämlich den Koeffizienten der beliebig wählbaren zweimal stetig differenzierbaren $(p-2)$-Form η ab.

Beispiel: Für $n = 3$ und $p = 2$ schreiben wir

$$\omega = b_1 dx_2 \wedge dx_3 + b_2 dx_3 \wedge bx_1 + b_3 dx_1 \wedge dx_2$$

und

$$\pi = v_1 dx_1 + v_2 dx_2 + v_3 dx_3 .$$

Das der Gleichung $d\pi = \omega$ entsprechende partielle Differentialgleichungssystem lautet dann:

$$\begin{aligned} D_2 v_3 - D_3 v_2 &= b_1 \\ D_3 v_1 - D_1 v_3 &= b_2 \\ D_1 v_2 - D_2 v_1 &= b_3 \end{aligned}$$

und die Integrabilitätsbedingung $d\omega = 0$ bedeutet:

$$D_1 b_1 + D_2 b_2 + D_3 b_3 = 0 .$$

Mit den in der Vektoranalysis üblichen Bezeichnungen handelt es sich also um die Bestimmung aller Vektorfelder $\mathbf{v} = (v_1, v_2, v_3)$, für die

$$\operatorname{rot} \mathbf{v} = \mathbf{b}$$

gilt, wobei das gegebene Vektorfeld $\mathbf{b}$ die Bedingung $\operatorname{div} \mathbf{b} = 0$ erfüllt. Die allgemeine Lösung $\mathbf{v}$ erhält man – entsprechend der Gleichung $\pi = I\omega + d\eta$ – dann aus der speziellen Lösung $\overset{\circ}{\mathbf{v}}$ mit den Komponenten (vgl. Beispiel S. 359)

$$\overset{\circ}{v}_1(x) = x_3 \cdot \int\limits_0^1 t b_2(t\mathbf{x})dt - x_2 \cdot \int\limits_0^1 t b_3(t\mathbf{x})dt$$

$$\overset{\circ}{v}_2(x) = x_1 \cdot \int\limits_0^1 t b_3(t\mathbf{x})dt \quad x_3 \cdot \int\limits_0^1 t b_1(t\mathbf{x})dt$$

$$\overset{\circ}{v}_3(x) = x_2 \cdot \int\limits_0^1 t b_1(t\mathbf{x})dt - x_1 \cdot \int\limits_0^1 t b_2(t\mathbf{x})dt$$

durch Addition eines beliebigen Gradientenfeldes:

$$\mathbf{v} = \overset{\circ}{\mathbf{v}} + \operatorname{grad} f.$$

Man bestätige durch Ausrechnen, daß $\mathbf{v}$ tatsächlich eine Lösung von $\operatorname{rot}\mathbf{v} = \mathbf{b}$ ist!

Aufgaben

1. Die Gesamtheit der Lösungen der Differentialgleichung $\operatorname{rot}\mathbf{v} = \mathbf{b}$ (wobei $\operatorname{div}\mathbf{b} = 0$ vorausgesetzt ist) wird durch

$$\mathbf{v} = \overset{\circ}{\mathbf{v}} + \operatorname{grad} f$$

beschrieben. Welche Bedingung muß f erfüllen, damit $\operatorname{div}\mathbf{v} = 0$ gilt?

2. Für $n = 3$ und $p = 3$ sei $\omega = a\,dx_1 \wedge dx_2 \wedge dx_3$ und

$$\pi = v_1 dx_2 \wedge dx_3 + v_2 dx_3 \wedge dx_1 + v_3 dx_1 \wedge dx_2$$

gesetzt. Man bestimme die allgemeine Lösung von $\operatorname{div}\mathbf{v} = a$.

3. Wie lauten die Bedingungen für die Geschlossenheit einer 2-Form

$$\omega = \sum_{i<j} a_{ij} dx_i \wedge dx_j?$$

Welches Differentialgleichungssystem ergibt sich für die Koeffizientenfunktionen $v_1, \ldots, v_n$ einer Stammform π von ω?
Man bestimme die allgemeine Lösung dieses Differentialgleichungssystems. Gibt es Lösungen, für die das Vektorfeld $\mathbf{v} = (v_1, \ldots, v_n)$ die Bedingung $\operatorname{div}\mathbf{v} := D_1 v_1 + \ldots + D_n v_n = 0$ erfüllt?

4. Es sei ω eine stetig differenzierbare p-Form mit ungeradem p. Man zeige, daß es nur dann eine überall positive, stetig differenzierbare Funktion f gibt derart, daß $f\omega$ geschlossen ist, wenn die Bedingung $\omega \wedge d\omega = 0$ erfüllt ist. Für $n \geqq 3$ gebe man Beispiele von Pfaffschen Formen an, die diese Bedingung nicht erfüllen. (Für $n = 2$ ist die Bedingung $\omega \wedge d\omega = 0$ immer erfüllt.)

5. Es sei ω eine geschlossene p-Form. Welche Bedingung muß die überall positive stetig differenzierbare Funktion f erfüllen, damit auch $f\omega$ geschlossen ist? Man zeige weiter, daß mit f auch jede Funktion $g = \varphi \circ f$ diese Bedingung erfüllt, wenn φ eine beliebige stetig differenzierbare streng monotone Funktion einer reellen Variablen ist.
6. Welche Bedingung muß der Koeffizient p der (nicht geschlossenen) Pfaffschen Form

$$\omega = p(x, y, z)\,dx + z\,dy + dx$$

erfüllen, damit für ω ein „integrierender Faktor" f existiert, d. h. daß $d(f\omega) = 0$ gilt? Man bestimme diejenigen p, die nur von y abhängen. Weiter zeige man, daß es dann einen nur von y abhängenden integrierenden Faktor f gibt und daß $f\omega$ sogar exakt ist.
Schließlich gebe man in diesem Fall für ω auch integrierende Faktoren an, die nicht nur von y allein abhängen.
7. Die Definitionsmenge der p-Form ω_1 und der q-Form ω_2 sei eine beliebige offene Menge. Man zeige:
Sind ω_1, ω_2 geschlossen, so ist auch $\omega_1 \wedge \omega_2$ geschlossen.
Sind ω_1, ω_2 exakt, so ist auch $\omega_1 \wedge \omega_2$ exakt.
Ist ω_1 geschlossen und ω_2 exakt, so ist $\omega_1 \wedge \omega_2$ exakt.
Für die exakte 2-Form $df \wedge dg$ gebe man Stammformen an und interpretiere das Ergebnis für $n = 3$ in der Sprache der Vektoranalysis.
8. Der Integrationsoperator I kann für p-Formen $\omega(\mathbf{x}, \mathbf{h}_1, \ldots, \mathbf{h}_p)$ basisfrei durch

$$I\omega := \int_0^1 t^{p-1}\,\omega(t\mathbf{x}, \mathbf{x}, \mathbf{h}_2, \ldots, \mathbf{h}_p)\,dt$$

erklärt werden. Mit der basisfreien Definition der äußeren Ableitung (vgl. Aufg. 8, S. 351) beweise man:

$$I(d\omega) + d(I\omega) = \omega\,.$$

9. Für $n \geqq 3$ ist jede in $\mathbb{R}^n \setminus \{\mathbf{0}\}$ geschlossene Form auch exakt. Man beweise dies. Für die geschlossene Form

$$\omega = (x^2 + y^2 + z^2)^{-\frac{3}{2}}\,(x\,dx + y\,dy + z\,dz)$$

gebe man eine Stammfunktion an („Newton-Potential").
10. Die 2-Form im $\mathbb{R}^3$

$$\omega = x\,dy \wedge dz - y\,dx \wedge dz + z\,dx \wedge dy$$

ist nicht geschlossen. Man zeige, daß es Funktionen f gibt, so daß $f\omega$ geschlossen ist. Diese Funktionen sind positiv homogen von der Ordnung -3 und können daher nur in $\mathbb{R}^3 \setminus \{\mathbf{0}\}$ stetig differenzierbar sein. Insbesondere bestimme man alle f der Form $f(x, y, z) = \varphi(\sqrt{x^2 + y^2 + z^2})$. Ist $f\omega$ sogar exakt in $\mathbb{R}^3 \setminus \{\mathbf{0}\}$?

11. Es sei ω die durch

$$\omega = \sum_{i=1}^{p} (-1)^{i-1} x_i dx_1 \wedge \ldots \wedge \widehat{dx_i} \wedge \ldots \wedge dx_p$$

erklärte $(p-1)$-Form im $\mathbb{R}^n$ (es ist also $\omega = \sigma_{1 \ldots p}$). Man berechne $I\omega$ sowie $d\omega$ und $I(d\omega)$. (Für die speziellen Formen $\sigma_{i_1 \ldots i_p}$ ist der Operator I linksinvers zum Operator d.)

12. Es sei $U = \mathbb{R}^2 \setminus (K_1 \cup \ldots \cup K_r)$, wobei $K_1, \ldots, K_r$ paarweise disjunkte, kompakte, konvexe Mengen sind (man hat also eine Ebene mit r „Löchern"). Weiter sei die 1-Form ω in U geschlossen. Man zeige, daß es geschlossene 1-Formen $\omega_1, \ldots, \omega_r$ gibt, so daß die 1-Form

$$\omega - \omega_1 - \ldots - \omega_r$$

exakt ist.

Wie hängt für geschlossene Wege γ das Integral $\int_\gamma \omega$ mit den Integralen $p_i := \int_{\gamma_i} \omega_i$ zusammen, wenn γ_i ein in hinreichender Nähe des Randes von K_i verlaufender „einfach geschlossener" Weg ist?

13. Man bestimme alle Lösungen des Differentialgleichungssystems für sechs Funktionen v_{ij} von vier Variablen

$$\begin{aligned} D_2 v_{34} - D_3 v_{24} + D_4 v_{23} &= b_1 \\ D_1 v_{34} \qquad\quad - D_3 v_{14} + D_4 v_{13} &= b_2 \\ D_1 v_{24} - D_2 v_{14} \qquad\quad + D_4 v_{12} &= b_3 \\ D_1 v_{23} - D_2 v_{13} + D_3 v_{12} \qquad\quad &= b_4 \end{aligned}$$

wobei b_1, b_2, b_3, b_4 gegebene konstante Funktionen sind.

17.4 p-Flächenintegrale

Bei den Kurvenintegralen hatten wir als Integrationsgebiete (stückweise glatte) Wege und als Integranden stetige 1-Formen. Wir wollen nun entsprechend hö-

herdimensionale Integrale – die wir kurz Flächenintegrale nennen werden – erklären. Als Integrationsgebiete haben wir hier p-dimensionale Flächenstücke und als Integranden stetige p-Formen. Dabei kann $p = 1, \ldots, n$ sein; insbesondere werden für $p = 1$ Kurvenintegrale und für $p = n$ Gebietsintegrale mit erfaßt.
Die p-Formen, die uns als Integranden dienen sollen, haben wir in den beiden vorigen Abschnitten ausführlich behandelt. Wir erinnern nun an die Erklärung der p-dimensionalen glatten Flächenstücke im $\mathbb{R}^n$ (vgl. 14.7, S. 178).
Wie bei den glatten Wegen beschreiben wir ein solches Flächenstück durch eine Parameterdarstellung. Als Definitionsmengen T für Parameterdarstellungen von p-Flächenstücken lassen wir offene konvexe Mengen des $\mathbb{R}^p$ sowie diffeomorphe Bilder von diesen Mengen (vgl. Figur) zu.

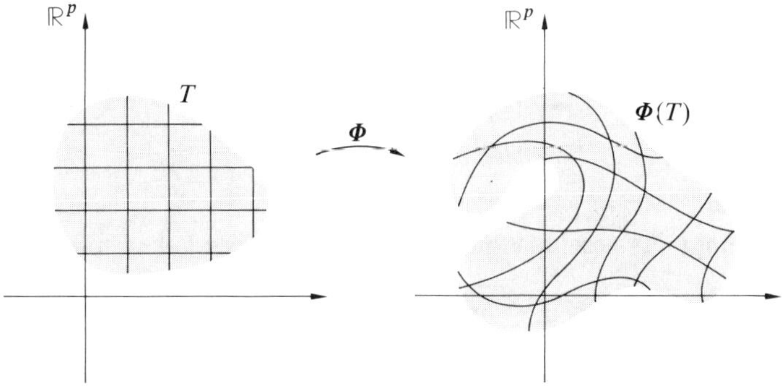

Ein p-dimensionales glattes orientiertes Flächenstück wird dann beschrieben durch eine einmal stetig differenzierbare Abbildung

$$\gamma : T \to \mathbb{R}^n$$

mit der Eigenschaft, daß die Ableitung γ' für alle $\mathbf{t} = (t_1, \ldots, t_p) \in T$ den Rang p hat (vgl. Figur auf S. 367).
Wie im Fall der Wege braucht zunächst nicht vorausgesetzt zu werden, daß γ injektiv ist, „Selbstdurchdringungen“ sind also zugelassen.

Hat man nun eine stetige p-Form.

$$\omega(\mathbf{x}, \mathbf{h}_1, \ldots, \mathbf{h}_p)$$

in einer offenen Obermenge U von $\gamma(T)$, so kann man – entsprechend dem Verfahren bei den Kurvenintegralen – für $\mathbf{x}$ den Punkt $\gamma(\mathbf{t})$ und für $\mathbf{h}_1, \ldots, \mathbf{h}_p$ die partiellen Ableitungen $D_1\gamma(\mathbf{t}), \ldots, D_p\gamma(\mathbf{t})$ einsetzen. Man erhält dann eine

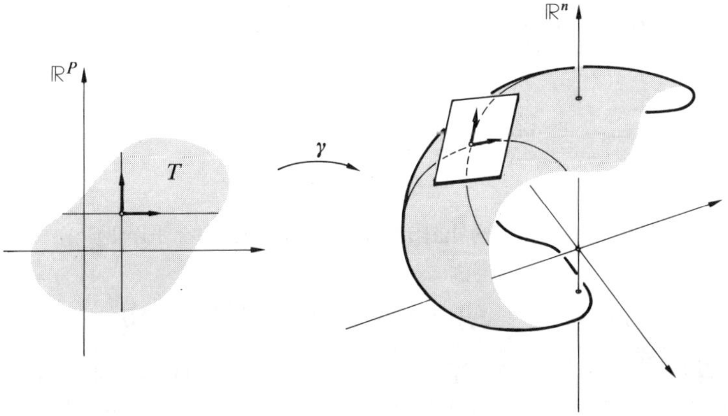

in T erklärte stetige Funktion $\omega(\gamma(\mathbf{t}), D_1\gamma(\mathbf{t}), \ldots, D_p\gamma(\mathbf{t}))$ und wird das Integral der p-Form ω über das orientierte Flächenstück γ als das „gewöhnliche" Integral dieser Funktion über T erklären:

$$\int_\gamma \omega := \int_T \omega(\gamma(\mathbf{t}), D_1\gamma(\mathbf{t}), \ldots, D_p\gamma(\mathbf{t}))\, d\mu_p(\mathbf{t}).$$

Wir zeigen nun – bevor wir die Definition formulieren – daß die so erklärten Flächenintegrale nicht von der verwendeten Parameterdarstellung γ abhängen (wie dies für Kurvenintegrale schon auf S. 331 bewiesen wurde). Wir nennen zwei Parameterdarstellungen γ_1, γ_2 äquivalent (in Zeichen: $\gamma_1 \sim \gamma_2$), wenn es einen Diffeomorphismus ($S \subset \mathbb{R}^p$, $T \subset \mathbb{R}^p$)

$$\boldsymbol{\Phi} : S \to T$$

mit positiver Funktionaldeterminante gibt derart, daß gilt

$$\gamma_2 = \gamma_1 \circ \boldsymbol{\Phi}.$$

Dies bedeutet in ausführlicher Schreibweise, daß mit

$$(t_1, \ldots, t_p) = (\varphi_1(s_1, \ldots, s_p), \ldots, \varphi_p(s_1, \ldots, s_p))$$

gilt:

$$\gamma_2(s_1, \ldots, s_p) = \gamma_1(\varphi_1(s_1, \ldots, s_p), \ldots, \varphi_p(s_1, \ldots, s_p)).$$

Die partiellen Ableitungen von γ_2 erhält man nun mit Hilfe der Kettenregel:

$$\begin{aligned} D_1\,\gamma_2 &= \sum_{i=1}^{p} D_i\,\gamma_1 \cdot D_1\varphi_i \\ &\;\;\vdots \qquad\qquad\quad \vdots \\ D_p\,\gamma_2 &= \sum_{i=1}^{p} D_i\,\gamma_1 \cdot D_p\varphi_i . \end{aligned}$$

Zur Berechnung von $\int_{\gamma_2} \omega$ hat man das Integral der Funktion

$$(s_1, \ldots, s_p) \mapsto \omega\big(\gamma_2(\mathbf{s}), D_1\,\gamma_2(\mathbf{s}), \ldots, D_p\,\gamma_2(\mathbf{s})\big)$$

über S zu ermitteln. Für $D_1\,\gamma_2, \ldots, D_p\,\gamma_2$ setzen wir die gefundenen Linearkombinationen ein und bemerken, daß wegen des Alternierens von ω in den linearen Argumenten $\mathbf{h}_1, \ldots, \mathbf{h}_p$ der Faktor $\det \boldsymbol{\Phi}'(\mathbf{s})$ herausgezogen werden kann (vgl. Aufg. 14, S. 352). So ergibt sich

$$\int_{\gamma_2} \omega = \int_S \omega\big(\gamma_1(\boldsymbol{\Phi}(\mathbf{s})), D_1\,\gamma_1(\boldsymbol{\Phi}(\mathbf{s})), \ldots, D_p\gamma_1(\boldsymbol{\Phi}(\mathbf{s}))\big) \det \boldsymbol{\Phi}'(\mathbf{s})\, d\mu_p(\mathbf{s}).$$

Andererseits hatten wir

$$\int_{\gamma_1} \omega = \int_T \omega\big(\gamma_1(\mathbf{t}), D_1\,\gamma_1(\mathbf{t}), \ldots, D_p\,\gamma_1(\mathbf{t})\big)\, d\mu_p(\mathbf{t}),$$

so daß die Transformationsformel (vgl. S. 321)

$$\int_T f(\mathbf{t})\, d\mu_p(\mathbf{t}) = \int_S f\big(\boldsymbol{\Phi}(\mathbf{s})\big) \det \boldsymbol{\Phi}'(\mathbf{s})\, d\mu_p(\mathbf{s})$$

angewendet auf

$$f(\mathbf{t}) = \omega\big(\gamma_1(\mathbf{t}), D_1\,\gamma_1(\mathbf{t}), \ldots, D_p\,\gamma_1(\mathbf{t})\big)$$

wegen $\det \boldsymbol{\Phi}'(\mathbf{s}) > 0$ die Gültigkeit der Gleichung

$$\int_{\gamma_2} \omega = \int_{\gamma_1} \omega$$

zeigt.

Def.: *Es sei ω eine stetige p-Form in U und $\boldsymbol{\gamma} : T \to U$ die Parameterdarstellung eines glatten orientierten p-Flächenstücks. Dann heißt die (nur von der Äquivalenzklasse von γ abhängende) Zahl*

$$\int_{\gamma} \omega := \int_T \omega\big(\gamma(\mathbf{t}), D_1\,\gamma(\mathbf{t}), \ldots, D_p\,\gamma(\mathbf{t})\big)\, d\mu_p(\mathbf{t})$$

das Integral von ω längs γ *(oder auch p-Flächenintegral).*

Bemerkung: Rechts steht ein Integral mit stetigem Integranden über eine offene Menge, es wird vorausgesetzt, daß dieses Integral existiert.

Für die Berechnung von Flächenintegralen ist die in 17.2 eingeführte Schreibweise für Differentialformen sehr zweckmäßig. Mit $dx_{i_1} \wedge \ldots \wedge dx_{i_p}$ hatten wir die p-Form

$$(\mathbf{h}_1, \ldots, \mathbf{h}_p) \mapsto \begin{vmatrix} h_{1i_1} & \ldots & h_{pi_1} \\ \vdots & & \vdots \\ h_{1i_p} & \ldots & h_{pi_p} \end{vmatrix}$$

bezeichnet; durch Einsetzen von $\mathbf{h}_1 = D_1 \gamma, \ldots, \mathbf{h}_p = D_p \gamma$ ergibt sich als Wert die Determinante

$$\begin{vmatrix} D_1 \gamma_{i_1} & \ldots & D_p \gamma_{i_1} \\ \vdots & & \vdots \\ D_1 \gamma_{i_p} & \ldots & D_p \gamma_{i_p} \end{vmatrix} .$$

Dieselbe Determinante erhält man als Faktor von $dt_1 \wedge \ldots \wedge dt_p$, wenn man in $dx_{i_1} \wedge \ldots \wedge dx_{i_p}$ für dx_{i_ν} die Pfaffsche Form

$$D_1 \gamma_{i_\nu} dt_1 + D_2 \gamma_{i_\nu} dt_2 + \ldots + D_p \gamma_{i_\nu} dt_p$$

einsetzt. Man kann also formal sehr bequem rechnen, indem man die „Differentiale“ $dx_1, \ldots, dx_n$ aus der Parameterdarstellung $\mathbf{x} = \gamma(\mathbf{t})$ berechnet und in die Basisdarstellung

$$\sum_{i_1 < \ldots < i_p} a_{i_1 \ldots i_p} dx_{i_1} \wedge \ldots \wedge dx_{i_p}$$

der p-Form ω einsetzt. Es ergibt sich ein Monom

$$f(\mathbf{t}) dt_1 \wedge \ldots \wedge dt_p ,$$

wobei der Faktor f gerade der für das Gebietsintegral über T benötigte Integrand ist. Nachdem die formale Rechnung durchgeführt ist, hat man somit nur noch $dt_1 \wedge \ldots \wedge dt_p$ durch das Symbol $d\mu_p(\mathbf{t})$ zu ersetzen und kann dann $\int_\gamma \omega$ als gewöhnliches Integral berechnen:

$$\int_\gamma \omega = \int_T f(\mathbf{t}) d\mu_p(\mathbf{t}) .$$

Beispiel 1: Die 2-Form ω im $\mathbb{R}^3$ sei erklärt durch

$$\omega = x_1 dx_2 \wedge dx_3 - x_2 dx_1 \wedge dx_3 + x_3 dx_1 \wedge dx_2$$

und durch γ werde die „obere Hälfte“ der Einheitssphäre beschrieben:

$$\gamma(t_1, t_2) = \left(t_1, t_2, \sqrt{1 - t_1^2 - t_2^2}\right) \qquad (t_1^2 + t_2^2 < 1).$$

Die Vektoren

$$D_1\gamma(t_1, t_2) = \left(1, 0, -\frac{t_1}{\sqrt{1 - t_1^2 - t_2^2}}\right)$$

$$D_2\gamma(t_1, t_2) = \left(0, 1, -\frac{t_2}{\sqrt{1 - t_1^2 - t_2^2}}\right)$$

sind linear unabhängig, so daß γ ein orientiertes glattes 2-Flächenstück darstellt. Für dx_1, dx_2, dx_3 erhält man

$$dx_1 = dt_1$$

$$dx_2 = dt_2$$

$$dx_3 = -\frac{1}{\sqrt{1 - t_1^2 - t_2^2}}(t_1 dt_1 + t_2 dt_2)$$

und somit also

$$dx_2 \wedge dx_3 = \frac{t_1}{\sqrt{1 - t_1^2 - t_2^2}} dt_1 \wedge dt_2$$

$$dx_1 \wedge dx_3 = -\frac{t_2}{\sqrt{1 - t_1^2 - t_2^2}} dt_1 \wedge dt_2$$

$$dx_1 \wedge dx_2 = dt_1 \wedge dt_2 .$$

Hieraus ergibt sich

$$\omega = \frac{t_1^2 + t_2^2 + (1 - t_1^2 - t_2^2)}{\sqrt{1 - t_1^2 - t_2^2}} dt_1 \wedge dt_2$$

und damit

$$\int_\gamma \omega = \int_{t_1^2 + t_2^2 < 1} \frac{1}{\sqrt{1 - t_1^2 - t_2^2}} d\mu_2(\mathbf{t}).$$

Das rechts stehende Integral kann man mit Hilfe des Satzes von Fubini direkt oder einfacher mit der Polarkoordinaten-Transformation ausrechnen:

$$\int_\gamma \omega = \int_0^{2\pi} \left(\int_0^1 \frac{r\,dr}{\sqrt{1 - r^2}} \right) d\varphi = 2\pi .$$

Aufgabe: Man berechne $\int_\gamma \omega$ (für dasselbe ω) mit der Parameterdarstellung der oberen Hälfte der Einheitskugel, die sich aus der stereographischen Projektion ergibt, d. h. es sei für $t_1^2 + t_2^2 < 1$:

$$\gamma(t_1, t_2) = \left(\frac{2t_1}{1 + t_1^2 + t_2^2}, \frac{2t_1}{1 + t_1^2 + t_2^2}, \frac{1 - t_1^2 - t_2^2}{1 + t_1^2 + t_2^2} \right).$$

Beispiel 2: Ein p-dimensionales offenes Simplex im $\mathbb{R}^n$ kann durch die Parameterdarstellung

$$\gamma(t_1, \ldots, t_p) = \mathbf{x}_0 + t_1 \mathbf{b}_1 + \ldots + t_p \mathbf{b}_p$$
$$(t_1 > 0, \ldots, t_p > 0, \; t_1 + \ldots + t_p < 1)$$

beschrieben werden; dabei sind $\mathbf{b}_1, \ldots, \mathbf{b}_p$ beliebige linear unabhängige Vektoren. Definitionsmenge von γ ist hier das offene „Standard-Simplex“ T des $\mathbb{R}^p$:

$$T = \{\mathbf{t} \in \mathbb{R}^p \mid \sum_{i=1}^p t_i < 1, t_i > 0\}.$$

Wegen $\quad D_1 \gamma(\mathbf{t}) = \mathbf{b}_1, \ldots, D_p \gamma(\mathbf{t}) = \mathbf{b}_p$

erhält man

$$dx_{i_1} \wedge \ldots \wedge dx_{i_p} = \begin{vmatrix} b_{1i_1} & \ldots & b_{pi_1} \\ \vdots & & \vdots \\ b_{1i_p} & \ldots & b_{pi_p} \end{vmatrix} dt_1 \wedge \ldots \wedge dt_p.$$

Nimmt man als Integranden das Monom

$$\omega = a(\mathbf{x}) dx_{i_1} \wedge \ldots \wedge dx_{i_p},$$

so ergibt sich als Flächenintegral über γ:

$$\int_\gamma \omega = \det(b_{ji_\nu}) \cdot \int_T a(\mathbf{x}_0 + t_1 \mathbf{b}_1 + \ldots + t_p \mathbf{b}_p) d\mu_p(\mathbf{t}).$$

Aufgabe: Das rechts stehende Integral kann nach dem Satz von Fubini als p-fach iteriertes Integral dargestellt werden. Man schreibe diese Formeln für $p = 2$ und $p = 3$ explizit auf.

Die Definition der Flächenintegrale enthält als Sonderfall für $p = 1$ die Definition der Kurvenintegrale für glatte Wege.
Für $p = n$ ergibt sich ein Zusammenhang mit den in Kap. 16 behandelten Gebietsintegralen. Dabei ist aber zu beachten, daß man dort als Integranden reellwertige Funktionen hat, während es sich hier um n-Formen

$$\omega = f(\mathbf{x})\, dx_1 \wedge \ldots \wedge dx_n$$

handelt. Wird nun das Integrationsgebiet G des $\mathbb{R}^n$ durch die Parameterdarstellung $\mathbf{x} = \gamma(\mathbf{t})$ mit

$$x_1 = t_1, \ldots, x_n = t_n$$

beschrieben, so ist $\int_\gamma \omega$ gleich dem gewöhnlichen Gebietsintegral

$$\int_G f(\mathbf{t})\, d\mu_n(\mathbf{t}).$$

Wählt man dagegen für G etwa die Parameterdarstellung $\tilde{\gamma}$, die durch

$$x_1 = t_2, \; x_2 = t_1, \; x_3 = t_3, \ldots, \; x_n = t_n$$

gegeben ist, so erhält man

$$\int_{\tilde{\gamma}} \omega = - \int_\gamma \omega.$$

Integrale über n-Formen sind also „orientierte Gebietsintegrale."

Entsprechend sind auch die für beliebiges p definierten Flächenintegrale „orientierte Integrale".

Variablensubstitution bei Differentialformen

Für die Berechnung von $\int_\gamma \omega$ ist in die Koeffizientenfunktionen von ω die Parameterdarstellung von γ einzusetzen und die Basisformen sind auf die Parameter umzurechnen. Dabei ist die Stufe von ω gleich der Zahl der Variablen in der Parameterdarstellung γ.
Wir verallgemeinern nun diesen Einsetzprozeß, indem wir die Forderung fallen lassen, daß die Zahl der „neuen Variablen" gleich der Stufe der Differentialform ist.
Es sei ω eine p-Form in $U \subset \mathbb{R}^n$ und

$$\boldsymbol{\Phi} : V \to U \qquad (V \subset \mathbb{R}^m)$$

eine stetig differenzierbare Abbildung aus dem $\mathbb{R}^m$ in den $\mathbb{R}^n$. Dabei kann m beliebig sein, und es wird keine Voraussetzung über den Rang der Jacobi-Matrix $\boldsymbol{\Phi}'$ gemacht.
Durch Einsetzen von

$$\mathbf{x} = \boldsymbol{\Phi}(\mathbf{y}) \qquad \big(\boldsymbol{\Phi} = (\varphi_1, \ldots, \varphi_n)\big)$$

und

$$dx_i = \sum_{j=1}^{m} D_j \varphi_i(\mathbf{y})\, dy_j \qquad (i = 1, \ldots, n)$$

in die p-Form

$$\omega = \sum_{i_1 < \ldots < i_p} a_{i_1 \ldots i_p}(\mathbf{x})\, dx_{i_1} \wedge \ldots \wedge dx_{i_p}$$

bekommt man eine neue p-Form $\tilde{\omega}$ in V. Diese wollen wir mit $\boldsymbol{\Phi}^* \omega$ bezeichnen. Wir sagen dann, daß $\boldsymbol{\Phi}^* \omega$ aus ω dadurch entsteht, daß vermöge der Abbildungsgleichungen

$$\begin{aligned} x_1 &= \varphi_1 (y_1, \ldots, y_m) \\ &\vdots \\ x_n &= \varphi_n (y_1, \ldots, y_m) \end{aligned}$$

die Variablen $x_1, \ldots, x_n$ in ω durch $y_1, \ldots, y_m$ ersetzt sind. Es ist auch üblich zu sagen, daß $\boldsymbol{\Phi}^* \omega$ die in die Menge V mittels der Abbildung $\boldsymbol{\Phi}$ *zurückgeholte* p-Form von ω ist.

$\boldsymbol{\Phi}^*$ läßt sich als eine Abbildung auffassen, die jeder p-Form ω in $U \subset \mathbb{R}^n$ eindeutig eine p-Form $\boldsymbol{\Phi}^* \omega$ in $V \subset \mathbb{R}^m$ zuordnet. Man beachte dabei, daß $\boldsymbol{\Phi}^*$ in „entgegengesetzter Richtung" zu $\boldsymbol{\Phi}$ wirkt:

$$V \xrightarrow{\;\boldsymbol{\Phi}\;} U$$

$$\mathfrak{A}(V) \xleftarrow{\;\boldsymbol{\Phi}^*\;} \mathfrak{A}(U)$$

Für 0-Formen $\omega = f$ ergibt sich

$$\boldsymbol{\Phi}^* f = f \circ \boldsymbol{\Phi},$$

d. h. die zurückgeholte 0-Form ist die Verkettung von f mit $\boldsymbol{\Phi}$.

Für 1-Formen

$$\omega = \sum_{i=1}^{n} a_i(\mathbf{x})\, dx_i$$

erhält man

$$\boldsymbol{\Phi}^* \omega = \sum_{i=1}^{n} a_i(\boldsymbol{\Phi}(\mathbf{y})) \sum_{j=1}^{m} D_j \varphi_i(\mathbf{y})\, dy_j,$$

also

$$\boldsymbol{\Phi}^* \omega = \sum_{j=1}^{m} b_j(\mathbf{y})\, dy_j$$

mit
$$b_j(\mathbf{y}) = \sum_{i=1}^{n} D_j\varphi_i(\mathbf{y}) \cdot a_i(\boldsymbol{\Phi}(\mathbf{y})).$$

Für $p = 2, 3, \ldots, n$ ergeben sich – in entsprechender Weise – längere Formeln, die wir hier nicht zu notieren brauchen, da man im konkreten Einzelfall am besten direkt nach der angegebenen Vorschrift rechnet. Insbesondere ergibt sich immer dann eine Nullform, wenn $m < p$ gilt.
Für $m = p = n$ erhält man als Bild von

$$\omega = a(\mathbf{x})\,dx_1 \wedge \ldots \wedge dx_n$$

die n-Form

$$\boldsymbol{\Phi}^*\omega = a(\boldsymbol{\Phi}(\mathbf{y}))\det\boldsymbol{\Phi}'(\mathbf{y})\,dy_1 \wedge \ldots \wedge dy_n.$$

Aufgabe: Man berechne $\boldsymbol{\Phi}^*\omega$ für den Fall $p = n$ und $m = n + 1$.

Für $\boldsymbol{\Phi}^*$ gelten folgende Rechenregeln:

(1) $$\boldsymbol{\Phi}^*(\omega_1 + \omega_2) = \boldsymbol{\Phi}^*\omega_1 + \boldsymbol{\Phi}^*\omega_2$$

(2) $$\boldsymbol{\Phi}^*(f \cdot \omega) = \boldsymbol{\Phi}^*f \cdot \boldsymbol{\Phi}^*\omega$$

(3) $$\boldsymbol{\Phi}^*(\omega_1 \wedge \omega_2) = \boldsymbol{\Phi}^*\omega_1 \wedge \boldsymbol{\Phi}^*\omega_2.$$

Dabei haben die beiden Formen in (1) natürlich dieselbe Stufe, während in (3) die Stufen verschieden sein dürfen.
Die Beweise für (1) und (2) ergeben sich unmittelbar aus der Erklärung von $\boldsymbol{\Phi}^*$, ebenso der Beweis von (3) für Monome

$$\omega_1 = dx_{i_1} \wedge \ldots \wedge dx_{i_p}, \qquad \omega_2 = dx_{j_1} \wedge \ldots \wedge dx_{j_q}.$$

Die allgemeine Gültigkeit von (3) folgt dann mit Hilfe von (1) und (2).

Besonders wichtig und nützlich ist die Tatsache, daß die äußere Ableitung d mit dem „Einsetzhomomorphismus" $\boldsymbol{\Phi}^*$ vertauschbar ist.

Satz: *Ist $\boldsymbol{\Phi} : V \to U$ zweimal stetig differenzierbar und ω eine stetig differenzierbare p-Form in U, so gilt*

$$d(\boldsymbol{\Phi}^*\omega) = \boldsymbol{\Phi}^*(d\omega).$$

Beweis: Wir prüfen zunächst nach, daß die Behauptung für 0-Formen f richtig ist. Man hat in diesem Fall

$$df = \sum_{i=1}^{n} D_i f(\mathbf{x})\,dx_i,$$

also

$$\begin{aligned}\Phi^*(df) &= \sum_{i=1}^{n} D_i f(\Phi(\mathbf{y})) \cdot \sum_{j=1}^{m} D_j \varphi_i(\mathbf{y})\, dy_j \\ &= \sum_{j=1}^{m} \left(\sum_{i=1}^{n} D_i f(\Phi(\mathbf{y})) \cdot D_j \varphi_i(\mathbf{y}) \right) dy_j .\end{aligned}$$

Andererseits liefert die Kettenregel, angewandt auf $\Phi^* f = f \circ \Phi$:

$$D_j(f \circ \Phi)(\mathbf{y}) = \sum_{i=1}^{n} D_i f(\Phi(\mathbf{y})) \cdot D_j \varphi_i(\mathbf{y}),$$

d. h. man erhält

$$d(\Phi^* f) = \sum_{j=1}^{m} \left(\sum_{i=1}^{n} D_i f(\Phi(\mathbf{y})) \cdot D_j \varphi_i(\mathbf{y}) \right) dy_j .$$

Für 0-Formen f gilt also die Gleichung

$$\Phi^*(df) = d(\Phi^* f)$$

sogar, wenn Φ nur als einmal stetig differenzierbar vorausgesetzt wird.

Als nächstes prüfen wir nach, daß die Behauptung für die speziellen 1-Formen

$$\omega = dx_i$$

richtig ist; dabei benötigen wir die Voraussetzung, daß Φ zweimal stetig differenzierbar ist. Wegen

$$d\omega = 0$$

folgt in diesem Fall

$$\Phi^*(d\omega) = 0 .$$

Andererseits ist

$$\Phi^* \omega = \sum_{j=1}^{m} D_j \varphi_i(\mathbf{y})\, dy_j ,$$

d. h. es gilt

$$\begin{aligned}d(\Phi^* \omega) &= \sum_{j=1}^{m} \Big(\sum_{k=1}^{m} D_k D_j \varphi_i(\mathbf{y})\, dy_k \Big) \wedge dy_j \\ &= \sum_{j<k} \big(D_j D_k \varphi_i(\mathbf{y}) - D_k D_j \varphi_i(\mathbf{y}) \big) dy_j \wedge dy_k .\end{aligned}$$

Wegen der Vertauschbarkeit der partiellen Ableitungen ergibt sich auch hierbei die Nullform.
Weiter zeigen wir, daß auch für Basisformen höherer Stufe die Behauptung richtig ist. Sei etwa

$$\omega = dx_1 \wedge \ldots \wedge dx_p .$$

Dann ist $d\omega = 0$ und also gilt

$$\boldsymbol{\Phi}^*(d\omega) = 0 .$$

Andererseits erhält man aufgrund der Regel (3) von S. 374

$$\boldsymbol{\Phi}^*\omega = \boldsymbol{\Phi}^*(dx_1) \wedge \ldots \wedge \boldsymbol{\Phi}^*(dx_p) .$$

Bildet man nun die äußere Ableitung unter Verwendung der Produktregel (vgl. Aufg. 10, S. 351), so folgt

$$d(\boldsymbol{\Phi}^*\omega) = \sum_{i=1}^{p} (-1)^{i-1}\boldsymbol{\Phi}^*(dx_1) \wedge \ldots \wedge d\big(\boldsymbol{\Phi}^*(dx_i)\big) \wedge \ldots \wedge \boldsymbol{\Phi}^*(dx_p) .$$

Da wir schon bewiesen haben, daß $d\big(\boldsymbol{\Phi}^*(dx_i)\big) = 0$ gilt, ergibt sich

$$d(\boldsymbol{\Phi}^*\omega) = 0 .$$

Also gilt für Basisformen ω die Gleichung

$$d(\boldsymbol{\Phi}^*\omega) = \boldsymbol{\Phi}^*(d\omega) .$$

Schließlich zeigen wir:
Gilt die Behauptung für irgendein ω, so gilt sie auch für $f\omega$.
Der Beweis ergibt sich aus der Gleichungskette:

$$\begin{aligned} d\big(\boldsymbol{\Phi}^*(f\omega)\big) &= d(\boldsymbol{\Phi}^*f \cdot \boldsymbol{\Phi}^*\omega) \\ &= d(\boldsymbol{\Phi}^*f) \wedge \boldsymbol{\Phi}^*\omega + \boldsymbol{\Phi}^*f \cdot d(\boldsymbol{\Phi}^*\omega) \\ &= \boldsymbol{\Phi}^*(df) \wedge \boldsymbol{\Phi}^*\omega + \boldsymbol{\Phi}^*f \cdot \boldsymbol{\Phi}^*(d\omega) \\ &= \boldsymbol{\Phi}^*(df \wedge \omega) + \boldsymbol{\Phi}^*(f d\omega) \\ &= \boldsymbol{\Phi}^*(df \wedge \omega + f d\omega) \\ &= \boldsymbol{\Phi}^*\big(d(f\omega)\big) . \end{aligned}$$

Dabei wurden außer der schon bewiesenen Gleichung $d(\boldsymbol{\Phi}^*f) = \boldsymbol{\Phi}^*(df)$ und der Annahme $d(\boldsymbol{\Phi}^*\omega) = \boldsymbol{\Phi}^*(d\omega)$ die algebraischen Regeln für $\boldsymbol{\Phi}^*$ und die Produktregel für die äußere Ableitung verwendet.
Als Folgerung ergibt sich, daß die Behauptung für beliebige Monome richtig ist.

Wegen der Additivität von d und Φ^* folgt schließlich die Gültigkeit der Gleichung

$$d(\Phi^* \omega) = \Phi^*(d\omega)$$

für beliebiges ω.

Bemerkung: Ist speziell $m = n$ und Φ ein Diffeomorphismus, so bildet Φ^* die Graßmann-Algebra $\mathfrak{A}(U)$ isomorph auf die Graßmann-Algebra $\mathfrak{A}(V)$ ab. Dieser Isomorphismus ist mit der Bildung der äußeren Ableitung vertauschbar.

Die Definition der Flächenintegrale kann nun kürzer so geschrieben werden:

$$\int_\gamma \omega := \int_{\mathrm{id}_T} \gamma^* \omega .$$

Dabei steht rechts als Integrand eine p-Form in der Menge T des $\mathbb{R}^p$, also etwa $\gamma^* \omega = f(\mathbf{t})\, dt_1 \wedge \ldots \wedge dt_p$. Nach der Definition von S. 368 hat man nämlich

$$\int_{\mathrm{id}_T} \gamma^* \omega = \int_T f(\mathbf{t})\, d\mu_p(\mathbf{t}) .$$

Statt $\int_{\mathrm{id}_T} \gamma^* \omega$ werden wir auch $\int_T \gamma^* \omega$ schreiben, da Irrtümer aus dieser (nicht genau der Def. von S. 368 entsprechenden) Bezeichnung nicht zu befürchten sind.

Aufgaben

1. Man gebe für den im Halbraum $z > 0$ liegenden Teil des Ellipsoids

$$\frac{x^2}{a^2} + \frac{y^2}{b^2} + \frac{z^2}{c^2} = 1$$

eine Parameterdarstellung γ an und berechne $\int_\gamma \omega$ für die 2-Form

$$\omega = x\, dy \wedge dz - y\, dx \wedge dz + z\, dx \wedge dy .$$

Man berechne auch das Integral dieser Form über den Teil des Ellipsoids mit $z < 0$.

2. Ein p-dimensionales Simplex im $\mathbb{R}^n$ sei durch die Parameterdarstellung

$$\gamma(\mathbf{t}) = \mathbf{x}_0 + t_1 \mathbf{b}_1 + \ldots + t_p \mathbf{b}_p \qquad \left(\sum_{i=1}^{p} t_i < 1,\ t_i > 0\right)$$

beschrieben. Man berechne $\int_\gamma \omega$ für die p-Form

$$\omega = \sum_{j=1}^{p+1} (-1)^{j-1} x_j\, dx_1 \wedge \ldots \wedge \widehat{dx_j} \wedge \ldots \wedge dx_{p+1} .$$

3. Für die Oberfläche der Einheitskugel ohne Südpol sei die aus der stereographischen Projektion sich ergebende Parameterdarstellung γ gewählt. Man berechne $\int_\gamma \omega$ für die 2-Form

$$\omega = (x^2 + y^2 + z^2)^{-\frac{3}{2}} (x dy \wedge dz - y dx \wedge dz + z dx \wedge dy).$$

Welcher Wert ergibt sich, wenn man an die Stelle der Einheitskugel eine Kugel vom Radius a (um den Nullpunkt) setzt?

4. Man beweise für p-Flächenintegrale folgende Rechenregeln:

(1) $$\int_\gamma (\omega_1 + \omega_2) = \int_\gamma \omega_1 + \int_\gamma \omega_2$$

(2) $$\int_\gamma c\omega = c \int_\gamma \omega$$

(3) Wird die offene konvexe Definitionsmenge T von γ durch eine Hyperebene in zwei offene konvexe Teilmengen T_1, T_2 „zerlegt“, so gilt

$$\int_T \gamma^* \omega = \int_{T_1} \gamma^* \omega + \int_{T_2} \gamma^* \omega.$$

Für diffeomorphe Bilder einer solchen Zerlegung gilt diese Regel der „Gebiets-Additivität“ ebenfalls.

(Zur Abschätzung von p-Flächenintegralen vgl. Aufg. 9, S. 435).

5. Es sei $\boldsymbol{\Phi}$ die Polarkoordinatenabbildung, die durch

$$\begin{aligned} x &= r \cos \vartheta \cos \varphi \\ y &= r \cos \vartheta \sin \varphi \\ z &= r \sin \vartheta \end{aligned}$$

beschrieben wird. Man berechne $\boldsymbol{\Phi}^* dx$, $\boldsymbol{\Phi}^* dy$, $\boldsymbol{\Phi}^* dz$, $\boldsymbol{\Phi}^* dx \wedge dy$, $\boldsymbol{\Phi}^* dx \wedge dz$, $\boldsymbol{\Phi}^* dy \wedge dz$ und $\boldsymbol{\Phi}^* dx \wedge dy \wedge dz$.

Für die 3-Form $\omega = z^2 dx \wedge dy \wedge dz$ berechne man das (orientierte) Gebietsintegral über den im Halbraum $y > 0$ liegenden Teil der offenen Einheitskugel auf zwei Arten (man verwende die identische Abbildung und die Polarkoordinatenabbildung).

6. Es seien $W \subset \mathbb{R}^k$, $V \subset \mathbb{R}^m$, $U \subset \mathbb{R}^n$ offene Mengen und

$$\boldsymbol{\Psi}: W \to V, \qquad \boldsymbol{\Phi}: V \to U$$

beliebige stetig differenzierbare Abbildungen. Ist dann ω eine Differentialform in U, so gilt

$$\boldsymbol{\Psi}^* (\boldsymbol{\Phi}^* \omega) = (\boldsymbol{\Phi} \circ \boldsymbol{\Psi})^* \omega.$$

Man beweise dies, indem man die Behauptung zuerst für 0-Formen und die speziellen 1-Formen dx_i nachprüft.
Für die Einsetzhomomorphismen

$$\Phi^* : \mathfrak{A}(U) \to \mathfrak{A}(V), \quad \Psi^* : \mathfrak{A}(V) \to \mathfrak{A}(W)$$

gilt also die Regel

$$(\Phi \circ \Psi)^* = \Psi^* \circ \Phi^* .$$

Falls Φ ein Diffeomorphismus ist, gilt somit

$$(\Phi^*)^{-1} = (\Phi^{-1})^* .$$

7. Es sei $\Phi : V \to U$ ein Diffeomorphismus, ω eine stetige p-Form in U und γ ein p-Flächenstück in U. Man beweise die Gleichung

$$\int_{\Phi^{-1} \circ \gamma} \Phi^* \omega = \int_\gamma \omega .$$

Verwendet man für das p-Flächenstück in U die Bezeichnung $\Phi \circ \gamma$, so erhält die Gleichung die Gestalt

$$\int_\gamma \Phi^* \omega = \int_{\Phi \circ \gamma} \omega ,$$

die der Schreibweise bei der Transformationsformel (vgl. S. 320) entspricht.

8. Man beweise erneut, ausgehend von

$$\int_\gamma \omega := \int_{\mathrm{id}_T} \gamma^* \omega ,$$

daß für äquivalente Parameterdarstellungen $\gamma_2 = \gamma_1 \circ \Phi$ gilt

$$\int_{\gamma_2} \omega = \int_{\gamma_1} \omega .$$

9. Eine basisfreie Erklärung von Φ^* erhält man, indem man der p-Form $\omega(\mathbf{x}, \mathbf{h}_1, \ldots, \mathbf{h}_p)$ in U die p-Form

$$\tilde{\omega}(\mathbf{y}, \mathbf{k}_1, \ldots, \mathbf{k}_p) := \omega\big(\Phi(\mathbf{y}), \Phi'(\mathbf{y}, \mathbf{k}_1), \ldots, \Phi'(\mathbf{y}, \mathbf{k}_p)\big)$$

zuordnet, d. h. $\Phi^* \omega = \tilde{\omega}$ setzt. Man leite die im Text und in Aufgabe 6 genannten Eigenschaften aufgrund dieser Definition her.
Weiter überzeuge man sich, daß diese Definition von Φ^* mit der im Text angegebenen übereinstimmt.

10. Es seien f, g in $U \subset \mathbb{R}^n$ zweimal stetig differenzierbar und es gelte in U

$$df \neq 0 \qquad \text{sowie} \qquad df \wedge dg = 0 .$$

Man zeige, daß es – lokal – eine zweimal stetig differenzierbare reellwertige Funktion ψ einer Variablen gibt, so daß gilt

$$g = \psi \circ f.$$

Anleitung: Man überlege sich, daß es einen Diffeomorphismus $\boldsymbol{\Phi} = (\varphi_1, \varphi_2, \ldots, \varphi_n)$ mit $\varphi_1 = f$ gibt und betrachte die entsprechende Gleichung in der Bildmenge $V = \boldsymbol{\Phi}(U)$:

$$(\boldsymbol{\Phi}^{-1})^* df \wedge (\boldsymbol{\Phi}^{-1})^* dg = 0.$$

Als $(\boldsymbol{\Phi}^{-1})^* df$ erhält man die Basisform dy_1.

11. Es seien $f_1, \ldots, f_k$, g in $U \subset \mathbb{R}^n$ zweimal stetig differenzierbar und es gelte in U

$$df_1 \wedge \ldots \wedge df_k \neq 0$$

sowie

$$df_1 \wedge \ldots \wedge df_k \wedge dg = 0.$$

Man zeige, daß es – lokal – eine zweimal stetig differenzierbare reellwertige Funktion ψ von k Variablen gibt, so daß gilt

$$g(\mathbf{x}) = \psi\big(f_1(\mathbf{x}), \ldots, f_k(\mathbf{x})\big).$$

Als Folgerung beweise man, daß es zu einer Abbildung $\mathbf{f} = (f_1, \ldots, f_n)$ mit $\det \mathbf{f}' = 0$ stets Funktionen F mit $\operatorname{grad} F \neq \mathbf{0}$ gibt derart, daß

$$F\big(f_1(\mathbf{x}), \ldots, f_n(\mathbf{x})\big) = 0$$

gilt (vgl. Aufg. 3, S. 175).

12. Man beweise das Lemma von Poincaré für alle offenen Mengen, die zu sternförmigen Mengen diffeomorph sind.

13. Man zeige, daß man die auf S. 356 eingeführten in $U \subset \mathbb{R}^n$ erklärten p-Formen ω_1, ω_0 aus der in $\mathbb{R} \times U$ gegebenen p-Form ω durch Zurückholen mittels der differenzierbaren Abbildungen

$$\begin{aligned} \boldsymbol{\Psi}_1 : U &\to \mathbb{R} \times U \\ \mathbf{x} &\mapsto (1, \mathbf{x}) \end{aligned}$$

und

$$\begin{aligned} \boldsymbol{\Psi}_0 : U &\to \mathbb{R} \times U \\ \mathbf{x} &\mapsto (0, \mathbf{x}) \end{aligned}$$

erhält:

$$\boldsymbol{\Psi}_0^* \omega = \omega_0, \quad \boldsymbol{\Psi}_1^* \omega = \omega_1.$$

14. Es sei $\boldsymbol{\Phi}$ eine zweimal stetig differenzierbare Abbildung von $\mathbb{R} \times U$ in U mit

der Eigenschaft

$$\boldsymbol{\Phi}(1, \mathbf{x}) = \mathbf{x}$$
$$\boldsymbol{\Phi}(0, \mathbf{x}) = \mathbf{x}_0,$$

wobei $\mathbf{x}_0 \in U$ ein fest gewählter Punkt ist. ($\boldsymbol{\Phi}$ kann kinematisch als „Zusammenziehung von U auf den Punkt $\mathbf{x}_0$" gedeutet werden; die Existenz einer solchen Abbildung $\boldsymbol{\Phi}$ ist eine Bedingung für die Menge U, die allgemeiner als die Sternförmigkeit ist.)
Man zeige, daß $\boldsymbol{\Phi} \circ \boldsymbol{\Psi}_1$ die identische Abbildung von U und $\boldsymbol{\Phi} \circ \boldsymbol{\Psi}_0$ die konstante Abbildung, die jedem $\mathbf{x} \in U$ den Punkt $\mathbf{x}_0$ zuordnet, ist. Dabei sind $\boldsymbol{\Psi}_1$ und $\boldsymbol{\Psi}_0$ die in Aufgabe 13 erklärten Abbildungen.
Es gilt daher für jede p-Form $\tilde{\omega}$ in U:

$$\boldsymbol{\Psi}_1^*(\boldsymbol{\Phi}^* \tilde{\omega}) = \tilde{\omega} \quad \text{und} \quad \boldsymbol{\Psi}_0^*(\boldsymbol{\Phi}^* \tilde{\omega}) = 0.$$

Man beweise die Gleichung

$$K\big(\boldsymbol{\Phi}^*(d\tilde{\omega})\big) + d\big(K(\boldsymbol{\Phi}^* \tilde{\omega})\big) = \tilde{\omega}.$$

Mit $I_{\boldsymbol{\Phi}} := K \circ \boldsymbol{\Phi}^*$ erhält man daher einen von $\boldsymbol{\Phi}$ abhängenden Integrationsoperator, für den gilt

$$I_{\boldsymbol{\Phi}}(d\tilde{\omega}) + d(I_{\boldsymbol{\Phi}}\tilde{\omega}) = \tilde{\omega},$$

und damit weiter einen Beweis des Lemmas von Poincaré für zusammenziehbare Mengen U.

15. Es sei γ_λ die (lineare) Parameterdarstellung des Simplexes mit den Eckpunkten $\mathbf{0}, \mathbf{x}, \lambda\mathbf{h}_1, \ldots, \lambda\mathbf{h}_{p-1}$ und ω eine stetige p-Form. Dann ist $\int_{\gamma_\lambda} \omega$ eine Funktion von $\mathbf{x}, \mathbf{h}_1, \ldots, \mathbf{h}_{p-1}$ sowie von λ (wobei wir uns nur für kleine Werte von λ interessieren). Man zeige, daß

$$\lim_{\lambda \to 0} \frac{(p-1)!}{\lambda^{p-1}} \int_{\gamma_\lambda} \omega$$

existiert und eine stetige $(p-1)$-Form $\tilde{\omega}$ ist. Man zeige weiter, daß $\tilde{\omega} = I\omega$ gilt. Somit kann $I\omega$ basisfrei definiert werden durch

$$I\omega := \lim_{\lambda \to 0} \frac{(p-1)!}{\lambda^{p-1}} \int_{\gamma_\lambda} \omega.$$

16. Welche Bedingungen muß ein Diffeomorphismus $\boldsymbol{\Phi}$ aus dem $\mathbb{R}^2$ in den $\mathbb{R}^2$ erfüllen, damit für jede Pfaffsche Form $\omega = p\,dx + q\,dy$ die Gleichung

$$*(\Phi^* \omega) = \Phi^* (* \omega)$$

gilt (dabei ist $*\omega = -q\,dx + p\,dy$, vgl. Aufg. 15, S. 352).
Man beantworte die entsprechende Frage auch für den $\mathbb{R}^3$.

17.5 Integration über Untermannigfaltigkeiten des $\mathbb{R}^n$

Nachdem die Integration von p-Formen über orientierte p-Flächenstücke erklärt ist, wollen wir nun als Integrationsbereiche p-dimensionale *orientierte Untermannigfaltigkeiten* des $\mathbb{R}^n$ zulassen. Mit der Definition des vorigen Abschnitts werden ja zum Beispiel schon Integrale über die Oberfläche einer Kugel oder über eine Torusfläche nicht erfaßt. Zwar wird man sich in diesen einfachen Fällen durch „Zerschneiden" in Flächenstücke behelfen; es ist dann aber der Nachweis zu führen, daß die sich so ergebende Zahl unabhängig von der verwendeten Zerlegung ist.
Für beliebige p-dimensionale Untermannigfaltigkeiten des $\mathbb{R}^n$ die Zerlegbarkeit in p-Flächenstücke allgemein zu zeigen und den entsprechenden Unabhängigkeitsbeweis zu führen, ist mühselig. Wir verwenden deshalb zur Definition der Integrale von Formen über Untermannigfaltigkeiten des $\mathbb{R}^n$ eine andere Methode, deren Grundgedanke darin besteht, den Integranden additiv so zu zerlegen, daß jeder einzelne Summand nur innerhalb eines hinreichend kleinen Bereiches von Null verschieden ist.
Zunächst aber wollen wir den Begriff des p-Flächenstücks in zweierlei Hinsicht erweitern, wie dies die uns nun interessierenden Fragestellungen erforderlich machen. Soll z. B. eine 2-Form im $\mathbb{R}^3$ über eine „Fläche", wie sie die Figur zeigt, integriert werden, so ist es im Hinblick auf den Satz von Stokes zweckmäßig, auch die „Randkurven" mit in Betracht zu ziehen. Wir werden daher den Begriff der p-dimensionalen *berandeten* Untermannigfaltigkeit einführen. Andererseits

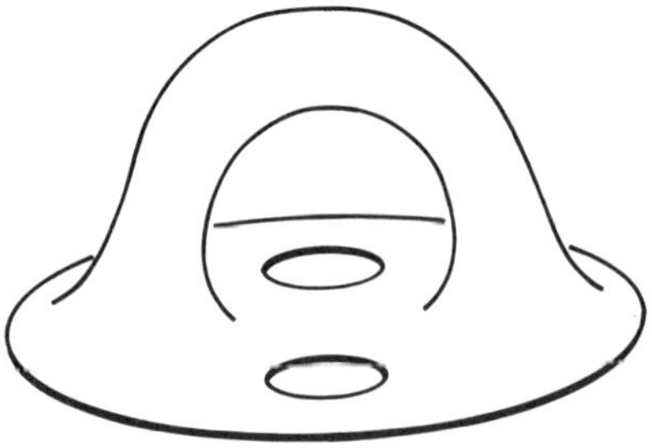

hatten wir im vorigen Abschnitt schon bemerkt, daß für p-Flächenintegrale die Frage der *Orientierung* in natürlicher Weise auftritt. Diese muß auch für p-dimensionale berandete Untermannigfaltigkeiten diskutiert werden.
Das Möbius-Band (vgl. Figur) ist ein Beispiel einer *nichtorientierbaren* 2-dimensionalen berandeten Untermannigkaltigkeit des $\mathbb{R}^3$; solche nichtorientierbaren Flächen kommen als Integrationsgebiete für 2-Formen nicht in Frage.

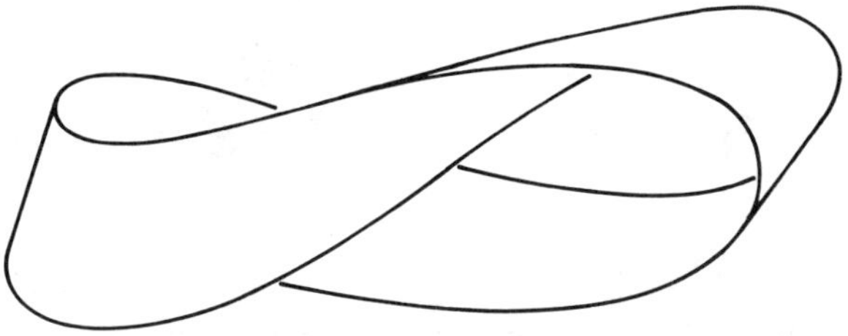

Zur Definition der p-dimensionalen orientierbaren Untermannigfaltigkeiten des $\mathbb{R}^n$ wollen wir den Begriff des *einfachen p-Flächenstücks* verwenden.

Def.: *Ein durch* $\gamma : T \to \mathbb{R}^n$ *dargestelltes p-Flächenstück heißt* einfach, *wenn (außer der Bedingung* $\operatorname{Rang}\gamma' = p$*) gilt:*
(1) γ *ist injektiv*
(2) γ^{-1} *ist stetig.*

Bemerkung: Hat die Parameterdarstellung γ die Eigenschaften (1) und (2), so auch jede zu γ äquivalente Parameterdarstellung.

Wenn bei einem beliebigen p-Flächenstück die Definitionsmenge geeignet verkleinert wird, erhält man stets ein einfaches p-Flächenstück. Dies ergibt sich aus den Resultaten, die im Abschnitt 14.7 hergeleitet wurden. Durch die Forderung (1) werden „Selbstdurchdringungen" und durch die Forderung (2) Möglichkeiten, wie sie in der Figur auf S. 384 angedeutet sind, ausgeschlossen.
Untermannigfaltigkeiten des $\mathbb{R}^n$ sind nun solche Mengen, die durch ein System sich überlappender einfacher p-Flächenstücke beschrieben werden können.

Def.: *Eine Teilmenge M des* $\mathbb{R}^n$ *heißt* p-dimensionale Untermannigfaltigkeit, *wenn es zu jedem Punkt* $\mathbf{x} \in M$ *eine n-dimensionale Umgebung U von* $\mathbf{x}$ *gibt, so daß* $U \cap M$ *ein einfaches p-Flächenstück ist.*

Bemerkung: Der kürzeren Sprechweise zuliebe bezeichnen wir sowohl jede Äquivalenzklasse von Parameterdarstellungen als auch die zugehörige Bildmenge als p-Flächenstück.

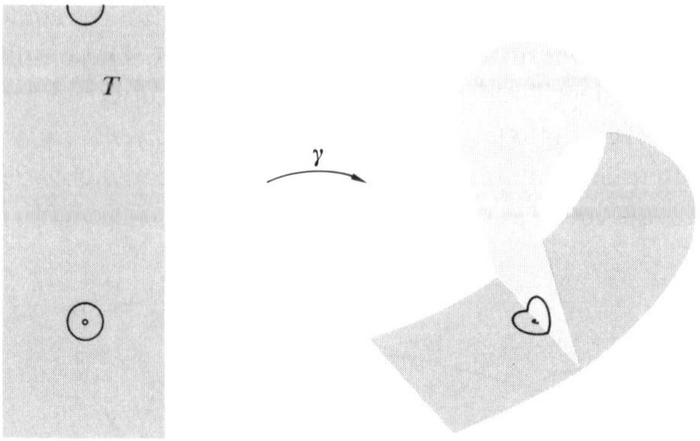

Es ist unmittelbar zu sehen, daß eine Kugeloberfläche, ein Torus, ein Möbiusband (ohne Randkurve) 2-dimensionale Untermannigfaltigkeiten des $\mathbb{R}^3$ sind. Ein (vielleicht überraschendes) Beispiel einer 2-dimensionalen Untermannigfaltigkeit des $\mathbb{R}^3$ ist die Menge

$$M = \{\mathbf{x} \in \mathbb{R}^3 \mid x_1 = u, x_2 = \sin\frac{1}{u}, x_3 = v, (u, v) \in \mathbb{R}^2, u \neq 0\}.$$

Man mache sich klar, daß keines der angegebenen Beispiele ein einfaches 2-Flächenstück ist.

Aufgrund des Satzes von S. 180 kann jede p-dimensionale Untermannigfaltigkeit M *lokal* so dargestellt werden, daß p geeignete Komponenten von $\mathbf{x}$, etwa $x_1, \ldots, x_p$, als Parameter verwendet werden:

$$\begin{aligned} x_{p+1} &= f_1\ (x_1, \ldots, x_p) \\ &\ \vdots \\ x_n &= f_{n-p}\ (x_1, \ldots, x_p) \end{aligned} \qquad ((x_1, \ldots, x_p) \in V).$$

Wird nun dieser Teil von M auch durch die Parameterdarstellung $\gamma : T \to \mathbb{R}^n$ beschrieben

$$\begin{aligned} x_1 &= \gamma_1\ (t_1, \ldots, t_p) \\ &\ \vdots \\ x_p &= \gamma_p\ (t_1, \ldots, t_p) \\ x_{p+1} &= \gamma_{p+1}\ (t_1, \ldots, t_p) \\ &\ \vdots \\ x_n &= \gamma_n\ (t_1, \ldots, t_p) \end{aligned} \qquad ((t_1, \ldots, t_p) \in T),$$

so wird durch die p ersten Gleichungen eine bijektive Abbildung $\boldsymbol{\Psi}$ von T auf V festgelegt. $\boldsymbol{\Psi}$ ist stetig differenzierbar und wegen der vorausgesetzten Stetigkeit von γ^{-1} ein Homöomorphismus.
Wir zeigen, daß $\boldsymbol{\Psi}$ sogar ein Diffeomorphismus ist, indem wir nachprüfen, daß

$$\det \boldsymbol{\Psi}'(\mathbf{t}) \neq 0 \qquad (\mathbf{t} \in T)$$

gilt. Nach Voraussetzung hat die Jacobi-Matrix

$$\gamma'(\mathbf{t}) = \begin{pmatrix} D_1\gamma_1(\mathbf{t}) & \dots & D_p\gamma_1(\mathbf{t}) \\ \vdots & & \vdots \\ D_1\gamma_p(\mathbf{t}) & \dots & D_p\gamma_p(\mathbf{t}) \\ D_1\gamma_{p+1}(\mathbf{t}) & \dots & D_p\gamma_{p+1}(\mathbf{t}) \\ \vdots & & \vdots \\ D_1\gamma_n(\mathbf{t}) & \dots & D_p\gamma_n(\mathbf{t}) \end{pmatrix}$$

den Rang p und es sind für alle $\mathbf{t} \in T$ die Gleichungen

$$\begin{aligned} \gamma_{p+1}(\mathbf{t}) &= f_1(\gamma_1(\mathbf{t}), \dots, \gamma_p(\mathbf{t})) \\ \vdots \quad & \quad \vdots \\ \gamma_n(\mathbf{t}) &= f_{n-p}(\gamma_1(\mathbf{t}), \dots, \gamma_p(\mathbf{t})) \end{aligned}$$

erfüllt. Nach der Kettenregel folgt

$$\begin{aligned} D_i\gamma_{p+1}(\mathbf{t}) &= \sum_{k=1}^{p} D_k f_1(\boldsymbol{\Psi}(\mathbf{t})) \cdot D_i\gamma_k(\mathbf{t}) \\ \vdots \quad & \qquad\qquad \vdots \\ D_i\gamma_n(\mathbf{t}) &= \sum_{k=1}^{p} D_k f_{n-p}(\boldsymbol{\Psi}(\mathbf{t})) \cdot D_i\gamma_k(\mathbf{t}) . \end{aligned}$$

Die $(p+1)$-te bis n-te Zeile der Jacobi-Matrix $\gamma'(\mathbf{t})$ sind somit jeweils Linearkombinationen der p ersten Zeilen; diese müssen also wegen der Rangbedingung linear unabhängig sein. Damit ist bewiesen, daß jede beliebige Parameterdarstellung zu einer „Koordinatendarstellung" äquivalent ist.

Man kann nun leicht einsehen, daß zwei Parameterdarstellungen γ und $\hat{\gamma}$, soweit ihre Bildmengen übereinstimmen, äquivalent sind. Seien etwa

$$\gamma : T \to M \qquad \text{und} \qquad \hat{\gamma} : S \to M$$

Parameterdarstellungen, für die der Durchschnitt $D := \gamma(T) \cap \hat{\gamma}(S)$ nicht leer ist. Dann wird das Urbild $\gamma^{-1}(D)$ durch

$$\Phi := \hat{\gamma}^{-1} \circ \gamma$$

bijektiv auf das Urbild $\hat{\gamma}^{-1}(D)$ abgebildet (vgl. Figur). Φ und Φ^{-1} sind nach Voraussetzung über γ und $\hat{\gamma}$ stetig, d. h. Φ ist ein Homöomorphismus.

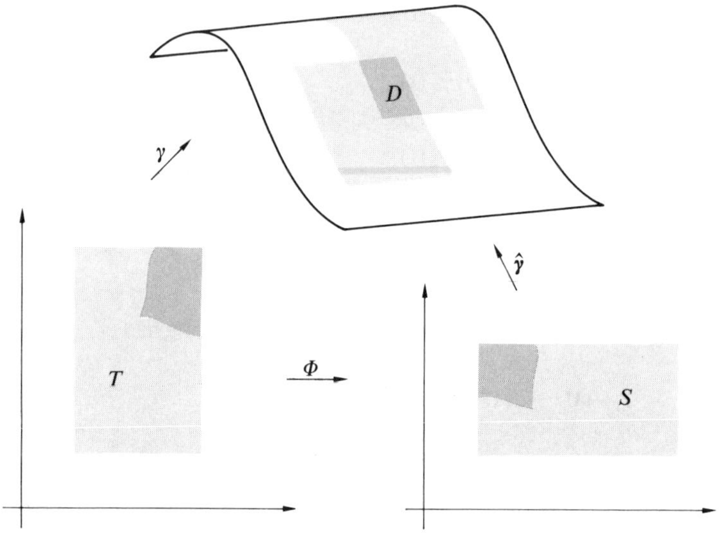

Da γ und $\hat{\gamma}$ lokal zu einer „Koordinatendarstellung" äquivalent sind, sind Φ und Φ^{-1} überall stetig differenzierbar, d. h. Φ bildet die offene Menge $\gamma^{-1}(D)$ sogar diffeomorph auf die offene Menge $\hat{\gamma}^{-1}(D)$ ab.

Bemerkung: Die Umkehrabbildung γ^{-1} einer Parameterdarstellung γ nennt man auch eine *Karte*. Haben die Definitionsmengen zweier Karten $\gamma^{-1}, \hat{\gamma}^{-1}$ auf M einen nichtleeren Durchschnitt, so ist – wie wir gezeigt haben –

$$\hat{\gamma}^{-1} \circ \gamma$$

ein Diffeomorphismus aus dem $\mathbb{R}^p$ in den $\mathbb{R}^p$. Die gesamte Mannigfaltigkeit M wird durch ein System von Karten, deren Definitionsmengen M überdecken, beschrieben, wobei je zwei Karten mit nicht disjunkten Definitionsbereichen die genannte „Verträglichkeitsbedingung" erfüllen.
Diese Eigenschaft verwendet man im abstrakten Fall zur Definition des Mannigfaltigkeitsbegriffs. (In dem hier diskutierten Fall der Untermannigfaltigkeiten des $\mathbb{R}^n$ ist sie dagegen beweisbar.)

Wir kommen nun zum Begriff der orientierbaren Untermannigfaltigkeit des $\mathbb{R}^n$. p-Flächenstücke sind in natürlicher Weise orientiert, indem man sich die durch die Standardbasis $\mathbf{e}_1, \ldots, \mathbf{e}_p$ des Parameterraums $\mathbb{R}^p$ festgelegte Orientierung auf das p-Flächenstück übertragen denkt. Zwei überlappende p-Flächenstücke auf M sollen *gleichorientiert* heißen, wenn der Diffeomorphismus $\boldsymbol{\Phi} := \hat{\gamma}^{-1} \circ \gamma$ eine überall positive Funktionaldeterminante besitzt.

Mit den bereitgestellten Begriffen formulieren wir die

Def.: *Die p-dimensionale Untermannigfaltigkeit M des* $\mathbb{R}^n$ *heißt* orientierbar, *wenn es möglich ist, sie mit Hilfe von gleichorientierten Parameterdarstellungen zu beschreiben.*

Beispiele

1) Die Kugeloberfläche

$$S^2 = \{\mathbf{x} \in \mathbb{R}^3 \,|\, x_1^2 + x_2^2 + x_3^2 = 1\}$$

ist eine 2-dimensionale orientierbare Mannigfaltigkeit. Man kann nämlich S^2 etwa mit Hilfe der folgenden beiden – jeweils in ganz $\mathbb{R}^2$ definierten – Parameterdarstellungen beschreiben:

$$\gamma(t_1, t_2) = \left(\frac{2t_1}{1 + t_1^2 + t_2^2}, \frac{2t_2}{1 + t_1^2 + t_2^2}, \frac{1 - t_1^2 - t_2^2}{1 + t_1^2 + t_2^2}\right)$$

$$\hat{\gamma}(s_1, s_2) = \left(\frac{2s_1}{1 + s_1^2 + s_2^2}, \frac{-2s_2}{1 + s_1^2 + s_2^2}, \frac{s_1^2 + s_2^2 - 1}{1 + s_1^2 + s_2^2}\right).$$

Man findet für $\boldsymbol{\Phi} : \mathbb{R}^2 \setminus \{\mathbf{0}\} \to \mathbb{R}^2 \setminus \{\mathbf{0}\}$ die Abbildungsgleichungen

$$s_1 = \varphi_1(t_1, t_2) = \frac{t_1}{t_1^2 + t_2^2}, \; s_2 = \varphi_2(t_1, t_2) = -\frac{t_2}{t_1^2 + t_2^2},$$

so daß gilt

$$\det \boldsymbol{\Phi}'(t_1, t_2) = \frac{1}{(t_1^2 + t_2^2)^4} \cdot \begin{vmatrix} t_2^2 - t_1^2 & -2t_1 t_2 \\ 2t_1 t_2 & t_2^2 - t_1^2 \end{vmatrix} = \frac{1}{(t_1^2 + t_2^2)^2} > 0,$$

d. h. S^2 ist orientierbar.

Bemerkung: γ kann als stereographische Projektion aus dem Südpol der Kugel gedeutet werden. Für $\hat{\gamma}$ wurde die stereographische Projektion aus dem Nordpol modifiziert, damit γ und $\hat{\gamma}$ gleichorientiert sind.

2) Die Teilmenge M des $\mathbb{R}^3$, die durch die Gleichungen

$$x_1 = \cos t\left(1 + s\cos \tfrac{t}{2}\right)$$
$$x_2 = \sin t\left(1 + s\cos \tfrac{t}{2}\right)$$
$$x_3 = s\sin \tfrac{t}{2}$$

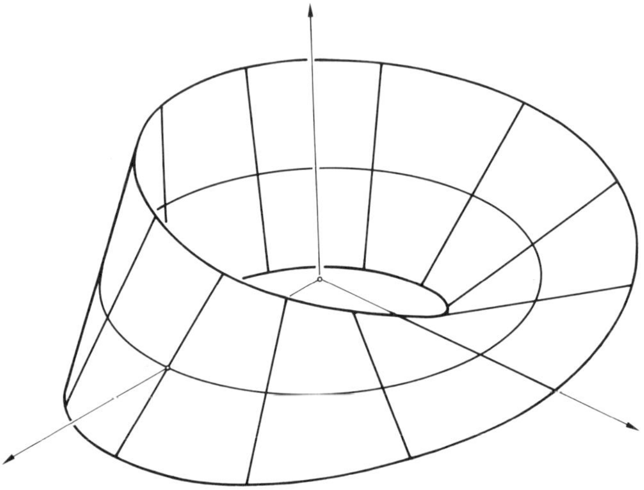

für $0 \leqq t \leqq 2\pi$ und $-\frac{1}{2} < s < \frac{1}{2}$ beschrieben wird, ist ein Möbiussches Band, vgl. die Figur. Für die Punkte von M, die zu $t = 0$ bzw. $t = 2\pi$ gehören, d. h. die Punkte der Strecke $\frac{1}{2} < x_1 < \frac{3}{2}, x_2 = x_3 = 0$, zeigen die obigen Gleichungen nicht unmittelbar, daß die Mannigfaltigkeitsdefinition erfüllt ist (die genannte Strecke wird für $t = 2\pi$ in umgekehrter Richtung durchlaufen wie für $t = 0$). Zur Beschreibung von M sind deshalb zwei Parameterdarstellungen erforderlich; man kann etwa

$$\gamma(s, t) = \left(\cos t\left(1 + s\cos \tfrac{t}{2}\right), \sin t\left(1 + s\cos \tfrac{t}{2}\right), s\sin \tfrac{t}{2}\right)$$
$$\text{in } T = \left\{(s, t) \mid -\tfrac{1}{2} < s < \tfrac{1}{2}, 0 < t < 2\pi\right\}$$

und

$$\hat{\gamma}(u, v) = \left(\cos v\left(1 + u\cos \tfrac{v}{2}\right), \sin v\left(1 + u\cos \tfrac{v}{2}\right), u\sin \tfrac{v}{2}\right)$$
$$\text{in } V = \left\{(u, v) \mid -\tfrac{1}{2} < u < \tfrac{1}{2}, -\pi < v < \pi\right\}$$

nehmen. Die Definitionsmenge des Diffeomorphismus $\boldsymbol{\Phi} = \hat{\gamma}^{-1} \circ \gamma$ erhält man, indem man aus T die Punkte der Strecke $t = \pi$ entfernt. Man findet für $\boldsymbol{\Phi}$ die explizite Darstellung

$$\left.\begin{aligned} u &= \varphi_1(s,t) = s \\ v &= \varphi_2(s,t) = t \end{aligned}\right\} \quad \text{falls } 0 < t < \pi$$

bzw.

$$\left.\begin{aligned} u &= \varphi_1(s,t) = s \\ v &= \varphi_2(s,t) = \pi - t \end{aligned}\right\} \quad \text{falls } \pi < t < 2\pi .$$

Somit hat $\det \Phi'(s,t)$ in den beiden Bereichen verschiedenes Vorzeichen. Die beiden Parameterdarstellungen $\gamma, \hat{\gamma}$ sind also nicht gleichorientiert.

Tatsächlich ist es überhaupt nicht möglich, ein System von Parameterdarstellungen für M zu finden, von denen je zwei gleichorientiert sind, d. h. *das Möbiusband M ist nicht orientierbar.*
Zum Beweis nehmen wir an, daß es ein System $\gamma_1, \gamma_2, \ldots$ von paarweise gleichorientierten Parameterdarstellungen gibt, die M beschreiben.
Da alle zugehörigen einfachen Flächenstücke mit dem durch γ beschriebenen einfachen Flächenstück Punkte gemeinsam haben, können wir weiter annehmen, daß $\gamma_1, \gamma_2, \ldots$ zu γ gleichorientiert sind.
Nun muß es aber auch ein Flächenstück geben, das die Strecke $t = 0$ auf M trifft; dies sei etwa für γ_1 der Fall. Man kann annehmen (evtl. „verkleinere" man γ_1), daß das durch γ_1 beschriebene Flächenstück in dem durch $\hat{\gamma}$ beschriebenen Flächenstück enthalten ist. Deshalb gilt entweder $\det(\hat{\gamma}^{-1} \circ \gamma_1)' > 0$ oder $\det(\hat{\gamma}^{-1} \circ \gamma_1)' < 0$ auf der Definitionsmenge von γ_1. Da außerdem nach Annahme die Ungleichung $\det(\gamma_1^{-1} \circ \gamma)' > 0$ gilt, folgt wegen

$$\det(\hat{\gamma}^{-1} \circ \gamma)' = \det(\hat{\gamma}^{-1} \circ \gamma_1)' \det(\gamma_1^{-1} \circ \gamma)',$$

daß $\det(\hat{\gamma}^{-1} \circ \gamma)'$ entweder immer positiv oder immer negativ sein müßte. Dies widerspricht dem oben gefundenen Ergebnis für $\hat{\gamma}^{-1} \circ \gamma$, da das durch γ_1 beschriebene Flächenstück auf beiden Seiten der Strecke $t = 0$ liegt.

3) 1-dimensionale Untermannigfaltigkeiten des $\mathbb{R}^n$ sind orientierbar; sie bestehen aus höchstens abzählbar vielen Bildern von offenen Strecken oder Kreisen. (Man beweise diese Behauptungen!)

4) Die n-dimensionalen Untermannigfaltigkeiten des $\mathbb{R}^n$ sind genau die offenen Teilmengen des $\mathbb{R}^n$; sie sind stets orientierbar (Beweis als Aufgabe!).

Bei *wegzusammenhängenden* orientierbaren Untermannigfaltigkeiten des $\mathbb{R}^n$ gibt es zwei Möglichkeiten der Beschreibung mit Hilfe von gleichorientierten einfachen p-Flächenstücken. Wird eine von beiden ausgewählt, so heißt die Untermannigfaltigkeit *orientiert*. Z. B. können wegzusammenhängende offene Teilmengen des $\mathbb{R}^n$ dadurch orientiert werden, daß man sich bei ihrer Beschreibung entweder immer der Parameterdarstellungen

$$x_i = t_i \qquad (\mathbf{t} \in T)$$

oder aber immer der Parameterdarstellungen

$$x_1 = t_2, \; x_2 = t_1, \; x_i = t_i \quad \text{für } i \geqq 3 \qquad (\mathbf{t} \in T)$$

bedient.

Aufgabe: Die wegzusammenhängende orientierte p-dimensionale Untermannigfaltigkeit M des $\mathbb{R}^n$ sei durch drei Parameterdarstellungen $\gamma_1(\mathbf{u})$, $\gamma_2(\mathbf{v})$, $\gamma_3(\mathbf{w})$ beschrieben. Man gebe eine Beschreibung für die „entgegengesetzt orientierte" Untermannigfaltigkeit an.

Mit den bisher eingeführten Begriffsbildungen sind Beispiele wie etwa eine Halbkugelfläche einschließlich ihres Randkreises oder auch eine Vollkugel einschließlich ihrer Oberfläche noch nicht erfaßbar. p-dimensionale Untermannigfaltigkeiten des $\mathbb{R}^n$ bestehen nämlich nur aus „inneren Punkten" im folgenden Sinn: Die Definitionsmengen der Parameterdarstellungen sind offene (konvexe) Teilmengen des $\mathbb{R}^p$, haben also nur innere Punkte.

Zum Begriff der *berandeten* p-dimensionalen Untermannigfaltigkeiten kann man gelangen, indem man zunächst p-Flächenstücke mit Rand einführt.
Die einfachsten Beispiele von n-Flächenstücken mit Rand im $\mathbb{R}^n$ sind die abgeschlossenen Halbräume, d. h. Mengen des Typs

$$H := \{\mathbf{x} \in \mathbb{R}^n \,|\, \langle \mathbf{a}, \mathbf{x} \rangle \leqq b\}.$$

Der vorgegebene Vektor **a** ist eine „äußere Normale" von H (vgl. Figur).

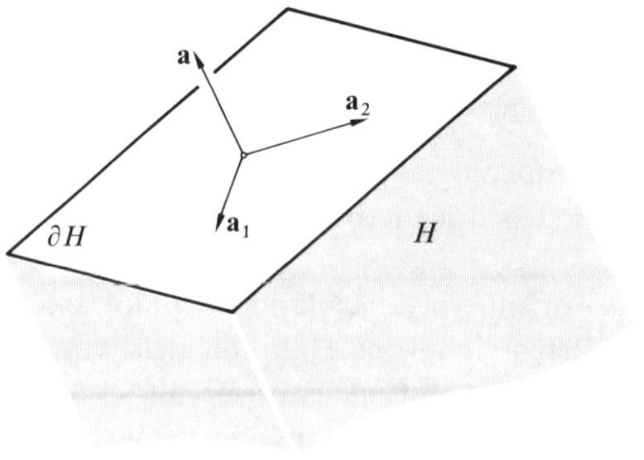

Der Rand ∂H von H ist die Hyperebene mit der Gleichung

$$\langle \mathbf{a}, \mathbf{x} \rangle = b .$$

∂H ist eine orientierbare $(n-1)$-dimensionale Untermannigfaltigkeit des $\mathbb{R}^n$, die z. B. durch eine einzige Parameterdarstellung der Form

$$\gamma(\mathbf{t}) = \mathbf{a}_0 + t_1 \mathbf{a}_1 + \ldots + t_{n-1} \mathbf{a}_{n-1}$$

beschrieben werden kann.
Die Orientierung von ∂H wird mit der Orientierung des $\mathbb{R}^n$ dadurch gekoppelt, daß die geordnete Basis

$$(\mathbf{a}, \mathbf{a}_1, \ldots, \mathbf{a}_{n-1})$$

des $\mathbb{R}^n$ gleichorientiert zur Standardbasis $(\mathbf{e}_1, \ldots, \mathbf{e}_n)$ sein soll, d. h. es soll gelten

$$\det(\mathbf{a}, \mathbf{a}_1, \ldots, \mathbf{a}_{n-1}) > 0 .$$

Hat man nun weiter eine offene konvexe Menge $T \subset \mathbb{R}^n$ mit $T \cap \partial H \neq \emptyset$ und wird durch $\gamma : T \to \mathbb{R}^n$ ein einfaches n-Flächenstück des $\mathbb{R}^n$ dargestellt, so erhält man aus diesem durch Einschränkung von γ auf die Menge $T \cap H$ ein *einfaches n-Flächenstück mit Rand* $\gamma(T \cap \partial H)$. Dieser Rand ist ein $(n-1)$-dimensionales einfaches Flächenstück.
Entsprechend definieren wir einfache p-Flächenstücke mit Rand.

Def.: *Es sei $T \subset \mathbb{R}^p$ offen und konvex, und durch $\gamma : T \to \mathbb{R}^n$ werde ein einfaches p-Flächenstück dargestellt.*
Ist H ein abgeschlossener Halbraum des $\mathbb{R}^p$ mit $T \cap \partial H \neq \emptyset$, so wird durch

$$\gamma : T \cap H \to \mathbb{R}^n$$

ein einfaches p-Flächenstück mit Rand *dargestellt.*
Die Punkte des p-Flächenstücks $\gamma(T \cap H^\circ)$ heißen innere Punkte, *die Punkte des $(p-1)$-Flächenstücks $\gamma(T \cap \partial H)$ heißen* Randpunkte.

Bemerkung: Man beachte, daß als Rand nur die Menge $\gamma(T \cap \partial H)$ bezeichnet wird; für die eventuell auch sinnvoll erklärbaren – jedoch nicht erklärten – Bilder der Randpunkte von T interessiert man sich in dem hier betrachteten Zusammenhang nicht.

Berandete p-dimensionale Untermannigfaltigkeiten des $\mathbb{R}^n$ sind nun solche Mengen, die durch ein System sich überlappender einfacher p-Flächenstücke mit oder ohne Rand beschrieben werden können.

Def.: *Eine Teilmenge M des $\mathbb{R}^n$ heißt* p-dimensionale berandete Untermannigfaltigkeit, *wenn es zu jedem Punkt $\mathbf{x} \in M$ eine n-dimensionale Umgebung U von $\mathbf{x}$ gibt, so daß $U \cap M$ ein einfaches p-Flächenstück oder ein einfaches p-Flächenstück mit Rand ist.*

Diejenigen Punkte von M, die nur durch p-Flächenstücke mit Rand erfaßbar sind, heißen *Randpunkte* von M, alle anderen Punkte heißen *innere Punkte* von M. Die Menge ∂M der Randpunkte von M ist eine $(p-1)$-dimensionale Untermannigfaltigkeit, weil sie mit Hilfe der $(p-1)$-Flächenstücke $\gamma(T \cap \partial H)$ beschrieben werden kann.

Aufgabe: Es sei M diejenige Menge des $\mathbb{R}^2$, die aus dem abgeschlossenen Einheitskreis $x_1^2 + x_2^2 \leqq 1$ durch Herausnehmen der Kreislinie $x_1^2 + x_2^2 = \frac{1}{4}$ entsteht. Man zeige, daß es sich um eine 2-dimensionale berandete Untermannigfaltigkeit des $\mathbb{R}^2$ handelt. Welchen Rand ∂M hat M?

Bemerkung: Man beachte, daß gemäß der Definition alle „gewöhnlichen" p-dimensionalen Untermannigfaltigkeiten M des $\mathbb{R}^n$ auch als p-dimensionale berandete Untermannigfaltigkeiten zu bezeichnen sind; für sie gilt $\partial M = \emptyset$.

Für berandete Untermannigfaltigkeiten wird der Begriff der Orientierbarkeit entsprechend wie für „gewöhnliche" Untermannigfaltigkeiten erklärt (vgl. S. 387).
Ist M eine orientierbare berandete Untermannigfaltigkeit, so ist auch ihr Rand ∂M orientierbar. Um die Koppelung der Orientierung von ∂M an die Orientierung von M übersichtlich beschreiben zu können, verwendet man für H zweckmäßigerweise den *Standard-Halbraum*

$$H^p = \{\mathbf{t} \in \mathbb{R}^p \mid t_1 \leqq 0\}$$

mit dem Rand

$$\partial H^p = \{\mathbf{t} \in \mathbb{R}^p \mid t_1 = 0\}.$$

Hat man nun zwei sich überlappende einfache p-Flächenstücke mit Rand und wird der Übergangsdiffeomorphismus $\boldsymbol{\Phi}$ durch die Gleichungen

$$\begin{aligned} s_1 &= \varphi_1(t_1, t_2, \ldots, t_p) \\ s_2 &= \varphi_2(t_1, t_2, \ldots, t_p) \\ &\vdots \\ s_p &= \varphi_p(t_1, t_2, \ldots, t_p) \end{aligned}$$

beschrieben, so muß gelten

$$\varphi_1(0, t_2, \ldots, t_p) = 0$$

sowie

$$\varphi_1(t_1, t_2, \ldots, t_p) < 0, \qquad \text{falls } t_1 < 0.$$

Aus diesen Bedingungen ergibt sich

$$D_1\varphi_1(0, t_2, \ldots, t_p) \geqq 0$$

und

$$D_i\varphi_1(0, t_2, \ldots, t_p) = 0 \qquad \text{für } i = 2, \ldots, p.$$

Da nach Voraussetzung $\det \boldsymbol{\Phi}'(t) > 0$ ist, muß sogar

$$D_1\varphi_1(0, t_2, \ldots, t_p) > 0$$

sein. Somit muß auch

$$\begin{vmatrix} D_2\varphi_2(0, t_2, \ldots, t_p) & \ldots & D_p\varphi_2(0, t_2, \ldots, t_p) \\ \vdots & & \vdots \\ D_2\varphi_p(0, t_2, \ldots, t_p) & \ldots & D_p\varphi_p(0, t_2, \ldots, t_p) \end{vmatrix} > 0$$

gelten und dies besagt gerade, daß auch die beiden sich überlappenden Randflächenstücke gleichorientiert sind.

Beispiele:

1) Die Halbkugelfläche

$$M = \{\mathbf{x} \in \mathbb{R}^3 \,|\, x_1^2 + x_2^2 + x_3^2 = 1, x_2 \leqq 0\}$$

ist eine 2-dimensionale berandete orientierbare Untermannigfaltigkeit des $\mathbb{R}^3$; ihr Rand ∂M ist der in der Ebene $x_2 = 0$ liegende Einheitskreis.
Zur Beschreibung von M kann man etwa die beiden auf S. 387 angegebenen Parameterdarstellungen verwenden und durch sie die Orientierung von M festlegen. Damit ist auch die auf ∂M induzierte Orientierung bestimmt. (Welcher „Durchlaufsinn" ergibt sich auf ∂M?)

2) Ein Möbiusband M mit Rand erhält man mit Hilfe der auf S. 388 angegebenen Formeln, wenn die Definitionsmenge durch

$$-\tfrac{1}{2} \leqq s \leqq \tfrac{1}{2} \qquad \text{und} \qquad 0 \leqq t \leqq 2\pi$$

gegeben wird.
M ist durch vier einfache Flächenstücke mit Rand überdeckbar; solche kann man ausgehend von den auf S. 388 angegebenen Parameterdarstellungen γ und $\hat{\gamma}$ gewinnen (Aufgabe!).

3) Die Vollkugel

$$\{\mathbf{x} \in \mathbb{R}^n | x_1^2 + \ldots + x_n^2 \leq 1\}$$

ist eine orientierbare n-dimensionale berandete Untermannigfaltigkeit des $\mathbb{R}^n$. Zur Beschreibung genügen zwei einfache n-Flächenstücke mit Rand (man gebe geeignete Parameterdarstellungen an!).
Die durch die Orientierung des Inneren der Vollkugel auf dem Rand induzierte Orientierung kann man geometrisch so beschreiben: Wird der Basis $D_1\gamma(\mathbf{t}), \ldots, D_{n-1}\gamma(\mathbf{t})$ der Tangentialhyperebene im Punkt $\gamma(\mathbf{t})$ die „äußere Normale" vorangestellt, so erhält man eine positiv orientierte Basis des $\mathbb{R}^n$.

Aufgabe: Man überlege sich, daß auch für beliebige n-dimensionale berandete Untermannigfaltigkeiten M des $\mathbb{R}^n$ der Zusammenhang zwischen den Orientierungen von M und ∂M in entsprechender Weise mittels der „äußeren Normalen" geometrisch beschrieben werden kann.

Die im vorigen Abschnitt angegebene Definition des p-Flächenintegrals (vgl. S. 368) läßt sich nun ohne weiteres auf den Fall übertragen, daß das Integrationsgebiet ein p-Flächenstück mit Rand ist.

Wir wollen die Integration von stetigen p-Formen ω über *kompakte* p-dimensionale orientierte berandete Untermannigfaltigkeiten M des $\mathbb{R}^n$ einführen. Durch die zusätzliche Voraussetzung der Kompaktheit werden die folgenden Überlegungen etwas einfacher und für unsere Zwecke reicht es aus, nur diesen Fall zu erörtern. Wie schon eingangs gesagt, wollen wir versuchen, den Integranden ω additiv so zu zerlegen, daß wir auf die einzelnen Summanden die Definition aus 17.4 anwenden können. Dies gelingt mit Hilfe eines Verfahrens, das als *glatte Zerlegung der* 1 bezeichnet wird.
Zu jedem Punkt von M gibt es nach Voraussetzung eine offene Kugel U des $\mathbb{R}^n$ derart, daß $U \cap M$ ein einfaches p-Flächenstück (mit oder ohne Rand) ist. Wegen der vorausgesetzten Kompaktheit von M genügen endlich viele dieser offenen Mengen zur Überdeckung von M; es seien dies etwa die Kugeln

$$U_1, U_2, \ldots, U_r.$$

Die Vereinigung dieser offenen Kugeln $U_1, \ldots, U_r$ sei mit U bezeichnet.

Wir werden nun in U erklärte, unendlich oft differenzierbare Funktionen $f_1, f_2, \ldots, f_r$ angeben, für die folgendes gilt:

(1) $\quad f_i(\mathbf{x}) > 0 \qquad$ für $\mathbf{x} \in U_i$

(2) $f_i(\mathbf{x}) = 0$ für $\mathbf{x} \in U \setminus U_i$

(3) $f_1(\mathbf{x}) + f_2(\mathbf{x}) + \ldots + f_r(\mathbf{x}) = 1$ für $\mathbf{x} \in U$.

Dazu konstruieren wir zunächst für jede offene Kugel U_i eine unendlich oft differenzierbare „Glockenfunktion" h_i (vgl. Beispiel, S. 127); es gelte also

$$0 < h_i(\mathbf{x}) \quad \text{für } \mathbf{x} \in U_i$$

und

$$h_i(\mathbf{x}) = 0 \quad \text{für } \mathbf{x} \notin U_i .$$

Ist $\mathbf{x} \in U$, so hat man für mindestens ein i die Ungleichung $h_i(\mathbf{x}) > 0$ und somit gilt

$$h_1(\mathbf{x}) + h_2(\mathbf{x}) + \ldots + h_r(\mathbf{x}) > 0 \qquad \text{für alle } \mathbf{x} \in U .$$

Man kann daher setzen

$$f_i(\mathbf{x}) := \frac{h_i(\mathbf{x})}{h_1(\mathbf{x}) + h_2(\mathbf{x}) + \ldots + h_r(\mathbf{x})} \qquad (\mathbf{x} \in U) .$$

Bemerkung: Man beachte, daß die Funktionen h_i in $\mathbb{R}^n$, die Funktionen f_i jedoch nur in U erklärt sind.

Die drei Bedingungen (1), (2), (3) sind offensichtlich erfüllt; insbesondere gilt die Gleichung

$$f_1(\mathbf{x}) + f_2(\mathbf{x}) + \ldots + f_r(\mathbf{x}) = 1$$

für alle Punkte von M. Die gesuchte additive Zerlegung des Integranden ω wird nun durch die in U gültige Gleichung

$$\omega = f_1 \omega + f_2 \omega + \ldots + f_r \omega$$

geleistet. Hiermit gelangt man zu einer natürlichen Definition von $\int_M \omega$, da jeder Summand $f_i \omega$ außerhalb des einfachen p-Flächenstücks $M \cap U_i$ die Nullform ist. Um diesen Sachverhalt kurz ausdrücken zu können, sagt man, daß der *Träger* von $f_i \omega$ in $M \cap U_i$ enthalten ist.
Für eine p-Form $\tilde{\omega}$, deren Träger in einem einfachen p-Flächenstück (mit oder ohne Rand), das durch γ dargestellt sei, enthalten ist, setzt man naheliegenderweise

$$\int_M \tilde{\omega} := \int_\gamma \tilde{\omega} .$$

Dabei wird natürlich vorausgesetzt, daß γ gleichorientiert zu der orientierten Untermannigfaltigkeit M ist. Diese Bedingung sichert, daß jedes andere p-Flächenstück, in dem der Träger von $\tilde{\omega}$ enthalten ist, denselben Integralwert liefert.

Im Durchschnitt von zwei „zulässigen" p-Flächenstücken gilt nämlich $\det \boldsymbol{\Phi}' > 0$.

Da das Integral die Linearitätsregeln erfüllen soll, erklärt man weiter

$$\int_M \omega := \int_M f_1 \omega + \int_M f_2 \omega + \ldots + \int_M f_r \omega .$$

Diese Definition ist aber nur sinnvoll, wenn die spezielle verwendete Zerlegung der 1 keinen Einfluß auf den Wert des Integrals hat. Sei etwa in der offenen Obermenge

$$V = V_1 \cup \ldots \cup V_s$$

von M eine andere Zerlegung der 1 durch die Funktionen $g_1, \ldots, g_s$ gegeben. Für $\mathbf{x} \in U \cap V$ – und damit insbesondere für $\mathbf{x} \in M$ – hat man dann die Gleichung

$$\sum_{i=1}^{r} \sum_{j=1}^{s} f_i(\mathbf{x}) g_j(\mathbf{x}) = 1 .$$

Der Träger der Funktion $f_i \cdot g_j$ ist in $U_i \cap V_j$ enthalten.
Zerlegt man nun die Form $f_i \omega$ bezüglich $g_1, \ldots, g_s$, so ergibt sich

$$\int_M f_i \omega = \sum_{j=1}^{s} \int_M f_i g_j \omega .$$

Daraus folgt durch Aufsummieren

$$\sum_{i=1}^{r} \int_M f_i \omega = \sum_{i=1}^{r} \sum_{j=1}^{s} \int_M f_i g_j \omega .$$

Entsprechend findet man

$$\sum_{j=1}^{s} \int_M g_j \omega = \sum_{j=1}^{s} \sum_{i=1}^{r} \int_M g_j f_i \omega .$$

Da die beiden rechts stehenden Doppelsummen übereinstimmen, folgt die Unabhängigkeit von der Zerlegung der 1.

Def.: *Es sei M eine kompakte orientierte p-dimensionale berandete Untermannigfaltigkeit des $\mathbb{R}^n$ und ω eine in einer offenen Obermenge von M stetige p-Form. Weiter sei durch $f_1, \ldots, f_r$ eine Zerlegung der 1 gegeben derart, daß die Träger der Funktionen f_i jeweils in p-Flächenstücken* *enthalten sind. Dann heißt die (von der verwendeten Zerlegung der 1 unabhängige) Zahl*

$$\int_M \omega := \sum_{i=1}^{r} \int_M f_i \omega$$

das Integral von ω über M.

Offensichtlich gelten die Linearitätsregeln

(1) $$\int_M (\omega_1 + \omega_2) = \int_M \omega_1 + \int_M \omega_2$$

(2) $$\int_M c\omega = c \cdot \int_M \omega \qquad (c \in \mathbb{R})$$

Die tatsächliche Berechnung von $\int_M \omega$ im konkreten Fall wird man natürlich nicht gemäß der Definition mit Hilfe einer Zerlegung der 1 vornehmen, sondern vielmehr versuchen, M durch geeignete „Zerschneidung" in einfache p-Flächenstücke aufzuteilen. Für die Integration spielen dabei die herausgenommenen „Schnitte" keine Rolle, da es sich um Mengen vom Maß Null (in dem jeweiligen Parameterraum $\mathbb{R}^p$) handelt.

(3) Wird M in M_1 und M_2 zerlegt, so gilt

$$\int_M \omega = \int_{M_1} \omega + \int_{M_2} \omega.$$

Der Beweis ergibt sich aus der entsprechenden Additivitätseigenschaft der Integrale in den Parametergebieten.

Bemerkung: Bei der Erklärung des Integrals $\int_M \omega$ haben wir uns der Einfachheit halber auf den Fall beschränkt, daß ω stetig ist und daß M eine kompakte orientierbare berandete Untermannigfaltigkeit ist. In den Anwendungen sind manchmal nicht alle diese Voraussetzungen erfüllt, z. B. besteht bei einem Polyeder (bzw. dem diffeomorphen Bild eines Polyeders) der Rand nur „stückweise" aus Untermannigfaltigkeiten. Auch kommt es vor, daß ω nicht überall stetig oder daß M nicht kompakt ist. Alle diese Fälle kann man durch geeignete Approximationen auf den hier behandelten Sonderfall zurückführen (vgl. etwa Aufg. 15, 16, 17).

Beispiel: Es sei das Integral der 2-Form

$$\omega = x_1 dx_2 \wedge dx_3 - x_2 dx_1 \wedge dx_3 + x_3 dx_1 \wedge dx_2$$

über den Torus M, der durch Rotation des Kreises $(x_1 - a)^2 + x_3^2 = 1$ um die x_3-Achse $(a > 1)$ entsteht, zu berechnen. M kann als Bildmenge von

$$\gamma(u,v) = \begin{pmatrix} (a+\cos u)\cos v \\ (a+\cos u)\sin v \\ \sin u \end{pmatrix} \qquad (0 \leqq u \leqq 2\pi,\ 0 \leqq v \leqq 2\pi)$$

beschrieben werden (vgl. Aufg. 1, S. 193). Beschränkt man (u, v) auf das offene Quadrat $T = \{(u,v) \mid 0 < u < 2\pi, 0 < v < 2\pi\}$, so erhält man als Bildmenge den Torus M nur bis auf den „äußeren Äquator" und den „Nullmeridiankreis". Dies sind aber Mengen vom Maß Null, so daß

$$\int_M \omega = \int_\gamma \omega$$

gilt. Das rechts stehende Integral berechnen wir gemäß der Gleichung $\int_\gamma \omega = \int_{\mathrm{id}_T} \gamma^* \omega$ aus dem vorigen Abschnitt (vgl. S. 377). Es ergibt sich

$$\gamma^* \omega = (a + \cos u)(1 + a\cos u)\, du \wedge dv$$

und damit

$$\int_\gamma \omega = \int_0^{2\pi} \left(\int_0^{2\pi} \left(a(1+\cos^2 u) + (1+a^2)\cos u\right) du \right) dv = 6\pi^2 a.$$

Aufgaben

1. Wird durch die Parameterdarstellung γ mit

$$\begin{aligned} \gamma_1(u,v) &= \frac{u}{1+u^4} \\ \gamma_2(u,v) &= \frac{u^3}{1+u^4} \qquad \qquad ((u,v) \in \mathbb{R}^2) \\ \gamma_3(u,v) &= v \end{aligned}$$

ein einfaches 2-Flächenstück im $\mathbb{R}^3$ beschrieben? Man veranschauliche sich die Bildmenge $\gamma(\mathbb{R}^2)$.

2. Durch die Gleichungen

$$\begin{aligned} x_1 &= u^2 \\ x_2 &= v^2 \\ x_3 &= w^2 \qquad \qquad ((u,v,w) \in \mathbb{R}^3) \\ x_4 &= vw \\ x_5 &= uw \\ x_6 &= uv \end{aligned}$$

wird eine glatte Abbildung γ des $\mathbb{R}^3$ in den $\mathbb{R}^6$ gegeben. Wie ist die Definitionsmenge einzuschränken, damit der Rang von γ' maximal ist? Welches sind möglichst umfassende konvexe Mengen dieser Art? Ist γ bei Einschränkung auf solche konvexen Mengen injektiv? Ist γ^{-1} stetig?

3. Es sei γ die Abbildung aus der voranstehenden Aufgabe und

$$M = \{\mathbf{x} \in \mathbb{R}^6 \,|\, \mathbf{x} = \gamma(u, v, w),\, u^2 + v^2 + w^2 > 0\}.$$

Man zeige, daß M eine 3-dimensionale Untermannigfaltigkeit des $\mathbb{R}^6$ ist und daß vier einfache 3-Flächenstücke zur Beschreibung von M genügen. Kommt man auch mit weniger einfachen 3-Flächenstücken aus? Ist M orientierbar?

4. Es sei M eine p-dimensionale Untermannigfaltigkeit des $\mathbb{R}^n$. Man zeige, daß es zu jedem $\mathbf{x} \in M$ eine Umgebung V von $\mathbf{x}$ und einen Diffeomorphismus $\boldsymbol{\Phi}$ von V auf eine offene Menge W eines „Parameterraumes" $\mathbb{R}^n$ gibt, so daß gilt

$$\boldsymbol{\Phi}(V \cap M) = \{\mathbf{t} \in \mathbb{R}^n \,|\, \mathbf{t} \in W,\, t_{p+1} = \ldots = t_n = 0\}.$$

(Hinreichend kleine Teile von M werden durch $\boldsymbol{\Phi}$ in den p-dimensionalen Untervektorraum $[\mathbf{e}_1, \ldots, \mathbf{e}_p]$ des Parameterraumes diffeomorph abgebildet.)

5. Es sei γ Parameterdarstellung eines p-Flächenstücks. Der p-dimensionale affine Unterraum durch den Punkt $\gamma(\mathbf{t})$, der von den Vektoren $D_1\gamma(\mathbf{t}), \ldots, D_p\gamma(\mathbf{t})$ aufgespannt wird, heißt *Tangentialraum* im Punkt $\gamma(\mathbf{t})$. Man beweise, daß der Tangentialraum nicht von der gewählten Parameterdarstellung abhängt.
Folgerung: Jede p-dimensionale Untermannigfaltigkeit des $\mathbb{R}^n$ besitzt in jedem ihrer Punkte einen wohlbestimmten p-dimensionalen Tangentialraum.

6. Die geordneten Basen eines Vektorraums lassen sich so in zwei Klassen einteilen, daß je zwei Basen derselben Klasse durch einen Basiswechsel mit positiver Determinante zusammenhängen. Durch Auszeichnung einer der beiden Klassen wird der Vektorraum orientiert; dies geschieht konkret durch Angabe eines Repräsentanten. Der „Tangentialvektorraum" zum Punkt $\gamma(\mathbf{t})$ eines p-Flächenstücks wird durch die geordnete Basis $(D_1\gamma(\mathbf{t}), \ldots, D_p\gamma(\mathbf{t}))$ orientiert. Da für jede äquivalente Parameterdarstellung $\gamma \circ \boldsymbol{\Phi}$ nach Voraussetzung $\det \boldsymbol{\Phi}' > 0$ gilt, ist diese Festlegung unabhängig von der verwendeten Parameterdarstellung.
Man zeige, daß für eine wegzusammenhängende orientierbare Untermannigfaltigkeit M des $\mathbb{R}^n$ die Orientierung eines Tangentialvektorraums die Orientierung aller anderen Tangentialvektorräume in natürlicher Weise (d. h. „stetig") festlegt. Insbesondere kann sich die Orientierung eines Tan-

gentialvektorraums nach Durchlaufung eines geschlossenen Wegs in einer orientierbaren Untermannigfaltigkeit nicht ändern.

7. Gibt es in einer Untermannigfaltigkeit M des $\mathbb{R}^n$ einen geschlossenen Weg mit der Eigenschaft, daß sich nach seiner Durchlaufung die Orientierung des Tangentialvektorraums geändert hat, so ist M nicht orientierbar (vgl. Aufg. 6). Man zeige hiermit, daß das Möbius-Band nicht orientierbar ist.
8. Es sei γ die Abbildung aus Aufg. 2 und M das Bild der Einheitssphäre $u^2 + v^2 + w^2 = 1$ unter der Abbildung γ.
Man zeige, daß M eine 2-dimensionale kompakte Untermannigfaltigkeit des $\mathbb{R}^6$ ist. Weiter beweise man, daß M nicht orientierbar ist.
9. Es sei $\gamma : \mathbb{R}^3 \to \mathbb{R}^4$ erklärt durch

$$\begin{aligned}
x_1 &= uv \\
x_2 &= uw \\
x_3 &= vw \\
x_4 &= v^2 - w^2
\end{aligned}$$

und $M = \{\mathbf{x} \in \mathbb{R}^4 \,|\, \mathbf{x} = \gamma(u, v, w), u^2 + v^2 + w^2 = 1\}$.
Man zeige, daß M eine nichtorientierbare kompakte 2-dimensionale Untermannigfaltigkeit des $\mathbb{R}^4$ ist.
(Die Mannigfaltigkeiten in dieser und der voranstehenden Aufgabe sind diffeomorph zur „Einheitssphäre mit Diametralpunktidentifizierung", d. h. zur projektiven Ebene.)
10. Ist die Menge (Teil einer Wendelfläche)

$$M = \{\mathbf{x} \in \mathbb{R}^3 \,|\, x_1 = u\cos v, x_2 = u\sin v, x_3 = av, 0 \leqq u \leqq 1, v \in \mathbb{R}\}$$

eine berandete Untermannigfaltigkeit des $\mathbb{R}^3$?
11. Es sei M ein glatt berandetes orientiertes Gebiet im $\mathbb{R}^2$.
Man gebe eine geometrisch-anschauliche Beschreibung für die auf dem Rand ∂M induzierte Orientierung (Durchlaufsinn) an.
Auch für den $\mathbb{R}^3$ gebe man eine entsprechende geometrische Veranschaulichung an.
12. Man zeige, daß Tangentialräume an M auch für die Punkte aus ∂M (M sei p-dimensionale berandete Untermannigfaltigkeit von $\mathbb{R}^n$) sinnvoll erklärt sind. Diese werden jeweils von den $(p-1)$-dimensionalen Tangentialräumen an ∂M in zwei Halbräume zerlegt.
Man veranschauliche sich die Lage von M bezüglich dieser beiden Halbräume. Man beschreibe auch die Orientierung der Tangentialräume an M und ∂M durch geeignete geordnete Basen.

13. Die Teilmenge M des $\mathbb{R}^3$ sei durch die Gleichung

$$\frac{x^2}{a^2} + \frac{y^2}{b^2} + \frac{z^2}{c^2} = 1$$

festgelegt. Man zeige, daß M eine orientierbare 2-dimensionale berandete Untermannigfaltigkeit des $\mathbb{R}^3$ mit $\partial M = \emptyset$ ist. Weiter lege man eine Orientierung für M fest und berechne $\int_M \omega$ für die 2-Form

$$\omega = x\,dy \wedge dz - y\,dx \wedge dz + z\,dx \wedge dy .$$

14. Es sei ω die 2-Form $dx \wedge dy$ im $\mathbb{R}^3$. Aus dem Möbiusband M (vgl. S. 388) mache man durch die Beschränkung $0 < t < 2\pi$ ein einfaches Flächenstück γ und durch die Beschränkung $t_0 < t < t_0 + 2\pi$ ein anderes einfaches Flächenstück $\hat{\gamma}$.
Welche Beziehung besteht zwischen $\int\limits_\gamma \omega$ und $\int\limits_{\hat{\gamma}} \omega$?

15. Integrale von 1-Formen ω sind in 17.1 auch für stückweise glatte Kurven erklärt worden, z. B. für Dreiecke und Rechtecke. Man gebe für diese Fälle jeweils Folgen (M_k) von glatten orientierten 1-dimensionalen Mannigfaltigkeiten an, die gegen das orientierte Dreieck D bzw. das orientierte Rechteck R „konvergieren". Man präzisiere den angemessenen Konvergenzbegriff und beweise, daß die Zahlenfolgen $(\int\limits_{M_k} \omega)$ gegen $\int\limits_D \omega$ bzw. $\int\limits_R \omega$ konvergieren.
Man bearbeite die entsprechende Frage auch für Simplexe und Quader im $\mathbb{R}^3$.

16. Man zeige, daß der Zylinder $x^2 + y^2 = 1$ eine (nichtkompakte) orientierbare Untermannigfaltigkeit M des $\mathbb{R}^3$ ist. Man gebe eine geeignete Definition für $\int_M \omega$ an und berechne dieses Integral für

$$\omega = \frac{x\,dy \wedge dz - y\,dx \wedge dz + z\,dx \wedge dy}{\sqrt{x^2 + y^2 + z^2}^{\,3}} .$$

17. Man übertrage die Definition von $\int_M \omega$ auf den Fall, daß der Integrand ω nur als meßbar (d. h. alle Koeffizienten von ω sind in einer offenen Obermenge von M meßbare Funktionen) vorausgesetzt wird.
(In den Anwendungen ist ω meistens stetig oder fast überall – d. h. bis auf eine Nullmenge – stetig.)

17.6 Die Integralsätze von Gauß und Stokes

Bei diesen Integralsätzen handelt es sich um sinngemäße Übertragungen der aus dem Hauptsatz der Differential- und Integralrechnung folgenden Gleichung

$$\int_a^b f'(x)\,dx = f(b) - f(a).$$

An die Stelle von f' tritt die äußere Ableitung $d\omega$ einer $(p-1)$-Form ω und an die Stelle des Intervalls $[a, b]$ eine kompakte orientierte p-dimensionale berandete Untermannigfaltigkeit M des $\mathbb{R}^n$. Bei geeigneter Orientierung des Randes ∂M gilt dann die Gleichung

$$\int_M d\omega = \int_{\partial M} \omega.$$

Für $p = 1$ haben wir diese Aussage schon in 17.1 bewiesen. Wird nämlich M in diesem Fall etwa durch den Weg γ beschrieben und sind $\mathbf{a}$, $\mathbf{b}$ die Randpunkte von M, so gilt nach S. 333 die Gleichung

$$\int_\gamma df = f(\mathbf{b}) - f(\mathbf{a}).$$

Erklärt man als Integral der 0-Form f über den zweipunktigen Rand ∂M die Differenz der betreffenden Funktionswerte, so läßt sich das bewiesene Ergebnis sinnvoll der allgemeinen Formulierung unterordnen.

Wir beschäftigen uns zuerst mit dem Fall $p = n$; der entsprechende Satz wird nach Gauß benannt.

Als Beispiel betrachten wir die Einheitskugel

$$B = \{\mathbf{x} \in \mathbb{R}^3 \mid \langle \mathbf{x}, \mathbf{x} \rangle \leqq 1\}.$$

B ist eine 3-dimensionale kompakte orientierbare Untermannigfaltigkeit des $\mathbb{R}^3$ mit der 2-dimensionalen Randmannigfaltigkeit

$$\partial B = \{\mathbf{x} \in \mathbb{R}^3 \mid \langle \mathbf{x}, \mathbf{x} \rangle = 1\}.$$

B sei mit der Standardorientierung des $\mathbb{R}^3$ und ∂B mit der hierdurch induzierten Orientierung versehen. Der äußere Normalenvektor soll also zusammen mit den partiellen Ableitungen $D_1\gamma$, $D_2\gamma$ einer Parameterdarstellung γ eines Teil von ∂B eine positiv orientierte Basis des $\mathbb{R}^3$ bilden.
Als Integranden nehmen wir das Monom

$$\omega = a\,dx_1 \wedge dx_2,$$

wobei vorausgesetzt wird, daß a in einer offenen Obermenge von B stetig differenzierbar ist. Es gilt dann

$$d\omega = D_3 a\, dx_1 \wedge dx_2 \wedge dx_3 .$$

Um $\int\limits_{\partial B} \omega$ zu berechnen, zerlegen wir ∂B in die obere und die untere Halbkugelfläche ($x_3 > 0$ bzw. $x_3 < 0$) und verwenden für diese die Parameterdarstellungen

$$\gamma(s,t) = \left(s, t, \sqrt{1-s^2-t^2}\right) \qquad (s^2+t^2<1)$$

sowie

$$\hat{\gamma}(u,v) = \left(v, u, -\sqrt{1-u^2-v^2}\right) \qquad (u^2+v^2<1).$$

Man prüft leicht nach, daß die beiden Halbkugeln hierdurch mit der für ∂B festgelegten Orientierung versehen sind. Es ergibt sich damit

$$\int\limits_{\partial B} \omega = \int\limits_{s2+t2<1} a(s,t,\sqrt{1-s^2-t^2})\, d\mu_2(s,t) - \\ - \int\limits_{u2+v2<1} a(v,u,-\sqrt{1-u^2-v^2})\, d\mu_2(u,v).$$

Da es bei einem gewöhnlichen Integral nicht auf die Numerierung der Variablen ankommt (der Faktor in der Transformationsformel ist $|\det \Phi'|$, vgl. S. 320), können wir das Ergebnis in der Form

$$\int\limits_{\partial B} \omega = \\ = \int\limits_{x_1^2+x_2^2<1} \left(a(x_1,x_2,\sqrt{1-x_1^2-x_2^2}) - a(x_1,x_2,-\sqrt{1-x_1^2-x_2^2})\right) d\mu_2(x_1,x_2)$$

schreiben. Denselben Wert erhält man auch, wenn man $\int\limits_B d\omega$ berechnet:

$$\int\limits_B d\omega = \int\limits_B D_3 a\, d\mu_3(x_1,x_2,x_3) = \int\limits_{x_1^2+x_2^2\leqq 1} \left(\int\limits_{-\sqrt{1-x_1^2-x_2^2}}^{\sqrt{1-x_1^2-x_2^2}} D_3 a\, dx_3 \right) d\mu_2(x_1,x_2) = \\ = \int\limits_{x_1^2+x_2^2\leqq 1} \left(a(x_1,x_2,\sqrt{1-x_1^2-x_2^2}) - a(x_1,x_2,-\sqrt{1-x_1^2-x_2^2})\right) d\mu_2(x_1,x_2).$$

Dabei wurde der Satz von Fubini und der Hauptsatz der Differential- und Integralrechnung verwendet.

Entsprechend kann der Gaußsche Integralsatz für die Monome $a\,dx_2 \wedge dx_3$

und $a\,dx_1 \wedge dx_3$ bewiesen werden (dabei sind jeweils passende Zerschneidungen von ∂B in Halbkugeln zu wählen.

Man erhält schließlich für $\omega = v_1 dx_2 \wedge dx_3 - v_2 dx_1 \wedge dx_3 + v_3 dx_1 \wedge dx_2$ die Gleichung

$$\int_B (D_1 v_1 + D_2 v_2 + D_3 v_3) dx_1 \wedge dx_2 \wedge dx_3 =$$

$$= \int_{\partial B} (v_1 dx_2 \wedge dx_3 - v_2 dx_1 \wedge dx_3 + v_3 dx_1 \wedge dx_2).$$

Dies ist der Gaußsche Integralsatz für die Einheitskugel des $\mathbb{R}^3$ (der Beweis läßt sich im n-dimensionalen Fall entsprechend durchführen).

Für beliebige *glatt berandete Gebiete* G (d. h. für kompakte orientierte n-dimensionale berandete Untermannigfaltigkeiten G des $\mathbb{R}^n$) ziehen wir die im vorigen Abschnitt behandelte Zerlegung der 1 heran. Danach genügt es, den Gaußschen Integralsatz für solche Formen $\tilde{\omega}$ zu beweisen, deren Träger in einem einfachen n-Flächenstück mit oder ohne Rand enthalten ist.
Wir behandeln zunächst den Fall, daß der Träger von $\tilde{\omega}$ in einem einfachen n-Flächenstück enthalten ist; dieses sei durch $\gamma : T \to \mathbb{R}^n$ beschrieben. Dann hat man

$$\int_\gamma d\tilde{\omega} = \int_T \gamma^*(d\tilde{\omega}) = \int_T d(\gamma^* \tilde{\omega}).$$

Die $(n-1)$-Form $\gamma^* \tilde{\omega}$ werde in T dargestellt durch

$$\gamma^* \tilde{\omega} = w_1 dt_2 \wedge \ldots \wedge dt_n - w_2 dt_1 \wedge dt_3 \wedge \ldots \wedge dt_n \pm \ldots$$
$$+ (-1)^{n-1} w_n dt_1 \wedge \ldots \wedge dt_{n-1},$$

so daß also

$$d(\gamma^* \tilde{\omega}) = (D_1 w_1 + \ldots + D_n w_n) dt_1 \wedge \ldots \wedge dt_n$$

gilt. Die abgeschlossenen Träger der Funktionen $w_1, \ldots, w_n$ sind nach Voraussetzung in der offenen konvexen Menge T enthalten.

Wir zeigen nun, daß z. B. $\int_T D_1 w_1 \, d\mu_n(\mathbf{t}) = 0$ gilt. Nach dem Satz von Fubini ergibt sich

$$\int_T D_1 w_1 \, d\mu_n(\mathbf{t}) = \int_{T'} \left(\int_{a_1(t_2,\ldots,t_n)}^{b_1(t_2,\ldots,t_n)} D_1 w_1 \, dt_1 \right) d\mu_{n-1}(t_2, \ldots, t_n).$$

Dabei sind a_1, b_1 die ersten Koordinaten der Endpunkte der in T zu $\mathbf{e}_1$ parallel verlaufenden Strecken, und T' ist die Projektion von T auf den Unterraum

$[\mathbf{e}_2, \ldots, \mathbf{e}_n]$ des $\mathbb{R}^n$. Nach dem Hauptsatz der Differential- und Integralrechnung ist das innere Integral gleich 0, da der Träger von $D_1 w_1$ in T enthalten ist.

Entsprechend beweist man die Gleichungen $\int_T D_i w_i d\mu_n(\mathbf{t}) = 0$ für $i = 2, \ldots, n$. Also gilt

$$\int_\gamma d\tilde{\omega} = 0\,.$$

Falls der Träger von $\tilde{\omega}$ in einem Flächenstück mit Rand enthalten ist, verläuft die Überlegung entsprechend. Es ergibt sich

$$\int_{T \cap H^n} D_i w_i d\mu_n(\mathbf{t}) = 0 \qquad \text{für } i = 2, \ldots, n$$

und

$$\int_{T \cap H^n} D_1 w_1 d\mu_n(\mathbf{t}) = \int_{T \cap \partial H^n} w_1(0, t_2, \ldots, t_n) d\mu_{n-1}(t_2, \ldots, t_n),$$

da

$$\int_{a_1(t_2, \ldots, t_n)}^{0} D_1 w_1 dt_1 = w_1(0, t_2, \ldots, t_n) \text{ gilt.}$$

Andererseits ergibt die Ausrechnung des Randintegrals

$$\int_{T \cap \partial H^n} \gamma^* \tilde{\omega} = \int_{T \cap \partial H^n} w_1(0, t_2, \ldots, t_n) d\mu_{n-1}(t_2, \ldots, t_n)\,.$$

Damit ist bewiesen, daß für glatt berandete Gebiete G des $\mathbb{R}^n$ und stetig differenzierbare $(n-1)$-Formen $\tilde{\omega}$, deren Träger in einem einfachen n-Flächenstück enthalten ist, der Gaußsche Integralsatz

$$\int_G d\tilde{\omega} = \int_{\partial G} \tilde{\omega}$$

gültig ist.

Um den Satz allgemein zu beweisen, wählen wir für G eine geeignete Zerlegung der 1; es gelte also für alle $\mathbf{x} \in G$ die Gleichung

$$f_1(\mathbf{x}) + \ldots + f_r(\mathbf{x}) = 1\,.$$

Für jede der $(n-1)$-Formen $f_i\omega$ ist der Träger in einem einfachen n-Flächenstück enthalten; es gilt also für $i = 1, \ldots, r$

$$\int_G d(f_i\omega) = \int_{\partial G} f_i\omega$$

und somit auch

$$\sum_{i=1}^{r} \int_G d(f_i \omega) = \sum_{i=1}^{r} \int_{\partial G} f_i \omega .$$

Um zu zeigen, daß die links stehende Summe gleich $\int_G d\omega$ ist, verwenden wir zunächst die Additivität des Integrals (vgl. Regel (1) von S. 397):

$$\sum_{i=1}^{r} \int_G d(f_i \omega) = \int_G \sum_{i=1}^{r} d(f_i \omega) .$$

Da auf einer offenen Obermenge U von G die Gleichung

$$\sum_{i=1}^{r} df_i = 0$$

erfüllt ist, folgt weiter wegen $d(f_i \omega) = f_i d\omega + df_i \wedge \omega$, daß auf der Menge U gilt:

$$\sum_{i=1}^{r} d(f_i \omega) = \sum_{i=1}^{r} f_i d\omega .$$

Somit ergibt sich nach nochmaliger Anwendung der Regel (1) von S. 397 und der Definition des Integrals von S. 396:

$$\sum_{i=1}^{r} \int_G d(f_i \omega) = \sum_{i=1}^{r} \int_G f_i d\omega = \int_G d\omega .$$

Andererseits gilt auch aufgrund der Integraldefinition von S. 396

$$\sum_{i=1}^{r} \int_{\partial G} f_i \omega = \int_{\partial G} \omega .$$

Es ergibt sich somit der

Satz: *Es sei G ein glatt berandetes Gebiet des* $\mathbb{R}^n$ *und* ω *eine (in einer offenen Obermenge von G erklärte) stetig differenzierbare* $(n-1)$*-Form. Dann gilt*

$$\int_G d\omega = \int_{\partial G} \omega .$$

(Gaußscher Integralsatz)

Beispiele:

1) Ordnet man dem stetig differenzierbaren Vektorfeld $\mathbf{v} = (v_1, \ldots, v_n)$ die $(n-1)$-Form

$$\omega = v_1 dx_2 \wedge \ldots \wedge dx_n - \ldots + (-1)^{n-1} v_n dx_1 \wedge \ldots \wedge dx_{n-1}$$

zu, so erhält man für jedes in der Definitionsmenge von $\mathbf{v}$ enthaltene glatt berandete Gebiet G die Gleichung

$$\int_G \left(\sum_{i=1}^{n} D_i v_i\right) dx_1 \wedge \ldots \wedge dx_n = \int_{\partial G} \sum_{i=1}^{n} (-1)^{i-1} v_i dx_1 \wedge \ldots \wedge \widehat{dx_i} \wedge \ldots \wedge dx_n .$$

Da der Integrand in dem Gebietsintegral gleich $\operatorname{div} \mathbf{v}$ ist, wird der Gaußsche Integralsatz manchmal auch als *Divergenzsatz* bezeichnet.

2) In der Ebene können mit Hilfe des Gaußschen Integralsatzes Gebietsintegrale in Kurvenintegrale längs des Gebietsrandes umgeformt werden.
Für $\omega = p\,dx + q\,dy$ erhält man

$$\int_G (q_x - p_y) dx \wedge dy = \int_{\partial G} (p\,dx + q\,dy) .$$

Dabei wird der Rand, der aus mehreren geschlossenen Kurven bestehen kann, so

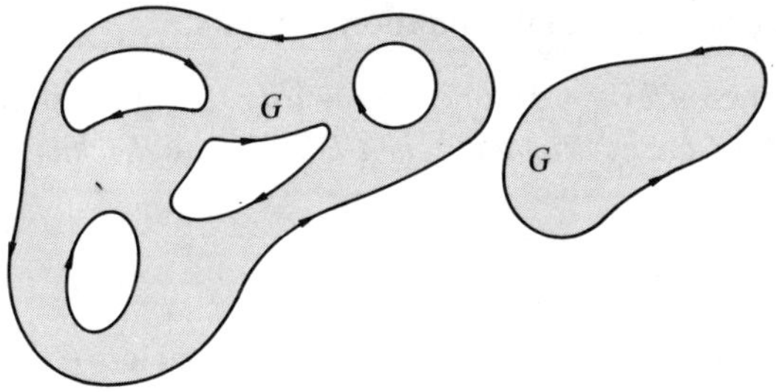

durchlaufen, daß G „zur Linken“ von ∂G liegt (vgl. Figur). Wenn nun die Integrabilitätsbedingung

$$q_x - p_y = 0$$

in U erfüllt ist, dann folgt für den Rand ∂G eines jeden in U enthaltenen Gebietes G die Gleichung

$$\int_{\partial G} p\,dx + q\,dy = 0 .$$

Unter zusätzlichen Voraussetzungen für U, etwa der Konvexität, kann hieraus (ähnlich wie auf S. 336) gefolgert werden, daß ω eine (zweimal stetig differenzierbare) Stammfunktion f besitzt. Man gewinnt also mit Hilfe des Gaußschen

Integralsatzes einen neuen Beweis dafür, daß geschlossene Formen in konvexen Gebieten des $\mathbb{R}^2$ auch exakt sind.

Bemerkung: Es ist leicht möglich, den Gaußschen Integralsatz in der Ebene auf stückweise glatt berandete Gebiete auszudehnen; nützlich für die Anwendbarkeit ist insbesondere der Fall, daß G ein achsenparalleles Rechteck ist.

3) Schreibt man in der Ebene die 1-Form $\tilde{\omega}$ als

$$\tilde{\omega} = -q\,dx + p\,dy,$$

so ergibt sich

$$d\tilde{\omega} = (p_x + q_y)\,dx \wedge dy$$

und damit der Gaußsche Satz als „Divergenzsatz"

$$\int_G (p_x + q_y)\,dx \wedge dy = \int_{\partial G} (-q\,dx + p\,dy).$$

Entsprechend zu 2) folgt aus $p_x + q_y = 0$, daß $\tilde{\omega}$ in konvexen Gebieten U eine zweimal stetig differenzierbare Stammfunktion g besitzt.

4) Erfüllen die 1-Formen $u\,dx - v\,dy$ und $v\,dx + u\,dy$ die Integrabilitätsbedingungen, gelten also die *Cauchy-Riemannschen Differentialgleichungen*

$$\begin{aligned} v_x &= -u_y \\ u_x &= v_y, \end{aligned}$$

so gilt für den Rand ∂G eines jeden in U enthaltenen Gebiets G:

$$\int_{\partial G} (u\,dx - v\,dy) = 0 \qquad \text{und} \qquad \int_{\partial G} (v\,dx + u\,dy) = 0.$$

Beide Gleichungen kann man zusammenfassen zu

$$\int_{\partial G} (u + iv)(dx + i\,dy) = 0,$$

und erhält so für die komplexwertige Funktion $f := u + iv$ der komplexen Variablen $z = x + iy$ den *Cauchyschen Integralsatz*

$$\int_{\partial G} f(z)\,dz = 0,$$

sofern u und v die Cauchy-Riemannschen Differentialgleichungen erfüllen. Für f bedeutet diese Voraussetzung, daß die „komplexe Ableitung"

$$\lim_{h \to 0} \frac{f(z+h) - f(z)}{h} =: f'(z)$$

überall in U existiert und daß f' stetig ist (Aufgabe!).

Ist die Definitionsmenge U von f konvex, so erhält man nicht nur für Gebietsränder ∂G, sondern sogar für alle geschlossenen Wege γ in U die Gleichung

$$\int_{\gamma} f(z)\, dz = 0 .$$

Bemerkung: Bei diesem Beweis wird die *stetige* Differenzierbarkeit von u und v verwendet, eine stärkere Voraussetzung als sie in der Funktionentheorie üblicherweise gemacht wird. Es läßt sich zeigen, daß die Differenzierbarkeit von u und v und die Cauchy-Riemannschen Differentialgleichungen für die Gültigkeit des Cauchyschen Integralsatzes hinreichen.

Wir wenden uns nun dem *Stokesschen Integralsatz* zu. Während der Gaußsche Integralsatz sich nur auf die größtmögliche Dimension n bezieht, werden in diesem Satz auch alle „Zwischendimensionen" mit erfaßt. (Die schon behandelten Grenzfälle $p = 1$ und $p = n$ sind in diesem allgemeinen Satz enthalten.)

Satz: *Es sei M eine kompakte orientierte p-dimensionale Untermannigfaltigkeit des $\mathbb{R}^n$ mit Rand ∂M, und die Orientierung von ∂M sei durch die Orientierung von M induziert. Dann gilt für jede (in einer offenen Obermenge von M erklärte) stetig differenzierbare $(p-1)$-Form ω die Gleichung*

$$\int_M d\omega = \int_{\partial M} \omega .$$

(*Integralsatz von Stokes*)

Der Beweis kann genau so geführt werden wie der Beweis des Gaußschen Integralsatzes. Zunächst folgt für $(p-1)$-Formen $\tilde{\omega}$, deren Träger in einem einfachen p-Flächenstück mit oder ohne Rand enthalten ist, die Gleichung

$$\int_M d\tilde{\omega} = \int_{\partial M} \tilde{\omega} .$$

Mit einer geeigneten Zerlegung der 1 gewinnt man die Gleichung

$$\sum_{i=1}^{r} \int_M d(f_i \omega) = \sum_{i=1}^{r} \int_{\partial M} f_i \omega .$$

Für die linke Seite ergibt sich wegen $d(f_i\omega) = f_i d\omega + df_i \wedge \omega$ wie auf S. 406 der Wert $\int_M d\omega$, während die rechte Seite nach Definition gleich $\int_{\partial M} \omega$ ist.

Beispiel: Dieser Satz wurde für $p = 2, n = 3$ in der Mitte des vorigen Jahrhunderts von Stokes bewiesen. Mit $\omega = a_1 dx_1 + a_2 dx_2 + a_3 dx_3$ und dem sich daraus ergebenden $d\omega$ erhält man:

$$\int_M (D_1 a_2 - D_2 a_1) dx_1 \wedge dx_2 + (D_1 a_3 - D_3 a_1) dx_1 \wedge dx_3 + (D_2 a_3 - D_3 a_2) dx_2 \wedge dx_3$$
$$= \int_{\partial M} (a_1 dx_1 + a_2 dx_2 + a_3 dx_3).$$

(Wir werden diese Gleichung im nächsten Abschnitt (vgl. S. 430) nach Einführung von Bogenlänge und Oberflächenmaß in der Form schreiben, wie sie in der Physik gebräuchlich ist.)

Als Folgerungen aus dem Stokesschen Satz notieren wir:
1) Ist ω eine geschlossene Form, so gilt

$$\int_{\partial M} \omega = 0.$$

Für $p = 1$ erhält man hieraus einen weiteren Beweis dafür, daß in „einfach zusammenhängenden" Gebieten U des $\mathbb{R}^n$ jede geschlossene Form auch exakt ist. Nach der Voraussetzung über U kann nämlich in jede glatte einfach geschlossene Kurve γ ein Flächenstück „eingespannt" werden. Wenn $d\omega = 0$ in U gilt, hat man also für jede solche Kurve

$$\int_\gamma \omega = 0.$$

Nach S. 336 gibt es daher ein f mit $df = \omega$.
2) Ist der Rand von M leer (d. h. ist M „geschlossen"), so gilt

$$\int_M d\omega = 0.$$

Zum Beispiel folgt für jede beliebige stetig differenzierbare 1-Form $\omega = a_1 dx_1 + a_2 dx_2 + a_3 dx_3$ ohne weitere Rechnung, daß

$$\int_M (D_1 a_2 - D_2 a_1) dx_1 \wedge dx_2 + (D_1 a_3 - D_3 a_1) dx_1 \wedge dx_3$$
$$+ (D_2 a_3 - D_3 a_2) dx_2 \wedge dx_3 = 0$$

gilt, wenn M eine geschlossene Fläche des $\mathbb{R}^3$ ist (ein Beispiel einer solchen Fläche ist in der Figur dargestellt).

Bemerkung: Wir haben hier den Stokesschen Satz für kompakte orientierte p-dimensionale Untermannigfaltigkeiten mit glattem Rand bewiesen. Der Satz ist auch bei nur „stückweise glattem" Rand gültig und – bei geeigneten Voraussetzungen über ω – auch für unbeschränktes M (vgl. hierzu Aufg. 5, S. 419).

Anwendungen des Gaußschen Integralsatzes

Das Lebesguesche Maß eines glatt berandeten Gebietes G – wir nennen es im folgenden das Volumen von G – kann man mit Hilfe eines Oberflächenintegrals berechnen, indem man für ω eine $(n-1)$-Form wählt, deren äußere Ableitung gleich der *Volumenform* $dx_1 \wedge \ldots \wedge dx_n$ ist. Z. B. hat

$$\omega = x_1 dx_2 \wedge \ldots \wedge dx_n$$

diese Eigenschaft. Will man die Auszeichnung einer Koordinate vermeiden, so wird man die $(n-1)$-Form

$$\sigma = \tfrac{1}{n} \sum_{i=1}^{n} (-1)^{i-1} x_i dx_1 \wedge \ldots \wedge \widehat{dx_i} \wedge \ldots \wedge dx_n$$

heranziehen; auch für sie gilt

$$d\sigma = dx_1 \wedge \ldots \wedge dx_n .$$

Aus dem Gaußschen Satz folgt dann die Gleichung

$$\operatorname{vol} G = \tfrac{1}{n} \int_{\partial G} \sum_{i=1}^{n} (-1)^{i-1} x_i dx_1 \wedge \ldots \wedge \widehat{dx_i} \wedge \ldots \wedge dx_n .$$

Bemerkung: Die Wahl der Form σ, deren äußere Ableitung die Volumenform $dx_1 \wedge \ldots \wedge dx_n$ ergeben soll, ist natürlich noch auf mannigfach andere Art möglich; z. B. kann man zu jedem brauchbaren σ immer eine beliebige geschlossene Form addieren.

Für $n = 2$ erhält man die nach Leibniz benannte Formel zur Berechnung des Flächeninhalts A eines ebenen glatt berandeten Gebietes G:

$$A(G) = \frac{1}{2} \int_{\partial G} (x\,dy - y\,dx).$$

Aufgabe: Man stelle für $n = 2$ den Zusammenhang her zwischen der Flächenberechnung durch „gewöhnliche" Integrale und durch die Randintegrale

$$\int_{\partial G} x\,dy \qquad \text{und} \qquad \int_{\partial G} y\,dx.$$

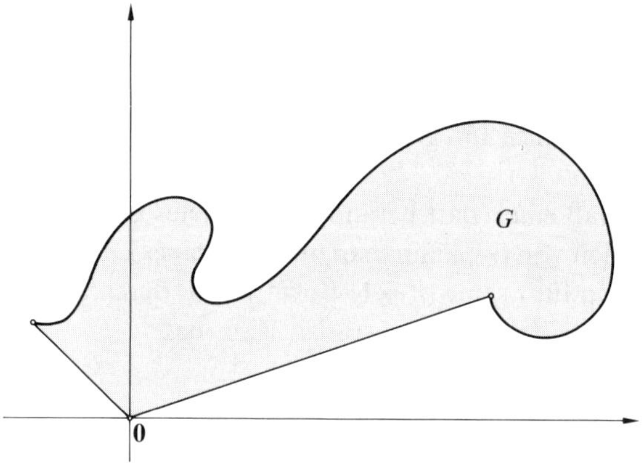

Auch die *Leibnizsche Sektorformel* (vgl. Figur)

$$A(G) = \frac{1}{2} \int_{\gamma} (x\,dy - y\,dx)$$

läßt sich mit Hilfe des Gaußschen Integralsatzes beweisen. Dabei wird vorausgesetzt, daß γ zusammen mit den Verbindungsstrecken der Endpunkte von γ zum Ursprung einen doppelpunkfreien stückweise glatten Weg bildet. Da die Randintegrale längs der beiden Strecken keinen Beitrag zu $\int_{\partial G} (x\,dy - y\,dx)$ liefern, folgt die Gültigkeit der Sektorformel.

Aufgabe: Man übertrage die Leibnizsche Sektorformel auf den Raum und auf den $\mathbb{R}^n$.

Das auf S. 398 berechnete Oberflächenintegral über den Torus M

$$\int_M (x_1 dx_2 \wedge dx_3 - x_2 dx_1 \wedge dx_3 + x_3 dx_1 \wedge dx_2) = 6\pi^2 a$$

ergibt, da die äußere Ableitung des Integranden gleich $3dx_1 \wedge dx_2 \wedge dx_3$ ist, für das Volumen des von M begrenzten „Volltorus" den Wert $2\pi^2 a$.

Wählt man – die Volumenberechnung verallgemeinernd – im Gaußschen Integralsatz als $(n-1)$-Form

$$\omega = \tfrac{1}{n} \sum_{i=1}^{n} (-1)^{i-1} g_i dg_1 \wedge \ldots \wedge \widehat{dg_i} \wedge \ldots \wedge dg_n,$$

wobei $g_1, \ldots, g_n$ zweimal stetig differenzierbare Funktionen in einer offenen Obermenge U von G sind, so folgt wegen $d(dg_i) = 0$

$$d\omega = dg_1 \wedge \ldots \wedge dg_n.$$

Faßt man $g_1, \ldots, g_n$ als Komponentenfunktionen einer Abbildung $\boldsymbol{\Phi}$ von U in den $\mathbb{R}^n$ auf, so erhält man

$$d\omega = \det \boldsymbol{\Phi}' dx_1 \wedge \ldots \wedge dx_n$$

und

$$\int_G d\omega = \int_G \det \boldsymbol{\Phi}' dx_1 \wedge \ldots \wedge dx_n.$$

Ist $\boldsymbol{\Phi}$ speziell ein Diffeomorphismus, so ist $\int_G d\omega$ das Volumen des Bildgebiets $\boldsymbol{\Phi}(G)$.

Bemerkung: Auch bei beliebigem $\boldsymbol{\Phi}$ gibt $\int_G d\omega$ in gewissem Sinne das Volumen des Bildes von G an; dabei werden mehrfach überdeckte Teile des Zielraums $\mathbb{R}^n$ automatisch mit dem richtigen Vorzeichen berücksichtigt. Gilt überall $\det \boldsymbol{\Phi}' = 0$, so hat die Bildmenge das Maß 0.

Da nach dem Gaußschen Integralsatz die Gleichung

$$\int_G \det \boldsymbol{\Phi}' dx_1 \wedge \ldots \wedge dx_n = \tfrac{1}{n} \int_{\partial G} \sum_{i=1}^{n} (-1)^{i-1} g_i dg_1 \wedge \ldots \wedge \widehat{dg_i} \wedge \ldots \wedge dg_n$$

gilt, kann auch das rechts stehende Oberflächenintegral als Volumen des Bildes von G interpretiert werden.

Diese Überlegungen sind die heuristische Grundlage für den Beweis eines weittragenden Satzes. Dieser sagt aus, daß ein glatt berandetes Gebiet G des $\mathbb{R}^n$ nicht in der Weise zweimal stetig differenzierbar auf seinen Rand ∂G abgebildet werden kann, daß jeder Randpunkt festbleibt. Man sagt hierfür auch, daß es keine (glatte) „Retraktion" von G auf seinen Rand ∂G gibt.

Satz: *Es gibt keine (in einer offenen Obermenge U von G erklärte) zweimal stetig differenzierbare Abbildung $\mathbf{f} : G \to \partial G$, die auf ∂G die identische Abbildung ist (d. h. für die $\mathbf{f}(\mathbf{x}) = \mathbf{x}$ gilt, falls $\mathbf{x} \in \partial G$).*

Beweis: Wir nehmen an, es gäbe eine solche Abbildung $\mathbf{f}$ und betrachten dann die Abbildungsschar, die für $0 \leqq t \leqq 1$ durch

$$\mathbf{g}(\mathbf{x}, t) = \mathbf{x} + t(\mathbf{f}(\mathbf{x}) - \mathbf{x})$$

gegeben ist. Durch sie wird die identische Abbildung von U (für $t = 0$) mit der Abbildung $\mathbf{f}$ (für $t = 1$) stetig verbunden. Außerdem lassen alle Abbildungen der Schar jeden Punkt des Randes ∂G fest.
Wir untersuchen nun das Oberflächenintegral

$$\int_{\partial G} \frac{1}{n} \sum_{i=1}^{n} (-1)^{i-1} g_i dg_1 \wedge \ldots \wedge \widehat{dg_i} \wedge \ldots \wedge dg_n =: F(t).$$

Da $\mathbf{g}$ auf dem Rand ∂G für alle $t \in [0, 1]$ gleich der identischen Abbildung ist, kann man vermuten, daß F im Intervall $0 \leqq t \leqq 1$ konstant ist. Dies ist jedoch nicht unmittelbar nachzuweisen, da auf ∂G nicht auch $dg_i = dx_i$ für alle t gilt. Wir können aber leicht zeigen, daß

$$F'(t) = 0 \qquad (0 \leqq t \leqq 1)$$

richtig ist. Dazu setzen wir

$$g_i(\mathbf{x}, t) = x_i + t(f_i(\mathbf{x}) - x_i)$$

und

$$dg_i = dx_i + t(df_i - dx_i)$$

ein und finden, daß F ein Polynom höchstens n-ten Grades in t ist. Nach dem Gaußschen Integralsatz hat man für $F(t)$ auch die Darstellung

$$F(t) = \int_G dg_1 \wedge \ldots \wedge dg_n,$$

aus der durch Ableiten nach t folgt

$$F'(t) = \sum_{i=1}^{n} \int_G dg_1 \wedge \ldots \wedge (df_i - dx_i) \wedge \ldots \wedge dg_n.$$

Durch mehrfaches Vertauschen der Faktoren ergibt sich

$$F'(t) = \sum_{i=1}^{n} (-1)^{i-1} \int_G (df_i - dx_i) \wedge dg_1 \wedge \ldots \wedge \widehat{dg_i} \wedge \ldots \wedge dg_n .$$

Nun sind dic auftretenden Summanden selber äußere Ableitungen, denn es gilt wegen $d(dg_j) = 0$

$$d\big((f_i(\mathbf{x}) - x_i)dg_1 \wedge \ldots \wedge \widehat{dg_i} \wedge \ldots \wedge dg_n\big) = \\ = (df_i - dx_i) \wedge dg_1 \wedge \ldots \wedge \widehat{dg_i} \wedge \ldots \wedge dg_n .$$

Indem man nun nochmals mit Hilfe des Gaußschen Integralsatzes umformt, erhält man

$$F'(t) = \sum_{i=1}^{n} (-1)^{i-1} \int_{\partial G} \big(f_i(\mathbf{x}) - x_i\big)dg_1 \wedge \ldots \wedge \widehat{dg_i} \wedge \ldots \wedge dg_n .$$

Auf ∂G gilt aber $f_i(\mathbf{x}) = x_i$, so daß folgt:

$$F'(t) = 0 \qquad \text{für } 0 \leqq t \leqq 1.$$

Das Polynom $F(t)$ muß hiernach konstant sein. Die Werte $F(0)$ und $F(1)$ kann man andererseits direkt ausrechnen, es ergibt sich

$$F(0) = \int_G dx_1 \wedge \ldots \wedge dx_n = \operatorname{vol} G > 0 .$$

Aufgrund der Voraussetzung, daß $\mathbf{f}$ alle Punkte von G auf Punkte von ∂G abbildet, folgt

$$df_1 \wedge \ldots \wedge df_n = 0 \qquad \text{für alle } \mathbf{x} \in G .$$

Wäre nämlich in irgendeinem Punkt $\mathbf{x} \in G$ die Funktionaldeterminante $\det \mathbf{f}'(\mathbf{x}) \neq 0$, so würde eine genügend kleine Umgebung dieses Punktes nach dem Satz von der lokalen Umkehrbarkeit *auf* eine offene Umgebung des Bildpunktes diffeomorph abgebildet, was der Voraussetzung widerspricht.
Daher gilt

$$F(1) = \int_G df_1 \wedge \ldots \wedge df_n = 0 .$$

Der hergeleitete Widerspruch zeigt, daß es keine zweimal stetig differenzierbare Retraktion von G auf ∂G geben kann.

Wir verwenden diesen Satz, um grundlegende Aussagen wie den aus dem Zwischenwertsatz sich ergebenden Nullstellensatz (vgl. Bd. I, S. 234) und den Fixpunktsatz (vgl. Bd. I, Aufg. 9, S. 237) auf stetige Funktionen von n reellen Variablen zu übertragen. Der Beweis dieser Aussagen erfordert für $n \geqq 2$ tieferliegende Hilfsmittel; bei dem hier dargestellten Zugang stützt man sich auf den „Nicht-Retraktionssatz“, zu dessen Beweis letzten Endes der Gaußsche Integralsatz dient.

Jedes zweimal stetig differenzierbare Vektorfeld $\mathbf{v}$ *auf der Einheitskugel* B, *das auf dem Rand* ∂B *nullstellenfrei ist und für das in den Randpunkten* $\mathbf{x} \in \partial B$

$$\frac{\mathbf{v}(\mathbf{x})}{|\mathbf{v}(\mathbf{x})|} = \mathbf{x}$$

gilt, hat mindestens eine Nullstelle in B.

Mit der Annahme, $\mathbf{v}$ sei in B nullstellenfrei, erhielte man nämlich durch die Festsetzung

$$\mathbf{f}(\mathbf{x}) := \frac{\mathbf{v}(\mathbf{x})}{|\mathbf{v}(\mathbf{x})|} \qquad \text{für } \mathbf{x} \in B$$

eine glatte Retraktion von B auf ∂B, was unmöglich ist.

Bemerkung: Dieser Satz gilt auch, wenn das Vektorfeld $\mathbf{v}$ nur als stetig vorausgesetzt wird (vgl. S. 417 und Aufg. 15).

Auch der *Brouwersche Fixpunktsatz* ergibt sich aus der Nichtexistenz von Retraktionen der Kugel auf ihren Rand. Wir formulieren den Satz zunächst für glatte Abbildungen.

Jede zweimal stetig differenzierbare Abbildung einer abgeschlossenen Kugel des $\mathbb{R}^n$ *in sich hat mindestens einen Fixpunkt.*

Wir führen den Beweis für die Einheitskugel B durch. Hätte $\mathbf{F} : B \to B$ keinen Fixpunkt, würde also

$$\mathbf{F}(\mathbf{x}) \neq \mathbf{x} \qquad \text{für alle } \mathbf{x} \in B$$

gelten, so würde für jedes $\mathbf{x} \in B$ die Verbindungsgerade von $\mathbf{x}$ mit $\mathbf{F}(\mathbf{x})$ existieren. Die von $\mathbf{x}$ ausgehende Halbgerade mit dem Richtungsvektor $\mathbf{x} - \mathbf{F}(\mathbf{x})$ würde dann den Rand ∂B in einem eindeutig festgelegten Punkt $\mathbf{f}(\mathbf{x})$ schneiden. Diesen kann man mit Hilfe einer Parameterdarstellung $\mathbf{x} + \lambda(\mathbf{x} - \mathbf{F}(\mathbf{x}))$ der genannten Halbgeraden ($\lambda \geqq 0$) berechnen. Die Bedingung $\langle \mathbf{f}(\mathbf{x}), \mathbf{f}(\mathbf{x}) \rangle = 1$ ergibt für λ die quadratische Gleichung

$$|\mathbf{x} - \mathbf{F}(\mathbf{x})|^2 \lambda^2 + 2\langle \mathbf{x}, \mathbf{x} - \mathbf{F}(\mathbf{x}) \rangle \lambda + |\mathbf{x}|^2 = 1 .$$

Diese hat genau eine nichtnegative Lösung, nämlich

$$\lambda(\mathbf{x}) = \frac{\langle \mathbf{x}, \mathbf{F}(\mathbf{x}) - \mathbf{x}\rangle + \sqrt{\langle \mathbf{x}, \mathbf{F}(\mathbf{x}) - \mathbf{x}\rangle^2 + (1 - |\mathbf{x}|^2)|\mathbf{F}(\mathbf{x}) - \mathbf{x}|^2}}{|\mathbf{F}(\mathbf{x}) - \mathbf{x}|^2}.$$

Nach Voraussetzung ist $\mathbf{F}$ in einer offenen Obermenge von B zweimal stetig differenzierbar. Daraus folgt, daß auch λ diese Eigenschaft besitzt. Nach Annahme gilt die Ungleichung $|\mathbf{F}(\mathbf{x}) - \mathbf{x}| > 0$ in B und deshalb auch in einer geeigneten offenen Obermenge von B. Zu prüfen ist noch, daß der Radikand in B (und damit in einer offenen Obermenge von B) positiv ist. Für $|\mathbf{x}| < 1$ ergibt sich dies aus dem zweiten Summanden und für $|\mathbf{x}| = 1$ aus der Bemerkung, daß $\langle \mathbf{x}, \mathbf{F}(\mathbf{x}) - \mathbf{x}\rangle < 0$ gilt. (Die Schwarzsche Ungleichung ergibt $\langle \mathbf{x}, \mathbf{F}(\mathbf{x})\rangle < 1$ wegen $\mathbf{F}(\mathbf{x}) \neq \mathbf{x}$.) Somit wird durch

$$\mathbf{f}(\mathbf{x}) = \mathbf{x} + \lambda(\mathbf{x})\big(\mathbf{x} - \mathbf{F}(\mathbf{x})\big)$$

eine zweimal stetig differenzierbare Abbildung von B auf ∂B erklärt. Da für $\mathbf{x} \in \partial B$ außerdem $\lambda(\mathbf{x}) = 0$, d. h. $\mathbf{f}(\mathbf{x}) = \mathbf{x}$ gilt, hätte man eine Retraktion von B auf ∂B. Somit muß die Annahme, daß $\mathbf{F}$ keinen Fixpunkt besitzt, falsch sein.

Für den Beweis des Fixpunktsatzes haben wir die Voraussetzung der Glattheit von $\mathbf{F}$ gebraucht. Wir wollen nun zeigen, daß die Stetigkeit von $\mathbf{F}$ genügt. Zu jeder stetigen Abbildung $\mathbf{F} : B \to B$ kann man nämlich hinreichend benachbarte glatte Selbstabbildungen von B finden, d. h. es gibt zu $\mathbf{F}$ und zu vorgegebenem $\varepsilon > 0$ eine C^∞-Abbildung $\mathbf{G}$ derart, daß

$$|\mathbf{G}(\mathbf{x}) - \mathbf{F}(\mathbf{x})| \leqq \varepsilon \qquad \text{für } \mathbf{x} \in B$$

erfüllt ist (z. B. kann $\mathbf{G}$ nach dem Weierstraßschen Approximationssatz als Polynom gewählt werden, vgl. S. 68 oder auch S. 291).
Da man nur weiß, daß $|\mathbf{G}(\mathbf{x})| \leqq 1 + \varepsilon$ gilt, setzen wir

$$\mathbf{H}(\mathbf{x}) = \frac{1}{1+\varepsilon}\mathbf{G}(\mathbf{x})$$

und haben dann mit $\mathbf{H}$ eine unendlich oft differenzierbare Abbildung von B in sich. Wir schätzen ab

$$\begin{aligned} |\mathbf{H}(\mathbf{x}) - \mathbf{F}(\mathbf{x})| &= \frac{1}{1+\varepsilon}|\mathbf{G}(\mathbf{x}) - \mathbf{F}(\mathbf{x}) - \varepsilon\mathbf{F}(\mathbf{x})| \\ &\leqq \frac{1}{1+\varepsilon}|\mathbf{G}(\mathbf{x}) - \mathbf{F}(\mathbf{x})| + \frac{\varepsilon}{1+\varepsilon}|\mathbf{F}(\mathbf{x})|, \end{aligned}$$

und finden wegen $|\mathbf{F}(\mathbf{x})| \leqq 1$ sowie $\dfrac{2\varepsilon}{1+\varepsilon} < 2\varepsilon$ die Ungleichung

$$|\mathbf{H}(\mathbf{x}) - \mathbf{F}(\mathbf{x})| < 2\varepsilon \qquad \text{für } \mathbf{x} \in B.$$

Hätte nun $\mathbf{F}$ keinen Fixpunkt in B, so würde die stetige reellwertige Funktion $|\mathbf{F}(\mathbf{x}) - \mathbf{x}|$ auf der kompakten Menge B ein positives Minimum η annehmen. Wählt man dann $\varepsilon = \frac{1}{2}\eta$ und ein zu diesem ε passendes glattes $\mathbf{H}$, so gilt für alle $\mathbf{x} \in B$ die Abschätzung

$$|\mathbf{H}(\mathbf{x}) - \mathbf{F}(\mathbf{x})| < \eta,$$

und wegen $|\mathbf{F}(\mathbf{x}) - \mathbf{x}| - |\mathbf{H}(\mathbf{x}) - \mathbf{x}| \leqq |\mathbf{F}(\mathbf{x}) - \mathbf{H}(\mathbf{x})|$ auch die Ungleichung

$$|\mathbf{F}(\mathbf{x}) - \mathbf{x}| - |\mathbf{H}(\mathbf{x}) - \mathbf{x}| < \eta,$$

d.h.

$$|\mathbf{F}(\mathbf{x}) - \mathbf{x}| - \eta < |\mathbf{H}(\mathbf{x}) - \mathbf{x}|.$$

Da η der Minimalwert von $|\mathbf{F}(\mathbf{x}) - \mathbf{x}|$ auf B ist, folgt:

$$|\mathbf{H}(\mathbf{x}) - \mathbf{x}| > 0 \qquad \text{für alle } \mathbf{x} \in B.$$

Somit hätte die glatte Abbildung $\mathbf{H}$ von B in sich keinen Fixpunkt. Widerspruch!

Es gilt also der

Satz: *Jede stetige Abbildung einer abgeschlossenen Kugel des $\mathbb{R}^n$ in sich besitzt mindestens einen Fixpunkt.*
(*Brouwerscher Fixpunktsatz*)

Bemerkung: Nachträglich kann man sich von der Voraussetzung befreien, daß es sich um Selbstabbildungen einer *Kugel* handelt. Alle kompakten Mengen K, die zu B homöomorph sind – insbesondere also alle kompakten konvexen Mengen – sind auch geeignet. Ist nämlich $\mathbf{h} : B \to K$ ein Homöomorphismus und $\mathbf{f}$ eine stetige Abbildung von K in sich, so hat man mit $\mathbf{F} = \mathbf{h}^{-1} \circ \mathbf{f} \circ \mathbf{h}$ eine stetige Abbildung von B in sich. Aus einem Fixpunkt $\mathbf{x}$ der Abbildung $\mathbf{F}$ ergibt sich dann ein Fixpunkt von $\mathbf{f}$, nämlich $\mathbf{h}(\mathbf{x})$, da wegen $\mathbf{f} \circ \mathbf{h} = \mathbf{h} \circ \mathbf{F}$ gilt:

$$\mathbf{f}(\mathbf{h}(\mathbf{x})) = \mathbf{h}(\mathbf{F}(\mathbf{x})) = \mathbf{h}(\mathbf{x}).$$

Wir verwenden den Brouwerschen Fixpunktsatz, um nun auch in dem Satz von S. 414 für den Fall der Kugel die Voraussetzung der Glattheit zu beseitigen.

Es gibt keine stetige Retraktion der Kugel auf ihren Rand.

Zum Beweis nehmen wir an, es gäbe eine stetige Retraktion

$$\mathbf{f} : B \to \partial B .$$

Dann ist die Abbildung **g**, die durch

$$\mathbf{g}(\mathbf{x}) = -\mathbf{f}(\mathbf{x})$$

erklärt wird, eine stetige Abbildung von B in sich, müßte also einen Fixpunkt besitzen. Tatsächlich hat **g** aber keine Fixpunkte, denn die Punkte mit $|\mathbf{x}| < 1$ kommen wegen $|\mathbf{g}(\mathbf{x})| = 1$ nicht in Frage, und die Punkte von ∂B werden durch **g** auf ihre „Antipodenpunkte" abgebildet.

Aufgaben

1. Es sei Q ein achsenparalleler Quader im $\mathbb{R}^3$. Man erkläre den „orientierten Rand" ∂Q in naheliegender Art und beweise (für diesen im Text nicht erfaßten Fall) den Gaußschen Integralsatz

$$\int_Q d\omega = \int_{\partial Q} \omega$$

durch Anwendung des Satzes von Fubini.
Die entsprechende Aufgabe löse man auch für Quader im $\mathbb{R}^n$ (insbesondere auch für Rechtecke im $\mathbb{R}^2$).
2. Analog zu Aufgabe 1 behandle man den Fall der Simplexe im $\mathbb{R}^3$ und im $\mathbb{R}^n$. Weiter zeige man, daß der Gaußsche Integralsatz für beliebige n-dimensionale Polyeder P des $\mathbb{R}^n$ mit orientiertem Rand ∂P gültig ist.
3. Es sei K eine kompakte konvexe Teilmenge des $\mathbb{R}^n$ mit inneren Punkten. Man gebe für das Integral $\int_{\partial K} \omega$ über den (nicht notwendig glatten) in geeigneter Weise orientierten Rand ∂K eine Definition an und beweise dann den Gaußschen Integralsatz. Anleitung: Für das Monom $a\,dx_1 \wedge \ldots \wedge dx_{n-1}$ zerlege man den Rand von K in zwei Hyperflächenstücke, die in der Form $x_n = f(x_1, \ldots, x_{n-1})$ bzw. $x_n = g(x_1, \ldots, x_{n-1})$ dargestellt werden können, sowie – gegebenenfalls – in einen zylindrischen Teil.
4. Wenn der Gaußsche Integralsatz für einen kompakten Bereich K mit geeignet erklärtem orientierten Rand ∂K gültig ist, dann ist er auch für jedes diffeomorphe Bild $\Phi(K)$ mit Rand $\Phi(\partial K)$ richtig. Man beweise dies! (Insbesondere hat man damit nach Aufg. 2 den Gaußschen Integralsatz für „krumme Polyeder".)
5. Man übertrage die Überlegungen der voranstehenden Aufgaben auf den Fall des Stokesschen Integralsatzes ($p < n$).

6. Es sei $\omega = \dfrac{x\,dy - y\,dx}{x^2 + y^2}$ und G ein kompaktes konvexes glatt berandetes Gebiet des $\mathbb{R}^2$. Man zeige, daß $\int_{\partial G} \omega$ drei verschiedene Werte annehmen kann, je nachdem der Nullpunkt des $\mathbb{R}^2$ nicht zu G, zum Rand von G oder zum Innern von G gehört. (Man überlege sich, daß auch im zweiten Fall das Integral existiert!)
7. Es sei ω in $\mathbb{R}^3\backslash\{\mathbf{0}\}$ erklärt durch

$$\omega = \frac{x\,dy \wedge dz - y\,dx \wedge dz + z\,dx \wedge dy}{\sqrt{x^2 + y^2 + z^2}^{\,3}}$$

und F ein orientiertes glatt berandetes Flächenstück auf der Einheitssphäre. Welche geometrische Bedeutung hat $\int_F \omega$?
Verbindet man den Ursprung von $\mathbb{R}^3$ geradlinig mit den Punkten von ∂F, so entsteht eine Kegelfläche R. Weiter sei M ein anderes orientiertes glatt berandetes Flächenstück, das auch in die Kegelfläche R „eingespannt" ist. Welche Beziehung besteht zwischen $\int_F \omega$ und $\int_M \omega$?
Welche Werte sind für $\int\limits_{\partial G} \omega$ möglich, wenn ∂G Rand eines Gebietes G des $\mathbb{R}^3$ ist?
8. Man bestimme alle stetig differenzierbaren Pfaffschen Formen $\omega = p(x, y)\,dx + q(x, y)\,dy$, die für alle $(a, b) \in \mathbb{R}^2$ und alle geschlossenen Wege γ die Bedingung

$$\int\limits_{\gamma} p(x, y)\,dx + q(x, y)\,dy = \int\limits_{\gamma} p(x + a, y + b)\,dx + q(x + a, y + b)\,dy$$

erfüllen.
(Anleitung: Man wähle für γ einfach geschlossene Kurven von beliebig kleinem Durchmesser und folgere, daß $q_x - p_y$ konstant sein muß.)
Welche 1-Formen erhält man, wenn nur die Invarianz gegenüber Verschiebungen in x-Richtung gefordert wird?
9. Dem stetig differenzierbaren Vektorfeld $\mathbf{v}$ entspreche die $(n-1)$-Form $\omega = \sum\limits_{i=1}^{n} (-1)^{i-1} v_i\,dx_1 \wedge \ldots \wedge \widehat{dx_i} \wedge \ldots \wedge dx_n$. Das Integral $\int\limits_{\partial G} \omega$ wird auch „Durchfluß" des Vektorfeldes $\mathbf{v}$ durch ∂G genannt. Man zeige, daß gilt

$$\operatorname{div} \mathbf{v} = \lim_{\delta(G) \to 0} \frac{1}{\operatorname{vol} G} \int\limits_{\partial G} \omega .$$

Dabei ist $\lim\limits_{\delta(G) \to 0}$ so zu verstehen, daß für jede Folge (G_k), die sich auf einen Punkt zusammenzieht, die betreffende Zahlenfolge konvergiert.

Die den geschlossenen $(n-1)$-Formen ω entsprechenden Vektorfelder $\mathbf{v}$ erfüllen die Bedingung $\operatorname{div}\mathbf{v} = 0$; sie heißen „quellenfrei".

10. Der Quotient $\frac{1}{\operatorname{vol} G} \int\limits_{\partial G} \omega$ ist für stetiges ω erklärt. Falls $\lim\limits_{\delta(G)\to 0} \frac{1}{\operatorname{vol} G} \int\limits_{\partial G} \omega$ existiert, kann er zu einer verallgemeinerten Definition von $\operatorname{div}\mathbf{v}$ bzw. $d\omega$ dienen (auch dann, wenn $\mathbf{v}$ nicht differenzierbar ist).
Es sei $\mathbf{v}$ in diesem verallgemeinerten Sinn quellenfrei, d. h. es gelte überall
$$\lim_{\delta(G)\to 0} \frac{1}{\operatorname{vol} G} \int\limits_{\partial G} \omega = 0.$$
Man beweise, daß der Durchfluß durch jeden Quader Q gleich 0 ist:
$$\int\limits_{\partial G} \omega = 0.$$
(Anleitung: Man wende auf Q ein Halbierungsverfahren an, um die Annahme $\int_{\partial Q} \omega \neq 0$ zu widerlegen.)
Weiter zeige man für kompaktes konvexes K:
$$\int\limits_{\partial K} \omega = 0.$$
11. Es sei ω eine 1-Form mit $d\omega = 0$ und die Definitionsmenge von ω sei sternförmig. Man zeige, daß ω exakt ist, indem man mit Hilfe des Stokesschen Satzes beweist, daß durch
$$f(\mathbf{x}) = \int\limits_{\gamma} \omega,$$
eine Stammfunktion von ω gegeben ist, wobei γ den Punkt $\mathbf{0}$ mit dem Punkt $\mathbf{x}$ verbindet.
Ist die Aussage auch richtig, wenn ω nur als stetig und $d\omega = 0$ im Sinne von Aufg. 10 vorausgesetzt wird?
12. Durch $u = \varphi(x, y)$, $v = \psi(x, y)$ sei ein zweimal stetig differenzierbarer Diffeomorphismus $\boldsymbol{\Phi}$ des glatt berandeten Gebietes G der x, y-Ebene auf das glatt berandete Gebiet $\boldsymbol{\Phi}(G)$ der u, v-Ebene gegeben.
Man beweise die Gleichung
$$A(\boldsymbol{\Phi}(G)) = \int\limits_{G} \det \boldsymbol{\Phi}'\, dx \wedge dy,$$
indem man in der u, v-Ebene die Leibnizsche Formel verwendet, Aufg. 7 von S. 379 für Kurvenintegrale heranzieht und in der x, y-Ebene den Gaußschen Integralsatz benutzt.
Damit erhält man einen neuen Beweis der Transformationsformel (vgl.

S. 320) für $n=2$ unter der stärkeren Voraussetzung, daß $\boldsymbol{\Phi}$ zweimal stetig differenzierbar ist. Weiter ergibt sich, daß Integrale von 2-Formen über 2-Flächenstücke unabhängig von der verwendeten Parameterdarstellung sind.
Man leite nun weiter – in entsprechender Weise – die Transformationsformel für $n=3$ her.
Durch Fortsetzung dieses Verfahrens kann man die Transformationsformel für beliebiges n erhalten.

13. Man definiere nach dem Vorbild von Aufgabe 10, wann (nicht notwendig differenzierbare) p-Formen ω im verallgemeinerten Sinn geschlossen heißen sollen und beweise, daß solche Formen in sternförmigen Gebieten exakt sind (Verallgemeinerung des Lemmas von Poincaré).
14. Es sei $\boldsymbol{\varphi}$ eine in einer offenen Obermenge U der n-dimensionalen Einheitskugel B zweimal stetig differenzierbare Abbildung, die den Rand ∂B als Ganzes festläßt. Auf ∂B gelte die Abschätzung

$$|D_i \varphi_j(\mathbf{x}) - \delta_{ij}| \leqq \tfrac{1}{n}.$$

Man zeige, daß es keine zweimal stetig differenzierbare Abbildung $\mathbf{f}$ von B auf ∂B gibt, die auf ∂B mit $\boldsymbol{\varphi}$ übereinstimmt. (Man gehe analog zu dem auf S. 414ff. angegebenen Beweis vor.)
15. Man beweise den Nullstellensatz von S. 416 für stetige Vektorfelder auf der Einheitskugel.
16. Man beweise folgende Verallgemeinerung des Nullstellensatzes:
Jedes stetige Vektorfeld $\mathbf{v}$ auf der Einheitskugel B, das auf dem Rand ∂B nullstellenfrei ist und für das in den Randpunkten $\mathbf{x} \in \partial B$ die Ungleichung $\langle \mathbf{x}, \mathbf{v}(\mathbf{x}) \rangle > 0$ erfüllt ist, hat mindestens eine Nullstelle in B.
Anleitung: Man setze

$$\mathbf{f}(\mathbf{x}) = \begin{cases} -\mathbf{v}(2\mathbf{x}) & \text{für } |\mathbf{x}| < \frac{1}{2} \\ \left(2 - \dfrac{1}{|\mathbf{x}|}\right)\mathbf{x} + 2(|\mathbf{x}|-1)\mathbf{v}\left(\dfrac{\mathbf{x}}{|\mathbf{x}|}\right) & \text{für } \frac{1}{2} \leqq |\mathbf{x}| \leqq 1 \end{cases}$$

und zeige, daß $\dfrac{\mathbf{f}}{|\mathbf{f}|}$ eine stetige Retraktion von B auf ∂B wäre, falls $\mathbf{v}$ keine Nullstelle hätte.
17. Mit Hilfe des Satzes aus Aufgabe 16 beweise man folgende Verallgemeinerung des Brouwerschen Fixpunktsatzes: Jede stetige Abbildung $\mathbf{f}: B \to \mathbb{R}^n$ mit $\mathbf{f}(\partial B) \subset B$ besitzt mindestens einen Fixpunkt.

18. Mit Hilfe des verallgemeinerten Brouwerschen Fixpunktsatzes beweise man: Jedes stetige Vektorfeld $\mathbf{v}$ auf der Einheitskugel, das auf dem Rand ∂B nullstellenfrei ist und das in den Randpunkten $\mathbf{x} \in \partial B$ die Bedingung

$$\mathbf{v}(-\mathbf{x}) = -\mathbf{v}(\mathbf{x})$$

erfüllt, hat mindestens eine Nullstelle in B (Borsukscher Antipodensatz).

19. Wenn es ein stetig differenzierbares Vektorfeld $\mathbf{v}$ gibt, das in einer Umgebung der Einheitssphäre S^2 des $\mathbb{R}^3$ definiert und auf S^2 ein tangentiales Einheitsvektorfeld ist, sowie – für passendes s — die Bedingung $\mathbf{v}(s\mathbf{x}) = s\mathbf{v}(\mathbf{x})$ erfüllt, dann wird für hinreichend kleines t durch

$$\mathbf{f}_t(\mathbf{x}) := \mathbf{x} + t\mathbf{v}(\mathbf{x})$$

eine geeignete Kugelschalenumgebung von S^2 diffeomorph auf eine ähnlich vergrößerte Kugelschale abgebildet. Man beweise dies und berechne das Volumen der Bildkugelschale in Abhängigkeit von t auf zwei verschiedene Arten. (Einerseits erhält man eine nichtrationale, andererseits eine ganzrationale Funktion von t.)
Folgerung: Es gibt kein Vektorfeld $\mathbf{v}$ mit den oben genannten Eigenschaften. (Es ist nicht möglich, einen Igel so zu kämmen, daß kein Wirbel entsteht.)

17.7 Oberflächenmaße

Beim Aufbau der Integralrechnung für Differentialformen haben wir die euklidische Struktur des $\mathbb{R}^n$ nicht benötigt; ein „Oberflächenmaß" für die Integrationsbereiche brauchten wir nicht einzuführen, da die Integranden ja nicht reellwertige Funktionen, sondern Differentialformen sind. Es ist jedoch leicht möglich – und für manche Anwendungen erforderlich – den Begriff des Oberflächenmaßes für p-dimensionale Flächenstücke heranzuziehen (insbesondere die Bogenlänge für glatte Kurven und die Oberfläche für Hyperflächenstücke).
Zunächst erinnern wir daran, daß das Quadrat des Volumens eines p-dimensionalen Parallelotops im euklidischen $\mathbb{R}^n$, das die Kantenvektoren $\mathbf{a}_1, \ldots, \mathbf{a}_p$ besitzt, durch die Gramsche Determinante

$$G(\mathbf{a}_1, \ldots, \mathbf{a}_p) := \begin{vmatrix} \langle \mathbf{a}_1, \mathbf{a}_1 \rangle & \ldots & \langle \mathbf{a}_1, \mathbf{a}_p \rangle \\ \vdots & & \vdots \\ \langle \mathbf{a}_p, \mathbf{a}_1 \rangle & \ldots & \langle \mathbf{a}_p, \mathbf{a}_p \rangle \end{vmatrix}$$

gegeben ist. Wir brauchen diese Tatsache nicht für die folgenden Beweise, nehmen sie aber als heuristisches Mittel zur Motivation der gesuchten Definition. Ein p-dimensionales Flächenstuck kann man sich ja – aufgrund der Bedeutung der Ableitung – angenähert denken durch p-dimensionale „ebene“ Flächenstücke, d. h. durch kleine Parallelotope. Diese Vorstellung führt zu folgender

Def.: *Sei durch $\gamma : T \to \mathbb{R}^n$ ein glattes p-dimensionales Flächenstück gegeben. Dann heißt die Zahl*

$$A(\gamma) := \int_T \sqrt{G\big(D_1\gamma(\mathbf{t}), \ldots, D_p\gamma(\mathbf{t})\big)}\, d\mu_p(\mathbf{t})$$

das Oberflächenmaß *des p-Flächenstücks.*

Es ist üblich, die in der Gramschen Determinante auftretenden Skalarprodukte mit g_{ij} zu bezeichnen. Man hat dann also

$$A(\gamma) = \int_T \sqrt{\det(g_{ij})}\, d\mu_p.$$

Bemerkung: Bei dieser Definition wird natürlich vorausgesetzt, daß das rechts stehende Integral endlich ist.

Bevor wir Beispiele bringen, wollen wir einige Eigenschaften des Oberflächenmaßes zusammenstellen, die geeignet sind, die Definition stärker zu motivieren. (Diese können sogar zur Charakterisierung des p-dimensionalen Oberflächenmaßes dienen, vgl. Aufg. 1 und 2).
Zunächst ist klar, daß das Oberflächenmaß stets nichtnegativ ist, und daß die „Additivität“ gewährleistet ist: Zerlegt man etwa T in T_1 und T_2, so gilt mit den durch Einschränkung von γ entstehenden Parameterdarstellungen γ_1, γ_2:

$$A(\gamma) = A(\gamma_1) + A(\gamma_2).$$

Weiter wird man von einem Oberflächenmaß erwarten, daß ein Flächenstück, das durch eine Isometrie des $\mathbb{R}^n$ aus einem anderen hervorgeht, dasselbe Maß besitzt. Diese Invarianz ist direkt daraus abzulesen, daß der Integrand in $A(\gamma)$ aus den Skalarprodukten $\langle D_i\gamma, D_j\gamma\rangle$ berechnet wird.
Auch sollte $A(\gamma)$ sich bei Übergang zu einer äquivalenten Parameterdarstellung nicht ändern. Nun erhält man aus $\hat{\gamma} = \gamma \circ \Phi$ nach der Kettenregel

$$D_i\hat{\gamma} = \sum_{j=1}^{p} D_j\gamma \cdot D_i\varphi_j,$$

woraus nach dem Determinantenmultiplikationssatz

$$G(D_1\hat{\gamma}, \ldots, D_p\hat{\gamma}) = G(D_1\gamma, \ldots, D_p\gamma) \cdot (\det \boldsymbol{\Phi}')^2$$

folgt. Wenn wir uns also auf orientierungserhaltende Diffeomorphismen $\boldsymbol{\Phi}$ beschränken, hat man

$$\sqrt{G(D_1\hat{\gamma}, \ldots, D_p\hat{\gamma})} = \sqrt{G(D_1\gamma, \ldots, \mathrm{D}_p\gamma)} \cdot \det \boldsymbol{\Phi}'.$$

Es gilt daher

$$\begin{aligned} A(\hat{\gamma}) &= \int_S \sqrt{G(D_1\hat{\gamma}(\mathbf{s}), \ldots, D_p\hat{\gamma}(\mathbf{s}))}\, d\mu_p(\mathbf{s}) \\ &= \int_S \sqrt{G\big(D_1\gamma(\boldsymbol{\Phi}(\mathbf{s})), \ldots, D_p\gamma(\boldsymbol{\Phi}(\mathbf{s}))\big)} \cdot \det \boldsymbol{\Phi}'(\mathbf{s})\, d\mu_p(\mathbf{s}) \end{aligned}$$

und somit nach der Transformationsformel

$$A(\hat{\gamma}) = \int_T \sqrt{G\big(D_1\gamma(\mathbf{t}), \ldots, D_p\gamma(\mathbf{t})\big)}\, d\mu_p(\mathbf{t}) = A(\gamma).$$

Bemerkung: Das Transformationsverhalten des Integranden legt nahe, in T die p-Form

$$dA := \sqrt{\det(g_{ij}(\mathbf{t}))}\, dt_1 \wedge \ldots \wedge dt_p$$

einzuführen und diese als *p-dimensionale Volumenform* auf dem p-Flächenstück $\gamma(T)$ zu bezeichnen. Dabei hat man zu beachten, daß dA nur auf $\gamma(T)$ – und nicht wie bisher in einer Umgebung von $\gamma(T)$ – erklärt ist.

Schließlich bestätigen wir noch, daß für „ebene" p-Flächenstücke $A(\gamma)$ gerade das p-dimensionale (Lebesguesche) Maß ist. Als Parameterdarstellung kann man nämlich

$$\gamma(\mathbf{t}) = \mathbf{a} + t_1\mathbf{b}_1 + \ldots + t_p\mathbf{b}_p \qquad (\mathbf{t} \in T)$$

mit paarweise orthogonalen Einheitsvektoren $\mathbf{b}_1, \ldots, \mathbf{b}_p$ nehmen und γ als „kongruente Einbettung" von T in den $\mathbb{R}^n$ ansehen. Man findet $g_{ij}(\mathbf{t}) = \delta_{ij}$ und damit

$$A(\gamma) = \int_T d\mu_p(\mathbf{t}) = \mu_p(T).$$

Ein angemessener Konvergenzbegriff für Folgen von p-Flächenstücken wird wie bei Kurven (vgl. S. 82) festgelegt. Dazu nehmen wir an, daß alle p-Flächenstücke der Folge durch Parameterdarstellungen mit derselben Definitionsmenge T beschrieben sind. Wegen des folgenden Konvergenzsatzes nehmen wir weiter an, daß die offene konvexe Menge T beschränkt ist. Dann heißt (γ_k) konvergent gegen γ, wenn gilt

$$\lim_k \|\gamma_k - \gamma\| = 0 \qquad \text{und} \qquad \lim_k \|\gamma_k' - \gamma'\| = 0$$

Die zweite Bedingung besagt, daß die Folgen $(D_1\gamma_k), \ldots, (D_p\gamma_k)$ gleichmäßig gegen $D_1\gamma, \ldots, D_p\gamma$ konvergieren. Um darauf hinzuweisen, daß die Folge der ersten Ableitungen gleichmäßig konvergiert, sagen wir, die Folge (γ_k) sei *C^1-konvergent.*
Legt man diesen Konvergenzbegriff zugrunde, so hängt das Oberflächenmaß stetig vom p-Flächenstück ab. Eine Präzisierung dieser Aussage enthält der folgende

Satz: *Es sei (γ_k) eine Folge von p-Flächenstücken, die C^1-konvergent gegen das p-Flächenstück γ ist. Dann gilt*

$$\lim_k A(\gamma_k) = A(\gamma).$$

Der Beweis ergibt sich unmittelbar aus der Tatsache, daß die Folge der Integranden gleichmäßig konvergiert:

$$\lim_k \left\| \sqrt{G(D_1\gamma_k, \ldots, D_p\gamma_k)} - \sqrt{G(D_1\gamma, \ldots, D_p\gamma)} \right\| = 0,$$

Grenzübergang und Integration sind aber bei gleichmäßiger Konvergenz vertauschbar, sofern das Integrationsgebiet endliches Maß hat.

Bemerkung: Tatsächlich wird im Beweis nur die gleichmäßige Konvergenz der Folge der Ableitungen gebraucht. Die gleichmäßige Konvergenz der Folge selbst kann dann immer durch Addition geeigneter konstanter Vektoren erzwungen werden.

Für $p = 1$ erhält man den Sonderfall der Bogenlänge, den wir schon auf S. 80 mit Beispielen behandelt haben (dort war allerdings das Definitionsintervall abgeschlossen, so daß die Existenz des Bogenlängenintegrals nicht zusätzlich gefordert werden mußte).

Beispiele:

1) Ein Flächenstück im $\mathbb{R}^3$ sei beschrieben durch die „Koordinatendarstellung“

$$z = f(x, y) \qquad \left((x, y) \in T \subset \mathbb{R}^2\right).$$

Mit der Abkürzung $D_1 f = p$ und $D_2 f = q$ erhält man als Gramsche Determinante

$$\begin{vmatrix} 1+p^2 & pq \\ pq & 1+q^2 \end{vmatrix} = 1+p^2+q^2\,,$$

und daher als Flächeninhalt

$$A(\gamma) = \iint_T \sqrt{1+p^2+q^2}\,dx\,dy\,.$$

Für $f(x,y) = \sqrt{1-x^2-y^2}$ z. B. rechnet man aus

$$p(x,y) = -\frac{x}{\sqrt{1-x^2-y^2}}, \qquad q(x,y) = -\frac{y}{\sqrt{1-x^2-y^2}},$$

so daß folgt

$$dA = \frac{1}{\sqrt{1-x^2-y^2}}\,dx \wedge dy\,.$$

Verwendet man im Einheitskreis $x^2+y^2<1$ Polarkoordinaten, so ergibt sich

$$A(\gamma) = \int_0^{2\pi}\left(\int_0^1 \frac{r}{\sqrt{1-r^2}}\,dr\right)d\varphi = 2\pi,$$

der bekannte Wert für die Oberfläche der halben Einheitskugel.

Aufgabe: Man zeige, daß das Oberflächenmaß eines Hyperflächenstücks im $\mathbb{R}^n$, das durch die „Koordinatendarstellung"

$$\gamma(t_1,\ldots,t_{n-1}) = \big(t_1,\ldots,t_{n-1}, f(t_1,\ldots,t_{n-1})\big)$$

gegeben ist, mit der Formel

$$A(\gamma) = \int_T \sqrt{1+p_1^2+\ldots+p_{n-1}^2}\,d\mu_{n-1}(\mathbf{t})$$

berechnet werden kann. Dabei ist $p_i := D_i f$ gesetzt.

2) Man kann die angegebene Definition auch zur Berechnung des Oberflächenmaßes p-dimensionaler *Untermannigfaltigkeiten* des $\mathbb{R}^n$ verwenden, indem man aus diesen geeignete „Nullmengen" entfernt, so daß ein oder mehrere p-Flächenstücke verbleiben. So kann man etwa für den Torus im $\mathbb{R}^3$ (vgl. S. 193) das Flächenstück

$$\gamma(u,v) = \begin{pmatrix} (a+\cos v)\cos u \\ (a+\cos v)\sin u \\ \sin v \end{pmatrix} \qquad (0<u<2\pi,\ 0<v<2\pi)$$

verwenden. Man erhält als Gramsche Determinante

$$\begin{vmatrix} (a+\cos v)^2 & 0 \\ 0 & 1 \end{vmatrix}$$

und damit als Oberflächenmaß im Fall $a > 1$:

$$A(\gamma) = \int_0^{2\pi} \Big(\int_0^{2\pi} (a+\cos v)\,dv \Big)\,du = 4\pi^2 a\,.$$

Für den Torus im $\mathbb{R}^4$ (vgl. S. 193) nehmen wir das Flächenstück

$$\hat{\gamma}(u,v) = \begin{pmatrix} \cos u \\ \sin u \\ \cos v \\ \sin v \end{pmatrix} \qquad (0 < u < 2\pi, 0 < v < 2\pi).$$

Als Gramsche Determinante findet man

$$\begin{vmatrix} 1 & 0 \\ 0 & 1 \end{vmatrix},$$

und damit als Oberflächenmaß

$$A(\hat{\gamma}) = \int_0^{2\pi} \left(\int_0^{2\pi} du \right) dv = 4\pi^2\,.$$

In euklidischen Räumen steht uns für p-dimensionale orientierte Flächen bzw. Untermannigfaltigkeiten das Oberflächenmaß zur Verfügung. Es entspricht häufig den geometrischen oder physikalischen Vorstellungen, bei der Integration über solche Flächen dieses Maß mit heranzuziehen.

Nach Definition hat man die zu integrierende Form ω in den Parameterraum zurückzuholen; dort ist $\gamma^*\omega$ eine Form der höchstmöglichen Stufe, d. h. man hat in $T \subset \mathbb{R}^p$ mit einer stetigen Funktion f die Darstellung

$$\gamma^*\omega = f(\mathbf{t})\,dt_1 \wedge \ldots \wedge dt_p\,.$$

Andererseits wird in T die p-dimensionale Volumenform des p-Flächenstücks durch

$$dA = \sqrt{\det\big(g_{ij}(\mathbf{t})\big)}\,dt_1 \wedge \ldots \wedge dt_p$$

beschrieben, so daß man mit $F(\mathbf{t}) := \dfrac{f(\mathbf{t})}{\sqrt{\det\big(g_{ij}(\mathbf{t})\big)}}$

$$\gamma^*\omega = F(\mathbf{t})\,dA$$

und also

$$\int_\gamma \omega = \int_T \gamma^* \omega = \int_T F(\mathbf{t})\, dA(\mathbf{t})$$

erhält.

Hiernach können p-Flächenintegrale auch interpretiert werden als Integrale von *skalaren Funktionen* über das mit einem Maß versehene p-Flächenstück $\gamma(T) =: M$; demgemäß schreibt man auch

$$\int_\gamma \omega = \int_M F\, dA.$$

Bemerkung: p-Flächenintegrale können auch für skalarwertige Funktionen F, die nicht in der angegebenen Weise aus einer p-Form ω entstehen, durch

$$\int_\gamma F\, dA = \int_T F(\mathbf{t}) \sqrt{\det(g_{ij}(\mathbf{t}))}\, d\mu_p(\mathbf{t})$$

erklärt werden. (Ohne Oberflächenmaß ist keine sinnvolle Definition möglich.)

Für $p = 1$ ist die Bezeichnung ds (statt dA) üblich und zweckmäßig. Den Integranden F erhält man in diesem Fall aus $\omega = a_1\, dx_1 + \ldots + a_n\, dx_n$ in übersichtlicher Weise, wenn man das Vektorfeld $\mathbf{a} = (a_1, \ldots, a_n)$ heranzieht:

$$F = \frac{\langle \mathbf{a}, \gamma' \rangle}{\|\gamma'\|} = \langle \mathbf{a}, \frac{\gamma'}{\|\gamma'\|} \rangle.$$

Der zweite Faktor in diesem Skalarprodukt ist gerade der Tangenteneinheitsvektor in dem jeweiligen Punkt des Weges γ. Es gilt also die Gleichung

$$\int_\gamma \omega = \int_0^L \langle \mathbf{a}, \frac{\gamma'}{\|\gamma'\|} \rangle\, ds.$$

(Diese Darstellung hatten wir in 14.1 zur Motivation verwendet.)

Ähnlich übersichtliche Formeln erhält man auch im Fall der Integrale über Hyperflächenstücke. Dem Integranden ω ordnen wir, indem wir

$$\omega = \sum_{i=1}^{n} (-1)^{i-1} v_i\, dx_1 \wedge \ldots \wedge \widehat{dx_i} \wedge \ldots \wedge dx_n$$

schreiben, das Vektorfeld $\mathbf{v} = (v_1, \ldots, v_n)$ zu.

In jedem Punkt eines orientierten Hyperflächenstücks hat man nun einen *Normaleneinheitsvektor* $\mathbf{n}$; dieser ist orthogonal zu den Vektoren $D_1\gamma, \ldots, D_{n-1}\gamma$ und die Basis $(\mathbf{n}, D_1\gamma, \ldots, D_{n-1}\gamma)$ des $\mathbb{R}^n$ ist positiv orientiert. $\mathbf{n}$ ist also eindeutig festgelegt durch die Bedingungen:

$$\langle D_i\gamma, \mathbf{n}\rangle = 0 \qquad \text{für } i = 1, \ldots, n-1$$

sowie $\langle \mathbf{n}, \mathbf{n}\rangle = 1$ und $\det(\mathbf{n}, D_1\gamma, \ldots, D_{n-1}\gamma) > 0$.

Aufgabe: Man gebe für die Normaleneinheitsvektoren von Hyperflächen im $\mathbb{R}^3$ und im $\mathbb{R}^4$ explizite Formeln an.
Wie lauten diese Formeln im Fall beliebiger Dimension n?

Rechnet man $\gamma^*\omega$ aus, so findet man

$$\gamma^*\omega = \langle \mathbf{v}, \mathbf{n}\rangle dA,$$

und somit für das Oberflächenintegral von ω über $M = \gamma(T)$:

$$\int_M \omega = \int_M \langle \mathbf{v}, \mathbf{n}\rangle dA.$$

Wir formulieren den Gaußschen Integralsatz nochmals unter Verwendung dieser Sichtweise der Oberflächenintegrale.
Auf S. 407 haben wir schon ausgerechnet, daß die äußere Ableitung der $(n-1)$-Form ω gerade

$$\operatorname{div}\mathbf{v}\, dx_1 \wedge \ldots \wedge dx_n$$

ergibt. Nun ist $dx_1 \wedge \ldots \wedge dx_n$ die Volumenform des $\mathbb{R}^n$; für sie verwenden wir das suggestive Symbol dV. Der Gaußsche Integralsatz lautet dann

$$\int_G \operatorname{div}\mathbf{v}\, dV = \int_{\partial G} \langle \mathbf{v}, \mathbf{n}\rangle dA.$$

(Diese Schreibweise wird in der Physik bevorzugt.)

Der ursprüngliche Stokessche Integralsatz (d.h. $p = 2$, $n = 3$) wird unter Verwendung von Flächenmaß und Bogenlänge folgendermaßen geschrieben:

$$\int_M \langle \operatorname{rot}\mathbf{v}, \mathbf{n}\rangle dA = \int_{\partial M} \langle \mathbf{v}, \mathbf{t}\rangle ds.$$

Dabei ist $\mathbf{t}$ der Tangenteneinheitsvektor in den Punkten der orientierten Randkurve ∂M.

Als Anwendung des Gaußschen Integralsatzes wollen wir die auf S. 411 behandelte Berechnung des Volumens eines glatt berandeten Gebiets G durch ein Oberflächenintegral unter Verwendung des Oberflächenmaßes schreiben. Der $(n-1)$-Form

$$\sigma = \tfrac{1}{n} \sum_{i=1}^{n} (-1)^{i-1} x_i dx_1 \wedge \ldots \wedge \widehat{dx_i} \wedge \ldots \wedge dx_n$$

entspricht das Vektorfeld $\mathbf{v}$ mit

$$\mathbf{v}(\mathbf{x}) = \tfrac{1}{n}\,\mathbf{x}.$$

Damit erhält man

$$\operatorname{vol} G = \tfrac{1}{n} \int_{\partial G} \langle \mathbf{x}, \mathbf{n} \rangle \, dA.$$

Zum Beispiel ergibt sich hieraus unmittelbar folgende Beziehung zwischen der Oberfläche α_n und dem Volumen β_n der Einheitskugel des $\mathbb{R}^n$:

$$\alpha_n = n \beta_n.$$

In dem rechts stehenden Integral ist nämlich der Integrand konstant gleich 1, da $\mathbf{n} = \mathbf{x}$ und $\langle \mathbf{n}, \mathbf{n} \rangle = 1$ gilt.
Auf S. 283 hatten wir bewiesen, daß das Volumen der Einheitskugel für gerades $n = 2m$ durch

$$\beta_{2m} = \frac{\pi^m}{m!}$$

und für ungerades $n = 2m + 1$ durch

$$\beta_{2m+1} = \frac{2^{m+1} \cdot \pi^m}{1 \cdot 3 \cdot \ldots \cdot (2m+1)}$$

gegeben ist; daher folgt für die entsprechenden Oberflächen

$$\alpha_{2m} = \frac{2\pi^m}{(m-1)!}$$

$$\alpha_{2m+1} = \frac{2^{m+1} \cdot \pi^m}{1 \cdot 3 \cdot 5 \cdot \ldots \cdot (2m-1)}.$$

Eine andere interessante Folgerung erhält man aus dem Gaußschen Integralsatz, wenn man konstante Vektorfelder betrachtet. Aus $\mathbf{v}(\mathbf{x}) = \mathbf{c}$ folgt $\operatorname{div} \mathbf{v} = 0$ und daher hat man für jedes $\mathbf{c} \in \mathbb{R}^n$:

$$\int_{\partial G} \langle \mathbf{c}, \mathbf{n} \rangle \, dA = 0.$$

Es folgt daher für jede geschlossene Hyperfläche, die Rand eines glatt berandeten Gebiets G ist, daß die Vektorgleichung

$$\int_{\partial G} \mathbf{n}\, dA = \mathbf{0}$$

gilt.

Aufgabe: Man übertrage dies Ergebnis auf Polyedergebiete und leite eine entsprechende „Summenformel" für den Polyederrand her.

Aus dem Gaußschen Integralsatz in der Formulierung

$$\int_G \operatorname{div} \mathbf{v}\, dV = \int_{\partial G} \langle \mathbf{v}, \mathbf{n} \rangle\, dA$$

gewinnt man durch einfache Rechnung die *Greenschen Formeln*, die ein nützliches Hilfsmittel der Potentialtheorie darstellen:

(1) $$\int_G f \cdot \Delta g\, dV + \int_G \langle \operatorname{grad} f, \operatorname{grad} g \rangle\, dV = \int_{\partial G} f \langle \operatorname{grad} g, \mathbf{n} \rangle\, dA$$

(2) $$\int_G (f \cdot \Delta g - g \cdot \Delta f)\, dV = \int_{\partial G} \big(f \langle \operatorname{grad} g, \mathbf{n} \rangle - g \langle \operatorname{grad} f, \mathbf{n} \rangle\big)\, dA .$$

Zum Beweis von (1) wählt man

$$\mathbf{v} = f \operatorname{grad} g$$

und findet aus $v_i = f \cdot D_i g$ die Gleichung

$$D_i v_i = f \cdot D_i(D_i g) + D_i f \cdot D_i g,$$

d. h.

$$\operatorname{div} \mathbf{v} = f \cdot \Delta g + \langle \operatorname{grad} f, \operatorname{grad} g \rangle .$$

Bemerkung: Das Skalarprodukt $\langle \operatorname{grad} g, \mathbf{n} \rangle$ ist die Richtungsableitung von g in Richtung der äußeren Normalen $\mathbf{n}$; man verwendet deshalb auch die Bezeichnung $D_{\mathbf{n}} g$ bzw. $\dfrac{\partial g}{\partial \mathbf{n}}$.

Der Beweis von (2) ergibt sich, indem man in (1) die Bezeichnungen f und g vertauscht und die neue Gleichung von (1) subtrahiert.

Durch Spezialisierung erhält man interessante Folgerungen aus den Greenschen Formeln.

Wählt man z. B. in (1) für g eine *harmonische* Funktion, d. h. eine Lösung der Laplaceschen Differentialgleichung $\Delta g = 0$, und für f die konstante Funktion

$f(\mathbf{x}) = 1$, so ergibt sich

$$\int\limits_{\partial G} \langle \operatorname{grad} g, \mathbf{n} \rangle \, dA = 0 .$$

Der Durchfluß eines Vektorfeldes grad g durch den Rand eines jeden Gebietes $G \subset \mathbb{R}^n$ ist also Null, wenn g harmonisch ist.

Weiter beweisen wir hier die *Mittelwerteigenschaft* der harmonischen Funktionen im $\mathbb{R}^n$ mit $n \geqq 3$, indem wir für G die Kugelschale $\varepsilon \leqq |\mathbf{x}| \leqq r$ um den Nullpunkt wählen und $g(\mathbf{x}) = \dfrac{1}{|\mathbf{x}|^{n-2}}$ setzen, während f eine beliebige Lösung der Gleichung $\Delta f = 0$ in einer offenen Obermenge der Kugel $|\mathbf{x}| \leqq r$ ist. Man rechnet nach, daß in $\mathbb{R}^n \backslash \{\mathbf{0}\}$ auch g der Gleichung $\Delta g = 0$ genügt (vgl. Aufg. 3, S. 141) und daß auf den Kugelflächen $|\mathbf{x}| = \varepsilon$ bzw. $|\mathbf{x}| = r$ die Beziehung

$$\langle \operatorname{grad} g, \mathbf{n} \rangle = \frac{n-2}{\varepsilon^{n-1}} \quad \text{bzw.} \quad \langle \operatorname{grad} g, \mathbf{n} \rangle = \frac{2-n}{r^{n-1}}$$

gilt.

Berücksichtigt man dies und die Gleichung $\int\limits_{\partial G} \langle \operatorname{grad} f, \mathbf{n} \rangle \, dA = 0$, so ergibt sich aus (2):

$$\frac{n-2}{\varepsilon^{n-1}} \int\limits_{|\mathbf{x}| = \varepsilon} f \, dA = \frac{n-2}{r^{n-1}} \int\limits_{|\mathbf{x}| = r} f \, dA .$$

Diese Gleichung ist wegen $n > 2$ mit

$$\frac{1}{\alpha_n \varepsilon^{n-1}} \int\limits_{|\mathbf{x}| = \varepsilon} f \, dA = \frac{1}{\alpha_n r^{n-1}} \int\limits_{|\mathbf{x}| = r} f \, dA$$

äquivalent. Nach Voraussetzung ist f im Nullpunkt stetig, so daß

$$\lim_{\varepsilon \to 0} \frac{1}{\alpha_n \cdot \varepsilon^{n-1}} \int\limits_{|\mathbf{x}| = \varepsilon} f \, dA = f(\mathbf{0})$$

folgt. Damit haben wir folgenden Satz von Gauß bewiesen:

Der Wert einer harmonischen Funktion in einem Punkt ist gleich dem Mittel ihrer Werte auf dem Rande einer beliebigen Kugel um diesen Punkt.

Es gilt also, wenn $\Delta f = 0$ in G erfüllt ist, für jeden Punkt $\mathbf{a} \in G$ und jedes hinreichend kleine $r > 0$ die Gleichung

$$f(\mathbf{a}) = \frac{1}{\alpha_n r^{n-1}} \int\limits_{|\mathbf{x} - \mathbf{a}| = r} f \, dA .$$

Aufgaben

1. Eine Teilmenge des $\mathbb{R}^n$ heißt polyedrisches p-Flächenstück, wenn es für sie eine Parameterdarstellung $\gamma : T \to \mathbb{R}^n$ (T kompaktes konvexes Polyeder im $\mathbb{R}^p$) gibt mit folgenden Eigenschaften
   (i) γ ist stückweise affin, d. h. es gibt eine Zerlegung von T in endlich viele Simplexe $S_1, \ldots, S_r$, auf denen γ jeweils affin ist.
   (ii) γ ist stetig.
   Man lege das Oberflächenmaß $A(\gamma)$ für polyedrische p-Flächenstücke fest, indem man die Forderungen der Additivität und der Übereinstimmung mit dem p-dimensionalen Maß für die einzelnen Simplexe beachtet. Welcher Zusammenhang besteht mit der Definition von S. 424?
2. Eine Folge von polyedrischen p-Flächenstücken heiße C^1-konvergent gegen ein (glattes) p-Flächenstück γ, wenn es für sie eine Folge (γ_k) von Parameterdarstellungen mit derselben Definitionsmenge T gibt, so daß (γ_k) auf T gleichmäßig gegen γ und die Folge (γ_k') auf T mit Ausnahme einer Nullmenge gleichmäßig gegen γ' konvergiert.
   Man zeige, daß gilt
   $$\lim_k A(\gamma_k) = A(\gamma).$$
3. Für glatte Kurven kann man die Bogenlänge als Supremum der Längen aller der Kurve einbeschriebenen Streckenzüge erhalten. Man beweise dies!
   Eine entsprechende Aussage gilt für p-Flächenstücke nicht, falls $p \geqq 2$ ist. Man betrachte hierzu die Polyederfläche, die dem Zylinder
   $$x^2 + y^2 = 1, \qquad 0 \leqq z \leqq 1$$
   in folgender Weise einbeschrieben ist: In den Höhen $z = 0, \frac{1}{m}, \frac{2}{m}, \ldots, 1$ nehme man jeweils ein einbeschriebenes regelmäßiges n-Eck, das gegenüber dem darüber und darunterliegenden um den Winkel $\frac{\pi}{n}$ gedreht ist. Durch Verbindung der nächstliegenden Ecken erhält man eine aus Dreiecken bestehende polyedrische Fläche im $\mathbb{R}^3$ („Schwarzscher Stiefel").
   Man berechne das (von m und n abhängende) Oberflächenmaß dieser polyedrischen Fläche und zeige, daß bei geeigneter Kopplung von m und n jede Zahl $A \geqq 2\pi$ als Grenzwert, aber auch Divergenz erzielt werden kann.
4. In der x, z-Ebene sei durch $x = f(t)$, $z = g(t)$ mit $t_1 \leqq t \leqq t_2$ eine glatte doppelpunktfreie Kurve gegeben, die die z-Achse nicht trifft. Durch Rotation dieser Kurve um die z-Achse entsteht eine glatte berandete Fläche. Man stelle für diese eine Parameterdarstellung auf und berechne ihr Oberflächenmaß.

Man bestimme auch die Oberfläche eines Rotationsellipsoids.

5. Man definiere für stückweise glatte Kurven im $\mathbb{R}^n$ den Schwerpunkt bezüglich der „homogenen“ Belegung (d. h. bezüglich des Bogenlängenmaßes) und bezüglich einer beliebigen positiven (etwa stückweise stetigen) Massenbelegung $\varrho(s)$.
   Ist die Kurve in einem Halbraum enthalten, so liegt auch der Schwerpunkt in diesem Halbraum, d. h. der Schwerpunkt liegt stets in der konvexen Hülle der Kurve.
   Man übertrage die Begriffe und Ergebnisse auf p-Flächenstücke bzw. p-dimensionale Untermannigfaltigkeiten.
6. Es sei G ein glatt berandetes ebenes Gebiet der x, z-Ebene, das in der Halbebene $x > 0$ enthalten ist, und R sei das durch Rotation von G um die z-Achse entstehende glatt berandete räumliche Gebiet. Weiter sei s der Abstand des Flächenschwerpunktes und r der Abstand des Randkurvenschwerpunkts des Gebietes G von der Drehachse.
   Man beweise die Guldinschen Regeln

$$\operatorname{vol} R = 2\pi s A(G)$$
$$A(\partial R) = 2\pi r L(\partial G).$$

7. Es sei G ein (kompaktes) glatt berandetes Gebiet des $\mathbb{R}^3$. Nach Wegnahme von endlich vielen Kurvenstücken kann der Rand ∂G als einfaches Flächenstück mit der Parameterdarstellung $\mathbf{x}(u, v)$ angesehen werden. Man zeige, daß für das Volumen von G gilt

$$\operatorname{vol} G = \tfrac{1}{3} \int_{\partial G} \det(\mathbf{x}, \mathbf{x}_u, \mathbf{x}_v)\, du\, dv.$$

   Weiter stelle man eine entsprechende Formel für den $\mathbb{R}^n$ auf (für $n = 2$ erhält man die Leibnizsche Formel, vgl. S. 412).
8. Es sei G ein (kompaktes) glatt berandetes Gebiet des $\mathbb{R}^n$. Wird auf den äußeren Normalen von G die (hinreichend kleine) Länge $\lambda > 0$ abgetragen, so erhält man ein glatt berandetes Gebiet G_λ („Parallelkörper“ von G). Man zeige, daß gilt

$$\operatorname{vol} G_\lambda = c_0 + c_1\lambda + c_2\lambda^2 + c_3\lambda^3,$$

   wobei die Koeffizienten nur von G abhängen. Insbesondere gilt $c_0 = \operatorname{vol} G$ und $c_1 = A(\partial G)$. Man berechne c_2 und c_3 für Kugel und Torus.
9. Man beweise für p-Flächenintegrale die Abschätzungen:

$$|\int_M F\,dA| \leqq \|F\| \cdot A(M)$$

$$|\int_M \omega| \leqq \|\omega\| \cdot A(M).$$

Was ist dabei sinngemäß unter der Norm $\|\omega\|$ der p-Form ω zu verstehen?

10. Man leite folgende Varianten aus dem Gaußschen und dem Stokesschen Integralsatz im $\mathbb{R}^3$ her (zur Beweismethode vgl. S. 431 unten):

$$\int_G \operatorname{grad} f\,dV = \int_{\partial G} f\mathbf{n}\,dA$$

$$\int_G \operatorname{rot}\mathbf{v}\,dV = \int_{\partial G} (\mathbf{n} \times \mathbf{v})\,dA$$

$$\int_M (\mathbf{n} \times \operatorname{grad} f)\,dA = \int_{\partial M} f\mathbf{t}\,ds$$

$$\int_M (\operatorname{rot}\mathbf{v} \times \mathbf{n})\,dA = \int_{\partial M} (\mathbf{v} \times \mathbf{t})\,ds.$$

11. Man leite die Gleichung

$$\int_G \langle \operatorname{grad} f, \operatorname{grad} f \rangle\,dV = \int_{\partial G} (f \cdot D_{\mathbf{n}} f)\,dA$$

für jede in einer offenen Obermenge von G harmonische Funktion f her. Man folgere, daß harmonische Funktionen, für die auf ∂G gilt $f = 0$ bzw. $D_{\mathbf{n}} f = 0$, in G konstant sein müssen.

12. Es sei G ein einfach zusammenhängendes glatt berandetes Gebiet des $\mathbb{R}^3$, ϱ ein stetiges Skalarfeld und $\mathbf{b}$ ein stetiges quellenfreies Vektorfeld in G, und f sei eine stetige skalare Funktion auf ∂G.
Man zeige, daß es höchstens ein stetig differenzierbares Vektorfeld $\mathbf{v}$ in G gibt, das die Bedingungen

$$\begin{matrix} \operatorname{div}\mathbf{v} = \varrho \\ \operatorname{rot}\mathbf{v} = \mathbf{b} \end{matrix} \quad \text{in } G \quad \text{und} \quad \langle \mathbf{v}, \mathbf{n} \rangle = f \text{ auf } \partial G$$

erfüllt.

13. Mit Hilfe der Mittelwerteigenschaft der harmonischen Funktionen (vgl. S. 433) beweise man, daß eine nicht konstante harmonische Funktion in einer offenen Menge weder ein lokales Minimum noch ein lokales Maximum annimmt.
Man folgere, daß eine harmonische Funktion f, die auf $\partial G \subset U$ konstant ist, sogar in G konstant sein muß.

14. Es sei $\varphi : \mathbb{R}^+ \to \mathbb{R}$ stetig und $f(\mathbf{x}) := \varphi(|\mathbf{x}|)$.

Man zeige, daß gilt (α_n Oberflächenmaß der Einheitssphäre im $\mathbb{R}^n$)

$$\int\limits_{|\mathbf{x}| \leqq R} f(\mathbf{x})\, d\mu_n(\mathbf{x}) = \alpha_n \int\limits_0^R \varphi(r) r^{n-1}\, dr,$$

sofern eines der beiden Integrale existiert.

(Man gebe für nichtbeschränktes φ eine hinreichende Bedingung dafür an, daß das rechte Integral existiert.)

15. Man beweise für harmonische Funktionen f folgende Mittelwerteigenschaft:

$$f(\mathbf{a}) = \frac{1}{\beta_n r^n} \int\limits_{|\mathbf{x}-\mathbf{a}| \leqq r} f\, dV,$$

wobei $\mathbf{a}$ ein beliebiger Punkt der Definitionsmenge von f und $r > 0$ hinreichend klein gewählt ist.

16. Es sei $g : S^{n-1} \to \mathbb{R}$ stetig und für $|\mathbf{x}| < 1$ sei

$$f(\mathbf{x}) := \frac{1 - |\mathbf{x}|^2}{\alpha_n} \int\limits_{|\mathbf{y}|=1} \frac{g(\mathbf{y})}{|\mathbf{y}-\mathbf{x}|^n}\, dA(\mathbf{y}).$$

(Poissonsche Integralformel)

Man beweise, daß f in der offenen Einheitskugel harmonisch ist.

Ist $(\mathbf{x}_k)$ eine Folge, die „radial" gegen einen Randpunkt $\mathbf{y}$ konvergiert, so gilt

$$\lim_k f(\mathbf{x}_k) = g(\mathbf{y}).$$

Man beweise dies und folgere weiter, daß f in der abgeschlossenen Einheitskugel stetig ist.

(Es gilt also $f|S^{n-1} = g$, d. h. mit der Poissonschen Integralformel läßt sich die „erste Randwertaufgabe der Potentialtheorie" für die Kugel lösen.)

17. Man zeige, daß eine stetige Funktion f, die die in Aufg. 15 genannte Mittelwerteigenschaft besitzt, harmonisch ist.

18. Es sei $\mathbf{v}$ ein in $U \subset \mathbb{R}^3$ stetiges Vektorfeld, $\mathbf{x}$ ein Punkt aus U und E ein orientiertes, glatt berandetes Ebenenstück mit Normaleneinheitsvektor $\mathbf{c}$, das den Punkt $\mathbf{x}$ enthält. Falls (bei festem $\mathbf{c}$)

$$\lim_{\delta(E) \to 0} \frac{1}{A(E)} \int\limits_{\partial E} \langle \mathbf{v}, \mathbf{t} \rangle\, ds$$

existiert, kann dieser Grenzwert zu einer verallgemeinerten Definition von $\operatorname{rot} \mathbf{v}$ dienen (vgl. Aufg. 9 und 10, S. 420). Dazu zeige man, daß für stetig differenzierbares $\mathbf{v}$ gilt:

$$\lim_{\delta(E)\to 0} \frac{1}{A(E)} \int_{\partial E} \langle \mathbf{v}, \mathbf{t}\rangle ds = \langle \operatorname{rot} \mathbf{v}(\mathbf{x}), \mathbf{c}\rangle .$$

Gilt $\operatorname{rot} \mathbf{v} = \mathbf{0}$ überall in U, so heißt das Vektorfeld $\mathbf{v}$ „wirbelfrei“. Man zeige, daß bei sternförmigem U auch ein im verallgemeinerten Sinne wirbelfreies (stetiges)Vektorfeld ein Gradientenfeld ist.

19. Der verallgemeinerte Laplace-Operator Δ kann für einmal stetig differenzierbare Funktionen eingeführt werden durch

$$\Delta f = \lim_{\delta(G)\to 0} \frac{1}{\operatorname{vol} G} \int_{\partial G} \langle \operatorname{grad} f, \mathbf{n}\rangle dA ,$$

falls der Grenzwert existiert.

Man zeige, daß Δf für zweimal stetig differenzierbares f mit $\sum_{i=1}^{n} \frac{\partial^2 f}{\partial x_i^2}$ übereinstimmt.
Weiter zeige man, daß die Lösungen von $\Delta f = 0$ harmonische Funktionen (im üblichen Sinn) sind.

20. Man zeige, daß die Greenschen Formeln (vgl. S. 432) mit Hilfe des Hodgeschen Stern-Operators (vgl. Aufg. 15, S. 353) folgendermaßen geschrieben werden können:

(1) $$\int_G f d{*}dg + \int_G df \wedge {*}dg = \int_{\partial G} f{*}dg$$

(2) $$\int_G (f d{*}dg - g d{*}df) = \int_{\partial G} (f{*}dg - g{*}df) .$$

Symbole

Literatur

(Auswahl einiger Lehrbücher zur Differential- und Integralrechnung der Funktionen einer oder mehrerer Variablen)

[1] Anger, B., H. Bauer, Mehrdimensionale Integration, Berlin 1976.
[2] Apostol, T. M., Mathematical Analysis, Reading, Mass. 1957.
[3] Aumann, G., O. Haupt, Einführung in die reelle Analysis I, II und III, Berlin 1974, 1979 und 1982.
[4] Bartle, R. G., The Elements of Real Analysis, New York 1964.
[5] Blatter, C., Analysis I, II und III, Berlin 1980, 1979 und 1981.
[6] Courant, R., Vorlesungen über Differential- und Integralrechnung, 1. und 2. Bd., Berlin 1971 und 1972.
[7] Dieudonné, J., Grundzüge der modernen Analysis, Braunschweig 1971 (Übersetzung des Buches „Foundations of Modern Analysis", New York 1960).
[8] Fleming, W. H., Functions of Several Variables, New York 1977.
[9] Forster, O., Analysis 1, 2 und 3, Braunschweig 1980, 1981 und 1981.
[10] Heuser, H., Lehrbuch der Analysis, Teil 1 und 2, Stuttgart 1980 und 1981.
[11] Kolmogorov, A. N., S. V. Fomin, Reelle Funktionen und Funktionalanalysis, Berlin 1975.
[12] Lang, S., Analysis I und II, Reading, Mass. 1968 und 1969.
[13] v. Mangoldt, H., K. Knopp, F. Lösch, Einführung in die höhere Mathematik, Bd. 1, 2, 3 und 4, Stuttgart 1974, 1976, 1978 und 1975.
[14] Natanson, J. P., Theorie der Funktionen einer reellen Veränderlichen, Berlin 1969.
[15] Ostrowski, A., Vorlesungen über Differential- und Integralrechnung, Bd. I, II und III, Basel 1965, 1968 und 1967; Aufgabensammlung, Bd. I, Bd. IIA, Bd. IIB und Bd. III, Basel 1967, 1972, 1972 und 1977.
[16] Royden, H. L., Real Analysis, New York 1963.
[17] Rudin, W., Analysis, Weinheim 1980 (Übersetzung des Buches „Principles of Mathematical Analysis", New York 1964).
[18] Spivak, M., Calculus, New York 1967.
[19] Spivak, M., Calculus on Manifolds, New York 1965.
[20] Taylor, A. E., General Theory of Functions and Integration, Waltham, Mass. 1965.
[21] Titchmarsh, E. C., The Theory of Functions, Oxford 1939.
[22] Toeplitz, O., Die Entwicklung der Infinitesimalrechnung, Berlin 1949 (Nachdruck Darmstadt 1972).
[23] Woll, J. W., Functions of Several Variables, New York 1966.

Zeittafel

(In dieser Tafel sind die Namen und Lebensdaten einiger herausragender Mathematiker zusammengestellt, die mit ihren Ideen die Entwicklung der Analysis vorbereitet oder wesentlich beeinflußt haben. Weitere Namen und Daten findet man im Namenverzeichnis.)

Eudoxos von Knidos	etwa	400–350	v. Chr.
Archimedes von Syrakus		287–212	v. Chr.
Johannes Kepler		1571–1630	
Bonaventura Cavalieri		1591–1647	
Isaac Barrow		1630–1677	
James Gregory		1638–1675	
Isaac Newton		1643–1727	
Gottfried Wilhelm Leibniz		1646–1716	
Jakob Bernoulli		1654–1705	
Leonhard Euler		1707–1783	
Joseph Louis Lagrange		1736–1813	
Jean Baptiste Joseph Fourier		1768–1830	
Carl Friedrich Gauß		1777–1855	
Augustin Louis Cauchy		1789–1857	
Karl Weierstraß		1815–1897	
Bernhard Riemann		1826–1866	
Élie Cartan		1869–1951	
Emile Borel		1871–1956	
Henri Lebesgue		1875–1941	

Namenverzeichnis

Sachverzeichnis

Hans-Joachim Kowalsky / Gerhard O. Michler

Lineare Algebra

10., völlig neu bearbeitete Auflage
1995. 15,5 × 23 cm. XIV, 399 Seiten. Mit 5 Abbildungen.
Gebunden ISBN 3-11-014502-2
Broschur ISBN 3-11-014501-4

de Gruyter Lehrbuch

Bei der vollständig neu bearbeiteten 10. Auflage dieses Standardlehrbuchs über Lineare Algebra wird der inzwischen erfolgten Entwicklung in Forschung und Lehre sowie des immer weiter verbreiteten Einsatzes von Computeralgebrasystemen Rechnung getragen und den algorithmischen Methoden der Linearen Algebra ein größerer Umfang als in den früheren Auflagen eingeräumt. Das Buch behandelt den Stoff einer zweisemestrigen Anfängervorlesung über Lineare Algebra. Inhaltliche Schwerpunkte sind:

- Grundbegriffe
- Struktur der Vektorräume
- Lineare Abbildungen und Matrizen
- Gauß-Algorithmus und Gleichungssysteme
- Determinanten
- Eigenwerte und Eigenvektoren
- Euklidische und unitäre Vektorräume
- Anwendungen in der affinen Geometrie
- Ringe und Moduln
- Multilineare Algebra
- Moduln über Hauptidealringen
- Normalformen einer Matrix
- Computeralgebrasysteme
- Lösungen der Aufgaben